한국산업인력공단 출제기준을 100% 반영한 최신판!!

완전합격 미용사 메이크업 필기시험문제

시험전에 보는 핵심 요약집

대한민국 국가대표 브랜드
국가자격 시험문제 전문출판
에듀크라운
국가자격시험문제 전문출판
최고의 적중률!! 최고의 합격률!!
크라운출판사
국가자격시험문제 전문출판
http://www.crownbook.co.kr

01 메이크업 위생관리

1 메이크업의 이해

1) 메이크업의 정의

특정 상황 및 목적에 맞는 이미지와 캐릭터를 창출하기 위한 이미지 분석, 디자인 개발, 메이크업 시술, 코디네이션, 기타 사후관리 등을 실행함으로써 얼굴뿐만 아니라 신체 전체에 효과적으로 표현 및 연출하는 일

2) 메이크업 용어

① 메이크업 : 17C 영국의 시인 리처드 크레슈가 여성의 매력을 높여 주는 뜻으로 사용

② 페인팅 : 16C 영국의 셰익스피어가 연극배우 캐릭터 표현

③ 화장, 분장 : 메이크업과 동일한 의미

④ 기타 용어

담장	옅은 화장, 기초화장
농장	일반적인 색조화장
응장	농장보다 짙은 색조화장, 혼례화장
야용	지나치게 짙은 화장

※응장성식 : 얼굴과 옷을 아름답게 단장하고 치장함을 이르는 말

3) 메이크업의 기원

신체보호설	동물 등 자연환경으로부터 보호

표시기능설	사회적 신분 등 타인과의 차이점 표현
장식설	미적 욕구 표현
종교설	재앙, 병마 등을 퇴치, 기복신앙

4) 한국 메이크업의 역사

고대		• 단군신화에서의 쑥, 마늘은 미백효과 • 읍루인은 돈고(돼지기름), 말갈인은 오줌으로 피부 보호 • 삼한시대 변한인은 피부에 문신
삼국시대	고구려	• 쌍영총, 수산리벽화에서 뺨과 이마에 연지화장
	백제	• 일본에 화장품 제조 및 화장 기술 전수 • 시분무주 : 분을 바르되 연지를 바르지 않은 옅은 화장
	신라	• 영육일치사상 : 아름다운 육체에 아름다운 정신이 깃든다는 사상 • 연분 제조, 잇꽃(홍화꽃)으로 입술과 볼 화장
고려		• 영육일치사상, 목욕문화 발달 • 여염집 여성은 엷은 화장, 기생들은 분대화장 • 교방에서 분대화장 교육
조선시대		• 유교사상으로 담백한 화장 • 규합총서(빙허각 이씨) : 눈썹, 입술 연지 바르는 방법 기록 • 눈썹은 미묵(굴참나무, 너도밤나무), 연지는 잇꽃(홍화꽃)

5) 서양 메이크업의 역사

이집트	• 검은 콜(kohl) 화장은 아이라인의 기원 • 공작석, 안티몬의 푸른색 화장은 아이섀도의 기원
그리스	• 백납으로 피부 화장 • 단사(주황색소)로 뺨, 입술 화장
로마	• 목욕문화 발달, 백분 사용 • 안티몬으로 눈 화장 • 금발 염색

르네상스	• 피부는 창백하게, 눈썹은 가늘게, 이마는 넓게 • 메이크업을 하는 파우더룸이 생김
바로크	• 화려하고 세련됨 • 피부는 백납으로 희게, 볼연지는 붉게, 헤어는 파우더 도포

6) 현대 메이크업 역사

연 대	시대적 배경	패션 경향	메이크업
1920년대	• 제1차세계대전 직후 • 여성의 권리 주장 상승 • 광란의 20년대	• 말괄량이 • 플래퍼 스타일 • 소년같은 갸르손느 스타일	• 클라라 보우, 글로리아 스완슨 • 눈썹은 가늘고 길게, 입술은 붉고 작게 표현
1930년대	• 대공황 • 미국의 영화시장 발달	• 여성스럽고 성숙한 롱 앤 슬림 실루엣 유행	• 그레타 가르보, 진 할로우 • 눈썹은 아치형으로 가늘고 길게, 눈화장은 아이홀 강조, 입술은 자주빛으로 인커브라인
1940년대	• 제2차세계대전 • 컬러필름의 등장으로 영화산업 더욱 발전	• 밀리터리룩(군복스타일)	• 잉글리드 버그만 • 뚜렷한 곡선형 눈썹, 볼륨감 있는 입술 유행
1950년대	• 제2차세계대전 후 • 문화의 중심이 유럽에서 미국으로 • 미국의 컬러영화 • 대중스타 부각	• 여성적인 몸매를 강조하는 테일러드 스타일	• 마릴린 먼로, 오드리 햅번 • 눈썹, 속눈썹, 아이라인 강조, 입술은 아웃커브
1960년대	• 미소냉전 • 베트남전 • 중국 문화혁명 • 베이비붐	• 팝아트, 옵아트 • 비틀즈룩 • 히피 스타일 • 미니스커트	• 트위기. 재클린 케네디 • 메이크업 색상이 핑크, 오렌지, 펄감, 그린, 블루색으로 다양화 크고 둥근 눈 강조

1970년대	• 불경기 • 오일쇼크 • 달러쇼크 • 인플레이션	• 기존세대 반항 • 펑크 스타일 • 가죽자켓, 유니섹스 스타일	• 흑인들의 캘리포니아 걸 스타일 유행 • 자연스러운 피부색, 자연스러운 눈썹, 연코랄 핑크 베이지로 입술
1980년대	• 미소냉전 완화 • 경기 회복	• 다원화된 패션 스타일 • 로맨틱한 스타일	• 화려하고 강한 색감 • 피부에 관심 갖기 시작

2 메이크업 위생관리

1) 메이크업 작업장의 유해 요인과 위생관리

분야	유해요인	위생관리
실내공기오염	• 이산화탄소 증가 • 산소부족현상 • 사용재료(향취, 암모니아) 악취 • 메이크화장품의 가루날림	• 자연환기 : 1일 2–3회 창문열고 환기 • 실내외 온도 5℃ 이상 시 환기 • 인공환기 : 환풍기, 배기장치 공기청정기
작업환경	• 작업대 오염 • 거울 및 사용기구 오염	• 일반세제(무독성) • 소독제
실내환경	• 작업장 바닥오염 • 카운터, 출입구, 화장실, 상담실	• 염소제가 함유된 표백, 방취, 방부용 세재 • 소독제

- 실내외 온도차는 5–7℃ 유지
- 쾌적한 습도는 40–70%

2) 메이크업 재료, 도구 위생관리

- 위생관리는 세척을 통하여 메이크업 시술시 오염과 감염으로부터 안전한 상태가 되는 것
- 자외선 소독기 위생관리 : 물걸레 → 마른수건 → 알코올 소독제
- 에어브러쉬 위생관리 : 물걸레 → 마른수건 → 알코올 소독제

3 피부의 이해

1) 피부의 구조 : 표피, 진피, 피하조직

표피	• 각질층 → 투명층 → 과립층 → 유극층 → 기저층 • 피부각화 : 표피의 가장 아래층인 기저층에서 각질층까지 올라오는 것으로 28일 소요
진피	• 피부 구조 중 가장 두꺼움 • 모세혈관, 림프, 신경 분포, 유두하층, 망상층으로 구성 • 교원섬유(결합섬유 : 콜라겐) 90%, 탄력섬유(엘라스틴) 2%
피하조직	• 피하지방이라고도 하며 여성호르몬과 관계가 깊어 여성의 신체선 관여 • 체온 방열작용, 뼈와 근육 보호

2) 피부 구조와 기능

① 히아루론산 : 피부의 NMF(천연보습인자)를 구성하기 위해 탄력섬유와 교원섬유 사이에 존재하며, 아기의 피부에 많고 연령이 높아질수록 감소

② 피하조직층 : 피하지방으로 여성 호르몬이 관여

③ 피부의 작용 : 보호작용, 체온조절작용, 지각작용, 분비 및 배설작용, 호흡작용, 흡수작용

• 표피의 투명층 : 죽은 세포로서 손바닥 · 발바닥 구성 • 표피의 과립층 : 방어막이 존재하며 피부염, 피부 건조 방지 • 표피의 기저층 : 각질형성세포와 색소형성세포 존재

④ 피부의 pH : 약산성으로 pH 4.5~6.5 정도가 이상적

⑤ 피지선 : 하루 1~2g의 피지 분비, 피부 보습효과, 남성 호르몬이 관여

소한선(에크린선)	• 전신에 분포(입술, 사타구니 제외) • 무색, 무취인 일반적인 땀 분비
대한선(아포크린선)	• 성기, 겨드랑이, 유두 등에만 분포 • 남성 호르몬이 관여, 체취 발생, 피지 분비

⑥ 한선

소한선(에크린선) : 땀 분비 대한선(아포크린선) : 피지 분비

4 피부와 영양

1) 열량소의 분류

① 열량영양소 : 에너지 공급(탄수화물, 단백질, 지방)

② 구성영양소 : 신체조직 구성(단백질, 무기질, 물)

③ 조절영양소 : 생리기능과 대사 조절(비타민, 무기질, 물)

2) 피부와 영양소

① 비타민 A(레티놀) : 피부 저항력 강화, 피부 윤기

② 비타민 C : 멜라닌색소 침착 방지

③ 비타민 D : 새로운 세포 생성, 자외선을 받아 비타민 D 합성

④ 비타민 E : 여성 호르몬 촉진, 습진 및 피부병 예방

기초대사량 : 식후 12~16시간 후 정신적 · 육체적으로 아무것도 하지 않고 가장 안락한 상태로 있을 때의 생명을 유지하는 데 소요되는 최소한의 열량

5 피부와 광선

1) 광선의 작용

종류	파장(nm)	작용
UV–C (단파장 자외선)	200~290nm	• 피부암의 원인 • 피부노화 촉진
UV–B (중파장 자외선)	290~320nm	• 썬번(Sunburn) 발생 • 비타민 D 합성 • 홍반, 심한 통증, 부종, 물집
UV–A (장파장 자외선)	320~400nm	• 썬탠 유발 • 멜라닌색소 침착 • 광노화 유발
가시광선	400~780nm	• 무지개 현상
적외선	780~3,000nm	• 피부 혈행 촉진 • 미용기구 및 의료용으로 활용

2) 자외선의 강도

① 4월부터 9월경까지 가장 강함

② 오전 10시~오후 2시까지가 강함

③ 자외선 차단지수(SPF, Sun Protection Factor) : SPF 1은 10분 이내에 홍반이 나타나는 것을 수치화한 것

④ 피부노화의 원인 : 흡연, 음주, 자외선, 생물학적 노화

- 자외선 차단지수, 즉 SPF 숫자가 클수록 자외선 차단효과가 크다.
  SPF 25 〈 SPF 35
- 상 : 기미, 주근깨, 검버섯

6 피부면역

1) 면역의 종류와 작용

① 1차 방어기관 : 피부, 호흡기의 점막과 미세한 털

② 2차 방어기관 : 랑게르한스세포, 탐식세포, 탐식작용, 림프구

③ 3차 방어기관 : 림프계(혈류에 떠있는 해로운 생물체를 포획)

2) 랑게르한스 세포

피부 전층에 존재하는 수지상세포 탐식능력이 있어 면역 조절기능이 있음

3) 알레르기 반응

인체가 외부 침입 물질과 접하게 되면 항원, 항체반응에 의하여 생체 내에 과민한 반응이 일어나는 것

랑게르한스 세포
- 표피 전층 분포
- 수지상세포
- 탐식능력
- 면역 조절기능

피지선의 작용
- 수분증발 억제 : 분비된 피지는 각질층에 피지막 형성
- 살균작용 : 피지 중에 지방산이 화농균, 백선균 살균
- 유화작용 : 분비된 땀과 피지가 혼합되어 유화체 형성

02 화장품 분류

1 화장품의 정의(화장품법 제2조 제1항)

- 화장품이란 인체를 청결 · 미화하여 매력을 더하고 용모를 밝게 변화시키는 제품
- 피부 모발의 건강을 유지 또는 증진하기 위하여 인체에 바르고 문지르거나 뿌리는 등 이와 유사한 방법으로 사용되는 물품으로서 인체에 대한 작용이 경미한 것

2 화장품의 조건

1) 안전성

피부 사용 시 알레르기 반응, 이물질 혼입, 피부 독성으로부터 안전한 것

2) 안정성

내용물 변질, 변색, 변취가 없는 것

3) 사용성

편리한 용기 디자인, 향취, 색상, 피부 친화성, 촉촉하거나 부드러움등의 사용감

4) 유효성

보습, 노화 억제, 자외선 차단, 세정, 색상 표현 등의 효과

3 화장품의 사용 목적

① 인체를 청결하게 유지

② 인체를 아름답고 매력적으로 표현

③ 용모를 밝게 변화

④ 피부, 모발의 건강 유지 또는 증진

4 화장품, 의약부외품, 의약품의 차이점

구분	화장품	의약부외품	의약품
사용 목적	• 건강한 피부, 모발에 사용 • 건강과 아름다움 유지 및 증진	• 어느 정도의 약리적 효과 • 위생 및 미화의 목적	• 병적인 증상에 치료 목적
종류	모든 화장품	치약, 구강청정제	연고, 소독제 등 모든 의약품

5 화장품의 제조

1) 화장품의 구성성분과 활성성분

구성 성분	화장품 제조에 기본이 되는 성분	수성원료, 유성원료, 향료유화제, 보습제, 방부제
활성 성분	화장품에 효능을 부여하는 성분	미백제, 육모제, 필링제, 여드름 방지제, 주름개선제, 자외선 차단제

2) 화장품의 원료

① 물 : 화장품의 용매제 역할, 세균과 금속이온이 제거된 정제수 사용

② 에탄올 : 용매제 수렴작용, 살균 및 소독작용

③ 유성원료

액체유성원료(오일)	식물성 오일	• 식물의 잎이나 열매에서 추출 • 향이 좋으나 흡수가 느림 • 변질이 쉬움	파마자유, 로즈힙오일, 올리브오일, 아르간오일, 코코넛오일, 아몬드유
	동물성 오일	• 동물의 피하조직이나 장기에서 추출 • 향취가 나쁨 • 피부 친화성 우수, 흡수 우수	스쿠알렌, 밍크오일, 마유, 라놀린
	광물성 오일	• 석유 등 광물질에서 추출 • 향, 색상 없음 • 피부 흡수도 좋음	바셀린, 파라핀미네랄오일
	합성 오일	• 화학적으로 합성한 오일 • 변질 적음 • 사용감 우수	실리콘오일
고체유성원료(왁스)	식물성 왁스	식물의 잎이나 열매에서 추출	카르나유바 왁스, 칸데빌라 왁스
	동물성 왁스	벌집이나 양털을 가열 및 압착하거나 용매로 추출하여 얻음	밀납, 고래유, 라놀린유

※고체 유성원료인 왁스류는 실온에서 고체 상태로, 고체지방산과 고급알코올이 결합된 에스테르이며 립스틱, 크림, 탈모 왁스 제조에 사용한다.

④ 보습제 : 수분을 끌어당기는 수분흡착능력이 있는 물질

글리세린(Glycerin)	• 화학명 글리세롤 • 수분흡착능력이 강함 • 향이 없음 • 사용감이 끈적임

폴리에틸렌글리콜 (Polyethylene glycol)	• 분자량에 따라 액체 상태에서 점액 상태로 변화
솔비톨	• 보습력 뛰어남 • 피부 안정성 우수 • 앵두, 사과, 딸기, 해조류에서 추출
요소	• 포유동물의 단백질 대사 최종분해산물 • 천연보습물질
폴리펩타이드(Polypeptide)	• 천연아미노산이 펩티드 결합된 것
히아루론산(Hyaluronic acid)	• 아미노산과 우론산으로 이루어진 보습인자
콜라겐(Collagen)	• 피부, 혈관 등 결합조직의 단백질 • 화장품에 배합하면 보습성 향상
엘라스틴(Elastin)	• 결합조직에 존재 • 화장품의 보습제
아미노산(Amino acid)	• 단백질을 만드는 원료 • 피부의 천연보습인자

⑤ 계면활성제 : 용액 속에서 계면에 흡착하여 그 표면장력을 감소시키는 물질

• 음이온성 계면활성제(샴푸, 비누, 치약)
  양이온성 계면활성제(헤어 린스, 샴푸)
  양쪽성 계면활성제(저자극 샴푸, 베이비 샴푸)

• 피부자극도 : 양이온성 계면활성제 〉 음이온성 계면활성제 〉 양쪽성 계면활성제〉 비이온성 계면활성제 • 세정력 : 음이온성 계면활성제 〉 양쪽성 계면활성제 〉 양이온성 계면활성제 〉 비이온성 계면활성제

⑥ 색재류(착색료)

- 염료 : 물, 오일, 알코올 등의 용제에 녹는 색소
- 안료 : 물, 오일, 알코올 등에 녹지 않는 색소로 무기안료와 유기안료로 구분

무기안료	• 커버력이 우수 • 파운데이션, 페이스 파우더, 마스카라 등에 사용
유기안료	• 색소 종류가 많고 화려함 • 립스틱이나 색조화장품에 사용

- 레이크 : 수용성 염료에 알루미늄염, 칼슘염을 가해 물이나 오일에 녹지 않도록 한 불용화 색소로 립스틱, 네일, 네일 에나멜에 사용

6 방향화장품

1) 방향화장품의 강도

향수 〉 오데퍼퓸 〉 오데토일렛 〉 오데코롱 〉 샤워코롱

2) 향수

부향률 10~30%, 6~7시간 지속

3) 오데퍼퓸

부향률 9~12%, 5~6시간 지속

4) 향수 뿌리는 부위

손목, 귀뒷부분, 스커트 밑단

7 화장품의 기술

1) 가용화

① 물에 녹지 않는 적은 양의 오일이 계면활성제에 의해 물에 용해되어 투명하게 되는 현상

② 가용화 기술로 제조된 화장품 : 화장수류, 향수류, 에센스 등

2) 분산

① 미세한 고체입자가 계면활성제에 의해 물이나 오일에 균일한 상태로 혼합되는 기술

② 분산 기술로 제조된 화장품 : 립스틱, 아이섀도, 마스카라, 아이라이너, 파운데이션, 트윈케이크

3) 유화

① 물과 기름이 계면활성제에 의해 뿌옇게 섞이는 현상

② 유화기술은 화장품의 피부흡수율을 높이고 보습력을 유지시킴

유화의 종류	특징	화장품
친수성 (O/W)	• 수중유형 • 사용감 산뜻	로션류 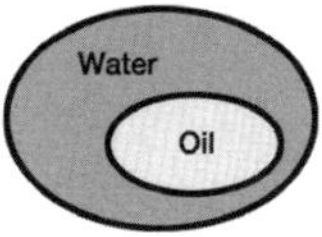
친유성 (W/O)	• 유중수형 • 사용감 무거움	크림류 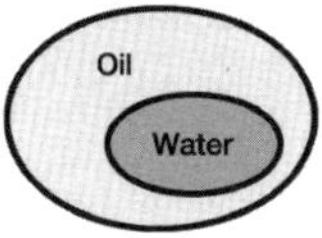

다중성	W/O/W형 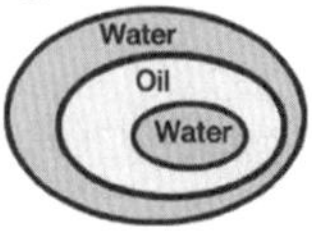	O/W/O형 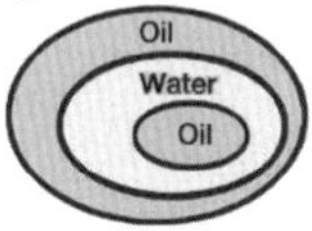

03 | 메이크업 고객 서비스

1 고객의 유형과 특징

유형	특징
주도형	• 단도직입적 질문, 본인 생각이 가장 중요 • 외향적, 성격이 급함
사교형	• 첫 인상이 상냥 발랄, 사람만남을 즐김 • 외향적, 과시성향, 브랜드 즐김
안정형	• 차분, 자신의 의사를 직접적으로 표현하지 않음
신중형	• 사전조사 철저, 비교분석 • 꼼꼼한 질문

2 고객관리 프로그램(CRM–customer relationship management)

• CRM : 예약관리, 고객관리, 매출관리, 포인트관리, 자동문자 등

3 전화상담 고객응대

- 표정 – 평상시보다 밝게
- 발음 – '솔' 정도로 높게, 천천히 또박또박
  예약일정 등 중요내용은 큰소리로 강조하여 확인
- 전화 받는 법 – 전화벨이 세 번 울리기 전에 신속하게 받기
  인사말과 소속성명을 말한다.
  용건 메모
  중요 내용과 전달 사항은 다시 한 번 확인
  밝은 목소리를 다시 한 번 확인
  밝은 목소리로 마지막 인사
- 전화 끊기 – 고객이 끊는 것 확인 후 버튼으로 끊는다.

4 불만 고객 응대

불만 고객 유형	특징	응대 방법
거만형	• 과시욕이 강함 • 폄하경향	• 정중하게 대함 • 과시욕을 수용
의심형	• 의심이 많음	• 분명한 증거, 근거 제시 • 책임자에게 응대 요구
트집형	• 사소한 것에 트집	• 경청, 맞장구 • 추켜세워 줌
빨리빨리형	• 성격이 급함	• 정확한 표현 • 시원스럽고 재빠른 응대처리

04 메이크업 카운슬링

1 얼굴의 비율(균형도) : 가로와 세로의 비율은 2 : 3

얼굴형은 계란형이 이상형

2 얼굴의 가로분할 : 헤어라인에서 눈썹앞머리까지 1/3

눈썹앞머리에서 코끝 선까지 1/3

코끝 선에서 턱 끝까지 1/3

3 얼굴의 형태

1) **계란형** – 이상형. 표준형 얼굴

2) **둥근형** – 귀엽고, 어려보임

3) **각진형** – 남성적, 강한 느낌

4) **긴형** – 어른스런 성숙미

5) **마름모형** – 강한 인상

6) **오각형**

4 피부유형별 특징

1) **중성피부(정상)** – 유분과 수분 밸런스가 좋다. 각질층 수분함량(15%~30%)

2) **건성피부** – 유분과 수분이 적당. 각질층 수분함량 10% 이하

3) **지성피부** – 수분보다 유분이 많다. 피부 두껍고 모공이 크고 거칠다.
뾰루지나 여드름이 생기기 쉽다.

4) **복합성 피부** – 피부부위에 따라 유분과 수분의 함유량이 다름
2가지 이상의 피부 특징이 나타남

5) **문제성 피부** – 민감성 피부, 여드름 피부, 모세혈관 확장피부

5 메이크업 디자인 제안

1) 색채의 정의

색채는 빛의 종류이며 빛이 눈에 닿아 느껴지는 감각

2) 색채의 요소

광원, 눈, 물체

색채의 요소인 광원, 눈, 물체의 세 가지 요소에 뇌의 작용으로 색채를 지각

3) 색의 항상성

같은 물체라도 조명이 다르면 색이 다르게 보이나 시간이 갈수록 원래 물체색으로 인식하게 되는 현상

4) 색의 3속성 : 색상, 명도, 채도

① 색상 : 빨강, 노랑, 파랑 등의 색의 이름

② 명도 : 색의 밝고 어두운 정도(11단계)

③ 채도 : 색의 맑고 탁한 정도(14단계)

5) 톤(Tone) : 색상을 명암, 강약, 농담 등의 차이로 분류한 것

※ 톤의 특징을 나타내는 단어 : 비비드, 브라이트, 라이트, 페일, 딥, 다크스트

롱, 덜, 소프트 등

6) 색채의 조화

동일색 배색 (카마이유 배색)	같은 색상으로 명도, 채도가 다른 톤으로 배색	무난 안정
유사색 배색 (포카마이유 배색)	같은 느낌의 유사한 색상으로 배색	정적 무난
보색 배색 (콘트라스트 배색)	반대로 대비되는 색상의 배색	강렬 생동
분리색 배색 (세퍼레이션 배색)	배색의 중간에 다른 색상을 삽입시켜 조화	분리 강조
그라데이션 배색	3가지 이상의 색상으로 점점 여리게 또는 점점 진하게 변화되는 배색	자연 편안
악센트 배색	단조로운 배색에 대조적인 색상으로 강조하는 배색	강렬
톤온톤 배색	동일색이나 유사색상 배색에서 색상톤의 명도차를 크게 한 배색	자연 산뜻
톤인톤 배색	유사한 톤의 배색으로 명도 차이가 일정	온화
레피티션 배색	두 색 이상을 일정한 질서로 반복하여 조화시키는 배색	통일 융화
도미넌트 배색	톤인톤 배색, 토널 배색과 같은 종류의 배색	안정 온화

7) 색채와 조명

① 빛의 삼원색 : 빨강, 파랑, 초록의 세 가지 색상의 빛이 섞이면 흰색(무색)이 된다.

② 빛의 온도 : 붉은빛 < 백색빛 < 푸른빛의 순서로, 붉은빛의 온도가 낮고 푸른빛의 온도가 높다.

③ 조명의 종류

직접조명	눈부심이 있고 음영이 강함
간접조명	온화한 조명으로 비경제적
반간접조명	직접조명과 간접조명의 절충식

05 퍼스널 이미지 제안

봄 색상 (Spring Color)	고명도, 고채도의 맑은 색상	맑은 노랑이 주조색
여름 색상 (Summer Color)	고명도, 중채도의 밝고 부드러운 색상	블루와 흰색이 주조색
가을 색상 (Autumn Color)	저명도, 저채도의 차분하고 짙은 계열 색상	황색이 주조색
겨울 색상 (Winter Color)	명도와 채도의 대비가 강한 차갑고 강렬한 색상	파란색과 검은색이 주조색

06 메이크업 기초화장품

1 색조메이크업

1) 메이크업 베이스의 색상과 효과

그린색	• 자연스럽고 깨끗하게 표현 • 붉은기를 자연스럽게 커버 • 모든 피부에 무난 • 동양인에게 적합
보라색	• 노란기를 화사하게 변화 • 핑크, 보라 메이크업에 효과적(웨딩, 파티 메이크업)
청색	• 맑고 흰 피부 표현 • 붉은기 커버에 효과적

2) 파운데이션의 종류와 효과

리퀴드 타입	커버력이 얇음, 가볍고 산뜻, 수성타입
크림 타입	커버력이 높음, 건성피부에 적합, 유성타입
스틱 타입	커버력과 지속성 높음, 전문가용, 고형타입
컨실러	커버력이 아주 높음, 짙은 잡티 커버

* 파운데이션 바르는 테크닉

- 슬라이딩 : 밀어서 펴 바르며 엷고 넓게 표현
- 패딩 : 부분적으로 좀 더 두껍게 바르기 위해 두드려 주는 방법

• 블랜딩 : 색상을 혼합

• 그라데이션 : 색상의 농담 처리

3) 부분 메이크업

① 아이섀도

- 컬러 : 주색상, 눈을 떴을 때 2~3mm 정도까지에 도포
- 악센트 컬러 : 포인트 컬러라고도 함, 강한 색감 표현, 속눈썹 바로 위에 도포
- 컬러 : 눈꺼풀 음영, 아이홀 부분에 도포
- 컬러 : 밝게 표현, 눈썹뼈를 돌출되게 표현
- 컬러 : 아래 눈꺼풀에 표현

② 아이래쉬 컬러 사용법 : 속눈썹 안쪽을 강하게 하고 속눈썹 끝으로 갈수록 힘을 빼고 집는다. 속눈썹 길이를 3~4차례 나누어 집어 준다.

③ 눈썹의 종류와 이미지

- 눈썹 : 귀엽고 발랄, 어느 얼굴형이나 무난하게 어울림
- 눈썹 : 단정하고 세련, 둥근형 얼굴에 어울림
- 화살형 눈썹 : 동양적, 야성적, 둥근 얼굴이나 각진 얼굴에 적합
- 아치형 눈썹 : 우아, 여성적, 역삼각형, 이마가 넓은 얼굴에 적합
- 직선형 눈썹 : 일자 눈썹, 젊고 활동적, 긴 얼굴이나 좁은 얼굴에 적합

> 팬 브러시 : 부채 모양으로 생긴 파우더 가루나 아이섀도 가루를 털어낼 때 사용
> 스크류 브러시 : 눈썹 그리기 전후 빗어주는 나사 모양의 브러시

④ 얼굴 윤곽 수정

	효과	부위
하이라이트	밝고 돌출되며 넓어 보이는 효과	T존, 눈밑, 눈썹뼈
섀딩(로우라이트)	어둡고 축소되며 좁아 보이는 효과	S존, U존

※ S존 : 귀밑 부분에서 턱끝까지　　O존 : 눈주위, 입주위

U존 : 한쪽 귀밑에서 다른쪽 귀밑까지

⑤ 얼굴형별 윤곽 수정

	하이라이트	섀딩(로우라이트)
둥근 얼굴	T존, 코선 길게	얼굴 외곽
마름모 얼굴	이마 전체 하이라이트	양볼, 턱끝
오각형 얼굴	이마 하이라이트	턱뼈
긴 얼굴	코선 하이라이트 짧게	이마 끝부분, 턱끝
각진 얼굴	이마 중앙	이마 양옆과 각진 턱뼈를 어둡게

⑥ 눈 모양에 따른 아이섀도 테크닉

작은 눈	• 눈꺼풀 전체를 밝게 표현 • 눈꼬리를 짙은 색으로 길게 표현
둥근 눈	• 눈앞머리 또는 눈꼬리 부분을 조금 짙은 색으로 표현 • 눈 중앙 부분을 엷게 표현
튀어나온 눈	• 매트한 브라운 또는 회색으로 표현 • 눈썹 바로 밑부분은 펄감 있는 하이라이트로 표현
눈과 눈 사이가 좁은 눈	• 눈 앞머리는 밝고 엷은 색으로 표현 • 눈꼬리는 짙은 색으로 포인트
눈꼬리가 처진 눈	• 차가운 색상으로 표현 • 눈꼬리를 올려 샤프하게 표현

부어 보이는 눈	• 눈꺼풀에 가라앉은 어두운 색 사용 • 펄감과 붉은색 사용은 피함 • 짙은 악센트 컬러를 아이라인과 같이 짙게 표현
움푹 들어간 눈	• 밝은 색 또는 펄감의 밝은 색을 눈꺼풀에 도포 • 붉은 계열의 중간톤으로 표현 • 색상은 쌍겹진 부분에 도포
눈과 눈 사이가 넓은 눈	• 눈 앞머리는 진한 색상으로 표현
눈꼬리가 올라간 눈	• 따뜻한 색상으로 온화하게 표현 • 눈 앞머리는 진하게, 눈꼬리쪽으로는 엷게 표현 • 언더라인은 수평으로 표현

⑦ 입술 모양에 따른 입술 메이크업 테크닉

큰 입술	진한 색으로 구각 쪽을 줄여 표현	작은 입술	엷은 색이나 펄감 있는 립스틱으로 1~2mm 늘려 표현
구각이 처진 입술	구각을 1mm 위로 그리며 인커브라인으로 표현	두꺼운 입술	• 윗입술산을 완만하게 • 립글로스나 펄감은 피함

⑧ 얼굴형에 따른 볼연지 메이크업 테크닉

둥근형	관자놀이에서 입 끝을 향해 사선으로 길게 표현	역삼각형	• 귀 뒷분에서 애플존을 향해 부드럽게 • 사선의 느낌은 피함
긴형	볼뼈를 중심으로 콧망울을 향해 조금 폭넓은 가로로 표현	삼각형	다소 폭넓고 부드럽게
사각형	다소 부드럽게 폭넓은 사선으로 표현	마름모형	펄감이 없는 볼연지 색상을 볼뼈 중심으로 엷게

07 속눈썹 연장

1 속눈썹(가모) 컬 종류

1) J컬 – 가장 자연스런 컬. 대중적
2) JC컬 – J컬과 C컬의 중간 커브
3) C컬 – 컬의 커브가 높고 동그란 눈 표현. 젊은층 선호
4) CC컬 – C컬보다 커브가 더 강함
5) L컬 – 처진 눈의 속눈썹을 올려주는 효과

2 속눈썹 연장 재료

1) **아이패치** – 속눈썹 연장 시술 전 아랫 눈꺼풀에 붙이는 패치
2) **우드스파출라** – 전처리제 바를 때나 리터치 시 모델 속눈썹 밑에 깔아주는 데 사용
3) **전처리제** – 속눈썹 연장시술 전 모델 속눈썹에 묻어있는 유분기나 더러움을 제거하여 속눈썹(가모) 연장의 접착력을 높혀 줌
4) **핀셋** – 속눈썹 연장 시 사용, 일자형태 곡자형태를 사용

3 속눈썹 연장 방법

① 손 소독 → 재료 및 도구 소독 → 터번 씌우기 → 눈 주위 피부 소독 → 아이패치 → 전처리제 → 속눈썹(가모) 붙이기 → 속눈썹 빗으로 빗기

※ 아이라인 피부에서 1~2mm 띄워서 가모를 붙인다.
※ 눈 앞머리는 모델속눈썹 2~3개를 띄우고 가모를 붙인다.

4 속눈썹 연장 후 주의사항

① 시술 후 6시간 전에는 세안을 금지한다.
② 시술 후 1주일 이내는 사우나나 찜질방을 가지 않는다.
③ 눈을 비비지 않는다.
④ 클렌징 크림이나 오일이 닿지 않도록 한다.
⑤ 아이래쉬 컬러나 마스카라는 하지 않는다.
⑥ 이상반응시 병원에 간다.

5 속눈썹 리터치

① 리터치 주기는 4주가 기본이다.
② 면봉에 리무버를 묻혀서 2-3분 경과 후 한 개씩 떼어낸다.
③ 리무버 사용 시 우드 스파튤라를 가모 밑에 받친다.
④ 가모 제거 후 면봉에 미온수를 묻혀 떼어낸 부분을 닦는다.
⑤ 떼어낸 부분에 한 개씩 속눈썹 연장방법으로 붙여준다.

08 응용 메이크업

1 메이크업 디자인 요소 – 색(color), 형(shape), 질감

2 T.P.O 메이크업 – Time(시간), place(장소), Occasion(상황 또는 경우)에 맞추어 메이크업 해야 한다는 뜻

1) **시간(Time)에 따른 메이크업** – 데이메이크업, 나이트메이크업

2) **장소(Place)에 따른 메이크업** – 실내 메이크업, 실외 메이크업

3) **목적(Occasion)에 따른 메이크업** – 파티나 모임, 나들이, 데이트, 스포츠

09 트랜드 메이크업

1 트랜드 자료수집 시 팀을 3-5명으로 구성한다.

2 트랜드메이크업 자료의 특성

- 그시대의 유형 색상, 질감, 기법이 나타난다.
- 연도나 계절에 따라 변한다.
- 패션 경향, 영화, 드라마 등 그시대의 이슈에 따라 변화한다.

3 트랜드메이크업 자료를 수집 분석 후 작업지시서를 작성한 후 메이크업 시술을 한다.

10 미디어 캐릭터 메이크업

1 미디어 매체

① 전파매체 – 광고 CF, 영화, 드라마, TV방송

② 인쇄매체 – 신문, 화보, 포스터, 책자

2 미디어 메이크업의 종류

① 스트레이트 메이크업 – 출연자나 연기자에게 최소한의 피부색 보완과 결점 커버를 한 메이크업

② 캐릭터 메이크업 – 대본에서 나타나는 성격, 직업, 나이 등의 특성을 표현한 메이크업. 노화 얼굴, 대머리, 수염, 상처 표현 등

③ 광고 메이크업 – 제품의 특성이 잘 표현되어 광고효과가 나야함

- 영상광고 메이크업 – CF(Commercial Film)
- 지면광고 메이크업 – 잡지, 신문, 포스터, 카탈로그

3 미디어 캐릭터 메이크업의 절차

① 작품분석을 하여 인물특성을 파악

② 인물 캐릭터에 대한 정보수집

③ 선정된 배우나 연기자의 이미지나 분위기 분석

④ 캐릭터 메이크업 표현 시 영향을 주는 요소를 여러 면으로 참고한다.

- 유전적 요소 – 피부색, 체형, 성별, 외모 등
- 환경적 요소 – 기후, 자연환경, 지역특성
- 건강적 요소 – 피부색, 눈 주위 음영, 입술상태, 특정 질병 증상
- 상처적 요소 – 싸움, 상처
- 시대적 요소 – 시대적 배경, 환경

⑤ 부기적인 소품 활용

- 가발, 모자, 가면, 콘텍트 렌즈, 장갑 등

4 볼드캡 캐릭터 표현

1) 볼드캡 – 볼드캡은 대머리 캐릭터를 제작할 때 만드는 것

2) 볼드캡 재료

① 라텍스 – 볼드캡 제작 시 사용되는 것으로 암모니아수에 녹인 리퀴드 라텍스를 사용 가격이 저렴, 건조속도가 느림

② 액체 플라스틱 – 신축성이 좋고 피부와의 경계처리가 자연스러움 라텍스보다 가격이 비싸며 아세톤과 섞여서 농도 근절

③ 플라스틱 모형 – 플라스틱으로 만들어진 머리 모형

④ 스피릿 검 – 접착제

⑤ 스피릿 검 리무버 – 스피릿 검으로 접착한 것을 떼어낼 때 사용

⑥ 바셀린

⑦ 파우더, 크리스탈 클리어 – 플라스틱 모형에서 떼어낼 때 사용

⑧ 스펀지, 브러시, 종이컵, 타올, 티슈, 물티슈

5 연령대별 캐릭터 표시

1) 노년기(60세 이후) 캐릭터 특징

① 얼굴 전체에 주름 – 큰 주름, 작은 주름

② 눈 밑에 불룩한 아이백과 큰 주름

③ 코가 길어져 보인다.

④ 근육 처짐 – 눈 밑 팔자주름 턱주름

⑤ 피부가 얇아짐

⑥ 검버섯

⑦ 흰머리

⑧ 흰수염이 생김

2) 노년기 캐릭터 메이크업 방법

① 명암법 – 파운데이션과 펜슬 등을 사용

② 라텍스 이용 – 리퀴드 라텍스를 발라 주름 표현

③ 액체 플라스틱 이용 – 액체 플라스틱을 발라 주름 표현

④ 어플라이언스 – 핫폼이나 실리콘으로 제작

3) 수염표현

① 점각수염 – 블랙스펀지와 라이닝 컬러를 이용하여 면도한 후 1~2일 정도 지난 수염자국을 표현

② 가루수염 – 생사나 인조사를 이용하여 면도 후 며칠 지나서 거뭇거뭇해진 수염을 표현

③ 붙이는 수염 – 생사나 인조사를 이용하여 스피릿 검으로 붙이는 수염

④ 망수염 – 얼굴형에 맞추어 본을 뜬 다음 망에 한올한올 매듭지어 제작하는 수염

4) 상처표현

① 멍자국(타박상) – 타격을 맞은 후 30분 후는 부으면서 붉어짐
3~4일 지나면 검푸른 보라와 자줏빛
1주일 이상 지나면 연한 검정, 녹색, 노랑
2주일이 지나면 멍이 사라짐

② 벗겨진 상처(찰과상) – 라텍스, 라이닝칼라, 인조피 사용

③ 엉겨붙은 피딱지 – 픽스 블러드, 라텍스, 라이닝칼라, 인조피

④ 긁힌 상처 – 블랙스펀지, 라텍스, 라이닝칼라

⑤ 칼에 베인 상처 – 더마왁스, 스파츌라, 라이닝칼라, 인조피

⑥ 화상상처
1도화상 – 라이닝칼라로 벌겋게 부어오른 표현
2도화상 – 라이닝칼라로 벌겋게 부어오르고, 물집 표현
튜플라스트를 사용해도 됨
3도화상 – 피부전층이 손상받은 궤양상태
젤라틴, 스피릿검, 라이닝칼라, 인조피, 글리세린

11 무대공연 캐릭터 메이크업

1 공연작품분석

① 시대적 배경을 분석한다.

② 시나리오(대본)에서의 대화, 지문, 행동을 분석

③ 시나리오(대본)에서의 직업, 나이, 특징을 분석

2 캐릭터 메이크업 디자인

① 캐릭터 메이크업 일러스트 제작

② 캐릭터 표현을 위해 의상, 악세사리, 소품 등의 자료수집

3 무대공연의 유형 – 창작극, 번역극, 창극, 오페라, 뮤지컬, 마당놀이, 무용극, 이벤트

4 무대공연의 형태 – 소극장 : 500석 이하 객석 수

중극장 : 500~1000석 이하 객석 수

대극장 : 1000석 이상 객석 수

5 무대공연의 메이크업 짙기

① 무대와 배우와의 거리에 따라 메이크업의 강약이 조절된다.

② 메이크업 짙기는 무대가 클수록 진하다.

대극장 〉 중극장 〉 소극장

6 기타

① 무대공연에서는 망수염(뜬수염)이나 거는 수염을 많이 사용한다.
② 무대공연에서 가발사용은 캐릭터 연출에서 중요한 역할을 한다.

12 공중보건학

1 공중보건학 총론

1) 공중보건학의 정의

지역사회에서 건강과 관련된 ① 요인을 규명 및 ② 개선하여 ③ 건강을 유지하고 ④ 사전에 질병을 예방하는 학문

2) 공중보건의 목적

① 질병 예방 ② 수명 연장 ③ 건강 증진

3) 공중보건의 평가지표 : 영아사망률, 평균수명, 비례사망지수

4) 세계보건기구 3대 건강수준지표

① 비례사망지수 ② 조사망률 ③ 평균수명

5) 영아사망률 : 0세 사망률을 의미, 한 국가의 건강수준 대표 지표

6) 조사망률 : 1,000명당 1년간의 사망자수 비율

7) 공중보건의 발달과정

① 고대기 : 그리스, 로마시대 공중목욕탕
② 중세기(500~1500년) : 콜레라, 나병, 페스트 감염, 검역법 통과
③ 여명기(1500~1850년) : 제너의 우두종두법, 예방접종 대중화
④ 확립기(1850~1900년) : 파스퇴르 백신 발견, 예방의학
⑤ 발전기(20세기 이후) : 보건소 보급(미국, 영국), 사회보장, 의료보장

2 질병관리

1) 건강의 정의

1948년 세계보건기구(WHO) 헌장에 의하면 ① 질병이 없고 ② 허약하지 않으며 ③ 신체적, 정신적, 사회적 의미로도 건강한 상태

2) 질병의 정의

병인에 의해서 신체의 장애가 일어나 정상적인 생활의 항상성이 무너진 상태

3) 질병 발생의 3대 인자

① 병인적 ② 숙주적 ③ 환경적

4) 인구구성 피라미드

피라미드형	인구증가형, 후진국형
종형	인구정지형, 이상적 인구형
항아리형	인구감소형, 선진국형
별형	인구유입형, 도시형
표주박형	인구유출형, 농촌형

5) 국세조사

전국민을 대상으로 한 인구통계조사, 5년마다 실시

6) 감염병 관리

① 법정감염병

제1급 감염병(17종)	즉시 신고	높은 수준의 환자 격리 필요
제2급 감염병(20종/21종*)	24시간 이내에 신고	전파가능성 고려하여 격리 필요
제3급 감염병(26종)	24시간 이내에 신고	발생 계속 감시 필요
제4급 감염병(23종)	7일 이내에 신고	표본 감시 활동이 필요한 감염병

*시행예정 : 2020.7.1.(E형간염 추가)

② 기생충감염병 : 기생충에 감염되어 발생하는 감염병 중 보건복지부 장관이 고시하는 감염병

③ 만성감염병 : 나병(한센병), 결핵, 성병

④ 비감염성 질환 : 고혈압, 뇌졸중, 허혈성 심장질환, 당뇨병, 암

7) 기생충질환 : 선충류, 조충류, 흡충류, 원충류

① 선충류 : 회충, 편충, 구충(십이지장충), 요충

※ 요충은 항문 소양증, 피부 발적증상을 보이며 영유아의 집단감염이 많음

② 조충류 : 유구조충(중간숙주 : 돼지), 무구조충(중간숙주 : 소), 광절열두조충(중간숙주 : 물벼룩)

③ 흡충류 : 간흡충(제1중간숙주 : 쇠우렁이, 왜우렁이), 폐흡충(제1중간숙주 : 다슬기, 제2중간숙주 : 가재, 게), 요코가와흡충(제1중간숙주 : 다

슬기, 제2중간숙주 : 은어, 숭어)

8) 성인병

① 우리나라 대표 4대 성인병 : 암, 뇌졸중, 심장병, 당뇨병
② 암 발병 순위(2016년 보건복지부 기준) : 갑상선암 〉 위암 〉 대장암 〉 폐암
③ 암 사망 순위(남녀, 2018년 보건복지부 기준) : 폐암 〉 간암 〉 위암 〉 대장암
④ 뇌종중 : 우리나라가 발병률 1위

9) 정신보건

① 암소공포증 : 어두운 곳을 무서워함
② 선단공포증 : 끝이 뾰죽한 것을 무서워함
③ 망상장애 : 편집증, 과대망상

10) 모자보건

① 모자보건의 대상 : 모성 집단과 영유아 집단
② 모성사망의 원인 : 임심중독증, 출산 직후 출형성 질환, 산욕열(패혈증), 자궁외임신 및 유산
③ 유산과 조산
- 유산 : 임신 7개월(약 28주) 이내의 조기분만, 대부분 사망
- 조산 : 임신 29주에서 38주 이내 분만, 정상육아 가능
  ※ 조산아는 체중 2.5kg 이하

④ 영유아의 분류
- 영아 : 출생 후 28일 미만에서 1세까지

• 유아 : 1세에서 4세 이하까지
• 영유아 : 출생 후부터 4세 이하까지

3 환경보건

1) 대기환경

① 기후의 3대 요소 : 기온, 기습(습도), 기류
② 쾌적한 환경 : 온도 18±2℃, 습도 40~70%, 기류 0.5m/sec 이하
③ 군집독 : 다수인이 밀집하여 이산화탄소 증가, 기온 상승으로 불쾌감
④ 실내 공기오염 지표는 이산화탄소량이 기준, 대기오염은 아황산가스량이 기준
⑤ 일산화탄소 : 무색, 무취, 무자극 기체, 불완전연소 시 맹독성
⑥ 대기오염물질

먼지(Dust)	대기 중 입자상 물질 1~100㎛
매연(Sooty Smoke)	연기 0.01~1㎛
검댕(Sool)	연소 시 유리탄소가 응결
연무(Mist)	0.5~3㎛의 액체 입자
스모그(Smog)	Smoke와 Fog의 합성어. 안개 낀 것 같은 현상

이 · 미용업소 환경
실내온도 18~21℃, 습도 40~60%, 조명도 75룩스 이상

⑦ 대기오염현상 : 온난화, 환경호르몬, 오존층 파괴, 황사, 산성비, 라니냐현상, 엘리뇨현상

2) 수질환경

① 하수오염 지표

DO(용존산소)	• 물에 녹아있는 용존산소량 • DO가 낮으면 오염도가 높음
BOD(생화학적 산소요구량)	수질오염의 지표
COD(화학적 산소요구량)	COD가 낮으면 오염도가 낮음

② 수질오염현상 : 부영양화, 적조현상(해류), 녹조현상(하천)

4 산업보건

1) RMR : 작업대사율()

2) 산업에 의한 직업병

① 고열에 의한 장애 : 열사병(일사병), 열허탈증

② 저온 노출에 의한 장애 : 침호족, 침수족, 동상

③ 진동에 의한 장애 : 레이노병

④ 분진에 의한 장애 : 진폐증, 구폐증, 석면폐증

3) 우리나라의 보건행정조직

보건복지부 → 시 · 도 보건행정직 → 시 · 군 · 구(보건소)

※ 보건소는 우리나라 지방보건행정의 최일선 조직

5 소독학

1) 소독력이 강한 순서 : 멸균 〉 살균 〉 소독 〉 방부

2) 소독의 역사

① 간헐멸균법 : 영국의 존 딘탈 고안
② 저온살균법 : 루이스 파스퇴르 개발
③ 건열멸균법 : 루이스 파스퇴르 개발, 170℃에서 60분간 건열 이용
④ 고압증기멸균법 : 찰스 캄베르랜드 고안, 아포생성균을 121℃에서 15~20분간 적용

3) 소독법

① 저온소독법 : 파스퇴르 고안, 유제품, 알코올
② 포르말린(포름알데히드) : 지용성, 단백질 응고작용
③ 양이온성 계면활성제(역성비누) : 손 소독, 무취, 독성 적음, 이 · 미용 업소 사용
④ 석탄산 : 소독제의 평가기준

$$석탄산계수 = \frac{소독약의\ 희석배수}{석탄산의\ 희석배수}$$

⑤ 크레졸 : 3% 수용액 사용, 이 · 미용실 실내 소독용
⑥ 승홍 : 살균력 강함, 맹독성, 피부에는 0.1~0.5% 사용, 금속을 부식

4) 소독인자

미생물 농도, 소독제 농도, 소독제의 불활성화, 온도, 시간

6 미생물

1) 미생물의 정의

① 0.1㎜ 이하의 육안으로 볼 수 없는 생명체로 현미경으로 관찰 가능하며 원핵세포와 진핵세포로 구성

② 비병원성 미생물 : 병을 유발하지 않음, 발효균, 유산균, 곰팡이, 효모

③ 병원성 미생물 : 병을 유발함, 세균, 바이러스, 리케차, 진균

④ 미생물의 크기 : 곰팡이 〉 효모 〉 세균 〉 리케차 〉 바이러스

※ 바이러스가 가장 작으며 살아있는 세포에만 생존

⑤ 미생물 증식에 필요한 조건 : 영양소, 온도, pH, 산소, 이산화탄소, 빛

2) 소독방법

① 대상물에 따른 소독방법

대소변, 배설물, 토사물	석탄산수, 소각법, 크레졸수
의복, 침구류	일광소독, 증기소독, 자비소독
미용 · 메이크업 전문가의 손	역성비누
수정가위, 아이래쉬 컬러 등	알코올, 자외선 소독기
브러시류(메이크업 브러시)	알코올, 비누(샴푸)
구강, 상처소독	과산화수소

② 소독액의 농도 표시법

퍼센트	백분율(%)	$\frac{\text{용질량(소독약)}}{\text{용액량(희석액)}} \times 100\%$
퍼밀리	천분율(%)	$\frac{\text{용질량(소독약)}}{\text{용액량(희석액)}} \times 1{,}000\%$
ppm	백만분율(%)	$\frac{\text{용질량(소독약)}}{\text{용액량(희석액)}} \times \text{100만(pmm)}$
희석배수	• 원액이 몇 배로 희석되었는지 표시 • 원액 1푼에 물 10푼을 넣었을 때 10배 수용액이라 함	

7 공중위생관리법의 목적 및 정의

1) 목적

공중이 이용하는 영업과 시설의 위생관리 등에 관한 사항을 규정함으로써 위생수준을 향상시켜 국민의 건강 증진에 기여

2) 정의

① 공중위생영업 : 다수인 대상의 공중위생영업인 숙박업, 목욕장업, 이용업, 미용업, 세탁업, 건물위생관리업

② 이용업 : 손님의 머리카락 또는 수염을 깎거나 다듬는 등의 방법으로 손님의 용모를 단정하게 하는 영업

③ 미용업 : 손님의 얼굴, 머리, 피부 등을 손질해 손님의 외모를 아름답게 꾸미는 영업

8 영업의 신고 및 폐업

1) 영업의 신고

보건복지부령이 정하는 기준을 갖춘 후 시장, 군수, 구청장에게 제출

2) 영업신고증을 잃어버렸거나 헐어 못쓰게 되어 재교부하려는 경우

영업신고증 재교부 신청서를 시장, 군수, 구청장에게 제출, 못 쓰게 된 영업신고증은 첨부해야 함

※ 영업소의 시설 및 설비에 대한 확인이 필요한 경우에는 영업신고증을 교부한 후 30일 이내에 확인해야 함

3) 변경신고 : 시장, 군수, 구청장에게 신고, 변경신고를 해야 하는 경우

① 영업소의 명칭 또는 상호 변경

② 영업소의 소재지 변경

③ 신고한 영업장 면적의 3분의 1 이상 증감 시

④ 대표자의 성명 또는 생년월일 변경

⑤ 업종간 변경

4) 폐업신고

① 폐업한 날부터 20일 이내에 시장, 군수, 구청장에게 신고

② 신고 시 폐업신고서에는 영업신고증을 첨부

5) 영업의 승계

① 공중위생영업자가 양도, 사망, 법인합병 시에는 양수인, 상속인 또는 합병 후 존속되는 법인이나 합병에 의해 설립되는 법인은 그 공중위생영업자의 지위 승계

② 이 · 미용업 면허를 소지한 자에 한하여 공중위생영업자 지위 승계

③ 이용업, 미용업의 경우에는 면허를 소지한 자에 한하여 공중위생영업자의 지위 승계

9 영업자 준수사항

1) 미용사의 위생관리

① 의료기구와 의약품을 사용하지 않는 순수한 화장 또는 피부미용을 할 것

② 소독한 기구를 분리하여 보관, 면도기는 1회용 면도날만을 손님 1인에 의하여 사용

③ 미용사 면허증을 영업소 안에 제시

2) 미용기구의 소독기준 및 방법

① 일반기준

- 자외선 소독 : 1㎠당 85㎼(마이크로와트) 이상의 자외선을 20분 이상 소독
- 건열멸균 소독 : 섭씨 100℃ 이상의 건조한 열에 20분 이상 소독
- 증기 소독 : 섭씨 100℃ 이상의 습한 열에 20분 이상 소독
- 열탕 소독 : 섭씨 100℃ 이상의 물속에 10분 이상 소독
- 석탄산수 소독 : 석탄산수(석탄산 3%, 물 97%의 수용액)에 10분 이상 소독
- 크레졸 소독 : 크레졸수(크레졸 3%, 물 97%의 수용액)에 10분 이상 소독
- 에탄올 소독 : 에탄올수(에탄올 70% 수용액)에 10분 이상 담가두거나 에탄올 수용액을 묻혀 거즈로 닦아냄

② 개별기준 : 기구의 종류, 재질, 용도에 따른 구체적인 소독기준 및 방법은 보건복지부장관이 고시

③ 미용사가 준수하여야 할 위생관리 기준

- 점빼기, 귓불뚫기, 쌍커풀수술, 문신, 박피술 그밖에 이와 유사한 의료행위 금지
- 약사법 규정에 의한 의약품 또는 의료기기법에 따른 의료기기 사용 금지
- 소독한 기구와 소독하지 않은 기구는 각각 다른 용기에 보관
- 1회용 면도날은 손님 1인에 한하여 사용

- 영업장 안의 조명도는 75룩스 이상
- 영업소 내부에 미용업신고증 및 개설자의 면허증 원본 제시
- 영업소 내부에 부가가치세, 재료비, 봉사료 등이 포함된 요금표 게시(최종지불요금표)
- 신고영업장이 66㎡ 이상인 경우 영업소 외부(출입문, 창문, 외벽면 등을 포함)에도 손님이 보기 쉬운 곳에 옥외광고물 등 관리법에 적합하게 최종지불요금표를 게시 또는 부착

3) 용어의 정의

① 벌금 : 범죄의 처벌로 부과하는 형벌로 재판을 거쳐 일정 금액을 납부하는 형사처벌

② 과징금 : 행정법 의무를 위반한 경우에 부과하는 금전적 제재 조치

③ 과태료 : 형벌을 가지지 않는 법령을 위반한 경우에 가해지는 금전의 벌

10 미용사의 면허

1) 면허발급

① 전문대학 또는 이와 동등 이상 학력의 미용에 관한 학과를 졸업한 자

② 학점인정으로 대학 또는 전문대학 졸업한 자와 동등 이상 학력의 미용에 관한 학위를 취득한 자

③ 고등학교 또는 이와 동등 학력의 미용에 관한 학과를 졸업한 자

④ 초·준등교육법령에 따른 특성화고등학교, 고등기술학교나 고등학교 또는 고등기술학교에 준하는 각종학교에서 1년 이상 미용에 관한 소정의 과정을 이수한 자

⑤ 국가기술자격법에 의한 미용사의 자격을 취득한 자

2) 면허발급 결격사유

① 피성년 후견인

② 정신질환자(전문의가 미용사로서 적합하다고 인정한 자 제외)

③ 감염병환자로서 보건복지부령이 정하는 자

④ 마약, 기타 약물중독자

⑤ 면허가 취소된 후 1년이 경과되지 않은 자

3) 면허취소

① 피성년 후견인, 약물중독자에 해당될 때

② 면허증을 타인에게 대여

③ 국가기술자격법에 따라 자격이 취소된 때

④ 국가기술자격법에 따라 자격정지처분을 받은 때

⑤ 이중면허를 취득한 때

⑥ 면허정지 처분기간 중 업무한 때

⑦ 성매매알선, 풍속영업의 규제를 위반한 때

4) 면허의 반납

면허의 취소, 정지 처분을 받은 자는 시장, 군수, 구청장에게 면허증 반납

5) 면허증 재교부

① 면허증의 기재사항 변경 시

② 면허증의 분실 시

③ 면허증이 헐어 못쓰게 된 때

6) 영업소 외에서의 미용업무

① 질병이나 그 밖의 사유로 영업소에 올 수 없는 자

② 혼례나 그 밖의 의식에 참여하는 자

③ 사회복지시설이나 봉사활동

④ 방송 등의 촬영

⑤ 특별한 사정이 있다고 시장, 군수, 구청장이 인정하는 경우

7) 미용업소 위생등급

① 위생서비스 수준평가 : 2년마다 실시

② 위생관리등급 구분

최우수업소	녹색등급
우수업소	황색등급
일반관리대상업소	백색등급

8) 위생교육 : 매년 3시간

9) 벌칙

① 과징금 처분

- 영업정지가 이용자에게 심한 불편을 주거나 그 밖의 공익을 해할 우려가 있는 경우 1억 원 이하의 과징금 부과
- 과징금에 관한 사항은 대통령령

② 과태료 부과기준

- 일반기준 : 시장, 군수, 구청장은 위반행위의 정도, 위반횟수, 위반행위의 동기나 그 결과 등을 고려하여 그 해당 금액의 2분의 1의 범위에

서 경감하거나 가중할 수 있다.

- 개별기준

위반행위	과태료
이용업소의 위생관리 의무를 지키지 아니한 자	80만 원
미용업소의 위생관리 의무를 지키지 아니한 자	80만 원
영업소 외의 장소에서 이용 또는 미용업무를 행한 자	80만 원
보고를 하지 아니하거나 관계공무원의 출입 · 검사, 기타 조치를 거부 · 방해 또는 기피한 자	150만 원
개선명령에 위반한 자	150만 원
이용업 신고를 하지 아니하고 이용업소 표시 등을 설치한 자	90만 원
위생교육을 받지 아니한 자	60만 원

- 미용사 면허 발부권자 : 시장, 군수, 구청장
- 공중위생업소의 위생서비스 수준평가 : 2년마다 실시
- 시장, 군수, 구청장은 이용자에게 심한 불편, 공익을 해칠 경우 : 1억 원 이하 과징금
- 영업소 폐쇄명령을 받고도 계속 영업한 자 : 1년 이하 징역, 1천만 원 이하 벌금
- 면허를 받지 않고 미용 업무를 행한 자 : 300만 원 이하 벌금

한국산업인력공단 출제기준을 100% 반영한 최신판!!

완전합격 미용사 메이크업 필기시험문제

시험전에 보는 핵심 요약집

대한민국 국가대표 브랜드
국가자격 시험문제 전문출판
에듀크라운
국가자격시험문제 전문출판
최고의 적중률!! 최고의 합격률!!
크라운출판사
국가자격시험문제 전문출판
http://www.crownbook.co.kr

완전합격

미용사 메이크업 필기시험문제

대한민국 국가대표 브랜드
국가자격 시험문제 전문출판
에듀크라운
국가자격시험문제 전문출판
최고의 적중률!! 최고의 합격률!!
크라운출판사
국가자격시험문제 전문출판
http://www.crownbook.co.kr

'완전합격'하는 이 책의 구성

1. 한국산업인력공단 〈미용사 메이크업 필기시험〉 출제기준에 맞춘 도서!
메이크업 NCS 기준을 반영한 도서!

2. 수험자들의 합격을 위한 맞춤식 도서로 자세한 이론 해설과 풍부한 일러스트 자료 수록!

CHAPTER 01

메이크업 위생관리

메이크업 시술을 시작하기 전에 먼저 메이크업 위생관리를 이해하고 준비하는 것이 필수적인 사항이다. 메이크업 시술을 하는 장소는 여러사람들이 함께 작업하는 곳이므로 메이크업 작업환경, 실내환경 뿐만 아니라 사용하게 되는 재료 및 기구도 위생적으로 소독한후 메이크업 실기를 하도록 한다.

CHAPTER 01 메이크업
메이크업 시술을 시작하기 전에
다. 메이크업 시술을 하는 장
경 뿐만 아니라 사용하게 되

들어가기에서는 각 챕터에 대한 이해를 돕는다!

TIP. 우리나라 화장의 표현

- 담장 : 피부를 깨끗하고 희게 표현하는 옅은 화장으로 조선시대, 여염집 여인들의 화장을 일컫는다. 기초화장에 해당된다.
- 농장 : 담장보다 조금 더 짙은 화장으로 색조가 표현된 화장이다.
- 응장 : 농장보다 더 짙은 색조화장으로 혼례시의 화장에 해당된다.
- 야용 : 지나치게 짙은 화장을 뜻하며, 자연스럽지 못하고 억지로 꾸민 듯한 느낌의 색조화장이다.

01 메이크업의 이해

(1) 메이크업의 개념

1) 메이크업의 정의

① **메이크업 업무의 정의 :** 특정한 상황이나 목적에 맞는 이미지와 캐릭터를 창출하기 위하여 이미지 분석, 디자인 개발, 메이크업 시술, 그리고 코디네이션과 기타 사후 관리 등을 실행하므로 얼굴뿐만 아니라 신체에 효과적인 표현을 하고 연출하는 일이다.

② **메이크업(Make-up) 단어의 관용적 의미 :** '만들어내다', '만들어서 표현하다'라는 의미의 영어단어이다.

③ **우리나라에서 메이크업을 표현하는 단어 :** 화장, 분장으로 표현한다.

④ **서양에서 메이크업을 표현하는 단어 :** 메이크업이라는 단어 외에 페인팅(Painting)이라는 말과 마끼아쥐(Maquillage)라는 단어를 사용한다.

⑤ **메이크업 용어의 기원 :** 16세기 영국의 대문호 셰익스피어가 페인팅(Painting)이란 단어를 사용하였고, 17세기 영국의 시인 리처드 크레슈가 여성의 매력을 높혀주는 화장을 뜻하는 단어로 메이크업(Make-up)이라는 용어를 사용하였다.

2) 메이크업의 목적

① **보호의 목적 :** 외부환경인 자외선이나 대기오염, 기온 등의 변화로부터 피부를 보호하여 건강한 피부로 유지시켜준다.

② **표현의 목적 :** 특정한 상황과 목적에 적합한 이미지와 캐릭터를 창출한다.

③ **심리적인 목적 :** 결점을 보완하고 장점을 부각시켜 아름다운 이미지를 표현함으로서 심리적으로 자신감을 갖는다.

14

TIP. 우리나라 화장의 표현
담장 : 피부를 깨끗하고 희게 표현하는 옅은 화장으로 조선시대, 여염집 여인들의 화장을 일컫는다. 기초화장에 해당된다.
농장 : 담장보다 조금 더 짙은 화장으로 색조가 표현된 화장이다.

팁을 실어 이론의 이해를 돕는다!

메이크업의 목적
① 보호의 목적 : 외부환경인
터 피부를 보호하여 건강한
② 표현의 목적 : 특정한 상황과
한다.
③ 심리적인 목적 : 결점을 보
표현함으로서 심리적

시험에 출제 예상되는 요점을 정리한 이론!

3. '실력 UP 예상문제'와 '이해도 UP OX문제'를 통해 단원별 문제 이해를 향상시키고 '출제예상문제'와 '기출문제'를 통해 시험에 대비할 수 있는 도서!

4. '메이크업 아티스트'를 위한 여러 조언을 실어 시험을 합격한 후에도 다시 보고 싶은 도서!

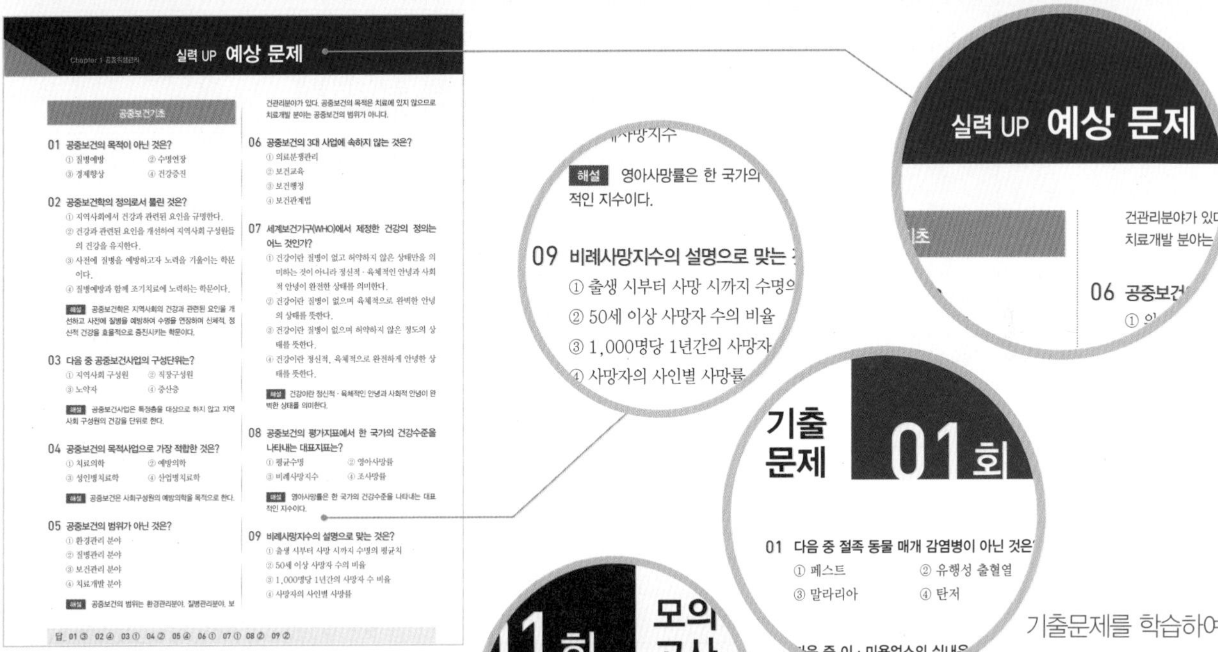
Chapter 1 공중위생관리

실력 UP 예상 문제

공중보건기초

01 공중보건의 목적이 아닌 것은?
① 질병예방 ② 수명연장
③ 정체향상 ④ 건강증진

02 공중보건학의 정의로서 틀린 것은?
① 지역사회에서 건강과 관련된 요인을 규명한다.
② 건강과 관련된 요인을 개선하여 지역사회 구성원들의 건강을 유지한다.
③ 사전에 질병을 예방하고자 노력을 기울이는 학문이다.
④ 질병예방과 함께 조기치료에 노력하는 학문이다.
해설 공중보건학은 지역사회의 건강과 관련된 요인을 개선하고 사전에 질병을 예방하여 수명을 연장하며 신체적, 정신적 건강을 효율적으로 증진시키는 학문이다.

03 다음 중 공중보건사업의 구성단위는?
① 지역사회 구성원 ② 직장구성원
③ 노약자 ④ 중산층
해설 공중보건사업은 특정층을 대상으로 하지 않고 지역사회 구성원의 건강을 단위로 한다.

04 공중보건의 목적사업으로 가장 적합한 것은?
① 치료의학 ② 예방의학
③ 성인병치료학 ④ 산업병치료학
해설 공중보건은 사회구성원의 예방의학을 목적으로 한다.

05 공중보건의 범위가 아닌 것은?
① 환경관리 분야
② 질병관리 분야
③ 보건관리 분야
④ 치료개발 분야
해설 공중보건의 범위는 환경관리분야, 질병관리분야, 보건관리분야가 있다. 공중보건의 목적은 치료에 있지 않으므로 치료개발 분야는 공중보건의 범위가 아니다.

06 공중보건의 3대 사업에 속하지 않는 것은?
① 의료분쟁관리
② 보건교육
③ 보건행정
④ 보건관계법

07 세계보건기구(WHO)에서 제정한 건강의 정의는 어느 것인가?
① 건강이란 질병이 없고 허약하지 않은 상태만을 의미하는 것이 아니라 정신적·육체적인 안녕과 사회적 안녕이 완전한 상태를 의미한다.
② 건강이란 질병이 없으며 육체적으로 완벽한 안녕의 상태를 뜻한다.
③ 건강이란 질병이 없으며 허약하지 않은 정도의 상태를 뜻한다.
④ 건강이란 정신적, 육체적으로 완전하게 안녕한 상태를 뜻한다.
해설 건강이란 정신적·육체적인 안녕과 사회적 안녕이 완벽한 상태를 의미한다.

08 공중보건의 평가지표에서 한 국가의 건강수준을 나타내는 대표지표는?
① 평균수명 ② 영아사망률
③ 비례사망지수 ④ 조사망률
해설 영아사망률은 한 국가의 건강수준을 나타내는 대표적인 지수이다.

09 비례사망지수의 설명으로 맞는 것은?
① 출생 시부터 사망 시까지 수명의 평균치
② 50세 이상 사망자 수의 비율
③ 1,000명당 1년간의 사망자 수 비율
④ 사망자의 사인별 사망률

답 01 ③ 02 ④ 03 ① 04 ② 05 ④ 06 ① 07 ① 08 ② 09 ②

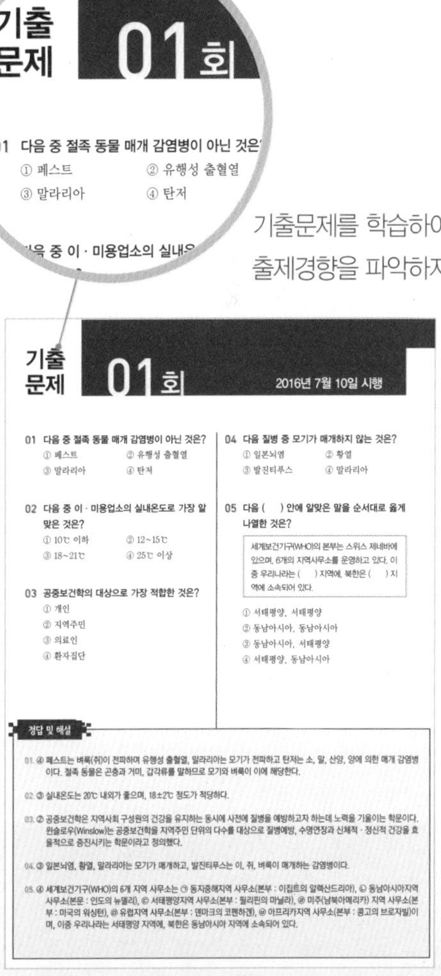
기출 문제 01회 2016년 7월 10일 시행

01 다음 중 절족 동물 매개 감염병이 아닌 것은?
① 페스트 ② 유행성 출혈열
③ 말라리아 ④ 탄저

02 다음 중 이·미용업소의 실내온도로 가장 알맞은 것은?
① 10℃ 이하 ② 12~15℃
③ 18~21℃ ④ 25℃ 이상

03 공중보건학의 대상으로 가장 적합한 것은?
① 개인
② 지역주민
③ 의료인
④ 환자집단

04 다음 질병 중 모기가 매개하지 않는 것은?
① 일본뇌염 ② 황열
③ 발진티푸스 ④ 말라리아

05 다음 ( ) 안에 알맞은 말을 순서대로 옳게 나열한 것은?
세계보건기구(WHO)의 본부는 스위스 제네바에 있으며, 6개의 지역사무소를 운영하고 있다. 이 중 우리나라는 ( ) 지역에, 북한은 ( ) 지역에 소속되어 있다.
① 서태평양, 서태평양
② 동남아시아, 동남아시아
③ 동남아시아, 서태평양
④ 서태평양, 동남아시아

정답 및 해설
01. ④ 페스트는 벼룩(쥐)이 전파하며 유행성 출혈열, 말라리아는 모기가 전파하고 탄저는 소, 말, 산양, 양에 의한 매개 감염병이다. 절족 동물은 곤충과 거미, 갑각류를 말하므로 모기와 벼룩이 이에 해당한다.
02. ③ 실내온도는 20℃ 내외가 좋으며, 18±2℃ 정도가 적당하다.
03. ② 공중보건학은 지역사회 구성원의 건강을 유지하는 동시에 사전에 질병을 예방하고자 하는데 노력을 기울이는 학문이다. 윈슬로우(Winslow)는 공중보건학을 지역주민 단위의 다수를 대상으로 질병예방, 수명연장과 신체적·정신적 건강을 효율적으로 증진시키는 학문이라고 정의했다.
04. ③ 일본뇌염, 황열, 말라리아는 모기가 매개하고, 발진티푸스는 이, 쥐, 벼룩이 매개하는 감염병이다.
05. ④ 세계보건기구(WHO)의 6개 지역 사무소는 ㉠ 동지중해지역 사무소(본부 : 이집트의 알렉산드리아), ㉡ 동남아시아지역 사무소(본부 : 인도의 뉴델리), ㉢ 서태평양지역 사무소(본부 : 필리핀의 마닐라), ㉣ 미주(남북아메리카) 지역 사무소(본부 : 미국의 워싱턴), ㉤ 유럽지역 사무소(본부 : 덴마크의 코펜하겐), ㉥ 아프리카지역 사무소(본부 : 콩고의 브로자빌)이며, 이중 우리나라는 서태평양 지역에, 북한은 동남아시아 지역에 소속되어 있다.

기출문제를 학습하여 출제경향을 파악하자!

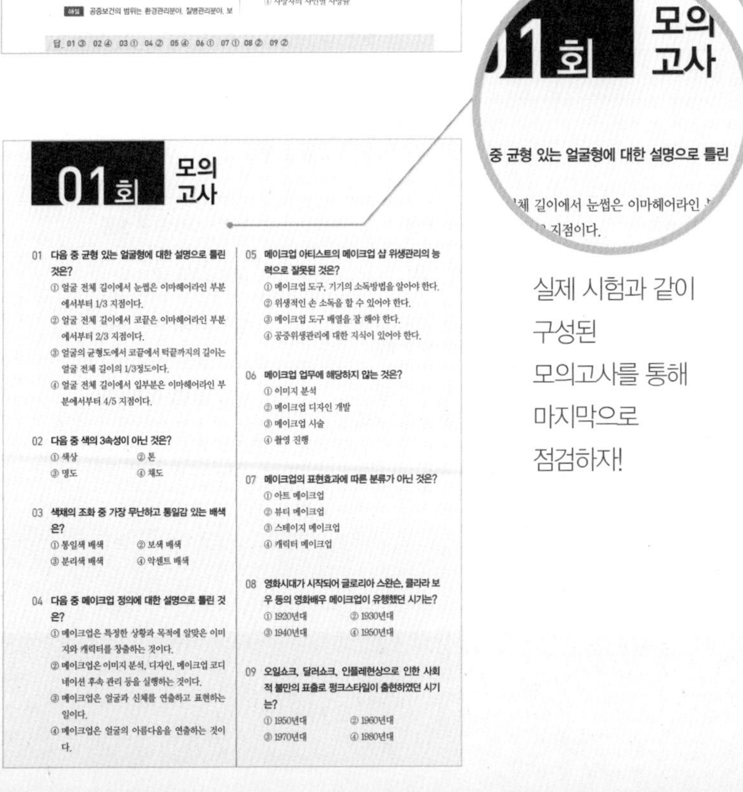
01회 모의고사

01 다음 중 균형 있는 얼굴형에 대한 설명으로 틀린 것은?
① 얼굴 전체 길이에서 눈썹은 이마헤어라인 부분에서부터 1/3 지점이다.
② 얼굴 전체 길이에서 코끝은 이마헤어라인 부분에서부터 2/3 지점이다.
③ 얼굴의 균형도에서 코끝에서 턱끝까지의 길이는 얼굴 전체 길이의 1/3정도이다.
④ 얼굴 전체 길이에서 입부분은 이마헤어라인 부분에서부터 4/5 지점이다.

02 다음 중 색의 3속성이 아닌 것은?
① 색상 ② 톤
③ 명도 ④ 채도

03 색채의 조화 중 가장 무난하고 통일감 있는 배색은?
① 동일색 배색 ② 보색 배색
③ 분리색 배색 ④ 악센트 배색

04 다음 중 메이크업 정의에 대한 설명으로 틀린 것은?
① 메이크업은 특정한 상황과 목적에 알맞은 이미지와 캐릭터를 창출하는 것이다.
② 메이크업은 이미지 분석, 디자인, 메이크업 코디네이션 후속 관리 등을 실행하는 것이다.
③ 메이크업은 얼굴과 신체를 연출하고 표현하는 일이다.
④ 메이크업은 얼굴의 아름다움을 연출하는 것이다.

05 메이크업 아티스트의 메이크업 샵 위생관리의 능력으로 잘못된 것은?
① 메이크업 도구, 기기의 소독방법을 알아야 한다.
② 위생적인 손 소독을 할 수 있어야 한다.
③ 메이크업 도구 배열을 잘 해야 한다.
④ 공중위생관리에 대한 지식이 있어야 한다.

06 메이크업 업무에 해당하지 않는 것은?
① 이미지 분석
② 메이크업 디자인 개발
③ 메이크업 시술
④ 촬영 진행

07 메이크업의 표현효과에 따른 분류가 아닌 것은?
① 아트 메이크업
② 뷰티 메이크업
③ 스테이지 메이크업
④ 캐릭터 메이크업

08 영화시대가 시작되어 글로리아 스완슨, 클라라 보우 등의 영화배우 메이크업이 유행했던 시기는?
① 1920년대 ② 1930년대
③ 1940년대 ④ 1950년대

09 오일쇼크, 달러쇼크, 인플레현상으로 인한 사회적 불만의 표출로 펑크스타일이 출현하였던 시기는?
① 1950년대 ② 1960년대
③ 1970년대 ④ 1980년대

실제 시험과 같이 구성된 모의고사를 통해 마지막으로 점검하자!

직무 분야	이용 · 숙박 · 여행 · 오락 · 스포츠	중직무 분야	이용 · 미용	자격 종목	미용사(메이크업)	적용 기간	2022. 1. 1.~2026. 12. 31

직무내용 : 특정한 상황과 목적에 맞는 이미지, 캐릭터 창출을 목적으로 위생관리, 고객서비스, 이미지분석, 디자인, 메이크업 등을 통해 얼굴 · 신체를 연출하고 표현하는 직무이다.

필기검정방법	객관식	문제수	60	시험시간	1시간

필기과목명	문제수	주요항목	세부항목	세세항목	
이미지 연출 및 메이크업 디자인	60	1. 메이크업 위생관리	1. 메이크업의 이해	1. 메이크업의 개념	2. 메이크업의 역사
			2. 메이크업 위생관리	1. 메이크업 작업장 관리	
			3. 메이크업 재료 · 도구 위생관리	1. 메이크업 재료, 도구, 기기 관리 2. 메이크업 도구, 기기 소독	
			4. 메이크업 작업자 위생관리	1. 메이크업 작업자 개인 위생 관리	
			5. 피부의 이해	1. 피부와 피부 부속 기관 3. 피부와 영양 5. 피부면역 7. 피부장애와 질환	2. 피부유형분석 4. 피부와 광선 6. 피부노화
			6. 화장품 분류	1. 피부구조 및 기능 2. 피부 부속기관의 구조 및 기능	
		2. 메이크업 고객 서비스	1. 고객 응대	1. 고객 관리 3. 고객 응대 절차	2. 고객 응대 기법
		3. 메이크업 카운슬링	1. 얼굴특성 파악	1. 얼굴의 비율, 균형, 형태 특성 3. 메이크업 고객 요구와 제안	2. 피부 톤, 피부유형 특성
			2. 메이크업 디자인 제안	1. 메이크업 색채 3. 메이크업 기법	2. 메이크업 이미지
		4. 퍼스널 이미지 제안	1. 퍼스널컬러 파악	1. 퍼스널컬러 분석 및 진단	
			2. 퍼스널 이미지 제안	1. 퍼스널 컬러 이미지	2. 컬러 코디네이션 제안
		5. 메이크업 기초화장품 사용	1. 기초화장품 선택	1. 피부 유형별 기초화장품의 선택 및 활용	
		6. 베이스 메이크업	1. 피부표현 메이크업	1. 베이스제품 활용	2. 베이스제품 도구 활용
			2. 얼굴윤곽 수정	1. 얼굴 형태 수정	2. 피부결점 보완
		7. 색조 메이크업	1. 아이브로우 메이크업	1. 아이브로우 메이크업 표현 3. 아이브로우 제품 활용	2. 아이브로우 수정 보완
			2. 아이 메이크업	1. 눈의 형태별 아이섀도우 3. 속눈썹 유형별 마스카라	2. 눈의 형태별 아이라이너
			3. 립&치크 메이크업	1. 립&치크 메이크업 컬러	2. 립&치크 메이크업 표현

필기과목명	문제수	주요항목	세부항목	세세항목	
이미지 연출 및 메이크업 디자인	60	8. 속눈썹 연출	1. 인조속눈썹 디자인	1. 인조 속눈썹 종류 및 디자인	
			2. 인조속눈썹 작업	1. 인조속눈썹 선택 및 연출	
		9. 속눈썹 연장	1. 속눈썹 연장	1. 속눈썹 위생관리	2. 속눈썹 연장 제품 및 방법
			2. 속눈썹 리터치	1. 연장된 속눈썹 제거	
		10. 본식 웨딩 메이크업	1. 신랑신부 본식 메이크업	1. 웨딩 이미지별 특징	2. 신랑신부 메이크업 표현
			2. 혼주 메이크업	1. 혼주 메이크업 표현	
		11. 응용 메이크업	1. 패션이미지 메이크업 제안	1. 패션 이미지 유형 및 디자인 요소	
			2. 패션이미지 메이크업	1. TPO 메이크업	2. 패션이미지 메이크업 표현
		12. 트렌드 메이크업	1. 트렌드 조사	1. 트렌드 자료수집 및 분석	
			2. 트렌드 메이크업	1. 트렌드 메이크업 표현	
			3. 시대별 메이크업	1. 시대별 메이크업 특성 및 표현	
		13. 미디어 캐릭터 메이크업	1. 미디어 캐릭터 기획	1. 미디어 특성별 메이크업	2. 미디어 캐릭터 표현
			2. 볼드캡 캐릭터 표현	1. 볼드캡 제작 및 표현	
			3. 연령별 캐릭터 표현	1. 연령대별 캐릭터 표현	2. 수염 표현
			4. 상처 메이크업	1. 상처 표현	
		14. 무대 공연 캐릭터 메이크업	1. 작품 캐릭터 개발	1. 공연 작품 분석 및 캐릭터 메이크업 디자인	
			2. 무대공연 캐릭터 메이크업	1. 무대공연 캐릭터 메이크업 표현	
		15. 공중 위생관리	1. 공중보건	1. 공중보건 기초 3. 가족 및 노인보건 5. 식품위생과 영양	2. 질병관리 4. 환경보건 6. 보건행정
			2. 소독	1. 소독의 정의 및 분류 3. 병원성 미생물 5. 분야별 위생 · 소독	2. 미생물 총론 4. 소독방법
			3. 공중위생관리법규 (법, 시행령, 시행규칙)	1. 목적 및 정의 3. 영업자 준수사항 5. 업무 7. 업소 위생등급 9. 벌칙	2. 영업의 신고 및 폐업 4. 면허 6. 행정지도감독 8. 위생교육 10. 시행령 및 시행규칙 관련 사항

메이크업 아티스트가 되자

헤어 미용을 전문적으로 하는 사람을 헤어디자이너라고 하며 피부 미용을 하는 사람을 피부관리사라고 부른다. 하지만 메이크업을 전문적으로 하는 사람은 메이크업 아티스트라고 부르는데, 왜 유독 메이크업에만 아티스트라는 말이 붙는 것일까? 그 이유는 세련된 색감과 테크닉을 구사하여 메이크업을 예술이라는 경지까지 승화시켜야 한다는 뜻이 내포되어 있기 때문이다.

메이크업 아티스트가 되려면 우선 전문적인 학원의 교육이 필요하다. 요즘에는 외국 유학을 가는 경우도 있는데 무조건 유학을 떠나는 것보다 일단 국내에서 기초 교육을 받는 것이 바람직하다. 아무리 어학연수를 받고 강의를 듣는다 하더라도 전문 용어가 섞인 수업을 완벽하게 이해하는 것은 무척 어렵다는 것이 경험자들의 이야기이다. 또한, 모르는 부분을 질문하기는 더욱더 무리이다.

이렇게 메이크업 학원의 기초공부를 마치고 나면 경험을 쌓기 위해 전문가들에게 일을 배우는 인턴 과정을 보내게 된다. 물론 처음부터 한사람 몫을 해내는 경우도 있지만 선배들과 인턴 과정을 보내는 것도 매우 유용한 일이다. 인턴 과정 중에 느끼게 되는 것은 메이크업 아티스트가 보이는 것보다 화려하고 아름답기만 한 것이 아니라는 사실이다. 광고 세드징이나 드라마 촬영, 카탈로그 촬영, 잡지 스튜디오 등에 나가보면 메이크업 자체 일외에도 육체적인 노동이 요구되기 때문이다.
이런 현장 진행 업무를 즐겁게 느끼는 사람은 적성이 잘 맞는 경우이다. 그러나 메이크업 과정을 공부한 수강생 중 대부분은 이 현장 업무 때문에 포기하는 경우가 많다. 처음에는 어렵더라도 어느 정도 일의 스타일을 알게 되고 익숙해지면 좋은 경험을 쌓는 기회가 되므로 반드시 겪어봐야 할 과정이다.

따라서 진정한 메이크업 아티스트가 되려면 여러 가지 전문 지식과 함께 끈기있는 인성을 키우는 것이 필요한데 그 몇 가지 조건을 살펴보면 다음과 같다.

첫째, 예술적인 감각을 키워야 한다. 평소에 전시회나 화랑을 간다거나 영화, 연극을 자주 즐기면서 감상하는 것이 필요하다.

둘째, 유행 정보에 빨라야 한다. 메이크업 아티스트는 메이크업의 유행 경향은 물론 항상 변화하는 유행 색상이나 패션 경향, 코디네이션 감각 등 패션에 관련된 분야의 정보 입수에 빨라야 한다.

셋째, 꾸준히 인내를 갖고 정진해야 한다. 메이크업 아티스트뿐만 아니라 어떤 분야의 전문가라도 1, 2년 안에 완성되는 것이 아니다. 적어도 수년 이상 한 분야의 일을 위해 계속 노력해 온 사람이야말로 진정한 전문가가 될 수 있다. 물론 장기적인 노력과 더불어 실질적인 경험이 축적되어야 함도 잊지 말아야 한다.

메이크업 아티스트의 취업 형태

다음에 소개하는 곳들은 어느 정도 실력을 닦은 후에 지원할 수 있는 분야이다. 메이크업 아티스트의 일반적인 취업 형태로 볼 수 있다.

01. 프리랜서

처음부터 프리랜서로 활동한다는 것은 어느 분야에서나 거의 불가능하다. 실력이 없으면 바로 도태될 수밖에 없는 프리랜서의 세계에는 자기관리와 조직관리에 어느 정도 경험이 있어야 적응할 수 있기 때문이다.

프리랜서가 되기 위해서는 어떤 조직이나 개인 밑에 들어가 일정기간 경력을 쌓은 후에 독립하는 것이 일반적인데 정확히 몇 년이라고 정해진 것은 아니지만 최소 3년 이상의 어시스턴트기간을 거쳐야 한다. 이 기간은 실전 경험을 쌓는데 매우 유용한 시간이지만 자신의 실력을 발휘하기보다는 잔심부름 등의 일이 더 많기 때문에 중간에 포기하는 경우도 많다. 막상 프리랜서가 되었다고 해서 갑자기 일이 쏟아져 들어오는 것도 아니다.
어시스턴트로 활동하면서 알고 지냈던 사람들, 이를테면 광고회사, CF 감독, 잡지사 기자, 사진 작가 등에게 자신이 독립했음을 적극적으로 '홍보'해야 한다. 그리고 일을 맡게 될 경우 그 일의 결과가 바로 그다음일로 직결되기 때문에 늘 최선을 다해야 한다. 프리랜서를 많이 필요로 하는 현장은 CF나 영화 메이크업, 연예인 메이크업 등으로 보수는 경력에 따라 다르다.
이런 계통은 거의 인맥으로 일이 연결되기 때문에 평소에 대인관계를 넓고 원만하게 유지하는 것이 중요하다.
다시 말해 프리랜서에게는 **'사람 = 재산'**이므로 관련 업계에 아는 사람이 많으면 많을수록 유리하다.

따라서 학교나 학원에 다닐 때부터 교사나 강사, 동료, 선배들에게 이미지 관리를 잘해야 하며, 이를 잘하는 사람은 이미 프리랜서로서의 사업영역을 넓혀 나가는 일이 시작되었다고 할 수 있다. 프리랜서는 스케줄 조정에서부터 개런티 협상, 세금관계의 일까지 모두 본인이 혼자 처리해야 하는데 유명한 아티스트들은 이런 일들을 맡아줄 별도의 매니저를 두는 경우도 있다.

02. 광고 제작회사

규모가 큰 광고 제작회사들은 전속 메이크업 아티스트를 두고 일을 하다가 성수기에 일이 많아지면 추가로 프리랜서를 쓰기도 한다. 광고 제작회사에 소속되면 보수도 안정적이며 다양한 매체의 메이크업도 접해볼 수 있다. 그리고 제작과정에 대한 전반적인 일까지도 폭넓게 배울 수 있으며 인맥도 쉽게 많이 형성할 수 있다. 하지만 전속 메이크업 아티스트가 되려면 다른 분야에서 몇 년간의 수습기간을 거쳐 실력을 어느 정도 쌓은 후에야 가능하다.

03. 웨딩숍

웨딩숍은 신부 화장뿐만 아니라 서비스매너도 철저하게 배울 수 있는 곳이다. 다양한 얼굴형에 따른 메이크업 스타일을 실제 경험하고 공부할 수 있는 살아있는 현장으로 실기를 많이 할 수 있어 테크닉을 빨리 배울 수 있는 장점이 있다.

웨딩 메이크업은 보통 야외촬영일과 결혼식 스케줄을 따로 잡기 때문에 두 번 화장을 하게 되는데 특히 야외 촬영은 거의 준모델 메이크업 촬영으로 포토메이크업에 대한 연구도 해야 한다. 촬영이나 식이 있는 날은 아침 일찍부터 일을 시작하고 주말에는 더욱 바쁘게 보내게 된다.

대신 대체로 오전 중에 일이 거의 끝나고 오후에는 드레스나 메이크업에 대한 상담을 하게 되는데 틈틈이 잡지나 영화 등을 많이 보는 것은 물론 꾸준히 연습도 해야 감각 있고 세련된 메이크업을 할 수 있다. 웨딩숍에서 일하면 메이크업뿐아니라 드레스와의 코디, 스킨케어, 헤어스타일링까지 배울 수 있다. 수입은 대부분 고정적이며 때때로 부수입도 기대할 수 있다.

04. 방송국

방송국의 분장실은 메이크업학원 졸업생들이 선호하는 취업처 중의 하나이다. 방송에서는 드라마부터 쇼, 뉴스, 대담이나 고발성 프로에 이르기까지 메이크업을 하지 않는 분야가 거의 없다. 드라마만 하더라도 현대극, 사극, SF물까지 다양하므로 일반 메이크업뿐만 아니라 특수분장이나 사극분장에도 실력이 우수해야 한다.

하지만 초보 아티스트에겐 쉽고 위험부담이 적은 일부터 맡기고 또 다른 아티스트들의 숫자도 많기 때문에 실력을 완벽하게 쌓아야만 방송계에 취업할 수 있는 것은 아니다.

방송일은 개인스케줄보다 방송이 우선이기 때문에 주말이나 휴일 저녁 늦게까지도 바쁠 수 있으며 지방이나 현지로케 촬영이라면 몇박 며칠동안 출장을 가야하는 경우도 생긴다.

05. 전문강사

학원이나 학교를 졸업한 다음 어시스턴트 과정을 거친 후 프리랜서로 활동하다가 메이크업 학원이나 문화센터 등의 강사가 되는 경우도 심심치 않게 찾아볼 수 있다. 메이크업 아티스트 지망생을 가르치는 전문학원의 강사는 실력이 뛰어나야 함은 물론이고 강의 능력도 갖추고 있어야 한다.

또 강의만 하다보면 현장과의 거리감이 생길 수 있으므로 광고나 패션쇼, 잡지화보 촬영 등의 의뢰가 들어오면 적극적으로 응해 현장감각을 유지하는 것이 중요하다.

강사는 교육내용이나 실력향상을 위해 관련서적을 보거나 자료를 찾는 노력이 필요한데 이에 못지않게 강의 대상자에 대한 파악도 중요하다. 수강생의 연령층, 교육정도, 성별, 교육 기대치 등에 따라 강의기법을 연구하도록 한다.
예를들어 문화센터 메이크업 강좌의 수강생은 대부분 평상시 본인의 얼굴을 좀 더 아름답게 연출하고 싶어하는 일반여성들이므로 기본적인 메이크업 테크닉을 중심으로 흥미로우며 실용적인 화장법에 중점을 둔다.

06. 모델양성기관

중고생들이 선망하는 인기직업의 하나로 연예인이 꼽히고 있는 만큼 탤런트나 모델을 전문적으로 양성하는 연기학원이 점점 증가하고 있다. 이들을 연예계나 패션쇼 등에 연결시키기 위해 상반신이나 전신사진을 브로셔(brochure)로 만드는 작업을 하게 되는데 이때 전문가의 손길이 필요하기 때문에 메이크업 아티스트를 고정적으로 두고 있는 곳이 많다.
또한 업계간 판매경쟁이 심화되면서 각종 이벤트나 가두 홍보를 위해 도우미나 내레이터 모델의 활약이 두드러지고 있고 이들을 양성하는 전문학원 또한 셀 수 없을 정도이다. 그중 규모가 큰 곳은 메이크업 아티스트를 기용하고 있다.

목
차

PART 1 메이크업 연출 및 메이크업 디자인

PART

2

공중위생관리학

PART

3

실전모의고사 및 기출문제

PART 1 메이크업 연출 및 메이크업 디자인

PART 01

메이크업 연출 및 메이크업 디자인

CHAPTER 01

메이크업 위생관리

메이크업 시술을 시작하기 전에 먼저 메이크업 위생관리를 이해하고 준비하는 것이 필수적인 사항이다. 메이크업 시술을 하는 장소는 여러사람들이 함께 작업하는 곳이므로 메이크업 작업환경, 실내환경 뿐만 아니라 사용하게 되는 재료 및 기구도 위생적으로 소독한 후 메이크업 실기를 하도록 한다.

TIP. 우리나라 화장의 표현

- 담장 : 피부를 깨끗하고 희게 표현하는 옅은 화장으로 조선시대, 여염집 여인들의 화장을 일컫는다. 기초화장에 해당된다.
- 농장 : 담장보다 조금 더 짙은 화장으로 색조가 표현된 화장이다.
- 응장 : 농장보다 더 짙은 색조화장으로 혼례시의 화장에 해당된다.
- 야용 : 지나치게 짙은 화장을 뜻하며, 자연스럽지 못하고 억지로 꾸민 듯한 느낌의 색조화장이다.

01 메이크업의 이해

(1) 메이크업의 개념

1) 메이크업의 정의

① **메이크업 업무의 정의** : 특정한 상황이나 목적에 맞는 이미지와 캐릭터를 창출하기 위하여 이미지 분석, 디자인 개발, 메이크업 시술, 그리고 코디네이션과 기타 사후 관리 등을 실행하므로 얼굴뿐만 아니라 신체에 효과적인 표현을 하고 연출히는 일이다.

② **메이크업(Make-up) 단어의 관용적 의미** : '만들어내다', '만들어서 표현하다'라는 의미의 영어 단어이다.

③ **우리나라에서 메이크업을 표현하는 단어** : 화장, 분장으로 표현한다.

④ **서양에서 메이크업을 표현하는 단어** : 메이크업이라는 단어 외에 페인팅(Painting)이라는 말과 마끼아쥐(Maquillage)라는 단어를 사용한다.

⑤ **메이크업 용어의 기원** : 16세기 영국의 대문호 셰익스피어가 페인팅(Painting)이란 단어를 사용하였고, 17세기 영국의 시인 리처드 크레슈가 여성의 매력을 높혀주는 화장을 뜻하는 단어로 메이크업(Make-up)이라는 용어를 사용하였다.

2) 메이크업의 목적

① **보호의 목적** : 외부환경인 자외선이나 대기오염, 기온 등의 변화로부터 피부를 보호하여 건강한 피부로 유지시켜준다.

② **표현의 목적** : 특정한 상황과 목적에 적합한 이미지와 캐릭터를 창출한다.

③ **심리적인 목적** : 결점을 보완하고 장점을 부각시켜 아름다운 이미지를 표현함으로서 심리적으로 자신감을 갖는다.

④ **사회적인 목적 :** 관습, 예의, 신분, 직업 등을 표현함으로서 사회생활에서 상대방에 대한 에티켓으로서의 목적을 갖는다.

3) 메이크업의 기원

신체보호설	동물이나 자연환경으로부터 보호하기 위해 메이크업을 하였다는 가설
표시기능설	인간의 본능으로서 사회적 신분상으로 타인과 다르다는 점을 표현하기 위해 메이크업을 하였다는 가설
장식설	아름다워지고 싶어하는 미적 욕구의 하나로 장식하게 되었다는 가설
종교설	종교적인 행사 시 재앙이나 병마를 물리치고 복을 부르기 위해 향을 피우고 신체에 메이크업을 했다는 가설

4) 메이크업의 기능

① **미화적인 기능 :** 얼굴의 장점을 살리고 결점을 커버하여 아름답게 한다.

② **표현 창출의 기능 :** 시나리오나 대본에서 요구하는 이미지나 캐릭터를 창의적으로 표현한다.

③ **보호적인 기능 :** 외부의 공기, 온도, 습도, 자외선, 먼지 등으로부터 피부를 보호한다.

④ **심리적인 기능 :** 개인적인 성격이나 사고방식 등 내면을 반영한다.

⑤ **사회적인 기능 :** 사회의 관습 및 예의를 표현한다.

(2) 메이크업의 역사

한국의 화장

1) 고대

선사시대의 유적지에서 출토된 장신구 등을 살펴보면 우리나라에서도 일찍이 화장을 하였다는 사실을 엿볼 수 있다.

① **선사시대 :** 단군신화에서 곰과 호랑이에게 쑥과 마늘을 주며 100일 동안 어두운 동굴에 있으라고 한 것은 고대사회의 상류계급층이 피부가 흰 사람이었으므로 생긴 그 시대의 백색피부 선호사상 때문이다. 쑥과 마늘은 고대에서부터 현재까지 피부미백뿐만 아니라 잡티, 기미, 주근깨를 제거하기 위해 효과적인 천연미용재료이다.

② **읍루인 :** 겨울에 돈고(돼지기름)를 발라 피부를 보호하고 동상을 방지했다.

③ **말갈인 :** 오줌으로 세수하여 피부미백 미용법으로 활용하였다.

④ **삼한시대 변한인 :** 피부에 문신을 함으로써 신에 대한 숭배, 종족 표시, 위장을 위한 방법으로 원시화장을 사용했다.

정리. 선사시대

- 단군신화 : 쑥, 마늘 미용재료
- 읍루인 : 돈고(돼지기름)으로 피부 보호
- 말갈인 : 오줌 세수
- 변한인 : 피부 문신

정리. 삼국시대

- 고구려 : 쌍영총이나 고분벽화에 화장 표현, 빰과 입술에 연지화장
- 백제 : 시분무주라 하여 옅고 은은한 화장, 일본에게 화장품 제조기술 전수
- 신라 : 화랑도들이 화장하고 치장, 연분 제조, 홍화꽃으로 연지화장

2) 고구려

고구려인들의 화장은 쌍영총 고분벽화나 평안도 수산리 고분벽화 등에서 살펴볼 수 있다.

① **쌍영총 고분벽화** : 여관이나 시녀로 보이는 여인의 뺨과 입술에 붉게 연지화장을 하고 눈썹은 짧고 뭉뚝하게 화장했다.

② **평안도 수산리 고분벽화** : 귀부인상을 보면 여인의 머리에 관을 쓰고 뺨과 입술에 붉게 연지화장을 했다.

③ 삼국사기에는 고구려의 무녀와 악공이 이마에 동그랗게 연지화장을 했다고 전하고 있으며 눈썹은 짧고 뭉뚝하게 다듬었다고 한다. 또한 무인들은 머리카락을 뒤로 틀고 연지를 이마에 바르고 금당으로 머리를 꾸몄다는 것으로 보아 신분, 빈부의 구별 없이 화장과 치장에 열중하였다는 것을 알 수 있다.

3) 백제

① 백제인의 화장에 대해서는 기록이 적어서 화장의 정도를 알기에 어려움이 있다. 다만 일본의 옛 문헌에 화장할 줄 모르고 화장품도 만들 줄 몰랐던 일본인들이 백제로부터 화장품의 제조기술과 화장기술을 익혀 비로소 화장을 하게 되었다고 기록되어 있으므로, 백제의 화장기술과 화장품 제조기술은 매우 높은 수준이었을 것이라고 추측된다.

② 중국문헌에 의하면, 백제인은 엷고 은은한 화장을 좋아했다고 하며 시분무주(분은 바르되 연지를 바르지 않음)라고 백제인의 화장경향을 표현하고 있다.

4) 신라

① 신라시대는 아름다운 육체에 아름다운 정신이 깃든다는 영육일치 사상이 국민정신의 바탕이 되어 남녀모두가 깨끗한 몸과 단정한 옷차림을 추구하였다. 이에 목욕문화가 발달하였고 화장과 화장품이 발달하게 되었다.

② 신라의 화랑도들은 여성 못지않게 화장을 하고 귀고리, 가락지, 팔찌, 목걸이 등으로 장식하였다고 한다.

③ 신라에서는 백분의 사용과 제조기술이 상당한 수준이었다. 일본의 고문헌에 의하면 신라의 한 승려가 서기 692년에 일본에 가서 연분을 만들어 주었다고 하는 기록이 있다. 이로써 신라에서는 서기 692년 이전에 연분의 제조가 보편화하였다는 것을 알 수 있다.

④ 신라시대 이전에는 백분을 사용하였으며 백분은 쌀, 서속 등 곡식의 분말로 만들었는데 잘 발라지지 않는 단점이 있었다. 신라시대 때 연분을 제조함으로써 우리나라 화장품 발달사에 획기적인 발명품이 탄생하였다.

⑤ 신라인들은 홍화, 잇꽃으로 연지를 만들어 입술과 볼에 발랐으며, 굴참나무, 너도밤나무를 태운 재를 이용하여 미묵(눈썹연필)을 만들어 사용했다. 이외에도 신라인들은 향료를 만들어 종교의식이나 제사, 부부침실 등에 다양하게 사용하였다.

⑥ 통일신라시대에는 중국과의 문물 교류가 융성해져서 여인의 화장도 좀 더 진하고 화려해졌으며 신라인들의 치장은 점점 더 의상, 장신구, 화장 등이 삼위일체를 이루어 발전하였다.

TIP. 삼국시대 화장품

- 백분 : 쌀, 서숙 등의 곡식분말
- 미묵 : 굴참나무, 너도밤나무의 재
- 연지 : 홍화꽃의 붉은 염료
- 조두 : 팥, 녹두가루
- 향낭 : 향을 넣은 장신구주머니

TIP. 고려시대

- 사치스럽고 탐미주의 색채
- 분대화장(기생들의 짙은 화장) 경시 풍조
- 교방에서 기생들에게 분대화장법 가르침

5) 고려시대

① 고려시대의 화장술과 화장품의 제조는 신라의 화장 문화가 그대로 전승 · 발전된 것이었다. 따라서 신라시대의 미의식인 영육일치사상이 전승되어 청결하고 아름다운 육체에 아름다운 영혼이 깃든다고 믿어 목욕문화가 발달하였고 화장과 화장품이 발달하였다.

② 고려의 화장 문화는 외형상 사치스러웠고 내면적으로는 탐미주의 색채가 농후하였으며 신분에 따른 이원화된 화장기술이 자리 잡게 되었다. 예를 들면 여염집 여성은 엷은 화장을 하고, 기생들은 분대화장이라고 하는 짙은 화장을 하는 이원화 현상이 생기게 된 것이다.

③ **분대화장 :** 분을 하얗게 바르고 눈썹을 가늘게 가다듬어 까맣게 그리며 머릿기름을 번질거릴 정도로 많이 바르는 화장을 말한다. 이는 기생을 분대라고 별칭할 만큼 기생들이 판에 박은 듯 한결같이 진하게 화장을 하였는데, 고려 초기에 교방(敎坊)에서는 기생들에게 분대화장법도 교육하였다고 한다.

④ 분대화장이라는 기생들의 직업적인 짙은 화장은 조선시대까지 계속 계승되면서, 기생들의 분대화장으로 인해 화장을 경멸하는 풍조가 생겨나게 되었다. 그러나 이러한 분대화장은 화장에 대한 기피현상, 경멸감을 발생시킨 반면에 고려시대의 화장의 보급과 화장품 발전에 크게 기여하였다고 볼 수 있다.

TIP.

중국 사신인 서긍의 '고려도경'에는 고려 귀부인의 화장에 대하여 "향유 바르기를 좋아하지 않고 분을 바르되 연지를 즐겨 바르지 않았다. 눈썹은 넓게 그리고 검은 비단으로 만든 너울을 쓰고 감람빛깔(올리브 그린색)의 넓은 허리띠를 두르고 채색한 끈에 금방울을 달고 비단향낭을 여럿 찼는데 향낭을 여러개 패용할수록 자랑스럽게 여겼다"고 기록하고 있다.

전완길 저 「한국화장문화사」 (열화당)중에서

※ 중국 서긍의 눈에 비친 고려 귀부인상의 화장표현은 여염집 여인의 엷은 화장으로 보여진다. 또한, 그 당시 중국의 화려한 색채화장과 비교하여 표현한 것으로 볼 수 있다.

※ 교방 : 고려 초기에 기생들에게 분대화장을 가르친 교육장

정리. 조선시대

- 빙허각 이씨의 규합총서 : 10가지 눈썹 그리는 방법, 입술 연지 찍는 법 기록
- 분전 : 화장품과 화장용구 취급한 상가
- 매분구 : 가가호호 방문하는 화장품 판매상
- 수모(手母) : 혼례식 때 신부화장을 해주고 혼례복도 단장해주는 신부화장 전문가
- 보염소 : 조선시대 궁의 화장품 생산 전담기관

정리. 개화기 이후

- 프랑스, 유럽에서 화장품 유입, 수입화장품 인기
- 국내 최초 박가분 제조

6) 조선시대

① 조선시대 초기에는 고려시대의 사치와 퇴폐풍조에 대한 반작용과 유교사상의 영향으로 근검, 절약이 강조되어 고려시대에 비해 일반인들의 차림과 화장이 훨씬 담백해졌다. 이는 기생과 궁녀들의 상징이 되다시피 한 분대화장의 기피현상 때문이기도 하였다.

② 유교윤리를 장려하며 외면적 아름다움보다는 내적인 아름다움이 강조되어 여염집 여인들은 평상시에도 화장을 하지 않고 연회나 나들이 때에만 화장을 하였다.

③ 조선시대 사대부가의 빙허각 이씨는『규합총서』를 저술했는데 이 책에는 상류층 여인들의 여러 가지 두발 형태, 10가지 눈썹 그리는 방법, 갖가지 입술 연지 찍는 법 등이 기록되어 있다.

④ 지금의 종로거리에 있었던 조선시대 상가인 육의전 가운데 분전이 있었다고 한다. 분전은 분백분만 취급하는 점포가 아니라 화장품과 화장용구를 취급하였으리라고 보여진다. 이러한 화장품들은 점포에서 판매하는 한편 가가호호 방문하여 판매하는 매분구라는 판매상도 있었다.

⑤ 조선 조정에서는 분장(粉匠)과 향장(香匠)이 있었는데 향장은 국가 행사용 향과 궁중용 향수, 향료를 제조하였고, 분장은 궁중의 여인용 분, 외명부용 분, 기생용 분을 제조하였다.

TIP. 조선시대 기녀들의 분대화장

1. **세안 :** 팥, 콩, 녹두가루로 피부를 닦았다.
2. **화장수 :** 오이, 수세미, 과일즙을 발랐다.
3. **마스크 또는 팩 :** 꿀을 사용했다.
4. **분 :** 쌀가루, 서속가루를 물에 개어 발랐다.
5. **눈썹 :** 굴참나무, 너도밤나무 재를 기름에 개어 사용했다.
6. **연지 :** 홍화꽃잎의 즙을 말려 기름에 개어 사용했다.
7. **머리손질 :** 아주까리, 동백기름을 발랐다.

※ 조선시대에는 보염서라는 화장품 생산을 전담하는 기관이 있었다.

※ 규합총서 : 조선시대 사부가의 방허각 이씨가 저술한 책으로 여인들의 두발 형태, 10가지 눈썹 그리는 방법, 입술 연지 찍는 방법 등이 기록되어 있다.

서양의 화장

1) 고대

시 대	특 징
고대 이집트 (BC 3000년경)	• 다양한 화장품 제조(향유, 연고, 화장수)와 화장법 표현 • 피부는 다갈색으로 표현 • 눈화장은 검정색 콜(Kohl)로 물고기 모양의 아이라인을 그림 ※ 고대 이집트인은 인간의 눈이 태양신인 호루스(Hours)의 힘을 받는다는 것을 믿어 호루스를 상징하는 물고기 무늬를 눈에 그려 넣었음 • 콜(Kohl) 화장은 나일강 범람에 의한 곤충이나 날벌레들로부터 눈병을 예방하기 위해 시작 • 녹청색의 공작석, 안티몬 가루를 기름에 개어 눈 주위에 바른 것이 아이섀도의 기원 • 헤나로 손과 발에 장밋빛 무늬 표현, 헤나의 붉은색으로 헤어 염색 • 클레오파트라는 고대 최고의 화장술을 연출한 여왕
고대 그리스 (BC. 3000~ BC. 400)	• 인체의 균형미와 조화미를 중시, 이집트시대에 비해 자연스러운 화장 선호 • 히포크라테스의 피부병 연구 • 피부는 백납으로 희게 표현 • 검은 콜(Khol)로 눈화장 강조 • 볼과 입술은 단사(주황색조)로 붉게 칠함
고대 로마 (BC. 8~ 3세기)	• 공중목욕탕이 번성하여 목욕문화 발달 • 남녀 모두 피부, 볼, 입술화장을 사치스럽고 과도하게 표현 • 피부는 백분으로 과도하게 희게 표현 • 눈은 안티몬으로 검게 눈 주위에 바름 • 볼화장은 붉게, 머리는 금발로 염색 • 애교점 찍기 유행 • 로마 말기에는 왕족뿐만 아니라 평민도 사치를 즐겨 화장이 과도하게 진해짐 • 상류층은 전문화장 노예를 두고 외모 관리

2) 중세

시 대	특 징
비잔틴시대 (5~10세기)	• 기독교 금욕주의 영향으로 화장 경시 풍조 • 교회는 여성들의 화장과 신체 가꾸는 일 금지 • 목욕마저 제한하여 몸의 악취 제거용으로 강한 향수 사용 • 화장은 연극인이나 직업에 필요한 경우만 허용
고딕시대 (13~14세기)	• 화장 혐오 풍조가 남아있으나 서서히 여성의 아름다움을 선호하기 시작한 시기 • 피부화장은 백납으로 창백하게, 입술은 작고 도톰하게 표현 • 이마는 넓어 보이도록 밀거나 뽑음 • 눈썹은 아치형으로 가늘게 표현

르네상스시대 (14~16세기)	• 문예부흥기로서 남녀 모두 사치스러운 화장을 즐김 • 외출 시에는 반드시 화장을 하는 것이라는 인식 생김 • 피부화장은 창백하고 희게 표현 • 눈썹은 모두 뽑아 이마를 넓어 보이게 하고 이마와의 경계를 없앰 • 볼과 입술은 엷게 표현 • 머리카락은 붉게 염색하거나 가발 활용 • 쌀가루 분을 사용하는 방을 만들어 파우더룸이라고 부름
바로크시대 (17세기)	• 과도한 메이크업으로 관능적이고 사치스러운 모습 표현 • 피부화장은 희고 진하게 함 • 눈화장은 다소 진하게 함 • 눈썹은 가늘고 부드러운 커브형으로 표현 • 풍요로운 금발로 염색 • 패치 유행(달 모양, 별 모양)
로코코시대 (18세기)	• 사치스러운 의상, 머리, 화장법이 유행 • 체취를 감추기 위한 향수 사용 • 헤어스타일이 지나치게 커지고 장식도 과장됨 • 피부는 백납분으로 희게 표현 • 볼과 입술에는 진홍색, 장미색, 주홍색 연지 • 입술은 작고 도톰한 장미꽃봉우리 모양 • 얼굴에 별 모양이나 십자가 모양 패치 붙이는 것이 유행
근대 (19세기)	• 프랑스 혁명 이후 귀족사회 붕괴 • 색조화장을 하지 않은 자연스러운 화장법 • 자연스러운 피부색에 길고 가는 아이라인 표현 • 입술은 주황이나 빨강색으로 강조 • 19세기 중반 이후 화장품 제조기술이 급속도로 발달 • 화장품 사용 보편화 및 화장품 종류 다양화

3) 현대

1920년대	시대적 배경	• 제1차 세계대전 직후 '광란의 20년대', '분별없는 20년대'로 불림 • 여성의 경제적인 자립으로 자유, 평등, 참정권 주장 • 여성미에 대한 관심과 투자 증대 • 영화가 대중문화로 자리 잡음
	패션경향	• 플래퍼(Flapper) 스타일 유행 : 말괄량이 스타일 • 갸르손느(Garcsonne) 스타일 유행 : 소년같은 스타일
	메이크업과 헤어	• 영화배우들이 메이크업과 헤어스타일 유행을 리드함 • 인위적인 아름다움 표현 • 눈썹은 가늘게 다듬고 정교하게 그렸음 • 입술은 활모양으로 뒤틋한 인커브라인으로 검붉은색을 바름 • 볼화장은 뺨 위에 둥글고 넓게 폄

1920년대	메이크업과 헤어	• 헤어스타일은 단발이나 보이쉬(남자 소년) 스타일 ※ 글로리아 스완슨, 클라라 보우 등의 영화배우 메이크업 유행
1930년대	시대적 배경	• 경제대공황 파급 • 영국의 BBC 정규방송을 시작으로 TV 영상시대 시작 • 미국 헐리우드 영화시장, 메이크업, 성혈술 발달 • 컬러 영화시대가 되어 화장품 색상이 다양화
	패션경향	• 성숙하고 여성스러운 이미지 • 가슴, 허리, 힙을 강조하는 롱앤슬림 스타일(Long&Slim style)
	메이크업과 헤어	• 아이섀도는 검정색으로, 아이홀로 음영 표현 • 눈썹은 갈색으로 가늘고 긴 아치형 • 입술은 빨강이나 자줏빛 색상으로 둥근 곡선형 입술라인 • 여성스런 퍼머넌트 유행 • 백금발의 염색 유행 ※ 진 할로우, 그레타 가르보, 마릴린 디트리히의 메이크업 유행
1940년대	시대적 배경	• 제2차 세계대전으로 예술 · 패션계 발전 억제 • 기능성 화장품 개발 : 화상 방지용 크림, 위장용 크림 • 컬러필름의 등장으로 헐리우드 영화산업이 더욱 발전
	패션경향	• 군복의 영향으로 X자형 남성슈트 유행(밀리터리룩) • 1947년 디올의 뉴룩은 다시 로맨틱룩으로 여성미 강조
	메이크업과 헤어	• 뚜렷한 곡선 형태 눈썹과 볼륨감 있는 두꺼운 입술 유행 • 두꺼운 피부 표현, 선명한 눈화장, 인조속눈썹 사용 • 컬과 웨이브를 살린 금발, 붉은 색상 염색 유행 ※ 잉그리드 버그만의 메이크업 유행
1950년대	시대적 배경	• 제2차 세계대전 후 문화의 중심이 유럽에서 미국으로 이동 • 미국컬러영화, 대중음악, TV 대중매체 부각 • 스타이미지 부각, 화장품시장 확대, 직장여성 증가
	패션경향	• 테일러스타일 : 고품격, 우아한 고급드레스, 가슴, 허리, 힙선을 살린 정장
	메이크업과 헤어	• 눈썹은 두껍고 진하게, 속눈썹도 강조, 아이라인도 길게 표현 • 아이섀도는 음영을 강조, 아웃커브의 붉은 입술과 애교점 • 숏커트, 금발의 굵은 웨이브 헤어, 길고 흐트러진 머리 ※ 마릴린 먼로, 오드리 헵번의 메이크업 유행
1960년대	시대적 배경	• 미소냉전, 베트남전, 중국문화혁명 • 베이비붐 세대
	패션경향	• 팝아트, 옵아트 • 비틀즈룩, 히피스타일, 미니스커트
	메이크업과 헤어	• 그린, 블루색 아이섀도, 인조속눈썹 사용, 크고 둥근 눈 강조 • 비달사순식 컷팅 스타일, 펄감이 가미된 핑크, 오렌지색 립스틱 • 헤어는 보브스타일, 숏커트, 갸르손느 스타일 유행 ※ 트위기, 브리짓 바르도, 재클린 케네디의 메이크업 유행

1970년대	시대적 배경	• 불경기, 오일쇼크, 달러쇼크, 인플레이션 • 세계적인 불황기 • 기성세대에 반발한 펑크족 탄생 • 개성과 다양성을 존중하기 시작
	패션경향	• 펑크스타일, 가죽자켓, 초미니스커트, 유니섹스룩
	메이크업과 헤어	• 자연스럽거나 약간 어두운 파운데이션, 자연스러운 눈썹, 연코럴 핑크나 베이지 핑크색 입술 • 흑인들의 캘리포니아 걸스타일 유행 ※ 파라 포셋, 재클린 스미스의 메이크업 유행
1980년대	시대적 배경	• 미소냉전 완화 • 경기 회복으로 풍요, 생활의 질과 복지 추구
	패션경향	• 다원화된 패션 스타일 • 개성 강조, 기능성 중시 • 점차 로맨틱 스타일이 유행 • 사파리룩, 뉴웨이브 스타일, 레이어드룩
	메이크업과 헤어	• 80년대 초반에는 화려하면서 진한 색상의 메이크업 유행 • 80년대 중반에는 복고풍의 성숙하고 여성스러운 메이크업 • 80년대 후반부터는 맑고 깨끗한 피부 손질에 관심을 갖기 시작 • 땋은 디스코 헤어, 남자같이 보이는 짧은 커트 스타일 ※ 브룩 쉴즈, 소피 마르소의 메이크업 유행
1990년대	시대적 배경	• 산업사회에서 정보화사회로 변화 • 컴퓨터 보급 및 일반화로 정보의 네트워크 • 각 나라가 세계화 진행, 글로벌리즘 • 지구의 환경문제 대두
	패션경향	• 다양하고 개성 있는 많은 스타일 • 미니멀리즘, 시스루룩, 에콜로지룩, 힙합룩, 모즈룩, 사이버룩
	메이크업과 헤어	• 과장된 아이라인, 히피풍의 흐린 입술(누드립스틱) • 에콜로지 영향으로 브라운, 그린색 인기 • 90년대말에는 사이버 메이크업, 아방가르드 메이크업 등장 • 자연스러운 헤어스타일 유행, 헤어컬러링의 일반화, 헤어컬러 다양화, 레게머리, 생머리, 뻗치는 짧은 머리 유행 ※ 맥 라이언, 제니퍼 애니스톤의 메이크업 유행
2000년대	시대적 배경	• 2001년 미국의 9 · 11 테러로 긴장, 불안, 불황 계속
	패션경향	• 앤틱 앤 에스닉 모드 유행(과거에 대한 향수와 그리움이 재해석된 것)
	메이크업과 헤어	• 획일화가 사라지고 각 개인에 맞는 메이크업 추구 • 내추럴, 가볍고 투명한 메이크업이 주류 • 헤어는 웨이브로 부풀린 스타일, 바비인형 같은 로맨틱 웨이브 인기

02 메이크업 위생관리

(1) 메이크업 작업장관리

메이크업 작업장은 메이크업샵, 신부화장미용실, 방송국의 메이크업실 공연무대의 메이크업실, 영화세트장 내 메이크업실 등 다수의 많은 사람들이 함께 작업을 하게 된다. 이러한 메이크업 환경에서는 각종 병원균과 오염균이 존재하게 되므로 공중보건의 중요성과 실천관리가 필수적이다. 메이크업 작업장의 위생관리는 크게 실내공기, 작업환경, 실내환경 부분으로 나누어 볼 수 있다.

1) 메이크업 작업장의 유해요인과 위생관리

유해요인분야	유해요인	위생관리
실내공기오염	• 밀폐된 작업장에서 많은 사람들의 호흡으로 인한 이산화탄소 증가, 산소부족현상 • 향취, 암모니아, 사용재료 등에 의한 악취 • 파우더, 아이섀도 등 메이크업 화장품의 가루 날림	• 자연환기 : 1일 최소 2~3회 창문을 열고 환기 실내의 온도차가 5℃ 정도일 때 실시 • 인공환기 : 환풍기, 배기장치, 공기 청정기 • 냉난방기의 주기적인 필터 청소 및 점검 ※ 하루 2회 이상 소독제를 뿌린다.
작업환경	• 메이크업 시술에 의한 작업대 오염 • 거울 및 사용가구 등의 얼룩과 오염	• 일반세제(무독성) • 살균제가 포함된 세제 ※ 소독제를 뿌린다.
실내환경	• 메이크업 작업장 바닥 오염 • 카운터 및 출입구,화장실, 상담실 등이 오염	• 염소제가 함유된 표백, 방취, 방부용 청소세제 ※ 소독제를 뿌린다.

2) 메이크업 작업환경 위생관리하기

① 상담실, 제품보관실, 메이크업 작업환경 위생관리

- 바닥청소를 한다.
  - 바닥의 먼지나 더러움은 빗자루, 걸레 그리고 청소기를 이용한다.
  - 청소 후 소독제를 뿌린다.
- 벽청소를 한다.
  - 벽의 재질에 따라 전용세제를 이용하여 청소한다.
  - 종이벽지로 도배한 경우는 걸레를 사용하지 말고 더러움제거 전용 스폰지 등을 사용한다.

② 메이크업 작업대, 테이블, 의자의 더러움을 제거한다.

- 메이크업 작업대에 화장품이 묻었다면 전용 리무버를 사용하여 더러움을 먼저 닦는다.
- 그런 다음 메이크업 작업대 상판은 마른걸레를 사용하여 닦는다. 전용세제나 광택제를 마른걸레에 묻혀 닦아도 좋다.
- 메이크업 의자와 상담의자는 마른걸레로 더러움을 제거한 후 재질에 따라 전용세제를 사용한다.

- 가죽부분은 가죽전용세제를 사용하고 의자의 스테인리스 부분은 스틸전용 광택제를 뿌려 마른걸레질을 하여 광택을 낸다.
- 청소 후 소독제, 알코올 등을 뿌린다.

3) 메이크업 트레이 위생관리

- 화장품이 부분적으로 묻어있다면 전용리무버를 사용하여 깨끗이 제거한다.
- 기타 더러움은 얼룩제거전용 세제를 뿌려 닦아낸다. 이때 청소전용 브러시를 사용하면 효과적이다.
- 트레이 바퀴의 스테인리스 부분은 스틸 전용광택제를 뿌려 마른걸레로 광택을 낸다.
- 청소 후 소독제, 알코올 등을 뿌린다.

4) 실내공기의 위생관리

① 배기후드 청소하기

- 배기후드의 이물질이나 더러움을 자주 청소하여 깨끗한 상태를 유지한다.
- 배기후드는 세척제를 이용하여 더러움을 제거한다.
- 세척 후 완전히 건조시킨다.

② 메이크업 작업대, 테이블, 의자의 더러움을 제거한다.

- 실내의 온도차는 5~7℃를 유지한다.
- 쾌적한 습도인 40~70%를 유지한다.

03 메이크업 재료, 도구, 위생관리

(1) 메이크업 재료 도구 기기관리

메이크업의 재료 도구 기기 위생관리는 메이크업 재료나 도구에 묻어있는 더러움이나 오염을 세제를 이용하여 세척하는 것을 말한다. 즉 위생관리는 소독과 멸균의 전단계로서 세제를 이용한 세척을 통하여 메이크업 시술 시 오염과 감염으로부터 안전한 상태가 되는 것을 뜻한다.

1) 메이크업의 위생원칙

메이크업하는 장소는 여러사람들 즉 공중이 함께 모여 작업하는 곳이므로 메이크업을 하는 공간, 환경뿐만 아니라 도구, 재료 등으로부터의 오염과 감염이 발생하지 않도록 예방하여야 한다. 항상 청결하게 유지 관리하여 위생적인 메이크업 시술을 할 수 있도록 하는 것이 메이크업의 위생원칙이다.

2) 소독

소독은 크게 멸균, 살균, 방부를 포함하는 용어이다.

소 독	• 병원성미생물의 생활력 파괴, 사멸 • 감염과 증식력을 없앰 • 질병을 일으킬 수 없음
멸 균	• 강한 살균력 • 병원성미생물의 생활력과 아포까지 없앰
살 균	• 병원성미생물을 이학적, 화학적방법으로 급속하게 줄임
방 부	• 병원성미생물의 생활작용을 억제 정지 • 부패나 발효를 막음

3) 소독법의 분류

자연소독법	희석	살균효과는 없으나 균수를 감소	
	태양광선	강력한 살균작용	
	한랭(냉각)	세균발육을 저지	
물리적 소독법	멸균법	화염멸균법	금속류, 유리, 도자기, 이 · 미용 기구 소독
		건열멸균법	유리, 금속, 주사기, 바셀린유지 소독
		소각소독법	배설물 멸균
	습열멸균법	자비소독법	식기류, 도자기, 주사기, 의류
		고압증기멸균법	초자, 거즈 및 약액
		유통증기멸균법	식기류, 도자기, 주사기, 의류
		저온소독법	유제품, 알코올
		초고온순간멸균법	우유
	무가열멸균법	자외선살균법	기기, 식기, 이 · 미용 기구 소독
		일광소독	의류, 침구류
		초음파멸균법	
		세균여과법	
화학적 소독법	알코올	에탄올	피부 소독, 기구 소독, 이 · 미용 기구 소독
		이소프로판올	50% 농도로 손 소독
	포름알데히드 (포르말린)	• 단백질 응고작용 • 피부사용 부적합	
	양이온 계면활성제 (역성비누)	• 손소독에 사용 • 이 · 미용 업소 사용 (0.01~0.1% 수용액)	
	양성 계면활성제	손소독, 기계 기구 소독	
	음이온 계면활성제 (보통비누)	세정에 의한 균의 제거	

	페놀화합물	석탄산	• 소독약의 살균지표 • 오염의류 침구, 배설물 소독(3%수용액 사용)
		크레졸	• 손, 오물, 배설물 • 미용실 실내 소독
		과산화수소	• 피부 상처 소독, 구강소독제, 실내공간 살균
		염소	• 살균력이 강함, 자극적인 냄새 • 상 · 하수에 사용
		승홍	• 맹독성 • 피부 소독에 0.1~5% 수용액 사용 • 금속 부식시킴

4) 소독대상물에 따른 소독방법

소독대상물	소독방법
침구류, 의복, 모직물	일광 소독, 증기 소독, 자비 소독
화장실, 하수구, 쓰레기통 (물이나 습기가 많은 곳)	• 생석회 수용액 • 습한장소, 생석회 가루로 소독
초자류 및 식기류	자비 소독, 증기 멸균법
브러시 종류, 빗종류	먼지 제거 → 중성 세제로 세척 → 자외선 소독
고무장갑, 고무제품	중성 세제 세척 → 자외선 소독기에 소독
나무류	70% 알코올 세척, 자외선 소독기에 소독

출처 : 교육과학기술부(2011), 『고등학교공중보건』. 두산동아(주)

(2) 메이크업 도구, 기기, 소독

1) 스펀지류 위생관리

① 스펀지류(라텍스)를 미지근한 물에 담가 적신 다음 중성세제나 비누를 사용하여 가볍게 주무르듯이 세척한다.

② 깨끗한 물에 여러번 헹군 다음 물기를 짠다.

③ 통풍이 잘되는 그늘진 곳에 소쿠리나 수건 위에 펼쳐 놓고 말린다.

2) 퍼프(분첩)류 위생관리

① 퍼프를 미지근한 물에 담가 적신 다음 중성세제나 비누를 사용하여 퍼프면을 쓰다듬듯이 하면서 세척한다. 함부로 비벼 빨면 퍼프모양이 망가지게 되므로 가볍게 퍼프면을 쓰다듬듯이 빤다.

② 깨끗한 물에 여러번 헹군 다음 섬유유연제를 풀어 놓은 물에 담갔다가 물기를 제거한다. 물기를 제거할 때 양손바닥 사이에 퍼프를 두고 누르듯이 짜야만 퍼프의 형태가 변하지 않는다.

③ 통풍이 잘되는 그늘진 곳에 소쿠리나 수건 위에 펼쳐 놓고 말린다.

3) 스파튤라 위생관리

① 스파튤라에 묻은 오염물을 화장솜에 클렌징 오일을 묻혀 닦아낸다.

② 중성세제나 비눗물로 세척한 다음 헹군다.

③ 소독제를 묻힌 화장솜으로 소독하거나 자외선 소독기에서 소독한다.

4) 족집게, 수정 가위, 눈썹칼 위생관리

① 묻어있는 오염물을 티슈나 물티슈로 닦아낸다.

② 알코올을 묻힌 화장솜으로 닦아내거나 알코올을 뿌려 소독한다.

※ 자외선 소독기에 넣어 소독해도 좋다.

5) 메이크업 브러쉬 위생관리

① 중성세제나 샴푸를 풀어 놓은 물에 브러시를 넣어 가볍게 흔들어 세척한다. 메이크업 브러시는 천연모이므로 비비지 말고 흔들어 세척해야 브러시의 선단부분이 손상되지 않는다.

② 충분히 헹군다음 섬유유연제를 풀어 놓은 물에 가볍게 담갔다 꺼내어 수건 위에 놓고 가볍게 눌러 물기를 제거한다.

③ 통풍이 잘되는 그늘진 곳에 소쿠리나 수건 위에 옆으로 눕혀서 말린다. 꽂이통이나 병에 꽂아 두고 말리면 브러시모양이 변형되므로 반드시 평평한 곳에 옆으로 눕혀 말려야 한다.

④ 컨실러 브러시나 팁브러시, 립브러시, 아이라이너는 먼저 크렌징오일을 화장솜에 묻혀 오염된 색조메이크업의 더러움을 닦아낸 다음 중성세제나 비눗물에 묻혀 손가락으로 가볍게 눌러 세척한다. 그런 다음 통풍이 잘되는 그늘진 곳에 소쿠리나 수건 위에 옆으로 눕혀서 말린다.

6) 아이래쉬 컬러 위생관리

① 먼저 고무부분에 묻어있는 오염물질을 알코올을 묻힌 화장솜이나 면봉으로 닦는다.

② 아이래쉬 컬러의 모든부분을 알코올을 묻힌 화장솜으로 닦거나 알코올을 뿌려 소독한다.

TIP.

• 스펀지류 위생관리 : 중성세제나 비누로 세척한 후 통풍이 잘 되는 그늘진 곳에서 소쿠리나 수건 위에 펼쳐놓고 말린다.

TIP.

• 스파튤라 위생관리 : 클렌징오일 → 중성세제나 비눗물 → 소독제나 자외선소독기

TIP.

• 아이래쉬 컬러 : 알코올을 화장솜에 묻혀 소독

이해도 UP O,X 문제

01 **족집게, 스파튤라, 수정가위, 눈썹칼은 알코올을 화장솜에 묻혀 닦아서 소독한다.** (O, X)

답_01 : O

7) 자외선 소독기 위생관리

① 깨끗한 수건에 물을 묻혀 꼭 짠 다음 자외선 기기의 내부와 외부를 깨끗이 닦는다.

② 마른수건으로 물기를 제거한다.

③ 알코올을 자외선 기기의 내부와 외부에 뿌려 소독한다.

8) 어깨보, 헤어밴드, 앞치마 위생관리

① 작업이 끝나면 세탁용 세제를 이용하여 반드시 세탁한다.

9) 에어브러시 위생관리

① 오염물을 물걸레로 닦는다.

② 마른수건으로 물기를 제거한다.

③ 알코올을 뿌려 소독한다.

04 메이크업 작업자의 위생관리

(1) 메이크업 작업자 개인 위생관리

1) 메이크업 아티스트의 용모 위생관리

- 메이크업 작업 시 깨끗이 세탁한 복장과 앞치마, 위생가운, 작업복 등을 착용한다.
- 헤어스타일은 단정하게 앞머리나 옆머리 등이 흘러내리지 않도록 한다.
- 메이크업은 자연스럽고 깔끔한 느낌이 드는 색조로 연출한다.

2) 메이크업 아티스트의 작업 시 위생관리

- 항시 손을 깨끗이 씻는다.
- 작업 시 시술자와 모델과의 거리를 30㎝ 이상 둔다.
- 시술자는 위생마스크를 사용한다.
- 손톱은 길지 않게 하며 자연스럽고 깔끔한 색상의 네일케어를 하도록 한다.
- 메이크업 작업을 시작하기 전에 반드시 알코올 소독제를 화장솜에 묻혀 손을 닦아주거나 소독제를 뿌려서 소독한다.
- 음식물을 섭취한 후에는 반드시 양치질을 하여 구강을 청결하게 하며 구강청결제(가글)를 사용하여 입 냄새를 제거한다.

3) 메이크업 아티스트의 작업 후 위생관리

- 시술 후에는 반드시 비누로 손을 깨끗이 씻는다.
- 사용한 위생가운, 앞치마, 작업복 등을 세탁한다.

05 피부의 이해

피부구조 및 기능

(1) 피부와 피부부속기관

1) 피부의 개요

피부는 신체를 둘러싸고 있는 하나의 막이다. 이것은 우리의 생명 보존에 절대 불가결한 것이며 그 사람의 살아온 과정과 연륜을 말해주므로 나무의 나이테와 같은 것이라고 할 수 있다.

① **피부의 총면적** : 개인에 따라 약간씩 차이가 있지만, 평균 1.5~2.0㎡로 이것은 유아의 약 7배가량 된다.

② **피부 두께** : 평균 2~2.2㎜(1.3~3㎜라는 설도 있다) 정도이며 피하조직을 제외한 두께는 약 1.4㎜ 정도인데 신체 부위 중 가장 얇은 곳은 눈꺼풀이며 가장 두터운 곳은 손바닥과 발바닥이다. 그러므로 피부 두께가 가장 얇은 눈꺼풀이 잔주름이 지기 쉬운 부위라 볼 수 있다.

③ **피부 무게** : 체중의 약 16%를 차지한다(예 성인여성 50㎏ 체중이면 약 8㎏이 피부의 무게).

④ **피부 pH** : 정상적인 피부의 pH는 약산성으로 pH 4.5~6.5 정도이다.

2) 피부 표면의 상태

① **피부표면의 구조**

㉠ 육안으로 볼 때 피부는 평평하고 단순한 표면구조를 가진 듯하나 실은 대단히 복잡한 그물 모양(망상)의 구조로 되어 있다.

㉡ 흠이 진 소구와 소구 사이에 솟아오른 소릉이 서로 얽혀 여러 모양의 그물눈을 만드는데 이것은 생후 3~4개월경에 생기며 아동기에 발달하여 일생 변화하지 않고 거의 파손되지도 않는다.

② **연령별, 성별, 신체부위에 따른 피부표면의 상태**

㉠ 피부표면의 상태는 성별, 연령, 신체 부위에 따라 다르다.

㉡ 보통 피부결이 섬세하다고 하는 것은 소릉이 낮고 가지런하며, 소구가 얕아 섬세한 그물 모양을 한 상태를 말한다. 반대로 소릉이 높고 가지런하지 못하며 소구가 깊으면 커다란 그물 모양을 하게 되는데 이런 피부를 거친 피부라고 말한다.

TIP.

- 가장 얇은 피부 : 눈꺼풀
- 가장 두꺼운 피부 : 손바닥, 발바닥

TIP.

- 피부 pH : 약산성으로 pH 4.5~6.5가 이상적 피부

TIP.

- 소구 = 피구(皮丘) = 우묵한 곳
- 소릉 = 피구(皮溝) = 솟은 곳

㉢ 연령적으로 보면 젊은 사람들은 대부분 살결이 곱고 연령이 높을수록 거칠다.

㉣ 남성들은 여성보다 살결이 거친 것이 보편적이다.

㉤ 소구와 소릉이 교차하는 곳에도 작은 구멍이 있는데 이곳에서부터 피부의 표면으로 향하여 털이 나와 있으며 소구의 중앙은 땀의 출구가 된다.

㉥ 이 외에도 피부표면에는 주름이 잡혀 있는데 우리의 피부가 주름이 하나도 없이 팽팽하게 긴장되어 있으면 피부를 자유롭게 움직이며 운동할 수 없게 될 것이다.

3) 피부 구조

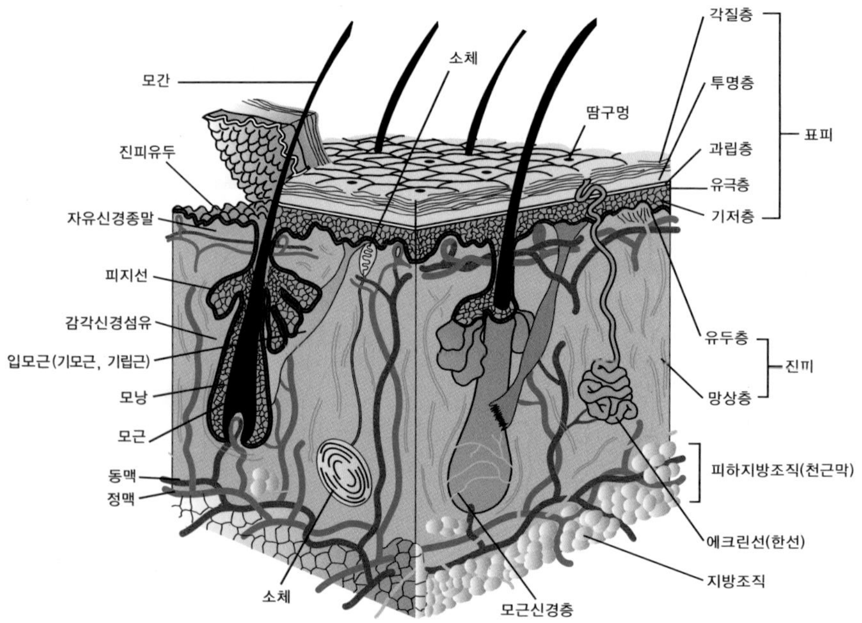

피부의 구조를 표면에서부터 살펴보면 표피, 진피, 피하조직으로 구분된다. 두께는 표피 0.07~2㎜, 진피 0.3~3㎜이며 피하조직의 두께는 피하지방의 양에 의해 결정되고 부위, 연령, 인종, 영양상태 등에 따라서 차이가 크다. 이외에 피부가 변형된 피부 부속기관과 각질 부속기관이 있다.

① 표피

㉠ 표피(表皮, Epidermis)의 구조

표피는 육안으로 볼 수 있는 가장 표면에 있는 부분으로 화장품과 가장 관계가 깊다. 이 표면층은 5개의 층, 즉 기저층, 유극층, 과립층, 투명층, 각질층으로 되어 있다.

- **기저층(基底層, Stratum basae, Basal layer)**

표피의 가장 아래층에 있으며 진피와 접하여 있는 원주상의 세포가 단층으로 이어져 있다. 기저층의 세포 내에는 각질형성세포와 색소형성세포가 있다. 각질형성세포는 케라틴화하여 각질층을 이루었다가 피부 겉면에서 떨어져 나가며 색소형성세포는 피부색상을 결정짓는 멜라닌 색소를 만들어 낸다. 기저층은 유핵세포로 이루어져 있다.

- **유극층(有棘層, Stratum spinosum, Prickle layer)**

  표피 가운데서 가장 두터운 층이며 세포는 원주상 방추형의 다각형을 이루고 있다. 유극세포 사이에는 임파관이 순환되고 있어 피부의 피로회복 및 미용상 관계가 깊다. 유극층은 유핵세포로 이루어져 있으며 면역에 관계하는 랑게르한스세포가 존재한다.

- **과립층(顆粒層, Stratum granulosum, Granular layer)**

  유극세포에서 이행되어 온 과립세포로 구성된 방추형의 세포군으로 2~5층으로 구성되어 있으며 손바닥이나 발바닥처럼 각질층이 두꺼운 부위에서는 10층에 이른다. 또한, 이 과립층에는 방어막이 존재하고 있다. 이 방어막은 외부로부터의 이물질통과 및 피부 내부로부터의 수분증발을 저지하여 피부염이나 피부 건조를 방지하는 피부 미용상 중요한 역할을 하고 있다.

  과립층은 유핵, 무핵세포가 공존하며 케라토하이알린 과립이 존재한다.

- **투명층(透明層, Stratum lucidum)**

  생명력이 없는 무색 무핵세포로 손바닥, 발바닥에만 존재한다. 이 층은 액시드-오피릭(Acid-ophilic : 산성 지향성)의 성질을 지니며 피부의 산성막을 형성한 층이라고 할 수 있다. 투명층은 수분이 흡수되지 않아 거의 팽창하지 않는 특징이 있다.

- **각질층(角質層, Stratum corneum, Horny layer)**

  각질형성세포가 분열되어 만들어진 세포층으로 비늘과 같은 얇은 조각이 겹쳐진 듯한 형태로 되어있으며 표면에 가까울수록 세포 간에 간격이 생겨서 운모상의 얇은 조각으로 되어 떨어져 나가게 된다. 각질층은 무핵의 세포체이며 수분함량은 15~20%가 적당하고 수분함량이 부족하면 건조한 피부가 된다.

TIP

※ 표피의 기저층에서는 각질형성세포와 색소형성세포가 있다.

※ 표피의 유극층에는 면역에 관련된 기능을 가진 랑게르한스세포가 존재한다.

TIP

- 과립층 : 방어막이 존재, 피부염, 피부건조 방지
- 투명층 : 무핵세포로 손바닥, 발바닥에 존재
- 각질층 : 15~28% 정도의 수분함량이 적당하다. 각질층의 수분함량이 부족하면 건조한 피부가 된다.

㉡ 표피의 구성세포

표피층은 발생기원과 작용이 전혀 다른 두 가지 세포군 즉, 표피를 만드는 각질형성세포(Ke-ratinocyte)와 피부색과 관계가 있는 멜라닌이 만들어지는 색소세포인 수지상세포(樹枝狀 Dendritic cell)에 의해 구성되며 이중 각질형성세포가 대부분을 이루고 있다.

• 각질형성세포(Keratinocyte)
  - 각질형성세포는 표피각질형성세포(Epidermal keratinocyte)와 표피의 한관을 둘러싸는 한관각질형성세포(Acrosyringial keratinocyte)로 구분된다.
  - 표피각질형성세포와 한관각질형성세포는 기저세포(basal layer) → 유극세포(Prickle cell) → 과립세포(Granular cell) → 각질세포(Horny cell)로 분열되어 올라가서 비로소 피부 겉면으로부터 탈락하게 된다.
  - 손바닥 발바닥의 피부는 과립세포와 각질세포 사이에 투명세포가 있다.
  - 각질형성세포는 표피의 80% 정도를 구성하고 있다.

• 수지상세포(樹枝狀細胞)
  - 수지상세포는 손을 넓게 편 모습이다.
  - 표피에 존재하는 수지상세포는 피부색상에 관여하는 멜라닌세포(Melanocyte), 면역기능에 관여하는 랑게르한스(Langerhans) 및 미정형세포(未定型細胞)의 세 종류가 있다.
  - 피부색과 관계가 깊은 세포는 멜라닌세포인데 멜라닌색소는 단백질의 일종으로 티로신(Tyrosine)이라고 부르며 티로시나제(Tyrosinase)라는 효소가 여러 가지 복잡한 과정을 거쳐 멜라닌 색소를 검게 만드는 작용을 한다.
  - 멜라닌 색소가 색소세포에서 만들어지면 수지상의 세포돌기를 통해 표피전층에 분배되는데, 그중 기저세포에 가장 많이 분배된다. 기저세포에 옮겨진 멜라닌은 각질층을 통해 피부세포와 함께 이동하게 되며 최후에는 각질과 함께 피부표면에서부터 떨어지게 된다. 그러나 일부 기저세포의 멜라닌 세포는 진피 속에 유리되어 림프관을 따라 운반되어 체외로 배설되기도 한다.

TIP.

• 피부의 각화 : 표피의 가장 아래층인 기저층에서 생성된 각질형성세포가 피부표면의 각질층을 향해 분열되어 올라가 최후에는 피부표면에 붙어있는 더러움과 함께 때가 되어 떨어지는 과정을 **각화(Keratinization)**라고 한다. **각화가 진행되는 기간**은 건강한 피부인 경우 **28일 정도**가 걸리는데 이 과정을 **피부의 1사이클(1주기)**이라고 한다.

TIP.

표피와 진피의 경계

표피와 진피의 경계는 **표피가 진피를 향해 파고 들어가는 모양의 파상형**으로 맞물려 있으며 이 돌출된 부분을 표피돌기라고 한다. 이와 같이 맞물려 있기 때문에 피부에 **탄력성**과 **신축성**이 있으며 또한 진피와 표피의 연락이 잘된다고 볼 수 있다. 그러나 피부가 노화되면 이 파상형은 평형에 가까운 상태로 되는데 이로 인해 탄력성, 신축성 등이 감소된다.

피부 구조와 주름

잔주름은 표피와 관련이 깊고, 깊은(굵은) 주름은 진피와 관련이 크다.

- 기저세포에 있는 멜라닌 색소의 색상은 연갈색, 연베이지색을 띄지만, 피부표면에 가까워지게 되면 산화되어서 점점 황갈색, 갈색, 흑갈색 등으로 검어지게 된다.
- 멜라닌 색소의 주요기능은 태양광선 중의 자외선을 흡수 또는 분산시켜 체내에 자외선이 유해한 자극을 발생시키지 못하도록 피부를 보호하는 것이다.
- 멜라닌 색소의 생성조절은 유전적 환경적 호르몬성 요인에 기인하며 종족에 따라 피부색이 다른 것은 멜라닌 색소의 활동력(Activity), 즉 생성되는 멜라닌 색소의 양과 종류, 생성속도 크기 및 분포상태가 다르기 때문이다.

② 진피(眞皮)

㉠ 진피(眞皮 Dermis)의 구조

- 표피 아래에 있는 표피 두께의 약 10~40배 정도가 되는 두꺼운 층으로 피부 본래의 형태라고 하여 진피라는 이름이 붙여졌다.
- 진피층은 구조상 유두층, 유두하층, 망상층으로 나눌 수 있는데 표피층처럼 구분이 확실하지는 않다.
- 피부의 탄력에도 관계하며 모세혈관, 림프관, 신경 등이 복잡하게 얽혀 있다.
- 진피층은 교원섬유(결합섬유, Collagenous fiber)와 탄력섬유(Elastic fiber)로 구성되어 있다. 교원섬유는 진피의 주성분으로 약 90% 이상을 차지하고 있고 탄력섬유는 약 2% 정도를 차지하고 있는데 이 두 섬유는 상호 긴밀하게 관련되어 있다.
- 교원섬유는 진피에 장력을 제공하여 기계적 외력이나 화학적 자극에 대해 강한 저항력을 가지고 있으며 각질층과 함께 외계의 영향으로부터 신체 내부를 보호하는 역할도 한다. 그러나 이러한 결합섬유도 노화됨에 따라 섬유가 늘어나 그 기능이 저하된다.
- 탄력섬유는 피부에 탄력을 제공하는 섬유로 노화되면 점차 수분이 감소하게 되며 규칙적이던 배열도 흐트러져 용수철과 같은 탄력 효과가 점차 감소하게 된다.

• 유두층(Palpillary layer)

- 표피돌기 사이에서 피부의 표면으로 향해 융기된 부분을 유도체라고 부르고 이 부분이 유두층이다. 유두층에는 섬유가 드문드문 성글게 되어 있는데 이 섬유 사이에 수분이 많이 함유되어 있다.
- 이 유두층의 수분은 미용상 피부의 팽창도 및 탄력도와 관계가 깊다 또한 유두층에는 모세혈관과 신경이 분포되어 있으며 모세혈관은 피부에 필요한 영양을 운반하여 표피의 각화를 원활하게 해서 피부표면을 매끄럽게 하므로 피부에 긴장감과 탄력을 준다.

• 유두하층

유두층의 밑바닥에 해당하는 곳이며 망상층과 이어지는 부분이다.

• 망상층

- 진피층 중 가장 두터운 부분으로 길고 가는 그물 모양으로 되어 있다고 하여 망상층이라는 이름이 붙여졌다.

- 망상층은 교원섬유와 탄력섬유가 매우 조밀하게 구성되어 있는데 교원섬유가 대부분으로 약 98%를 차지하고 있다.
- 그 외에 망상층에는 혈관, 림프관, 신경, 한선 등이 복잡하게 분포되어 있다.

ⓛ 진피의 구성섬유

- 교원섬유
  - 생리적, 화학적 자극에 대해 저항력이 강하다.
  - 각질층과 함께 외부의 자극으로부터 내부를 보호하는 데 중요한 역할을 한다.
  - 진피의 대부부분은 교원섬유 단백질로 구성되어 외적자극 등에 대한 저항력이 있다.
  - 굵은 섬유와 가는 섬유로 구성되어 있으며, 굵은 섬유 쪽은 콜라겐 단백질로 되어 있다.
- 탄력섬유
  - 피부에 탄력성을 주는 역할을 한다.
  - 굵은 섬유에 비해 짧고 탄력성이 있어 피부를 잡아당길 때 원상태로 탄력있게 되돌아가는 탄성작용을 한다.
  - 연령이 높아질수록 점점 파괴되어 그 효능이 나빠진다.
  - 주름이 생긴다는 것은 탄력섬유(엘라스틴)의 파괴를 의미한다.
- 피부 두께의 약 85%를 구성하는 진피는 콜라겐과 엘라스틴 섬유로 이루어져 있다. 콜라겐과 엘라스틴의 섬유망은 수분을 결합하는 기능에 의해 탄력을 갖게 되는데 이러한 일종의 단백질망인 섬유망이 수분을 상실하고 보유능력이 약화되어 피부에 주름이 나타나 노화현상이 생기게 된다.

③ 피하조직(皮下組織)

㉠ 진피와 근육 골격 사이에 있는 부분으로 지방을 다량 함유하고 있어 피하지방조직이라고도 부른다.

ⓛ 피하조직의 두께는 부위에 따라 다르며 성별, 연령에 따라서도 차이가 심하다. 피하조직은 여성 호르몬과 관계가 깊어 여성의 신체선에 부드러움을 준다.

㉢ 피하조직은 열의 부도체이기 때문에 체내의 열이 외부 온도에 좌우되지 않도록 하여 여분의 피하지방조직으로 축적시켜 뼈, 근육이 외부의 압력으로부터 상하지 않도록 보호해 준다.

TIP. 히아루론산

히아루론산이란 **피부의 N.M.F(천연보습인자**, Natural Moisturizing Factor)를 구성하기 위하여 **탄력섬유와 교원섬유 사이에 존재하는 보습성분**이다. 갓 태어난 아기의 피부에는 히아루론산이 많이 존재하기 때문에 보드랍고 매우 촉촉하며 히아루론산은 연령이 많아질수록 감소하게 된다.

4) 피부의 작용

피부는 단순히 신체를 덮고 있는 것이 아니라 다음과 같은 작용을 하여 우리의 신체를 보호하고 있다. 그러나 이러한 피부의 기능은 피부만의 독립된 것이 아니고 항상 신체 내부의 기능과 관련되어 있으므로 이를 충분히 파악한 다음 피부손질을 하는 것이 중요하다.

① 보호작용

표피의 각질층에 존재하는 케라틴은 부드러움과 탄력성이 있으며 외부의 자극에 대해서도 강한 저항력을 갖고 있다. 진피의 교원섬유도 케라틴과 같이 외적 자극에 대한 저항력이 있고 탄력섬유는 피부의 신축 자극에 대해 저항력을 갖고 있으므로 몸을 보호하고 있다. 또한, 피부는 자외선에 대해서도 저항력이 있다. 피부가 자외선을 받게 되면 표피층의 멜라닌 색소의 양이 증가하여 자외선이 피부 깊숙이 침투하지 못하게 하며, 각질층의 두께가 두꺼워져서 자외선이 피부내에 침투하는 것을 막아준다.

㉠ 물리적 자극에 대한 보호기능

진피층의 탄력성과 피하조직의 쿠션작용으로 외부로부터 압력을 막아준다. 또한, 만성적인 자극에 대해서는 피부 각질층을 두텁게 하여 보호한다.

㉡ 화학적 자극에 대한 보호기능

피부 표면은 항상 일정한 약산성의 pH(4.5~6.5)로 유지하고 있으나 외적 자극에 의해 pH가 일시적으로 균형을 잃더라도 다시 돌아오는 힘이 있다. 이것을 복원력(중화능력)이라고 하는데 개인에 따라 많은 차이가 있다.

㉢ 미생물 침입에 대한 보호

약산성의 피부막은 세균과 잡균의 번식을 막고 면역체를 만드는 특수한 성질이 있다.

㉣ 광선, 열선의 침입에 대한 보호

피부는 멜라닌 색소의 생성으로 광선, 열선을 흡수 또는 산란시켜 신체 내부에 미치는 영향을 저지하며, 일광을 받으면 비타민 D를 만드는 능력을 갖고 있다.

㉤ **기타 :** 피부 상피 내에 있는 층에서는 외부로부터 침입하는 각종 물질을 방어하는 동시에 체액이 외부로 새어 나가는 것을 방어한다.

② 체온조절작용

체온의 발산을 방지하기도 하고 외부온도의 변화를 신체 내부에 전해지지 않도록 항상 컨트롤하고 있다. 체온이 상승할 때는 모세혈관의 확장과 발한에 의해서 열을 발산한다. 반대로 외부온도가 떨어질 때는 모세혈관의 수축과 기모근의 수축에 의해서 열의 발산을 막아준다.

③ 지각작용

1㎠ 면적의 피부에는 촉각점이 25개, 온각점이 1~2개, 냉각점이 12개, 통각점이 100~200개 존재한다. 외부로부터의 자극은 이 신경에 의해 촉각, 온각, 냉각, 통각 등으로 되어 느껴지는 것이다. 이러한 반응은 이들 감각이 모두 몸에 위해(危害)를 가져오지 않게 하기 위한 방어반응이기도 하다. 피부는 지각에 대해서는 반사현상을 일으키고 온 · 냉 자극에 대해서는 입모근수축이나 모세혈관의 확장으로 발한을

일으킨다. 이와 같이 피부는 외부의 자극에 대한 방어력을 갖고 있으며 환경변화에 따른 적응력으로 신체의 장애를 되도록 적게 하는 역할을 한다.

④ 분비 · 배설작용

피부는 피지선에서 피지를, 한선에서는 땀을 분비하여 체내에 들어온 이물질이나 노폐물을 함께 배설한다. 땀은 대부분이 피부표면에서 증발하여 체온조절에 도움을 주고 일부는 피지와 함께 피지막을 만들어 피부를 보호한다.

피지의 분비는 성호르몬에 의해 지배된다. 즉 남성호르몬이나 황체호르몬의 비율이 증가하면 피지선이 자극을 받아 피지분비가 촉진되며 난포호르몬은 피지선의 기능을 억제시킨다.

그러므로 여성은 남성에 비해 일반적으로 피지분비가 적고 모공이 작아 피부결이 곱고 매끄럽다. 피지의 분비도 연령이 높아짐에 따라 저하되어 나이가 많을수록 건성 피부가 많아지는 것이다. 이러한 현상은 남성보다 여성에게 많이 일어나는 현상이다.

⑤ 호흡작용

피부조직 내에서 당류를 연소하여 탄산가스와 물을 분해시키는 활동과 함께 외기와 호흡도 한다. 개구리와 같은 양서류의 경우 피부가 중요 호흡기관이지만 사람은 폐호흡의 1% 정도를 피부가 호흡하고 있다.

⑥ 흡수작용

표피에서의 흡수는 대단히 적고 대부분은 모공을 통해서 흡수된다. 수용성 물질보다도 유용성 물질이 보다 흡수가 용이하며 물질의 종류, 피부의 상태, 환경 등에 의해서도 영향을 받는다.

⑦ 기타

㉠ **저장작용** : 피부는 여분의 영양물질을 피하지방으로 저장하고 있으며 표피나 진피에는 수분을 함유하여 피부의 외관을 건강하고 윤택해 보이게 한다.

㉡ **비타민 D의 생성 작용** : 각화와 함께 표피 내에서는 프로비타민 D를 생성하여 피부를 트러블로부터 예방해준다. 비타민 D는 자외선을 받으면 체내에서 프로비타민 D를 생성하게 된다.

㉢ **표정작용** : 안면에 있는 표정근의 근육을 통해 감정과 정신상태의 표정을 나타낸다.

㉣ **재생작용** : 정상적인 피부의 표피는 표면에서 오래된 각질세포를 떨어뜨리고 신진대사에 의해 기저세포가 분열되어서 새로운 세포를 각질층으로 올려 보내는 세포생성작용을 한다.

피부부속기관의 구조 및 기능

1) 손톱

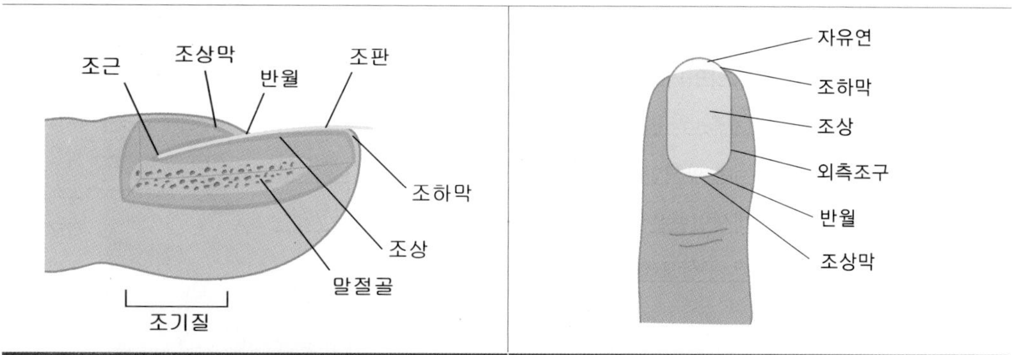

손톱의 구조 1 | 손톱의 구조 2

① 손톱은 표피의 각질층이 변화한 것으로 피부와 같은 케라틴이라는 단백질로 되어 있다. 케라틴은 손톱의 딱딱한 단백질이 산이나 알칼리에 의해 쉽게 상하지 않도록 보호해준다.

② 손톱에는 수분이 7~10%, 유분이 0.1~1.0% 함유되어 있고 이것이 손톱에 습기와 투명도, 광택을 유지시켜 준다. 유분과 수분 중 어느 한 가지가 부족하게 되면 손톱은 탄력을 잃고 약해진다.

③ 손톱의 성장은 계절, 연령, 컨디션, 손가락에 따라서 일정한 것은 아니지만 평균 하루에 약 0.1~0.15㎜ 정도 자라므로 약 100일 동안에 손톱 1개가 생기는 셈이다.

④ **손톱의 구조**

㉠ **조갑(爪甲)** : 일반적으로 손톱이라고 부르는 부분

㉡ **조상(爪床)** : 조갑과 밀착된 표피로 되어 있고, 조갑이 자람에 따라 평행하게 이동한다.

㉢ **조곽(爪郭)** : 조갑을 둘러싸고 있는 피부의 부분

㉣ **조상피(上爪皮, 甘皮)** : 감피라고도 부르며 손톱뿌리의 얇은 가죽으로 미완성의 손톱을 보호하고 있다.

㉤ **조근(爪根)** : 손톱뿌리로서 피부에 숨어 들어가 있는 부분

㉥ **조모(爪母)** : 손톱을 만들어 내고 있는 손톱뿌리 부분

㉦ **조반월(爪半月)** : 조상피에 접해져 있는 유백색 반달모양의 부분으로 손톱의 미완성 부분에 해당한다.

⑤ **손톱, 발톱의 기능**

㉠ 손가락과 발가락을 보호하는 기능이 있다.

㉡ 촉감을 느끼는 기능이 있다.

㉢ 손발기능수행에 도움을 준다.

㉣ 아름다움을 표현하는 미용적 기능이 있다.

2) 모발(털, 毛)

① 우리들의 피부는 손바닥, 발바닥, 입술 등을 제외하고는 모두 털로 덮여 있는데 전체 약 130만~140만 개 정도가 된다.

② 모발의 두모(頭毛)는 동양인의 경우 약 10만 개 정도이며 모형(毛形)은 민족에 따라서 상당한 차이가 있는데 황색인종의 경우는 직모(곧은 머리), 백색인종은 파상모(파도형 머리), 흑색인종은 구상모(球狀毛, 곱슬머리)로 되어 있다.

③ **모발의 두께** : 부위에 따라 다른데 최소 0.05㎜에서 최대 0.2㎜까지 있으며 두모(頭毛)는 대개 0.1㎜이다. 같은 두모에서도 뒷부분의 모발은 가장 굵고 앞부분의 모발은 가장 가늘다. 모발의 두께는 인종, 연령, 성별 등에 따라서도 다르며 몸의 부위에 따라서도 다르다. 또 하나의 모발에서도 그 두께는 선단(끝)에서 근원(모근)까지가 같지 않으며 모발의 경사 각도는 일정하지 않지만 약 20~50° 정도이다.

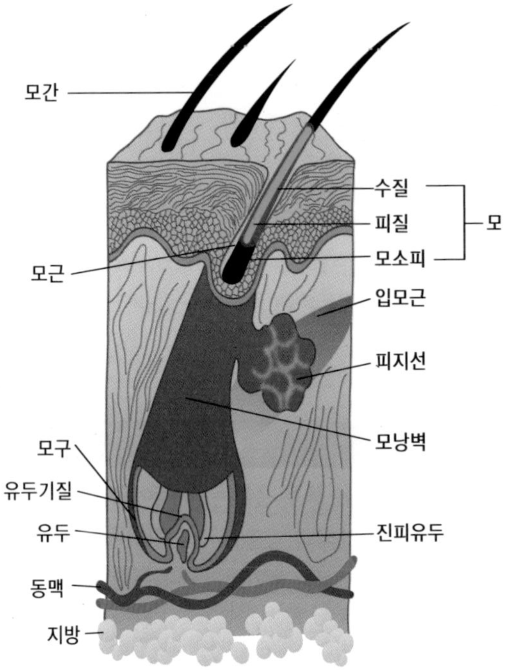

모발의 구조

④ 모발이 나 있는 방향은 신체 부위에 따라 거의 일정하며, 이 방향을 모류(毛流)라 부르고 있다.

⑤ **부위에 따른 모발의 명칭**

㉠ **모간(毛幹)** : 피부표면에 나와 있는 부분

㉡ **모근(毛根)** : 피부내부에 있는 부분

㉢ **모구(毛球)** : 모근 밑의 부풀은 부분

㉣ **모유두** : 모구의 중심부에서는 거의 구상(球狀)의 오목한 곳이 있으며 그 하부에 털의 영양을 관장하는 혈관 신경이 들어와 있는 곳

㉤ **모모(毛母)** : 모구가 모유두와 닿는 곳으로 여기에서는 세포의 분열증식이 왕성하여 새로운 모세포(毛細胞)가 만들어지고 있다. 또한, 멜라닌을 만드는 다수의 색소세포가 있어 털의 색상을 나타나게 한다.

㉥ **모수질(毛髓質)** : 모발의 가장 중심부분을 말한다.

㉦ **모표피(毛表皮)** : 모발의 가장 바깥부분으로서 비늘과 같이 각화한 투명한 핵이 없는 세포가 일렬로 겹쳐져 있다.

ⓞ **모피질** : 염색과 가장 관련이 깊은 부분으로서 모피질은 멜라닌을 함유하고 있다. 동양인은 멜라닌 색소가 어둡고, 입자가 크므로 흑모이고, 색소가 밝은색이며 입자가 작으면 금발이 된다. 이 색소가 거의 없어지면 백발이 된다.

⑥ 모발의 생장주기

모발은 끊임없이 생장을 계속하고 있는 것이 아니라 일정 기간 성장을 계속하다가(성장기 3년) 정지하여(퇴행기 3년) 그 후에 탈모하여 일정 기간이 지나면 다시 새로운 모발이 성장하게 된다. 이것을 모발의 생장주기라 하며 쉬고 있는 기간을 휴지기(휴지기 3개월)라 한다. 생장주기는 평균 남자가 3~5년, 여자는 4~6년이며 하루에 자라는 속도는 약 0.2~0.3㎜이다.

⑦ 모발(털)의 기능

㉠ 다양한 외부자극 등 물리적 충격으로부터 보호한다.
㉡ 자외선, 추위나 더위로부터 보호한다.
㉢ 사타구니, 겨드랑이의 모발은 움직임에 의한 마찰을 감소시켜 준다.
㉣ 아름다움을 표현하는 미용적 기능이 있다.

3) 한선

건강한 성인의 경우에는 대개 1시간에 30cc 정도의 땀을 흘리게 되는데 이 중 대부분은 체온조절을 위해서 증발되고 나머지 약간은 피지막을 만드는 역할을 한다. 땀의 수분과 피지의 유분은 본래는 섞이지 않는 것이지만 피지 중에 함유된 물질에 의하여 크림과 같은 상태로 유화된다.
땀을 분비하는 한선은 가늘고 긴 관상(管狀)의 분비선으로 땀을 만들어 분비하는 한선체(汗腺體)와 분비된 땀을 피부표면에 운반하는 한관(汗管)으로 되어있다.

① 에크린선(소한선)

에크린선은 우리가 일반적으로 가리키는 땀을 분비하는 한선을 말한다. 에크린선은 아포크린선에 비해 분비선이 작으므로 소한선이라고도 한다. 에크린선은 입술과 음부 등을 제외한 전신에 분포되어 있고 그 분포도는 몸의 부위에 따라 조금씩 다른데 보통 손바닥과 발바닥에 가장 많으며 그다음은 이마이고 가장 적은 곳은 등 부분이다. 소한선에서 분비되는 땀은 하루 700~900cc 정도이며 pH는 3.8~5.6 정도로 약산성을 띤다.
에크린선의 분비는 온도와 정신적인 면에 영향을 많이 받는데 온도가 높아지면 땀을 분비하여 체온조절을 하며, 정신적으로 공포를 느껴도 땀이 나게 된다. 에크린선의 땀은 무색무취로서 99%가 수분이며 나머지가 고형질로 Na+, C1-, K+요소, 단백질, 지질, 아미노산, Ca, P+, Fe 등으로 구성되어 있다.

② 아포크린선(대한선)

아포크린선의 회선상분비선(回旋狀分泌腺)은 에크린선에 비해 몇 배 크므로 대한선이라고도 부른다. 아포크린선은 출생 시의 어린 아기에게는 전신의 피부에 형성되었다가 생후 5개월경에는 점차 퇴화하여 겨드랑이, 유두, 사타구니 등의 몇몇 부위에만 남아 있다가, 사춘기가 되면 점차 발달하여 분비활동이 시작된다. 아포크린선에서 분비되는 땀은 에크린선에서 분비되는 땀에 비해 그 양이 대단히 적고 유색이며 단백질, 탄수화물을 함유하고 있으며 일단 배출되면 빨리 건조하여 모공에 말라붙게 된다.

아포크린선에서 분비되는 땀은 배출관 내에서는 무취 · 무균성이나 표피에 배출된 후 세균의 작용을 받아 부패하면 소위 체취(암내)라는 특유한 냄새를 띠게 된다. 아포크린선은 모공에 연결되어 있어 모발(털)구멍을 통해 배출된다. 아포크린선에서 분비되는 분비량은 인종에 따라 상당한 차이가 있는데 흑인이 가장 많으며 백인, 동양인의 순서이다.

4) 피지선(皮脂腺)

① 피지선의 개념

피지선은 피지가 분비되는 선이며 피지는 피부미용과 밀접한 관계를 가지고 있다. 피지선은 모낭의 옆, 입모근의 위쪽에 붙어있는 분비선으로 배출관이 짧고 또한 피지선은 피부의 진피 부분에 위치하여 전신에 분포되어 있다. 1㎠에 평균 100개 정도가 분산되어 있고 얼굴, 이마, 콧등에는 더 많은 양이 집중되어 있다.

피지는 털 또는 모낭벽을 따라 피부표면으로 배출되어 피부를 윤택하게 하는 역할을 하고 있다. 이와 같이 피지선 대부분은 털과 깊은 관계를 가지고 있지만, 피지선 중에는 털과 관계없이 독립하여 존재하는 것도 있다. 이것을 독립피지선이라 하며 눈, 입술, 구강점막, 유두 등에서 볼 수 있다. 그리고 손바닥과 발바닥에는 피지선이 없으며 일반적으로 몸의 중앙부, 즉 가슴, 배의 중심부에는 피지선이 많고 몸의 말단으로 갈수록 줄어든다. 따라서 피지선이 많은 부위에는 피지의 분비량이 많고 다른 부분에 비하여 지성피부가 된다. 피지의 분비는 남성호르몬인 안드로겐의 자극에 의하여 조절된다. 안드로겐 호르몬은 남 · 여 모두 부신피질에서 소량 분비되며 피지선이나 모낭 발육을 자극하여 각질층을 두껍게 하는 작용이 있다.

피지분비의 상태는 연령, 계절, 과로한 경우, 지방이나 탄수화물의 과잉섭취에 따라 달라진다. 출생 후 1년은 피지분비가 많으며 그 후 분비기능이 퇴화하다가 8~10세에 다시 그 기능이 성숙하기 시작하여 11~13세부터는 피지분비가 점차 증가하여 20~25세에는 최고가 된다. 그 이후에는 거의 변화하지 않다가 노인이 되면 점차 감소한다.

이해도 UP O,X 문제

01 **성인피부의 총면적은 2.5~3.5㎡ 이다.** (O, X)

해설 성인피부의 총면적은 1.5~2.0㎡ 이다.

02 **손톱은 수분과 유분기가 전혀 없는 죽은 세포이다.** (O, X)

해설 손톱은 죽은 세포이기는 하나 수분이 7~10%, 유분이 0.1~1.0% 함유되어 있다.

03 **투명층은 손바닥, 발바닥에만 존재한다.** (O, X)

04 **건강한 피부의 피부 각화주기(1주기)는 28일 정도이다.** (O, X)

05 **표피와 진피의 경계는 편평한 면으로 되어 있다.** (O, X)

해설 파상형으로 맞물려 있다.

답_ 01 : X 02 : X 03 : O 04 : O 05 : X

TIP.

피지의 작용

① 수분증발억제

② 살균작용

③ 유화작용

피지는 하루 평균 1~2g 정도씩 분비하는데, 온도, 피지막의 두께, 환경의 변화에 따라 분비량이 증감하게 된다.

② **피지의 작용과 미용**

㉠ **수분증발억제** : 피지는 피부각질층에 하나의 막을 형성하여 피부 수분이 증발하는 것을 막아준다.

㉡ **살균작용** : 피지 중에는 지방산이 함유되어 있으며 지방산에는 어느 정도 화농균과 백선균을 살균하는 작용이 있다.

㉢ **유화작용** : 피지는 피부표면에 분비되면 땀과 혼합하여 천연크림과 같은 피지막을 형성하는데 이 피지막은 피지와 땀이 서로 혼합되어 만들어져 있다. 이는 피지 중에 유화작용을 하는 물질이 함유되어 있기 때문이다. 피지막은 피부표면의 피지(유분)와 땀(수분)의 비율에 따라서 W/O형이나 O/W형으로 변한다. 피지(유분)보다 땀(수분)이 적으면 W/O형(유중수형)의 유화상태를 만들며, 피지(유분)보다 땀(수분)이 많으면 O/W형(수중유형)으로 변한다.

(2) 피부 유형 분석

1) 정상 피부의 성상 및 특징

① **중성 피부의 특징**

㉠ 중성 피부를 정상 피부라고도 부른다.

㉡ 이상적인 피부로 피지, 수분의 밸런스가 잡혀있어 촉촉하다.

㉢ 피부결이 섬세하고 탄력이 있다.

㉣ 계절이나 건강상태, 생활환경 등에 의해 피부상태가 변화할 수 있다.

㉤ 물 세안 후 땅기거나 번들거리지 않는다.

② **중성 피부의 손질법**

매일 규칙적이고 올바른 기초손질을 계속하도록 하고 피부가 건조한 느낌이 들면 마사지나 팩의 횟수를 늘리도록 한다.

㉠ **청결** : 메이크업한 상태라면 클렌징크림과 비누세안이 필요하다. 세안을 소홀히 하면 더러움에 의해 트러블이 발생할 수 있다.

㉡ **피부균형 유지** : 화장수와 영양크림으로 유 · 수분의 밸런스를 유지시킨다.

㉢ **피부 활성화** : 주 2~3회 정도의 마사지와 주 1~2회 정도의 팩을 실시한다. 팩은 영양 위주의 팩과 청결 위주의 팩을 번갈아 한다.

2) 건성 피부의 성상 및 특징

① **건성 피부의 특징**

㉠ 피부에 유분과 수분이 부족하여 건조하다.

㉡ 피부결이 가늘고 모공이 작다.

㉢ 기온이 내려가면 건조가 더욱 심해진다.

㉣ 부분적으로 각질이 일어나고 버짐이 생긴다.

㉤ 피부노화가 비교적 빨리 진행된다.

㉥ 물 세안 후 땅김이나 건조함이 느껴진다.

② 건성 피부의 손질법

건성 피부는 평상시 기초손질을 충분히 하고 혈액순환과 신진대사가 활발히 이루어지도록 피부 활성화를 위한 손질을 열심히 한다.

㉠ **청결** : 물 세안 시 탈지력이 강한 비누의 사용은 삼간다. 너무 뜨거운 물로 세안하면 피지가 지나치게 씻겨 나가므로 반드시 미지근한 물을 사용한다.

㉡ **피부균형유지** : 화장수는 알코올 함량이 적은 것을 사용한다. 영양화장수와 영양크림은 수분보다 유분이 많은 것을 사용한다.

㉢ **피부 활성화** : 매일 저녁 마사지를 하여 혈액순환을 촉진시킨다. 팩은 주 2~3회로 하고 영양 팩 중심으로 실시한다.

3) 지성 피부의 성상 및 특징

① 지성 피부의 특징

㉠ 땀과 피지의 과다분비로 피부 표면이 번들거린다.

㉡ 모공이 크고 피부결이 거칠다.

㉢ 피부에 세균이 번식하기 쉬워 여드름이나 뾰루지가 잘 발생한다.

㉣ 피부노화가 비교적 천천히 진행된다.

㉤ 물 세안 후 금방 피부 번들거림이 생긴다.

② 지성 피부의 손질법

지성 피부는 청결 위주의 손질을 하면서 유분과 수분의 조절을 해주는 손질이 필요하다.

㉠ **청결** : 지성 피부는 과잉 분비되는 피지를 자주 제거한다. 클렌징크림으로 메이크업이나 더러움을 제거한 다음 40℃ 정도의 약간 뜨거운 물로 세안한다.

㉡ **피부균형유지** : 산뜻한 타입의 화장수를 사용한다.

㉢ **피부 활성화** : 청결효과가 있는 클렌징팩을 자주 한다.

4) 민감성 피부의 성상 및 특징

① 민감성 피부의 특징

㉠ 외부환경요인에 민감하게 반응한다.

㉡ 화장품에 의해 피부병변을 일으키기 쉽다.

㉢ 피부조직이 얇고 섬세하다.

㉣ 모공이 작고 모세혈관이 피부표면에 드러난다.

㉤ 색소침착이 잘 나타난다.

② 민감성 피부의 손질법

㉠ **청결** : 부드러운 로션 타입의 클렌징을 사용한다. 물 세안도 미지근한 온도의 미온수로 부드러운 중성비누를 사용하여 세안한다.

㉡ **피부균형 유지** : 알코올 함량이 적은 화장수나 무알콜 무향료 화장품을 사용한다.

㉢ **피부 활성화** : 보습효과와 진정효과가 우수한 성분의 팩을 선택하여 주 1회 정도 실시한다.

5) 복합성 피부의 성상 및 특징

① 복합성 피부의 특징

㉠ 피부 부위에 따라 피부 상태가 달라 2가지 이상의 피부 성질이 나타난다.

㉡ 환경적인 요인, 피부관리 습관, 호르몬 불균형 등으로 인해 나타난다.

㉢ 피부결이 곱지 못하고 피부조직이 일정하지 않다.

㉣ T-존 부위는 피지분비가 많아 여드름이나 뾰루지가 생기기 쉽고 모공이 크다.

㉤ T-존 부위를 제외한 부위는 세안 후 땅김이 있고 건조하다.

② 복합성 피부의 손질법

㉠ **청결** : 부드러운 로션 타입의 클렌징을 선택하여 노폐물과 메이크업을 제거하고 T-존 부위는 고마쥐나 스크럽 타입으로 딥 클렌징을 한다.

㉡ **피부균형유지** : 건조한 부위는 보습효과를 지성인 부위는 수렴효과가 있는 화장수를 사용한다.

㉢ **피부 활성화** : T-존은 피부청결 위주의 팩을 한다. U존은 보습, 영양 효과가 있는 팩을 주 1회 이상 실시한다.

TIP. 민감성 피부 손질

- 미지근한 미온수로 중성비누를 사용
- 자극이 적은 무알코올 무향 화장품 사용

TIP. 복합성 피부 손질

- 2가지 이상의 피부성질로 T존 부위는 지성피부 손질, U존 부위는 건성피부 손질

TIP. 천연보습인자(N.M.F)

천연보습인자의 N.M.F는 Natural Moisturinging Factor의 약자이며 **피부의 땀과 피지에 함유된 아미노산, 핵산 또는 젖산 등 염류의 혼합물**로 피부 중의 수분을 일정하게 유지하려고 하는 작용을 하는 것을 말한다. **우리 몸의 내부에서 생산되는 천연적인 보습성분**이라고 할 수 있다.

이해도 UP **O,X 문제**

01 **건성 피부는 피부결이 가늘고 모공이 크다.** (O, X)

해설 건성피부는 피부결이 가늘고 모공은 작다.

02 **중성 피부는 계절이나 건강상태, 생활환경 등에 의해 피부상태가 변화할 수 있다.** (O, X)

03 **민감성 피부는 화장품에 의해 피부병변을 일으키기 쉽다.** (O, X)

04 **천연보습인자(N.M.F)란 피부 중의 수분을 일정하게 유지하여 피부를 건조하고 거칠어지지 않도록 하는 천연적인 보습성분이다.** (O, X)

05 **건성 피부의 화장수는 알코올 함량이 많은 것을 사용한다.** (O, X)

답_01: X 02: O 03: O 04: O 05: X

6) 노화 피부의 성상 및 특징

① 노화 피부의 특징

㉠ 잔주름과 굵은 주름이 생긴다.

㉡ 근육처짐이 있으며 탄력이 저하된다.

㉢ 피부건조현상이 심하다.

㉣ 땀과 피지분비가 적다.

㉤ 피부재생이 느리다.

㉥ 피부 두께가 얇아진다.

㉦ 검은 반점인 검버섯이 생긴다.

② 노화 피부의 손질법

㉠ **청결** : 메이크업을 지울 때는 반드시 마일드한 타입의 클렌징크림으로 닦아낸 다음 비누세안을 한다. 비누세안은 피부의 피지 성분이 너무 많이 빼앗기지 않도록 사용한다. 마지막 헹굼은 반드시 찬물로 헹구어 주며 가볍게 손바닥으로 두들겨 피부에 활력을 준다.

㉡ **피부균형 유지** : 영양크림과 아이크림을 바르도록 하며 건조가 심한 계절에는 에센스도 발라 피부에 영양을 충분히 공급한다. 팩도 영양공급팩 위주로 실시하는 것이 좋다.

㉢ **피부 활성화** : 피부신진대사와 혈액순환 촉진을 위한 피부손질을 한다. 마사지는 매일 저녁이나 2일에 한 번씩 하며 마스크나 팩 손질을 주 2회 이상 정기적으로 실시한다.

(3) 피부와 영양

1) 3대 영양소, 비타민, 무기질

① 영양소

우리 몸에 필요한 영양소는 3대 영양소(탄수화물, 단백질, 지방)와 5대 영양소(탄수화물, 단백질, 지방, 무기질, 비타민)로 나누며 5대 영양소에 물을 추가하여 6대 영양소라고도 한다.

TIP.

- 열량 영양소 : 에너지 공급(탄수화물, 단백질, 지방)
- 구성 영양소 : 신체조직 구성(단백질, 무기질, 물)
- 조절 영양소 : 생리기능과 대사조정(비타민, 무기질, 물)

② 탄수화물

작용	• 에너지의 근원이며 세포구성물질이다. • 살찌는 원인이 된다. • 당분 과잉섭취는 피지분비량을 증가시키므로 여드름 피부는 피하도록 한다.
결핍증	• 피부저항력이 낮아져서 염증 같은 피부트러블이 쉽게 생긴다. • 체내단백질의 분해가 심해진다. • 탄수화물 대사에는 비타민 B_1이 필요하므로 섭취에 유의하도록 한다.
함유식품	• 쌀, 설탕, 밀가루, 엿, 곶감, 미역, 홍당무

③ 단백질

단백질은 1일 60~80g을 섭취하며 그 중 1/3은 동물성 단백질을 섭취하도록 한다.

작용	• **생명유지와 성장**에 필요하다. • 피부의 윤활작용과 관계있어 피부를 윤택하게 한다. • 피부를 탄력 있게 하고 고운 피부결을 유지시킨다. • 혈액의 pH 밸런스를 조절해준다. • 피부의 저항력을 높여준다.
결핍증	• 피부노화가 빨리 온다. • 손톱, 발톱 성장에 장애가 온다. • 피부가 거칠어진다.
함유식품	• 동물성 단백질 : 소고기, 돼지고기, 생선, 달걀, 조개류, 우유, 간 • 가공품 : 어묵, 햄, 소시지, 치즈, 버터 • 식물성 단백질 : 콩, 두부, 비지, 토란, 녹두, 땅콩, 팥

④ 지방

작용	• **힘의 근원**이 되고 **탄력 있는 피부**를 유지시킨다. • 생체유지와 성장에 필요하다. • 피하지방으로 축적된다. • 피부의 생리작용을 도우며 과다하면 피지분비량이 증가한다.
과잉증	• 비대증, 간장질환, 동맥경화증, 지성 피부
결핍증	• 피부병 • 성장과 생식기능 저하 • 에너지 부족으로 인한 허약증
함유식품	• 동물성 지방 : 버터, 라아드, 치즈, 간유 • 식물성 지방 : 올리브유, 면실유, 샐러드유, 잣, 호두

⑤ 무기질

작용	• 뼈, 치아의 구성성분이다. • 체액의 성분으로 pH를 조절한다. • 근육수축, 신경흥분과 관계가 있다.
결핍증	• 칼슘(Ca), 인 (P) : 골격구성에 장애 • 철분(Fe) : 빈혈증 • 요오드(I) : 갑상선종, 에너지 대사량 저하 • 유황(S) : 모발에 윤기가 없어진다.
함유식품	• 칼슘(Ca) : 우유, 달걀, 무청 • 철분(Fe) : 동물 간, 살구, 건포도, 말린 콩 • 요오드(I) : 해조류 • 인(P) : 우유, 치즈, 고기, 곡물 • 유황(S) : 달걀, 곡물, 고기

⑥ 비타민

종류	작용	결핍증	함유식품
비타민 A (레티놀)	• 피부저항력을 강화 • 성장발육에 관계 • 피부를 윤기 있고 아름답게 함	• 피지막이 잘 생성되지 않음 • 피부가 거칠어짐 • 손톱, 털 약화	동물 간, 뱀장어, 버터, 달걀, 우유, 무, 당근, 콩
비타민 B_1 (티아민)	• 피로방지 • 피부저항력 강화	• 피부윤기 감소	난황, 햄, 돼지고기, 닭고기, 배아, 땅콩, 완두콩, 조, 옥수수
비타민 B_2 (리보플라빈)	• 신진대사촉진 • 발육 촉진 • 모세혈관을 튼튼하게 하여 혈액순환을 도움	• 구강염, 습진 • 햇빛에 민감해짐 • 모세혈관 확대 • 비듬이 많아짐 • 지성 피부염 유발	간장, 간, 효모, 꽁치, 배아, 우유, 치즈, 달걀, 녹황색 채소, 굴, 대합
비타민 B_5 (판토텐산)	• 손상된 피부를 회복 • 알레르기성 피부염에 효과적 • 모발탐색방지 • 모발을 윤택하게 함	• 피부가 건조해짐 • 탈모증 유발	
비타민 B_6 (피리독신)	• 점막, 눈, 코, 입 주위의 적색 피부염 예방 • 피지선에 영향	• 붉은 피부 • 알레르기 피부 • 피부탄력 없어짐	쌀겨, 난황, 곡류, 햄, 간, 소고기
비타민 C (아스코르빈산)	• 피부 혈관벽을 튼튼하게 함 • 피부의 피로를 예방 • 멜라닌 색소 침착 방지 • 가려움증 예방	• 외부자극에 민감 • 질병에 대한 저항력 약화 • 기미, 주근깨가 생기기 쉬움 • 괴혈병에 걸리기 쉬움	딸기, 레몬, 귤, 야채류, 콩, 아스파라거스, 녹차

비타민 D (칼시페롤)	• 피부의 새 세포 생성에 도움을 줌 • 자외선을 받아 피부에서 합성 • 피부저항력을 키우며 피부습진을 치료	• 구루병 발생 • 피부습진 발생 • 피부트러블 발생	효모, 버섯, 꽁치, 뱀장어, 고등어, 우유
비타민 E (토코페롤)	• 여성호르몬의 분비촉진으로 피부건조를 방지 • 습진 등의 피부병 예방 • 혈액순환 원활	• 갱년기 장애 • 피부가 거칠어짐 • 습진 발생	참깨, 옥수수, 시금치, 배아

2) 피부와 영양

피부 타입	필요한 영양소
건성 피부	지방, 비타민 A
지성 피부	비타민 B군
여드름 피부	비타민 A, 비타민 B군
거친 피부	지방, 비타민 A, 수분
일소 피부	비타민 C, 비타민 A
약한 피부	비타민 B_1, 비타민 B_2, 비타민 B_6
볼이 빨개지는 피부	비타민 B_2, 비타민 C, 비타민 B_6, 비타민 E
기미, 주근깨 피부	비타민 C, 비타민 A
잔주름 있는 피부	단백질(동물성), 비타민군, 수분
알레르기성 피부	비타민 B군

3) 체형과 영양

① 체형과 영양의 관계

㉠ 영양부족인 경우

- 영양섭취가 충분하지 않으면 활력이 없어져 무기력해지며 모든 일에 의욕이 없어지게 된다.
- 피로감이 증대된다.
- 성장발육기에 있는 청소년기에는 신체발달에 영향을 미치게 된다.

㉡ 영양과다인 경우

- 영양을 과다하게 섭취하게 되는 경우 비만의 원인이 된다.
- 성인들에게는 당뇨병, 고혈압, 고지혈증 등 성인병의 원인이 된다.

TIP. 3대 영양소

탄수화물, 지방, 단백질

TIP. 5대 영양소

탄수화물, 지방, 단백질, 무기질, 비타민

TIP. 브로카지수 계산법

- 신장 160㎝ 이상일 때
  (신장 − 100) × 0.9
- 신장 150~159㎝ 이상일 때
  (신장 − 150) × 0.5 + 50
- 신장 150㎝ 이하
  신장 − 100

② 건강하고 아름다운 체형 가꾸기

㉠ 올바른 식생활과 규칙적인 운동을 한다.

㉡ 식이요법인 경우 체소류와 해조류 등의 저열량 식품과 섬유질 식품을 충분히 섭취한다.

㉢ 적절한 영양섭취량은 개인차가 있지만 1일 1,200~1,400kcal이다.

㉣ 비만인 경우는 1일 개인에너지 요구량의 1/4 정도로 저열량식을 한다.

㉤ 운동으로는 조깅이나 걷기, 자전거 타기, 에어로빅, 체조, 수영, 줄넘기 등의 유산소운동을 한다.

㉥ 식생활과 운동을 꾸준히 하는 생활을 습관화한다.

③ 영양소

인체를 만들고 활동의 근원이 되는 성분

㉠ **3대 영양소** : 탄수화물, 지방, 단백질

㉡ **5대 영양소** : 탄수화물, 지방, 단백질, 무기질, 비타민

㉢ **단백질** : 1g당 4kcal(인체구성 에너지원, 신체구성성분, 기능성 물실합성, pH 조직, 에너지공급원)

㉣ **지방** : 1g당 9kcal(지방조직, 추위나 외부충격 완화, 신체 곡선미 부여, 피지선 조절기능)

㉤ **탄수화물** : 1g당 4kcal(신체의 에너지원 세포막과 결합조직을 구성, 소화흡수율 우수, 성장기에 특히 필요)

㉥ **비타민**

- 지용성 비타민 : 비타민 A, D, E, K
- 수용성 비타민 : 비타민 B_1, B_2, B_5, B_6, C

㉦ **무기질(미네랄)** : 칼슘(Ca), 인(P), 철분(Fe), 구리(Cu), 요오드(I), 아연(Zn), 나트륨(Na), 마그네슘(Mg)

④ 체중 관리

아름답고 건강한 체형을 위해서는 적절한 체중의 유지가 필수적이다. 적정체중은 체질량지수(BMI : Body Mass Index) 판정을 통해 체지방평가의 지표로 사용되고 있다.

㉠ 표준체중

- 어린이~청소년 : 한국소아과학회에서의 신장별 체중표의 백분위 값을 사용
- 성인 : 브로카법에 의한 표준체중 계산법을 사용하여 비만 여부를 판단

㉡ 체형 관리

체질량지수(BMI : Body Mass Index)는 과체중 및 비만, 저체중을 평가하는데 전 세계적으로 통용된다. BMI 지수가 적정지수가 벗어난 것은 과체중이나 저체중이라고 할 수 있다.

$$\text{체질량지수 BMI} = \frac{\text{체중(kg)}}{\text{신장(m)} \times \text{신장(m)}}$$

- 정상 : BMI 20~25
- 과체중(1도 비만) : BMI 25~29.9
- 비만(2도 비만) : BMI 30~40
- 고도비만 : BMI 40.1 이상

(4) 피부와 광선

1) 파장에 따른 광선분류 및 피부에 미치는 영향

광선의 종류	파장(nm)	적 용
단파장 자외선 (UV C)	200~290nm	• 오존층에 의해 흡수 • **피부암 원인** • **피부노화 촉진**
중파장 자외선 (UV B)	290~320nm	• 비타민 D의 합성 • 색소침착, 홍반, 심한 통증, 부종, 물집 • 자연색소침착(기미) • **썬번(Sunburn) 발생**
장파장 자외선 (UV A)	320~400nm	• 멜라닌색소 침착으로 **썬텐을 일으킴** • 진피층까지 침투 • 광노화 유발
가시광선	400~780nm	• 눈으로 볼 수 있는 광선으로 비가 온 후 무지개 색을 볼 수 있음
적외선	780~3,000nm	• 피부의 **혈행을 좋게** 하는 작용이 있어 **미용기구나 의료용**으로 이용하는 광선

이해도 UP **O,X 문제**

01 **우리 몸에 필요한 3대 영양소는 탄수화물, 철분, 지방이다.** (O, X)

해설 3대 영양소는 탄수화물, 단백질, 지방이다.

02 **단백질은 혈액의 pH 밸런스를 조절해주는 작용 효과가 있다.** (O, X)

03 **지방의 결핍증 중 하나로 성장과 생식기능 저하가 있다.** (O, X)

04 **비타민 D는 여성호르몬의 분비촉진으로 피부건조를 방지한다.** (O, X)

해설 비타민 D는 피부세포의 생성을 도우며 피부건조를 방지하는 영양분은 비타민 E이다.

05 **탄수화물은 에너지의 근원이며 세포구성물질이다.** (O, X)

06 **표준체중은 BMI로 평가한다.** (O, X)

07 **체형관리에서 과체중, 저체중을 평가하는 것은 브로카지수이다.** (O, X)

08 **개인차가 있지만 적절한 영양섭취량은 1일 1,200~1,400kcal이다.** (O, X)

답_01 : X 02 : O 03 : O 04 : X 05 : O 06 : X 07 : X 08 : O

TIP.

SPF1은 10분 내에 홍반이 나타나는 것을 수치화한 것이다. SPF 지수의 숫자가 클수록 자외선 차단 효과가 높으며, SPF 지수가 작을수록 자외선 차단 효과가 낮다. 예를 들어 SPF25와 SPF50의 경우, SPF25보다 SPF50의 자외선 차단효과가 높다.

이해도 UP **O,X 문제**

01 **파장의 강도가 피부에 미치는 영향 중 단파장 자외선(UVC) 200~290mm의 광선은 피부의 혈행을 좋게하는 작용이 있어 미용기구나 의료용으로 이용하는 광선이다.(O, X)**

해설 단파장 자외선(UV C) 200~290mm의 광선은 피부암의 원인임과 동시에 피부노화를 촉진시키므로 미용기구나 의료용으로는 부적합하다.

02 **자외선의 단점 중 하나는 호르몬을 감소시켜 피부노화의 원인이 된다. (O, X)**

해설 자외선은 호르몬을 증가시켜 피부상태를 건강하게 한다.

03 **자외선차단지수(SPF)1은 10분 내에 홍반이 나타나는 것을 수치화한 것이다. (O, X)**

04 **적외선의 효과로는 혈액순환 촉진, 통증완화 및 진정효과, 독소 및 노폐물 배출 효과 등이 있다. (O, X)**

05 **태양광선은 크게 자외선, 적외선, 가시광선으로 구분할 수 있으며 자외선은 42%, 가시광선 51.8%, 적외선은 6%를 차지한다. (O, X)**

해설 자외선은 6%, 가시광선 51.8%, 적외선은 42%를 차지한다.

답_01: X 02: X 03: O 04: O 05: X

2) 자외선이 미치는 영향

① 자외선의 영향

장점	단점
• 살균 및 소독효과가 있다. • 비타민 D를 생성한다. • 호르몬 증가로 피부상태를 건강하게 한다. • 피부병을 치료하는 역할을 한다.	• 멜라닌색소를 생성한다(기미, 주근깨). • 일광화상이 생긴다. • 홍반반응이 일어난다. • 피부노화를 촉진시킨다. • 피부 표면조직을 파괴한다.

② 자외선의 강도

㉠ 자외선의 강도는 4월부터 9월경까지가 비교적 강하다(6월에 가장 강하다).

㉡ 하루 중 자외선은 오전 10시부터 오후 2시까지가 가장 강하다.

㉢ 자외선의 반사율은 수면이 가장 높다.

③ 자외선차단지수

자외선차단지수는 Sun Protection Factor이며 약자로 SPF라고 한다. 자외선차단 효과를 지수로 표시하는 단위이다.

$$SPF = \frac{\text{자외선 차단제품 도포 후 최초 홍반량}}{\text{자외선 차단제 미사용시의 최초 홍반량}}$$

3) 적외선이 미치는 영향

적외선은 780nm 이상의 전자기파로 인간의 눈으로 보이지 않는 불가시 광선이나 열을 내는 광선으로 열선이라고도 한다.

① 적외선의 효과

㉠ 온열작용으로 혈액순환을 촉진시킨다.

㉡ 세포를 자극하여 활성화시키므로 열선 또는 건강선이라고 한다.

㉢ 근육조직의 이완과 수축을 원활하게 한다.

㉣ 통증완화 및 진정효과가 있다.

㉤ 독소 및 노폐물을 체외로 배출시킨다.

② 적외선 사용 시 주의사항

㉠ 조사시간은 10분을 넘기지 않는다.

㉡ 적외선을 조사할 때 30㎝정도 거리를 둔다.

㉢ 물기를 제거하고 조사한다.

㉣ 적외선이 눈에 닿지 않도록 보안경을 착용한다.

(5) 피부면역

1) 면역의 종류와 작용

① 면역의 정의

외부로부터 침입하는 미생물이나 화학물질에 대해 피부, 점막, 골수, 림프계, 흉선 등은 인체를 보호하기 위해 가동되는 방어체계를 형성하는데 이를 면역이라 한다.

② 면역의 종류

㉠ 1차 방어기관

외부 침입자로부터 가장 최전방의 면역장치로서 피부와 호흡기의 미세한 털이나 점막에 의해 기침이나 재채기로 세균을 분사하여 방어하는 것이다.

㉡ 2차 방어기관

- 외부침입자가 들어오면 표피의 탐식세포계열인 랑게르한스세포가 자극을 인지하고 항원을 조직하여 면역세포에 전달, 면역반응을 일으킨다.
- 인체에 들어온 외부침입자를 방어하는 탐식세포가 탐식작용에 의해 병원균에 접근하여 먹어서 소화 · 처리한다.
- 림프구는 β 림프구와 T 림프구로 구분되며 신체 내 면역 반응에 중추적인 역할을 하게 된다.

㉢ 3차 방어기관

림프계는 림프, 림프절, 림프구, 림프관으로 이루어져 있다. 림프는 림프관을 통해 전신을 돌아다니면서 혈액에 떠 있는 해로운 생물체를 잡아들이는 액체이며 3차적인 방어역할을 담당한다.

TIP. 랑게르한스 세포

- 피부기저층에서부터 표피 전층에 걸쳐 산재하는 수지상 세포로서 라켓상의 랑게르한스 세포과립을 가지고 있다.
- 탐식능력을 가진 세포로서 면역조절 물질을 분비하여 면역기능을 가지고 있다.

이해도 UP O,X 문제

01 외부로부터 침입하는 미생물이나 화학물질에 대해 피부, 점막, 골수, 림프계, 흉선 등의 인체를 보호하기 위해 가동되는 방어체계를 형성하는데 이를 면역이라 한다. (O, X)

02 자연면역에서 화학적 방어벽은 입, 코, 목구멍, 위의 산성 점액질 등이다. (O, X)

03 탐식작용이란 침입한 병원균을 먹고 소화시키는 것을 가르킨다. (O, X)

04 면역의 2차적인 방어는 피부와 호흡기의 미세한 털이나 점막에 의해 기침이나 재채기를 통해 세균을 분사하여 방어하는 것이다. (O, X)

해설 기침이나 재채기를 통해 세균을 분사하는것은 1차적인 방어에 해당한다.

05 랑게르한스 세포는 탐식세포계열로서 면역조절 물질을 분비하는 세포이다. (O, X)

06 면역에서 3차 방어기관인 림프계는 림프관을 통해 순환하면서 혈류에 떠 있는 해로운 생물체를 잡아들이는 액체이다.

답_01 : O 02 : O 03 : O 04 : X 05 : O 06 : O

면역의 종류		면역의 작용
1차 방어 기관	피부	• 인체의 첫 번째 방어 장벽 기능을 한다.
	미세한 털이나 점막	• 호흡기관에 있는 미세한 털은 병원균의 침입을 막는다. • 호흡기관의 점막 조직의 점액이 병원균이 이동을 막는다.
2차 방어 기관	랑게르한스세포	• 피부조직에 존재하는 탐식세포계열의 세포이다. • 면역조절 물질을 분비하는 세포이다.
	탐식세포	• 대식세포 : 침입한 병원균(항원)에 접근하여 먹고 소화 · 처리한다. • 과립세포 : 혈류에 존재하며 낯선 침입자(항균)를 감시, 공격하여 먹어 치운다. • 단핵세포 : 골수에서 분화한 단핵세포이다.
	탐식작용	• 병원균을 흡수한다. • 병원균을 삼킨 후 소화효소를 분비한다.
	림프구	• β 림프구(베타 림프구) : 전체 림프구의 20~30%로 특정항원과 접촉하여 탐식하면서 즉각 공격한다. • T 림프구(T-세포) : 세포성 면역 기능에 관여한다.
3차 방어 기관	림프계	• 림프계는 림프, 림프절, 림프구, 림프관으로 구성된다. • 림프는 림프관을 통해 순환하면서 혈류에 떠 있는 해로운 생물체를 잡아들이는 액체이다.

③ 면역의 용어

㉠ **항원** : 인체에서 면역반응을 일으키는 것을 가리킨다.

㉡ **항원과 항체반응** : 면역, 알레르기, 예방접종(백신)이다.

㉢ **자연면역** : 신체방어, 화학적 방어막, 식균작용과 염증 반응으로 나타난다.

- 신체적 방어벽은 피부, 호흡기이다.
- 화학적 방어벽은 입, 코, 목구멍, 위의 산성 점액질 등이다.
- 식균작용 : 침입한 병원균을 먹고 소화시키는 것을 가리킨다.

㉣ 세포성 면역은 대부분 항원을 제거하는 T 세포가 담당한다.

㉤ **대식세포** : 항원을 제공하며 면역형성에 중요하다.

㉥ **알레르기 반응** : 인체가 외부 침입물질과 접하게 되면 항원 · 항체반응에 의하여 생체 내에 과민한 변화가 일어나는데 이를 알레르기라고 한다.

(6) 피부노화

1) 피부노화의 원인

① 흡연

심한 흡연을 하면 담배 속에 함유된 니코틴의 영향으로 피부의 혈색이 누렇게 변하게 된다. 니코틴은 피부의 모세혈관을 수축시켜서 혈액순환을 감소시키는데 혈액순환이 느려질수록 피부의 혈관을 통과하는 혈액량이 줄어든다. 따라서 핑크빛 혈색이 누렇게 변하게 된다.

② 음주

조금씩 마시는 술은 그다지 피부에 해롭지 않다. 약간의 알코올은 혈관을 팽창시켜 건강한 홍조를 띠게 한다. 그러나 과음은 모세혈관을 팽창시켜 심하면 혈관파열의 원인이 될 수 있다. 피부의 모세혈관이 파열되면 붉은 실핏줄이 보이게 되며 피부노화가 빨라진다.

③ 자외선

자외선은 진피층에 깊이 침투하여 콜라겐 섬유를 파괴한다. 젊은 피부인 경우에는 콜라겐 섬유가 다소 파괴되거나 상처를 입었다 하더라도 새로운 콜라겐이 생성되나, 노화된 피부는 콜라겐 생성능력이 저하되어 결국 주름살이 생기게 되고 피부가 늘어지게 된다. 태양으로 인한 콜라겐의 상처는 주름살의 가장 큰 원인이 된다.

④ 생물학적 노화

피부세포는 성장하고 시간이 흐름에 따라 노화한다. 이는 내재된 유전적인 DNA에 의해서 변화하고 노화되는 것으로 필연적인 피부노화이다.

TIP.

프리래디컬 이론

프리래디컬은 세포와 DNA를 손상시키는 유해물질을 말하며 프리래디컬의 생성원인은 생체대사부산물, 자외선, 흡연 및 과음, 방사선, 전자파, 발암물질, 유해식품 및 약품, 격렬한 운동 및 스트레스 등이다. 노화를 억제시키는 방법으로 프리래디컬 발생요인을 줄이는 방법이 있는데 금연(담배 1개피당 1,016 프리래디컬 발생), 자외선 차단제 사용, 스트레스 조절, 오염된 환경 회피가 있다.

노화의 프로그램설

DNA 프로그램설이라고도 한다. 노화는 예정된 프로그램을 통해 하나의 생명이 다음 세대의 번식임무를 다하면 노화가 시작되고 일정한 연령이 되면 죽는다는 학설이다.

텔로미어 학설

노화 유전자설이라고도 하는데 유전자가 생체에 노화현상을 일으킨다는 이론으로 노화가설 중 실험으로 증명된 학설이다.

이해도 UP **O,X 문제**

01 피부노화의 원인 중에는 적외선이 있다. (O, X)

해설 적외선은 피부에 이로운 효과를 주는 광선이며 피부의 노화는 자외선과 연관이 있다.

02 광노화 현상은 태양빛에 의해 각질층이 얇아지고 모세혈관이 축소되는 것을 말한다. (O, X)

해설 광노화 현상은 각질층이 두꺼워지고 모세혈관이 확장된다.

03 피부의 노화 현상 중 과음은 모세혈관을 팽창시켜 심하면 혈관파열의 원인이 될 수 있다. (O, X)

04 내인성 노화 현상은 나이가 많아지면서 자연적으로 일어나는 노화이다. (O, X)

05 생물학적 노화란 내재된 유전적인 DNA에 의해서 변화하고 노화되는 것으로 필연적인 피부노화이다. (O, X)

06 자외선은 진피층에 깊이 침투하여 콜라겐을 파괴한다. (O, X)

07 내인성 노화현상은 나이가 많아지면서 생기는 자연적인 노화이다. (O, X)

08 광노화 현상은 적외선이 주 원인이다. (O, X)

해설 광노화 현상은 자외선이 주 원인이다.

답_ 01 : X 02 : X 03 : O 04 : O 05 : O 06 : O 07 : O 08 : X

2) 피부노화 현상

외적 노화 현상	• 피부처짐 현상이 있다. • 피부주름이 생긴다. • 건조해지고 거칠어진다. • 흑색 반점이 생긴다. • 지루 각화증이 생긴다.
내인성 노화 현상	• 내인성 노화는 나이가 많아지면서 자연적으로 일어나는 노화이다. • 피부 표피의 두께가 얇아진다. • 진피의 두께가 얇아져서 탄력성이 저하된다. • 멜라닌세포의 감소로 자외선으로부터 피부방어 기능이 약해진다. • 랑게르한스세포의 수가 감소하여 피부의 면역기능이 떨어진다. • 상처 회복이 늦어진다. • 피부 감각기능과 혈류량이 감소한다. • 땀분비가 줄어든다. • 피지분비가 줄어든다.
광노화 현상	• 태양빛에 노출돼서 생기는 노화를 광노화라고 한다. • 자외선 B와 자외선 A에 의한 노화이다. • 각질층이 두꺼워진다. • 멜라닌 색소 증가로 피부색이 검어진다. • 모세혈관이 확장된다. • 피부가 거칠어지고 건조해진다.

(7) 피부장애와 질환

1) 원발진과 속발진

① 원발진(Primary Lesions)

원발진은 1차적 피부장애로서 직접적인 초기 손상을 일컫는다.

증상	징후	특징
반점	• 피부 표면의 색이 변함 • 경계선이 뚜렷한 원형 또는 타원형임	주근깨, 기미, 자반, 노화 반점 등
소수포	표피 밑 직경 1cm 미만의 체액 또는 혈청을 가진 물집	• 화상물집, 포진, 접촉성 피부염 • 물집을 인위적으로 터트리지 않으면 흉터가 남지 않음

대수포	• 외부의 충격이나 온도 변화에 의해 생김 • 직경 1cm 이상의 혈액성 내용물을 담은 물집	–
홍반	• 시간이 경과할수록 크기가 변함 • 모세혈관의 울혈에 의한 피부가 발적됨	–
구진	• 직경 1cm 미만의 피부융기물 • 만지면 통증이 느껴짐 • 염증으로 인해 붉은색을 띰 • 여드름의 초기 증상임 • 경계가 뚜렷하고 끝이 단단한 돌출 부위를 나타냄	• 사마귀, 뾰루지 • 표피에 형성되어 흔적 없이 치유됨
결절	• 통증이 수반되고 치유 후 흉터가 생김 • 경계가 명확하며 단단한 유기물 • 기저층 아래에 형성되는 구진보다 크고 종양보다 작은 형태	–
낭종	• 생성 초기부터 심한 통증을 수반함 • 진피층으로부터 생성된 반고체성 종양	• 제4기 여드름으로 진피에 자리잡고 통증을 유발함 • 흉터가 남음
팽진	• 표재성의 일시적인 부종으로 붉거나 창백함 • 다양한 크기로 부어올랐다가 사라지며 가려움증을 동반함	두드러기 또는 담마진이라 함
종양	• 모양과 색깔이 다양한 비정상적인 세포집단임 • 악성과 악성종양으로 구분됨 • 직경 2cm 이상의 피부증식물로서 연하거나 단단한 내용물을 가진 종양	–
면포	• 모공에서 공기 노출에 따른 면포는 블랙헤드를 생성함 • 공기와 접촉되지 않아 모공에 닫힌 면포는 화이트헤드를 생성함	• 피지, 각질세포 등에 세균이 작용하여 발현됨 • 여드름, 코 주위 검은 여드름 등
비립종	면포와 달리 피부 내에 표재성으로 존재하는 작은 구형의 백색 상피낭종으로서 좁쌀만한 흰 알갱이 형태	–
포진(헤르페스)	입술 주위의 군집 습포가 발진됨	습진성 수포

2) 속발진(Secondary Lesions)

원발진으로 인해 부차적 손상, 즉 2차적 피부장애를 갖는 것을 속발진이라 한다.

증상	징후	특징
비듬(인설)	피부 표피의 생리적 각화 또는 병적 각화에 의한 각질파편이 생김	건성 비듬, 지성 비듬
가피	혈청이나 농이 섞인 삼출액이 말라있는 상태	상처 위에 생기는 딱지

미란	• 표피 표면은 습윤한 선홍색을 띰 • 수포가 터진 후 표피가 떨어져나간 피부손실 상태	-
찰상	• 표피 결손으로서 기계적 자극(손톱으로 긁거나 마찰)에 의해 벗겨진 상태	흉터 없이 치유됨
균열	질병이나 외상에 의해 표피가 선상으로 갈라진 상태	손 · 발가락 사이, 발뒤꿈치, 입술, 항문 등에 균열이 생김
반흔(상흔)	진피의 손상으로 새로운 결체 조직이 생긴 상태	흉터라고도 함
위축	• 피부의 생리기능 저하에 의해 피부가 얇아진 상태 • 피부는 탄력을 잃고 주름이 생기며 혈관이 투시되어 보임	-
색소침착	피부의 색소 증가, 출혈, 이물질, 염증 후에 이차적으로 멜라닌 색소가 과다하게 병적으로 발현됨	-
궤양	진피, 피하지방조직의 괴사로 치료 후 불규칙한 흉터가 생긴 상태	-
태선화	피부가 가죽처럼 두꺼워지며 딱딱해지는 현상	-

2) 피부 질환

① 피부색소침착

신체 일부에 비정상적인 착색이나 변색, 침착이 생김을 일컫는다.

기미	갈색반 또는 간반이라고 하는 기미는 흑피증으로서 1~수cm에 이르는 갈색반이 뺨, 측두부, 전두부에 나타나는 상태이다.
주근깨	• 작락반이라고도 하는 주근깨는 멜라닌 과립이 산재성으로 축적함으로써 생기는 피부의 갈색 점 모양의 색소반이다. • 일반적으로 타이로시나제 활성보다 높은 활성을 지닌 색소세포의 집락에 일광의 자극작용에 의하여 생긴다.
흑자점(흑점)	• 검정사마귀라하며 피부에서 볼 수 있는 원형이거나 난원형인 평탄한 갈색의 색소반으로 멜라닌의 침착증가에 의하여 생긴다. • 표피 피부접합부의 멜라닌 세포수의 증가를 수반한다. • 햇빛에 쬐여도 주근깨와 같이 까맣게 되지 않는다.
노인성 반점	• 노인에게서 만성적으로 오랫동안 햇볕에 쬐인 피부이다. • 손등이나 팔에 생기는 양성 국한성의 과대색소 침착의 반점이다.

② 피부장애

㉠ 알레르기

• 알러지 또는 과민증이라고도 하며 특이적인 알러젠에 접촉함으로써 일어나는 과민증 상태이다.

- 변화된 반응 등이 재접촉에 의해 명확하게 된다.
- 현재는 과민증 상태를 표현하는 데 사용되며 즉시형과 지연형으로 구분된다.
  - 세균성 알레르기 : 특수한 세균성 항원(결핵균)에 대한 특이적 미생물에 의한 이전의 감염으로 인한 것이다. 따라서 순환성의 항체는 보이지 않는다.
  - 접촉 알레르기 : 표피와 알러젠과의 접촉에 의한 습진성 반응이 심한 과민증이다.
  - 약물 알레르기 : 약물성 알레르기로서 어떤 약물에 대하여 비정상적으로 과민하기 때문에 일어나는 반응이다.
  - 유전성 알레르기 : 아토피(Atopy)라고도 하며 유전적 소인을 가진 임상적 과민성 상태로 Reagin이라는 이상한 형의 항체가 포함되어 있으나, 이는 면역글로블린 E(Ig E)에 속한다.
  - 즉시형 알레르기 : 알러젠의 투여 또는 흡입 후 단시간 내에(수분에서~1시간) 출현되는 알레르기성 반응이다.
  - 지연성 알레르기 : 알러젠의 투여 또는 흡입 후 며칠이 경과한 뒤에 나타나는 알레르기성 반응이다.
  - 잠재(잠복)성 알레르기 : 징후로는 분명하지 않으나 검사에 의하여 발견되는 알레르기이다.

㉡ 습진

- 표재성 염증인 습진은 주로 표피를 침범한다.
- 발적, 가려움, 소구진, 삼출, 가피 등의 증상 후 낙설하여 태선화되고 색소침착이 생긴다.

㉢ 비립종

- 보통 얼굴의 피부 내에 표재성으로 존재하는 작은 구형의 백색 상피낭종으로서 층상 각질을 함유한다.
- 눈꺼풀, 뺨, 이마에서 볼 수 있다.
- 비립종은 속칭 화이트헤드라고도 한다.

㉣ 대상포진

대상허피스(포진), 수두 바이러스 감염에 의한 뇌신경절, 척수후근의 신경절 및 말초신경의 급성 염증성 질환으로 소수포를 볼 수 있으며, 신경통을 수반한다.

㉤ 단순포진

- 급성 바이러스 감염증의 하나로서 직경 3~6mm의 소수포가 집단으로 나타나는 것이 특징이다.
- 입술이나 콧구멍의 주위에 가끔 발생한다.
- 발열을 수반하며 감기, 피부박탈, 감정적 불안 등을 수반하기도 한다.

㉥ 사마귀(우종)

각종 비바이러스 성의 양성 표피증식을 포함하기도 하며 유두종 바이러스에 의해 일어나는 표피성 종양이다.

㉦ 티눈

마찰이나 압박에 의하여 생기는 피부 각질층이 비후와 각화성 경화로서 진피까지 도달하는 원추상의 뭉치를 형성하며 통증을 일으킨다.

이해도 UP **O,X 문제**

01 족부백선은 발, 특히 발가락 사이와 발바닥의 만성표재성 진균증이다. (O, X)
02 조갑백선은 발톱의 무좀으로서 곰팡이균에 의해 발생된다. (O, X)
03 속발진의 궤양은 표피조직의 괴사이다. (O, X)
04 상처 위에 생기는 딱지를 태선화라고 한다. (O, X)

해설 상처 위에 생기는 딱지는 가피라고 한다.

답_01: O 02: O 03: X 04: X

TIP. 기능성 화장품과 일반 화장품

- 기능성 화장품은 일반 화장품과는 달리 주름, 미백, 자외선 차단 등의 효능에 대한 주성분 표시가 의무적으로 되어 있으며, 식약청으로부터 기능성 화장품 승인을 받은 후 제조·판매되고, 기능성 화장품이라는 광고가 가능하다.
- 일반 화장품은 주름, 미백, 자외선 차단 등의 효능에 대한 기능에 대해 광고할 수 없으며 주성분 표시 및 기재를 할 수 없다.

ⓞ 조갑백선

손톱·발톱의 조체 무좀으로서 곰팡이균에 의해 발생된다.

ⓧ 족부백선

- 발, 특히 발가락 사이와 발바닥의 만성표재성 진균증으로서 여러 가지 형이 있고 그 증상도 여러 가지이다.
- 피부의 침연, 균열 및 낙설과 심한 소양을 특징으로 한다.

06 화장품 분류

(1) 화장품 기초

1) 화장품의 정의

① 화장품의 정의

화장품법 제2조 제1항에 따라 화장품을 정의해보면 화장품이란 인체를 청결, 미화하며 매력을 더하고 용모를 밝게 변화시키는 제품이다. 이는 피부, 모발의 건강을 유지 또는 증진하기 위하여 인체에 바르고 문지르거나 뿌리는 등 이와 유사한 방법으로 사용되는 물품으로서 인체에 대한 작용이 경미한 것을 말한다. 단, 「약사법」 제2조 제4호의 의약품에 해당하는 물품은 제외한다.

② 화장품의 조건

㉠ **안전성** : 피부에 사용했을 때의 알레르기 반응, 이물질 혼입, 피부 독성 등으로부터 안전해야 한다.

㉡ **안정성** : 화장품을 사용하는 동안 내용물의 변질, 변색, 변취가 없어야 한다.

㉢ **사용성** : 사용하기에 편리한 용기디자인, 향취, 색상 등과 피부에 발랐을 때의 피부 친화성, 촉촉함, 부드러운 사용감 등이 좋아야 한다.

㉣ **유효성** : 사용했을 때 보습, 노화억제, 자외선차단, 세정, 색상 표현 등의 효과가 있어야 한다.

③ 화장품의 사용 목적

㉠ 인체를 청결하게 한다.

㉡ 인체를 아름답고 매력적으로 만든다.

㉢ 용모를 밝게 변화시킨다.

㉣ 피부, 모발의 건강을 유지 또는 증진시킨다.

④ 화장품과 의약부외품, 의약품의 차이점

구분	화장품	의약부외품	의약품
사용 목적	건강한 사람이 피부, 모발의 건강과 아름다움을 유지, 증진시키기 위해 사용한다.	어느 정도의 약리적인 효과가 있어 위생, 미화를 목적으로 한다.	병적인 증상이 생겼을 때 치료를 목적으로 한다.
종류	스킨, 로션, 영양크림, 팩 등	치약, 구강청정제	연고, 소독제 등 모든 의약품

2) 화장품의 분류

① 화장품 사용 목적에 따른 분류

분류	사용 목적	종류
기초 화장품	청결	클렌징크림, 클렌징로션, 클렌징 오일, 클렌징폼, 페이셜스크럽 등
	보습 및 정돈	유연화장수, 수렴화장수
	보호 및 영양 회복	영양크림, 에센스, 마사지크림, 팩, 마스크
메이크업 화장품	피부 표현	메이크업 베이스, 파운데이션
	포인트 메이크업	아이섀도, 아이라이너, 마스카라, 블러셔, 립스틱, 눈썹연필
네일 화장품	보습	핸드로션, 핸드크림
	보호 및 영양	큐티클 오일, 손톱영양제
	색상 표현	폴리쉬, 젤폴리쉬
	제거제	폴리쉬 리무버, 큐티클 리무버
두발 화장품	두발세정	샴푸, 린스
	모발보호 및 영양	헤어팩, 헤어트리트먼트
	헤어스타일링	두발용 왁스, 스프레이, 젤, 무스, 퍼머넌트제
	두피 영양공급	양모제, 육모제, 탈모 방지제
	색상 표현	염모제, 브리치제
바디 화장품	세정	바디클렌저, 바디스크럽, 버블바스
	보습 및 영양	바디로션, 바디 오일
	체취억제	데오도란트, 샤워코롱
	제모제	왁싱제, 왁싱크림
방향 화장품	향취 부여	퍼퓸, 오데코롱
기능성 화장품	주름개선	주름개선 에센스, 주름개선 크림
	미백	화이트닝 크림, 화이트닝 로션, 화이트닝 에센스
	자외선차단	자외선차단크림, 자외선차단로션, 자외선차단오일

이해도 UP **O,X 문제**

01 **피부, 모발의 건강을 유지 또는 증진하기 위하여 인체에 바르고 문지르거나 뿌리는 등 이와 유사한 방법으로 사용되는 물품으로서 인체에 대한 작용이 경미한 것을 화장품의 정의라 한다.** (O, X)

02 **화장품의 조건은 4가지로 안전성, 안정성, 사용성, 유효성으로 나뉜다.** (O, X)

03 **화장품의 사용목적에 따른 분류는 기초 화장품, 메이크업 화장품, 네일 화장품, 두피 화장품, 바디 화장품, 방향 화장품이다.** (O, X)

해설 두발 화장품

04 **기초 화장품 중에 청결을 목적으로 사용되는 제품은 클렌징크림, 클렌징로션, 에센셜오일 등이다.** (O, X)

해설 클렌징오일

답_01: O 02: O 03: X 04: X

② 기타분류

법적인 분류	기초화장용품, 메이크업용품, 눈화장용품, 어린이용품, 목욕용품, 방향용품, 염모용품, 면도용품, 매니큐어용품, 기능성제품
사용부위에 따른 분류	안면용, 전신용, 헤어용, 네일용
용도에 따른 분류	일반 화장품, 기능성 화장품

(2) 화장품 제조

1) 화장품의 제조

① 구성성분과 활성성분

화장품을 제조하기 위해서는 크게 구성성분과 활성성분을 배합하여야 한다. 구성성분은 화장품 제조에 기본이 되는 성분이며, 활성성분은 화장품에 효능을 부여하는 성분이다.

구성성분	수성원료, 유성원료, 유화제, 보습제, 방부제, 착색료, 향료, 산화방지제
활성성분	미백제, 육모제, 필링제(각질제거제), 여드름방지제, 체취방지제, 유연제, 자외선차단제, 주름개선제

2) 화장품의 원료

① 물

물은 피부에 유연함을 주는 작용을 하며 화장수나 크림 등의 화장품 제조에 있어 중요한 용매제 역할을 한다. 화장품에 사용되는 물은 세균과 금속이온인 칼슘과 마그네슘 등이 제거된 정제수를 사용한다. 물은 유성원료와 함께 혼합되어 에멀전을 만드는 주요원료이면서 화장품 제조 공정에 있어서 세정액이나 희석액으로도 사용되고 있다.

② 에탄올

에틸알코올이라고도 하는데, 화장품에 주로 사용하는 알코올은 1가의 저급알코올로서 물에 용해되지 않는 것을 용해시키는 용매의 역할을 한다. 에탄올은 피부에 바르면 피부표면에서 기화열을 빼앗아 청량감과 함께 수렴작용을 한다. 에탄올의 함량이 높은 정도에 따라 피부의 살균소독작용이 높아진다.

③ 유성원료

피부에는 수분과 피지가 존재하여 피부를 보호하는 유화상태의 피지막을 형성하고 있다. 화장품 제조에 사용되는 유성원료는 피부의 피지와 같은 유성성분으로서 피부에 필요한 인공피지막을 형성하는데 중요한 역할을 한다. 유성원료는 고체상태와 액체상태로 나누어지며 고체를 왁스, 액체를 오일이라고 한다.

㉠ **오일** : 천연 오일은 식물성, 동물성, 광물성으로 구분되며 그 외에 합성 오일이 있다. 오일은 화학적으로는 글리세린에 고급지방산이 결합된 트리글리세라이트(Triglyceride)를 말한다. 천연에서 추출된 천연 오일과 화학적으로 합성하여 만들어진 합성 오일로 구분된다.

구분		특징	종류
천연 오일	식물성 오일	• 식물의 잎이나 열매에서 추출한다. • 향이 좋으나 피부흡수가 늦은 편이며 변질되기 쉽다.	피마자유, 로즈힙 오일, 아르간 오일, 올리브 오일, 코코넛 오일, 살구씨유, 아몬드유, 맥아유
	동물성 오일	• 동물의 피하조직, 장기 등에서 추출한다. • 향취가 좋지 않으며 정제해서 사용해야 한다. • 피부친화성이 우수하며 흡수도도 좋다.	스쿠알렌, 밍크 오일, 마유, 라놀린, 에뮤 오일, 에그 오일
	광물성 오일	• 석유 등의 광물질에서 추출한다. • 향이 없고 색상도 없다. • 피부의 흡수도가 좋은 편이다.	바셀린, 파라핀, 미네랄 오일
	합성 오일	• 화학적으로 합성한 오일이다. • 변질이 적으며 사용감이 우수하다.	실리콘 오일

㉡ **왁스류** : 화장품의 유성원료인 왁스는 실온에서 고체상태이며 고급지방산과 고급알코올이 결합된 에스테르를 말한다. 화장품의 굳기를 증가시켜주어 립스틱, 크림, 탈모제, 왁스 등에 사용된다.

구분	특징	종류
식물성 왁스	• 식물의 잎이나 열매에서 추출	카르나유바 왁스, 칸테릴라 왁스
동물성 왁스	• 벌집이나 양털을 가열 · 압착하거나 용매로 추출하여 얻음	밀납, 고래유, 라놀린유

④ 보습제

수분흡착능력이 있어 스스로 수분을 끌어당겨 건조한 피부를 촉촉하게 만들어주는 물질이다.

폴리올 (수용성 다가알코올)	글리세린(Glycerin)	• 화학명으로 글리세롤(Glycerol)이라고 한다. • 수분을 흡수하는 능력이 강하고 향이 없다. • 사용 시 끈적거리는 단점이 있다.
	폴리에틸렌글리콜 (Polyetylene glycol)	• 분자량에 따라 액체상태에서 점액상태로 변화한다.

폴리올 (수용성 다가알코올)	프로필렌글리콜 (Propylene glycol)	• 무색, 무향의 점액상태 액체이다. • 피부흡수력이 강하다.
	부틸렌글리콜 (Butylene glycol)	• 끈적임이 적다. • 사용감이 우수하고 방부효과도 있다.
	솔비톨 (Sorbitol)	• **보습력이 뛰어나다.** • **앵두, 사과, 딸기, 해조류에서 추출**한다. • **피부안정성이 우수**하다.
천연보습인자	요소(Urea)	• 포유동물의 단백질대사 최종분해산물로 **천연보습 물질**이다.
	폴리펩타이드 (Polypeptide)	• **천연아미노산**이 펩티드결합이라고 하는 화학결합으로 사슬처럼 연결되어 있는 것을 말한다.
	히아루론산 (Hyaluronic acid)	• **아미노산과 우론산**으로 이루어진 복잡한 다당류로 보습인자이다.
	콜라겐(Collagen)	• 피부, 혈관 등 모든 결합조직의 주된 단백질이다. • 화장품에 배합하면 보습성이 좋아진다.
	엘라스틴(Elastin)	• 콜라겐과 함께 결합조직에 존재한다. • 조직의 유연성 신축성에 관여한다. • 화장품의 보습제로서 중요한 역할을 한다.
	아미노산(Amino acid)	• 대부분 무색의 결정체이며 물에 잘 녹는다. • 단백질을 만드는 원료이다. • 피부의 천연보습인자로서의 역할을 한다.
유도체 (Derivative)	세라마이드(Ceramide) 카복시, 메틸 엑스트란	• 어떤 화합물의 일부를 화학적으로 변화시켜 얻어지는 유사한 화합물을 말한다.

⑤ **계면활성제(Surfactants)**

㉠ **정의 :** 계면활성제란 표면활성제라고도 하며 묽은 용액 속에서 계면에 흡착하여 그 표면장력을 감소시키는 물질이다. 보통 1분자 속에 친유기와 친수기가 함께 들어있어 계면의 장력을 약화시켜 용도에 맞게 성질을 변화시킨다.

㉡ **계면활성제의 분류**

계면활성제는 음이온성 계면활성제, 양이온성 계면활성제, 양쪽성 계면활성제 그리고 비이온성 계면활성제로 나뉘어진다.

- **피부자극도**

  양이온성 계면활성제 〉 음이온성 계면활성제 〉 양쪽성 계면활성제 〉 비이온성 계면활성제

- **세정력도**

  음이온성 계면활성제 〉 양쪽성 계면활성제 〉 양이온성 계면활성제 〉 비이온성 계면활성제

분류	특징	적용화장품
음이온성 계면활성제	• 세정작용이 있다. • 기포형성이 우수하다. • 지방을 과도하게 제거할 수 있다.	세안비누, 샴푸류, 폼클렌징, 바디용 세정제
양이온성 계면활성제	• 정전기 발생을 방지한다. • 살균작용이 있다. • 소독작용이 있다.	헤어린스류, 헤어트리트먼트류
양쪽성 계면활성제	• 음이온성과 양이온성을 동시에 보유한다. • 피부안정성이 좋다. • 피부자극이 적다.	**어린이용 저자극 샴푸류**
비이온성 계면활성제	• 피부자극이 적고 안정성이 우수하다. • 유화력이 우수하다.	크림, 클렌징크림, 화장수

⑥ 방부제

방부제는 화장품을 사용하는 동안 내용물의 변질, 부패, 분리, 혼탁, 변색, 악취, 분해 등을 방지 · 억제하기 위해 첨가하는 물질이다.

파라벤류 (파라옥시향산에스테르)	• 화장품에 가장 많이 사용되는 대표적인 방부제이다. • 수용성 물질의 방부역할을 하는 것은 파라옥시향산메틸과 파라옥시향산에틸이다. • 지용성 물질의 방부역할을 하는 것은 파라옥시향산프로필과 파라옥시향산부틸이다.
이미디아졸리디닐우레아 (Imidazolidinyl urea)	• 세균에 강하고 독성이 적다. • 파라벤류와 함께 혼합하여 사용한다. • 기초화장품, 유아용 샴푸에 사용한다.
페녹시에탄올 (Phenoxy ethanol)	• 화장품에서 사용 허용량은 1% 미만이다. • 일정량 이상을 적용하면 독성을 유발한다. • 메이크업 화장품에 많이 사용한다.
이소치아졸리논 (Isothiazolinone)	• 물로 씻어내는 제품에 사용한다. • 샴푸류, 바디클렌저류에 사용한다.

⑦ 색재류(착색료)

㉠ **염료** : 염료는 물 또는 오일, 알코올 등의 용제에 녹는 색소이며 물에 녹는 수용성 염료와 오일에 녹는 유용성 염료로 나누어진다.

㉡ **안료** : 안료는 물이나 오일, 알코올에 녹지 않은 색소이며 무기안료와 유기안료로 구분된다.

무기안료	색상이 화려하지 않으나 커버력이 우수하다. **파운데이션, 페이스 파우더, 마스카라** 등에 사용한다.
유기안료	색소종류가 많으며 화려하다. **립스틱**이나 **색조화장품**에 사용한다.

㉢ **레이크(Lake)** : 수용성 염료에 알루미늄염, 칼슘염을 가해 물과 오일에 녹지 않도록 한 불용화 색소이다. 립스틱, 네일 에나멜에 사용된다.

⑧ **향료**

화장품에서 향은 화장품의 상품가치를 높이며 화장품원료 특유의 냄새를 커버하기 위해 사용된다. 향료는 천연향료와 합성향료, 조합향료로 나누어진다.

분류		특징	종류
천연향료	식물성 향료	• 향료의 종류가 다양하고 가격이 저렴하다. • 피부 알레르기가 생길 수 있다.	식물의 꽃 과실, 종자, 줄기, 껍질 등에서 추출한 정유(Essential oil)
	동물성 향료	• 향료의 종류가 적은 편이다. • 자극이 적고 안전하다.	사향, 영묘향, 용연향, 해리향
합성향료		• 정유(Essential oil)와 석유화학에서 얻은 향료의 유기합성 반응에 의해 제조된다.	탄화수소수, 알코올류, 알데히드류, 케톤류, 에스티류, 라톤, 페놀
조합향료		• 천연향료와 합성향료를 조합한 향료이다.	

3) 화장품의 기술

① **가용화(Solubilization)**

㉠ 물에 녹지 않는 적은 양의 오일 성분이 계면활성제에 의해서 물에 용해되어 투명하게 되는 현상을 말한다.

㉡ 가용화 기술에 의해 제조된 화장품은 화장수류, 향수류, 에센스 등이다.

② **분산(Dispersion)**

㉠ 미세한 고체 입자가 계면활성제에 의해서 물이나 오일 성분에 균일한 상태로 혼합되는 기술을 말한다.

㉡ 분산에 의해 제조된 화장품은 립스틱, 아이섀도, 마스카라, 아이라이너, 파운데이션, 트윈케이크 등이 있다.

③ **유화(Emulsion)**

㉠ 물과 기름이 계면활성제에 의해 우윳빛으로 뿌옇게 섞이는 것을 유화현상이라고 하며 백탁화라고도 한다.

㉡ 유화형태는 물과 기름의 형성상태에 따라 친수성, 친유성, 다중성 유화로 구분된다.

㉢ 화장품 제조에 있어서 유화기술은 피부의 흡수도를 높이고 보습력을 유지시키는데 매우 중요한 기술이다.

〈유화의 종류〉

종류	특징	화장품
친수성(O/W)	• 물속에 오일을 갖고 있는 수중 유형 에멀젼(Oil in Water type) • 사용감이 산뜻하고 피부흡수가 빠르다.	• 로션류 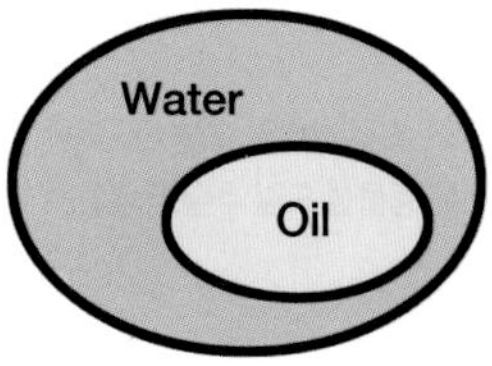
친유성(W/O)	• 오일 속에 물을 갖고 있는 유중수형 에멀젼(Water in Oil type) • 사용감이 무겁고 피부흡수가 느리다.	• 크림류 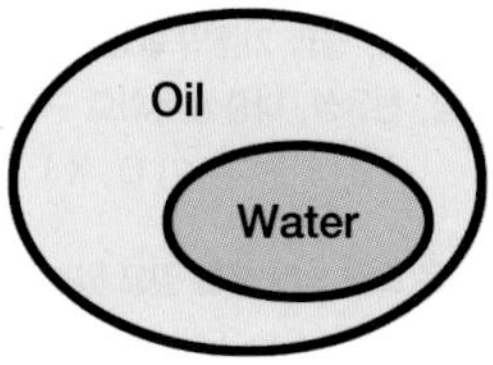
다중성(Multiple Emulsion)	• W/O/W형 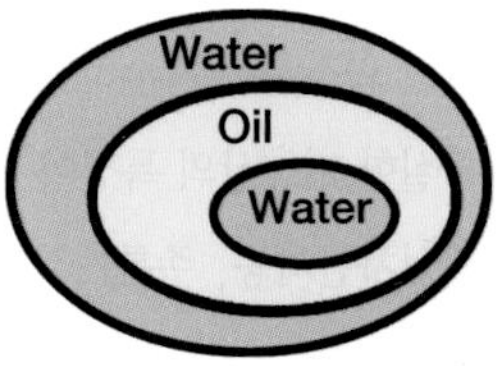	• O/W/O형 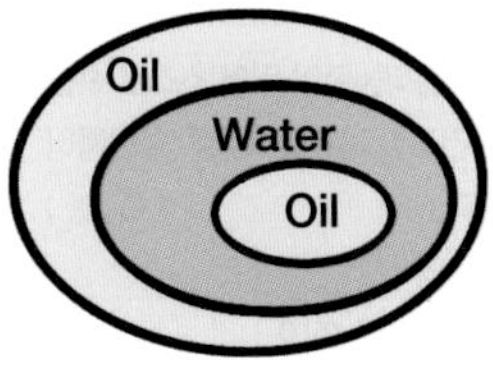

4) 화장품의 특성

① 화장품의 품질상의 특성

안전성	• 피부자극, 독성, 이물질 혼입으로부터 안전한 것
안정성	• 변색, 변질, 변취, 미생물의 오염이 없는 것
사용성	• 사용감 : 피부친화성, 촉촉함, 부드러운 느낌 등 • 사용편리성 : 형태, 중량, 도구 등 기능의 편리함 • 기호성 : 향, 색상, 디자인이 기호에 맞는지에 대한 여부
유용성	• 자외선 방어효과, 미백효과, 세정효과, 색상표현 등의 표현이 효과적인지에 대한 여부

② 화장품의 기술상의 특성

화장품의 특성 중에 유화는 화장품을 만드는 데 있어서 중요한 기술상의 특성이다.

이해도 UP **O,X 문제**

01 에탄올은 피부에 바르면 피부표면에서 기화열을 빼앗아 청량감과 함께 수렴작용이 있어 함량이 높은 정도에 따라 피부의 살균소독작용이 높아진다. (O, X)

02 스쿠알렌, 밍크 오일, 마유, 라놀린, 에뮤 오일, 바셀린은 동물성 오일 추출물이다. (O, X)

해설 바셀린-광물성 오일

03 물과 기름이 계면활성제에 의해 우윳빛으로 뿌옇게 섞이는 것을 유화현상이라고 하며 백탁화라고도 불리고, 물과 기름의 형성상태에 따라 친수성, 친유성, 다중성 유화로 구분된다. (O, X)

04 친수성(O/W)은 오일 속에 물을 갖고 있는 유중수형 에멀젼(Water in Oil type)이다. (O, X)

해설 친유성(w/o)

05 보습제는 수분흡착능력이 있어 스스로 수분을 끌어당겨 건조한 피부를 촉촉하게 만들어 주는 물질이다. (O, X)

답_01: O 02: X 03: O 04: X 05: O

㉠ 유화의 생성

유화는 분산상, 분산매, 유화제를 혼합하여 생성한다.

- **분산상** : 용해되지 않은 미세한 작은 입자(유지류나 왁스류)를 분산상이라고 한다.
- **분산매** : 용해되지 않은 미세한 작은 입자를 둘러싸고 있는 액체(물이나 수용성 물질)이다.
- **유화제** : 유화제는 기름과 물을 유화하는 경우 안정된 유화 상태를 유지하기 위해 필요하다.

㉡ 유화의 형태

- **수중유형(Oil in Water, O/W형)** : 물 안에 기름이 들어있는 상태, 또는 물에 기름이 분산된 유화형태이다. 친수성으로 산뜻한 느낌의 사용감이 있다. 로션, 크림 에센스는 유화상태이다.
- **유중수형(Water in Oil, W/O형)** : 기름 안에 물에 들어있는 상태 또는 기름에 물이 분산된 유화상태이다. 친유성이며 유분기가 느껴지는 영양크림과 마사지크림은 유화상태이다.

㉢ 화장품의 기능상의 특성

일반 화장품은 기본적인 일반기능을 갖고 있으나 기능성 화장품은 확실한 기능상의 특성이 있다. 기능성 화장품은 미백개선기능, 자외선차단기능, 주름개선기능이 있다.

- **미백개선** : 피부의 미백에 도움을 주는 제품으로 알부틸, 에틸아스코르빌에텔, 아스코빌글루코사이드, 나이아신아마이드, 알파비사보 원료가 함유되어 있다.
- **자외선차단** : 자외선차단에 도움을 주는 제품으로 티타늄디옥사이드, 징크옥사이드, 아미소아밀-p-메톡시신나메이트, 벤조페논-3,4,8, 호모살레이트 등의 원료가 함유되어 있다.
- **주름개선** : 주름개선에 도움을 주는 제품으로 레티노이드(레티놀, 레틴알데하이드, 레틴산), 레티닐팔미테이트, 아데노신, 메디민 A 등이 함유되어 있다.

(3) 화장품의 종류와 기능

1) 기초 화장품

① 기초 화장품의 목적

목적	역할	종류
청결	피부의 노폐물을 제거하여 청결하게 한다.	세안비누, 클렌징크림, 폼클렌징, 필링제
피부정돈	피부 pH조절, 모공수축, 피부의 유분과 수분의 균형을 유지한다.	유연화장수, 수렴화장수, 로션
피부보호	외부환경이나 자외선 등에 대해 크림막을 형성하여 피부를 보호한다.	영양크림, 아이크림, 자외선차단크림, 에센스
활성화	신진대사를 촉진하고 혈액순환을 원활하여 피부 활성화를 도모한다.	팩, 마스크, 마사지크림

② 기초 화장품의 종류

㉠ 세정용 화장품

세정용 화장품은 계면활성제형 세안제와 유성형 세안제로 나누어진다.

계면활성제형 세안제	세안비누	• 정계면활성제형 세안제로서 알칼리성으로 탈수 · 탈지현상이 있어 피부가 건조해진다. • 정피지막의 약산성을 중화시킨다. • 정거품이 생성되어 더러움을 제거하며 물에 잘 헹구어진다.
	폼클렌징	• 세안비누와 같이 거품이 생성된다. • 세정력이 뛰어나며 보습제가 함유되어 있어 피부 당김이 적다.
유성형 세안제	클렌징크림	• 짙은 메이크업이나 피부의 더러움이 많을 때 적합하다. • 광물성 오일의 함량이 40~50%로 유성의 더러움을 제거한다.
	클렌징로션	• 사용감이 가볍고 산뜻하며 자극이 적다. • 클렌징크림보다 세정력이 조금 떨어지므로 옅은 화장에 적합하다. • 식물성 오일과 수분이 함유되어 있다.
	클렌징젤	• 유성 타입과 수성 타입이 있다. • 유성 타입은 세정력이 우수하며 수성 타입은 사용감은 산뜻하나 세정력이 약하다.
	클렌징 오일	• 진한 메이크업에 적합하며 세정력이 우수하다. • 물과 친화력이 높은 수용성 오일을 함유하고 있다. • 건성 · 노화 · 민감한 피부에 적합하다.
	클렌징워터	옅은 화장이나 가벼운 노폐물 제거에 적합하다.

㉡ 조절용 화장품(화장수)

조절용 화장품은 유연화장수나 수렴화장수를 가리키며 기본성분은 정제수와 에탄올, 보습제이다.

유연화장수 (스킨로션, 스킨소프너)	• 세안 후 건조해신 피부각질층을 부드럽고 매끈하게 한다. • 세안비누의 약알칼리성 잔여물을 **약산성 pH로 회복**시키는 데 도움을 준다. • **보습제의 배합**으로 피부에 수분을 공급하여 피부가 건조해지는 것을 막아준다.
수렴화장수 (아스트린젠트, 토닝로션)	• **모공을 수축**시키고 **피지분비를 억제**한다. • 피부각질층에 수분을 공급한다. • 알코올 함량이 높아 세균으로부터 피부를 보호해준다.

㉢ 보호용 화장품

로션(Lotion)	• 유화상태의 에멀전(Emulsion)으로 피부에 수분과 유분을 공급한다. • 유분보다 수분함량이 높은 친수성이다. • 사용감이 가볍고 피부흡수력이 좋다.
크림(Cream)	• 피부표면에 보호막을 형성하여 수분증발을 억제한다. • 외부자극으로부터 피부를 보호하며 부족한 영양을 공급한다. • 잔주름 및 피부노화를 예방한다.
에센스(Essenco)	• 세럼이라고도 한다. • 건조하거나 거칠어진 피부에 집중적으로 영양을 공급하는 고농축화장품이다.

㉣ 활성화 화장품

팩 마스크	• 건조하면 필름막이 형성되어 떼어내는 필오프 타입(Peel off Type)과 물로 씻어내는 워시오프 타입(Wash off Type), 그리고 시트 타입(Sheet Type)이 있다. • 혈액순환 촉진 및 신진대사가 원활해진다. • 청결 효과, 진정 효과, 영양공급 효과가 있다.
마사지크림	• 피부의 신진대사와 혈액순환을 촉진시킨다. • 피부에 적당한 자극을 주어 피부세포생성을 활성화한다. • 피부를 건강하고 탄력 있게 만들어주며 피부노화와 피부가 처지는 것을 방지한다.

2) 메이크업 화장품

대분류	소분류
피부표현용 메이크업 화장품	메이크업 베이스, 프라이머
	파운데이션
	파우더

대분류	소분류
포인트 메이크업	아이섀도
	아이라이너
	마스카라
	에보니펜슬
	블러셔(볼연지)
	립스틱

① 피부표현 화장품

㉠ 메이크업 베이스

• 특징

- 파운데이션의 부착력과 밀착감을 높여준다.
- 피부색을 조절하는 효과가 있다.
- 피부를 보호해주며 화장을 오래 지속시킨다.

• 색상

그린색	노란기가 있는 피부를 자연스럽고 깨끗하게 표현
연보라색	노랗고 어두운 피부톤을 화사하게 표현
하늘색	붉은기가 있는 피부를 커버할 때, 흰 피부로 표현하고 싶을 때
핑크색	신부 화장 등 화사한 피부로 표현할 때, 창백한 피부에 혈색을 주고 싶을 때
오렌지색	건강한 피부톤으로 표현할 때
흰색	어두운 피부톤을 밝게 표현할 때

㉡ 프라이머(Primer)

• 특징

- 모공이나 흠집을 메꾸어준다.
- 피부의 모공을 매끈하게 만들어준다.
- 피부를 보호해준다.

㉢ 파운데이션

• 특징

- 기미, 주근깨, 잡티 등을 커버해 피부색을 고르게 표현한다.
- 얼굴에 입체감을 주며 윤곽수정 효과가 있다.
- 외부자극으로부터 피부를 보호해준다.

• 종류

분류	특징	화장품
리퀴드 타입	• 부드럽고 쉽게 퍼지며 투명감 있는 피부 마무리가 특징이다. • 자연스러운 피부표현에 적합하다.	리퀴드 파운데이션
크림 타입	• 적당한 커버력으로 촉촉하다. • 수분보다 유분 함량이 많다. • 윤기 있는 피부표현이 가능하다. • 피부가 건조하거나 가을, 겨울철에 적합하다.	크림 파운데이션
고형크림 타입	• 부드럽게 발라지며 커버력이 우수하다.	스킨커버
케이크 타입	• 파운데이션과 콤팩트를 겸한 이중효과가 있다. • 내수성이 우수하여 여름철에 적합하다. • 화장이 오래 지속된다.	투웨이케이크
스틱 타입	• 크림 타입보다 피부 결점 커버력이 우수하다.	스틱 파운데이션 스틱 타입 컨실러 파운데이션

• 제형에 따른 분류

리퀴드 타입	• 에멀전(Emulsion)에 분말원료를 분산시킨 제형이며 유중수형(W/O형)과 수중유형(O/W형)이 있다. • 부착력이 좋고 보습효과가 우수하다. • 땀이나 물에 대한 내수성이 부족하다.	리퀴드 파운데이션 크림 파운데이션
크림 타입	• 유성원료(유지, 납, 합성에스테르유)로 된 유제에 분말원료를 분산시킨 것이다. • 부착력과 피부력이 우수하다. • 유분기가 많아 건성 피부나 가을, 겨울철에 적합하다.	스킨커버 컨실러
고형크림 타입	• 분말원료의 미립자표면을 유성물질이나 계면활성제로 처리하여 압축 · 성형한 상태이다. • 사용 후 건조한 느낌이 들기 때문에 여름용으로 많이 사용한다.	트윈케이크 파우더 파운데이션 케이크형 파운데이션

• 성분

유화형 파운데이션	유동파라핀, 스테아린산, 스테아린산글리세린, 프로필렌글리콜, 트리에탄올아민, 파라안식향산프로필, 산화티탄, 탈크, 벤토나이트, 정제수, 솔비트, 카오린, 착색향료, 착색안료, 향료
유성 파운데이션	유동파라핀, 라놀린 알코올, 팔미틴산이소프로필, 마이크로크리스탈린왁스, 탈크, 착색안료, 방부제, 산화방지제, 향료, 유색안료, 카오린, 산화티탄
고형 파운데이션	마이카, 세리사이트, 유동파라핀, 산화티탄, 마리스틴산이소프로필, 탈크, 착색안료, 친유성글리세린, 향료, 방부제, 산화방지제

㉣ 파우더

• 특징

– 기미, 주근깨, 잡티 등의 피부결점을 커버해준다.

– 파운데이션을 자연스럽게 표현해 화장을 차분하게 마무리해준다.

– 땀이나 피지 등 분비물을 흡수하여 얼굴이 번들거리는 것을 막아준다.

– 자외선이나 먼지, 외부환경으로부터 피부를 보호한다.

• 종류

분류	특징	화장품
분 (파우더)	• 탈크로 된 **백색의 무기안료에 유색안료를 배합**하여 착색하고 향료를 첨가하여 혼합한 것을 균일한 분말로 만든 것이다. • 고형분보다 보송보송한 느낌의 **블루밍 효과가 우수**하다. • 휴대가 불편하다. • 많이 바르면 피부가 건조해진다.	페이스 파우더 루즈 파우더
고형분	• **가루분을 압축하여 고형화**한 것이다. • 고형분은 무기안료에 유색안료를 배합하여 착색하고, 결합제나 향료, 방부, 살균제 등을 배합하여 용기에 압축 성형한 것이다. • 압축상태로 휴대가 간편하다.	프레스드 파우더 (일명, 컴팩트)

• 성분

분	탈크, 경질탄산칼슘, 스테아린산마그네슘, 착색안료, 향료, 카오린, 산화아연
고형분	탈크, 경질탄산칼슘, 스테아린산마그네슘, 미리스틴산이소프로필, 착색안료, 방부제, 향료, 카오린, 산화아연, 전분, 유동파라핀

② 포인트 메이크업

㉠ 아이섀도(Eyeshadow)

• 특징

– 눈에 색감과 음영을 주어 깊이 있고 입체감 있는 눈으로 보이게 한다.

– 눈에 단점을 커버한다.

– 눈매에 개성을 표현한다.

• 종류

분류	특징	성분
고형 타입	• 케이크 타입의 아이섀도를 말하며 가장 일반적이다. • 선명한 색감과 색상표현이 다양하다.	탈크, 탄산마그네슘, 스테아린산아연, 카오린, 유동파라핀, 산화티탄, 착색안료, 라놀린, 방부제

크림 타입	• 부드럽고 매끄럽게 펴 발라진다. • 밀착감있게 펴 발라지며 내수성이 우수하다. • 시간이 지나면 번들거리며 쌍겹에 몰리는 현상이 있다.	백색바셀린, 정제수, 방부제, 카오린, 착색안료
스틱 타입	• 펜슬 타입 아이섀도라고도 하며 선적인 표현에 효과적이다. • 빠른 시간에 화장을 할 때 편리하다. • 시간이 경과하면 번들거리고 뭉치는 경향이 있다.	경화면실유, 유동파라핀, 산화티탄, 착색안료

㉡ 아이라이너(Eyeliner)

• 특징

- 눈매를 또렷하게 하고 개성을 표현한다.
- 눈매의 단점을 수정 · 보완한다.

• 종류

분류		특징
펜슬 타입		• 연필 타입으로 그리기가 쉽다. • 유제에 착색안료를 분산시켜 연필심 타입으로 만든다.
리퀴드 타입	먹물 타입(Washable)	• 유화형의 액상 아이라이너이다. • **유화제와 수성성분 배합으로 땀이나 물에 번진다.**
	필름 타입(Film)	• 수성현탁형의 액상 아이라이너이다. • **점액질과 에멀전수지 배합으로 피막이 형성된다.**
케이크 타입		• 고형분과 같은 분말원료에 착색안료를 분산시켜 압축성형한 아이라이너이다. • 붓에 물을 묻혀 녹여서 사용한다.
젤 타입		• 유성용 제형의 액상 아이라이너이다. • 유성의 용제에 납상의 유성원료를 용해하여 착색안료를 분산시킨 것이다. • 유성의 제거액으로 지워야 하며 **눈 주위에 번져 더러워지기 쉽다.**

㉢ 마스카라(Mascara)

• 특징

- 속눈썹이 짙어 보이고 길어 보인다.
- 눈이 커 보이면서 매력적으로 보인다.
- 색상은 검정이 일반적이지만 보라, 청색, 자주색, 투명색, 형광색 등 다양하다.

• 종류

리퀴드 마스카라	유성용 제형	• 젤 타입으로 부착력이 우수하다. • 지울 때 번지기 쉬우므로 유성의 전용 제거액으로 지운다.
	유화형 크림상	• 수용성 현탁액으로 땀이나 물에 번지기 쉽다.
	수성현탁형	• 에멀전수지의 배합으로 얇은 피막이 형성된다. • 눈 주위에 번지지 않는다.
고형 마스카라		• 케이크 마스카라라고도 한다. • 유제에 안료를 분산시켜 압축성형한 것이다. • 전용브러쉬에 물로 개어 사용하며 땀이나 물에 잘 번진다.

㉣ 눈썹용 화장품

• 특징

- 눈썹은 얼굴의 인상을 결정짓는 중요한 부분이다.
- 얼굴의 단점을 보완해준다.
- 눈의 표정과 매력을 더욱 돋보이게 한다.

• 종류

분류	특징
펜슬 타입	• 유제에 착색안료를 분산시킨 유성형 타입이다. • 나무로 만든 펜슬 타입과 샤프펜슬 타입이 있다.
고형 타입	• 케이크 타입이라고도 하며 자연스러운 눈썹그리기에 적합하다. • 분말원료에 착색안료를 압축 성형한 것이다.

㉤ 블러셔(볼연지)

• 특징

- 얼굴에 혈색을 주어 화사한 분위기를 연출한다.
- 얼굴 형태의 단점을 수정, 보완하는 효과가 있다.

• 종류

분류	특징
고형 타입	• 케이크 블러셔(볼연지)라고도 하며 일반적으로 가장 많이 사용한다. • 색감이 자연스럽고 사용하기 편리하다. • 탈크와 카오린 등의 분말원료에 착색안료를 분산시켜, 점액질, 유성물질, 전분 등을 첨가하여 압축 성형한 것이다.
크림 타입	• 유성용제형과 유화형이며 크림상이나 스틱상으로 제조되어 있고 파운데이션 단계에 사용한다.

ⓑ 립스틱

• 특징

- 입술 피부를 추위나 건조한 환경으로부터 보호해준다.
- 얼굴 중 가장 움직임이 많은 부분으로 색조화장 효과가 매우 크다.
- 입술에 색상과 광택을 준다.

• 종류

분류	특징	성분
립스틱	• 스틱 타입이 일반적이며 색상이 다양하다. • 유제에 착색료를 분산 또는 용해시켜 만든다. • 퍼짐성이 좋아 매끄럽게 발라진다.	• 밀납 • 카르나우바 왁스 • 칸데릴라 왁스 • 세레신 • 라놀린 알코올 • 피마자 오일 • 지방산 에스테르 • 유동파라핀 • 계면활성제 • 색소, 향료
립글로스	• 립스틱보다 색감표현은 떨어지나 윤기와 광택이 우수하다. • 건조한 입술을 촉촉하게 가꾸어준다.	

3) 바디(Body)관리 화장품

바디관리 화장품은 전신피부의 더러움을 청결하게 유지해주면서 피부의 건강과 아름다움을 가꾸어 주는 역할을 한다.

① 전신세정제

㉠ 전신피부 표면에 있는 외부환경에 의한 먼지나 더러움, 피부생리에 의한 노폐물을 제거하여 전신피부를 청결하게 가꾸어주는 데 사용한다.

㉡ 미용비누, 바디클렌저, 버블바스 등의 전신세정제가 있다.

② 각질 제거제

㉠ 피부생리에 의해 생성된 각질을 제거하여 부드러운 피부로 가꾸기 위하여 사용한다.

㉡ 바디스크럽, 바디솔트, 바디용 각질제거제 등이 있다.

③ 전신용 보습제

㉠ 전신세정제를 이용하여 피부를 청결히 한 후 전신피부의 건조함을 예방하고 피부를 촉촉하고 부드럽게 유지하기 위해 사용한다.

㉡ 바디로션, 바디 오일, 바디크림, 핸드로션, 핸드크림, 풋크림 등이 있다.

④ **전신 활성화 크림**

㉠ 전신피부의 혈액순환을 도와주며, 노폐물 배출과 함께 셀룰라이트를 관리하여 균형 있는 몸매관리를 위해 사용한다.

㉡ 바디마사지크림, 바디마사지 오일, 지방분해크림, 바스트크림 등이 있다.

⑤ **체취방지용 크림**

㉠ 신체의 불쾌한 냄새를 예방 · 방지하기 위하여 사용한다.

㉡ 데오드란트 스틱타입이 대표적이며 스프레이 타입도 있다.

⑥ **자외선차단제품과 태닝용 제품**

㉠ 자외선차단제품 : 전신용 자외선차단제품은 크림타입, 로션타입, 스프레이타입이 있다.

㉡ 태닝용 제품 : 피부를 자외선으로부터 균일하게 그을리게 하는 제품은 썬탠 오일이 대표적이며 스프레이타입도 많이 사용되고 있다.

4) 방향화장품

향수는 개인적인 이미지를 상승시켜 그 사람만의 특유한 개성과 아름다움을 표현하게 한다. 화장품학에서의 향은 화장품에 함유된 향취에 의한 정서적인 안정으로 아름다움과 건강에 대한 기능을 향상시킨다.

① **향수의 어원**

향수(Perfume)라는 단어는 라틴어의 Per-Fumum에서 유래되었으며 라틴어 Per는 영어에서 Through라는 뜻이며 Fumum은 연기라는 뜻의 Smoke라는 것으로 태워서 연기를 낸다는 뜻이다. 이는 향의 기원이 신에게 제사를 지내는 제단 앞에 향이 나는 나무를 태워 거기에서 나는 연기에서 유래가 되었기 때문이다.

② **향료의 부향률(배합비율)에 따른 향수**

향수는 동식물에서 추출한 천연향료와 합성향료를 혼합하여 알코올에 용해시켜 숙성, 여과의 과정을 거쳐 제조된다. 이때 향료의 부향률에 따라 다양한 종류의 향수가 만들어진다.

향수종류	부향률	지속시간	특징
향수 (Perfume)	10~30%	6~7시간	• 일반적으로 향수라고 하는 것으로 부향률이 높다. • 향기가 풍부하고 지속시간이 가장 길다.
오데퍼퓸 (Eau de perfume)	9~12%	5~6시간	• 향수보다 부향률이 낮은 편이다. • 향취가 풍부하고 지속시간도 우수한 편이다.
오데토일렛 (Eau de toillette)	5~7%	3~5시간	• 부향률이 낮아 신선한 향취를 즐길 수 있다.
오데코롱 (Eau de colongne)	3~5%	1~2시간	• 가볍고 신선한 향취로 처음 사용하는 이에게 적합하다.
샤워코롱 (Shower colongne)	1~3%	1시간	• 향이 아주 가벼워 바디용으로 사용된다. • 샤워 후 청결한 바디에 사용한다.

TIP. 에센셜 오일과 캐리이 오일의 효능

- 티트리 오일 : 살균, 항균작용
- 카모마일 : 소독, 항염증, 살균방부작용
- 로즈마리 : 집중력, 기억력향상, 피로할 때, 어깨결림, 근육통, 혈액순환
- 유칼립투스 : 진통, 이뇨, 항염증작용
- 자스민 : 우울증, 불안 및 스트레스 해소, 생리통 완화
- 라벤더 : 불면증, 혈압이 높을 때, 두통, 흥분 해소
- 오렌지 : 면역기능강화, 여드름, 기미, 미백에 효과적

③ 향취가 변화하는 단계

향수의 향취를 맡을 때는 한두 방울 정도를 맥박이 뛰는 부분에 발라서 맡기나 흰 종이에 한두 방울을 뿌려서 테스트하는 것이 좋다. 향취는 뿌린 후 시간이 경과하면서 변화하므로 알코올향이 휘발될 때의 탑노트(Top note)보다 30분 이상 경과된 후의 미들노트(Middle note)가 향수 본래의 향취이다. 향수를 선택할 때는 미들노트를 확인하고 결정한다.

향취단계	특징
탑노트 (Top note)	향수를 뿌리고 첫 느낌으로 알코올향이 강함
미들노트 (Middle note)	알코올향이 휘발된 후의 중간 향, 향수 본래의 향
라스팅노트 (Lasting note)	잔향이라고 하며 마지막까지 은은하게 남는 향

5) 에센셜(아로마) 오일 및 캐리어 오일

에센셜 오일은 향유 · 정유라고도 하며 향을 의미하는 아로마(Aroma)를 붙여 아로마 오일이라고도 한다. 캐리어 오일은 에센셜 오일을 피부에 흡수시키기 위해 사용되는 베이스 오일 역할을 한다.

① 에센셜 오일

㉠ 정유 · 아로마 오일이라고도 하며 식물의 꽃과 잎, 줄기, 뿌리 등에서 추출한 휘발성이 있는 물질이다.

㉡ 자체적으로 건강증진, 질병예방, 정신건강회복, 피부미용, 소독 등 자연치유효과를 가지고 있다.

㉢ 아로마(향기)와 테라피(Therapy : 치료요법)를 합성하여 향기치료요법, 즉 아로마테라피라는 자연치료법이 이용되고 있는 것이다.

② 캐리어 오일

㉠ 식물의 씨앗에서 추출한 추출물이다.

㉡ 항바이러스 효과, 염증치유, 피부재생 효과 등이 탁월하다.

③ 에션셜 오일 및 캐리어 오일의 사용목적 및 활용

㉠ 사용목적 : 식물에서 추출한 물질을 이용하여 치유효과를 얻는 것을 목적으로 한다.

ⓛ 종류

구분	추출	향의 휘발성	종류
에센셜 (아로마) 오일	식물의 열매, 잎, 뿌리, 줄기	상향 : 처음으로 발산되는 향, 빠르게 확산, 상쾌하고 가벼운 향	감귤, 오렌지, 레몬, 페퍼민트, 민트 계열 오일
		중향 : 중간으로 발산되는 향	라벤더, 로즈, 제라늄, 꽃이나 허브계열의 오일
		하향 : 향이 길게 확산된다.	자스민, 벤조민, 샌달우드, 우디스파스계의 오일
캐리어 오일	식물의 씨앗에서 추출	아몬드	가려움, 거친 피부에 효능
		호호바	항바이러스, 피지조절, 모든 피부에 사용 가능
		아보가도	건성, 탈수, 비만관리, 모든 피부에 사용 가능
		그레이프씨드	여드름 피부에 효과적, 끈적임이 없고 가벼움
		코코넛	피부노화방지, 썬탠 오일용
		살구씨	피부탄력과 윤기, 피부재생 효과
		캐롯	건성 피부, 습진 피부의 재생효과

④ 추출방법

㉠ 증류법 : 수증기를 통과시켜 추출한다.

㉡ 냉각압착법 : 식물의 잎이나 줄기 등을 압착시켜 추출한다.

㉢ 휘발성용매추출법 : 유기용매에 잎이나 줄기 뿌리 등을 넣어 추출한다.

⑤ 아로마테라피 사용법

㉠ 흡입법 : 코와 입으로 흡입한다.

㉡ 확산법 : 확산기를 이용하여 퍼뜨린다.

㉢ 입욕법 : 목욕물에 넣어 사용한다.

㉣ 습포법 : 습포상태의 거즈나 타월에 묻혀 사용한다.

㉤ 마사지법 : 마사지 오일과 직접 혼합하여 사용한다.

이해도 UP **O,X 문제**

01 유화형 파운데이션은 리퀴드 파운데이션, 크림 파운데이션이다. (O, X)

02 가루분을 압축하여 만든 것이 프레스드 파우더이며 고형분이라고도 한다. (O, X)

03 오데코롱은 부향률이 10~30%로 높다. (O, X)

해설 3~5%

04 에센셜 오일은 식물의 씨앗에서 추출한 것이다. (O, X)

해설 식물의 열매, 잎, 뿌리, 줄기

05 에센셜 오일과 캐리어 오일은 치유효과를 목적으로 한다. (O, X)

답_01: O 02: O 03: X 04: X 05: O

6) 기능성 화장품

기능성 화장품은 일반화장품과 의약외품의 중간영역에 위치하며 화장품에 특별한 기능이 있거나 기능을 보강한 화장품을 뜻한다.

① 기능성 화장품(화장품법 제2조 제2항)

㉠ 피부의 미백에 도움을 주는 제품

㉡ 피부주름개선에 도움을 주는 제품

㉢ 피부를 곱게 태워주거나 자외선으로부터 피부를 보호하는 데에 도움을 주는 제품

㉣ 모발의 색상 변화 · 제거 또는 영양공급에 도움을 주는 제품

㉤ 피부나 모발의 기능 약화로 인한 건조함, 갈라짐, 빠짐, 각질화 등을 방지하거나 개선하는 데에 도움을 주는 제품

② 기능성 화장품의 기능 및 성분

㉠ 미백개선 : 알부틴, 에틸아스코빌에텔, 아스코빌글루코사이트, 나이아신아마이드, 알파비사보롤 등

㉡ 자외선차단 : 징크옥사이드, 티타늄디옥사이드, 아미소아밀-P-메톡시신나메이트, 벤소페논-3, 4, 8 호모실레이드 등

㉢ 주름개선 : 레티노이드(레티놀, 레틴알데 하이드레틴산), 레티닐팔미데이트, 아데노신, 메디민 A 등

메이크업 전문가를 위한 알아두기

메이크업 샵 경영관리

정의 : 메이크업 샵 경영관리는 메이크업 커리어 PR하기, 직원관리, 재무관리, 매장관리에 관한 종합적인 지식을 통해 메이크업 서비스를 제공하고 효율적으로 관리할 수 있는 능력이다.
따라서 메이크업 샵에서 필요한 경영관리 내용을 숙지한다.

1. 메이크업 커리어 PR하기

① 메이크업 트렌드, 이미지, 뷰티 코디네이션 등을 포트폴리오로 제작 할 수 있다.
② 메이크업 시안을 가시적으로 다양한 미디어로 제작할 수 있다.
③ 메이크업 디자인 경과물, 시안, 관련 작품들을 DB로 활용할 수 있다.
④ 메이크업 디자이너 커리어, 작품 등을 개인 홍보 자료로 구성하여 관리할 수 있다.

2. 고객 관리하기

① 고객의 기본적인 정보를 수집, 유지, 분류, 보완 관리할 수 있다.
② 이용 고객과 잠재고객정보를 수집하고 유지, 보완 관리할 수 있다.
③ 고객 유지와 신규 고객 확보를 위해 모니터링, 수요조사를 계획할 수 있다.
④ 고객요구와 평가결과를 수집하여 서비스 품질향상에 반영할 수 있다.

3. 직원 육성하기

① 메이크업 서비스와 고객 응대에 필요한 교육, 훈련을 실시할 수 있다.
② 직원에 대한 직무평가를 토대로 인사고과에 반영할 수 있다.
③ 성과와 직무역량에 따른 승급 체계를 마련하여 육성할 수 있다.

4. 재무 관리하기

① 매출을 관리하고 입출금 내역을 확인하여 운영비를 관리할 수 있다.
② 매장의 영업매출과 수입 대비 각종 지출을 관리할 수 있다.
③ 적절한 원가를 적용하여 비용을 절감할 수 있다.
④ 경영재무자료를 통해 예산 계획과 자금의 흐름을 통제 관리할 수 있다.

5. 경영 관리하기

① 직원을 채용하고, 고용관계 계약을 체결할 수 있다.
② 직무역량을 파악하여 업무를 조정하고 인력을 배치, 운영할 수 있다.
③ 매출수준, 고객, 업계동향 등을 파악하고 경영활동에 적용할 수 있다.
④ 고객 및 자체평가 등을 통해 매장의 서비스 수준을 개선할 수 있다.

실력 UP 예상 문제

메이크업의 이해

01 다음 중 메이크업 정의에 대한 설명으로 가장 잘못 설명한 것은?

① 메이크업은 특정한 상황과 목적에 알맞은 이미지와 캐릭터를 창출하는 것이다.
② 메이크업은 이미지 분석, 디자인, 메이크업 코디네이션 후속 관리 등을 실행하는 것이다.
③ 메이크업은 얼굴과 신체를 연출하고 표현하는 일이다.
④ 메이크업은 얼굴의 아름다움을 연출하는 것이다.

해설 메이크업은 얼굴뿐만 아니라 얼굴과 신체의 이미지와 캐릭터를 연출하고 표현하는 것이다.

02 메이크업 업무에 해당하지 않는 것은?

① 이미지 분석
② 메이크업 디자인 개발
③ 메이크업 시술
④ 촬영 진행

해설 메이크업 업무는 이미지 분석, 디자인 개발, 메이크업 시술, 코디네이션, 기타 사무관리를 실행하는 것이다.

03 메이크업을 표현하는 단어가 아닌 것은?

① 화장
② 마뀌아지(Maquiallage)
③ 페인팅(Painting)
④ 에스테틱

해설 우리나라에서 메이크업을 표현하는 단어는 화장, 분장이고 서양에서 표현하는 단어는 페인팅(Painting)과 마뀌아지(Maquiallage)이다.

04 메이크업 단어의 기원으로 맞는 것은?

① 영국의 시인 리처드 크레슈가 메이크업이라는 단어를 처음 사용했다.
② 16세기 셰익스피어가 처음 사용했다.
③ 페인팅이란 단어를 쓰다가 17세기부터 자연스럽게 메이크업이라는 단어를 사용하게 되었다.
④ 셰익스피어가 자신의 작품을 공연하면서 메이크업이라는 단어를 쓰기 시작했다.

해설 17세기 영국의 시인 리처드 크레슈가 여성의 매력을 높혀주는 화장을 뜻하는 단어로 메이크업이라는 용어를 사용하기 시작했다.

05 메이크업의 기원으로 옳지 않은 것은?

① 종교설 ② 종족보존설
③ 신체보호설 ④ 장식설

해설 메이크업의 기원으로 신체보호설, 표시기능설, 장식설, 종교설이 있다.

06 메이크업의 기원 중 표시기능설에 대해 올바른 설명은?

① 아름다워지고 싶어하는 미적요구로 메이크업을 하게 되었다.
② 자연환경으로부터 자신을 보호하기 위해 메이크업을 하게 되었다.
③ 사회적, 신분상으로 타인과 다르다는 점을 표현하게 되었다.
④ 재앙이나 병마를 물리치기 위해 신체에 메이크업을 하게 되었다.

해설 표시기능설은 인간의 본능으로서 사회적, 신분상으로 타인과 다르다는 점을 표현하기 위해 메이크업을 하기 시작했다는 가설이다.

07 다음 중 메이크업의 목적인 것을 모두 고르시오.

① 결점을 보완하고 장점을 부각시켜 준다.
② 상대방에 대한 에티켓이다.
③ 피부를 보호하여 건강한 피부를 유지시켜준다.
④ 얼굴과 신체를 청결하게 관리해준다.

해설 메이크업은 청결하게 관리하는 목적을 갖고 있지 않다.

답_ 01 ④ 02 ④ 03 ④ 04 ① 05 ② 06 ③ 07 ①, ②, ③

08 메이크업 목적으로 가장 올바른 설명은?

① 피부노화를 방지한다.
② 메이크업을 함으로써 상대방을 기쁘게 한다.
③ 최대한 화려하게 보이도록 한다.
④ 상황에 맞는 이미지를 연출한다.

해설 메이크업의 목적은 상황에 적합한 이미지와 캐릭터를 창출(연출)하는 것이다.

09 고대 단군신화에도 등장하는 미백을 위한 피부미용재료는?

① 쑥, 마늘 ② 쑥, 홍화
③ 마늘, 아주까리 ④ 마늘, 돈고

해설 단군신화에는 호랑이와 곰에게 쑥과 마늘을 주고 100일 동안 동굴에 들어가 있게 되는데 쑥과 마늘은 현재까지도 미백재료로 이용하고 있다.

10 고대 겨울에 돈고(돼지기름)를 피부에 발라 피부를 보호했던 부족은?

① 말갈인 ② 변한인
③ 읍루인 ④ 마한인

11 고대에 피부에 문신을 했던 부족은?

① 말갈인 ② 진한인
③ 읍루인 ④ 변한인

해설 삼한시대 변한인은 신에 대한 숭배, 종족표시, 위장을 위한 방법으로 피부에 문신을 하였다.

12 쌍영총 고분벽화나 수산리 고분벽화에 화장한 자료가 남아있는 국가는?

① 백제 ② 신라
③ 고구려 ④ 통일신라

해설 고구려의 고분벽화에는 연지나 눈썹을 그린 화장한 여인들의 모습이 남아있다. 쌍영총 고분벽화에는 여관이나 시녀의 화장한 모습이, 수산리 고분벽화 귀부인상에도 여인의 화장한 모습을 볼 수 있다.

13 고구려 시대의 화장에 대해 맞지 않는 것은?

① 여관이나 시녀로 보이는 여인이 뺨과 입술에 연지화장을 했다.
② 무녀와 악공이 이마에 연지화장을 했다고 한다.
③ 눈썹은 짧고 뭉뚝하게 그렸다고 한다.
④ 고구려시대는 귀족층이나 귀부인은 화장을 하지 않았다.

해설 고구려 시대에는 여관, 시녀, 귀부인, 무녀, 악공들이 화장을 했다고 하며 신분, 빈부의 구별없이 화장하였다.

14 백제시대의 화장에 대해 올바르게 설명한 것은?

① 백제인은 시분무주라 하여 분을 바르되 연지를 바르지 않는 엷고 은은한 화장을 하였다.
② 일본으로부터 화장품제조 기술을 전수받았다.
③ 연지화장과 눈썹화장이 발달되었다.
④ 중국으로부터 화장기술을 배워 활용하였다.

해설 백제인은 시분무주라 하여 엷은 화장을 하였고 일본에 화장품 제조기술과 화장기술을 전수하였다는 것이 일본 문헌에 기록되어 있다.

15 신라시대 화장에 대해 옳지 않은 것은?

① 향료를 만들어 제사나 침실 등에 사용했다.
② 화랑도들도 백분으로 화장하고 귀고리, 가락지, 팔찌로 장식했다.
③ 백분으로 피부를 희게 하였으나 연지나, 미묵(눈썹연필)은 하지 않았다.
④ 영육일치 사상으로 목욕문화가 발달하였다.

해설 신라시대에 연지는 홍화꽃으로 만들었고 미묵은 굴참나무나 너도밤나무를 태운 재를 이용하여 사용하였다.

답_ 08 ④ 09 ① 10 ③ 11 ④ 12 ③ 13 ④ 14 ① 15 ③

실력 UP 예상 문제

16 영육일치사상은 어떠한 의미인가?

① 아름다운 육체에 아름다운 정신이 깃든다.
② 아름다운 육체가 아름다운 문화를 이룬다.
③ 아름다운 정신이 아름다운 모습을 만든다.
④ 아름다운 육체는 아름다움의 근본이다.

해설 신라시대와 고려시대의 사상으로 불교문화에서 유래했으며 아름다운 육체에 아름다운 정신이 깃든다고 하여 목욕문화가 발달하였다.

17 고려시대의 화장문화가 아닌 것은?

① 신라시대의 영육일치사상이 전승됨
② 목욕문화가 발달함
③ 불교의 영향으로 향문화가 발달함
④ 여염집 여인들의 화장이 더욱 사치스럽고 짙어짐

해설 고려시대에는 여염집 여인들의 화장은 엷어지고 기생들의 화장은 더욱 짙어졌다.

18 고려시대의 분대화장에 대해 맞지 않는 것은?

① 기생들의 짙은 화장을 분대화장이라 하였다.
② 교방에서 기생들에게 분대화장을 가르쳤다.
③ 분대화장은 조선시대까지 계승되었다.
④ 고려시대 분대화장으로 화장을 선호하는 사상이 생겼다.

해설 고려시대 짙은 분대화장으로 인해 화장을 경멸하는 풍조가 생겼다.

19 고려시대에 기생들에게 분대화장을 교육한 기관은?

① 공방 ② 규방
③ 교방 ④ 도방

20 분대화장의 특징이 아닌 것은?

① 분을 아주 뽀얗게 발랐다.
② 눈썹을 가늘게 가다듬어 그렸다.
③ 머릿기름을 번질거리게 발랐다.
④ 여염집 여인의 화장방법이있다.

21 유교사상의 영향으로 근검절약과 내면적인 아름다움이 강조되었던 시대는?

① 고려시대 ② 조선시대
③ 신라시대 ④ 백제시대

22 조선시대 규합총서에 기록되어 있는 화장방법이 아닌 것은?

① 향낭제작법
② 입술연지 찍는 방법
③ 다양한 머리모양
④ 열가지 눈썹 그리는 방법

해설 규합총서는 사대부가 방허각 이씨가 저술한 것으로 조선시대 상류층의 화장법이 기록되어 있다.

23 조선시대 때 화장품을 가지고 가가호호 방문하여 판매하는 판매상을 무엇이라 부르는가?

① 수모 ② 침모
③ 매분구 ④ 다모

해설 화장품전문 판매상을 매분구라 불렀으며 일반적으로 소박을 맞았거나 남편과 사별한 여인네들이 주로 많이 매분구로 활동하였다.

24 영화시대가 시작되어 글로리아 스완슨, 클라라 보우 등의 영화배우 메이크업이 유행했던 시기는?

① 1920년대
② 1930년대
③ 1940년대
④ 1950년대

답_ 16 ① 17 ④ 18 ④ 19 ③ 20 ④ 21 ② 22 ① 23 ③ 24 ①

25 1920년대 서양의 화장의 특징이 아닌 것은?
① 제1차세계대전 후 여성들의 경제적인 자립으로 미에 대한 관심과 투자가 높아졌다.
② 영화시대가 시작되어 유명 영화배우들의 메이크업이 유행하였다.
③ 메이크업은 인위적인 아름다움을 표현하여 눈썹을 가늘고 길게 그렸다.
④ 입술화장은 흐린 브라운이나 핑크 펄, 오렌지 펄 등으로 글로시하게 표현하였다.

해설 1920년대 화장은 눈썹은 가늘고 정교하게, 입술은 붉게 발라 인위적인 느낌이 드는 메이크업으로 표현하였다.

26 1930년대 메이크업을 유행시켰던 영화배우는?
① 클라라 보우, 글로리아 스완슨
② 진 할로우, 그레타 가르보
③ 마릴린 먼로, 오드리 햅번
④ 브리지드 바르도, 오드리 햅번

27 서양의 1930년대의 화장특징이 아닌 것은?
① 영국 BBC, NBC TV의 정규방송으로 영상시대로 접어들어 메이크업이 발달하였다.
② 2차 세계대전의 영향으로 밀리터리룩과 짙은 눈썹이 유행하였다.
③ 아이섀도는 검정과 하이라이트를 이용하여 아이홀 메이크업을 하였다.
④ 입술은 둥근 곡선형이나 자주색으로 강조하였다.

해설 1930년대 화장의 특징은 눈썹은 1920년대 영향을 받아 곡선으로 가늘고 길게 그렸고 헤어는 금발의 염색이 유행하기 시작했다.

28 컬러필름의 등장으로 헐리우드 영화산업 발전과 함께 화장품과 성형술이 발달했던 시기는?
① 1920년대 ② 1930년대
③ 1940년대 ④ 1950년대

29 1940년대 특징이 아닌 것은?
① 제2차세계대전으로 위장용크림, Anti-sunburn, 립스틱 등의 기능성 화장품이 개발되었다.
② 아이섀도는 파스텔 톤의 하늘색이나 초록색이 유행하였다.
③ 맥스팩터에서 팬케이크를 개발하여 두꺼운 피부표현이 유행하였다.
④ 잉그리드 버그만의 두껍고 뚜렷한 곡선형태의 눈썹과 강한 볼륨감의 두꺼운 입술이 유행하였다.

해설 파스텔톤의 하늘색이나 초록색 아이섀도는 1960년대에 유행하였다.

30 엘리자베스 테일러, 마릴린 먼로, 오드리 햅번 등의 유명 영화배우 화장이 유행했던 시기는?
① 1930년대 ② 1940년대
③ 1950년대 ④ 1960년대

31 1950년대 서양 화장의 특징이 아닌 것은?
① 피부표현은 밝게 하였고 눈썹은 두껍고 진하게 그렸다.
② 속눈썹을 강조하고 아이라인도 눈꼬리를 길게 그렸다.
③ 모델 트위기 메이크업이 대유행하였다.
④ 아웃커브 형태의 붉은 입술과 애교점이 유행하였다.

해설 모델 트위기는 1960년대의 메이크업을 유행시켰다.

32 군사용 위장용 크림과 기능성화장품이 개발되었던 시기는?
① 1930년대 ② 1940년대
③ 1950년대 ④ 1960년대

해설 제2차세계대전의 영향으로 군사용 위장용 크림과 기능성화장품이 개발되었다.

답_ 25 ④ 26 ② 27 ② 28 ③ 29 ② 30 ③ 31 ③ 32 ②

실력 UP 예상 문제

33 1950년대 메이크업을 유행시켰던 배우는?
① 엘리자베스 테일러, 오드리 햅번
② 마릴린 먼로, 그레타 가르보
③ 진 할로우, 엘리자베스 테일러
④ 브리짓 바르도, 트위기

해설 1950년대 유명배우는, 엘리자베스 테일러, 마릴린 먼로, 오드리 햅번, 브리짓 바르도이다.

34 미국의 컬러영화, TV, 대중음악 등 대중매체의 영향으로 마릴린 먼로, 오드리 햅번 등 개성있는 영화배우들의 메이크업으로 인기를 끌었던 시기는?
① 1940년대
② 1950년대
③ 1960년대
④ 1970년대

35 문화와 개성이 강조되어 히피라는 새로운 사회와 문화현상이 부각되었던 시기는?
① 1940년대
② 1950년대
③ 1960년대
④ 1970년대

36 1960년대 메이크업을 유행시켰던 연예인은?
① 트위기
② 오드리 햅번
③ 그레타 가르보
④ 브리짓 바르도

37 오일 쇼크, 달러 쇼크, 인플레 현상으로 인한 사회적 불만의 표출로 펑크스타일이 출현하였던 시기는?
① 1950년대
② 1960년대
③ 1970년대
④ 1980년대

38 1970년대 캘리포니아 걸스타일 메이크업을 잘 설명한 것은?
① 어두운 파운데이션을 엷게 바르고 자연스런 눈썹, 연한 코럴핑크나 베이지 핑크빛 입술로 표현하였다.
② 밝은 파운데이션을 바르고 직선적인 다소 짙은 눈썹에 코랄핑크 립스틱을 발랐다.
③ 진한 직선 눈썹에 검정과 와인의 아이섀도를 발랐다.
④ 어두운 파운데이션을 바르고 검붉은 립스틱을 강조하였다.

39 1970년대 유행했던 펑크스타일 메이크업은?
① 자연스런 피부톤에 베이지색 립스틱을 발랐다.
② 아이홀을 강조한 눈화장에 펄감의 립스틱을 발랐다.
③ 어두운 피부표현에 윤곽수성을 강조하고 입술을 누드톤으로 표현하였다.
④ 진한 직선눈썹과 어두운 와인 색의 아이섀도, 검붉은 입술을 강조하였다.

해설 1970년대 사회적 불만과 반항의 표출로 펑크스타일이 유행했는데 선과 색상을 극도로 강조한 메이크업으로 표현했다.

40 소피 마르소의 청순하고 자연스런 메이크업이 유행했던 시기는?
① 1950년대
② 1960년대
③ 1970년대
④ 1980년대

답_ 33 ① 34 ② 35 ③ 36 ① 37 ③ 38 ① 39 ④ 40 ④

41 컴퓨터의 일반화로 정보의 네트워크가 글로벌리즘으로 이어지며 사이버 메이크업, 아방가르드적 메이크업이 등장했던 시기는?

① 1960년대
② 1970년대
③ 1980년대
④ 1990년대

42 메이크업 아티스트로서 갖추어야 할 자세를 모두 고르시오.

① 손톱, 발톱, 머리상태가 청결해야 한다.
② 고객의 의견과 요구사항을 경청한다.
③ 나이가 어린 고객은 친근한 반말로 응대한다.
④ 본래 피부가 깨끗하면 메이크업을 안해도 된다.

해설 메이크업 아티스트보다 나이가 어린 고객에게도 존칭을 하도록 하며, 메이크업 전문가이므로 반드시 본인 메이크업을 하도록 한다.

메이크업 위생관리

01 작업장의 실내외 온도차는 어느 정도가 적합한가?

① 5~7℃　② 2~4℃
③ 8~10℃　④ 11~13℃

해설 작업장의 실내외 온도차는 5~7℃이다.

02 메이크업 작업장의 실내공기오염을 위해 사용하는 것으로 적합하지 않은 것은?

① 자연환기
② 환풍기
③ 공기청정기
④ 난방기

해설 난방기는 오염된 실내공기의 세균을 더 번식시킨다.

03 메이크업 작업장의 유해요인이 아닌 것은?

① 화장품의 가루날림
② 고객들로 인한 이산화탄소 증가
③ 염소제가 함유된 청소세제
④ 산소 부족

해설 청소세제에 함유된 염소제는 무해한 소독제이다.

04 스펀지와 퍼프(분첩)류의 위생관리를 위해 무엇을 사용하는가?

① 뿌리는 소독제
② 중성세제
③ 알코올
④ 자외선 소독기

피부와 피부부속기관

01 성인 피부의 총면적은 어느 정도인가?

① 1.5~2.0㎡
② 0.8~1.2㎡
③ 2.5~3.5㎡
④ 3.0~4.5㎡

02 전신 피부 중에서 피부 두께가 가장 얇은 곳은 어느 부분인가?

① 얼굴의 볼 부분
② 이마 부분
③ 뱃살 부분
④ 눈꺼풀

해설 전신 피부 중 피부 두께가 가장 얇은 곳은 눈꺼풀 부분이며 가장 두꺼운 부분은 손바닥, 발바닥이다. 눈꺼풀은 가장 얇기 때문에 잔주름이 생기기 쉽다.

답_ 41 ④　42 ①, ② / 답_ 01 ①　02 ④　03 ③　04 ② / 답_ 01 ①　02 ④

실력 UP 예상 문제

03 피부의 무게는 전체 체중의 몇 % 정도인가?
① 8% 정도
② 10% 정도
③ 16% 정도
④ 25% 정도

04 피부 표피의 구조층은 아래쪽에서부터 어떻게 되어 있는가?
① 기저층 → 유극층 → 투명층 → 과립층 → 각질층
② 기저층 → 과립층 → 유극층 → 투명층 → 각질층
③ 기저층 → 유극층 → 과립층 → 투명층 → 각질층
④ 유극층 → 기저층 → 과립층 → 투명층 → 각질층

05 다음의 설명은 표피의 어떤 층을 설명하는 것인가?

비늘과 같은 얇은 조각이 겹쳐진 것 같은 형태로 되어 있으며 표면에 가까워질수록 세포 간의 간격이 생겨 운모상의 얇은 조각으로 떨어져 나간 무핵의 세포체로 죽은 세포층이다.

① 각질층
② 투명층
③ 과립층
④ 유극층

06 표피의 가장 아래층에 있으며 각질형성세포와 멜라닌세포가 있는 층은?
① 각질층
② 과립층
③ 유극층
④ 기저층

07 표피 가운데서 가장 두꺼운 층이며 림프관이 흐르고 있어 피부 미용상 매우 관련이 깊은 층은?
① 기저층 ② 유극층
③ 과립층 ④ 투명층

08 다음 설명은 표피의 어떤 층인가?

• 방추형의 세포군으로 2~3층으로 구성 • 손바닥, 발바닥의 두꺼운 피부에는 방추형의 세포군이 10층 정도 분포 • 방어막이 존재하여 이물질 통과 및 수분증발을 저지

① 각질층 ② 투명층
③ 과립층 ④ 유극층

09 다음 중 피부의 각화에 대해 잘못 설명한 것은?
① 표피의 기저층에서 생성된 각질형성세포가 각질층을 향해 분열되어 올라가는 것이다.
② 건강한 피부의 각화 진행기간은 약 28일 정도이다.
③ 각화의 1주기를 1 사이클이라고 한다.
④ 표피의 각화는 멜라닌 색소 생성에 의해 피부표피가 자극을 받는 것을 말한다.

10 피부의 표피와 진피의 경계에 대한 설명으로 틀린 것은?
① 표피와 진피의 경계는 파상형으로 되어 있다.
② 파상형으로 맞물려 있는 것을 표피돌기라고 한다.
③ 파상형은 피부가 노화되면 더 도드라지게 굴곡이 생긴다.
④ 파상형의 돌기는 피부 탄력성과 신축성을 부여한다.

해설 피부가 노화되면 표피와 진피의 경계의 파상형이 평평해지면서 피부의 탄력성과 신축성이 감소한다.

11 진피의 설명으로 옳은 것을 모두 고르세요.
① 진피는 표피두께의 약 10~40배이다.
② 진피층은 유두층, 유두하층, 망상층으로 나누어져 구분이 확실치 않다.
③ 진피에는 모세혈관 림프관, 신경 등이 복잡하게 얽혀있다.
④ 진피층은 교원섬유와 탄력섬유로 구성되어 있다.

답_ 03 ③ 04 ③ 05 ① 06 ④ 07 ② 08 ③ 09 ④ 10 ③ 11 ①, ②, ③, ④

12 진피층 중 융기된 유도체가 있으며 섬유 사이에 수분이 많이 함유되어 있어 피부의 팽창도와 탄력도와 관계가 깊은 층은?

① 유두층 ② 유두하층
③ 망상층 ④ 표피층

13 진피층 중 가장 두꺼운 부분으로 길고 가는 그물 모양으로 되어 있으며 결합섬유와 탄력섬유가 조밀하게 구성되어 있는 피부층은?

① 유두층 ② 유두하층
③ 망상층 ④ 표피층

14 다음 중 진피에 대한 설명으로 옳지 않은 것은?

① 교원섬유는 외부의 자극으로부터 내부기관을 보호하는 중요한 역할을 한다.
② 탄력섬유(엘라스틴)는 피부의 탄력을 준다.
③ 교원섬유는 굵은 섬유와 가는 섬유가 있는데 굵은 섬유 쪽이 콜라겐이라는 단백질로 되어 있다.
④ 주름이 생긴다는 것은 진피층의 교원섬유 파괴를 말한다.

해설 주름이 생기는 것은 탄력섬유(엘라스틴)의 파괴를 뜻한다.

15 여성호르몬과 관계과 깊으며 여성의 신체선을 부드럽게 하는 피부조직은?

① 표피 ② 진피
③ 피하조직 ④ 유두층

16 다음 중 피하조직에 대한 설명으로 잘못된 것은?

① 피하조직은 피하지방조직이라고도 부른다.
② 피하조직은 성별, 연령에 따라 큰 차이가 없다.
③ 피하조직은 열의 부도체이다.
④ 피하조직은 뼈, 근육, 내부 장기조직을 외부자극으로부터 손상되지 않도록 보호한다.

해설 피하 지방 조직은 여성 호르몬과 관계가 있어 남자보다 여자가 더 많으며 연령에 따라서도 많은 차이가 있다. 또 개인적으로 비만한 경우는 피하지방조직이 매우 두꺼운 것이다.

17 피부 부속기관인 손톱에 대한 설명이다. 잘못된 것은?

① 손톱은 표피의 각질층이 변화한 것이다.
② 손톱은 케라틴이라는 단백질로 되어있다.
③ 손톱은 보통 100일에 1개가 생기는 성장속도이다.
④ 손톱은 수분과 유분기가 없는 세포이다.

해설 손톱은 죽은 세포이기는 하나 수분이 7~10%, 유분이 0.1~1.0% 함유되어 있다.

18 다음 중 피부 부속기관이 아닌 것은?

① 각질층 ② 손, 발톱
③ 털 ④ 한선, 피지선

19 다음 내용 중 손톱의 구조를 잘못 설명한 것은?

① 조갑 : 일반적으로 손톱이라고 부르는 부분
② 조근 : 손톱 뿌리로서 피부에 숨어 있는 부분
③ 조곽 : 손톱을 둘러싸고 있는 부분
④ 조상 : 손톱의 감피 부분이다.

해설 조상은 조갑(손톱)과 밀착된 표피로 되어 있어 손톱이 자라게 되면 따라서 평행으로 이동한다. 손톱의 감피라고 부르는 것은 조상피이다.

20 모발(털)의 생장주기에 대한 설명으로 틀린 것은?

① 털은 일정 기간 성장을 계속 하다가 성장을 멈춘다.
② 성장이 멈추고 쉬는 기간인 휴지기가 있다.
③ 털의 생장주기는 남녀가 다른데 남자가 4~6년, 여자가 3~5년이다.
④ 하루에 털이 자라는 속도는 0.2~0.3mm이다.

해설 털의 성장주기는 여자가 4~6년 남자가 3~5년으로 여자가 털의 성장주기가 더 길다.

답_ 12 ① 13 ③ 14 ④ 15 ③ 16 ② 17 ④ 18 ① 19 ④ 20 ③

실력 UP 예상 문제

21 모발(털)의 구조에서 새로운 세포를 만들며 멜라닌색소를 만드는 세포가 있는 곳은?

① 모간
② 모모
③ 모근
④ 모공

22 땀샘 부속기간의 에크린선에 대한 설명으로 잘못된 것은?

① 에크린선은 일반적으로 땀을 분비하는 한선을 말한다.
② 에크린선은 분비선이 크므로 대한선이라고 한다.
③ 에크린선은 전신에 분포되어 있는데 손바닥, 발바닥이 가장 많다.
④ 에크린선에서 분비되는 땀은 하루 700~900cc 정도이며 pH는 3.8~5.6 정도로 약산성이다.

해설 에크린선은 분비선이 작으며 소한선이라고도 부르며 무색무취이다.

23 아포크린선에 대한 설명으로 틀린 것은?

① 아포크린선은 대한선이라고도 한다.
② 겨드랑이, 유두, 사타구니에 주로 분포되어 있다.
③ 체취(암내)는 땀을 배출한 후 세균의 작용으로 부패하여 나기 시작한다.
④ 아포크린선에서 나는 땀을 털구멍을 통해 배출되며 배출되는 땀 자체에서 체취(암내)가 난다.

해설 아포크린선의 땀은 배출 즉시는 냄새가 없다가 배출 후 세균번식으로 부패하여 냄새가 나게 된다.

24 피지선의 특징이 아닌 것은?

① 피지의 분비는 남성호르몬인 안드로겐에 의해 조절된다.
② 피지선은 전신에 골고루 분포되어 있다.
③ 피지분비량은 20~25세 사이에 가장 많이 분비된다.
④ 피지분비는 하루 평균 1~2g 정도 분비된다.

해설 피지선은 손바닥, 발바닥에는 없으며 몸의 중앙부, 즉 가슴, 배의 중심부에는 피지선이 많고 몸의 말단으로 갈수록 줄어든다.

25 피지분비가 가장 많은 연령대는?

① 0~3세 ② 11~13세
③ 13~17세 ④ 20~25세

해설 피지분비는 11~13세 사이에 분비량이 증가하여 20~25세 때에 최고가 된다.

26 다음 중 피지의 작용이 아닌 것은?

① 지각작용 ② 수분증발억제
③ 살균작용 ④ 유화작용

27 다음 피부의 작용에 대한 설명으로 틀린 것은?

① 보호작용 – 물리적 자극, 화학적 자극, 미생물 침입, 광선으로부터 보호한다.
② 체온조절작용 – 모세혈관과 기모근의 수축과 확산으로 일정한 체온으로 유지해준다.
③ 지각작용 – 피부는 촉각, 온각, 냉각, 통각 등의 지각작용을 한다.
④ 호흡작용 – 피부는 폐호흡의 3% 정도의 호흡을 한다.

해설 피부는 폐호흡 1% 정도의 피부호흡을 한다.

답_ 21 ② 22 ② 23 ④ 24 ② 25 ④ 26 ① 27 ④

피부 유형 분석

01 피부 유형을 결정짓는 요인이 아닌 것은?
① 유전 ② 계절
③ 건강 ④ 메이크업

02 중성 피부의 특징이 아닌 것은?
① 피지, 수분의 밸런스가 잡혀있다.
② 상황이나 계절에 따라 변하지 않는다.
③ 피부결이 섬세하다.
④ 물 세안 후 땅기지 않는다.

03 피부 유·수분의 밸런스를 유지시켜주는 화장품은?
① 로션 ② 폼 클렌징
③ 마사지크림 ④ 팩

04 피부에 물리적 자극을 주어 피부 활성화를 도와주는 화장품은?
① 마사지크림 ② 폼 클렌징
③ 영양크림 ④ 에센스

05 건성 피부의 특징은?
① 피부에 유분이 많고 수분이 적다.
② 피부결이 섬세하고 모공이 크다.
③ 피부노화가 비교적 빨리 진행된다.
④ 세안 후 피부가 매끄럽다.

06 건성 피부의 손질법이 아닌 것은?
① 저녁 피부 손질보다 아침 피부 손질에 중점을 둔다.
② 탈지력이 강한 비누사용은 삼간다.
③ 알코올 함량이 적은 화장수를 사용한다.
④ 마사지와 팩으로 피부를 활성화시킨다.

07 지성 피부의 특징이 아닌 것은?
① 피부표면이 번들거린다.
② 여드름이나 뾰루지가 발생하기 쉽다.
③ 피부노화가 천천히 진행된다.
④ 모공이 섬세하고 매끄럽다.

08 지성 피부의 손질에서 가장 중요한 것은?
① 유·수분 공급
② 청결 유지
③ 피부 활성화
④ 영양 공급

09 복합성 피부의 특징이 아닌 것은?
① 2가지 이상의 피부 특징이 나타난다.
② 환경, 습관, 호르몬 관계 등 요인이 복합적이다.
③ 세안 후 피부 땅김이 없다.
④ 피부부위에 따라 피부 타입이 다르다.

10 복합성피부의 피부손질법은?
① 피지분비가 많은 T-존 부위는 딥 클렌징을 한다.
② 로션은 수분이 많은 것을 사용한다.
③ 화장수는 알코올이 적은 것을 사용한다.
④ 에센스를 반드시 사용한다.

11 민감성 피부의 특징이 아닌 것은?
① 화장품에 의해 피부병변을 일으킨다.
② 색소침착이 잘 나타난다.
③ 외부환경요인에 민감하게 반응한다.
④ 피부조직이 두껍다.

12 민감성 피부의 손질법은?
① 부드러운 로션 타입의 클렌징로션을 사용한다.
② 마사지를 주 3회 정도 열심히 한다.
③ 따뜻한 물로 세안하여 피지제거를 충분히 한다.
④ 각질제거를 하는 필링팩을 한다.

답_ 01 ④ 02 ② 03 ① 04 ① 05 ③ 06 ① 07 ④ 08 ② 09 ③ 10 ① 11 ④ 12 ①

13 천연보습인자(N.M.F)는 무엇인가?
① 피부 위에 분비된 땀을 가리킨다.
② 피부 위에 분비된 기름을 가리킨다.
③ 피부 위에 땀과 기름이 섞여 유화상태로 된 것이다.
④ 피부 위에 바른 화장품 보습 상태를 말한다.

14 피부 위에 땀과 피지가 분비되어 피부표면을 덮은 것을 무엇이라 하는가?
① 유화막
② 피지막
③ 횡경막
④ 크림막

15 피부 타입의 변화에 대해 틀린 것은?
① 땀과 피지의 분비는 계절에 따라 다르다.
② 여름에 썬탠을 한 후에는 피부상태가 일시적으로 건조해진다.
③ 온도가 높은 곳에서 오랫동안 작업하면 피부상태가 바뀐다.
④ 비누 세안 직후 피부가 전혀 당기지 않으면 건성이다.

16 다음 피부의 특성은 어느 피부를 가리키는가?

• 피부건조현상이 심하다. • 피부탄력이 저하된다. • 근육처짐이 생긴다. • 땀과 피지분비가 적다. • 피부재생이 느리다.

① 건성 피부 ② 노화 피부
③ 복합성 피부 ④ 지성 피부

17 노화 피부의 피부손질법으로 틀린 것은?
① 마사지와 팩을 자주하여 피부 활성화를 도모한다.
② 영양크림을 꼭 바른다.
③ 미지근한 물로 비누세안을 한다.
④ 화장수는 알코올 함량이 조금 높은 것으로 하여 피부모공 수축을 확실히 한다.

해설 노화 피부는 피지분비가 줄어들기 때문에 모공수축보다는 마일드한 타입의 화장수가 적합하다.

18 천연보습인자에 대한 설명으로 틀린 것을 고르시오.
① 자연환경에서 얻을 수 있는 천연적인 피부 보습원료를 말한다.
② N.M.F라고도 한다.
③ 땀과 피지가 분비되어 천연적인 유화상태를 만들어 주는 요소를 말한다.
④ 우리 몸의 내부에서 생산되는 천연적인 보습성분이다.

해설 천연보습인자는 우리 몸에서 생산되며 땀과 피지에 함유된 아미노산, 핵산, 젖산, 염류 등의 혼합물이다.

피부와 영양

01 우리 몸에 필요한 3대 영양소가 아닌 것은?
① 탄수화물 ② 무기질
③ 단백질 ④ 지방

02 5대 영양소가 아닌 것은?
① 탄수화물 ② 무기질
③ 지방 ④ 물

03 우리 몸에서 생리기능과 대사조절을 하는 영양소가 아닌 것은?
① 비타민 ② 무기질
③ 물 ④ 단백질

04 단백질은 하루에 얼마나 섭취하는 것이 좋은가?
① 60~80g ② 40~60g
③ 80~100g ④ 30~40g

답_ 13 ③ 14 ② 15 ④ 16 ② 17 ④ 18 ① / 답_ 01 ② 02 ④ 03 ④ 04 ①

05 우리 몸에서 비타민, 무기질, 물과 같이 생리기능과 대사조절을 하는 영양소를 무엇이라 하는가?
① 열량 영양소
② 구성 영양소
③ 조절 영양소
④ 5대 영양소

06 단백질 중 동물성 단백질은 어느 정도 섭취하는 것이 좋은가?
① 1/4 정도
② 1/3 정도
③ 2/3 정도
④ 3/4 정도

07 지방의 작용이 아닌 것은?
① 탄력 있는 피부를 유지하도록 한다.
② 생체유지와 성장에 필요하다.
③ 과다하면 피지분비량이 증가한다.
④ 혈액의 pH 밸런스를 조절해 준다.

08 지방이 과다하면 생기는 과잉증이 아닌 것은?
① 비대증 ② 허약증
③ 동맥경화증 ④ 지성 피부

09 단백질의 결핍증이 아닌 것은?
① 동맥경화증이 생긴다.
② 피부노화가 빨리 온다.
③ 손, 발톱 성장에 장애가 온다.
④ 피부가 거칠어진다.

10 지방의 결핍증이 아닌 것은?
① 피부병이 생기기 쉽다.
② 성장과 생식기능 저하가 일어난다.
③ 손, 발톱 성장에 장애가 온다.
④ 에너지 부족으로 인한 허약증이 생긴다.

11 탄수화물의 작용으로 올바른 것은?
① 에너지의 근원이며 세포구성 물질이다.
② 뼈, 치아의 구성성분이다.
③ pH를 조절한다.
④ 근육수축, 신경흥분과 관계가 있다.

12 탄수화물이 많이 함유된 식품은?
① 햄, 치즈, 소시지
② 쌀, 설탕, 밀가루
③ 콩, 두부, 비지
④ 버터, 치즈, 올리브유

13 다음 음식물 중 요오드가 많이 함유된 것은?
① 우유 ② 해조류
③ 달걀 ④ 건포도

14 결핍되면 빈혈증이 생기는 영양소는?
① Fe ② Ca
③ P ④ S

15 다음 중 비타민 A가 많이 함유된 음식물은?
① 쌀겨, 곡류
② 옥수수, 참깨
③ 딸기, 레몬, 야채류
④ 동물의 간, 뱀장어, 버터, 달걀

16 비타민 C의 작용이 아닌 것은?
① 피부피로를 예방한다.
② 멜라닌색소 침착을 방지한다.
③ 피부가려움증을 예방한다.
④ 혈액순환을 돕는다.

17 자외선을 받아 피부에서 합성되는 영양소는?
① 비타민 A ② 비타민 D
③ 비타민 B_5 ④ 비타민 C

답_ 05 ③ 06 ② 07 ④ 08 ② 09 ① 10 ③ 11 ① 12 ② 13 ② 14 ① 15 ④ 16 ④ 17 ②

실력 UP 예상 문제

18 여성호르몬의 분비촉진으로 피부건조를 방지하는 영양소는?
① 비타민 B_2
② 비타민 A
③ 비타민 E
④ 비타민 B_5

19 다음 중 건성 피부가 보충해야 하는 영양소는?
① 지방, 비타민 A
② 비타민 C
③ 비타민 B군
④ 비타민 D

피부와 광선

01 태양광선 중 피부노화를 촉진시키며 피부암의 원인이 되는 것은?
① 장파장 자외선(UV A)
② 단파장 자외선(UV C)
③ 중파장 자외선(UV B)
④ 적외선

02 비타민 D 합성을 하며 색소침착, 홍반, 물집을 일으키는 원인이 되는 광선은?
① 장파장 자외선(UV A)
② 단파장 자외선(UV C)
③ 중파장 자외선(UV B)
④ 적외선

03 피부혈행을 좋게 하는 작용이 있어 미용기구나 의료용으로 이용되는 광선은?
① 가시광선
② UV A
③ UV B
④ 적외선

04 적외선의 영향이 아닌 것은?
① 온열작용으로 혈액순환을 촉진시킨다.
② 열선 또는 건강선이라고 한다.
③ 비타민 D를 생성한다.
④ 독소 및 노폐물을 체외로 배출시킨다.

05 자외선 강도에 대한 설명으로서 틀린 것은?
① 자외선은 4월부터 9월경까지가 강도가 세다.
② 하루 중 자외선은 오전 10시부터 오후 2시까지가 가장 강하다.
③ 자외선의 반사율은 수면이 가장 높다.
④ 여름철 썬탠을 할 때는 자외선 강도가 강한 낮 12시부터 2시까지가 좋다.

06 SPF에 대해 올바르게 설명한 것은?
① SPF 1은 10분 정도 태양광선을 쬐었을 때 홍반이 일어나는 것을 수치화한 것이나.
② SPF 1은 1시간 정도 태양광선을 쬐었을 때 홍반이 일어나는 것을 수치화한 것이다.
③ SPF는 자외선차단제 미사용 시의 최초 홍반량을 자외선 차단제품 도포 후 최초 홍반량으로 나눈 값이다.
④ SPF 10은 10분 정도 태양광선을 쬐었을 때 홍반이 일어나는 것을 수치화한 것이다.

피부면역

01 다음 중 면역의 1차적인 방어 기관은?
① 코털
② 탐식세포
③ 림프구
④ 랑게르한스세포

해설 면역의 1차 방어는 호흡기관의 털이나 호흡기관 점막의 점액이다.

답_ 18 ③ 19 ① / 답_ 01 ② 02 ③ 03 ④ 04 ③ 05 ④ 06 ① / 답_01 ①

02 랑게르한스세포를 올바르게 설명한 것은?
① 인체에 1차적인 방어장벽기능을 한다.
② 탐식능력을 가진 세포이며 면역기능에 관여한다.
③ 면역에서 림프계로 3차 방어기관이다.
④ 골수에서 분화한 단핵세포이다.

03 다음 중 면역의 2차 방어기관이 아닌 것을 모두 고르시오.
① 랑게르한스세포 ② 탐식세포
③ 피부점막 ④ 림프계

해설 점막은 1차 방어기관이며 림프계는 3차 방어기관이다.

04 다음 중 면역의 3차 방어기관은 어느 것인가?
① 탐식작용
② 탐식세포
③ 림프계
④ 랑게르한스세포

해설 면역의 3차 방어기관은 림프계로 림프, 림프절, 림프구, 림프관으로 구성되어 있다.

05 다음 면역용어에 대한 설명으로 틀린 것을 찾으시오.
① 대식세포 – 침입한 항원에 접근하여 먹고 소화, 처리한다.
② T 림프구 – T 세포라고도 하며 세포성 면역기능에 관여한다.
③ 항원 – 인체에서 면역반응을 일으키는 것을 가리킨다.
④ 알레르기 반응 – 침입한 병원균을 먹고 소화시킬 때 일어나는 반응이다.

해설 알레르기 반응은 항원, 항체반응에 의하여 생체 내의 과민한 변화가 일어나는 것을 말한다.

피부노화

01 다음 중 피부노화의 주된 원인이 아닌 것은?
① 흡연
② 음주
③ 자외선
④ 기후변화

해설 피부노화의 주된 원인은 흡연, 음주, 자외선, 생물학적 노화이다.

02 피부노화 현상으로 구성된 것이 아닌 것은?

㉠ 피부 표피의 두께가 얇아진다.
㉡ 진피두께가 얇아져서 탄력성이 떨어진다.
㉢ 멜라닌색소의 감소로 자외선에 대한 피부방어 기능이 약해진다.
㉣ 적색 반점이 생긴다.
㉤ 피부처짐이 생긴다.
㉥ 백반현상이 생긴다.

① ㉠, ㉡, ㉣, ㉤
② ㉡, ㉢, ㉣, ㉤
③ ㉠, ㉢, ㉣, ㉥
④ ㉠, ㉡, ㉢, ㉣

해설 부분적으로 멜라닌색소가 없어지는 백반현상은 노화현상이 아니다.

03 피부노화의 원인이 아닌 것을 찾으면?
① 자외선
② 음주
③ 흡연
④ 메이크업 화장

해설 메이크업은 자외선이나 외부환경으로부터 피부를 보호함으로써 노화방지를 한다.

답_ 02 ② 03 ③, ④ 04 ③ 05 ④ / 답_ 01 ④ 02 ③ 03 ④

실력 UP 예상 문제

04 다음 중 흡연이 피부노화의 원인이 되는 이유로 맞는 것은?

① 폐활량이 적어져서 피부노화가 일어난다.

② 니코틴이 혈액순환을 빨라지게 하여 피부노화가 진행된다.

③ 니코틴이 모세혈관을 수축시켜서 혈액순환이 감소가 되어 피부노화가 일어난다.

④ 니코틴이 혈관벽에 쌓여서 피부노화가 진행된다.

해설 니코틴은 혈액순환을 감소시켜, 혈액순환이 느려지게 되므로 피부의 혈관을 통과하는 혈액량이 줄어들어 피부노화가 일어난다.

05 피부노화의 원인인 음주에 대한 설명으로 맞는 것은?

① 술은 모두 피부에 나쁘다.

② 과음은 모세혈관을 수축시킨다.

③ 과음으로 모세혈관이 파열되면 붉은 실핏줄이 보이게 되며 피부노화가 일어난다.

④ 조금씩 마시는 술도 피부에 해롭다.

06 다음 피부노화의 원인 중 인간으로서 필연적인 것은?

① 흡연 ② 생물학적 노화
③ 음주 ④ 자외선

07 다음 중 외적 피부노화의 현상이 아닌 것은?

① 피부가 건조해진다.

② 지루 각화증이 생긴다.

③ 피부처짐이 생긴다.

④ 피부백반증이 생긴다.

해설 피부백반증은 멜라닌색소가 없어지는 피부질환으로서 피부노화 현상은 아니다.

08 내인성 노화 현상으로서 잘못 설명된 것은?

① 피부 표피층이 얇아진다.

② 멜라닌색소의 세포 수가 적어지면서, 자외선으로부터의 방어기능이 떨어진다.

③ 랑게르한스세포의 감소로 면역기능이 떨어진다.

④ 내인성 노화는 영양공급과 운동으로 완벽하게 방어할 수 있다.

해설 내인성 노화는 나이가 많아지면서 자연적으로 일어나는 자연현상이므로 노력에 의해 약간 늦출 수는 있으나 완전히 방어할 수는 없다.

09 피부노화의 현상 중 광노화 현상으로 잘못된 것은?

① UV B와 UV C에 의한 노화

② 각질층이 두꺼워진다.

③ 멜라닌 색소 증가로 피부색이 검어진다.

④ 모세혈관이 확장된다.

해설 광노화 현상은 UV A와 UV B에 의해 일어난다.

10 다음 중 내인성 노화현상으로 틀린 것은?

① 진피층의 골라겐이 감소한다.

② 랑게르한스세포 수가 감소한다.

③ 피부색이 검어진다.

④ 멜라닌세포 수가 감소한다.

해설 피부색이 전체적으로 검어지는 것은 광노화 현상이며 내인성 노화현상은 오히려 멜라닌색소가 감소한다.

피부장애와 질환

01 다음 중 원발진(Primary Lesions)의 증상이 아닌 것은?

① 홍반 ② 결절
③ 낭종 ④ 가피

해설 가피는 속발진 즉, Secondary Lesions으로서 혈청이나 농이 섞인 삼출액이 말라있는 상태로 상처위의 딱지를 말한다.

답_ 04 ③ 05 ③ 06 ② 07 ④ 08 ④ 09 ① 10 ③ / 답_ 01 ④

02 다음 설명이 서로 맞지 않는 것은?

① 대수포 : 직경 1㎝ 이상의 혈액성 내용물을 담은 물집
② 낭종 : 표피 밑 직경 1㎝ 미만의 체액 또는 혈청을 가진 물집
③ 구진 : 직경 1㎝ 미만의 피부융기물로서 사마귀, 뾰루지 등
④ 결절 : 기저층 아래에 형성되는 구진보다 크고 종양보다 작은 형태

해설 낭종은 진피층으로부터 생성된 반고체성종양을 말한다. ②번의 설명은 소수포의 설명이다.

03 표재성의 일시적인 부종으로 붉거나 창백한 원발진 형상과 관계 없는 것은?

① 두드러기 ② 담마진
③ 면포 ④ 팽진

해설 면포는 화이트헤드와 블랙헤드를 말한다.

04 구형의 백색 상피낭종으로서 좁쌀만한 흰 알갱이 형태의 원발진은?

① 비립종 ② 포진
③ 반점 ④ 홍반

05 진피층으로부터 생성된 반고체성 종양으로 제4기의 여드름으로 통증을 유발하는 것은?

① 구진 ② 대수포
③ 낭종 ④ 종양

해설 낭종은 제4기 여드름으로서 통증과 함께 치료 후에 흉터가 남는다.

06 습진성 수포로서 입술주위에 군집수포로서 발진되는 것은?

① 면포 ② 소수포
③ 대수포 ④ 포진(헤르페스)

07 다음 중 속발진이 아닌 것은?

① 가피 ② 균열
③ 궤양 ④ 종양

해설 종양은 원발진에 속하며 직경 2㎝ 이상의 피부증식물로서 모양과 색깔이 다양한 비정상적인 세포집단이다.

08 수포가 터진 후 표피가 떨어져 나간 선홍색을 띄는 피부손실, 속발진상태를 무엇이라 하는가?

① 미란 ② 인설
③ 반흔 ④ 태선화

09 피부가 가죽처럼 두꺼워지며 딱딱해지는 속발진 증상을 무엇이라 하는가?

① 찰상 ② 태선화
③ 반흔 ④ 가피

10 다음 중 속발진의 설명으로 맞지 않는 것은?

① 위축 – 피부가 얇아져 있으며 탄력을 잃고 혈관이 투시되어 보이는 증상
② 찰상 – 표피 결손으로 기계적 자극에 의해 피부가 벗겨진 상태
③ 가피 – 병적 각화에 의해 각질파편이 생긴 것
④ 반흔 – 진피손상으로 흉터라고도 한다.

해설 가피는 혈청이나 농이 섞인 삼출액이 말라있는 상태이며 상처위에 생기는 딱지를 가리킨다.

11 질병이나 외상에 의해 표피가 선상으로 갈라진 상태의 속발진 증상을 무엇이라 하는가?

① 찰상 ② 태선화
③ 반흔 ④ 균열

해설 손, 발가락 사이, 발뒤꿈치, 입술, 항문 등에 생김

답_ 02 ② 03 ③ 04 ① 05 ③ 06 ④ 07 ④ 08 ① 09 ② 10 ③ 11 ④

실력 UP 예상 문제

12 흑자점(흑점)에 대한 설명이 아닌 것은?

① 검정사마귀라고 한다.
② 햇볕을 많이 쬐어도 주근깨같이 까맣게 되지 않는다.
③ 표피 피부접합부의 멜라닌 세포수의 증가를 수반한다.
④ 노인에게 많이 생기며 손등이나 팔에 생기는 반점이다.

해설 ④에 대한 설명은 노인성 반점에 대한 것이다.

13 피부장애로서 아토피라고도 부르는 것은?

① 유전성 알레르기 ② 세균성 알레르기
③ 지연성 알레르기 ④ 약물 알레르기

14 작은 구형의 백색인 상피낭종을 무엇이라 부르는가?

① 대상포진 ② 단순포진
③ 비립종 ④ 습진

15 주근깨에 대한 설명으로 옳지 않은 것은?

① 작락반이라고도 부른다.
② 색소세포의 집락에 일광의 자극이 가해져 생긴다.
③ 멜라닌 과립이 산재성으로 축적된 것이다.
④ 갈색반 또는 간반이라고도 한다.

해설 갈색반, 간반이라고 부르는 것은 기미이다.

16 단순포진의 설명으로 옳은 것은?

① 급성 바이러스 감염증으로서 직경 3~6㎜ 소수포 집단
② 마찰이나 압박에 의해서 생긴다.
③ 눈꺼풀, 뺨, 이마에서 볼 수 있다.
④ 앓고 난 후 색소침착이 생긴다.

화장품 기초

01 화장품의 정의로 틀린 것은?

① 인체를 청결 · 미화한다.
② 인체에 매력을 더한다.
③ 용모를 밝게 변화시킨다.
④ 피부 · 모발의 건강을 증진 · 치유한다.

해설 화장품은 피부, 모발의 건강을 유지 또는 증진시키나 치유하지는 않는다.

02 화장품의 조건으로 맞는 것은?

① 안전성, 안정성, 사용성, 유효성
② 안전성, 안정성, 기능성, 사용성
③ 안전성, 기능성, 사용성, 안정성
④ 안전성, 사용성, 유효성, 표현성

03 피부에 사용했을 때의 알레르기 반응, 이물질 혼입, 피부독성 등이 없는 것은 무엇이라 하는가?

① 안전성 ② 안정성
③ 사용성 ④ 유효성

04 화장품을 사용하는 동안 내용물의 변질, 변색, 변취가 없어야 하는 것을 화장품의 조건 중 무엇이라 하는가?

① 안전성 ② 안정성
③ 사용성 ④ 유효성

05 사용하기에 편리한 용기 디자인, 향취, 색상 등과 피부에 발랐을 때의 피부친화성, 촉촉함, 부드러운 사용감은 화장품의 조건 중 무엇이라 하는가?

① 사용성 ② 안전성
③ 안정성 ④ 유효성

답_ 12 ④ 13 ① 14 ③ 15 ④ 16 ① / 답_01 ④ 02 ① 03 ① 04 ② 05 ①

06 화장품을 사용했을 때 보습, 노화억제, 자외선 차단, 세정, 색상 표현 등의 효과가 있어야 하는 것은 화장품의 조건 중 다음의 어느 것인가?
① 안전성
② 안정성
③ 사용성
④ 유효성

07 다음 중 기능성 화장품에 대한 설명으로 틀린 것은?
① 주름, 미백, 자외선 차단에 대해 효능이 있다.
② 기능성 화장품은 보건복지부의 품질심사를 받아야 한다.
③ 효능에 대한 주성분표시가 의무적으로 되어있다.
④ 식약청으로부터 승인을 받은 후 제조, 판매된다.

해설 기능성 화장품뿐만 아니라 모든 화장품은 식약청의 승인을 받아야 하며 보건복지부는 행정기관이다.

08 다음 연결이 잘못된 것은?
① 화장품 – 건강한 사람이 피부모발의 건강과 아름다움을 유지, 증진시키기 위해 사용한다.
② 의약품 – 병적인 증상이 생겼을 때 치료를 목적으로 한다.
③ 의약부외품 – 어느 정도의 약리적인 효과가 있어 위생, 미화를 목적으로 한다.
④ 치약, 구강청정제 – 살균, 치료효과가 있어 의약품에 포함된다.

해설 치약, 구강청정제는 치료효과가 없으므로 의약부외품이다.

09 화장품의 사용부위에 따른 분류로 잘못된 것은?
① 안면용 ② 전신용
③ 헤어용 ④ 어린이용

화장품 제조

01 화장품의 제조에 있어서 구성성분인 것은?
① 수성원료, 유성원료, 미백제
② 수성원료, 유성원료, 유화제, 보습제
③ 미백제, 육모제, 체취방지제
④ 자외선차단제, 유연제, 육모제

해설
- 구성성분 : 수성원료, 유성원료, 유화제, 보습제, 방부제, 착색료, 향료, 산화방지제
- 활성성분 : 미백제, 육모제, 필링제, 여드름 방지제, 체취방지제, 유연제, 자외선차단제, 주름개선제

02 향이 좋으나 피부흡수가 늦은 편이며 변질되기 쉬운 오일은 무엇인가?
① 식물성 오일 ② 동물성 오일
③ 광물성 오일 ④ 합성 오일

해설 식물성 오일은 식물의 잎이나 열매에서 추출하며 향이 좋으나 피부흡수가 늦고 변질되기 쉽다. 피마자유, 로즈힙 오일, 아르간 오일, 올리브 오일, 코코넛 오일, 살구씨 오일 등이 있다.

03 향취가 좋지 않으며 정제해서 사용해야 하나, 피부 친화성이 우수하며 흡수도가 좋은 오일은?
① 동물성 오일 ② 식물성 오일
③ 광물성 오일 ④ 합성 오일

04 석유 등에서 추출하는데 향도 색상도 없으며 피부 흡수도가 좋은 편인 오일은?
① 동물성 오일 ② 식물성 오일
③ 광물성 오일 ④ 합성 오일

05 변질이 적으며 사용감이 우수한 오일은?
① 합성 오일 ② 동물성 오일
③ 식물성 오일 ④ 광물성 오일

답_ 06 ④ 07 ② 08 ④ 09 ④ / 답_ 01 ② 02 ① 03 ① 04 ③ 05 ①

실력 UP 예상 문제

06 바셀린, 파라핀, 미네랄 오일은 어떤 종류의 오일인가?
① 광물성 오일 ② 합성 오일
③ 동물성 오일 ④ 식물성 오일

07 실리콘 오일은 어떤 종류의 오일인가?
① 합성 오일 ② 동물성 오일
③ 식물성 오일 ④ 광물성 오일

08 아르간 오일, 올리브 오일, 아몬드유, 맥아유는 어떤 종류의 오일인가?
① 식물성 오일 ② 동물성 오일
③ 광물성 오일 ④ 합성 오일

09 스쿠알렌, 밍크 오일, 마유, 라놀린은 어떤 종류의 오일인가?
① 식물성 오일 ② 동물성 오일
③ 광물성 오일 ④ 합성 오일

10 바셀린, 파라핀, 미네랄 오일은 어떤 종류의 오일인가?
① 합성 오일 ② 식물성 오일
③ 동물성 오일 ④ 광물성 오일

11 화장품의 유성원료 중 실온에서 고체상태이며 고급지방산과 고급알코올이 결합된 에스테르를 무엇이라 하는가?
① 계면활성제 ② 방부제
③ 왁스류 ④ 보습제

12 유성원료인 왁스는 어떠한 화장품에 사용되는가?
① 로션, 에센스 ② 립스틱, 크림
③ 아스트린젠트 ④ 샴푸, 보디로션

해설 왁스는 실온에서 고체상태이므로 립스틱, 크림 등의 원료로 사용된다.

- 식물성 왁스 : 식물의 잎이나 열매에서 추출, 카르나 유바 왁스, 칸데릴라왁스
- 동물성 왁스 : 벌집이나 양털에서 추출, 밀랍, 고래유, 라놀린유

13 보습제 중 앵두, 사과, 딸기, 해조류에서 추출하며 피부안정성이 우수하고 보습력이 뛰어난 것은?
① 글리세린 ② 프로필렌글리콜
③ 부틸렌글리콜 ④ 솔비톨

14 화장수나 크림 등의 화장품 제조에 있어서 중요한 용매제 역할을 하며 제조공장에서 세정액이나 희석액으로도 사용되는 것은?
① 에탄올 ② 유성원료
③ 물 ④ 오일

해설 물은 화장품제조에서 용매제, 세정액, 희석액으로 사용되며 화장품에 사용되는 물은 세균과 금속이온인 칼슘과 마그네슘 등이 제거된 정제수를 사용한다.

15 화장품 제조에서 물에 용해되지 않는 것을 용해시키는 용매 역할을 하며 수렴작용과 함께 살균소독 작용이 있는 원료는?
① 물 ② 에탄올
③ 유성원료 ④ 오일

해설 에탄올은 에틸알코올이라고도 하며 화장품에 주로 사용하는 알코올은 주조1가의 저급 알코올이다.

16 다음 중 유성원료에 대해 잘못 설명한 것은?
① 유성원료는 피부에 인공피지막을 형성하는 데 중요한 역할을 한다.
② 유성원료 중 고체상태인 것을 왁스라고 한다.
③ 유성원료 중 액체상태인 것을 오일이라고 한다.
④ 유성원료 중 석유에서 추출되는 광물성 오일 중의 하나가 실리콘 오일이다.

해설 실리콘 오일은 합성 오일 중의 대표적인 오일이며, 변질이 적으며 사용감이 우수하다.

답_ 06 ① 07 ① 08 ① 09 ② 10 ④ 11 ③ 12 ② 13 ④ 14 ③ 15 ② 16 ④

17 화장품의 제조에서 유성원료로서 상온에서 액체 상태인 것은 무엇인가?
① 오일 ② 왁스
③ 보습제 ④ 에탄올

해설 유성원료로서 상온에서 액체상태인 것은 오일이며 상온에서 고체상태인 것은 왁스이다.

18 보습제로서 화학명이 글리세롤이며 수분을 흡수하는 능력이 강하고 향이 없는데 사용 시 끈적거리는 느낌인 원료는?
① 솔비톨 ② 요소
③ 글리세린 ④ 부탈렌글리콜

19 포유동물의 단백질대사 최종분해물질로서 천연보습인자인 것은?
① 요소 ② 폴리펩타이드
③ 히아루론산 ④ 부탈렌글리콜

20 천연아미노산이 펩티드결합이라는 화학결합으로 사슬처럼 연결되어있는 천연보습인자는?
① 요소 ② 폴리펩타이드
③ 엘라스틴 ④ 콜라겐

21 아미노산과 우론산으로 이루어진 복잡한 다당류인 천연보습인자는?
① 폴리펩타이드 ② 요소
③ 콜라겐 ④ 히아루론산

22 피부, 혈관 등 모든 결합조직의 주된 단백질로서 천연보습인자는?
① 콜라겐 ② 엘라스틴
③ 히아루론산 ④ 아미노산

해설 콜라겐은 화장품의 중요한 천연보습인자이다.

23 콜라겐과 함께 결합조직의 주된 단백질로서 화장품에 배합하는 천연보습인자는?
① 콜라겐 ② 엘라스틴
③ 히아루론산 ④ 폴리펩타이드

24 다음 중 계면활성제종류와 적용화장품과의 연결이 잘못된 것은?
① 음이온성 계면활성제 – 세안비누, 샴푸류, 폼클렌징
② 양이온성 계면활성제 – 헤어린스류, 헤어트리트먼트류
③ 양쪽성 계면활성제 – 어린이용 저자극 샴푸류
④ 비이온성 계면활성제 – 바디용 세정제, 샴푸류

해설 비이온성 계면활성제는 클렌징크림, 크림류, 화장수의 제조에 적용된다.

25 양이온성 계면활성제의 특징이 아닌 것은?
① 정전기 발생을 방지한다.
② 살균작용이 있다.
③ 소독작용이 있다.
④ 기포형성이 우수하다.

해설 양이온성 계면활성제는 린스류, 트리트먼트류에 적용하며 기포형성은 음이온성 계면활성제의 특징이다.

26 양쪽성 계면활성제의 특징이 아닌 것은?
① 음이온성과 양이온성을 동시에 보유하고 있다.
② 피부안정성이 우수하다.
③ 피부자극이 적다.
④ 지방을 과도하게 제거할 수 있다.

해설 양쪽성 계면활성제는 저자극이며 지방을 과도하게 제거할 수 있는 것은 음이온성 계면 활성제이다.

27 피부자극이 적고 안정성이 우수하며 유화력이 우수한 계면활성제는?
① 음이온성 계면활성제

답_ 17 ① 18 ③ 19 ① 20 ② 21 ④ 22 ① 23 ② 24 ④ 25 ④ 26 ④ 27 ④

실력 UP 예상 문제

② 양이온성 계면활성제
③ 양쪽성 계면활성제
④ 비이온성 계면활성제

28 다음 중 화장품에 가장 많이 사용하는 대표적인 방부제는?
① 파라벤류
② 이미디아졸리디닐우레아
③ 페녹시에탄올
④ 이소치아졸리논

해설 파라벤류는 화장품의 대표방부제이며 파라옥시향산 에스테르라고도 한다.

29 화장품에 사용하는 방부제 중 페녹시에탄올에 대한 설명으로 잘못된 것은?
① 사용허용량은 1% 미만이다.
② 물로 씻어내는 제품에 사용된다.
③ 일정량 이상을 사용하면 독성을 유발한다.
④ 메이크업 화장품에 많이 사용한다.

해설 물로 씻어내는 제품에 사용되는 방부제는 이소치아졸리논이다.

30 물 또는 오일, 알코올 등의 용제에 녹는 색소를 무엇이라 하는가?
① 염료 ② 무기안료
③ 유기안료 ④ 레이크

31 물이나 오일, 알코올에 녹지 않는 색소는 무엇인가?
① 수용성염료 ② 유용성염료
③ 안료 ④ 레이크

32 다음 중 색조류(착색료)의 설명으로 틀린 것은?
① 무기안료는 색상이 화려하지 않으나 커버력이 우수하여 파운데이션, 페이스 파우더, 마스카라 등이 사용된다.
② 유기안료는 색상종류가 많으며 화려하여 립스틱이나 색조화장품에 사용된다.
③ 레이크는 불용화 색소로 립스틱, 네일에나멜에 사용된다.
④ 유용성염료는 마스카라나 아이라인에 사용된다.

해설 염료는 수용성 염료와 유용성 염료가 있는데 수용성 염료는 화장수, 로션, 샴푸에 사용되고 유용성염료는 헤어 오일 등 유성화장품의 색조류로 사용된다.

33 정유(Essential oil)와 석유화학에서 얻은 향료의 유기합성반응으로 제조되는 향료는?
① 식물성 향료 ② 동물성 향료
③ 합성향료 ④ 조합향료

34 동물성 향료의 설명으로 틀린 것은?
① 향료의 종류가 적은 편이다.
② 피부 알레르기가 생길 수 있다.
③ 자극인 적은 편이다.
④ 사향, 영묘향, 용연향, 해리향이 있다.

해설 피부 알레르기는 식물성 향료에서 생기는 현상이다.

35 화장품의 제조에서 가용화에 대한 설명으로 틀린 것은?
① 물에 녹지 않는 작은 양의 오일성분이 물에 용해되는 것을 말한다.
② 가용화과정에서 계면활성제가 작용한다.
③ 가용화기술에 의한 화장품은 화장수류, 향수류, 에센스이다.
④ 물과 기름이 계면활성제에 의해 뿌옇게 되는 것이 가용화이다.

해설 물과 기름이 계면활성제에 의해 뿌옇게 되는 것을 유화라고 한다.

답_ 28 ① 29 ② 30 ① 31 ③ 32 ④ 33 ③ 34 ② 35 ④

36 화장품 제조기술에서 분산에 대한 설명으로 틀린 것은?

① 미세한 고체입자가 계면활성제에 의해서 물이나 오일성분에 균일한 상태로 혼합되는 기술을 분산이라고 한다.
② 분산에 의해 제조된 화장품은 립스틱, 아이섀도이다.
③ 오일성분이 계면활성제에 의해서 물에 용해되어 투명하게 되는 것이 분산이다.
④ 분산에 의해 제조된 화장품은 마스카라, 아이라이너이다.

해설 ③은 가용화에 대한 설명이다.

37 화장품의 유화현상에 대한 설명으로 틀린 것은?

① 유화현상을 백탁현상이라고도 한다.
② 물과 기름이 계면활성제에 의해 뿌옇게 섞이는 것을 말한다.
③ 유화에 의한 화장품으로 파운데이션, 트윈케이크가 있다.
④ 유화기술은 화장품의 피부보습도와 흡수도를 높인다.

해설 파운데이션, 트윈케이크는 분산에 의해 제조되며 유화기술에 의한 화장품은 로션류, 크림류이다.

38 유화 형태 중 O/W과 관계가 없는 것은?

① 친유성 ② 친수성
③ 수중유형 ④ 사용감이 산뜻

해설 O/W형의 유화는 Oil in Water로서 친수성이며, 로션류의 유화 형태이다.

39 유화 형태 중 W/O과 관계가 없는 것은?

① 유중수형 ② 크림류
③ 친유성 ④ 수중유형

해설 W/O타입의 유화는 Water in Oil로서 유중수형 친유성이며 크림류의 유화 형태이다.

40 다중성 유화 형태를 모두 고르세요.

① W/O/W형
② O/W/O형
③ O/W형
④ W/O형

해설 다중성 유화 형태에서 W/O/W는 친수성, O/W/O 형태는 친유성이다.

41 화장품의 품질상의 특성이 아닌 것을 찾으시오.

① 안전성
② 안정성
③ 유행성
④ 유용성

42 화장품의 기술상의 특성인 유화의 생성에서 사용되는 재료가 아닌 것은?

① 분산상
② 안료
③ 분산매
④ 유화제

해설 유화생성의 재료는 분산상, 분산매, 유화제이다.

43 기능성 화장품의 특성이 아닌 것은?

① 미백개선기능
② 자외선차단기능
③ 주름개선기능
④ 피부유연기능

답_ 36 ③ 37 ③ 38 ① 39 ④ 40 ①, ② 41 ③ 42 ② 43 ④

실력 UP 예상 문제

화장품의 종류와 기능

01 기초 화장품에서 피부정돈의 역할이 아닌 것은?

① 피부 pH조절
② 모공수축
③ 유분과 수분의 균형
④ 피부보호막 형성

해설 피부보호막 형성은 피부보호의 역할로서 영양크림, 자외선차단크림 등의 역할이다.

02 기초화장품에서 피부 활성화의 역할과 관계없는 것은?

① 신진대사 촉진 ② 혈액순환 원활
③ 마사지크림 ④ 에센스

해설 에센스는 피부보호의 역할을 하는 화장품이다.

03 다음 중 계면활성제형 세안용 화장품은?

① 폼클렌징 ② 클렌징크림
③ 클렌징로션 ④ 클렌징 오일

04 다음의 유성형 세안제 중 유성의 더러움 제거에 가장 클렌징 효과가 높은 것은?

① 클렌징로션 ② 클렌징워터
③ 클렌징젤 ④ 클렌징크림

해설 클렌징크림은 광물성 오일의 함량이 40~ 50%로 유성의 더러움 제거에 효과적이다.

05 다음의 유성형 세안제 중 진한 메이크업 제거에도 적합하며 수용성 오일 함유로 건성, 노화, 민감한 피부에 적합한 것은?

① 클렌징로션 ② 클렌징워터
③ 클렌징 오일 ④ 클렌징크림

06 다음의 세안제 중 가벼운 더러움이나 옅은 화장에 가장 적합한 것은?

① 클렌징 오일 ② 클렌징크림
③ 클렌징로션 ④ 클렌징워터

해설 클렌징워터가 가장 세정력이 약하며, 클렌징로션은 클렌징워터보다 세정력이 더 좋다.

07 유연화장수의 내용과 다른 것은?

① 세안 후 피부각질층을 부드럽고 매끈하게 한다.
② 세안비누의 약알칼리성 잔여물을 약산성 pH로 바꾼다.
③ 보습제의 배합으로 피부를 촉촉하게 한다.
④ 모공을 수축시키고 피지분비를 억제한다.

08 수렴화장수의 역할이 아닌 것은?

① 모공을 수축시킨다.
② 피지분비를 억제한다.
③ 약산성 피부로 만들어준다.
④ 알코올함유로 세균으로부터 피부를 보호한다.

해설 세안 후 피부를 약산성으로 회복시켜 주는 것은 유연화장수의 역할이다.

09 다음 중 보호용 화장품이 아닌 것은?

① 로션 ② 크림
③ 에센스 ④ 마스크

해설 마스크는 활성화용 화장품이다.

10 보호용 화장품의 내용으로 틀린 것은?

① 로션은 친수성 유화상태의 에멀젼이다.
② 크림은 피부표면이 보호막을 형성하여 준다.
③ 로션은 수분과 유분을 공급한다.
④ 크림은 혈액순환을 촉진시킨다.

해설 혈액순환을 촉진시키는 것은 활성화용 화장품이다.

답_ 01 ④ 02 ④ 03 ① 04 ④ 05 ③ 06 ④ 07 ④ 08 ③ 09 ④ 10 ④

11 메이크업 화장품의 기능이 아닌 것은?
① 피부의 탄력도를 증가시킨다.
② 얼굴의 장점을 살리고 결점을 커버하여 아름답게 한다.
③ 외부의 자외선, 먼지, 온도 등으로부터 피부를 보호한다.
④ 사회의 관습 및 예의를 표현한다.

12 프라이머 화장품에 대해 잘 설명한 것은?
① 파운데이션의 부착력을 높여준다.
② 피부의 모공을 메꾸어 매끈하게 한다.
③ 피부색을 조절하는 효과가 있다.
④ 피부화장품의 지속성을 좋게 한다.

13 투웨이케이크 화장품의 특성이 아닌 것은?
① 파운데이션과 콤팩트의 이중효과가 있다.
② 내수성이 우수하여 여름철에 적합하다.
③ 화장이 오래 지속된다.
④ 윤기 있는 피부표현이 가능하다.

해설 투웨이케이크는 유분의 함량이 적어 윤기 있는 피부표현보다는 파우더리(Powdery)한 건조한 느낌이 든다.

14 아래에서 설명하고 있는 파운데이션의 타입은?

> • 적당한 커버력으로 수분보다 유분 함량이 많다.
> • 윤기 있는 피부표현이 가능하다.
> • 가을, 겨울철에 적합하다.

① 리퀴드 타입 파운데이션
② 크림 타입 파운데이션
③ 고형크림 타입 파운데이션
④ 케이크 타입 파운데이션

15 유화형 파운데이션의 설명으로 틀린 것은?
① 유성원료로 된 유제에 분말원료를 분산시킨 것이다.
② 크림 타입 파운데이션이다.
③ 보습효과가 우수하다.
④ 리퀴드 파운데이션과 크림 타입 파운데이션이 있다.

해설 유화형 파운데이션은 물과 기름의 유화 에멀전에 분말원료를 분산시킨 제형이다.

16 유성 파운데이션의 화장품종류를 고르면?
① 리퀴드 파운데이션
② 크림 파운데이션
③ 스킨커버
④ 트윈 케이크

해설 유화형 파운데이션은 스킨커버 컨실러이다.

17 다음 중 고형 파운데이션이 아닌 것은?
① 트윈 케이크
② 컨실러
③ 파우더 파운데이션
④ 케이크 파운데이션

해설 컨실러는 유화형 파운데이션이다.

18 파우더의 특징으로 잘못된 것은?
① 페이스 파우더는 백색의 무기안료에 유색안료를 배합한 것이다.
② 블루밍 효과가 우수하다.
③ 많이 바르면 피부가 건조해진다.
④ 휴대하기 간편하다.

19 고형분에 대한 설명이 잘못된 것은?
① 컴팩트 용기에 압축 고형화한 것이다.
② Pressed Powder 라고도 한다.
③ 페이스 파우더보다 피부에 얇고 섬세하게 발라진다.
④ 휴대하기 간편하다.

해설 고형분은 페이스 파우더보다 약간 두껍게 발라진다.

답_ 11 ① 12 ② 13 ④ 14 ② 15 ① 16 ③ 17 ② 18 ④ 19 ③

실력 UP 예상 문제

20 파우더의 성분 중 가장 비중이 큰 중요한 성분은?
① 탈크 ② 카오린
③ 산화아연 ④ 글리세린

해설 파우더는 탈크로 된 백색의 무기안료에 유색안료를 배합한 것으로 탈크가 가장 중요한 성분이다.

21 다음 아이섀도 중 부드럽고 매끄럽게 발라지며 내수성이 우수하고 시간이 경과하면 번들거리며 쌍겹에 몰리는 현상이 있는 아이섀도는?
① 케이크 아이섀도
② 크림 아이섀도
③ 펜슬타입 아이섀도
④ 트윈 아이섀도

해설 크림 아이섀도와 펜슬타입 아이섀도는 유사한 타입이나 펜슬타입 아이섀도가 좀 더 딱딱하고, 부드럽고 매끄러운 시용감은 크림 아이섀도가 더 우수하다.

22 유성용 제형의 아이라이너로 눈 주위에 번짐이 심하며 유성의 제거액으로 지워야 하는 것은?
① 펜슬 타입 아이라이너
② 리퀴드 아이라이너
③ 케이크 아이라이너
④ 젤 아이라이너

해설 젤 아이라이너는 번짐이 심하고 유성의 제거액으로 지워야 깨끗하게 지워진다.

23 크림 타입의 볼연지를 바르는 순서는?
① 파우더 바른 후
② 포인트 메이크업이 끝난 후
③ 메이크업 베이스 바른 후
④ 파운데이션 바른 후

해설 크림 타입의 볼연지는 파운데이션 후에 사용하고 투명 파우더를 바른다.

24 바디제품 중 데오드란트는 어떤 제품인가?
① 피부의 각질을 제거하기 위해
② 바디의 셀룰라이트를 관리하기 위해
③ 신체의 불쾌한 냄새를 예방하거나 방지하기 위해
④ 전신피부의 건조함을 예방하기 위해

25 다음 중 향수의 어원으로서 틀린 것은?
① 향수(Perfume)라는 단어는 라틴어의 Per-Fumm에서 유래했다.
② 향수라는 단어는 태워서 연기를 낸다라는 뜻이다.
③ 향수의 기원은 중국 원나라의 제사에서 비롯되었다.
④ 향의 기원은 제단 앞에서 향을 내는 나무를 태워서 연기를 냈던 것이다.

해설 향수의 기원은 서양의 라틴어에서 시작되었고, 서양에서 발달하기 시작했다.

26 일반적으로 향수라고 하는 Perfume은 부향률이 몇 %인가?
① 9~12% ② 10~30%
③ 5~7% ④ 3~5%

27 향수보다 부향률이 9~12%로 낮은 편이나 향취도 풍부하고 지속시간도 우수한 편인 것은?
① 오데퍼퓸 ② 오데토일렛
③ 오데코롱 ④ 샤워코롱

28 부향률이 5~7%로 낮아 신선한 향취를 즐길 수 있으며 실내나 차량실내, 파우더룸 등에 많이 사용하는 것은?
① 향수 ② 오데퍼퓸
③ 오데토일렛 ④ 오데코롱

29 향이 아주 가벼워서 바디용으로 샤워 후 사용 가능한 것은?
① 향수 ② 샤워코롱

답_ 20 ① 21 ② 22 ④ 23 ④ 24 ③ 25 ③ 26 ② 27 ① 28 ③ 29 ②

③ 오데코롱 ④ 오데토일렛

30 향수에 대한 내용 중 틀린 것은?

① 향수를 선택할 때는 뿌린 후 30분 정도 지난 후의 향취를 확인하고 선택한다.
② 향취를 맡을 때는 맥박 뛰는 부분이나 흰 종이에 한 두 방울 뿌려서 맡는다.
③ 향수는 뿌린 직후 최초의 향은 알코올향이 강하다.
④ 향수는 뿌린 후 1시간 이상 지난 잔향을 확인하고 선택한다.

해설 향수는 뿌린 후 30분이 지나 알코올향이 날아간 것이 미들노트(Middle note)로서 본래의 향이다. 향을 뿌리고 30분 지난 후의 향취가 좋으면 선택하도록 한다.

31 향수에서 탑노트(Top note)는 어떤 향인가?

① 향수를 뿌리고 30분 후 향취
② 처음 뿌렸을 때 향취
③ 향수를 뿌리고 2시간 후 향취
④ 향수를 뿌리고 1시간 후 향취

32 향수에서 미들노트(Middle note)의 설명으로 틀린 것은?

① 알코올향이 휘발된 후의 중간 향
② 향수 본래의 향취이다.
③ 향수를 뿌린 후 3~4시간 지난 후부터 남는 잔 향
④ 향수를 처음 뿌린 후 1시간 정도 경과한 후의 향

해설 향수를 뿌린 후 남는 잔향은 라스팅노트(Lasting note)이다.

33 에센셜 오일에 대한 명칭이 아닌 것은?

① 향유 ② 정유
③ 아로마 오일 ④ 캐리어 오일

34 에센셜 오일의 성명으로 잘못된 것은?

① 식물의 꽃과 잎, 줄기, 뿌리에서 추출한다.
② 건강증진의 효과가 있다.
③ 정신건강 회복에 효과가 있다.
④ 피부를 깨끗하게 하는 효과가 있다.

해설 에센셜 오일은 건강증진, 질병예방, 정신건강회복, 피부미용, 소독 등 자연치유 효과가 있다.

35 캐리어 오일에 대한 설명으로 틀린 것은?

① 식물의 씨앗에서 추출한다.
② 항바이러스 효과가 있다.
③ 피부모공수축에 효과가 있다.
④ 피부재생 효과가 있다.

36 다음 중 아로마테라피의 사용 방법을 모두 찾으시오.

① 흡입법 ② 확산법
③ 입욕법 ④ 습표법

37 기능성 화장품의 기능이 아닌 것은?

① 미백개선 ② 자외선차단
③ 박피기능 ④ 주름개선

38 다음 기능성 화장품에 대한 설명으로 잘못된 것은?

① 기능성 화장품은 일반화장품과 의약품의 중간영역에 속한다.
② 기능성 화장품은 특별한 기능으로 효과를 확실히 보장한다.
③ 화장품의 기본기능에 새로운 약리적인 유효성분을 추가하여 특별한 효과를 주었다.
④ 기능성 화장품은 미백, 주름개선, 자외선차단에 효과가 있는 화장품이다.

해설 기능성 화장품은 미백, 주름개선, 자외선차단에 도움을 주는 화장품이다. 특별한 효과를 보장하지는 않는다.

답_ 30 ④ 31 ② 32 ③ 33 ④ 34 ④ 35 ③ 36 ①, ②, ③, ④ 37 ③ 38 ②

CHAPTER 02

메이크업 고객서비스

고객은 메이크업에 관련된 서비스에 대해 기술적인 측면뿐만이 아니라 서비스적인 측면에서도 만족스럽기를 기대한다. 따라서 방문고객에 대한 응대, 고객상담응대, 고객응대절차는 고객의 만족감을 향상시키기 위해 가장 기본적이며 필수적인 서비스이다.

01 고객응대

(1) 고객관리

메이크업분야는 서비스업종이므로 고객만족이 매우 중요시된다. 고객의 특징과 유형을 파악하여 고객관리를 하는 것이 필수적이며 현장에서 일어나는 고객의 경우별 상황을 접수 그 대응책을 마련하는 것이 고객관리의 기본지침이다.

1) 고객의 유형과 특징

유 형	특 징
주도형	• 단도직입적으로 자신이 원하는 스타일이나 제품에 대해 질문한다. • 외향적이며 성격이 급하고 의사를 결정할 때 본인의 생각이 가장 중요하다.
사교형	• 첫인상이 매우 상냥하며 활발하다는 느낌을 준다. • 사람과의 접촉을 즐겁게 여기며 칭찬과 관심을 좋아한다. 외향적인 면을 중시하며 브랜드를 좋아하는 과시적인 성향을 갖는다.
안정형	• 슬그머니 매장에 들어와 처분하게 기다리며 자신의 의사를 직접적으로 표현하지 않는다. • '이것이 마음에 드네요' 라는 표현보다는 '이것이 어때요?'라고 직원에게 묻는 행동 양상을 보인다.
신중형	• 철저히 사전조사하고 분석비교하며 질문도 꼼꼼히 한다.

출처 : 정미영, 임은지(2007) 『뷰티살롱 경영과 서비스 테크닉』. 청람

(2) 고객관리 프로그램

1) 고객관리 프로그램

고객관리는 서비스업종인 메이크업 현장에서는 매우 중요한 업무 중의 한 부분이다. 특히 메이크업샵의 경우에는 시술만족과 함께 고객관리가 만족스럽게 되면 계속 방문하는 충성고객이 될 수 있기 때문이다. 고객관리를 원활하게 하기 위해서는 고객 CRM 프로그램을 사용하여 예약관리, 고객관리, 매출관리, 회원권 포인트관리, 제품관리, 자동문자, 000예약연동, 마켓팅기능을 활용하면 편리하다. 그러나 수기로 고객관리를 한다면, 이름, 성별, 연령, 연락처, 주소, 예약일자, 직업, 성향, 스타일, 특징 및 요구사항 등을 고객관리차트에 기입하여 사용하도록 한다.

메이크업 상담 및 관리카드				
성명			성별	나이
주소			연락처	
직업			근무부서	
직책			근무경력	
특징 (피부색상, 얼굴형, 선호스타일, 이미지, 특징 등)				
메이크업 시 고려사항				
기타 특이사항				
예약접수일	예약일정	시술항목	담당자	비고

2) 고객응대 기법

고객응대는 고객관리 중에서 가장 직접적이고 현실적인 것으로 고객만족에 큰 역할을 한다.

고객응대를 만족스럽게 하기 위해서는 먼저 고객의 기대감에 따른 특징에 대해 알아보는 것이 필요하다.

① 고객의 기대감에 따른 특징

㉠ **기술적 기대** : 고객은 메이크업샵에 방문을 하면서 본인에게 만족감을 줄 수 있는 기술적 능력을 기대하게 된다. 메이크업 아티스트가 전문가적 감각과 함께 기술을 갖고 있으며 동시에 서비스 금액이 적절할 것으로 생각한다.

㉡ **서비스의 기대** : 고객은 메이크업샵에 방문하기 전, 상담을 통해 신뢰감있고 예의 바른 서비스를 제공받을 것이라는 기대를 한다. 또한 메이크업샵의 시설에 쾌적하고 위생적인 시술을 받을 수 있는 공간일거라고 기대한다.

② 고객상담예약

㉠ **예약하기** : 시술을 원하는 날짜를 확인한 후 가능한 시간을 확인한다.

㉡ **예약카드 작성하기** : 예약에 필요한 이름, 성별, 나이, 전화번호, 이메일, 주소, 직업, 성향, 스타일 특징 및 요구사항을 작성한다.

③ 전화상담 고객응대

전화상담은 표정이 확인되지 않기 때문에 목소리에 표정이 표현되어야 한다. 목소리만으로도 밝게 환영한다는 느낌이 전달되어야 한다.

㉠ **전화예절**

- **표정** : 전화로 고객과 상담할 때는 평상시 대면해서 상담할 때보다 한층 더 밝은 표정을 지어서 얘기하여야 목소리에 웃는 표정이 느껴지게 된다.
- **발음** : 상담의 목소리는 음계의 '솔' 정도로 약간 높은 것이 좀 더 정확하게 밝은 느낌으로 전달된다. 전화를 통한 대화는 약간 천천히 또박또박 정확한 발음으로 상담한다. 날짜나 시간, 시술 내용 등은 한번 더 좀 더 큰소리로 강조하여 확인한다.

㉡ **전화 받는 법**

- 전화벨이 세 번 울리기 전에 신속하게 받는다.
- 먼저 인사말을 한 다음 소속 메이크업 샵과 상담자의 이름을 말한다.
- 용건을 확인하며 메모한다.
- 중요내용이나 부재중 전달사항은 다시 한번 확인한다.
- 마지막 인사는 좀 더 밝은 목소리로 말한다.

㉢ **전화 끊는 법**

- 고객이 전화를 끊는 것을 확인한 후 전화기의 버튼을 가볍게 누른다. 무심코 전화기를 철컥하고 내려놓으면 고객이 불쾌하게 느낄 수 있다.

• 수화기가 제대로 내려졌는지 반드시 확인한다.

④ **인터넷 상담법**

㉠ 사이트를 이용하여 메이크업샵의 위치나 분위기, 특징 등을 파악한 후 게시판 등을 이용하여 상담한다.

㉡ 질문한 상담 답변을 최대한 즉시 하도록 한다. 특히 예약일자나 시간 등은 즉시 답변하도록 한다.

⑤ **SNS 상담법**

㉠ 개인 핸드폰에 네트워크 서비스 탑재가 가능하므로 편리하게 상담할 수 있다.

㉡ 개별적으로 즉각적인 질문과 답변이 가능하다.

㉢ 상담내용이 기록으로 남아있어 내용 확인이 가능하다.

㉣ 잘 활용하면 파급효과가 커질 수 있다.

불만고객 응대

고객의 불만을 해결하기 위해서는 불만고객의 유형을 알아야 한다. 고객응대능력을 향상시키려면 불만족한 고객을 다룰 줄 아는 능력이 중요하다고 하겠다. 불만고객 유형은 크게 거만형, 의심형, 트집형, 빨리빨리형으로 구분할 수 있는데 각 유형마다 상대하는 방법이 다르다.

불만고객유형별 특징과 응대방법

불만고객유형	특 징	응대방법
거만형	과시욕이 강함 폄하하는 경향이 있음	• 정중하게 대한다. • 과시욕을 뽐내게 둔다. • 단순하여 호감을 얻으면 강한 영향력 표시
의심형	설명이나 품질에 대해 의심이 많음	• 분명한 증거나 근거 제시 • 책임자에게 응대하도록 함
트집형	사소한 것을 트집잡음	• 고객의 얘기를 경청, 맞장구, 추켜세우며 설득 • 고객의 옳은 면을 표시 • 경청한 후 사과하는 응대
빨리빨리형	성격이 급함	• 정확한 표현 • 애매한 화법을 쓰지 않는다. • 시원스럽고 재빠른 응대처리

3) 고객응대절차

① **방문고객에게 인사하기**

• 먼저 고객의 눈을 바라보는 순간 밝은 표정을 짓는다.

• 허리를 30~45°정도 굽히면서 등을 곧게 펴고 시선은 아래로 서서히 향한다.

• 허리와 고개를 숙인 상태에서 1초정도 머문다.

- 상체를 서서히 세운다.
- 밝은 미소로 한톤 높은 목소리로 인사말을 한다.

② 고객의 방문내용을 고객관리차트를 보며 확인한다.

③ 고객의 소지품(가방)과 외투 등을 보관한다.

- 고객의 소지품과 외투 등은 개인사물함에 보관하고 개인사물함 키는 고객에게 맡긴다.
- 보관하는 옷은 옷걸이에 걸어둔다.
- 액세서리나 귀중품은 작은 상자에 별도로 담아 개인사물함에 함께 보관한다.

④ 시술에 적합한 고객용 가운을 입게 한다.

- 고객용 가운을 입을 때 도움을 준다.

⑤ 방문고객을 상담실(대기실)로 안내한다.

- 다과를 준비하여 제공한다.
- 대기시간에는 책자를 제공한다.

⑥ 메이크업 아티스트에게 시술한다.

⑦ 시술이 끝나면 시술내역과 요금표를 제시하고 정산한다.

- 시술내역과 요금표를 고객에게 제시한다.
- 영수증을 발행하여 선날한나.

⑧ 모든 절차가 끝나면 마무리 인사를 한다.

- 보관했던 소지품과 외투 등을 전달한다.
- 시술에 대한 만족도를 가볍게 물어보고 확인한다.
- 고객에게 방문에 대한 감사인사를 전하며 밝은 표정과 목소리로 배웅한다.

인사방법

인간관계의 만남에 있어서 가장 기초적인 행위이면서 중요한 역할을 하는 것이 인사이다.
인사는 서로의 만남을 수용하면서 환영한다는 의미이다. 메이크업 서비스업에서의 밝은인사는 고객의 마음을 즐겁게 만들어 메이크업 샵 방문의 만족감을 더하는 효과를 가져온다.
인사는 상황에 따라 다르게 하는 것이 필요하다.

- 가벼운 목례 : 상체를 15°정도 가볍게 구부리는 인사법이다. 가까운 친지나 좁은공간에서 하는 경우가 많다.
- 보통인사 : 일반적인 인사법으로 상체를 30°정도 구부려 예의를 표한다. 윗사람, 직장상사, 집안어른들에게 한다.
- 정중한 인사 : 상체를 45°정도로 굽히는 인사법이다. 존경하는 사람에 대해 가장 큰 경의의 표시나 감사함의 표현, 정중한 사과를 할 때 하는 인사이다.

실력 UP 예상 문제

01 다음 특징의 고객은 어떤 유형인가?

첫인상이 매우 상냥하며 활발하다. 외향적인 면을 중시하며 과시적인 성향이 있다.

① 주도형
② 사교형
③ 안정형
④ 신중형

02 다음 중 고객관리 차트에 기입하지 않는 것은?
① 직업
② 예약일자
③ 연락처
④ 친구관계

03 메이크업 · 샵 방문 시 고객이 기대하는 점이 아닌 것은?
① 기술적 기대
② 서비스 기대
③ 쾌적한 시설
④ 시술자의 성별

04 전화상담에서 올바르지 않은 것은?
① 전화상담은 빠른 말투가 좋다.
② 목소리는 약간 높은 '솔' 정도가 좋다.
③ 또박또박 정확한 발음으로 상담한다.
④ 예약날짜 · 시간 등은 한 번 더 강조하여 확인한다.

05 전화 받는 방법으로 맞는 것은?
① 전화벨이 3번 울리기 전에 신속하게 받는다.
② 전화 받는 상담자의 이름은 밝히지 않는다.
③ 전화를 받으면 인사보다는 먼저 용건을 묻는다.
④ 용건이 끝나면 고객보다 먼저 전화를 끊는다.

06 불만고객 유형 중에서 거만형의 응대방법은?
① 분명한 근거를 제시한다.
② 정중하게 대하며 과시욕을 인정한다.
③ 재빠르게 응대처리한다.
④ 고객의 틀린점을 지적한다.

07 아래는 어떤 유형의 불만고객의 응대방법인가?

• 고객의 얘기를 경청 · 맞장구친다. • 고객의 옳은 면을 인정한다. • 경청한 후 사과하는 응대

① 거만형
② 의심형
③ 트집형
④ 빨리빨리형

08 방문고객에게 인사하는 방법으로 잘못된 것은?
① 고객을 처음 보는 순간 밝은 표정을 짓는다.
② 허리는 30~45°정도 굽힌다.
③ 허리와 고개를 숙인 상태에서 1초정도 머문다.
④ 허리와 고개를 숙인 상태에서 얼굴은 고객을 향한다.

09 보통 인사는 일반적으로 상체를 어느정도 구부리는가?
① 약 15°　　② 약 30°
③ 약 40°　　④ 약 50°

답_ 01 ② 02 ④ 03 ④ 04 ① 05 ① 06 ② 07 ③ 08 ④ 09 ②

CHAPTER 03

메이크업 카운슬링

메이크업 시술을 하려면 관찰, 질문 등을 통해 고객의 얼굴특성파악을 하고 고객의 요구와 제안을 받아들여 구상한 메이크업 디자인을 카운슬링하는 과정이 필요하다.

01 얼굴특성파악

(1) 얼굴의 비율, 균형, 형태특성

1) 얼굴의 비율(균형도)

미인의 기본조건은 균형있는 얼굴형이다. 따라서 일반적인 아름다운 얼굴의 비율을 알면 메이크업의 수정 · 보완에 도움이 된다. 얼굴의 가로 · 세로 비율은 2:3정도이며 얼굴형은 계란형이 이상형의 기준이 된다.

2) 얼굴의 균형

① **얼굴의 가로분할** – 가장 이상적인 얼굴의 가로분할은 얼굴전체 길이를 기준으로 3등분한다.

- 헤어라인에서 눈썹앞머리까지 1/3
- 눈썹앞머리에서 코끝선까지 1/3
- 코끝선에서 턱끝까지 1/3

② **얼굴의 세로분할** – 가장 이상적인 얼굴의 세로분할은 얼굴 넓이의 길이를 기준으로 5등분한다.

- 오른쪽 헤어라인에서 오른쪽 눈꼬리까지 1/5
- 오른쪽 눈꼬리에서 오른쪽 눈앞머리까지 1/5
- 오른쪽 눈앞머리에서 왼쪽 눈앞머리까지 1/5
- 왼쪽 눈앞머리에서 왼쪽 눈꼬리까지 1/5
- 왼쪽 눈꼬리에서 왼쪽 헤어라인까지 1/5

TIP.

- 긴형 얼굴이나 마름모형 얼굴은 가로분할의 균형이 맞지 않고 둥근형, 역삼각형, 사각형 얼굴은 세로분할 균형이 맞지 않는다.

3) 얼굴 골상의 이해

얼굴 골격에 대한 이해는 뷰티 메이크업뿐만 아니라 미디어나 연극, 영화 등의 대본이나 시나리오에서 요구하는 이미지나 캐릭터를 표현하는 데 중요한 기준이 될 수 있다. 얼굴에서 골상학적으로 튀어나오고 들어간 부위를 정확하게 파악하여야만 얼굴 윤곽에 있어서 하이라이트와 섀도우의 표현을 다양하게 구사할 수 있게 된다.

TIP.

얼굴의 골상과 골상 위에 위치한 근육을 이해하면 다양한 캐릭터 창출에 매우 효과적이다.

4) 두개골의 이해

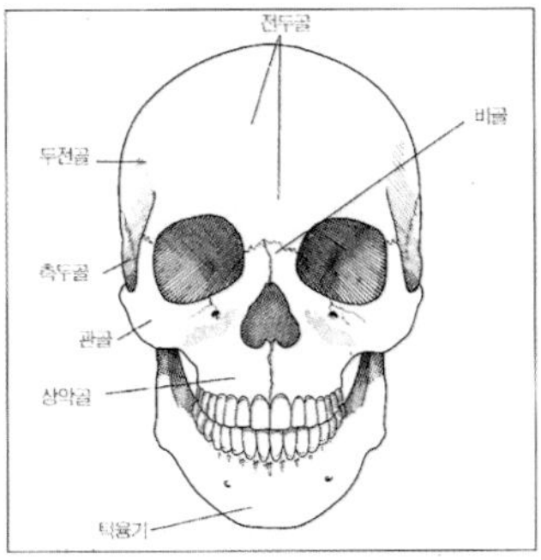

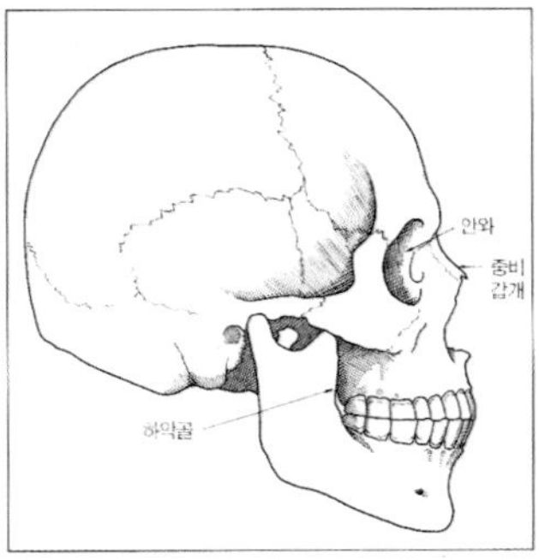

두개골은 머리를 구성하는 골격으로 머리 형태를 만들어주고 뇌를 보호하는 둥근 모양의 뼈이다. 두개골은 두 부분으로 나누어지는데, 한 부분은 8개의 뼈로 구성된 두개골과 다른 한 부분은 14개의 뼈로 구성된 안면골격이다. 다음에 설명되어 있는 뼈는 메이크업 시술과 깊은 관계가 있다.

① **두정골(Parietal bone)** : 두개골의 측면과 정수리 부분을 형성한다.

② **전두골(Frontal bone)** : 이마를 형성한다.

③ **측두골(Temporal bone)** : 정수리뼈 아래에 있는 귀 부위를 형성한다.

④ **비골(Nasal bone)** : 콧마루를 형성한다.

⑤ **상악골(Maxillae bone)** : 윗턱을 형성하기 위해 결합하는 윗턱의 뼈이다.

⑥ **하악골(Mandible bone)** : 얼굴에서 가장 크고 강한 아래턱 뼈로 턱의 아랫부분을 형성하며 얼굴의 골격 중 얼굴형을 결정짓는 가장 중요한 요소가 된다.

⑦ **관골(Zygomatic bone)** : 얼굴 양쪽에 돌출하여 한 쌍을 이루는 뼈로 광대뼈 또는 협골(頰骨)이라고도 한다.

5) 얼굴 근육의 이해

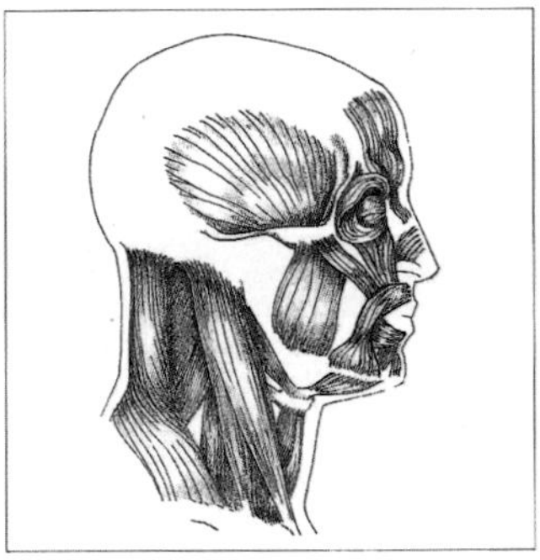

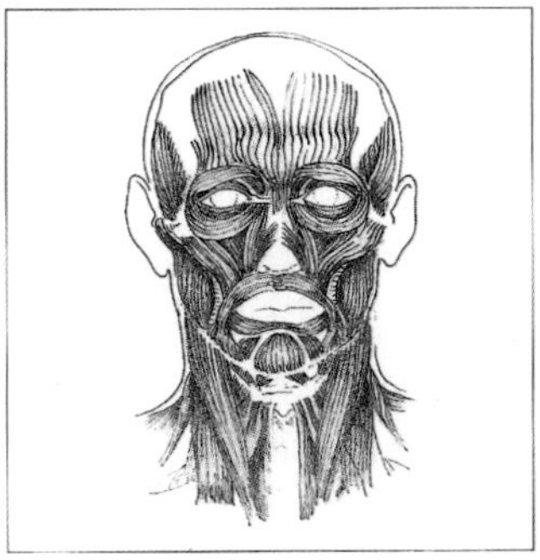

① **턱 근육** : 귀의 앞쪽 아래턱 부위에 있으며 턱을 움직이는 근육이다.

② **눈 주위와 입 부근의 근육** : 칼집을 낸 듯한 형태의 근육이다.

③ **입 주위의 근육** : 입 가장자리를 잡아당기는 리본 형태의 작은 근육으로 미소를 짓거나 입가의 표정을 만든다.

④ **광대뼈 아래의 근육** : 눈꼬리 주름은 광대뼈 아래의 근육이 위쪽으로 오므려 생긴다.

⑤ **코의 양쪽 가장자리를 따라 턱까지 연결되는 근육** : 위로 잡아당기면 치아가 노출되는 근육으로 코의 양옆에서 입 주변을 지나 턱까지 연결되어 있다.

6) 얼굴의 형태

얼굴형태는 매우 다양하나 계란형얼굴, 둥근형얼굴, 마름모꼴얼굴, 오각형얼굴, 긴얼굴, 각진얼굴, 역삼각형얼굴로 나누어진다. 얼굴형태의 특징을 잘 파악하여 장점을 살리고 단점을 보완하여 주도록 한다.

① **계란형 얼굴** : 가장 이상적인 아름다운 표준형 얼굴이다. 계란형은 이마쪽이 조금 넓고 턱선으로 갈수록 약간 좁아지는 얼굴형이다. 얼굴형태의 윤곽수정을 하지 않아도 된다.

② **둥근형 얼굴** : 둥근얼굴은 귀엽고 어려보이는 얼굴형이다. 세로길이가 짧은편이며 이마폭이 조금 좁고 볼이 넓은 한국인에게 가장 많은 얼굴형이다.

③ **각진형 얼굴** : 턱이 각지고 이마부분도 각진 얼굴형으로 남성적이면서 강한 느낌이 있다. 그리고 가로폭이 넓어서 평면적인 이미지도 있는 얼굴형이다.

④ **긴형 얼굴** : 얼굴의 가로폭이 좁고 세로길이가 긴 얼굴형으로 이마, 코길이, 턱이 모두 긴편으로 어른스러운 성숙미가 느껴진다.

⑤ **역삼각형 얼굴** : 역삼각형 얼굴은 이마 폭 넓으면서 턱선으로 올수록 좁아지는 얼굴형이다. 예민하고 세련된 느낌을 주는 얼굴형이다.

⑥ **마름모형 얼굴** : 광대뼈가 두드러지면서 이마와 턱부분은 좁아지는 얼굴형으로 강한 인상의 느낌을 준다.

⑦ **오각형 얼굴** : 턱뼈가 튀어나오면서 넓고 이마부분은 좁은 얼굴형이다.

(2) 피부톤, 피부유형별 특성

1) 피부톤

피부 색상톤은 얼굴 피부마다 매우 다양하고 다르나 크게 흰 피부, 희고 붉은 피부, 노란기가 있는 피부, 노란기가 있으면서 검붉은 피부로 나누어 볼 수 있다.

피부색상톤	특 징
흰 피부 (아이보리계)	• 피부가 매우 흰편이며 혈색이 없는 편이다. • 피부톤이 가장 맑은 편이다.
희고 붉은피부 (아이보리 핑크계)	• 피부가 흰편이며 혈색이 있다. • 피부톤이 밝은편이다.
노란기가 있는 피부 (베이지계)	• 노란기가 엷게 있는 피부이다. • 피부톤이 약간 탁한 편이다.
노란기가 있으면서 검붉은 피부 (오클계)	• 노란기가 있으면서 검붉은기가 있어 어둡다. • 피부톤이 가장 탁한 편이다.

2) 피부유형별 특성

메이크업은 얼굴의 균형이나 형태를 파악하는 것도 중요하지만 피부에 표현하는 것이기 때문에 피부의 특성을 파악하는 것이 필요하다. 피부는 피지와 수분함량에 따라 화장품의 선택이나 메이크업 지속성 등이 달라지므로 메이크업 시술 전에 피부의 특성을 파악하도록 한다. 피부는 건성, 중성, 지성, 복합성피부와 기타 문제성 피부로 나뉜다.

① 중성피부(정상)

- 유분과 수분의 밸런스가 좋다.
- 피부결이 곱고 혈색이 좋다.
- 각질층의 수분함유가 정상(15-25%)이다.

② 건성피부

- 유분과 수분이 적다.
- 모공이 작으며 피부가 얇은 편이다.
- 잔주름이 생기기 쉽다.
- 각질층의 수분함유(10% 이하)가 적다.

③ 지성피부

- 피부에 수분보다 유분이 많다.
- 피부 두께가 두꺼운 편이며 모공이 크고 피부결이 거칠다.
- 과다한 피지분비로 뾰루지나 여드름이 생기기 쉽다.
- 모공에 거뭇거뭇한 블랙헤드가 생기기 쉽다.

④ 복합성피부

- 피부부위에 따라 유분과 수분함유량이 다르다.
- 피부부위에 따라 2가지 이상의 특징이 나타난다.

⑤ 문제성피부

- 민감성피부 : 피부자극에 민감하여 반응을 일으키며 피부에 염증이 발생하기 쉽다.
- 여드름피부 : 과다한 피지분비로 발생한다. 사춘기에 호르몬분비의 불균형으로 많이 나타난다.
- 모세혈관이 확장된 피부 : 붉은 실핏줄이 피부가 얇은 부위인 콧등에 많이 나타나며 외부와의 온도차이에 민감한 피부이다.

(3) 메이크업 고객요구와 제안

고객에게 메이크업 시술을 하기 전에 고객이 요구하는 메이크업 스타일이 어떤 것인지를 잘 경청한다. 그런 다음 메이크업 아티스트로서 적합한 메이크업 디자인방향을 제안하기 위해 메이크업 다양한 스타일을 숙지하는 것이 필요하다.

1) 스타일의 종류와 메이크업 디자인

스타일	이미지	메이크업색상	메이크업디자인
로맨틱 스타일	사랑스럽고 귀엽고 화사한 이미지	핑크계, 피치, 옐로계열로 밝고 화사한 색상	• 피부 : 한톤 밝고 깨끗하게 표현 • 포인트 : 화사한 색조에 펄감이나 글로시한 표현, 귀엽고 둥근눈매, 볼연지도 애플존에 귀엽게 표현
페미닌 스타일	여성스럽고 단아한 이미지	파스텔계 색상, 핑크, 보라, 코랄색상	• 피부 : 화사하고 깨끗하게 표현 • 포인트 : 파스텔 계열색상으로 자연스럽고 부드럽게 표현
엘레강스 스타일	우아하면서 고상하고 여성스러운 이미지	중명도 · 중채도의 와인, 퍼플, 버건디의 브라운색상	• 피부 : 피부톤과 같거나 한톤 밝은 피부톤으로 커버를 꼼꼼히 표현함 • 포인트 : 깊이감 있는 눈매와 눈썹 라인을 깔끔하게 입술을 단정하게 마무리
클래식 스타일	고전적인 품위가 느껴지는 이미지	깊이 있고 차분한 브라운, 골드와인, 카키, 카멜색상	• 피부 : 베이지계열 색상으로 커버력있게 표현 • 포인트 : 전체적으로 차분하고 깊이감있게 표현
에스닉 스타일	민속적이면서 이국적인 이미지	중간톤의 짙은 레드, 오렌지, 옐로우, 그린, 바이올렛	• 피부 : 피부톤과 같거나 한톤 어둡게 표현 • 포인트 : 매트한 색감으로 자연적인 느낌이 들도록 부드럽게 표현
모던 스타일	현대적이면서 도회적인 이미지	선명하고 밝은 톤의 레드 블루 화이트 와인색상	• 피부 : 깨끗하고 맑은 피부표현 • 포인트 : 라인이나 컬러를 강조한 원포인트 메이크업으로 표현
매니시 스타일	남성적이면서 강한 이미지	다크 그레이, 다크블루, 다크 브라운, 베이지블루	• 피부 : 한톤 어두운 건강한 피부톤 • 포인트 : 눈썹라인을 조금 굵고 강하게 눈화장을 다크한 색감으로 입술을 누드톤으로 표현
액티브 스타일	활동적이고 경쾌한 이미지	선명한 옐로, 블루, 레드 마젠타	• 피부 : 약간 어두운 건강한 피부톤 • 포인트 : 눈화장은 은은하게 입술을 밝고 경쾌하게 표현

2) 메이크업 디자인 제안

얼굴의 특성이나, 이미지를 파악하고 나면 고객에게 시술한 메이크업 제안을 하게 된다. 이때 고객의 장점을 먼저 얘기하도록 하며 단점은 직설적이기보다는 우회적으로 부드럽게 제안하도록 유의해야 한다.

〈제안순서〉
① 고객스타일을 파악한다.
② 고객에게 디자인방향에 대해 설명한다.
③ 고객얼굴특성에 적합한 시술시안을 안내한다.
④ 고객의 요구사항을 잘 듣는다.
⑤ 고객의 요구사항을 반영하여 최종 시안을 결정한다.

02 메이크업 디자인 제안

(1) 메이크업 색채

1) 색채의 정의 및 개념

① 색채의 정의

색채는 빛의 종류이며, 빛이 눈에 닿아 느껴지는 감각이라고 정의할 수 있다. 빛을 발사하는 광원에서 빛을 물체에 비추면 물체에 반사되거나 투과된 빛이 눈의 망막을 자극하여 뇌에서 감각을 느끼게 되는 것이다.

② 색채의 개념

색채의 요소는 광원, 눈, 물체이다. 이 세 가지 요소에 뇌의 작용으로 색채를 지각하게 된다. 광원으로부터 나오는 빛이 물체에 비추어 반사, 투사, 흡수될 때 눈의 망막과 시신경의 자극으로 감각되는 현상에 의해 나타나는 것이 색채이다. 따라서 물체 자체에 색이 있는 것이 아니라 물체에 빛이 비쳤을 때 태양광선의 7가지 빛 중에서 일부는 투과 흡수되고 일부는 반사되는데 이때 반사되는 빛의 성분에 따라서 그 물체가 색을 지니게 된다.

③ 색의 3속성

색의 3속성은 색상, 명도, 채도이다.

㉠ **색상(Hue)** : 색상은 색의 이름, 즉 색명을 가르치는 것이다. 현재까지 세계적으로 3,200가지 색상이 있으며 우리나라에는 약 300가지 색명이 있다.

TIP. 색의 항상성

같은 물체라도 조명이 다르면 색이 다르게 보이나 시간이 갈수록 원래 물체의 색으로 인식하게 되는 현상

TIP.

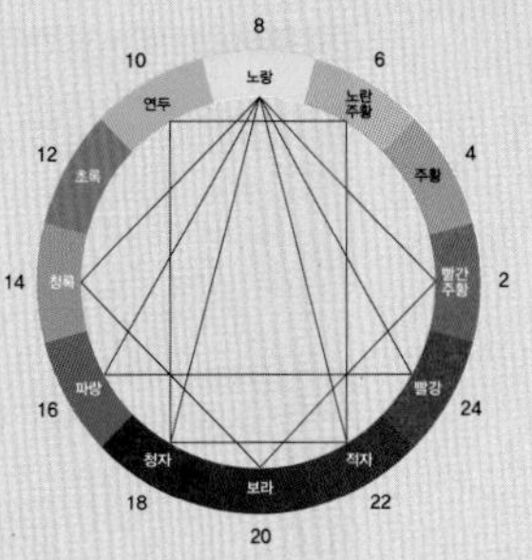

TIP.

색채의 요소는 광원, 눈, 물체이다.

㉡ **명도(Value)** : 색의 밝고 어두운 정도를 나타낸다. 명도는 11단계로 나누어 0에서 3까지는 저명도, 4에서 7까지는 중명도, 8에서 10까지는 고명도로 구분하며 0에 가까울수록 어두우며 10에 가까울수록 밝다. 메이크업에서 입체감을 표현할 때 활용되며 고명도는 돌출되고 확대되어 보이는 하이라이트로, 저명도는 축소되고 들어가는 쉐이딩 효과를 연출할 수 있다.

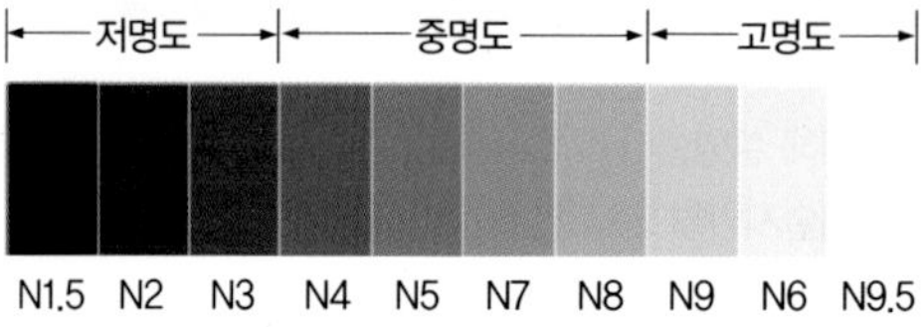

㉢ **채도(Chroma)** : 채도는 색의 맑고 탁함, 즉 선명한 정도를 나타내는 것으로 14단계로 나눈다. 1단계에서 7단계까지는 저채도이며 8단계에서 14단계는 고채도로 구분한다. 10단계에서 14단계는 채도가 높은 원색으로 선명도가 높다.

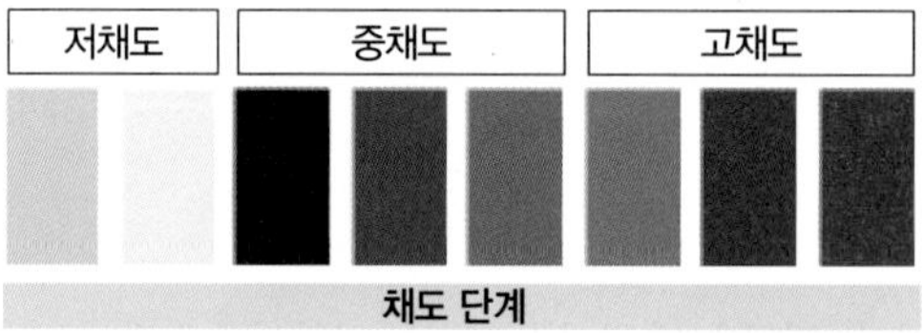

④ 톤(Tone)

㉠ **정의** : 색에 있어서 톤은 명도, 채도의 복합개념을 의미하며 색상을 명암, 강약, 농담 등의 차이로 분류한 것이다.

㉡ 톤의 특징을 표현하는 단어

비비드(Vivid)	선명한, 강렬한, 명쾌한	시선을 집중시키는 강렬한 느낌의 색
브라이트(Bright)	밝은, 깨끗한, 선명한	비비드에 화이트를 혼합한 색상톤
라이트(Light)	가벼운, 엷은	비비드에 약 6배의 화이트를 혼합한 것
페일(Pale)	약한, 연한	비비드에 약 10배의 화이트를 혼합한 것
딥(Deep)	강한, 진한	비비드에 1/50의 흑색을 혼합한 것
다크(Dark)	어두운, 무거운	비비드에 1/30의 흑색을 혼합한 것
스트롱(Strong)	강한, 선명한, 적극적	강한 느낌의 색상톤
덜(Dull)	둔한, 소박한, 탁한	비비드에 회색을 혼합 것으로 활동성이 적은 탈색을 의미
소프트(Soft)	부드러운, 편안한, 자연스러운	비비드에 회색을 약간 혼합한 것

- **비비드(Vivid)** : 선명한 강렬한 느낌을 나타내며 시선이 집중되는 색상을 의미한다.
- **브라이트(Bright)** : 밝고, 깨끗하고, 선명함을 의미하는 단어로 비비드톤에 화이트를 혼합한 맑은 느낌의 칼라톤을 의미한다.

2) 색채의 조화

두 가지 이상의 색상을 목적과 상황을 고려하여 효과적인 결과를 얻도록 하는 것이 색채의 조화이다. 색채의 조화는 동일색 배색, 유사색 배색, 보색 배색, 분리색 효과에 의한 배색, 그라데이션 배색, 악센트 배색, 톤온톤 배색, 톤인톤 배색, 레피티션 배색으로 나눈다.

동일색 배색 (Monochromatic)	같은 색상으로 명도, 채도가 다른 톤으로 배색	무난하고 세련, 안정적이고 통일감 있는 배색조화
유사색 배색 (Analogous)	같은 느낌의 유사한 색상으로 배색	정적이며 무난한 배색
보색 배색 (Complementary)	색상환에서 서로 대각선상의 반대 색상대비	강하고 생동감
분리색 배색 (Separation)	비슷한 인접색상끼리의 조화에서 구분되는 다른 색상을 삽입시키는 배색	분리 악센트 효과
그라데이션 배색 (Gradation)	단계적으로 서서히 점점 진하게, 또는 점점 연하게 변화하는 3가지 이상의 배색	자연스럽게 변화되는 배색조화로 편안함
악센트 배색 (Accent)	단조로운 배색에 대조적인 색상을 배색하여 강조	강렬한 느낌
톤온톤 배색 (Tone on Tone)	동일색상이나 유사색상 배색에서 색상 톤의 **명도 차를 크게** 한 배색	자연스러우며 산뜻함
톤인톤 배색 (Tone in Tone)	유사한 톤의 배색톤과 **명도차이가 일정**	부드럽고 온화함
레피티션 배색 (Repetition)	두 색 이상을 사용하여 **일정한 질서로 반복**하여 조화를 부여하는 배색	통일감, 융화감

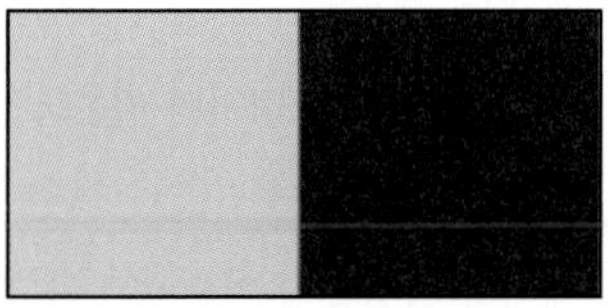

톤온톤 배색

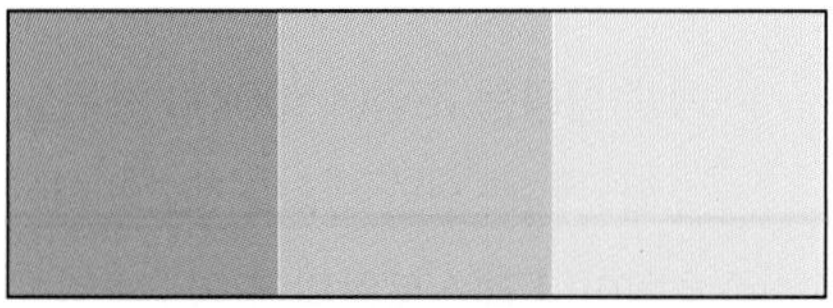

톤인톤 배색

3) 색채와 조명

색은 조명의 종류에 따라 다르게 보이게 된다. 특히, 메이크업의 화장품색조는 낮의 자연광 아래에서와 각종 전등이나 조명에 따라 다르게 나타난다. 따라서 메이크업을 할 때는 쓰일 광원의 특성을 고려하여 색상표현을 하는 것이 중요하다.

① 빛의 삼원색

빨강, 파랑, 초록이 빛의 삼원색이며 이 세 가지 색상의 빛이 같은 정도로 섞이면 흰색(무색)이 된다.

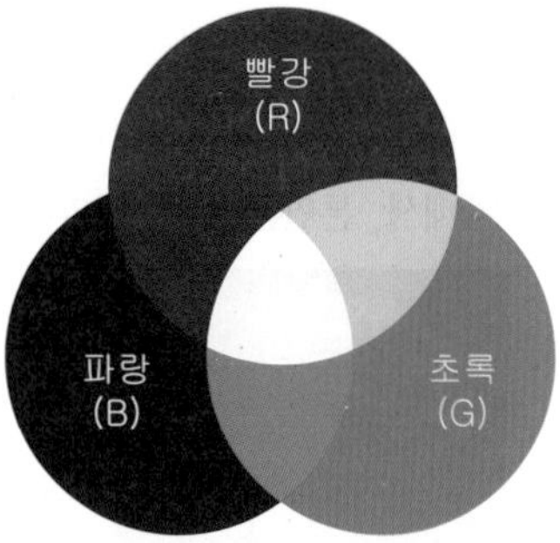

빛의 색

② 빛의 온도

붉은빛은 온도가 낮고 푸른빛은 온도가 높다. 이와 같이 온도에 따라 빛의 색이 발생하는데 이것을 색온도라고 한다. 조명은 백색인 태양광선을 기준으로 했을 때 그보다 높은 색온도를 지닌 것은 푸른빛을, 낮은 것은 붉은빛을 띤다.

〈자연조명과 인공조명의 색온도〉 *K(캘빈)는 색온도 단위

광원	색온도	광원	색온도
푸른 하늘	12,000K	수은등(광원)	4,600K
구름 낀 하늘	6,500K	형광등(백색)	4,500K
형광등(추광색)	6,500K	할로겐 전구(500w)	3,000K
고압수은등	5,600K	백열전구(60w)	2,850K
태양	5,450K	촛불	2,000K

③ 상황에 따른 조명

㉠ **구름 낀 날 :** 색온도가 6,500k으로 높은 편이다. 구름 낀 날에 찍은 사진이 푸르스름한 것은 색온도가 높기 때문이다.

㉡ **일출 · 일몰 시 :** 태양의 직사광을 그대로 느낄 수 있는 시간은 일출 혹은 일몰 전 1시간 정도인데 일출 후나 일몰 전의 빛은 색온도가 낮아 붉은빛이 되는 것이다.

㉢ **주광색 형광등 조명(6,500k) :** 주광색 형광등은 태양광색과 가장 가까운 조명으로 매우 밝은데 보석상이나 안경점 등 본래의 색상을 그대로 재현하는 것이 필요한 곳에 활용된다.

㉣ **백색 형광등 조명(4,500k) :** 사무실이나 가정에서 일반적으로 사용하는 조명이며 색온도가 태양광보다 약간 낮아 연한 분홍빛 정도의 색이 나타난다.

㉤ **호텔이나 레스토랑의 조명 :** 호텔이나 레스토랑 등의 할로겐이나 백열등 조명은 따뜻하고 안락한 느낌을 주나 조도가 낮아서 메이크업을 좀 더 짙고 화려하게 하는 것이 효과적이다.

㉥ **직접조명 :** 직사광이 내리쬐는 곳에서는 빛이 피부표면의 굴곡에서 어지럽게 난반사되고 그림자를 어지럽게 만들어 메이크업한 얼굴이 아름다워 보이지 않는다.

ⓐ **간접조명** : 간접조명은 피부색도 부드럽고 은은하게 보이게 하여 카페에서 많이 활용한다.

(2) 메이크업 이미지

① 로맨틱 스타일

핑크계 색상을 주조로하여 사랑스럽고 밝고, 화사 귀여운 이미지로 연출

② 페미닌 스타일

파스텔계의 핑크, 보라, 코랄색상으로 여성스럽고 단아한 이미지 연출

③ 엘레강스 스타일

중명도 중채도의 와인, 퍼플계 색상으로 우아, 고상, 여성스런 이미지 연출

④ 클래식 스타일

깊이있고 차분한 브라운, 골드, 와인 카키, 카멜색으로 고전적 품위 있는 이미지 연출

⑤ 에스닉 스타일

중간톤의 짙은레드,오렌지,옐로우,그린,바이올렛등의 색상으로 민속적이면서 이국적인 이미지 연출

⑥ 모던 스타일

선명하고 밝은 레드 블루, 화이트, 와인 색상을 이용하여 현대적이면서 도회적인 이미지 연출

⑦ 매니시 스타일

다크그레이, 다크블루, 다크브라운, 베이지 색상으로 남성적이면서 강한 이미지 연출

⑧ 액티브 스타일

선명한 옐로우, 블루, 레드, 마젠타 색상을 이용하여 활동적이면서 경쾌한 이미지 연출

TIP. 메이크업 할 때 많이 사용하는 웜톤, 쿨톤, 뉴트럴 컬러

- 웜톤 컬러(Warm tone color)
  따뜻한 색상으로 노랑기를 띈 색상
  베이지, 노랑, 그린, 오렌지
- 쿨톤 컬러(Cool tone color)
  차가운 색상으로 노란기가 없는 색상
  핑크, 보라, 블루, 네이비
- 뉴트럴 컬러(Neutral color)
  웜톤과 쿨톤의 색상 혼합된 중간톤의 색상
  코랄, 카키, 브라운, 벽돌색

이해도 UP O,X 문제

01 물체에 빛이 비쳤을 때 태양광선의 7가지 빛 중에서 일부는 투과 흡수되고 일부는 반사되는데 이때 반사되는 빛의 성분에 따라서 그 물체가 색을 지니게 된다. (O, X)

02 무난하고 세련된 색채 조합을 위해 명도, 채도가 다른 같은 색상 동일색 배색을 한다. (O, X)

03 빛의 삼원색은 빨강, 노랑, 초록이다. (O, X)

해설 빛의 삼원색은 빨강, 파랑, 초록이다.

04 주광색 형광등은 보석상이나 안경점 등 본래의 색상을 그대로 재현하는 것이 필요한 곳에 활용된다. (O, X)

05 비비드(Vivid) 색이란 선명한 강렬한 느낌을 나타내며 시선이 집중시키는 색상을 의미한다. (O, X)

답_01: O 02: O 03: X 04: O 05: O

(3) 메이크업 기법

스타일	메이크업 색상	메이크업 기법
로맨틱 스타일	핑크계 피치 옐로계열로 밝고 화사한 색상	• 전체적으로 그라데이션 기법이 효과적 피부 : 한톤 밝고 깨끗한 색상의 파운데이션을 얇게 바르며 하이라이트와 셰딩도 엷게 발라 그라데이션한다. 엷은 펄감 피부표현도 효과적 포인트 : 화사한 색감의 아이섀도를 물감이 번질듯한 부드러운 그라데이션 기법으로 표현 눈썹도 케일타입 브로우로 부드럽게 아이라인도 강조하지 않고 자연스럽게, 입술은 펄감, 글로스를 이용하여 엷게 표현
페미닌 스타일	파스탈계 색상 핑크 보라 코랄 색상	피부 : 연한 핑크계 파운데이션으로 화사하게, 하이라이트와 섀딩도 엷게 표현 포인트 : 유사조화의 파스텔계열 색상으로 그라데이션 기법을 이용하여 눈화장 입술화장을 자연스럽게 표현
엘레강스 스타일	중명도 중채도의 와인 퍼플 버건의 브라운 색상	피부 : 피부톤과 같은 색상으로 피부커버를 꼼꼼히, 하이라이트 세딩도 완벽하게 표현 포인트 : 깊이감 있으면서 화사한 느낌의 아이섀도를 표현하며 어울리도록 꼼꼼히 메이크업, 눈썹과 입술라인을 단정하게 그린다
클래식 스타일	깊이있고 차분한 브라운 콜드 와인 카키 카멜 색상	피부 : 베이지 색상으로 커버력있게 하며 하이라이트 세딩도 완벽하게 표현 포인트 : 포인트 칼라아이섀도를 강조하여 깊이있는 눈매로 표현, 아이라인, 눈썹 입술라인을 선명하게 강조하며 매트한 색감이 효과적
에스닉 스타일	중간톤의 짙은 레드 오렌지 옐로우 그린 바이올렛	피부 : 피부톤과 같거나 약간 어두운 피부표현 포인트 : 컬러풀한 민속조의 색상으로 자유스럽고 천진스런 느낌으로 표현, 매트한 색감 강조
모던 스타일	선명하고 밝은톤의 레드 블루 화이트 와인 색상	피부 : 깨끗하고 자연스런 느낌의 피부표현 포인트 : 부분적으로 그라데이션과 라이닝기법을 활용하며 원포인트 메이크업 연출
매니시 스타일	다크그레이 다크블루 다크 브라운 베이지 블루	피부 : 약간 어두운 피부표현 코선, 턱선 등 부분적으로 하이라이트 강조 포인트: 어두운 톤의 색상으로 라인을 강조한 눈화장, 입술은 브라운, 베이지 색상으로 매트하게 표현
액티브 스타일	선명한 옐로, 블루 레드 마젠타	피부 : 약간 어둡고 혈색이 있는 건강한 피부톤으로 표현 포인트 : 눈화장은 진하게 강조하고 입술은 누드톤으로 가라앉게 표현하거나 눈화장은 엷게 하고 입술은 원색적으로 경쾌하게 강조하여 표현

실력 UP 예상 문제

얼굴 특성 파악

01 얼굴의 골격 중 얼굴형을 결정짓는 가장 중요한 요소가 되는 골격은?
① 두정골
② 비골
③ 상악골
④ 하악골

02 광대뼈가 두드러지면서 이마와 턱 부분은 좁아지는 얼굴형으로 강한 인상을 주는 얼굴형은?
① 마름모형 얼굴
② 각진형 얼굴
③ 역삼각형 얼굴
④ 오각형 얼굴

03 이마폭이 넓으면서 턱선으로 올수록 좁아지는 얼굴형으로 예민하고 세련된 느낌을 주는 얼굴형은?
① 각진형 얼굴
② 역삼각형 얼굴
③ 마름모형 얼굴
④ 오각형 얼굴

04 피부부위에 따라 유분과 수분의 함량이 다르며, 2가지 이상의 특징이 나타나는 피부는?
① 지성 피부
② 민감성 피부
③ 복합성 피부
④ 중성 피부

05 피부에 수분보다 유분이 많으며, 피부 두께가 두꺼우며 모공이 크고 피부결이 거칠은 특징의 피부는?
① 중성 피부
② 지성 피부
③ 민감성 피부
④ 복합성 피부

06 민속적이면서 이국적인 이미지의 스타일은?
① 엘레강스 스타일
② 클래식 스타일
③ 에스닉 스타일
④ 액티드 스타일

07 파스텔계 색상으로 여성스럽고 단아한 이미지를 주는 스타일은?
① 로맨틱 스타일
② 페미닌 스타일
③ 엘레강스 스타일
④ 모던 스타일

08 깊이 있고 차분한 색감으로 고전적인 품위가 느껴지는 이미지는?
① 클래식 스타일
② 모던 스타일
③ 매니시 스타일
④ 에스닉 스타일

답_ 01 ④ 02 ① 03 ② 04 ③ 05 ② 06 ③ 07 ② 08 ①

실력 UP 예상 문제

메이크업 디자인 제안

01 색채의 요소가 아닌 것은?
① 광원
② 눈
③ 물체
④ 스펙트럼

해설 색채의 요소는 광원, 눈, 물체이며 여기에 뇌의 작용으로 색채를 지각하게 된다.

02 다음 중 색채에 대한 설명으로서 틀린 것은?
① 색채는 빛의 종류라고 볼 수 있다.
② 물체에 광원이 비쳤을 때 물체가 자체적으로 색채를 나타내게 된다.
③ 색채의 요소는 광원, 눈, 물체이다.
④ 물체에 광원이 비추어서 눈의 망막과 시신경의 자극으로 지각되는 것이 색채이다.

해설 색채는 물체에 광원이 비추어져 반사, 투과, 흡수될 때 그 빛의 성분에 따라 색채를 갖게 된다.

03 다음 중 색의 3속성이 아닌 것은?
① 색상 ② 톤
③ 명도 ④ 채도

해설 색의 3속성은 색상, 명도, 채도이며 톤은 명도, 채도의 복합개념으로 별도로 구분한다.

04 다음 중 색상(Hue)에 대한 설명으로 옳은 것은?
① 우리나라에는 약 300개 정도의 색상이 있다.
② 색상은 색의 밝기를 가리킨다.
③ 색상은 비비드톤과 다크톤으로 구분된다.
④ 색상은 색의 맑고 탁한 정도를 가리킨다.

해설 색상(Hue)은 색명, 즉 색의 이름을 가리키며 세계적으로 3,200가지이고 우리나라는 300개 정도의 색상이 있다.

05 다음 중 명도에 대한 설명으로 옳지 않은 것은?
① 명도는 색의 밝고 어두운 정도를 가리킨다.
② 명도는 11단계로 나눈다.
③ 명도 0에서 3까지는 저명도라고 한다.
④ 명도 8에서 10까지는 쉐이딩용의 색상으로 활용된다.

해설 명도는 0~3까지는 저명도, 4~7까지는 중명도, 8~10까지는 고명도로 구분하여 저명도는 쉐이딩용 색상으로, 고명도는 하이라이트용 색상으로 활용된다.

06 메이크업 윤곽수정에서 활용되는 것으로 틀린 것은?
① 저명도는 쉐이딩용으로 활용된다.
② 명도에서 보통 6에서 9까지 단계를 중명도라 한다.
③ 고명도는 하이라이트용으로 활용된다.
④ 명도는 0에서 10까지 11단계로 나뉜다.

해설 중명도는 4~7단계까지이다.

07 다음 중 채도에 대한 설명으로 틀린 것은?
① 채도는 색의 밝고 어두운 정도를 나타낸다.
② 채도는 14단계로 나눈다.
③ 1단계에서 7단계까지는 저채도로 탁하다.
④ 8단계에서 14단계까지는 고채도로 맑다.

해설 채도는 색의 맑고 탁한 정도를 가리킨다.

08 메이크업 이미지 중에서 파스텔계의 핑크, 보라, 코랄 색상 등으로 여성스럽고 단아한 이미지를 연출하는 스타일은?
① 클래식 스타일
② 페미닌 스타일
③ 에스닉 스타일
④ 매니시 스타일

답_ 01 ④ 02 ② 03 ② 04 ① 05 ④ 06 ② 07 ① 08 ②

09 색채의 조화 중 가장 무난하고 통일감 있는 배색은?
① 동일색 배색
② 보색 배색
③ 분리색 배색
④ 악센트 배색

10 다음 중 반대색끼리의 배색에 대한 설명으로 틀린 것은?
① 강하고 생동감이 있다.
② 그라데이션 배색이다.
③ 보색 배색이다.
④ 색상환에서 서로 대각선상의 색상끼리의 배색이다.

해설 그라데이션 배색은 단계적으로 변화하는 색상배색으로 자연스런 조화, 편안한 조화이다.

11 색채의 조화에서 비슷한 인접색상끼리의 조화에서 구분되는 다른 색상을 삽입시키는 배색을 무엇이라 하는가?
① 유사색 배색
② 보색 배색
③ 분리색 배색
④ 그라데이션 배색

12 동일색상이나 유사색상 배색에서 색상톤의 명도차를 크게 한 배색을 무엇이라 하는가?
① 레피티션 배색
② 악센트 배색
③ 톤인톤 배색
④ 톤온톤 배색

13 자연스럽게 단계적으로 변화되는 배색 조화로 편안함을 느끼게 되는 배색은?
① 유사색 배색
② 톤온톤 배색
③ 동일색 배색
④ 그라데이션 배색

해설 색상을 단계적으로 변화시키는 것을 그라데이션이라고 한다.

14 깊이있고 차분한 브라운, 골드, 와인, 카키 등의 색상으로 고전적 품위를 연출하는 메이크업 스타일은?
① 클래식 스타일
② 에스닉 스타일
③ 로맨틱 스타일
④ 모던 스타일

15 두 가지 이상의 색상을 사용하여 일정한 질서로 반복하여 조화를 부여하는 배색은?
① 악센트 배색
② 레피티션(Repetition) 배색
③ 분리색 배색
④ 보색 배색

16 악센트 배색조화에 대한 설명으로 맞는 것은?
① 같은 느낌의 유사한 색상으로 배색한 것이다.
② 보색끼리 배색하여 악센트를 준 것이다.
③ 동일색상끼리 색상톤의 명도차를 크게 한 배색이다.
④ 단조로운 배색에 대조적인 색상을 넣어 배색하여 강조한 것이다.

답_ 09 ① 10 ② 11 ③ 12 ④ 13 ④ 14 ① 15 ② 16 ④

실력 UP 예상 문제

17 같은 색상으로 명도, 채도가 다른 톤으로 배색한 것은?
① 동일색 배색
② 유사색 배색
③ 분리색 배색
④ 그라데이션 배색

18 다음 중 가장 강렬한 느낌이 드는 배색조화는?
① 동일색 배색
② 톤인톤 배색
③ 악센트 배색
④ 레피티션 배색

19 다음 중 유사한 톤의 배색으로 톤과 명도차이가 일정하게 배색되어 부드럽고 온화한 느낌을 주는 배색은?
① 톤인톤 배색
② 분리색 배색
③ 보색 배색
④ 악센트 배색

20 다음 배색 중 가장 강하고 생동감이 느껴지는 배색조화는?
① 유사색 배색
② 보색 배색
③ 그라데이션 배색
④ 동일색 배색

21 조명에 있어서 빛의 삼원색이 아닌 것은?
① 레드
② 블루
③ 그린
④ 옐로우

해설 빛의 삼원색은 레드, 블루, 그린이다.

22 레드, 블루, 그린의 세 가지 빛이 같은 정도로 섞이면 무슨 색으로 되는가?
① 회색
② 무색
③ 블랙
④ 바이올렛

해설 빛의 삼원색은 레드, 블루, 그린이 섞이면 무색(흰색)이 된다.

23 색온도에서 빛의 온도가 높으면 무슨 색으로 보이는가?
① 노란빛
② 푸른빛
③ 보라빛
④ 붉은빛

24 빛의 색온도에서 붉은빛은 어떤 의미인가?
① 붉은빛은 온도가 높다는 것이다.
② 붉은빛은 온도가 중간 정도이다.
③ 붉은빛은 온도가 낮다는 것이다.
④ 빛의 색상은 온도와 상관없다.

25 조명에서 색온도 단위는 무엇인가?
① K
② Å
③ nm
④ db

해설 K는 캘빈이라고 읽으며 자연조명이나 인공조명의 색온도를 표시하는 단위이다.

답_ 17 ① 18 ③ 19 ① 20 ② 23 ② 24 ③ 25 ①

26 다음 중 색온도가 가장 높은 것은?

① 푸른 하늘
② 고압 수은등
③ 백색 형광등
④ 할로겐 전구

해설 푸른빛을 많이 띨수록 색온도가 높으므로 푸른 하늘이 제일 색온도가 높고 고압 수은등, 백색 형광등, 할로겐 전구의 순이다.

27 색온도가 높은 것부터 작은 순서로 올바르게 적은 것은?

① 푸른빛 → 백색 → 붉은빛
② 백색 → 푸른빛 → 붉은빛
③ 푸른빛 → 붉은빛 → 백색
④ 붉은빛 → 백색 → 푸른빛

해설 태양빛이 무색(백색)을 중심으로 푸른빛을 띠면 색온도가 높고 붉은빛을 띠면 색온도가 낮다.

28 다음 중 전체적으로 그라데이션 기법이 효과적인 스타일은?

① 엘레강스 스타일
② 에스닉 스타일
③ 모던 스타일
④ 로맨틱 스타일

29 피부색을 아름답게 보이게 하는 조명은?

① 직접조명
② 간접조명
③ 반간접조명
④ 전반확산조명

해설 간접조명은 빛의 90% 이상을 반사판이나 벽, 천정에 비추어 반사되어 나오는 빛으로 피부색을 은은하고 아름답게 보이게 한다.

30 호텔이나 레스토랑의 할로겐이나 백열등의 조도가 낮은 조명아래에서는 어떤 메이크업을 하는 것이 좋은가?

① 깨끗하고 투명한 메이크업이 좋다.
② 포인트 메이크업은 중간톤의 색상으로 한다.
③ 매트한 메이크업으로 깔끔하게 한다.
④ 조금 짙고 화려하게 메이크업을 한다.

해설 조도가 낮은 곳에서는 짙고 선명한 색상으로 다소 강하고 화려하게 메이크업하며 펄감을 사용하는 것도 효과적이다.

답_ 26 ① 27 ① 28 ④ 29 ② 30 ④

CHAPTER 04

퍼스널 이미지 제안

메이크업 서비스를 하기 위해 고객의 피부, 눈동자, 모발 등의 컬러를 분석하여 고객에게 어울리는 퍼스널 컬러를 파악할 수 있다. 퍼스널 컬러 파악을 통해 컬러이미지 제안과 컬러 코디네이션 제인을 진행하게 된다.

01 퍼스널컬러 파악

(1) 퍼스널컬러 분석 및 진단

퍼스널 컬러는 개인별 피부색을 기본으로 머리카락 · 눈동자 색상 등 신체가 가지고 있는 색상을 분석 · 진단하며 봄, 여름, 가을, 겨울 4계절 유형으로 표현한다.

1) 퍼스널 컬러와 신체특징

퍼스널 컬러 유형	신 체 특 징
봄 컬러 (Spring Type)	• 노르스름한 옐로베이지 피부색 • 피부결이 얇고 투명하며, 약간 밝은 피치(복숭아)색감이 느껴짐 • 볼 부분에 밝은 브라운의 주근깨가 있는 경우가 있음 • 눈동자 색은 밝은 브라운, 골드브라운 색상 • 머리카락 색상은 밝은 브라운 • 여성스럽고 어려보이는 이미지
여름컬러 (Summer Type)	• 붉은기를 띈 로즈베이지 피부색 • 눈동자 색상은 옅은 그레이가 느껴지는 그레이브라운, 로즈브라운 색상 • 머리카락 색상은 중간톤의 회갈색, 흑갈색, 로즈브라운 색상 • 부드러우면서 여성스러운 이미지
가을컬러 (Autumn Type)	• 노르스름한 골드베이지 피부색 • 멜라닌 색소가 많은 톤이 짙은 피부색으로 잡티, 기미가 잘 생김 • 피부톤이 짙어서 혈색이 느껴지지 않음 • 눈동자 색상은 브라운, 다크브라운, 검정색상 • 머리카락 색은 짙은 적갈색, 불투명한 검은색(매트블랙) • 성숙, 침착, 고상한 이미지
겨울컬러 (Winter Type)	• 푸르스름한 핑크베이지 피부색 • 눈동자 색상은 선명한 검정, 밝은 회갈색 • 머리카락 색은 블루블랙, 회갈색 • 선명, 명쾌한 이미지

TIP.

퍼스널 컬러의 신체색상 콘트라스트 컬러에서 콘트라스트란 색채, 톤에 있어서의 밝고 어두움의 대비를 말한다. 퍼스널 컬러 유형 중에서 봄, 여름, 가을은 콘트라스트가 적으며 겨울은 4계절 컬러 중 신체색상 콘트라스트가 선명하여 콘트라스트가 있는 편이다.

TIP.

퍼스널 컬러를 진단할 때 사용되는 진단천은 적절한 광택이 있는 것이 진단하기에 효과적이다.

2) 퍼스널컬러 진단하기

① 사전준비

- 모델준비 : 모델은 화장기가 없는 맨얼굴 상태로 모든 액세서리, 안경, 컬러렌즈 등을 착용하지 않도록 한다.
- 진단환경 : 오전 11시 ~ 오후 3시 사이에 진단하는 것이 좋으며, 인공조명을 사용하여 진단하려고 하면 95~100w 중성광이 효과적이다.
- 진단도구 : 드레이핑 진단천은 따뜻한 유형(금색)과 차가운 유형(은색)을 먼저 준비한다. 그리고 4계절 컬러 진단천을 준비한다.

② **1차 진단하기** : 육안으로 피부색 · 눈동자 · 머리카락 색상을 살펴보고 진단한다.

③ **2차 진단하기** : 금색과 은색의 진단천 위에 손을 올려놓고 진단한다.

④ **3차 진단하기** : 얼굴 아래에 금색과 은색의 진단천을 놓고 진단한다.

⑤ **4차 진단하기** : 얼굴 아래에 4계절 컬러 진단천을 올려놓고 진단한다.

⑥ **5차 진단하기** : 계절유형을 진단하고 나면, 4계절 중 가장 적합한 유형이라고 진단된 것을 분석한다.

⑦ **컬러팔레트 만들기** : 진단 · 분석한 계절별 유형 컬러팔레트를 만든다.

02 퍼스널 이미지 제안

(1) 퍼스널 컬러 이미지

분류	이미지	색상	톤
봄유형컬러	• 경쾌, 생동감, 따뜻함, 생명감, 에너지, 밝고 화사 • 선명, 깨끗함	※ <u>밝은 옐로우가 주조색</u> • 피치색, 그린색	• 명도 · 채도가 높은 비비드, 라이트, 페일톤
여름유형컬러	• 자연스러움, 산뜻함 • 낭만적 • 여성스럽고 우아한 이미지	※ <u>흰색과 블루가 주조색</u> • 퍼플 · 핑크계 파스텔톤	• 명도는 높고 채도는 낮은 파스텔, 페일, <u>소프트</u>, 덜톤
가을유형컬러	• 가라앉고 차분함 • 우아함, 고전적 여성 이미지	※ <u>황색이 주조색</u> • 골든옐로우 • 오렌지레드 • 올리브그린 • 레드브라운, 다크브라운	• 명도, 채도가 낮은 짙고 차분한 <u>소프트</u>, <u>스트롱</u>, 딥톤
겨울컬러유형	• 세련 • 모던, 다이나믹, 액티브 • 도회적 이미지	※ <u>푸른색과 검정색이 주조색</u> • 블루, 핑크레드, 마젠타 바이올렛 블랙	• 명도, 채도의 대비가 강한 밝고 짙은 비비드, 화이트톤, 다크톤

(2) 컬러 코디네이션 제안

1) 퍼스널 유형별 코디네이션

① 봄유형 코디네이션

- 메이크업 : 밝고 맑은 색감으로 소녀스러운, 발랄, 경쾌한 이미지로 표현
- 헤어스타일 : 단발머리나 자연스런 굵은 웨이브로 발랄, 경쾌한 이미지
- 패션 : 경쾌, 밝고, 활동성 있는 이미지

② 여름유형 코디네이션

- 메이크업 : 파스텔톤 색상으로 부드럽고 우아하게 표현
- 헤어스타일 : 긴 스트레이트나 굵은 웨이브로 여성스럽게 표현
- 패션 : 차가운 느낌의 파스텔톤 색상으로 세련된 이미지 연출

③ 가을유형 코디네이션

- 메이크업 : 골드옐로우 브라운 색상 등으로 성숙하고 지적이며 깊이 있게 표현
- 헤어스타일 : 볼륨감있는 웨이브나 자연스러운 롱헤어스타일
- 패션 : 성숙하고 고급스러운 이미지

④ 겨울유형 코디네이션

- 메이크업 : 눈화장과 입술화장의 대비가 강한 선명한 포인트 메이크업
- 헤어스타일 : 쇼트커트나 포니테일 스타일
- 패션 : 선명한 대비효과를 주는 차가운 도회적인 세련된 이미지

2) 퍼스널 유형별 색조팔레트

봄유형 이미지 색조팔레트			
분류	분야별 컬러	색조팔레트	
봄컬러 (Spring Type)	메이크업컬러	파운데이션컬러	노란기를 띤 웜베이지, 라이트베이지, 내츄럴베이지, 피치베이지
		아이섀도컬러	옐로우베이지, 피치, 코랄, 오렌지, 그린
		블러셔컬러	피치, 코랄핑크, 웜베이지, 오렌지
		립스틱컬러	코랄핑크, 피치, 오렌지
	헤어컬러	옐로브라운, 코랄브라운, 오렌지브라운, 밝은 갈색	
	패션컬러	밝은 옐로, 웜베이지, 아이보리, 피치, 코랄, 오렌지, 그린, 오렌지브라운	

여름유형 이미지 색조팔레트

분류	분야별 컬러	색조팔레트	
여름컬러 (Summer Type)	메이크업컬러	파운데이션컬러	희면서 붉은 기를 띈 쿨베이지, 핑크베이지, 로즈베이지
		아이섀도컬러	화이트, 화이트핑크, 아쿠아블루, 라벤더, 퍼플, 바이올렛, 블루그레이
		블러셔컬러	코랄핑크, 내츄럴브라운핑크, 로즈핑크
		립스틱컬러	로즈베이지, 베이지 브라운핑크
	헤어컬러	로즈브라운, 그레이브라운, 와인블랙, 다크브라운	
	패션컬러	흰색이 가미된 파스텔톤 컬러, 크림베이지, 밝은 핑크, 인디언핑크, 로즈핑크, 아쿠아블루, 라벤더, 블루, 퍼플, 그레이	

가을유형 이미지 색조팔레트

분류	분야별 컬러	색조팔레트	
가을컬러 (Autumn Type)	메이크업컬러	파운데이션컬러	웜베이지톤, 내츄럴베이지, 코랄베이지, 골든베이지
		아이섀도컬러	베이지, 오렌지, 코랄, 골드, 카키, 브라운, 버건디
		블러셔컬러	코랄, 오렌지, 레드오렌지
		립스틱컬러	골드오렌지, 버건디, 자주색
	헤어컬러	레드브라운, 골드브라운, 다크브라운	
	패션컬러	골드, 오렌지, 베이지, 크롬옐로우, 카키, 브라운, 올리브그린	

겨울유형 이미지 색조팔레트

분류	분야별 컬러	색조팔레트	
겨울컬러 (Winter Type)	메이크업컬러	파운데이션컬러	희면서 붉은색을 띈 쿨베이지, 라이트베이지, 내츄럴베이지, 피치베이지
		아이섀도컬러	흰색, 블루, 검정이 가미된 색상 그레이, 화이트핑크, 퍼플, 회갈색
		블러셔컬러	코랄핑크, 브라운, 화이트핑크
		립스틱컬러	누드핑크, 누드베이지, 브라운, 버건디, 레드, 레드브라운
	헤어컬러	다크브라운, 그레이시브라운, 그레이블루블랙	
	패션컬러	푸른빛을 띤 차가운 컬러 화이트 블랙, 핑크, 블루, 퍼플, 버건디, 블루마젠타, 화이트, 블랙, 실버, 와인	

실력 UP 예상 문제

01 퍼스널 컬러에서 봄 컬러의 주조색은?
① 노랑 ② 파랑
③ 황색 ④ 핑크색

02 퍼스널 컬러에서 여름 컬러의 주조색은?
① 노랑
② 황색
③ 흰색과 파랑(블루)
④ 파란색과 검정

03 퍼스널 컬러에서 파란색과 검정색이 주조색인 계절은?
① 봄 ② 여름
③ 가을 ④ 겨울

04 황색이 주조색인 퍼스널 컬러의 계절은?
① 봄 ② 여름
③ 가을 ④ 겨울

05 퍼스널 유형별 코디네이션에서 밝고 맑은 색감으로 소녀스럽고, 발랄, 경쾌한 이미지로 표현하는 유형은?
① 봄 유형 코디네이션
② 여름 유형 코디네이션
③ 가을 유형 코디네이션
④ 겨울 유형 코디네이션

06 눈화장과 입술화장의 대비가 강한 선명한 포인트 메이크업을 하며, 차갑고 도회적인 세련된 패션이 어울리는 퍼스널 컬러는?
① 봄 ② 여름
③ 가을 ④ 겨울

07 파스텔톤 색상으로 부드럽고 우아하면서 차가운 느낌의 세련된 이미지 연출을 하는 퍼스널 컬러 유형은?
① 봄 ② 여름
③ 가을 ④ 겨울

08 퍼스널 컬러에서 가을 유형의 코디네이션이 아닌 것은?
① 골든옐로우, 브라운 색상으로 메이크업한다.
② 패션은 성숙하고 고급스런 이미지로 코디네이션한다.
③ 전체적으로 경쾌하고 밝고 활동성 있는 이미지로 연출한다.
④ 헤어는 볼륨감 있는 웨이브 스타일이나, 자연스러운 롱헤어 스타일로 연출한다.

09 퍼스널 컬러에서 겨울 유형의 코디네이션 이미지는?
① 선명한 대비효과의 차갑고 도회적인 세련된 이미지
② 경쾌하고 밝은 이미지
③ 파스텔톤의 세련된 이미지
④ 성숙, 고급스런 이미지

10 봄 유형의 코디네이션에서 헤어스타일 연출은?
① 긴 스트레이트 ② 굵은 웨이브
③ 단발머리 ④ 쇼트커트

11 겨울 유형의 코디네이션에서 헤어스타일 연출은?
① 볼륨감 있는 웨이브
② 롱 헤어
③ 단발머리
④ 쇼트커트

답_ 01 ① 02 ③ 03 ④ 04 ③ 05 ① 06 ④ 07 ② 08 ③ 09 ① 10 ③ 11 ④

12 퍼스널 컬러에서 눈화장과 입술화장의 대비가 강하고 선명하게 포인트를 주는 계절은?

① 봄 ② 여름
③ 가을 ④ 겨울

13 퍼스널 컬러 봄 유형에 적합한 파운데이션 색상은?

① 노란기를 띈 웜베이지
② 핑크베이지
③ 로즈베이지
④ 붉은기를 띈 쿨베이지

14 퍼스널 컬러에서 여름 유형에 적합한 파운데이션 색상은?

① 웜베이지
② 핑크기를 띈 쿨베이지
③ 코랄베이지
④ 골든베이지

15 오렌지, 버건디, 자주색의 립스틱과 골드, 오렌지, 카키, 브라운의 메이크업이 어울리는 퍼스널 컬러 유형은?

① 봄 유형 ② 여름 유형
③ 가을 유형 ④ 겨울 유형

16 화이트핑크, 아쿠아블루, 라벤더 색상의 아이섀도와 코랄핑크, 베이지핑크, 로즈베이지 색상의 립스틱이 어울리는 퍼스널 컬러 유형은?

① 봄 유형 ② 여름 유형
③ 가을 유형 ④ 겨울 유형

17 희면서 붉은기를 띈 쿨베이지 파운데이션과 흰색, 블루, 검정색이 가미된 색상의 아이섀도가 어울리는 색상 유형은?

① 봄 유형 ② 여름 유형
③ 가을 유형 ④ 겨울 유형

18 명도, 채도가 높은 비비드, 라이트 톤의 퍼스널 컬러 계절은?

① 봄 ② 여름
③ 가을 ④ 겨울

19 명도는 높고, 채도는 낮은 파스텔, 페일 소프트 톤의 퍼스널 컬러는?

① 봄 ② 여름
③ 가을 ④ 겨울

20 명도, 채도의 대비가 강한 밝고 짙은 비비드, 화이트톤, 다크톤의 퍼스널 컬러 계절은?

① 봄 ② 여름
③ 가을 ④ 겨울

21 명도, 채도가 낮은 짙고, 차분한 색감의 퍼스널 컬러 계절은?

① 봄 ② 여름
③ 가을 ④ 겨울

답_ 12 ④ 13 ① 14 ② 15 ③ 16 ② 17 ④ 18 ① 19 ② 20 ④ 21 ③

CHAPTER 05

메이크업 기초화장품 사용

색조메이크업을 하기 위해서는 고객의 피부상태에 따라 기초화장품을 선택하여 관리하도록 하는 것이 필요하다. 변화하는 외부환경이나 계절에 따라서 정상적인 피부상태와 기능이 유지되도록 한다.

01 기초화장법 선택

(1) 피부유형별 기초화장품의 선택 및 활용

기초화장은 피부 본래의 기능을 저해하지 않으면서 피부를 건강하고 아름답게 유지해주기 위한 기초 피부손질이다. 기초화장의 단계별 역할을 살펴보면 다음과 같다.

단계		역할
청결	클렌징크림 폼클렌징크림	피부의 더러움을 제거하여 피부를 청결하게 한다.
피부의 균형유지 (수분 · 유분공급)	유연화장수	세안 후의 피부결을 깨끗하고 부드럽게 정돈해준다.
	영양화장수	피부에 유분과 수분을 보충해주어 촉촉함과 매끄러움을 준다.
	수렴화장수	피부에 수분을 보충하여 피부를 활기 있고 건강하게 정리해준다.
	영양크림	피부에 풍부한 영양을 공급하여 윤택함과 촉촉함을 유지해준다.
피부 활성화	마사지크림	혈행을 좋게 하여 피부에 탄력을 주고 젊음을 유지한다.
	팩	신진대사를 촉진하여 매끄럽고 긴장감 있는 피부를 유지한다.

1) 클렌징크림

세안이란 피부미용의 첫 단계로서 피부표면의 더러움을 제거하는 것이다. 피부에는 생리적으로 땀과 피지가 분비되며 먼지나 매연, 메이크업 등으로 피부는 더욱더 더러워지게 된다. 피부가 더러워지는 원인은 크게 생리적 더러움, 환경으로 인한 더러움, 화장으로 인한 더러움 등 세 가지로 나누어 볼 수 있다.

더러움은 수성의 더러움과 유성의 더러움으로 분류할 수 있는데, 일반적으로 메이크업하지 않은 상태의 더러움은 수성 더러움이라 할 수 있고, 메이크업을 했을 경우에는 유성 더러움이 생긴다고 할 수 있다. 따라서 클렌징크림과 미용비누(폼클렌징크림)를 이용한 이중세안은 피부의 더러움을 완전히 제거하기 위해서 그만큼 중요한 일이다.

① 효과

리스틱, 아이섀도, 파운데이션 등 화장품으로 인한 유성의 더러움을 제거하기 위해서는 물 세안만으로는 충분치 않으며, 이 유성의 더러움을 제거하는 역할을 한다.

② 사용방법

㉠ 충분한 양의 클렌징크림을 취하여, 피부결 방향인 안쪽에서 바깥쪽으로 마사지하듯이 가볍게 펴 바른다.

㉡ 클렌징크림은 눈, 입술 등 포인트 화장부터 닦아낸 후 얼굴 전체를 닦아내도록 한다.

㉢ 그다음 유연화장수를 화장솜에 충분히 묻혀 닦아내면 더 깨끗이 더러움을 제거할 수 있다.

2) 미용비누(폼클렌징크림)

① 효과

㉠ 유성의 더러움을 제거한 후에는 미용비누(폼클렌징크림)로 세안을 하여 수성 성분의 더러움도 제거해야 한다.

㉡ 저녁에는 클렌징크림과 미용비누(폼클렌징크림)로 이중세안을, 아침에는 미용비누(폼클렌징크림)로 세안을 하는 것이 좋다.

② 사용방법

㉠ 세안은 35℃ 정도의 미지근한 물로 하는 것이 적당하다. 물 온도가 너무 높으면 살갗의 피지를 지나치게 제거하여 수분이 없어지고 거친 피부의 원인이 된다.

㉡ 세안 전에 미용비누를 손바닥에서 충분히 거품을 낸 후 얼굴에 사용한다. 이때 피지분비가 많은 T존 부위(이마 · 코 · 턱)는 특히 세심하게 문질러 닦는다.

㉢ 세안제가 피부에 남아있으면 트러블의 원인이 되므로 헹구기를 충분히 하여야 한다. 마지막 헹굼 단계에서 찬물로 패팅(가볍게 두드림)을 하여 세안으로 늘어난 모공을 수축시킨다.

㉣ 닦을 때는 문지르지 말고 타월을 얼굴에 대고 가볍게 눌러주도록 한다.

3) 유연화장수(스킨, 로션)

세안 직후에는 피지막이 제거되어 피부가 몹시 당기고, 비눗기의 잔여물이 어느 정도 남아있는 상태이다. 따라서 긴장된 피부를 완화시키고 피부의 pH 밸런스를 유지하기 위해 유연화장수가 필요하다.

① 효과

㉠ 피부표면을 부드럽고 매끈하게 한다.

㉡ 보습제의 배합으로 피부에 수분을 공급하여 피부 건조를 막아준다.

㉢ 피부 당김을 없애주고 pH 밸런스를 맞춰준다.

② 사용방법

적당량의 유연화장수를 화장솜에 묻혀 피부결에 따라 닦아내듯이 사용한다.

4) 영양화장수(밀크로션, 모이스처라이저)

유연화장수 다음 단계에서는 세안으로 잃은 수분과 유분을 공급해주기 위해 영양화장수 사용이 필요하다.

① **효과**

㉠ 유분과 수분을 공급하여 부드럽고 매끈한 피부를 유지하도록 해준다.

㉡ 피부에 퍼짐성이 좋으나 유분기는 느껴지지 않는다.

② **사용방법** : 적당량을 덜어 골고루 스며들도록 세심하게 발라준다.

5) 수렴화장수(아스트린젠트, 토닝로션)

수렴이란 '모공수축'의 의미를 지니고 있다. 이완된 모공을 수축시키고 피지의 분비를 적절히 조절해주기 위해 수렴화장수가 필요하다.

① **효과**

㉠ 모공을 수축시켜서 섬세하고 탄력 있는 피부결로 가꾸어준다.

㉡ 피지분비를 조절해준다.

㉢ 다른 화장수에 비해 알코올 함량이 높아 피부에 부착되기 쉬운 세균으로부터 피부를 보호해준다.

② **사용방법** : 화장솜이나 거즈에 적셔 특히 피지분비가 왕성한 부분을 중심으로 가볍게 두드리듯이 발라준다.

6) 영양크림

영양크림은 기초 피부손질 마지막 단계에 사용하는 것으로 피부 타입이나 계절 혹은 기호에 따라 선택하여 사용한다.

① **효과**

㉠ 피부표면에 보호막을 형성하여 수분증발을 억제시킨다.

㉡ 외부의 자극으로부터 피부를 보호하며 부족한 영양을 공급한다.

㉢ 피부 대사를 활성화시켜 잔주름 및 노화를 예방한다.

② **사용방법** : 적당량을 덜어 건조해지기 쉬운 눈이나 볼 주위로부터 발라준다.

7) 마사지

마사지란 가벼운 피부운동을 통해 피부노화를 방지하여 건강하고 탄력 있는 피부를 만드는 스페셜케어의 일종이다. 일반적으로 피부는 25세를 전후로 노화하기 시작한다. 이것은 여러 신체구조 기능의 약화로 피부의 신진대사와 혈액순환이 둔화되어 피부의 섬유구조가 흐트러지고 느슨해지는 현상이다. 따라서 늦어도 25세를 넘어서부터는 마사지를 통한 적당한 운동으로 노화를 방지해 줄 필요가 있다.

① **효과**

㉠ 가벼운 손동작을 통해 피부에 적당한 자극을 주어 신진대사와 혈액순환을 촉진한다.

㉡ 마사지를 하면 마찰력에 의해 피부온도가 높아져서 모공이 넓어진다. 이렇게 팽창된 모공으로 피부노폐물이 쉽게 배출되어 피부를 청결히 할 수 있다.

㉢ 피부를 매끄럽게 하여 잔주름이나 피부가 거칠어지는 것을 방지한다.

② 주의점

㉠ 손과 피부를 청결히 한 후 시작한다. 특히 손톱을 짧게 깎아 피부에 상처가 나지 않도록 한다.

㉡ 마사지할 때 손놀림을 잘못하면 오히려 주름이 생기기 쉽다. 피부결에 따라 가운데 손가락과 넷째 손가락을 사용하여 안에서 바깥쪽으로 마사지한다.

㉢ 힘을 주는 정도는 부위마다 다르다. 눈 주위는 조금 가볍게 이마 중앙이나 턱 · 입 주위는 약간 힘을 준다. 그리고 관자놀이와 눈머리도 가볍게 힘을 주어 눌러주어야 한다.

㉣ 피부노화는 목에서 가장 급격히 일어나므로 마사지를 할 때는 얼굴뿐 아니라 목의 손질도 잊지 말아야 한다.

③ 마사지의 손질

마사지를 끝낸 후에는 티슈로 유분기를 닦아낸 다음 마사지 효과를 더욱 높이기 위해 미용지압이나 스팀타월을 한다.

④ 유분기 제거

피부에 자극이 가지 않도록 매끄럽게 티슈를 접어 부드럽게 닦아낸다. 닦아낼 때에는 마사지 방향과 같이 안에서 바깥쪽을 향하도록 한다.

8) 팩

팩(Pack=Package의 준말)이란 '둘러싼다'는 의미이다. 즉, 피부에 영양을 줄 수 있는 물질로 일정 시간 피부를 감싸서 미용효과를 얻는 것을 팩이라 한다.

① 효과

㉠ 팩제를 얼굴에 사용하면 막을 형성하기 때문에 외부 공기와 차단되어 피부의 표면온도가 올라간다. 이에 따라 모공이 확대되어 피부노폐물이 쉽게 배출되고, 팩 제거 시에는 이 노폐물이 흡착되어 떨어져 나감으로써 피부를 청결하게 한다.

㉡ 팩막은 수분증발을 억제하여 각질을 유연하게 해줌으로써 영양성분이 쉽게 흡수되도록 도와준다.

㉢ 팩제 건조 시의 땅김과 팩제 제거 시의 자극은 피부의 혈액순환을 촉진시킨다.

② 사용방법

팩을 좀 더 효과적으로 사용하기 위해서는 사용할 때의 피부상태를 잘 관찰하여 팩을 선택해야 한다. 팩을 너무 자주하면 과도한 각질층 제거로 피부가 오히려 거칠어질 수 있으므로, 정상적인 피부상태의 경우 일주일에 1~2번 정도 하는 것이 바람직하다. 그러나 지성 피부인 경우에는 일주일에 2~3번 정도, 민감하거나 건조한 피부는 일주일에 1번 정도로 횟수를 조절한다. 또한, 눈 주위나 입 주위 등 민감한 부위나 상처 부위는 피하는 것이 좋다. 팩을 바를 때에는 피부온도가 가장 낮은 볼에서부터 시작해 턱-코-이마의 순으로 너무 두껍지 않게 골고루 펴 바른 다음, 팩제가 마를 때까지 편안한 상태를 유지해준다.

TIP. 일반적인 팩의 사용순서

세안 → 유연화장수 → 마사지 → 영양화장수 → 팩 → 수렴화장수 → 영양크림

※ 경우에 따라 팩의 순서는 달라질 수 있다.

③ 팩의 사용순서

팩의 사용순서는 정해져 있는 것은 아니며 피부상태나 팩의 종류에 따라 달라진다. 그러나 보통은 세안 후 마사지를 통해서 혈액순환을 좋게 하고 모공을 넓혀준 다음 영양화장수를 바르고 팩을 한다. 그러나 모공이 넓고 유분기가 많은 피부의 경우, 수렴화장수로 피부상태를 정리한 후 팩을 하는 것이 좋다.

④ 화장품팩

천연팩은 만들어서 사용하기가 번거롭고, 만든 직후 사용하지 않으면 효과가 떨어지거나 변질되어 오래 보관할 수가 없다. 또한, 천연팩은 사용한 재료가 가진 성분 이외의 다른 효과를 기대할 수 없다는 단점이 있다. 이러한 천연팩의 단점을 보완해서 사용하기 편리하게 한 것이 화장품팩이다. 화장품팩은 사용방법에 따라 벗겨내는 타입(Peel off type), 씻어내는 타입(Wash off type), 닦아내는 타입(Tissue off type)의 3종류가 있다.

⑤ 천연팩

천연팩의 재료는 매우 다양하며 과일 · 채소 등을 비롯해 사람이 먹을 수 있는 거의 모든 것과 그 밖의 여러 가지 천연물을 이용할 수 있다. 천연팩을 할 경우 팩제의 여분이 피부에 남게 되면 피부에 이상현상이 일어나기 쉬우므로 반드시 깨끗이 닦아내야 한다. 천연팩의 종류는 무수히 많다.

실력 UP 예상 문제

01 기초화장에서 수분 · 유분 공급으로 피부의 균형 유지를 하는 화장품이 아닌 것은?

① 영양화장수 ② 수렴화장수
③ 영양크림 ④ 마사지크림

해설 마사지크림은 피부 활성화를 돕는다.

02 피부 활성화를 위한 기초화장단계를 모두 고르면?

① 마사지 ② 팩
③ 마스크 ④ 영양크림

03 다음 중 피부가 더러워지는 원인이 아닌 것은?

① 피지분비 ② 습도
③ 공해 ④ 메이크업

04 비누 세안을 하는 방법으로 옳지 않은 것은?

① 물은 35℃ 정도의 미지근한 물이 좋다.
② 세안 전에 미용비누의 거품을 충분히 낸 후 얼굴에 사용한다.
③ 마지막 헹굴 때는 미지근한 물로 헹군다.
④ T-존 부위는 특히 세심하게 문지른다.

해설 비누 세안 시 마지막 헹굼은 찬물에 하는 것이 피부 모공을 수축시켜주어 좋다.

05 유연화장수(스킨로션)의 효과가 아닌 것은?

① 피부의 더러움을 제거한다.
② 피부보습제 배합으로 피부 건조를 막아준다.
③ 피부표면을 부드럽고 매끈하게 해준다.
④ 피부의 pH 밸런스를 맞춰준다.

해설 유연화장수는 클렌징 효과가 없다.

06 영양화장수(밀크로션)의 효과가 아닌 것은?

① 유분과 수분을 공급한다.
② 촉촉하고 부드러운 피부로 가꾸어준다.
③ 피부모공을 수축시켜 준다.
④ 피부퍼짐성이 좋고 흡수가 잘된다.

해설 피부모공을 수축시키는 것은 수렴화장수이다.

07 다음 중 수렴화장수의 역할이 아닌 것은?

① 모공을 수축시켜준다.
② 피부각질을 부드럽게 한다.
③ 피지분비를 조절한다.
④ 세균으로부터 피부를 보호해준다.

해설 피부각질을 부드럽게 하는 것은 유연화장수이다.

08 다음 설명은 어떤 기초화장품에 대한 것인가?

- 신진대사가 좋아진다.
- 혈액순환이 좋아진다.
- 피부 활성화 작용이 있다.
- 피부노화를 방지한다.

① 유연화장수 ② 영양화장수
③ 영양크림 ④ 마사지크림

09 팩에 대한 설명으로 틀린 것은?

① 피부에 막을 형성하여 외부 공기와 차단시킨다.
② 팩 제거 시에도 노폐물이 흡착되어 떨어져 나간다.
③ 팩은 자주 할수록 피부가 좋아진다.
④ 팩을 하면 혈액순환이 좋아진다.

해설 팩을 너무 자주 하는 것보다는 팩의 종류와 효과 및 피부상태에 따라 적절한 횟수로 실시해야 한다.

10 천연팩에 대한 설명이 잘못된 것은?

① 천연팩은 제조한 후 즉시 사용한다.
② 천연팩을 떼어낸 후에는 미온수로 세안한다.
③ 과일이나 채소, 달걀, 벌꿀 등을 이용한다.
④ 천연팩을 제조하여 냉장고에 보관해두고 사용한다.

해설 천연재료는 믹서에 갈은 직후부터 산화현상이 일어나므로 즉시 사용해야 한다.

답_ 01 ④ 02 ①, ②, ③ 03 ② 04 ③ 05 ① 06 ③ 07 ② 08 ④ 09 ③ 10 ④

CHAPTER 06

베이스 메이크업

메이크업을 시작할 때 가장 첫 번째 단계가 베이스 메이크업이다. 베이스 메이크업은 메이크업 베이스, 파운데이션 파우더를 바르는 단계인데 이때 얼굴 형태별 윤곽수정과 피부결점 보완을 하여 다음 단계인 색조 메이크업을 돋보이게 한다.

01 피부표현 메이크업

(1) 베이스제품활용

1) 피부 화장

피부 화장은 크게 3단계로 나누어지는데 첫째 메이크업 베이스 단계, 둘째 파운데이션 단계, 셋째 파우더 단계이다. 피부 화장은 포인트 메이크업 효과를 살리기 위한 기본바탕이 되는 중요한 단계이다.

① 메이크업 베이스

㉠ 메이크업 베이스의 종류

- 컬러 컨트롤 효과가 있는 것 : 그린색, 청색, 보라색, 핑크색 등 바른 후 피부보정효과가 있는 것
- 컬러 컨트롤 효과가 없는 것 : 바른 후 스며들듯 색상이 남지 않는 것

㉡ 메이크업 베이스 색상과 특징

그린색	• 노란기가 있는 피부를 자연스럽고 깨끗하게 표현 • 동양인 피부에 가장 잘 어울리며 옐로우 그린 베이스 색조메이크업에 어울림 • 모든 피부에 무난하게 사용
연보라색	• 노랗고 어두운 기가 있는 피부를 맑고 화사하게 표현 • 핑크나 보라톤 색조 메이크업에 효과적임 • 웨딩 메이크업이나 나이트 메이크업에 사용
흰색	• 어두운 피부톤을 희게 표현할 때 • 흑백사진을 촬영할 때
핑크색	• 생기가 없는 피부를 화사하게 표현할 때 • 창백한 피부톤에 혈색을 표현할 때 • 혈색이 필요한 부분에 부분적으로 적용함
오렌지색	• 썬탠한 것 같은 건강한 피부로 표현할 때 • 데이메이크업용으로 적합함
청색	• 맑고 흰 피부로 표현할 때 • 붉은기가 있는 피부를 커버할 때

ⓒ 메이크업 베이스의 기능

- 색조화장품으로부터의 피부를 보호한다.
- 파운데이션의 밀착력과 퍼짐성을 좋게 한다.
- 피부화장의 지속력을 높여준다.
- 피부색을 보완해준다.

ⓓ 메이크업 베이스 바르는 법

- 먼저 피부를 깨끗이 정리한다.
- 수렴화장수를 솜에 듬뿍 묻혀 피부를 가볍게 패팅한다.
- 메이크업 베이스를 양 볼, 코, 턱, 이마 다섯 군데에 찍은 다음 잘 펴 바른다.
- 바르는 양은 약 0.5g으로 팥알 크기 정도이다.
- 피지분비가 많은 T존 부위나 턱은 메이크업 베이스 양을 엷게 펴 바른다.
- 눈 밑이나 잔주름이 생기기 쉬운 부위는 가볍게 누르듯이 세심하게 바른다.
- 메이크업 베이스를 바른 후 손가락으로 눌러보아 미끈거리는 유분기가 느껴지면 다소 바른 양이 많은 것이므로 티슈로 살짝 눌러낸다.

② 파운데이션

피부가 곱고 깨끗하면 색조 메이크업의 효과가 돋보이는 것은 당연하다. 누구나 곱고 깨끗한 이상적인 피부를 꿈꾸지만, 여드름 자국, 넓어진 모공, 기미나 반점과 같은 갖가지 고민거리가 있기 마련이다. 이러한 결점들을 감추고 피부톤을 조절하여 건강하게 보이게 하는 것이 파운데이션이다.

ⓐ 파운데이션의 기능

- 피부색을 조절한다.
- 결점을 커버하며 부분화장을 돋보이게 한다.
- 얼굴의 윤곽을 수정하여 입체감을 연출한다.
- 자외선이나 공해, 바람 등 외부환경으로부터 피부를 보호한다.

ⓑ 파운데이션의 종류

- 종류

리퀴드 파운데이션 (Liquid Foundation) 수분 〉 안료 〉 유분	• 수분함량이 많아 투명하고 자연스러운 피부표현에 적합 • 지성 피부에 적합 • 잡티 커버가 다소 약함 • 봄, 여름에 사용하기 적합
크림 파운데이션 (Cream Foundation) 유분 〉 안료 〉 수분	• 적당한 유분과 커버력이 있음 • 건성 피부에 적합 • 가을, 겨울에 사용하기 적합

스킨 커버 (Skin Cover) 유분 〉 안료 〉 수분	• 크림 파운데이션보다 커버력이 우수 • 무대화장, 신부화장 등 전문적인 화장에 적합 • 잡티나 결점이 많은 피부에 적합 • 건성 피부에 적합
스틱 파운데이션 (Stick Foundation) 안료 〉 유분 〉 수분	• 스틱 타입으로 고체화된 파운데이션 • 커버력이 강하고 지속성이 우수 • 전문가용 파운데이션
파우더 파운데이션	• 파우더 분말을 압축시킨 매트한 타입의 파운데이션 • 휴대가 간편 • 파운데이션과 파우더 화장의 효과가 있어 빠른 화장에 적합
팬 케이크	• 방수 효과가 뛰어남 • 물을 퍼프에 묻혀 사용
컨실러	• 피부의 반점, 여드름 자국, 다크서클 등의 결점 위에 부분적으로 발라 수정하는 커버력이 높은 파운데이션

• 최근 출시되는 다양한 피부표현용 제품

B.B 크림 (Blemish Balm Cream)	• 독일의 닥터 크리스틴 슈라멕이 개발 • 피부과 치료 후 피부재생 및 보호목적으로 사용 • 피부 진성, 커버, 재생 기능 • 자외선차단, 주름개선, 미백 기능이 강화된 제품도 많이 출시
C.C 크림 (Correct Care Cream)	• 스킨케어 효과와 피부색 보정 효과가 있음 • 보습효과가 있는 화장수에 B.B크림 효과가 더해진 것 • 커버력은 아주 약함 • 물광피부 표현에 적합
페이스 글램	• T존, C존 등 부분적으로 빛나게 해주는 펄이 가미된 제품
B.C 크림	• B.B크림보다 화사하고 C.C크림보다 부드럽고 커버력 있는 제품
에어쿠션 파운데이션	• 기존의 바르는 타입의 화장품이 아니라 쿠션 형태의 스펀지에 파운데이션이 묻어 있는 것을 퍼프로 사용하는 새로운 개념의 파운데이션

ⓒ 파운데이션 색상 고르기

• 뺨과 목 부분에 길게 펴 발라본다.

• 손목 안쪽에 파운데이션을 발라 색상 테스트를 해본다.

핑크 계열(Pink)	• 흰 피부에 혈색 보강 • 희고 화사함을 줌 • 신부 화장에 많이 사용
베이지 계열(Beige)	• 노란기가 있는 피부에 잘 어울림 • 건강해 보이면서 자연스러운 피부표현 • 어느 피부에나 무난하게 적용
브라운 계열(Brown)	• 황갈색으로 건강한 피부색 표현

㉣ 파운데이션 기법

- 선긋기 기법(Lining 기법) : 낮은 콧대 등을 수정하기 위한 하이라이트나 쉐이딩을 할 때 사용하는 기법
- 패팅 기법(Patting 기법) : 두드리는 기법으로 피부의 결점이나, 부분적으로 좁은 부위를 커버할 때 효과적인 기법
- 슬라이딩 기법(Sliding 기법) : 얼굴 전체에 고르게 문지르듯 펴는 방법
- 블렌딩 기법(Blending 기법) : 하이라이트나 쉐이딩 색의 경계가 자연스럽게 되도록 혼합하듯이 연결시키는 방법

㉤ 파운데이션 바르는 법

- 파운데이션 묻히기 : 파운데이션을 스펀지 퍼프에 묻힐 때는 스펀지 퍼프의 3분의 1 가량만 묻혀 사용하는 것이 적당하다.
- 펴 바르기 : 슬라이딩 기법으로 양 볼을 먼저 펴 바르고 얼굴의 안쪽부터 시작해서 바깥쪽으로 가볍게 슬라이딩 기법으로 펴 바른다.
- 턱 바르기 : 입 주위와 턱 부분은 스펀지 퍼프를 아래에서 위로 눌러주듯 발라주는 것이 잘 발라진다.
- 콧망울 주위 바르기 : 콧망울 주위는 스펀지 퍼프의 각진 부분을 이용해서 엷게 펴 바른다.
- 헤어라인 부분 바르기 : 헤어라인 부분은 스펀지 퍼프에 남아있는 파운데이션으로 가볍게 두드려 펴 바른다.
- 눈꺼풀 바르기 : 손가락을 이용해도 좋다. 가볍게 손가락 지문부분으로 누르듯이 세심하게 펴 바른다.
- 유분기 제거하기 : 여분의 유분기는 티슈로 가볍게 눌러낸다.
- 밀착감 높이기 : 스펀지 퍼프로 전체적으로 골고루 패팅하여 파운데이션의 밀착감을 높인다.

㉥ 파운데이션 바를 때 주의사항

- T존 부위에는 많은 양을 바르지 말고 얇게 펴 바른다.
- 기미, 주근깨, 잡티가 있는 부분은 한번 더 덧발라서 커버한다.
- 헤어라인은 스펀지 퍼프에 남은 여분으로 자연스럽게 그라데이션한다.

TIP. 피부타입별 파운데이션 선택

- 건성 피부
  유분이 많이 함유된 Oil-based 파운데이션 선택
- 보통 피부
  수분이 많이 함유된 Water-based 파운데이션 선택
- 지성 피부
  유분이 함유되지 않은 Oil free 파운데이션 선택

TIP. 파운데이션 테크닉

1. 기미를 커버하는 테크닉
   ㉠ 커버력이 강한 크림 타입 파운데이션을 선택한다.
   ㉡ 기미색과 피부색의 중간 정도 색상의 파운데이션 색상이 효과적이다.
2. 여드름 피부를 커버하는 테크닉
   ㉠ 파우더 파운데이션이나 케이크 타입 파운데이션이 좋다.
   ㉡ 피부색보다 약간 어두운 색의 파운데이션이 효과적이다.
   ㉢ 밝은색 파운데이션을 바른 다음 그 위에 약간의 어두운 색조의 파운데이션을 사용한다.
3. 붉은 피부를 커버하는 테크닉
   ㉠ 붉은 부위에 **그린색이나 청색 메이크업 베이스**를 바른다.
   ㉡ 두껍게 커버되는 파운데이션을 바른다.
   ㉢ 약간 어두운 파운데이션을 사용한다.

TIP. 얼굴의 부분별 명칭

- S존 : 얼굴의 볼 부분으로 관자놀이 밑에서부터 광대뼈를 감싸는 부위, 뺨의 쉐이딩 표현
- T존 : 이마와 콧등 부분으로 하이라이트 표현 부위 피지 분비가 많음
- O존 : 눈 주위와 입 주위 부분, 움직임이 많은 부분으로 피부화장을 얇게 보이도록 함
- V존 : 턱선을 V라인으로 갸름하게 하는 쉐이딩
- U존 : 턱선의 둥근 부분

• 주름진 부위는 두껍게 바르면 뭉치므로 얇게 바른다.

ⓢ 파운데이션의 기본 세 가지 컬러

베이스 컬러	• 피부색과 동일하거나 유사한 색상을 선택 • 얼굴 전체에 펴 바름
하이라이트 컬러	• 베이스 컬러보다 1~2톤 밝은색의 파운데이션을 바름 • 부분적으로 밝아 보이게, 돌출되어 보이게, 넓어 보이게 하고 싶은 부위에 사용 • 윤곽수정에 사용
쉐이딩 컬러 (로우라이트 컬러)	• 베이스 컬러보다 1~2톤 어두운 색의 파운데이션 사용 • 부분적으로 어두워 보이게, 들어가 보이게, 좁아 보이게 하고 싶은 부위에 사용 • 윤곽수정에 사용, 섀도 컬러라고도 함

③ 파우더

파운데이션까지 시술한 피부표현을 마무리해주는 단계이며 피부표현의 완성단계라고 할 수 있다.

㉠ 파우더의 종류

- 루즈 파우더(Loose Powder)

  일반적으로 파우더라고 하는 것으로, 가루분을 말하며 피부가 보송보송 피어나는 효과, 즉 블루밍(Blooming) 효과가 가장 우수하다.

- 프레스드 파우더(Pressed Powder)
  - 일명 압축분이라고도 하며 가루분의 불편한 점인 가루가 날리는 것과 휴대하기 어려운 점을 보완한 파우더 타입이다.
  - 루즈 파우더보다 커버력이 높다.

- 기타 파우더
  - 트랜스 루센트 파우더 : 루즈 파우더의 종류인 가루분 타입이며 투명 파우더이다.
  - 펄 파우더 : 입자가 고운 펄 가루로 만들어진 파우더이다.

㉡ 파우더의 기능

- 파운데이션의 유분기를 제거하여 메이크업의 지속성을 높여준다.
- 색조화장을 돋보이게 한다.

- 대기오염이나 자외선 등 외부의 유해환경으로부터 피부를 보호한다.
- 자외선으로부터 피부를 보호한다.

㉢ 파우더 색상과 효과

파우더 색상	효 과
페이스 파우더	• 피부색상을 자연스럽게 표현
투명 파우더	• 파운데이션 색상이나 윤곽수정 색상을 투명하게 그대로 표현
그린 파우더	• 피부의 붉은기를 감소시켜줌
보라 파우더	• **피부의 노란기를 감소시켜 화사**하게 표현 • 인공조명 아래에서의 파티 메이크업에 사용
핑크 파우더	• 혈색을 부여하여 화사하게 함
오렌지 파우더	• 어두운 피부에 건강한 혈색을 부여

㉣ 파우더 바르는 방법

퍼프로 바르기	• 파우더 묻히기 : 퍼프 한 장에 파우더를 묻힌다. • 또 다른 퍼프에 맞대어 비비기 : 파우더가 묻혀있는 퍼프 한 장에 또 다른 퍼프를 맞대어 가볍게 비벼준다. 파우더 양을 조절한다. • 파우더 털어주기 : 퍼프를 살짝 두드려 털어준다. • 파우더 바르기 : 퍼프를 밀지 말고 가볍게 눌렀다 떼었다 하면서 바른다.
브러쉬로 바르기	• 파우더 묻히기 : 파우더 브러쉬를 용기에서 덜어 파우더를 충분히 묻힌다. • 파우더 바르기 : 얼굴 전체에 골고루 충분한 양의 파우더를 바른다. • 파우더 덜어내기 : 팬 브러쉬를 이용하여 여분의 파우더를 덜어낸다. • 정리하기 : 파우더를 다시 한 번 덧바르고 다시 털어내기를 반복한다.

(2) 베이스제품 도구활용

1) 피부표현을 위한 도구

① 라텍스 스펀지(Latex sponge)

㉠ 파운데이션을 펴 바를 때 사용한다.

㉡ 평평한 면과 각진 면을 활용하여 펴 바르는 데, 피부의 넓은 면을 펴 바를 때는 평평한 면을, 구석지거나 좁은 면을 펴 바를 때는 라텍스 스펀지의 각진 면을 사용하면 편리하다.

㉢ 라텍스 스펀지는 구멍이 곱게 난 부분과 반질반질한 부분이 있는데 반질반질한 부분은 파운데이션이 묻지 않으므로 수정가위로 잘라낸 다음 사용한다.

② 파운데이션 브러쉬(Foundation brush)

㉠ 브러쉬의 끝부분이 둥글고 납작한 파운데이션을 펴 바를 때 사용하는 브러쉬이다.

㉡ 피부의 넓은 면과 좁고 구석진 부분을 꼼꼼하게 바를 수 있다.

㉢ 인조모로 되어있어 비누 세척이 가능하다.

③ **면 퍼프(Cotten puff)**

㉠ 가루파우더를 펴 바를 때 사용하며 흔히 분첩이라고도 부른다.

㉡ 편리하게 가루파우더를 바르려면 면 퍼프를 2장을 준비해서, 한 장의 면 퍼프에 파우더를 듬뿍 묻힌 다음 나머지 면 퍼프를 맞대어 가볍게 문지른다. 그런 다음 바를 때는 피부에 밀착시키듯이 가볍게 눌러 발라준다.

④ **파우더 브러쉬**

㉠ 파우더 브러쉬를 사용하여 파우더를 바르면 피부가 보송보송 피어나 보이는 블루밍효과가 우수하다.

㉡ 면 퍼프를 사용했을 때보다 섬세하게 파우더가 발린다.

㉢ 보통 파우더 브러쉬는 브러쉬 모의 숱이 풍성하고 길이가 다소 길며 부드러워 얼굴 전체에 파우더를 넓게 펴 바르기 편리하다.

⑤ **윤곽수정용 쉐이딩 브러쉬** : 파우더 브러쉬보다 힘이 있고 숱이 많은 브러쉬로 넓은 면의 쉐이딩 처리가 편리하다.

⑥ **노즈섀도 브러쉬** : 눈썹 앞머리에서 코선을 따라 섀도를 넣는 데 사용하며 브러쉬 끝이 둥글고 사선으로 되어있다.

⑦ **윤곽수정용 하이라이트 브러쉬** : 볼연지 브러쉬와 같은 크기 정도의 브러쉬를 사용하면 된다.

⑧ **팬 브러쉬(Fan brush)**

㉠ 부채꼴모양으로 생긴 팬 브러쉬는 여분의 파우더를 털어낼 때 사용한다.

㉡ 파우더 브러쉬를 사용한 후 팬 브러쉬를 사용하면 곱고 매끈한 피부화장으로 마무리된다.

㉢ 아이섀도 화장 시 눈 밑에 가루가 떨어졌을 때 털어내는 데에도 사용하면 편리하다.

⑨ **스파튤라(Spatular)** : 화장품을 덜어내거나 파운데이션이나 립스틱 등의 색상을 믹싱할 때 사용하는 도구이다.

02 얼굴 윤곽수정

(1) 얼굴형태 수정

1) 얼굴형 윤곽수정 메이크업

얼굴형 윤곽수정은 얼굴의 단점을 커버하고 장점을 돋보이게 하여 아름답고 개성 있는 얼굴로 변화시켜 준다. 또한, 입체감 있는 얼굴 모습으로 표현하고, 포인트 화장을 돋보이게 하는 기본이 된다.

① **순서** : 먼저 피부색과 유사한 베이스 컬러를 펴 바른 다음, 하이라이트와 쉐이딩 컬러를 펴 바른다.

② 하이라이트와 쉐이딩(섀도)의 기본

하이라이트 부분	**밝아 보이고, 돌출되어 보이고, 넓어 보이게** • 이마에서 코 길이 1/2까지 • 눈 밑의 다크서클 부분 • 8자 주름
쉐이딩 부분	**어두워 보이고, 들어가 보이고, 좁아 보이게** • 눈썹앞머리에서 코 양옆 1/2까지 • 볼뼈 밑의 들어간 부분

TIP.

쉐이딩은 섀도로도 표기하며 로우라이트(Low light)라고도 한다.

③ 얼굴형별 윤곽수정

TIP.

코선의 하이라이트와 쉐이딩은 코 길이의 1/2 정도가 기본이다.

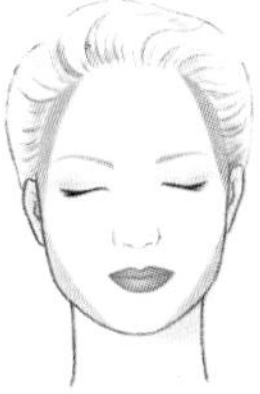
둥근 얼굴

마름모꼴 얼굴

오각형 얼굴

㉠ **둥근 얼굴** : 먼저 코가 길어 보이도록 이마에서 코끝을 향해 길게 하이라이트를 준다. 얼굴의 외곽 부분에 전체적으로 어두운 쉐이딩을 넣어서 얼굴형이 갸름해 보이도록 한다.

㉡ **마름모꼴 얼굴** : 우선 이마 양옆 부분과 턱선에 하이라이트를 주고 이마 중앙 역시 다소 넓게 하이라이트를 넣는다. 튀어나온 볼뼈 부분과 뾰족한 턱 끝에는 쉐이딩을 해서 무난한 느낌이 되도록 한다.

㉢ **오각형 얼굴** : 이마가 좁은 오각형 얼굴은 가능한 한 이마가 넓어 보여야 하므로 이마 양옆과 중앙에 밝은 하이라이트를 넣는다. 튀어나온 턱뼈를 수정하기 위해서는 턱뼈 양쪽에 섀도를 넣어 두드러진 턱뼈를 감춘다.

㉣ **긴 얼굴** : 얼굴이 좁으면서 길이가 긴 형은 얼굴이 다소 짧아 보이도록 수정한다. 이마 끝과 턱에 어두운 쉐이딩을 넣어 길이가 짧아 보이도록 하고, 이마는 눈썹 위에 가로로 길게 하이라이트를 넣고 콧등은 짧게 하이라이트를 넣어 콧대가 짧아 보이도록 한다.

㉤ **각진 얼굴** : 각진 얼굴은 전체적으로 얼굴이 둥그스름하게

TIP.

• 얼굴형태의 윤곽수정은 미인의 균형도가 기준이 된다.
• 헤어라인에서 눈썹 앞머리까지 1/3, 눈썹 앞머리에서 코 끝까지 1/3, 코 끝에서 턱 끝까지 1/3로 나눈 것이 얼굴 길이의 균형도이다.

TIP.

• 얼굴 골격에서 얼굴형을 결정짓는 가장 중요한 요소는 하악골(턱뼈)이다.

보이도록 메이크업한다. 이마 양옆과 양쪽의 각진 턱뼈 부분에 쉐이딩을 넣어주고 이마 중앙에 다소 둥근 듯한 느낌으로 하이라이트를 준다. 콧등도 길게 표현한다.

ⓑ **역삼각형 얼굴** : 역삼각형 얼굴은 이마 쪽의 얼굴 폭이 넓고 턱 끝이 뾰족한 얼굴형이다. 턱 아랫부분이 지나치게 야위어 보일 때는 하이라이트를 넣어 도톰하게 보이도록 표현한다. 넓은 이마 양 옆과 뾰족한 턱에 쉐이딩을 넣는다.

긴 얼굴　　각진 얼굴　　역삼각형 얼굴

(2) 피부결점 보완

① **기미, 주근깨가 있을 때 수정 메이크업** : 기미, 주근깨가 있는 부분은 메이크업 베이스와 파운데이션을 바른 후 컨실러를 사용한다. 기미, 주근깨 부분에 컨실러를 작은 브러쉬를 이용하여 덧바른 후 파운데이션을 바른 피부와의 경계부분은 컨실러 색상으로 그라데이션하여 자연스럽게 마무리한다.

② **파우더까지 발랐는데 피부색상이 어둡고 짙을 때** : 한 톤 밝은 파우더를 다시 한 번 꼼꼼히 발라 수정하면 된다. 한 톤 밝은 파우더로 수정되지 않으면 그린색이나 블루색 컬러 파우더를 발라주면 조금 더 밝은 피부색 표현에 효과적이다. 약간만 피부 분위기를 밝아보이게 하려면 T존 부위와 눈 밑 다크서클 부분에 밝은 하이라이트만 해주어도 밝아 보인다.

③ **얼굴윤곽수정이 만족스럽지 않을 때** : 파우더를 바른 후 케이크 타입으로 된 하이라이트와 쉐이딩으로 마무리 단계로 한 번 더 터치하여 강조해 준다.

④ **피부색에 붉은기가 많을 때** : 얼굴 전체에 붉은기가 많거나 볼부분이 유난히 붉은 경우가 있다. 이런 경우에는 붉은기가 있는 부분에 그린색이나 청색의 메이크업 베이스를 바르면 커버된다. 파운데이션은 베이지색을 사용하면 자연스럽게 붉은기가 마무리된다.

⑤ **피부화장 후 얼굴에 기름이 돌 때** : 피부화장을 하고 2~3시간 이상이 지나면 얼굴피부에 피지가 분비가 되어 기름져 보인다. 이럴 때는 미용티슈나 피지제거용 종이를 얼굴 위에 가볍게 눌러낸 후 파우더를 가볍게 덧발라준다.

실력 UP 예상 문제

01 다음 중 균형 있는 얼굴형에 대한 설명으로 틀린 것은?

① 얼굴 전체 길이에서 눈썹은 이마헤어라인 부분에서부터 1/3 지점이다.
② 얼굴 전체 길이에서 코끝은 이마헤어라인 부분에서부터 2/3 지점이다.
③ 얼굴의 균형도에서 코끝에서 턱끝까지의 길이는 전체 얼굴 길이의 1/3 정도이다.
④ 얼굴 전체 길이에서 입 부분은 이마 헤어라인 부분에서부터 4/5 지점이다.

해설 아랫입술 부분이 이마 헤어라인 부분에서부터 턱 끝까지의 5/6 지점이다.

02 이상적인 얼굴의 균형도에서 눈과 눈 사이의 폭은 어느 정도인가?

① 눈과 눈 사이에 또 하나의 눈이 들어갈 정도의 폭
② 눈의 길이보다 1.2배 정도의 폭
③ 눈과 눈 사이의 폭은 눈의 길이의 80% 정도
④ 양쪽 콧망울을 수직선으로 연결하여 닿는 지점

해설 눈과 눈 사이의 폭은 눈의 길이와 같은 것이 이상적이다.

03 골상(얼굴형)의 이해가 메이크업에 있어서 필요한 이유가 아닌 것은?

① 수정 메이크업의 기준이 된다.
② 윤곽수정하는 데 필요하다.
③ 눈화장과 입술화장 색상선정에 필요하다.
④ 캐릭터를 디자인할 때 활용할 수 있다.

해설 골상의 이해는 포인트 메이크업의 색상과는 관계가 매우 적다.

04 그린색 메이크업 베이스의 효과가 아닌 것은?

① 혈색을 좋게 한다.
② 자연스럽고 깨끗한 피부를 표현한다.
③ 동양인 피부에 가장 잘 어울린다.
④ 모든 피부에 무난하다.

해설 그린색 메이크업 베이스는 혈색을 주는 효과는 없고, 핑크색이나 오렌지색 메이크업베이스가 혈색을 주는 데 효과적이다.

05 연보라색 메이크업 베이스의 효과로서 올바른 것은?

① 노랗고 어두운 피부를 맑고 화사하게 표현한다.
② 생기가 없는 피부에 혈색을 준다.
③ 썬탠한 피부를 표현한다.
④ 자연스러운 노르스름한 피부로 표현한다.

해설 연보라색 메이크업 베이스는 노랗고 어두운 피부를 맑고 화사하게하여 웨딩 메이크업이나 파티 메이크업에 효과적이며 핑크나 보라톤 화장에 잘 어울린다.

06 흑백사진을 찍을 때 효과적인 메이크업 베이스 색상은?

① 그린색 메이크업 베이스
② 흰색 메이크업 베이스
③ 보라색 메이크업 베이스
④ 하늘색 메이크업 베이스

해설 흑백사진을 찍을 때는 흰색 메이크업 베이스가 흑백명암 표현에 보다 효과적이다.

07 메이크업에 사용되는 T.P.O는 무슨 뜻인가?

① 목적, 이유, 경우 ② 때, 경우, 목적
③ 때, 장소, 시간 ④ 때, 장소, 목적

해설 T.P.O는 때(Time), 장소(Place), 목적(Occasion)이다.

08 황인종인 한국인의 피부를 자연스럽게 깨끗하게 표현해주어 가장 많이 사용하는 메이크업 베이스 색상은?

① 그린색 ② 옐로우색
③ 블루색 ④ 핑크색

해설 그린색 메이크업 베이스는 황인종의 기본색인 노란기

답_ 01 ④ 02 ① 03 ③ 04 ① 05 ① 06 ② 07 ④ 08 ①

실력 UP 예상 문제

가 있으면서도 피부를 약간 희고 깨끗하게 보이게 하는 푸른기도 있어 한국인이 가장 많이 사용한다.

09 메이크업 베이스의 색상 컨트롤 효과가 잘못 연결된 것은?

① 핑크색 – 혈색을 화사하게
② 블루색 – 붉은기를 커버
③ 그린색 – 여드름 피부를 커버
④ 오렌지색 – 썬탠한 건강한 피부색으로

해설 여드름 피부의 붉은기를 커버해주는 것은 블루색 메이크업 베이스이다.

10 썬탠한 피부를 표현할 때 적합한 메이크업 베이스 색은?

① 핑크색 ② 오렌지색
③ 블루색 ④ 그린색

11 메이크업 베이스를 사용하는 방법으로 틀린 것은?

① 피부를 보호하기 위해 메이크업 베이스를 다소 많이 발라 촉촉하게 표현한다.
② 눈 밑이나 잔주름부위는 가볍게 누르듯이 세심하게 바른다.
③ 바르는 양은 0.5g 정도 팥알 크기만큼 소량을 사용한다.
④ 기초화장을 한 다음에 사용한다.

해설 메이크업 베이스는 0.5g 정도 소량을 사용하여 피부가 미끈거리지 않을 정도로 바른다.

12 이상적인 얼굴형의 설명으로 틀린 것은?

① 눈과 눈 사이의 거리는 눈 하나의 길이만큼의 넓이이다.
② 윗입술과 아랫입술의 비율은 1:1.5이다.
③ 이마 헤어라인에서 눈썹까지는 얼굴 길이의 1/3이다.
④ 이마 헤어라인에서 2/3 지점은 입술 부분이다.

해설 헤어라인에서 2/3지점은 코끝 부분이다.

13 다음 중 피부커버력이 가장 높은 파운데이션은?

① 리퀴드 파운데이션
② B.B크림
③ 크림 파운데이션
④ 스틱 파운데이션

해설 커버력이 높은 순서는 팬케이크 〉 스틱 파운데이션 〉 크림 파운데이션 〉 리퀴드 파운데이션이다.

14 수분함량이 많아 자연스러운 피부표현에 적합한 파운데이션은?

① 스틱 파운데이션
② 크림 파운데이션
③ 리퀴드 파운데이션
④ 팬케이크

15 파운데이션의 기능으로서 올바르지 않은 것은?

① 피부결점을 커버한다.
② 부분화장을 돋보이게 한다.
③ 얼굴윤곽을 수정한다.
④ 피부에 영양을 공급한다.

해설 파운데이션은 피부영양공급이 목적이 아니라 자외선, 공해, 바람 등 외부환경으로부터 피부를 보호하며, 피부결점을 커버하며 부분화장을 돋보이게 한다. 또한 피부화장 시에 하이라이트 쉐이딩의 얼굴윤곽 수정을 한다.

16 잡티결점에 대해 커버력이 좋으며 무대화장 등 전문적인 메이크업에 적합한 파운데이션은?

① 리퀴드 파운데이션
② 스킨커버
③ 크림 파운데이션
④ B.B크림

해설 전문가용 파운데이션은 스킨커버와 스틱 파운데이션이 있다. 그 중 스틱 파운데이션은 고형 타입이다.

답_ 09 ③ 10 ② 11 ① 12 ④ 13 ④ 14 ③ 15 ④ 16 ②

17 고형화된 파운데이션으로 커버력이 강하고 지속성이 아주 우수한 파운데이션은?
① 크림 파운데이션
② 리퀴드 파운데이션
③ 스킨커버
④ 스틱 파운데이션

18 피부반점, 여드름 자국, 다크서클 등의 부분적인 결점을 커버하는 피부제품은?
① 스킨커버 ② 컨실러
③ 크림 파운데이션 ④ 팬케이크

19 코가 낮은 경우, 콧대를 오똑하게 보이게 하는 노즈섀도의 수정 테크닉으로 가장 효과적인 것은?
① 코양벽에 노즈섀도를 길게 펴 바른다.
② 콧망울에 하이라이트를 조금 더 강조해서 펴 바른다.
③ 콧등에 하이라이트를 펴 바르고 코벽에도 노즈섀도를 해준다.
④ 콧대에 쉐이딩을 강하게 넣어준다.

해설 낮은 코를 오똑하게 윤곽수정하려면 하이라이트와 쉐이딩을 동시에 해야 한다.

20 적당한 유분과 커버력이 있어 건성 피부와 가을 겨울에 사용하기 적합한 파운데이션은?
① 리퀴드 파운데이션 ② 크림 파운데이션
③ 스킨 커버 ④ 트윈케이크

21 파운데이션을 바르는 테크닉으로 옳지 않은 것은?
① 전체적으로 펴 바를 때는 얼굴 중심에서 바깥으로 슬라이딩 기법으로 펴 바른다.
② 잡티가 있는 부위는 가볍게 두드려 펴 바른다.
③ 헤어라인 부분은 여분으로 엷게 펴 바른다.
④ 잔주름이 있거나 주름이 겹치는 부분은 패팅 기법으로 조금 두텁게 바른다.

해설 잔주름이 있거나 피부주름이 겹치는 부분은 다른 부위에 얇게 펴 발라 시간이 지나도 파운데이션이 몰리지 않도록 한다.

22 파운데이션 바르는 기법에 대해 잘못 설명한 것은?
① 블렌딩 기법 – 두 색상의 경계를 자연스럽게 혼합하듯 그라데이션 하는 기법
② 패팅 기법 – 가볍게 두드리는 방법
③ 슬라이딩 기법 – 가볍고 넓게 펴 바르는 방법
④ 선긋기 기법(Lining 기법) – 넓게 펴 바르는 기법

해설 선긋기 기법은 선적인 느낌으로 펴는 방법이다.

23 파운데이션 색상을 선택하는 방법으로 옳지 않은 것은?
① 손목 안쪽에 파운데이션을 펴 발라본다.
② 뺨과 목부분에 파운데이션을 길게 펴 발라본다.
③ 손등에 펴 발라 자연스러운지 체크한다.
④ 맨얼굴의 피부에 발라보아 자연스러운지 체크한다.

해설 파운데이션 색상체크는 손목 안쪽이 얼굴 피부 색상과 가장 유사하며 손등은 얼굴 피부 색상보다 어둡다. 가장 좋은 파운데이션 색상선택 방법은 맨얼굴에 직접 발라보는 것이다. 그러나 맨얼굴 체크가 어렵기 때문에 손목 안쪽이나 뺨과 목 부분에 길게 펴 발라보아 체크한다.

24 파운데이션을 펴 바를 때 얼굴 전체에 넓게 펴 바르는 기법은?
① 선긋기 기법 ② 블렌딩 기법
③ 패팅 기법 ④ 슬라이딩 기법

해설 선긋기 기법은 라이닝(Lineing) 기법이라고도 하며 선적인 느낌을 주는 데 이용하는 기법이다. 낮은 콧대를 수정하거나 하이라이트 쉐이딩 기법에 활용한다.

25 잡티나 반점이 있는 부위를 가볍게 부분적으로 두드리듯 바르는 파운데이션 기법은?

답_ 17 ④ 18 ② 19 ③ 20 ② 21 ④ 22 ④ 23 ③ 24 ④ 25 ①

실력 UP 예상 문제

① 패팅 기법　② 슬라이딩 기법
③ 블렌딩 기법　④ 선긋기 기법

해설 파운데이션을 바를 때 먼저 넓게 펴 바르는 슬라이딩 기법으로 펴 바른 다음 잡티나 반점에 가볍게 부분적으로 두드리듯 바르는 패팅 기법을 말한다.

26 파우더와 파운데이션 화장 효과가 있는 매트한 타입의 피부 화장제품은?
① 스틱 파운데이션　② 크림 파운데이션
③ 파우더 파운데이션　④ 스킨 커버

해설 파우더 파운데이션은 파우더 분말을 압축시킨 매트한 타입의 피부화장품이다.

27 얼굴 윤곽수정할 때 하이라이트와 쉐이딩의 경계를 자연스럽게 그라데이션하는 파운데이션 기법은?
① 블렌딩 기법　② 슬라이딩 기법
③ 리이닝 기법　④ 패딩 기법

해설 두 가지 이상의 색상의 경계를 자연스럽게 그라데이션하는 기법을 블렌딩 기법이라고 한다.

28 붉은색 피부를 커버하는 방법으로 잘못된 것은?
① 블루색 메이크업 베이스를 사용한다.
② 밝은색 파운데이션을 사용한다.
③ 피부톤보다 약간 어두운 파운데이션을 사용한다.
④ 두껍게 커버되는 파운데이션을 사용한다.

해설 밝은색 파운데이션을 사용하면 붉은 피부색이 비치게 된다.

29 얼굴윤곽 쉐이딩의 설명으로 틀린 것은?
① S존에 펴 바른다.
② U존에 펴 바른다.
③ 헤어라인에 펴 바른다.
④ T존에 펴 바른다.

30 윤곽수정에서 하이라이트를 주는 부위는?
① V존　② T존
③ U존　④ S존

해설 이마에서 코 부분의 T존 부위는 하이라이트를 V존, U존은 볼뼈 부분으로 쉐이딩을, S존은 관자놀이에서 볼 부분의 쉐이딩을 주는 부위이다.

31 부분적으로 밝아 보이게, 돌출되어 보이게, 넓어 보이게 하고 싶은 부위에 이용하는 윤곽수정을 무엇이라 하는가?
① 하이라이트 컬러　② 쉐이딩 컬러
③ 베이스 컬러　④ 브라이트 컬러

32 부분적으로 어두워 보이게, 들어가 보이게, 좁아 보이게 하고 싶은 부위에 이용하는 윤곽수정을 무엇이라 하는가?
① 하이라이트 컬러　② 쉐이딩 컬러
③ 베이스 컬러　④ 브라이트 컬러

해설 하이리이트 컬러는 베이스 컬러보다 1~2톤 밝은 색을, 쉐이딩 컬러는 베이스 컬러보다 1~2톤 어두운 색을 사용한다.

33 코 윤곽수정 시 하이라이트와 쉐이딩의 경계를 처리하는 파운데이션 테크닉은?
① 블렌딩 기법　② 패딩 기법
③ 슬라이딩 기법　④ 선긋기 기법

34 윤곽수정의 순서로 올바른 것은?
① 윤곽수정 → 파운데이션 → 파우더
② 파운데이션 → 윤곽수정 → 파우더
③ 메이크업 베이스 → 파우더 → 윤곽수정
④ 메이크업 베이스 → 윤곽수정 → 파우더

해설 윤곽수정 시에는 베이스 파운데이션을 바른 후 윤곽을 수정한다.

답_ 26 ③　27 ①　28 ②　29 ④　30 ②　31 ①　32 ②　33 ①　34 ②

35 일반적으로 가루분을 말하며 피부의 보송보송 피어나는 효과가 우수한 파우더는?

① 프레스드 파우더(Pressed Powder)
② 트랜스 루센트 파우더(Trans Lucent Powder)
③ 루즈 파우더(Loose Powder)
④ 펄 파우더

해설 트랜스 루센트 파우더(Trans Lucent Powder)를 일명 투명 파우더라고 한다.

36 일명 압축분이라고도 하며 가루분의 날리는 점, 휴대하기 불편한 점을 보완한 파우더 타입은?

① 루즈 파우더 ② 투명 파우더
③ 펄 파우더 ④ 프레스드 파우더

해설 프레스드 파우더는 가루분을 압축하여 콤팩트 용기에 넣었다 하여 콤팩트라고 부르기도 한다.

37 피부윤곽수정 후 하이라이트와 쉐이딩 효과를 그대로 나타내어 그 효과를 높혀주는 파우더는?

① 투명 파우더 ② 루즈 파우더
③ 프레스드 파우더 ④ 펄 파우더

해설 투명 파우더는 윤곽수정을 그대로 투명하게 표현해 준다.

38 파우더의 기능으로서 옳지 않은 것은?

① 파운데이션의 유분기를 제거해준다.
② 대기오염이나 자외선으로부터 피부를 보호한다.
③ 피부화장의 지속성을 높혀준다.
④ 윤곽을 또렷하게 한다.

39 투명 파우더(Trans Lucent Powder)의 특징을 가장 잘 설명한 것은?

① 피부의 유분기를 제거하여 보송보송하게 표현한다.
② 피부윤곽을 표현한 하이라이트와 쉐이딩을 투명하게 그대로 표현한다.
③ 메이크업의 지속성을 높혀준다.
④ 자외선으로부터 피부를 보호한다.

해설 투명 파우더는 가루분인 루즈 파우더에 속하나 가장 큰 특징은 윤곽수정한 것을 투명하게 비춰주는 데 효과적이라는 것이다.

40 얼굴윤곽수정 시 쉐이딩을 하는 부분이 아닌 곳은?

① U존 ② T존
③ S존 ④ 헤어라인

해설 T존은 이마에서 코 선까지의 부분이며 하이라이트 하는 부분이다. U존은 양 턱뼈 부분이며 S존은 관자놀이에서 볼뼈 밑부분이다. U존, S존, 헤어라인은 쉐이딩 부분이다.

41 이상적인 얼굴의 균형도에 대한 설명에서 틀린 것은?

① 얼굴을 헤어라인에서 턱 끝까지를 3등분으로 나누는데 헤어라인에서 눈썹까지가 1/3이 되는 것이 이상적이다.
② 헤어라인에서 코끝까지가 전체 세로길이의 2/3 지점이다.
③ 헤어라인에서 입술까지가 전체 세로길이의 2/3 지점이다.
④ 전체 세로길이에서 코끝에서 턱까지의 길이가 1/3이 이상적이다.

해설 얼굴을 세로로 헤어라인에서 눈썹까지가 1/3 눈썹부터 코끝까지가 1/3 코끝에서 턱까지가 1/3인 비율이 이상적인 얼굴이다.

42 이상적인 얼굴의 균형에 있어서 눈과 눈 사이의 넓이는 어느 정도인가?

① 눈과 눈 사이는 눈의 길이와 같다.
② 눈과 눈 사이는 눈의 길이에 1.2배 정도이다.
③ 눈과 눈 사이는 콧망울의 넓이와 같다.
④ 눈과 눈 사이는 눈크기의 1.5배 정도이다.

답_ 35 ③ 36 ④ 37 ① 38 ④ 39 ② 40 ② 41 ③ 42 ①

CHAPTER 07

색조 메이크업

색조 메이크업은 얼굴 메이크업에 있어서 가장 핵심포인트라고 할 수 있다. 눈화장, 입술화장, 눈썹 그리기, 치크화장 등은 다양한 색감표현과 함께 섬세한 테크닉까지 요구되는 부분이다.

01 아이브로우 메이크업

(1) 아이브로우 메이크업 표현

아이브로우 즉, 눈썹 그리기는 그 사람의 인상을 결정짓는 데 매우 큰 역할을 한다. 따라서 메이크업의 분위기를 표현하기 위해 아이브로우 테크닉은 매우 중요한 부분이다.

1) 아이브로우 화장품

펜슬 타입	가장 대중적, 선명 · 깨끗하나 인위적인 느낌
케이크 타입	눈썹면을 메꾸는 데 적합

2) 아이브로우의 역할

① **얼굴형, 눈매 보완** ② **인상을 결정** ③ **이미지 변화, 개성 연출**

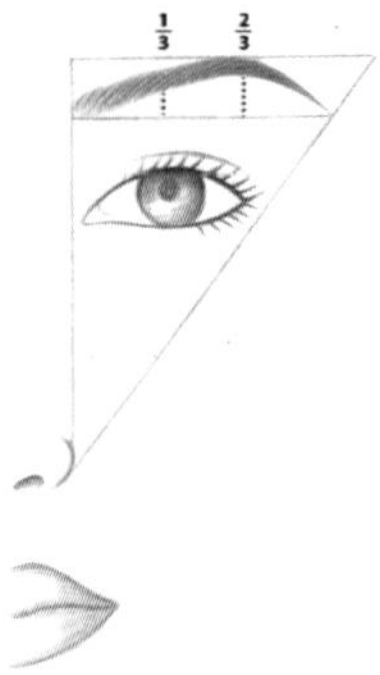

3) 표준 눈썹 그리기

① **눈썹앞머리** : 눈앞머리에서 수직선상에 위치한 곳

② **눈썹꼬리** : 콧망울과 눈꼬리를 사선으로 연결하여 맞닿은 부분

③ 눈썹앞머리와 눈썹꼬리는 직선상에 위치한다.

④ **눈썹산** : 눈썹앞머리와 눈썹꼬리 길이의 2/3에 위치

4) 눈썹의 종류와 이미지

	표준형 눈썹	귀엽고 발랄한 느낌으로 어느 얼굴형이나 어울린다.
	각진 눈썹	단정하고 세련된 느낌을 주며 둥근형의 얼굴에 잘 어울린다.
	화살형 눈썹	동양적이면서 야성적이다. 둥근 얼굴형이나 각진 얼굴에 잘 어울린다.
	아치형 눈썹	우아하고 여성적인 느낌을 준다. 역삼각형이나 이마가 넓은 얼굴에 어울린다.
	직선형 눈썹 (일자 눈썹)	젊고 활동적인 느낌을 준다. 긴 얼굴이나 좁은 얼굴에 잘 어울린다.

5) 눈썹의 길이, 굵기, 색상에 따른 느낌

길이	긴 눈썹	성숙, 정적인 느낌, 여성스러워 보인다.
	짧은 눈썹	쾌활하고 동적인 느낌, 젊은 층에 어울린다.
굵기	가는 눈썹	여성적, 연약함, 동양적, 고전적인 느낌이다.
	굵은 눈썹	남성적, 활동적, 개성적이고 건강미가 느껴진다.
색상	짙은 눈썹	강렬한 느낌, 힘차고 강하고 정열적인 느낌이다.
	엷은 눈썹	부드럽고, 여성적인 느낌이다.

6) 얼굴형에 따른 눈썹 메이크업 테크닉

① 달걀형

달걀형 얼굴은 미인의 기준인 표준형이므로 눈썹도 표준형이 가장 잘 어울린다. 표준형 눈썹은 자연스러운 굵기로 눈썹산을 조금 강조하여 그리는 것이 가장 어울린다.

② 둥근형

얼굴형의 둥근 느낌을 감소시키기 위해서 적당한 굵기와 길이로 눈썹산을 각지게 그린다. 얼굴형이 둥근 단점을 감소시키기 위해서 눈썹산에 각을 주면 좀 더 모던하고 세련되어 보이게 된다.

③ 사각형

사각형 얼굴은 각진 느낌이 얼굴 분위기를 딱딱하게 보이게 한다. 눈썹산에 각을 주지 않도록 하는 것이 포인트이다. 곡선의 아치형 눈썹을 그리거나 눈썹산에 커브를 주는 눈썹이 효과적이다.

④ 역삼각형

역삼각형 얼굴은 이마가 넓기 때문에 눈썹 길이의 1/2 정도에 눈썹산을 둔다. 눈썹산이 2/3인 표준 눈썹보다 1/2인 편이 세로감을 주어 이마가 넓은 역삼각형의 단점을 보완한다.

⑤ 긴형

얼굴형이 길기 때문에 가로선의 느낌을 강조해야 한다. 따라서 긴 얼굴형은 가로선을 강조한 직선형의 눈썹이 가장 효과적이다. 직선형으로 약간 두께감을 주어 그리는 것이 얼굴형을 수정하는 데 효과가 있다.

(2) 아이브로우 수정보완

1) 눈썹 정리하는 방법

① 눈썹브러쉬를 이용하여 눈썹털이 난 방향으로 빗질해 준다.

② 아이브로우 펜슬로 원하는 눈썹 형태를 그린다.

③ 원하는 눈썹 형태에서 벗어난 눈썹은 족집게나 레저, 수정가위로 정리한다.

④ 눈썹정리용 콤으로 눈썹털을 가볍게 들어 빠져나온 눈썹털을 잘라 길이를 고르게 정리한다.

⑤ 눈썹을 뽑은 후에는 화장솜에 수렴화장수를 묻혀 자극받은 피부를 진정시킨다.

(3) 아이브로우 제품 활용

① **스크류 브러쉬 :** 눈썹결을 빗어주거나 눈썹 그린 아이브로 색상을 고르게 펴줌

② **눈썹칼 :** 눈썹 주변의 잔털 제거

③ **수정가위 :** 눈썹 길이를 자르거나 잔털을 잘라줄 때 사용

④ **족집게 :** 눈썹을 뽑는 도구

⑤ **아이브로우 팁 :** 펜슬로 그린 곳을 정리하거나 눈썹 색상을 고르게 정리

⑥ **브러쉬 & 콤 :** 브러쉬는 눈썹 빗는 용도, 콤은 눈썹길이 체크용

02 아이 메이크업

(1) 눈의 형태별 아이섀도

1) 아이섀도의 종류

케이크 타입	• 분말상의 섀도를 압축한 것 • 휴대와 사용이 편리하여 일반적으로 가장 많이 사용함 • 시간이 경과하면 분말이 지워지는 단점이 있음
크림 타입	• 부드럽고 매끄럽게 잘 발라짐 • 밀착감이 좋으나 쌍겹부분에 몰리는 현상이 있음 • 높은 기온에 번들거리는 단점이 있음
펜슬 타입	• 화장을 빨리할 때 편리함 • 눈매를 강조하고 싶을 때 효과적임 • 쌍겹에 몰리거나 번들거리는 단점이 있음

2) 아이섀도의 기능

① 눈에 색감과 음영을 준다.

② 깊이 있고 입체감 있는 눈을 연출할 수 있다.

③ 눈의 단점을 커버 · 보완해준다.

3) 아이섀도의 색상 선정

① 자신의 피부색을 고려하여 피부색과 어울리는 색상을 선정한다.

② 눈의 형태를 고려하여 장점을 강조할 수 있거나 단점을 커버할 수 있는 색상을 선택한다.

③ 특별한 날은 의상 색에 맞추거나 메이크업 패턴에 따라 선택한다.

4) 아이섀도의 명칭

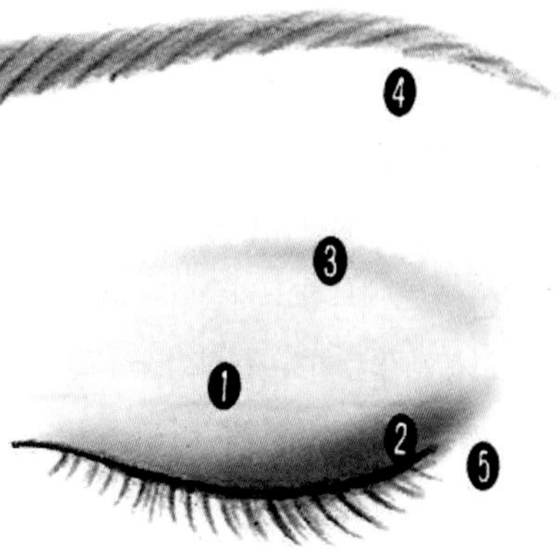

❶ 메인 컬러 : 아이섀도의 주조색을 나타내는 부분으로 눈을 떴을 때 2~3mm정도 보이도록 바르는 것이 일반적이다.

❷ 악센트 컬러 : 눈매를 또렷하게 강조하기 위해 바르는 아이섀도 컬러, 강한 색감을 살려 바른다.

❸ 섀도 컬러 : 눈꺼풀의 음영을 표현하기 위해 아이홀 부분에 바르는 아이섀도이다.

❹ 하이라이트 컬러 : 눈썹 뼈 부분이 돌출되어 보이도록 바르는 밝은 색상의 컬러이다.

❺ 언더 컬러 : 눈꼬리 부분에서부터 눈 길이의 1/3 정도 바른다. 아랫눈꺼풀에 바르는데 선적인 느낌으로 깨끗하게 바른다.

5) 아이섀도 바르는 방법

① 아이섀도를 바르기 전, 브러쉬에 섀도를 묻혀 손등에서 색상농도를 확인하고 바른다.

② 짙게 강조하고 싶은 부위는 한꺼번에 두껍게 바르지 말고 여러 번 덧발라 원하는 색감을 표현한다.

③ 넓은 부위에 엷게 펴 바를때는 넓은 면의 브러쉬를 이용하고 눈앞머리나 눈꼬리 부분의 선적인 느낌으로 바를 때나 짙고 강하게 표현할 때는 좁은 브러쉬를 이용한다.

④ 밝은 색의 아이섀도부터 먼저 바르고 나서 어두운 색의 아이섀도를 사용한다.

⑤ 같은 계열의 아이섀도는 짙은 색부터 바르고 나서 엷은 색을 나중에 바른다.

⑥ 색상끼리 경계선을 없애거나 번졌을 때는 면봉을 이용한다.

6) 눈 형태에 따른 아이섀도 메이크업 테크닉

① 작은 눈

눈꺼풀 전체에 밝은 색상의 아이섀도나 펄감이 풍부한 아이섀도를 발라서 산뜻하게 표현한다. 전체 눈길이 중 1/2 정도에서 뒤쪽으로 짙은 색의 섀도를 발라 눈꼬리를 길게 빼준다. 아래 눈꺼풀도 눈꼬리에서 1/3 정도 되는 부분부터 눈꼬리 쪽으로 짙은 색 아이섀도로 길게 빼준다.

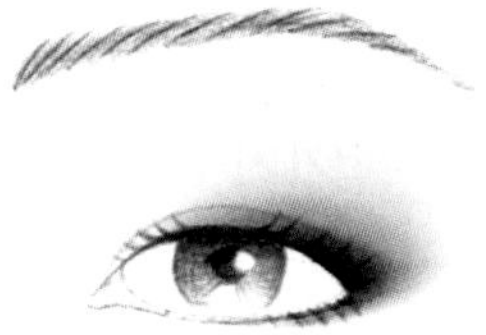
작은 눈

② 큰 눈

얼굴의 다른 부위에 비해 지나치게 눈이 크면 아이라인을 눈 전체에 그리지 말고 속눈썹에 바짝 붙여 라인을 그려주고 언더라인도 1/3 정도에서 그라데이션해준다. 아이섀도는 진한 색보다는 자연스러운 색으로 발라준다.

큰 눈

③ 둥근 눈

눈앞머리와 눈꼬리 부분을 모두 어두운 섀도로 처리해 눈매가 길어 보이게 한다. 눈 중앙 부분에 진한 색상을 바르면 눈이 더 둥글어지므로 유의한다.

④ 튀어나온 눈

튀어나온 눈에 펄감이 있는 섀도를 바르면 더 튀어나와 보이기 때문에 펄감이 없는 매트한 브라운이나 회색을 옅게 편다. 그런 다음 눈썹 바로 아랫부분에 펄감이 있는 하이라이트 색상을 바르고 악센트 컬러를 눈 형태에 따라 선을 긋듯이 발라준다.

튀어나온 눈

⑤ 부어 보이는 눈

부어 보이는 눈도 튀어나온 눈과 마찬가지로 다크한 색상을 이용해 메이크업해준다. 부어 보이는 눈은 특히 붉은 계열 섀도를 피한다.

⑥ 움푹 들어간 눈

들어간 눈꺼풀에 밝은색이나 펄이 든 색상을 발라 하이라이트 효과를 준 다음, 붉은색 계열의 중간 톤 아이섀도를 쌍겹진 부분에 줄을 긋듯이 바른다. 여기에는 광택이 없고 매트한 아이섀도가 효과적이다.

들어간 눈

⑦ 눈꼬리가 올라간 눈

눈꼬리가 올라가면 인상이 날카로워 보이므로 온화한 색상의 아이섀도를 선택한다. 청색이나 녹색보다는 자주, 붉은 브라운, 보라색 등과 같이 따뜻한 색상이 좋다. 눈앞머리에는 짙은 색을 바르고 눈 중앙에서 꼬리까지는 엷은 색을 바른다. 언더라인 부분에도 수평으로 아이섀도를 바른다.

눈꼬리가 올라간 눈

⑧ 눈꼬리가 처진 눈

아이섀도 색상은 밝고 부드러운 것보다는 산뜻하고 차가운 느낌이 드는 청색이나 녹색과 같은 한색 계열을 선택한다. 우선 눈앞머리에서부터 바르기 시작하는데, 처음엔 아주 가늘게 바르다가 눈꼬리 쪽으로 갈수록 추켜올려주듯이 샤프하게 표현한다. 눈 밑 언더라인도 윗라인과 연결시키면서 살짝 추켜올려준다.

눈꼬리가 처진 눈

⑨ 눈과 눈 사이의 간격이 넓은 눈

눈과 눈의 간격이 좁아 보이도록 눈 앞머리에서 코가 있는 쪽을 향해 아이섀도를 약간 엷게 펴 바른다. 미간이 넓을 때는 콧대가 낮아 보이는 것을 커버해주어야 한다. 눈앞머리 부분에는 진한 색상의 섀도를 사용하여 어둡게 터치해주고, 눈꼬리 부분은 밝은 색상으로 하이라이트를 준다.

⑩ 눈과 눈 사이의 간격이 좁은 눈

눈앞머리에서 중간 부분까지 밝고 화사한 색상을 발라 눈과 눈 사이의 간격이 넓어 보이도록 한다. 눈꼬리 쪽은 짙은 색으로 약간의 깊이감만 있게 아이섀도를 바른다.

⑪ 좌우가 다른 눈

좌우의 눈 크기나 모양이 다른 경우, 특히 한쪽 눈에만 쌍커풀이 있는 눈은 홑겹눈의 입체감을 살려주는 데 치중한다. 좌우 눈의 입체감을 살려주기 위해 홑겹눈을 짙은 색을 이용하여 더블라인으로 처리해서 양쪽의 균형을 맞춰준다. 좌우가 다른 눈은 눈을 떴을 때나 감았을 때 눈 모양이나 크기가 비슷한지를 여러 번 체크해가면서 메이크업을 한다.

(2) 눈의 형태별 아이라이너

1) 아이라인의 종류

펜슬 타입	• 색상이 다양하고 손쉽게 그릴 수 있음 • 수정이 용이함 • 휴대가 간편함
리퀴드 타입	• 라인색상이 선명함 • 필름 타입과 워시오프 타입이 있음 • 필름 타입은 광택이 있으며 물에 잘 지워지지 않고 워시오프 타입은 광택이 없으며 자연스러우나 물에 잘 번짐
케이크 타입	• 물이나 스킨을 넣어 사용함
젤 타입	• 부드럽게 그려져 피부자극이 없으나 유분기가 잘 번지는 단점이 있음
붓펜 타입	• 붓이 내장되어있는 액상 타입으로 사용하기 간편함 • 리퀴드 아이라이너보다 발색이 약하나 자연스러움

2) 아이라인의 기능

① 눈매를 또렷하게 해준다. ② 눈의 단점을 보완해준다.

③ 눈을 커 보이게 한다.

3) 아이라인 색상별 분류

색상	효과
블랙	가장 대중적이며 검은 눈동자에 잘 어울림
브라운	자연스러운 눈매표현에 적합
회색	세련된 분위기를 연출하기에 적합
청색, 녹색, 자주색 등	다양한 눈매 분위기를 연출

TIP. 눈 형태에 따른 아이섀도 메이크업 테크닉

작은 눈
- 눈길이 1/2 정도에서 뒤쪽으로 짙은 색으로 길게 뺌
- 언더섀도도 눈꼬리쪽 1/3 정도로 길게 뺌

튀어나온 눈
- 매트한 브라운이나 회색 아이섀도 사용
- 눈썹 아랫부분은 펄감의 밝은 색 사용

부어보이는 눈
- 매트한 어두운 색 사용
- 붉은 계열은 피함

움푹 들어간 눈
- 밝은 색이나 펄감 있는 아이섀도 사용

눈꼬리가 올라간 눈
- 자주, 붉은 브라운의 따뜻한 색 아이섀도 사용

눈꼬리가 처진 눈
- 청색이나 녹색 같은 차가운 색 아이섀도 사용

4) 아이라인의 표현방법

감추어 그리는 아이라인	드러나게 그리는 아이라인
• **펜슬 타입**이나 **젤 타입**의 아이라이너를 이용하여 속눈썹 사이사이를 메꾸듯이 그리는 방법 • 아이라인을 그린 느낌보다는 눈매가 또렷해 보이며 자연스러움	• 속눈썹이 나 있는 위쪽에 그리는 아이라인으로 눈매가 또렷하고 선명하게 보임

5) 아이라인 그리는 방법

① 거울을 얼굴보다 조금 밑으로 두고 눈을 약간 내려뜬 상태에서 그린다.

② 거울의 위치를 위, 아래로 변화시켜 체크한다.

③ 아이라인을 그리기 전에 먼저 손등에 그려보아 라인의 굵기나 색상 정도 등을 체크한다.

④ 눈 중앙에서 꼬리를 먼저 그린다.

⑤ 눈앞머리에서부터 눈 중앙까지 그려서 연결한다.

⑥ 언더라인은 눈꼬리에서부터 눈 중앙쪽으로 1/3 정도 그리는 것이 자연스럽다.

⑦ 잘못 그려서 수정할 때는 면봉을 이용한다.

6) 눈 형태에 따른 아이라인 메이크업 테크닉

큰 눈

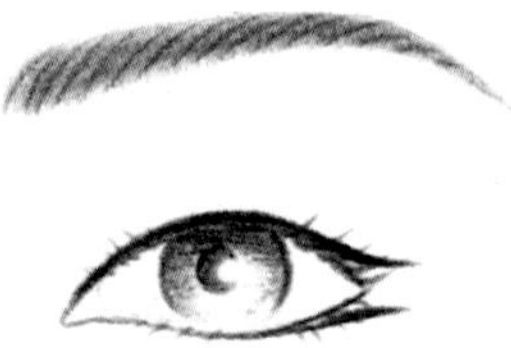

작은 눈

① **큰 눈 :** 큰 눈은 아이라인을 그다지 강조할 필요가 없다. 아이라인은 속눈썹이 시작되는 부분에 밀착하여 가늘고 섬세하게 그려준다. 큰 눈은 윗눈꺼풀 아이라인과 아래쪽 언더라인이 눈꼬리에서 만나도록 하는 것이 자연스럽다. 펜슬 타입이 아이라인의 큰 눈을 자연스럽고 부드럽게 표현해준다.

② **작은 눈 :** 작은 눈은 위아래 아이라인이 눈꼬리 부분에서 만나면 눈의 길이가 더욱 짧아 보이게 된다. 눈꼬리 부분을 약간 띄어서 그려 넣은 것이 포인트이다. 윗눈꺼풀 아이라인을 그릴 때는 눈꼬리 부분에서 약간 수직으로 빼주듯 그리고 언더라인도 직선으로 빼주듯 그리면 눈의 길이가 훨씬 길어 보인다. 위, 아래 아이라인을 모두 그리되 언더라인은 아랫눈 길이의 1/3 정도만 그려준다.

③ **크고 둥근 눈 :** 크고 둥근 눈은 아이라인을 강조하지 않아도 된다. 펜슬 타입으로 눈앞머리와 꼬리 부분 위주로 자연스럽게 그려준다. 눈앞머리와 꼬리 부분 사이의 중간 부분은 살짝 연결만 해주는 듯한 아이라인으로 그린다.

④ **부어있는 눈 :** 전체적으로 섬세하게 아이라인을 그리되 꼬리 부분의 아이라인을 진하게 그린다.

⑤ **가는 눈 :** 눈앞머리와 꼬리 부분보다 눈 중심부의 아이라인을 굵게 그린다.

⑥ **눈 사이가 넓은 눈 :** 눈앞머리 쪽을 강조하고 꼬리 쪽은 가늘게 그리되 길게 빼지 않는다.

⑦ **눈 사이가 좁은 눈 :** 눈앞머리는 가늘게 그리고 눈꼬리 쪽을 강하게 길게 빼서 그린다.

⑧ **눈꼬리가 내려간 눈 :** 눈앞머리 부분부터 가늘게 그리기 시작하여 눈 중앙 부분을 지나 2/3지점부터 서서히 굵게 올리듯이 그린다.

⑨ **눈꼬리가 올라간 눈 :** 윗라인은 가늘게 그리고 언더라인은 직선의 느낌으로 그린다. 이때 언더라인의 아이라인 색상은 진하지 않고 자연스럽게 그리는 것이 포인트이다.

⑩ **속쌍꺼풀인 눈 :** 눈앞머리는 쌍꺼풀이 얇아 보이고 눈꼬리 쪽으로 갈수록 쌍겹이 두꺼워 보이게 된다. 그러므로 눈앞머리쪽은 펜슬 타입으로 아주 가늘게 아이라인을 그린 다음 중앙 부분부터 리퀴드 타입으로 다소 굵게 그려준다.

⑪ **확실한 쌍겹눈 :** 눈 모양이 확실하기 때문에 리퀴드 타입의 아이라이너보다 펜슬 타입으로 그리는 것이 자연스러운 눈매표현에 효과적이다. 눈꼬리 부분은 조심스럽게 방향을 약간 위로 향해 약간만 빼준다.

⑫ **얄팍한 홑겹눈 :** 눈꼬리를 올린다든지 내린다든지 하는 테크닉은 사용하지 않는 편이 좋다. 눈앞머리에서부터 꼬리 부분까지 눈의 형태에 따라 그린다. 아이라인을 그리는 눈꺼풀 부분이 얄팍하고 평면적이기 때문에 과장되게 표현하는 것은 너무 두드러지기 쉽다.

(3) 속눈썹 유형별 마스카라

1) 마스카라의 종류

볼륨 마스카라	• 일반적인 마스카라 • 크림 타입의 마스카라액이 브러쉬에 발라져 있음 • 속눈썹이 두꺼워지고 길어 보이게 됨
롱래쉬 마스카라	• **마스카라액에 섬유질**이 있어 속눈썹 끝에 달라붙어 실제보다 길어짐
컬링업 마스카라	• 부착력과 강도가 뛰어난 마스카라액으로 컬링상태를 더욱 높여주고 오랜 시간 컬을 유지시켜줌
워터프루프 마스카라	• **방수 마스카라**로 땀이나 물에 잘 지워지지 않음 • 여름철이나 수영, 레포츠에 적합
투명 마스카라	• 무색, 투명하며 속눈썹 컬링과 눈매를 또렷하게 살려주는 효과가 있음 • 내추럴한 느낌이 장점
저자극 마스카라	• 콘택트렌즈를 착용했거나 예민한 경우에 사용할 수 있도록 만든 무향의 자극이 적은 마스카라
고형 마스카라	• 케이크 타입의 마스카라로 물이나 스킨을 떨어뜨려 칫솔 같은 작은 브러쉬로 사용 • 최근에는 많이 사용하지 않고 무대분장용으로 가끔 쓰임
마스카라 픽서	• 아이래쉬 컬러를 해도 자꾸 처지거나 아이래쉬 컬러로 올린 속눈썹 컬을 오래 유지하고 싶을 때 사용하는 것

TIP.

아이래쉬 컬러
직선으로 뻗은 속눈썹을 곡선형으로 만들어 마스카라 화장의 효과를 높여주는 도구

사용법
시선을 아래로 하여 눈꺼풀이 집히지 않도록 속눈썹 안쪽까지 끼운 후 속눈썹 **가장 안쪽은 강한 힘**을 주어 컬을 만들고 끝으로 올라갈수록 힘을 빼 **3~4차례 속눈썹 길이를 나누어 가볍게** 집어준다.

2) 마스카라의 기능

① 속눈썹을 길고 짙어 보이게 한다.

② 속눈썹에 볼륨감을 준다.

③ 눈동자가 선명해 보이고 눈이 커 보인다.

④ 눈매를 깊이 있어 보이게 한다.

3) 마스카라의 색상과 효과

블랙	• 깊이 있고 선명해 보임 • 섹시하고 클래식한 눈매 연출
브라운	• 부드럽고 자연스러운 눈매 연출 • 성숙한 느낌
블루	• 여름철 시원한 눈매로 표현 • 색조화장이 진하지 않은 엷은 화장에 적합
그린	• 산뜻하고 싱그런 이미지
퍼플	• 신비로운 느낌의 이미지

4) 마스카라 바르는 테크닉

① 아이래쉬 컬러를 이용하여 자연스러운 컬을 만들어준다.

② 시선을 아래로 하여 위에서 아래로 속눈썹의 결을 따라 미끄러지듯 골고루 바른다.

③ 윗속눈썹의 안쪽은 브러쉬를 가볍게 좌우로 움직이면서 들어 올려 내용물이 골고루 발라지도록 한다.

④ 눈꼬리 쪽은 브러쉬를 세워 속눈썹 끝을 안쪽으로 밀어 올리듯 발라주어 볼륨감을 준다.

⑤ 아래 속눈썹은 시선을 위로 하여 브러쉬를 세워 꼼꼼히 바른다.

⑥ 마스카라액이 마르기 전에 마스카라 전용 브러쉬나 콤으로 속눈썹이 뭉치지 않도록 빗어준다.

⑦ 마스카라가 다 마르면 다시 한 번 덧발라 볼륨감을 높여준다.

5) 속눈썹 형태에 따른 마스카라 메이크업 테크닉

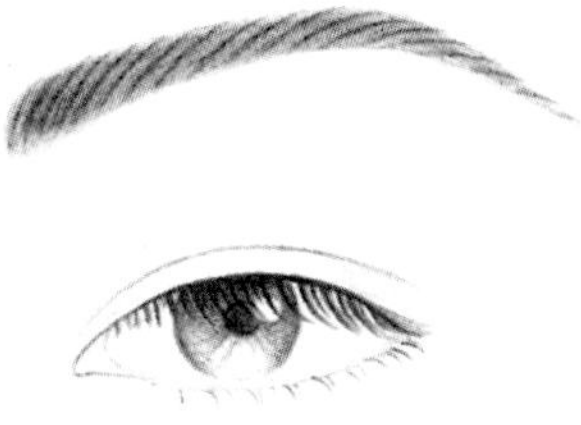

처진 속눈썹

숨겨진 속눈썹

① **처진 속눈썹 :** 동양인들은 직모여서 속눈썹도 직모로 아래로 처져 있는 것이 문제이다. 처진 속눈썹은 반드시 아이래쉬 컬러로 집어 올려 속눈썹을 위로 해주어야 한다. 아이래쉬 컬러로 속눈썹을 집어 올려놓지 않으면 마스카라를 한 후 눈 밑에 검은 버짐이 생기기 쉽다. 속눈썹은 아이래쉬 컬러로 지속적으로 속눈썹을 집어주면 속눈썹 상태가 변형되어 쉽게 올라가게 된다. 아이래쉬 컬러로 속눈썹을 집어줄 때 속눈썹 뿌리 쪽을 살짝 더 눌러 붙여 올려주는 요령이 필요하다. 마스카라 바를 때도 뿌리 쪽에 신경 써서 발라준다.

② **숨겨진 속눈썹 :** 숨겨진 속눈썹은 모질이 섬세하고 짧아서 산뜻하고 섬세하게 바를 수 있는 마스카라를 선택하여 먼저 섬세하게 마스카라를 바른 다음 시간을 조금 두고 건조한 후 다시 한 번 덧발라준다.

③ **눈꼬리가 처진 눈 :** 눈꼬리 쪽 속눈썹을 좀 더 신경 써서 치켜주어 마스카라를 한다. 마스카라를 먼저 섬세하게 발라 건조한 후 다시 눈꼬리 쪽을 아이래쉬 컬러로 집어주고 마스카라를 바른다.

④ **눈꼬리가 올라간 눈 :** 눈앞머리쪽 속눈썹이 좀 더 강조되도록 마스카라한다. 눈앞머리쪽을 지나치게 강조하여 올려주면 어색하므로 자연스러운 정도가 좋다.

03 립&치크 메이크업

(1) 립&치크 메이크업 표현

1) 립 메이크업 표현

① 제품의 종류

립스틱	• 가장 대중화된 제품으로 사용이 편리하며 색감이 우수
립라이너 펜슬	• 펜슬 타입으로 입술의 윤곽표현이나 형태 수정 시 사용
립글로스	• 입술을 보호하고 입술에 윤기를 부여하며 립스틱 위에 덧바르면 립스틱의 색을 맑게 표현
립크림	• 입술보호 목적으로 사용하며 립스틱을 바르기 전에 사용하여 립스틱의 사용감을 좋게 함

② **립 메이크업의 기능**

㉠ 입술 모양을 수정 · 보완해 준다.

㉡ 입술에 색감과 윤기를 준다.

㉢ 입술 피부를 보호하며 영양을 공급한다.

③ **립스틱 색상 선택법**

립스틱 색을 잘 선택하려면 유행하는 의상의 색이나 형태 또는 헤어스타일 등을 생각해야 하며 피부색, 얼굴형, 입술의 크기와 모양, 아이섀도의 색상 등도 고려해야 한다. 립스틱 색상을 선택할 때는 손등에 발라 보는 것보다 손가락 안쪽에 발라보는 것이 입술에 바른 색과 가장 비슷하므로 바람직하다.

④ **일반적인 입술 화장 방법**

㉠ 립스틱을 바르기 전에 먼저 파운데이션과 파우더를 발라 입술 라인과 입술색상을 커버한다.

㉡ 립브러쉬에 립스틱을 충분히 묻혀 입술 라인을 먼저 그리고 안쪽을 메꾸어준다.

㉢ 입술윤곽을 잘못 그렸을 경우에는 면봉으로 살짝 닦아낸 다음 면봉에 파운데이션 또는 파우더를 묻혀 수정한 부분에 누르듯이 바르고 립스틱을 다시 덧바른다.

㉣ 립스틱이 전체적으로 잘못 발라진 경우에는 모두 닦아내고 파운데이션부터 다시 발라준다.

2) 입술형에 따른 입술 메이크업 테크닉

큰 입술

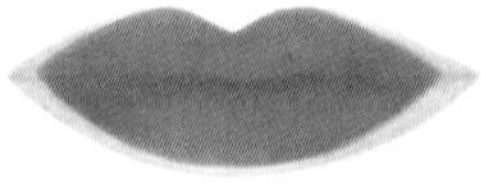
작은 입술

윗 입술이 얇은 경우

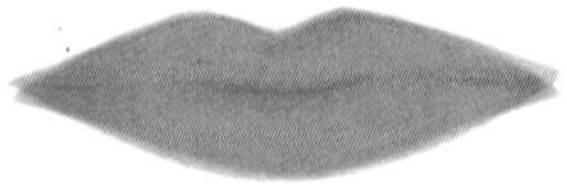
구각이 처진 입술

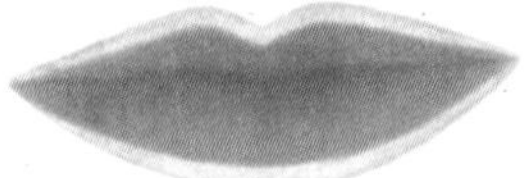
얇은 입술

두꺼운 입술

① **큰 입술**

큰 입을 작게 보이게 하기 위해서 구각 쪽에는 립스틱을 바르지 않는다. 입술 중앙에는 진한 색의 립스틱을 바른다.

② **작은 입술**

구각의 위치를 좌우로 1~2mm 정도 넓게 그리고 펄이 있는 립스틱이나 립글로스를 발라 부피감 있게 표현한다.

③ **윗입술이 얇은 경우**

윗입술을 본래의 윤곽선보다 1mm 정도 크게 그린다. 입술산을 약간 강조하여 두께가 있어 보이게 한다.

④ **구각이 처진 입술**

입술이 처진 사람은 활기가 없어 보이고 어두운 이미지를 주기 쉽다. 구각을 1mm 정도 위로 그리고 윗입술은 인커브라인으로 그린다. 구각을 너무 올리면 아랫입술과의 조화가 부자연스러우므로 주의한다.

⑤ **얇은 입술**

얇은 입술은 부드러워 보이기는 하나 빈약해 보이기 쉬운 입술이다. 본래의 입술 윤곽보다 1mm 정도 늘려서 윗입술은 안쪽으로 곡선을 그리듯이 한다. 라인은 전체적으로 부드럽고 둥글게 그린다. 립스틱 색상은 옅은 색이나 펄이든 색상이 좋다. 진한 색은 입술을 얇아 보이게 할 우려가 있다.

⑥ **두꺼운 입술**

현대적인 느낌이 드나 투박한 감도 없지 않다. 본래의 입술 윤곽선보다 1mm 정도 안쪽으로 그리는데 윗입술산은 완만하게 하여 두터운 감을 줄여 준다. 립글로스나 옅은 색 펄이 있는 색상을 피한다.

3) 치크 메이크업 표현

화장의 마지막 단계로 메이크업의 전체적인 분위기를 좌우해준다. 얼굴에 혈색을 주어 건강미를 표현해주고 얼굴의 형태를 적절히 수정하는 효과가 있다.

① **치크 컬러(볼연지) 색상 선택법**

치크 컬러는 피부색을 아름답고 건강하게 보이게 하며, 입체감을 나타내는 것이 그 역할이다. 따라서 색깔도 피부와 잘 어울릴 수 있도록 핑크계, 오렌지계, 로즈계, 브라운계가 주류를 이룬다. 치크 컬러의 색상을 선택할 때, 치크 컬러 색상이 주는 일반적인 느낌과 피부색을 고려하여 잘 어울리는 것을 선택하는 것이 중요하다.

② **일반적인 볼 화장 방법**

볼연지는 바르는 위치에 따라 여러 가지 표정을 연출할 수 있지만 가장 일반적인 방법은 다음과 같다.

㉠ 볼연지의 기본위치 : 정면을 바라보았을 때 눈동자의 바깥 부분과 콧망울 위쪽 부분 이내가 볼연지를 사용하는 가장 적절한 위치이다.

TIP. 보다 효과적인 입술 화장법

- **립스틱을 오래 지속시키려면** : 립스틱을 바르고 몇 시간이 지나면 색상이 번지거나 지워져 지저분해 보인다. 립스틱을 오래 지속시키려면, 립스틱을 한 번 바른 후에 티슈를 접어 입술로 가볍게 물듯이 하여 립스틱의 유분기를 닦아낸다.
- **잔주름 많은 입술에 립스틱을 예쁘게 바르려면** : 입술에 세로로 잔주름이 많은 타입은 립스틱이 잘 발라지지 않는다. 이럴 경우에는 입술을 손가락으로 팽팽하게 당겨서 라인을 매끄럽게 그린 다음 립브러쉬를 세로로 세워서 입술 안쪽을 세심하게 메꾸어 준다.

TIP. 입술형에 따른 입술 메이크업 테크닉

구각이 처진 입술
- 인커브라인으로 그림

얇은 입술
- 아웃커브로 1㎜ 정도 크게, 곡선을 부드럽게
- 옅은 색이나 펄감이 든 밝은 색상 립스틱 사용

두꺼운 입술
- 1㎜정도 본래 입술라인보다 안쪽으로, 입술산을 완만하게

ⓛ 볼연지의 농도조절 : 볼연지는 전체를 같은 색으로 칠하는 것이 아니라 중심이 되는 부분을 가장 진하게, 그 주위는 자연스럽게 펴 발라서 경계선이 생기지 않도록 한다.

- 브러쉬에 내용물을 묻힌 다음 손등에 발라보아 색감의 정도를 체크한다.
- 처음에는 엷게 칠하고 그다음 진하게 하고 싶은 부분에는 중복해서 칠한다.
- 색상이 너무 진하다고 생각되거나 더욱 은은하게 표현하고 싶을 때에는 볼연지를 바른 후에 분백분을 바른다.

4) 얼굴형에 따른 볼연지 메이크업 테크닉

TIP.

- 마름모형(마름모꼴 얼굴형)을 다이아몬드형이라고도 한다.
- 이마와 턱부분이 좁으며 광대뼈 부분이 넓은 얼굴형을 말한다.

① 둥근형

둥근 얼굴을 갸름해 보이게 하기 위해서는 귀 윗부분 관자놀이에서부터 구각 쪽까지 사선적으로 세로로 길게 펴 바른다.

② 긴형

긴 얼굴형은 가로선을 강조해야 하므로 볼연지도 볼뼈를 중심으로 콧망울을 향해서 원만하게 조금 폭넓게 가로 느낌을 주어 바른다.

③ 사각형

각진 느낌이 드는 얼굴이므로 볼연지도 부드럽게 다소 폭넓게 약간 사선적으로 발라 볼 넓이의 밸런스를 맞춘다.

④ 역삼각형

이마가 넓고 턱 끝쪽으로 좁아지는 얼굴형이므로 귀 뒷부분에서 구각의 약간 위쪽을 향해 부드럽게 펴 발라주어 사선적인 느낌이 들지 않도록 한다.

⑤ 삼각형

턱선의 각이 두드러지는 얼굴형이므로 다소 폭넓게 부드러운 느낌으로 펴 발라 너무 두드러지지 않게 조화를 맞춘다.

⑥ 마름모형(다이아몬드)

광대뼈 부분이 두드러진 얼굴형으로 볼뼈를 중심으로 엷고 폭넓게 부드러운 느낌으로 바른다. 진해지지 않도록 하며 중간톤의 색상으로 펄감은 없는 것이 좋다.

5) 얼굴형에 따른 메이크업 테크닉

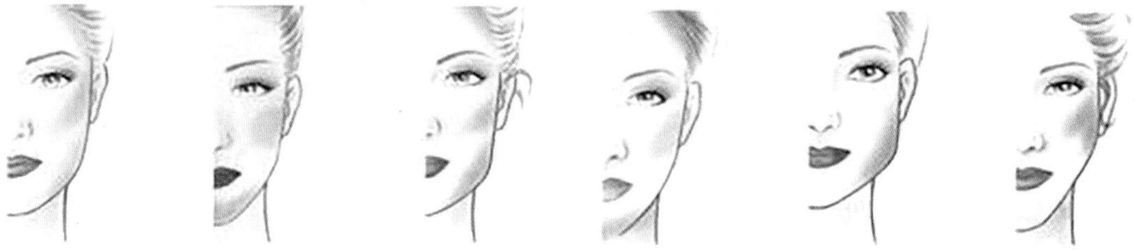

둥근형 긴형 사각형 역삼각형 삼각형 마름모형(다이아몬드)

둥근형	긴형	사각형
• 통통한 얼굴을 갸름하게 하는 데 중점을 둔다. • 하이라이트 : 눈 밑은 조금 올리는 느낌으로 바른다. 입주위, 턱 끝을 세로로 길게, 이마에도 세로 느낌으로, 콧등 역시 길게 하이라이트를 준다. • 섀도 : 얼굴의 길이감을 주기 위해 코벽을 따라 가늘고 길게 펴 바른다. • 블러셔 : 귀 윗부분에서 구각보다 약간 위쪽을 향하여 세로로 길게 펴 바른다.	• 하이라이트를 가로의 느낌으로 발라 긴 느낌을 줄이도록 한다. • 하이라이트 : 코의 길이가 느껴지지 않도록 콧날은 약간 짧게, 눈 밑은 폭넓게, 이마는 옆으로 다소 길게 바른다. • 섀도 : 코벽을 따라 짧게, 이마 위와 아랫턱을 발라 길이감을 줄인다. • 블러셔 : 볼뼈를 중심으로 콧망울과 구각을 향하여 원만하게, 볼뼈를 중심으로 폭넓게 펴 바른다.	• 볼 화장을 약간 폭넓게 하고 각이 진 턱선을 짙은 색상의 파운데이션으로 커버한다. • 하이라이트 : 콧등을 비롯한 세로의 길이를 강조해 하이라이트를 준다. • 섀도 : 각진 양턱 이마 끝 부위에 섀도를 주어 갸름해 보이도록 한다. • 블러셔 : 다소 폭넓게 발라 볼 넓이의 밸런스를 맞춘다. 각진 턱에는 블러셔를 짙게 한다.

역삼각형	삼각형	마름모형(다이아몬드)
• 좁은 턱선을 강조하지 않도록 주의한다. • 하이라이트 : 턱 중앙은 하이라이트를 생략하고 양쪽 아랫볼이 통통하게 보이게끔 하이라이트를 준다. • 섀도 : 표준형과 같은 방법으로 한다. • 블러셔 : 귀부분에서 구각의 약간 위쪽을 향해 부드럽게 펴 바른다.	• 볼 넓이의 밸런스를 고려하여 바른다. • 하이라이트 : 이마는 조금 넓게 하이라이트를 주고 눈 아래는 가늘면서 산뜻하게, 턱끝은 좁게 바른다. • 섀도 : 코뼈에도 섀도를 길게 바른다. 턱 부분엔 어두운 파운데이션을 바른다. • 블러셔 : 사각형의 얼굴과 동일하게 바른다.	• 볼뼈의 두드러짐이 강조되지 않도록 한다. • 하이라이트 : 이마는 넓게 하이라이트를 주고, 턱선은 얇게 펴발라 턱의 라인을 부드럽게 표현한다. • 섀도 : 코벽을 따라 가볍게 바른다. • 블러셔 : 볼뼈를 중심으로 엷고 폭넓게 바른다. • 부드러운 느낌을 살린다.

실력 UP 예상 문제

01 다음 중 아이브로우용 도구의 설명이 틀린 것은?
① 스크루 브러쉬 - 눈썹털을 빗거나, 정리하는 도구
② 눈썹용 레저 - 눈썹 주변의 잔털을 제거한다.
③ 브러쉬 & 콤 - 눈썹을 자를 때 사용한다.
④ 족집게 - 눈썹을 뽑는 경우

해설 브러쉬 & 콤 : 브러쉬는 눈썹털을 빗는데 사용하며 콤은 눈썹털의 길이를 체크할 때 사용한다.

02 아이브로우의 역할이 아닌 것은?
① 얼굴형이나 눈매를 보완한다.
② 얼굴의 인상을 결정하는 데 영향을 미친다.
③ 얼굴 전체의 이미지를 연출하는 데 효과적이다.
④ 얼굴형을 변화시킨다.

해설 아이브로우가 얼굴형의 이미지를 보완해 줄 수는 있으나 얼굴형을 변화시키지는 못한다.

03 표준 눈썹 그리기의 방법과 다른 것은?
① 눈썹머리와 눈꼬리는 일직선에 놓이도록 한다.
② 눈썹머리는 입끝과 일치되는 지점에서 시작한다.
③ 눈썹꼬리는 콧망울과 눈꼬리를 연장시켜 만나는 지점까지로 한다.
④ 눈썹산은 눈썹 길이의 2/3지점에 오도록 한다.

해설 눈썹머리는 콧망울과 일치되는 지점에서 시작한다.

04 눈썹의 종류와 이미지가 맞게 설명된 것은?
① 표준 눈썹 - 둥근 얼굴에 잘 어울린다.
② 각진 눈썹 - 어느 얼굴형이나 잘 어울린다.
③ 화살형 눈썹 - 동양적이며 야성적이다.
④ 아치형 눈썹 - 긴 얼굴이나 좁은 얼굴에 어울린다.

해설 표준 눈썹은 어느 얼굴형이나 어울린다.
각진 눈썹은 단정하고 세련된 느낌으로 둥근형 얼굴에 어울린다.
아치형 눈썹은 우아하고 여성적 느낌, 역삼각형이나 이마가 넓은 얼굴에 어울린다.

05 자연스럽고 부드러운 아이브로우를 그리려면 어떤 타입의 아이브로우 화장품이 좋은가?
① 펜슬 타입
② 크림 타입
③ 샤프 타입
④ 케이크 타입

06 얼굴형별 어울리는 눈썹을 잘못 설명한 것은?
① 사각형 얼굴 - 곡선으로 매끄러운 아치형을 그린다.
② 역삼각형 - 눈썹산을 3/4 정도에 둔다.
③ 둥근형 - 적당한 굵기로 눈썹산을 각지게 한다.
④ 긴형 - 직선적인 느낌으로 그린다.

해설 역삼각형 얼굴은 눈썹산을 1/2 정도로 안쪽에 두고 그려야 얼굴폭이 좁아 보이게 하는 데 효과적이다.

07 귀엽고 발랄해 보이며 어느 얼굴형이나 어울리는 눈썹은?
① 각진 눈썹
② 표준 눈썹
③ 화살 눈썹
④ 아치형 눈썹

08 젊고 활동적인 느낌을 주며 긴 얼굴이나 좁은 얼굴에 잘 어울리는 눈썹은?
① 직선 눈썹
② 아치형 눈썹
③ 화살형 눈썹
④ 각진 눈썹

09 얼굴형과 눈썹 모양의 연결이 맞게 된 것은?
① 긴형 - 각진 눈썹
② 역삼각형 - 직선 눈썹
③ 사각형 - 각진 눈썹
④ 둥근형 - 각진 눈썹

답_ 01 ③ 02 ④ 03 ② 04 ③ 05 ④ 06 ② 07 ② 08 ① 09 ④

10 눈썹 그릴 때 유의사항에 대해 맞는 것은?
① 눈썹라인을 강조할 때는 펜슬 타입으로 그린다.
② 눈썹색상은 색조화장과 관계없이 브라운이 좋다.
③ 눈썹앞머리는 눈썹산이나 꼬리보다 진하게 그린다.
④ 눈썹산과 꼬리는 엷게 그린다.

해설 눈썹라인을 강조할 때는 펜슬 타입을 사용하는 것이 좋고 부드러운 눈썹을 그릴 때는 케이크 브로우 화장품이나 아이섀도 색상을 이용하는 것이 좋다.

11 아이섀도의 기능이 아닌 것은?
① 눈에 색감을 부여한다.
② 눈에 깊이감을 준다.
③ 다크서클을 커버한다.
④ 눈의 단점을 보완한다.

12 아이섀도의 색상선정을 하는 기준이 아닌 것은?
① 눈의 형태를 고려하여 색상을 선정한다.
② 눈의 단점을 보완할 수 있는 색상을 선정한다.
③ 의상색을 고려하여 선정한다.
④ 피부잡티 커버를 고려한다.

해설 아이섀도 색상은 자신의 피부색을 고려, 피부색과 어울리는 색상을 선정하나, 피부잡티 커버는 관련이 없다.

13 피부색과 어울리는 아이섀도 색상과의 연결이 잘못된 것은?
① 흰 피부 – 청색, 녹색, 자주색
② 희고 붉은 피부 – 청회색, 청보라, 청색
③ 노르스름한 피부 – 밝은 녹색, 청록색, 오렌지
④ 짙은 황갈색 피부 – 카키색, 황금색

해설 흰 피부에는 파스텔톤 색상인 핑크, 연보라, 옅은 청회색 같은 은은한 톤이 어울린다.

14 아이섀도 색상선택 기준으로 가장 거리가 먼 것은?
① 옷 색상
② 피부색
③ 입술색
④ 파우더

15 다음 아이섀도의 명칭이 잘못 설명된 것은?
① 메인 컬러는 눈을 떴을 때 2~3mm 정도 보이도록 바른다.
② 섀도 컬러는 눈꺼풀 전체에 바른다.
③ 하이라이트 컬러는 눈썹뼈 부분에 바른다.
④ 언더 컬러는 아랫눈꺼풀에 바른다.

해설 섀도 컬러는 아이홀 부분까지 바른다.

16 아이섀도에서 눈매를 또렷하게 강조하기 위해서 바르는 것으로 강한 색감으로 표현하는 것은?
① 언더 컬러
② 악센트 컬러
③ 메인 컬러
④ 하이라이트 컬러

17 아이섀도에서 보통 언더 컬러는 눈꼬리 부분에서부터 어느 정도 바르는 것이 적당한가?
① 1/2
② 1/4
③ 1/3
④ 3/5

해설 일반적 메이크업에서 언더컬러는 눈꼬리 부분에서부터 1/3 정도까지 바르는 것이다.

18 아이섀도 바르는 방법으로 틀린 것은?
① 아이섀도를 바르기 전 손등에 발라보아 색상농도를 체크한다.
② 짙게 강조하고 싶은 부분은 브러쉬에 아이섀도를

답_ 10 ① 11 ③ 12 ④ 13 ① 14 ④ 15 ② 16 ② 17 ③ 18 ②

실력 UP 예상 문제

많이 묻혀 바른다.
③ 넓은 부위에 엷게 바르고 싶을 때는 큰 브러쉬를 사용한다.
④ 짙고 강하게 표현할 때는 작은 브러쉬를 사용한다.

해설 짙게 강조하고 싶을 때는 한꺼번에 두껍게 바르지 말고 여러 번 덧발라 원하는 색감으로 표현한다.

19 아이섀도 색상 표현 시 올바른 것은?
① 언더 컬러는 보통 섀도컬러를 이용한다.
② 섀도 컬러는 아이홀에 펄감이 있는 엷은 색을 발라야 눈이 들어가 보인다.
③ 섀도컬러를 가장 나중에 바른다.
④ 밝은색 아이섀도부터 먼저 바르고 나서 어두운색의 아이섀도를 사용한다.

해설 언더 컬러는 일반적으로 메인 컬러를 이용하며, 아이홀의 섀도 컬러는 펄감이 없는 매트한 베이지나 브라운색상이 눈꺼풀이 들어가 보인다. 일반적으로 아이홀에 섀도 컬러를 먼저 바르고 주조색인 메인 컬러, 악센트 컬러 순서로 바른다.

20 부어 보이는 눈의 아이섀도 테크닉으로 잘못된 것은?
① 어두운 색상을 사용한다.
② 붉은 계열 섀도를 사용한다.
③ 펄감이 없는 매트한 색을 사용한다.
④ 섀도 컬러를 연베이지나 브라운으로 바른다.

해설 붉은 계열의 섀도색상은 눈을 더 부어 보이게 한다.

21 튀어나온 눈의 아이섀도 방법으로 올바른 것은?
① 눈꺼풀에 펄감이 있는 섀도를 사용한다.
② 밝은 색감의 섀도를 사용한다.
③ 붉은 톤의 아이섀도를 사용한다.
④ 매트한 질감의 브라운이나 회색을 사용한다.

해설 튀어나온 눈은 눈꺼풀에 펄감이 없는 매트한 회색이나 브라운 눈꺼풀에 바르며, 펄감이 있거나 붉은톤은 눈두덩이가 더 튀어나와 보이게 한다.

22 눈꼬리가 올라가서 인상이 날카로워 보이는 경우, 좀더 온화한 인상으로 보이게 하는 아이섀도 방법으로 틀린 것은?
① 따뜻한 난색 계열의 아이섀도를 사용한다.
② 눈앞머리보다 눈꼬리쪽으로 갈수록 색상은 엷게 바른다.
③ 언더섀도를 수평적으로 엷게 편다.
④ 악센트 컬러를 진하게 하고 눈꼬리를 약간 강조한다.

해설 눈꼬리를 강조하면 인상이 더 날카로워 보이게 된다.

23 다음 중 작은 눈의 아이섀도 방법으로 틀린 것은?
① 전체 눈 길이의 1/2 정도에서 뒤쪽으로 짙은 색 아이섀도를 발라 눈길이가 길어 보이도록 한다.
② 눈꺼풀 전체에 밝은 색의 아이섀도나 펄감이 풍부한 아이섀도나 펄감이 풍부한 아이섀도를 바른다.
③ 눈꺼풀 섀도 컬러 부분을 브라운이나 베이지색으로 음영을 준다.
④ 언더라인 1/3 정도 부분을 짙은 색 아이섀도로 길게 빼준다.

24 여러 눈 모양의 아이섀도 테크닉 중 맞는 것은?
① 둥근 눈 – 눈앞머리와 눈꼬리에 엷은색을 바르고 눈 중앙부분에 짙은 색의 아이섀도를 바른다.
② 부어 보이는 눈 – 펄감이 있는 붉은 계열의 아이섀도를 사용한다.
③ 작은 눈 – 눈 전체에는 밝은색을, 눈꼬리 쪽은 어두운색으로 눈의 길이감을 강조한다.
④ 움푹 들어간 눈 – 눈꺼풀에 베이지색을 발라 음영을 준다.

25 눈꼬리가 처진 눈의 아이섀도 방법으로 틀린 것은?
① 청색이나 녹색 아이섀도 색상을 사용한다.
② 핑크나 오렌지 색상을 주조색으로 한다.

답_ 19 ④ 20 ② 21 ④ 33 ④ 23 ③ 24 ③ 25 ②

③ 눈꼬리 쪽으로 갈수록 넓어져 위로 올리듯이 샤프한 눈매로 표현한다.
④ 언더라인도 위로 올리듯이 펴 바른다.

해설 핑크나 오렌지색 아이섀도는 처진 눈의 느낌을 더욱 긴장감 없이 만든다. 차가운 색 계열인 녹색이나 청색 아이섀도가 눈꼬리가 처진 눈을 긴장감 있고 샤프하게 보이게 한다.

26 눈과 눈 사이에 넓은 눈의 화장법이 아닌 것은?
① 눈앞머리쪽에 진한 색상의 아이섀도를 살짝 터치한다.
② 눈꼬리쪽은 밝고 부드러운 색상을 사용한다.
③ 콧대에 노즈섀도를 살짝 해준다.
④ 진한 색 아이섀도로 눈꼬리쪽을 살짝 빼준다.

해설 진한 색상 아이섀도로 눈꼬리를 빼주면 눈과 눈 사이가 더 멀어 보이게 된다.

27 눈과 눈 사이에 간격이 좁은 눈의 화장법이 아닌 것은?
① 눈앞머리에서부터 중간 부분까지 밝고 화사한 색을 바른다.
② 눈앞머리에 화이트펄을 바른다.
③ 눈꼬리쪽에 짙은 색으로 바른다.
④ 노즈섀도를 살짝 한다.

해설 노즈섀도를 하면 코는 오똑해 보이나 눈과 눈 사이가 더 좁아 보인다.

28 좌우의 눈 크기가 다른 짝눈인 경우 잘못된 화장법은?
① 작은 눈의 아이섀도를 살짝 더 진하게 한다.
② 작은 눈은 짙은 색 섀도를, 큰 눈은 밝은색 아이섀도를 사용한다.
③ 홑겹눈과 쌍겹눈인 경우 홑겹눈에 더블라인을 한다.
④ 눈 크기를 비슷하게 표현하기 위해 눈을 떴을 때의 크기를 비교해가면서 화장한다.

해설 양쪽 눈의 크기가 다를 경우 아이섀도 색상은 동일한 색상으로 색상의 농담처리를 다르게 한다. 동일한 색상으로 눈이 작은 쪽은 조금 더 진하게 눈이 큰 쪽은 조금 엷게하여 눈크기의 균형을 맞춘다.

29 부드럽게 그려져 자극이 적으나 유분기의 번짐이 단점인 아이라이너는?
① 펜슬 타입
② 리퀴드 타입
③ 케이크 타입
④ 젤 타입

30 초보자도 가장 손쉽게 그릴 수 있는 아이라이너는?
① 펜슬 타입
② 리퀴드 타입
③ 케이크 타입
④ 젤 타입

31 라인이 선명하며 필름 타입과 워시오프 타입이 있는 아이라이너는?
① 펜슬 타입
② 리퀴드 타입
③ 케이크 타입
④ 젤 타입

해설 필름 타입은 라인효과가 뚜렷, 선명하며 워시오프 타입은 자연스러우나 물에 번진다.

32 점액질과 에멀전 수지배합으로 피막이 형성되는 아이라이너는?
① 펜슬 아이라이너
② 먹물 타입 아이라이너
③ 필름 타입 아이라이너
④ 젤 타입 아이라이너

33 아이라인의 기능이 아닌 것은?
① 눈매가 또렷해진다.
② 눈의 단점을 보완해준다.

답_ 26 ④ 27 ④ 28 ② 29 ④ 30 ① 31 ② 32 ③ 33 ③

③ 눈매에 음영을 준다.
④ 눈을 커 보이게 한다.

해설 눈매에 음영을 주는 것은 아이섀도이다.

34 아이섀도 명칭에 대해 잘못 설명한 것은?
① 악센트 컬러 – 눈매를 또렷하게 강조
② 메인 컬러 – 아이섀도의 주조색
③ 언더 컬러 – 아이홀 아래쪽에 바르는 아이섀도
④ 섀도 컬러 – 아이홀에 바르는 것

35 아이라인을 그리는 테크닉으로 잘못된 것은?
① 아이라인을 자연스럽게 그리려면 펜슬로 속눈썹 사이사이를 메꾸듯이 그린다.
② 아이라인을 그리기 전 손등에 색상을 체크한 다음 그린다.
③ 한 번에 앞머리부터 꼬리까지 쭉 그리는 것이 예쁘게 그려진다.
④ 아이라인이 번졌을 때는 면봉을 사용한다.

해설 아이라인은 브러쉬의 액상이 적게 묻으므로 한 번에 그리기보다는 2번 정도 나누어 그리는 것이 효과적이다. 먼저 눈 중앙부터 꼬리까지 그린 다음, 눈 앞머리부터 눈 중앙까지 연결해서 그리면 잘 그릴 수 있다. 앞머리부터 꼬리까지 한 번에 그리려면 대부분 2/3 지점 부분부터 아이라인 액상이 부족하다.

36 아이라이너 종류에 대한 설명으로 옳은 것은?
① 케이크 아이라인 – 물이나 화장수를 이용하여 붓으로 그린다.
② 펜슬 타입 아이라인– 색상이 선명하다.
③ 리퀴드 아이라인 – 초보가 사용하기 좋다.
④ 붓펜 타입 아이라인– 리퀴드 아이라인보다 광택이 좋으며 선명하다.

해설 펜슬 타입은 색상이 자연스럽고 초보가 사용하기 좋으며 붓펜은 사용하기 간편하나 광택이 없으며 자연스럽다.

37 젤 타입 아이라이너의 설명으로 틀린 것은?
① 유성용 제형의 아이라이너이다.
② 유성의 제거액으로 지워야 한다.
③ 눈 주위에 번지기 쉽다.
④ 수성용 제형의 아이라이너이다.

38 눈을 크게 보이고 싶을 경우의 아이라인 방법으로 맞는 것은?
① 아이라인을 최대한 가늘게 그린다.
② 윗아이라인과 언더라인의 사이를 만나지 않게 1~2mm 정도 길게 뺀다.
③ 펜슬로 속눈썹 사이를 메꾸듯이 그린다.
④ 아이섀도와 펜슬 아이라인이 서로 믹싱된 것처럼 그린다.

39 다음 중 마스카라의 기능이 아닌 것은?
① 속눈썹이 길고 짙어 보인다.
② 속눈썹에 볼륨감을 준다.
③ 눈매에 음영을 준다.
④ 눈매가 선명해 보인다.

해설 눈매에 음영을 주는 것은 아이섀도이다.

40 다음 마스카라 중 방수 마스카라로 땀이나 물에 지워지지 않는 것은?
① 볼륨 마스카라
② 투명 마스카라
③ 롱래쉬 마스카라
④ 워터프루프 마스카라

41 마스카라액에 섬유질이 붙어있어 속눈썹 끝에 달라붙어 실제보다 속눈썹이 훨씬 길어지는 마스카라는?
① 볼륨 마스카라
② 롱래쉬 마스카라
③ 컬링업 마스카라
④ 워터프루프 마스카라

해설 롱래쉬 마스카라액의 섬유질이 속눈썹을 길게 만든다.

답_ 34 ③ 35 ③ 36 ① 37 ④ 38 ② 39 ③ 40 ④ 41 ②

42 건조가 빠르고 내수성이 좋은 하절기용 마스카라는?
① 케이크 마스카라
② 롱래쉬 마스카라
③ 워터프루프 마스카라
④ 컬링 마스카라

43 마스카라 바르는 방법 중 잘못된 것은?
① 먼저 아이래쉬 컬러로 속눈썹을 집어준다.
② 눈꼬리 쪽은 브러쉬를 세워서 바른다.
③ 뭉쳤을 경우 건조하기 전에 전용 콤브러쉬로 떼어준다.
④ 마스카라액이 굳었을 경우 스킨을 넣어 사용한다.

해설 마스카라액이 굳은 경우 스킨을 넣으면 변질될 우려가 크며 스킨의 향이나 내용물이 눈을 자극할 수 있다.

44 아이래쉬 컬러 사용방법 중 잘못된 것은?
① 시선을 아래로 하여 눈꺼풀에 집히지 않도록 끼운다.
② 속눈썹을 3~4등분하여 집어준다.
③ 속눈썹 가장 안쪽은 조금 강하게 집어준다.
④ 속눈썹 끝쪽으로 갈수록 조금씩 더 강하게 집어준다.

해설 속눈썹 안쪽이 속눈썹이 굵고 힘이 있기 때문에 컬링이 잘 안된다. 따라서 속눈썹 안쪽은 조금 더 강하게 집어 주어야 한다.

45 다음 중 인조 속눈썹의 기능을 잘못 설명한 것은?
① 눈이 커 보이고 선명해 보인다.
② 깊이 있는 눈매를 만든다.
③ 눈의 단점을 보완해준다.
④ 눈의 음영을 부여한다.

해설 눈의 음영은 아이섀도의 기능이다.

46 인조 속눈썹 사용방법 중 틀린 것은?
① 인조 속눈썹에 속눈썹 접착제를 바르고 나서 4~5초 지난 후 붙인다.
② 먼저 펜슬 타입으로 속눈썹 사이를 메꾸어준 다음 아이래쉬 컬러를 한다.
③ 인조 속눈썹은 눈 길이보다 조금 긴 것을 붙이는 것이 편하다.
④ 아이래쉬 컬러로 눈썹을 컬링할 때, 인조 속눈썹 붙이는 각도를 감안해야 한다.

해설 인조 속눈썹은 눈 길이보다 약간 짧은 것을 붙이는 것이 편하다. 눈 길이 보다 인조 속눈썹 길이가 길면 피부를 찌르거나 한쪽 끝이 떨어지기 쉽다.

47 눈앞머리와 눈꼬리쪽에 약간 짙은 아이 섀도를 사용하고 눈 중앙부분은 약간 밝은톤의 아이섀도를 바르는 눈의 수정화장으로 적합한 눈은?
① 가는 눈
② 둥근 눈
③ 올라간 눈
④ 처진 눈

해설 너무 둥근 눈을 수정하려면 눈앞머리와 눈꼬리쪽에 약간 짙은 색의 아이섀도를 바른다.

48 옅은 색의 아이섀도를 눈 주위에 엷게 펴 바르고 악센트컬러로 강조하지 않아도 되는 눈모양은?
① 둥근 눈
② 가는 눈
③ 큰 눈
④ 작은 눈

49 긴 얼굴은 어떤 형의 눈썹을 그리는 것이 좋은가?
① 일자 눈썹
② 각진 눈썹
③ 화살 눈썹
④ 아치형 눈썹

답_ 42 ③ 43 ④ 44 ④ 45 ④ 46 ③ 47 ② 48 ③ 49 ①

실력 UP 예상 문제

해설 일자눈썹은 직선눈썹과 같은 눈썹형을 말한다.

50 얼굴이 사각형인 경우 어울리는 눈썹형은?
① 아치형
② 각진 눈썹
③ 표준 눈썹
④ 일자 눈썹

51 눈썹 길이와 굵기에 대한 설명 중 틀린 것은?
① 긴 눈썹 – 성숙, 정적, 여성적
② 짧은 눈썹 – 쾌활, 동적, 젊은 느낌
③ 가는 눈썹 – 여성적, 연약, 동양적, 고전적
④ 굵은 눈썹 – 정적인 느낌, 성숙

해설 굵은 눈썹은 남성적, 활동적, 개성적, 건강미가 있다.

52 입술을 보호하고 광택을 주며 립스틱 위에 덧바르면 립스틱의 색상을 더 맑게 표현해 주는 것은?
① 립라이너 펜슬
② 립글로스
③ 립크림
④ 립밤

53 입술윤곽을 그릴 때나 입술 형태를 고칠 때 사용하는 것은?
① 립스틱
② 립글로스
③ 립펜슬
④ 립크림

54 립 메이크업(입술 화장)의 기능이 아닌 것은?
① 입술 모양을 수정 · 보완 해준다.
② 입술에 색감을 부여한다.
③ 입술 피부를 보호해준다.
④ 입술 피부에 작용하여 입술색을 밝게 변화시켜 준다.

55 다음 중 립스틱의 설명으로 맞지 않는 것은?
① 가장 대중적이다.
② 색상이 다양하다.
③ 립메이크업 화장품 중 입술보호 효과가 가장 좋다.
④ 색감표현이 우수하다.

해설 립스틱에도 입술보호 효과가 있긴 하나, 립글로스나 립크림이 입술보호 효과가 더 크다.

56 피부톤과 립스틱 색상과의 조화에서 맞지 않는 것은?
① 흰 피부 – 핑크 등의 파스텔톤
② 핑크톤 피부 – 와인, 퍼플
③ 베이지톤 – 브라운, 레드, 오렌지
④ 오클톤(황갈색) – 레드, 퍼플

해설 오클톤 피부는 일반적으로 브라운, 자주, 갈색, 골드, 초콜릿 색과 같이 색감톤이 가라앉은 것이 효과적이다.

57 일반적으로 젊은 층의 립 메이크업으로 틀린 것은?
① 핑크, 오렌지색이 가미된 립글로스만 발라도 좋다.
② 펄이 가미된 것이 잘 어울린다.
③ 젊은 층은 일반적으로 립컬러 색상보다 눈 화장을 강조하는 것이 효과적이다.
④ 온화하고 차분한 중간톤 색상이 잘 어울린다.

해설 온화하고 차분한 중간톤 립스틱 색상은 중년층 분위기에 잘 어울린다.

58 중년층 립메이크업으로 틀린 것은?
① 입술화장을 강조하는 것이 효과적이다.
② 색상이 밝고 따뜻한 것이 좋다.
③ 떨감이 많은 것보다 매트한 것이 좋다.
④ 은은한 파스텔톤이나 누드톤이 좋다.

해설 중년층은 밝은 색상이나 온화하고 차분한 중간톤이 좋다.

답_ 50 ① 51 ④ 52 ② 53 ③ 54 ④ 55 ③ 56 ④ 57 ④ 58 ④

59 현대적이고 샤프하며 지적인 느낌을 표현하는 데 효과적인 입술 라인은?
① 스트레이트 라인
② 인커브 라인
③ 아웃커브 라인
④ S자 라인

60 인커브 라인의 설명 중 틀린 것은?
① 발랄하고 젊은 느낌을 준다.
② 큰 입술을 작아 보이게 한다.
③ 섹시한 느낌을 준다.
④ 처진 입술의 입끝을 올라가 보이게 한다.

해설 인커브 라인은 섹시한 느낌이 아니라 발랄, 젊은 느낌을 준다.

61 클래식하고 여성적이며 섹시한 느낌을 주기 위한 입술라인은?
① 스트레이트 라인
② 아웃커브 라인
③ 인커브 라인
④ S자 라인

62 윗입술과 아랫입술의 비율로 맞는 것은?
① 1:1.5
② 1:1.2
③ 1:1
④ 1:1.7

해설 윗입술과 아랫입술이 비율은 1:1.5 기준이며 2:3이라고도 한다.

63 큰 입술 수정방법으로 틀린 것은?
① 립라인을 그리기 전에 립라인에 파운데이션과 파우더를 바른다.
② 옅은 색이나 펄이 든 색상은 좋지 않다.
③ 입술선보다 1mm 정도 안쪽으로 라인을 그려준다.
④ 글로시한 립스틱을 사용한다.

해설 큰입술을 작아보이게 하기 위해서는 글로시한 립스틱보다 매트한 립스틱이 효과적이다.

64 립스틱 색상이 주는 이미지와 다른 것은?
① 레드계 – 강력, 정열, 대담
② 오렌지계 – 청순, 세련
③ 핑크계 – 소녀스러움, 부드러움
④ 퍼플계 – 세련, 우아, 신비

해설 오렌지계는 건강, 발랄, 생동감, 스포티한 이미지이다.

65 모던하고 신비스런 느낌을 표현하는 립스틱 색상은?
① 핑크계
② 오렌지계
③ 보라(퍼플계)
④ 레드계

66 피부색에 어울리는 립스틱 색상으로 맞는 것은?
① 흰 피부 – 브라운, 베이지
② 핑크톤 피부 – 핫핑크, 레드, 오렌지
③ 베이지톤 피부 – 브라운, 오렌지, 레드
④ 오클톤 피부 – 핑크, 산호색, 레드

해설 오클톤 피부는 어두운 피부로 버건디, 자주, 갈색, 골드 색상이 자연스럽게 어울린다. 베이지 톤 피부는 노란기가 도는 피부로 오렌지, 레드, 브라운 색상이 피부톤을 밝아 보이게 한다.

67 얇은 입술에 어울리는 화장으로 틀린 것은?
① 본래 입술보다 1mm 정도 늘려서 그려준다.
② 엷은 색이나 펄이 있는 립스틱을 사용한다.
③ 입술 라인은 둥근 느낌을 살려야 한다.
④ 입술산의 각을 살려 뾰족하게 그려야 한다.

해설 얇은 입술은 입술산의 각을 살리면 더 얄팍해 보이게 된다.

답_ 59 ① 60 ③ 61 ② 62 ① 63 ④ 64 ② 65 ③ 66 ③ 67 ④

실력 UP 예상 문제

68 긴 입술의 메이크업으로 효과적인 것은?
① 매트한 색상으로 바른다.
② 립글로스를 충분히 발라 마무리한다.
③ 입술 중앙에 진한 색을 발라준다.
④ 진한색상의 립스틱으로 바른다.

해설 립스틱을 바르고 중앙 부분에 진한 색상을 바르면 입술 길이가 축소되어 보이는 효과가 있다.

69 입술 끝이 처진 경우의 수정화장법으로 효과적인 것은?
① 입술 끝 부분의 색상을 짙게 바른다.
② 엷은 색의 립스틱을 바른다.
③ 입술산에 각을 주어 그린다.
④ 윗입술은 인커브를 그려준다.

해설 입술 끝이 처진 경우는 인커브로 그려주면 우울했던 인상이 웃는 인상으로 변한다.

70 주름이 많은 입술에 효과적인 수정방법은?
① 매트한 립스틱을 선택한다.
② 윤기 많은 립스틱으로 세로 주름 사이까지 세심하게 바른다.
③ 펄감이 많은 립스틱을 사용한다.
④ 립라이너 펜슬을 사용하지 않는다.

해설 주름이 많은 입술, 윤기 있는 모이스춰타입 립스틱을 사용하고 립라인이 주름 사이로 번지기 쉬우므로 립라이너 펜슬을 반드시 사용한다.

71 잇몸이 보이는 입술은 어떤 색의 립스틱이 좋은가?
① 핑크계
② 퍼플계
③ 베이지계
④ 레드계

해설 잇몸이 보이는 경우는 잇몸 피부색과 차이가 나지 않는 베이지계 색상이 효과적이다.

72 튀어나온 입술에 대한 수정법 중 틀린 것은?
① 입술 주변 피부에 어두운 파운데이션을 바른다.
② 진한 립스틱 색상을 사용한다.
③ 매트한 립스틱을 사용한다.
④ 펄감이 도는 립글로스를 발라 마무리한다.

해설 펄감이 도는 립스틱이나 립글로스는 더 돌출되어 보이게 한다.

73 립스틱을 바르는 기본 테크닉으로 잘못된 것은?
① 입술 라인은 립펜슬로 입술 끝에서 입술 중앙으로 그린 다음 입술산을 그린다.
② 입술주위에 파운데이션과 파우더를 바른다.
③ 입술에 중앙을 표시한 다음 양쪽 입술모양을 맞춘다.
④ 립스틱을 바른 후 티슈로 한 번 유분기를 제거하고 다시 덧바르면 지속성이 좋아진다.

해설 입술 라인은 입술 중앙의 입술산을 그린 다음 입술 끝에서 입술과의 라인을 연결한다.

74 한국인의 피부색과 헤어컬러에 가장 자연스러운 이미지를 주는 립 컬러는?
① 레드계
② 오렌지계
③ 브라운계
④ 핑크계

75 입술 화장의 수정법 중 맞지 않는 것은?
① 면봉을 이용하여 수정한다.
② 립라인이 지워진 경우는 면봉에 파우더를 묻혀 수정한 후 립스틱을 그린다.
③ 전체적인 수정은 립스틱을 닦아내고 파운데이션, 파우더를 바른 후 수정한다.
④ 전체적으로 수정할 때는 립스틱 위의 유분기를 티슈로 살짝 눌러낸 다음 파우더를 바르고 수정한다.

해설 립스틱 위의 유분기를 눌러내고 그 위에 파우더를 바르

답_ 68 ③ 69 ④ 70 ② 71 ③ 72 ④ 73 ① 74 ③ 75 ④

면 립스틱이 두꺼워져 수정 효과가 좋지 않다.

76 입술이 거칠어진 경우에 알맞은 미용법이 아닌 것은?

① 전날 취침 전 영양크림이나 영양오일을 듬뿍 바른다.
② 입술 화장 시 립글로스를 사용한다.
③ 입술 화장 전 립밤이나 영양오일을 마사지한다.
④ 매트한 립스틱을 사용한다.

77 다음 중 블러셔의 역할이 아닌 것은?

① 얼굴형 수정 효과가 있다.
② 혈색을 부여한다.
③ 입체감 있는 얼굴표현을 한다.
④ 볼뼈를 강조해준다.

해설 블러셔는 단순히 볼뼈를 강조하기 위해서 하는 것은 아니다.

78 크림 타입 블러셔의 사용순서는?

① 파우더 사용 후
② 아이섀도우 사용 전
③ 파운데이션 사용 후
④ 파운데이션 사용 전

79 볼연지를 바르는 기본 테크닉으로 잘못된 것은?

① 먼저 중심부위를 진하게 바른 다음 주위에 색상을 엷게 펴 바른다.
② 볼연지는 중심이 되는 부위는 진하게 바른다.
③ 엷게 펴 바른 다음 진하게 바르는 부위에 다시 덧바른다.
④ 블러셔 바른 주변에 파우더를 가볍게 발라 마무리한다.

해설 진하게 바르고 싶은 부위는 색상을 추가하여 덧바르는 것이 좋다. 진하게 바르기 위해 한꺼번에 진하게 표현하면 색상이 뭉치기 쉽고 그라데이션이 잘되지 않는다.

80 볼뼈 중심에서 부드럽게 펴 바르는 것은 어떠한 느낌의 볼연지인가?

① 여성적인 느낌
② 세련되고 지적인 느낌
③ 젊고 활동적인 느낌
④ 귀여운 느낌

81 볼뼈 위쪽은 밝은색으로 하이라이트를 주고 그 밑은 약간 어두운 색으로 섀도를 주는 블러셔는 어떠한 느낌인가?

① 여성적인 느낌
② 세련되고 지적인 느낌
③ 젊고 활동적인 느낌
④ 귀여운 느낌

82 볼뼈 약간 아랫부분에 다소 짙게 바르며 선적인 느낌을 살리는 블러셔는 어떤 느낌인가?

① 여성적인 느낌
② 귀여운 느낌
③ 젊고 활동적인 느낌
④ 지적인 느낌

83 둥근형 얼굴의 블러셔를 바르는 위치 중 올바른 것은?

① 정면을 보았을 때 검은 눈동자의 안쪽에 블러셔를 바른다.
② 귀 윗부분에서 구각을 향하여 세로로 길게 펴 바른다.
③ 볼뼈를 중심으로 둥글게 펴 바른다.
④ 볼뼈를 중심으로 구각을 향하여 폭넓게 펴 바른다.

답_ 76 ④ 77 ④ 78 ③ 79 ① 80 ① 81 ② 82 ③ 83 ②

실력 UP 예상 문제

84 하얀 드레스를 입는 신부화장을 할 때 가장 어울리는 볼연지색은?
① 오렌지
② 핑크
③ 브라운
④ 레드

85 블러셔 색상을 선택할 때 고려해야 할 점이 아닌 것은?
① 의상색
② 립스틱색
③ 눈화장색
④ 유행색

해설 블러셔는 얼굴 메이크업에서 주요 포인트색이 아니기 때문에 유행색을 고려할 필요가 없다.

86 눈밑의 웃으면 볼록하게 튀어나오는 애플존에 볼연지를 둥글게 발랐을 때의 이미지는?
① 지적인 이미지
② 세련된 이미지
③ 귀여운 이미지
④ 발랄한 이미지

87 귀 앞부분에서 콧망울 부분을 향해 바르는 각도가 가로로 완만한 볼연지가 어울리는 얼굴형은?
① 둥근 얼굴
② 사각 얼굴
③ 긴 얼굴
④ 삼각형 얼굴

88 긴 얼굴형의 화장법으로 옳은 것은?
① 턱에 하이라이트를 처리한다.
② 블러셔는 눈밑 방향으로 가로로 길게 처리한다.
③ T존에 하이라이트를 길게 넣어준다.
④ 이마 양옆에 셰이딩을 넣어 얼굴 폭을 감소시킨다.

89 턱 끝은 하이라이트를 생략하고 양쪽 아랫볼이 통통하게 보이게 하이라이트를 한다. 블러셔는 귓부분에서 구각의 약간 위쪽을 향해 부드럽게 펴 바른다. 위의 내용에 어울리는 얼굴형은?
① 역삼각형
② 긴형
③ 둥근형
④ 다이아몬드형

90 콧등을 비롯해서 세로의 길이에 강하게 하이라이트를 준다. 각진 양턱, 이마 끝 부위에 섀도를 주어 갸름해 보이도록 한다. 블러셔는 다소 폭넓게 발라 볼넓이의 밸런스를 맞춘다. 각진 턱에는 블러셔를 바른다. 위의 내용에 어울리는 얼굴형은?
① 둥근형
② 다이아몬드형
③ 역삼각형
④ 사각형

91 베이지계 피부나 햇볕에 그을린 피부에 사용하면 생동감 있는 분위기로 표현되는 볼연지 색은?
① 핑크계
② 오렌지계
③ 브라운계
④ 레드계

92 볼뼈 밑 움푹 들어간 부분에 사선적으로 샤프하게 펴 바르면 현대적이고 세련된 느낌으로 보이는 볼연지 색은?
① 핑크계
② 오렌지계
③ 브라운계
④ 레드계

해설 브라운계 볼연지는 패션모델들이 현대적이고 세련된 분위기 표현을 위해 사용한다.

답_ 84 ② 85 ④ 86 ③ 87 ③ 88 ② 89 ① 90 ④ 91 ② 92 ③

93 이마와 콧등에 하이라이트를 주며 콧등의 하이라이트는 길게 준다. 섀도는 얼굴의 길이감을 주기 위해 코 벽을 따라 가늘고 길게 펴 바른다. 블러셔는 귀 윗부분에서 사선으로 길게 펴 바른다. 위의 내용은 어느 얼굴형에 어울리는 수정 테크닉인가?

① 둥근형
② 사각형
③ 긴형
④ 역삼각형

94 하이라이트는 코의 길이가 느껴지지 않도록 약간 짧게 하고 이마는 옆으로 다소 길게 바른다. 섀도는 코벽을 따라 약간 짧게, 이마 위와 아래턱에 발라 길이감을 줄인다. 위의 내용은 어떤 얼굴형의 수정 테크닉인가?

① 사각형
② 둥근형
③ 긴형
④ 삼각형

95 이마는 조금 넓게 하이라이트를 주고 코벽에 쉐이딩을 편다. 양볼 부분에는 어두운 쉐이딩을 주어 양볼의 라인을 갸름해 보이도록 한다. 위의 내용은 어떤 얼굴형의 수정 테크닉인가?

① 역삼각형
② 긴형
③ 다이아몬드형
④ 삼각형

답_ 93 ① 94 ③ 95 ④

CHAPTER 08

속눈썹 연출

속눈썹은 눈의 보호작용과 지각작용을 가지고 있지만 메이크업에 있어서 속눈썹은 눈의 아름다움을 극대화시키는 데 매우 중요한 역할을 하고 있다. 따라서 인조속눈썹을 이용하여 다양한 속눈썹 연출이 활용되고 있다.

01 인조 속눈썹 디자인

(1) 인조 속눈썹 종류 및 디자인

1) 인조 속눈썹의 종류

① 스트립 래쉬(Strip Lashe)

눈의 아이라인 모양대로 휘어진 가장 일반적인 인조 속눈썹이다. 속눈썹모양과 숱, 길이 등 다양하게 제작되어 있다.

② 인디비쥬얼 래쉬(Individual Lashe)

눈의 속눈썹과 속눈썹 사이에 한 가닥이나 2~3가닥씩 심듯이 붙이는 속눈썹이다.

③ 연장용 래쉬(Extension Lashe)

본래 속눈썹위에 한 가닥씩 글루로 붙여 주는 인조 속눈썹이며 일반적으로 속눈썹 연장이라고 부른다. 연장용 래쉬는 붙이는 기술과 관리에 따라 2~4주 정도 유지 가능하다.

2) 인조 속눈썹의 형태

① 한올 한올 나뉘어 있는 형

원래의 속눈썹처럼 자연스럽게 연출할 수 있다.

② 길이가 길고 눈썹이 드문드문 나 있는 형

눈매가 깊고 또렷해 보인다. 숱은 대체로 많으나 속눈썹 길이가 짧은 눈에 좋다.

③ 길고 짧은 속눈썹이 지그재그로 섞인 형

숱도 적으면서 속눈썹 길이도 짧은 눈에 좋다.

④ 눈꼬리 부분으로 갈수록 길어지는 형

섹시한 이미지의 복고풍을 연출한다.

⑤ 인조모의 형태가 자연스럽고 숱이 많은 형

눈썹 숱이 풍성해 보인다. 속눈썹이 길고 숱이 적은 눈에 어울린다.

3) 인조 속눈썹 재료 및 도구

① 아이래쉬 컬러

속눈썹을 컬링하여 올려주는 도구

② 핀셋

인조 속눈썹을 붙일 때나 떼어낼 때 사용하는 도구

③ 속눈섭 접착제

인조 속눈썹대에 발라 붙일 때 사용하는 하늘 접착제

④ 눈썹가위

인조 속눈썹을 자를 때 사용되는 가위

⑤ 스파출라

접착제를 바르거나 양을 조절할 때 사용

⑥ 면봉

접착제를 붙일 때나 인조 속눈썹을 떼어낸 후 마무리 처리할 때 사용

02. 인조 속눈썹 작업

(1) 인조 속눈썹 선택 및 연출

1) 인조 속눈썹 선택 방법

뷰티메이크업에서 인조 속눈썹을 붙일 때는 먼저 고객의 속눈썹을 먼저 파악하고 인조 속눈썹을 선택한다. 인조 속눈썹을 선택하기 위해서는 모델의 속눈썹 숱이나 굵기 등을 살펴보아야 한다. 속눈썹 숱이 가령 40개 정도라고 한다면 60개 정도로, 1.5~2배 정도 많아 보이게끔 하는 것이 뷰티 메이크업에서 가장 적합하다고 할 수 있다. 본래 40개 정도의 숱을 지닌 사람이 80~90개 이상으로 2배 이상 숱을 많게 한다면 부자연스럽게 보일 수 있다.

인조 속눈썹은 숱이 많아 보이도록 하는 기능뿐만 아니라 속눈썹을 길어 보이게 하는 역할도 한다. 이때에도 본래 속눈썹보다 2~3mm 정도의 긴 가모가 적당하며, 이상 길어지지 않도록 하는 것이 좋다. 만약 인조 속눈썹의 숱은 알맞은 편인데, 그 길이가 자신에게 어울리지 않는다면 적당한 길이로 커트한다. 고객의 속눈썹이 짙은 편이 아니라면 인조 속눈썹의 대가 가는 것을 선택하도록 한다. 속눈썹이 얇은 경우, 인조 속눈썹의 대가 굵은 것을 붙이면 너무 눈에 띄어 부자연스러워서 오히려 역효과를 줄 수 있다.

이해도 UP **O,X 문제**

01 인조 속눈썹 대가 뻣뻣하면 가볍게 구부렸다 폈다를 하면 부드러워진다. (O, X)

02 인조 속눈썹을 붙이기 전에 아이래쉬 컬러로 속눈썹을 올릴 필요가 없다. (O, X)

03 인조 속눈썹에 접착제로 4~5초 흔들어주면 접착력이 좋아진다. (O, X)

답_01: O 02: X 03: O

2) 인조 속눈썹 붙이는 방법

① 아이메이크업 하기

아이섀도를 하고 난 후 펜슬 타입의 아이라이너 펜슬로 속눈썹 사이를 메꾸듯이 그린다.

② 아이래쉬 컬러 하기

아이래쉬 컬러로 속눈썹을 컬링하는데 인조 속눈썹 붙이는 각도를 감안하여 컬링한다.

③ 마스카라 바르기

컬링한 속눈썹에 마스카라를 칠한다. 위에서부터 아래쪽으로 바른 다음 살짝 건조하면 다시 아래에서 위로 발라 올려준다.

④ 인조 속눈썹 붙이기

- 원하는 인조 속눈썹을 선택한다.
- 핀셋으로 인조 속눈썹을 집어 눈길이에 맞는 길이로 자른다.
- 인조 속눈썹대를 가볍게 구부렸다 폈다를 하여 부드럽게 한다.
- 인조 속눈썹 대에 접착제를 바른다. 이때 눈앞머리와 눈꼬리부분은 한 번 더 덧발라 접착력을 좀 더 높혀준다.
- 접착력을 높이기 위해 4~5초 정도 가볍게 흔들어 준다.
- 눈앞머리부터 붙인다.

⑤ 고정시키기

핀셋으로 인조속눈썹 숱부분을 집고 눈썹앞머리 부분, 중앙 부분, 꼬리 부분을 가볍게 눌러 고정시킨다. 이때 면봉을 이용하여 가볍게 눌러주어도 된다.

⑥ 마스카라 마무리하기

본래의 속눈썹이 쳐져 있는지 확인하면서 다시 한 번 아래에서 위쪽으로 마스카라를 발라 속눈썹과 인조 속눈썹이 가지런하게 되도록 마무리한다.

⑦ 확인하기

인조 속눈썹 접착제가 완전히 건조되었는지 확인한다. 눈앞머리와 눈꼬리 부분에 인조 속눈썹 접착제를 한 번 더 덧발라도 좋다.

실력 UP 예상 문제

01 인조 속눈썹의 종류 중에서 가장 일반적으로 많이 사용하는 것으로 눈의 아이라인 모양대로 휘어진 것은?

① 스트립 래쉬(Strip Lashe)
② 인디비쥬얼 래쉬(individual Lashe)
③ 연장용 래쉬

02 인조 속눈썹을 붙일 때 사용하지 않는 재료는?

① 핀셋
② 접착제
③ 아이패치
④ 아이래쉬 컬러

03 인조 속눈썹 붙이는 순서로 올바른 것은?

㉠ 인조 속눈썹을 붙인다. ㉡ 아이메이크업을 한다. ㉢ 아이래쉬 컬러를 하여 속눈썹을 올린다. ㉣ 마스카라를 바른다.

① ㉠-㉡-㉣-㉢
② ㉡-㉢-㉣-㉠
③ ㉡-㉢-㉠-㉣
④ ㉢-㉡-㉠-㉣

04 접착제를 바른 인조 속눈썹을 집어서 아이라인에 놓고 붙이는 데 사용되는 도구는?

① 핀셋
② 수정가위
③ 스파튤라
④ 아이래쉬 컬러

05 다음 중 인조 속눈썹의 기능을 잘못 설명한 것은?

① 눈이 커 보이고 선명해 보인다.
② 깊이 있는 눈매를 만든다.
③ 눈의 단점을 보완해준다.
④ 눈의 음영을 부여한다.

해설 눈의 음영은 아이섀도의 기능이다.

06 인조 속눈썹 사용방법 중 틀린 것은?

① 인조 속눈썹에 속눈썹 접착제를 바르고 나서 4~5초 지난 후 붙인다.
② 먼저 펜슬 타입으로 속눈썹 사이를 메꾸어준 다음 아이래쉬 컬러를 한다.
③ 인조 속눈썹은 눈 길이보다 조금 긴 것을 붙이는 것이 편하다.
④ 아이래쉬 컬러로 눈썹을 컬링할 때, 인조 속눈썹 붙이는 각도를 감안해야 한다.

해설 인조 속눈썹은 눈 길이보다 약간 짧은 것을 붙이는 것이 편하다. 눈 길이 보다 인조 속눈썹 길이가 길면 피부를 찌르거나 한쪽 끝이 떨어지기 쉽다.

답_ 01 ① 02 ③ 03 ② 04 ① 05 ④ 06 ③

CHAPTER 09

속눈썹 연장

아름다운 속눈썹 표현을 하기 위해 고객이 속눈썹에 가모를 덧붙여 숱도 많아 보이고 길이도 좀더 길어보이게 하는 시술이 속눈썹 연장이다. 매우 섬세한 작업이므로 기술의 숙달을 위해 반복훈련이 요구된다.

01 속눈썹 연장

(1) 속눈썹 위생관리

1) 깨끗한 위생가운을 입는다.

2) 손소독하기

① 먼저 소독제를 화장솜에 뿌려 손소독을 한다.

② 손등과 손바닥 그리고 손가락사이를 꼼꼼하게 소독제를 뿌리거나 소독제를 화장솜에 뿌려 소독한다.

3) 속눈썹 연장 시술도구를 소독한다.

① 먼저 깨끗한 흰수건 위에 깐 다음 미용티슈를 펴 놓는다.

② 소독제를 도구에 뿌려 소독하거나 소독제를 뿌린 화장솜으로 글루판, 핀셋, 크리스탈판을 하나씩 꼼꼼히 소독한 후 펴놓은 미용티슈 위에 가지런히 배열한다. 핀셋은 자외선소독기에 소독하는 것도 효과적이다.

③ 시술준비가 끝나면 손눈썹연장 시술부위인 눈주위를 소독제를 뿌린 화장솜으로 깨끗이 소독한다.

TIP.

가모의 길이와 굵기에 대해 알아보자.

- 가모의 길이는 시술후의 디자인 효과와 관계가 깊다. 보통 8~15㎜까지 있는데 10~11㎜가 가장 많이 사용된다. 본래 속눈썹 길이보다 2~3㎜정도 길은 가모가 적합하다.
- 가모의 굵기는 시술 후의 속눈썹의 질기와 관계가 깊은데 본래 속눈썹이 가늘고 약하다면 본래 속눈썹보다 약간 더 굵은 가모를 사용하는 것이 적당하다. 보통 0.10~0.15㎜를 가장 많이 사용한다.

(2) 속눈썹 연장제품 및 방법

1) 속눈썹 연장제품

① **소독제**

시술하는 손과 도구, 시술부위를 소독

② **글루판**

속눈썹 연장용 접착제인 글루를 따라놓고 사용하는 판

③ **글루(접착제)**

속눈썹 연장용 접착제

④ **글루(접착제) 리무버**

글루를 이용하여 속눈썹 연장한 것을 제거하는 리무버

⑤ **속눈썹(가모)**

속눈썹 연장용 속눈썹으로 J컬, JC컬, C컬 등 다양함

⑥ **마네킹**

속눈썹 연장을 연습할 때 사용하는 마네킹

⑦ **아이패치**

속눈썹 연장 시술 전 아랫눈꺼풀에 붙이는 패치

⑧ **우드스파출라**

면봉에 전처리제를 발라 오염물질을 닦아낼 때 모델 속눈썹 밑에 깔아 주거나 리터치 시 사용

⑨ **전처리제**

속눈썹 연장시 모델의 속눈썹에 묻어있는 유분기를 닦아내어 속눈썹 연장의 접착력을 높여주는 재료

⑩ **속눈썹빗**

모델의 속눈썹을 빗거나 연장한 상태를 빗어주는 작은 속눈썹 빗

⑪ **속눈썹판(크리스탈판)**

연장할 속눈썹을 가지런히 붙여두고 작업하는 판

⑫ **면봉**

전처리제를 묻혀 사용하거나 글루리무버로 속눈썹 연장한 접착제를 제거할 때 사용

⑬ **핀셋**

속눈썹을 붙일 때 사용하는 도구로 일자형태, 곡자형태 핀셋을 사용

2) 속눈썹(가모) 컬 종류

① **J컬**

가장 자연스러운 컬이며 선호하는 컬 종류이다.

② **JC컬**

J컬보다 조금 더 커브가 있다. J컬과 C컬의 중간이다.

③ **C컬**

컬의 커브가 높으며 눈이 동그랗게 커보인다. 젊은층이 선호한다.

④ **CC컬**

C컬보다 커브가 더 크며 컬링이 강하다.

⑤ **L컬**

처진 눈의 속눈썹이 올라가 보이도록 하는 컬이다.

3) 속눈썹 연장방법

① **손소독하기 :** 소독제(알코올)를 뿌리거나 화장솜에 묻혀 소독한다.

② **재료 및 도구 소독 :** 핀셋은 자외신소독기에 소독하거나 일코올과 같은 소독제로 소독해도 된다. 글루판이나 속눈썹판은 소독제로 소독한다.

③ 터번으로 헤어를 감싸서 정리한다.

④ 모델의 눈주위를 소독제를 묻힌 화장솜으로 닦아 소독한다.

⑤ 눈밑에 아이패치를 붙인다.

⑥ 면봉에 전처리제를 묻힌 다음 우드스파츌라를 모델 속눈썹 밑에 두고 면봉으로 속눈썹의 유분기나 더러움을 닦아낸다.

⑦ 접착하기 전 글루를 30회정도 옆으로 흔들어 글루판에 90°로 세워 조금씩 덜어 사용한다.

⑧ 글루를 가모길이 1/3 정도 묻힌 다음 모델눈썹에 1~2회씩 쓸어주듯 부착한다.

⑨ 가모를 부착한다.

- 핀셋으로 가모를 갈라서 떼어낸다.
- 아이라인에서 1~2㎜ 띄워서 가모를 글루(접착제)로 붙인다.
- 눈중앙에 가모를 붙인다.
- 눈앞머리있는 속눈썹 2~3개를 띄우고 가모를 붙인다.
- 눈꼬리부분에 가모를 붙인다.
- 눈앞머리와 중앙사이에 가모를 붙인다.
- 눈꼬리부분과 중앙사이에 가모를 붙인다.
- 중간부분을 메꾸어 붙여가며 부채꼴모양으로 완성시킨다.

⑩ 건조되면 속눈썹 빗으로 빗어준다.

4) 눈모양 형태에 따른 속눈썹 연장 디자인

속눈썹 연장도 눈모양에 따른 디자인이 필요하다.

눈모양의 단점을 보완하면 좀더 아름다운 이미지를 연출할 수 있다.

① **눈매가 긴 형**

눈앞머리부터 눈중앙부위까지 긴 가모를 붙이고 뒷머리부분으로 갈수록 짧아지도록 붙인다.

② **눈매가 짧은 형**

눈매를 좀더 길게 보이도록 하기 위해 눈꼬리쪽으로 갈수록 길게 붙인다.

③ **돌출된 눈매**

가모길이는 인모보다 약간 길게 붙이며 J컬이 자연스럽다.

④ **눈꼬리가 올라간 눈**

눈매 중앙에 긴 가모를 붙이며 뒷부분은 짧은 것으로 디자인한다. J컬, C컬 모두 어울린다.

5) 속눈썹 연장 후 주의사항

① **시술 후 글루가 완전히 건조하려면 6시간 정도가 걸린다.** 6시간 이전에는 세안을 피한다.

② **시술 후** 1주일 이내에는 사우나 찜질방은 가지 않도록 한다.

③ **시술 후 눈을 비비지 않도록 유의한다.**

④ **피부 클렌징 시 클렌징 오일이나 크림이 닿지 않도록 한다.**

⑤ **아이래쉬 컬러나 마스카라 화장은 하지 않도록 한다.**

⑥ **눈에 이상반응이 생기면 즉시 병원에서 치료를 받도록 한다.**

02 속눈썹 리터치

속눈썹 리터치란 속눈썹 연장 시술을 한 후 일정기간이 지나면 인모에서 떨어져 나가려는 가모를 제거하여 새로운 가모를 재접착시키는 시술을 말한다. 리터치 주기는 4주가 기본**이며 약해지거나 얇아진 속눈썹은 일정기간 인모의 건강을 회복시키는 것이 필요하다.**

(1) 연장된 속눈썹 제거

1) 연장된 속눈썹 제거

① 손소독 한다.

② 재료 및 기구 소독한다.

③ 눈주위 피부를 소독한다.

④ 아이패치를 붙인다.

⑤ 리무버로 가모를 제거한다.

㉠ 전체적으로 가모를 제거할 경우

- 면봉(마이크로팁)에 리무버를 묻힌다.
- 우드스파출라를 가모가 붙어있는 아래쪽에 댄다.
- 리무버가 묻은 면봉으로 가모에 발라주고 2~3분후 제거한다.
- 한꺼번에 제거하려고 하지말고 한 개씩 조심스레 제거한다.
- 면봉에 리무버를 많이 묻히면 눈에 들어가기 쉬우므로 소량씩 사용한다. 절대 눈에 들어가지 않도록 유의한다.
- 우드스파출라는 계속 그대로 받치고 있으면서 가모가 떨어지면 핀셋으로 제거한다.
- 가모를 제거한 다음 면봉에 미온수를 적셔 속눈썹 모근까지 인모에 남은 이물질을 닦아낸다.

㉡ 부분적으로 가모를 제거할 경우

- 부분적으로 가모를 제거한다면 면봉에 리무버를 묻힌다.
- 핀셋사이에 제거할 가모만을 가운데 두고 핀셋을 벌려 면봉으로 접착부분을 조심스레 제거한다.

- 부분적으로 제거할 가모 외에 주변에 있는 가모에 리무버가 묻지 않도록 조심한다.
- 미온수를 묻힌 면봉으로 제거한 부분의 이물질을 제거한다.

2) 속눈썹 리터치 시술

① 손소독한다.
② 재료 및 기구소독한다.
③ 눈주위 피부소독한다.
④ 아이패치를 붙인다.
⑤ 전처리제로 유분기를 제거한다.
⑥ 가모에 글루(접착제)를 묻혀 붙인다.
⑦ 리터치한 부분에 가모 한 개씩 한 개씩을 붙여나가 완성한다.
⑧ 건조되면 속눈썹 빗으로 빗어준다.

이해도 UP **O,X 문제**

01 **눈앞머리쪽의 가모를 붙일 때는 2~3개 정도 속눈썹을 띄우고 가모를 붙인다.** (O, X)

02 **시술 전 글루는 30회 정도 위 · 아래로 잘 흔든다.** (O, X)

03 **가모는 아이라인에서 1~2mm정도 띄우고 붙인다.** (O, X)

04 **연장용 핀셋은 자외선 소독기나 알코올 소독제로 소독한다.** (O, X)

05 **속눈썹 연장 시술 후 하루정도가 지나면 사우나 찜질방을 갈 수 있다.** (O, X)

06 **속눈썹 연장의 리터치 주기는 6~7주가 기본이다.** (O, X)

답_1: O, 2: X, 3: O, 4: O, 5: X, 6: X

실력 UP 예상 문제

01 속눈썹 연장 시술 시 면봉에 전처리제를 묻혀 닦을 때 속눈썹 밑에 깔아주는 재료는?

① 아이패치
② 우드 스파츌라
③ 핀셋
④ 글루판

02 전처리제의 역할은 무엇인가?

① 가모가 나란하게 정리된다.
② 속눈썹 접착제가 제거된다.
③ 속눈썹에 묻어있는 유분기나 오염물질을 제거한다.
④ 속눈썹 붙일 부위를 소독한다.

03 가장 일반적이며 자연스런 속눈썹 연장 가모는?

① J컬
② JC컬
③ C컬
④ CC컬

04 다음 중 커브가 크고 컬링이 가장 강한 가모는?

① J컬
② JC컬
③ C컬
④ CC컬

05 아이패치를 사용하는 순서로 맞는 것은?

① 터번으로 헤어를 감싸기 전에 붙인다.
② 소독제로 눈주위 피부를 소독한 후 붙인다.
③ 전처리제로 닦아낸 후 붙인다.
④ 가모 시술이 끝난 후 붙인다.

06 속눈썹 연장 후 주의사항으로 틀린 것은?

① 시술 후 하루 24시간 이전에는 세안을 피한다.
② 시술 후 일주일 이내에는 사우나를 가지 않는다.
③ 시술 후 눈을 비비지 않도록 주의한다.
④ 마스카라 화장은 하지 않도록 한다.

07 속눈썹 연장의 리터치 주기는?

① 1주
② 2주
③ 3주
④ 4주

08 속눈썹 연장 시술 후 주의사항으로서 틀린 것은?

① 시술 후 6시간 이전에는 사우나나 찜질방을 가지 않도록 한다.
② 시술 후 눈을 비비지 않도록 한다.
③ 마스카라 화장은 피한다.
④ 눈에 이상반응이 있으면 병원에 간다.

답_ 01 ② 02 ③ 03 ① 04 ④ 05 ② 06 ① 07 ④ 08 ①

CHAPTER 10

본식웨딩 메이크업

결혼식에 있어서 신랑, 신부는 일생에 있어서 가장 행복하고 아름다운 순간을 사진이나 동영상으로 남기게 된다. 웨딩 메이크업은 가장 아름다운 모습의 연출을 위해 관련된 여러 가지 상황을 파악하고 감안하는 것이 필요하다.

01 신랑신부 본식 메이크업

(1) 웨딩 이미지별 특징

1) 컬러 이미지별 웨딩연출

분 류	느 낌	메 이 크 업	
로맨틱 이미지	사랑스럽고 부드러운 느낌	피부	핑크베이지로 화사하게
		눈화장	핑크, 피치, 코럴 아이섀도 아이라인 속눈썹강조
		볼연지	페일핑크, 라벤더컬러
		입술	피치, 핑크로 윤기있게
내추럴 이미지	자연스럽고 편안한 느낌	피부	한톤 밝고 화사하게
		눈화장	아이라인 마스카라를 섬세하게
		볼연지	연핑크로 엷게
		입술	핑크립틴트와 립글로스
엘레강스 이미지	품위있고 고급스러운 느낌	피부	웜톤 피부색상
		눈화장	골드브라운 아이섀도
		볼연지	피치컬러
		입술	립라인 선명하게 골드피치색
클래식 이미지	전통적이고 격조있는 느낌	피부	잡티커버, 깨끗하고 윤기있는 피부
		눈화장	베이지브라운 컬러
		볼연지	로즈핑크
		입술	체리핑크, 코럴오렌지
트래디셔널 이미지(한복)	전통적인 우아하고 고전적 이미지	피부	한톤 밝은 핑크
		눈화장	연핑크, 연베이지
		볼연지	애플존에 핑크컬러
		입술	체리레드, 핑크

모던이미지 (트랜디)	현대적이고 도회적인 느낌	피부	밝고 차분한 톤
		눈화장	웜브라운톤 세미스모키
		볼연지	코럴
		입술	피치, 핑크베이지

2) 웨딩드레스 스타일과 이미지

드레스 타입	이미지	어울리는 타입	메이크업
A라인	• 대중적이며 무난 • 클래식, 깨끗한 라인의 웨딩드레스	• 키가 작고 하체가 상체보다 살이 통통한 신부	클래식 메이크업
머메이드 라인	• 바디라인이 아름답게 드러나는 드레스 • 성숙한 여성미가 매력적	• 키가 크고 몸매라인이 풍만한 신부	트랜디 메이크업
프린세스 라인	• 상체라인이 핏한 날씬해보이는 드레스	• 어느 체형이나 어울리는 편임 • 키가 작거나 통통해도 날씬해 보임	내츄럴 메이크업
벨라인	• 상체라인은 타이트하나 스커트라인이 볼륨감있게 풍성함	• 작은 체형이나 마른체형을 볼륨감있게 연출	엘레강스 메이크업

3) 웨딩드레스 컬러에 따른 이미지

웨딩드레스 컬러	이미지	메이크업 스타일
화이트 컬러	순수, 깨끗	깨끗한 내츄럴한 메이크업
핑크아이보리 컬러	사랑스러움, 로맨틱	사랑스러운 로맨틱한 메이크업
크림 컬러	고급스러움, 우아	럭셔리하고 우아한 메이크업

(2) 신랑, 신부 메이크업 표현

1) 신부메이크업 표현

① **기초피부손질을 한다.**

② **헤어세팅을 한다.**

③ **피부표현 메이크업을 한다.**

㉠ 메이크업베이스는 보라색을 사용한다.

㉡ 파운데이션은 피부상태에 따라 리퀴드 파운데이션이나 크림파운데이션을 사용한다.

㉢ 잡티는 컨실러를 이용하여 꼼꼼히 커버한다.

㉣ 윤곽수정은 너무 강하지 않게 자연스럽게 하이라이트 쉐딩으로 시술한다.

ⓜ 얼굴과 목의 경계선을 자연스럽게 그라데이션 한다.

ⓑ 파우더는 핑크와 투명을 혼합하여 가볍게 펴 바른다.

④ 포인트 메이크업

㉠ 아이섀도는 깨끗하고 사랑스러운 느낌의 핑크, 보라, 자주 계열의 쿨톤색상이 기본이며 포인트를 강하게 주지 않고 부드러운 그라데이션 기법으로 표현한다.

㉡ 속눈썹 메이크업은 결혼 전날까지 자연스러운 정도의 속눈썹연장을 하면 효과적이다. 인조 속눈썹을 붙인다면 너무 과하지 않는 것을 선택한다.

㉢ 입술화장은 핑크, 코랄, 피치색이 기본이나 신부이미지에 따라 자주 · 보라톤을 가미해도 좋다. 입술 안쪽은 립글로스를 사용해도 좋다.

㉣ 치크컬러도 핑크코럴 계열색상으로 부드럽고 우아하게 펴 바른다.

⑤ 헤어스타일링을 한다.

⑥ 드레스를 입는다.

⑦ 베일(면사포)로 헤어스타일을 마무리하고 화관이나 티아라로 장식한다.

⑧ 부케까지 함께 전체적인 신부모습을 점검한다.

⑨ 신부메이크업을 다시 한번 점검한 후 마무리한다.

2) 신랑 메이크업 표현

① 기초 피부손질을 한다(스킨 → 로션 → 메이크업베이스).

㉠ 피부가 지성인 경우는 차가운 미스트나 아스트린젠트로 모공을 수축시킨다.

② 피부표현 메이크업을 한다.

㉠ 신랑 메이크업은 신랑 본래의 피부톤과 동일한 파운데이션 색상을 사용하며 절대로 더 희게 표현되지 않도록 한다.

㉡ 땀을 많이 흘리는 신랑은 트윈케이크를 사용해도 좋다.

③ 포인트 메이크업을 한다.

㉠ 눈화장은 브라운톤으로, 눈썹은 약간 굵은 직선형 눈썹으로 그린다.

㉡ 입술은 베이지색으로 엷게 윤곽을 살린다.

㉢ 입술은 입술 윤곽만 가볍게 그려주고 립글로스를 가볍게 발라주어도 좋다.

④ 헤어스타일링을 한다.

⑤ 턱시도를 입고 전체적인 모습을 점검한다.

⑥ 신랑 메이크업을 다시 한번 점검한 후 마무리한다.

3) 야외촬영과 본식촬영 메이크업

웨딩 메이크업은 일반적으로 결혼 당일의 본식 웨딩 메이크업을 의미하나, 실제적으로 웨딩 실무에서 보면 결혼 전에 진행하는 야외촬영 메이크업과 본식촬영 메이크업으로 나누어 볼 수 있다.

오히려 야외촬영이 본식촬영보다 촬영분량이 더 많고 다양한 배경과 촬영 컨셉으로 진행되므로, 본식촬영 메이크업 못지않게 야외촬영 메이크업도 매우 중요하다고 하겠다. 또한, 본식촬영과 야외촬영은 실내와 야외라는 환경의 차이 때문에 메이크업 색상이나 테크닉도 달라져야 한다.

① 야외촬영 메이크업

㉠ 야외촬영은 일광(태양)조명에서 촬영하므로 일반적으로 오전 11시부터 오후 3~4시까지 진행한다.

㉡ 일광(태양)조명은 웜컬러톤이므로 웜컬러 색상인 옐로우, 오렌지, 레드, 그린, 브라운 톤으로 메이크업한다.

㉢ 야외촬영 시 일광(태양)조명에서는 메이크업 색상이 사진상으로 옅게 표현되므로 다소 진하게 표현한다.

㉣ 야외촬영은 사진 효과가 가장 중요하므로 헤어스타일과 드레스, 한복, 기타 의상에 따라 메이크업을 다양하게 연출한다.

② 본식촬영 메이크업

㉠ 본식촬영은 야외결혼식을 제외하고는 모두 인공조명 아래에서 진행하므로 쿨톤으로 메이크업한다.

㉡ 쿨톤인 핑크, 보라, 자주톤으로 메이크업한다.

㉢ 본식촬영 메이크업은 전문조명을 이용하여 사진 효과가 우수하므로 자연스러운 메이크업이 좋다.

㉣ 웨딩 본식에서는 사진 효과도 좋아야 하지만 하객과 가까이에서도 대면하기 때문에 실물로 보아서도 신부의 모습이 자연스럽고 깨끗하고 청초해야 한다.

㉤ 웨딩 하객들은 어린아이부터 고령의 어른들까지이며 이러한 하객들에게 첫인사를 하는 의미가 있기 때문에 신부 메이크업이 너무 과장되지 않고 자연스럽고 깨끗하고 청초해야 한다.

③ 야외촬영 메이크업과 본식 메이크업 테크닉

구분	야외촬영 메이크업	본식 메이크업
이미지	• 일광조명이므로 **웜톤 메이크업** 컬러 • 촬영을 위한 **조금 짙은 정도**의 메이크업	• 인공조명이므로 **쿨톤 메이크업** 컬러 • **청초하고 깨끗한 신부 이미지**
메이크업베이스	• **그린색** 메이크업 베이스	• **보라색** 메이크업 베이스 • **핑크색** 메이크업 베이스
파운데이션	• 베이지계 파운데이션 • 오클계 파운데이션	• 핑크계 파운데이션 • 베이지계 파운데이션
윤곽수정	• 일광에서는 윤곽수정이 약해지므로 **다소 진하게 표현**	• 본식에서는 인공조명이므로 은은하고 **자연스럽게** 윤곽수정

구분	야외촬영 메이크업	본식 메이크업
파우더	• 투명 파우더 • 베이지 파우더 ※ 투명 파우더와 베이지 파우더를 섞어서 사용 가능	• 투명 파우더 • 핑크 파우더 ※ 투명 파우더와 핑크 파우더를 섞어서 사용 가능
볼연지	• 오렌지, 레드오렌지 등	• 핑크, 산호
눈화장	• **옐로우, 오렌지, 그린, 굵은 펄 사용** • 레드, 브라운	• 고운 펄 사용 • **핑크, 보라, 자주**
눈썹	• 얼굴형에 어울리는 눈썹	• 얼굴형에 어울리는 눈썹을 기준으로 하되 눈썹산을 부드럽게 표현
입술	• 오렌지, 레드오렌지, 레드브라운	• 핑크, 산호, 자주, 레드

02 혼주 메이크업

(1) 혼주 메이크업 표현

자녀가 성인으로 자라 혼주가 되면 보통 40세에서 60세 정도가 된다.

이 시기는 중년기로 피부상태가 본격적으로 노화되는 시기이기도 하다. 따라서 혼주 메이크업을 잘하기 위해서는 중년기의 피부상태를 아는 것이 필요하다.

1) 혼주의 피부상태

① 피부두께가 얇아짐

② 콜라겐, 엘라스틴의 감소로 탄력성이 저하

③ 주름살이 증가

④ 피부수분이 적어져 거칠고 건조함

⑤ 색소침착 현상이 나타남

2) 혼주 메이크업 표현

① 피부표현은 핑크계열을 사용하여 화사한 피부색상으로 연출한다. 주름이 있는 눈가, 입술주변, 이마부분은 파운데이션을 엷게 바른다. 기미, 주근깨가 보이는 부분은 컨실러로 커버한다.

② 혼주메이크업은 신랑혼주의 한복색상과 신부혼주의 한복색상이 다르기 때문에 한복색상을 감안하도록 한다. 전통적으로 신부혼주는 핑크색상의 한복을 입는데 핑크, 코랄, 피치 색상으로 화사하게 표현한다.

신랑혼주는 블루색상이 기본이므로 중간톤의 인디언핑크, 베이지핑크색상으로 약간 품위있는 느낌으로 표현해도 좋다. 포인트메이크업은 혼주의 이미지 한복색상 등을 감안하여 연출할 수 있으나 자녀결혼은 경사일이므로 화사함, 품위, 우아함을 주도록 한다.

③ 눈썹은 본래 모습에 가볍게 색상을 더하여 자연스럽게 표현한다.

④ 인조 속눈썹은 자연스러운 길이로 혼주의 본래 속눈썹 길이보다 1~2㎜정도 긴 것으로 붙인다. 아이라인은 눈물을 흘릴 경우를 고려하여 워터프루프로 사용한다.

⑤ 머리숱이 적은 헤어라인 부분은 머리카락 색상과 유사한 아이섀도나 펜슬 등을 이용하여 자연스럽게 발라주어 보완한다.

이해도 UP O,X 문제

01 신부의 본식메이크업에서 얼굴과 목과의 경계선을 자연스럽게 그라데이션한다. (O, X)

02 본식 메이크업 신부화장에서 그린색 메이크업 베이스를 사용하는 것이 효과적이다. (O, X)

03 본식에서 신부는 쿨톤 색조화장으로 표현한다. (O, X)

04 피부색이 검은 신랑은 피부를 좀더 희게 표현한다. (O, X)

05 혼주 메이크업은 신랑, 신부 어머니의 한복색상을 감안하여 색조화장을 한다. (O, X)

답_1: O, 2: X, 3: O, 4: X, 5: O

실력 UP 예상 문제

01 웨딩 메이크업 중 야외촬영 메이크업을 할 때는 어떤 메이크업 색상이 효과적인가?

① 쿨톤 컬러 ② 웜톤 컬러
③ 뉴트럴 컬러 ④ 저채도 컬러

02 야외 촬영 시 메이크업 테크닉으로 틀린 것은?

① 옐로우, 오렌지 색상으로 눈화장을 한다.
② 윤곽수정을 자연스럽게 한다.
③ 펄감을 사용해도 무방하다.
④ 립스틱을 레드오렌지로 진하게 바른다.

해설 야외촬영 시의 윤곽수정은 조금 진하게 하는 것이 사진 효과가 좋다.

03 예식홀에서의 본식 메이크업이 올바른 것은?

① 웜 컬러로 은은하고 자연스럽게 메이크업한다.
② 신부 얼굴이 조금 큰 편이므로 볼, 턱의 윤곽수정으로 쉐이딩을 강하게 하였다.
③ 굵은 펄로 화사하게 눈화장을 하였다.
④ 입술을 산호색으로 바르고 입술 안쪽을 베이비핑크 립글로스를 발랐다.

해설 ①, ②, ③은 모두 야외촬영 메이크업이다.

04 다음 중 본식 메이크업의 피부화장으로 잘못된 것은?

① 보라색 메이크업 베이스와 핑크계 파운데이션을 발라 피부표현을 하였다.
② 파우더는 투명 파우더에 핑크 파우더를 살짝 혼합하여 발랐다.
③ 투명 파우더에 고운 입자의 화이트펄을 조금 섞어 하이라이트를 주었다.
④ 그린색 메이크업 베이스를 바른 후 핑크계 파운데이션을 사용했다.

해설 본식 메이크업에서는 핑크나 보라색 계열 메이크업 베이스가 효과적이다.

05 실내예식장에서 본식 메이크업의 메이크업 테크닉을 모두 고르면?

① 실내촬영이 진행되므로 쿨톤의 메이크업 컬러를 사용한다.
② 메이크업 이미지는 신부 본연의 모습을 청초, 깨끗하게 표현한다.
③ 윤곽수정은 강하지 않게 하고 자연스럽게 표현한다.
④ 최신 유행하는 메이크업 트렌드를 충분히 반영하여 메이크업한다.

해설 결혼식의 하객들은 어린아이부터 고령의 어른들까지 아주 폭이 넓으므로 젊은 층 위주의 최신메이크업 트렌드를 반영하는 것은 좋지 않으며 신부 본연의 모습을 청초, 깨끗하게 표현한다.

06 다음 중 신랑 메이크업으로 잘못된 것은?

① 신랑 메이크업에서 피부톤은 신랑 본래 피부색상과 최대한 유사하도록 피부화장하는 것이 중요하다.
② 땀을 많이 흘리는 신랑은 메이크업 전에 차게 한 수렴화장수를 충분히 발라 모공을 수축시킨다.
③ 신랑 얼굴이 검은 경우 밝은 파운데이션을 발라 피부를 희게 표현한다.
④ 눈썹은 직선적으로 그려서 남성적인 느낌을 준다.

해설 신랑 메이크업에서 가장 중요한 것이 피부 색상톤이다. 최대한 본래 신랑 피부톤과 같도록 하며 밝게 표현하면 매우 부자연스럽다. 밝게 표현하고 싶다면 T-존에 부분적으로 약간의 하이라이트를 주는 것 정도가 좋다.

07 신랑 메이크업의 눈썹은 일반적으로 어떤 형태가 좋은가?

① 화살 눈썹 ② 직선 눈썹
③ 아치 눈썹 ④ 각진 눈썹

답_ 01 ② 02 ② 03 ④ 04 ④ 05 ①, ②, ③ 06 ③ 07 ②

웨딩 메이크업 종사자가 알아야 할 기본 지식 알아두기

웨딩드레스 이미지

드레스 종류	어울리는 스타일
A라인 실루엣 드레스	• 가장 무난하고 대중적이며 스커트 하단으로 내려갈수록 폭이 넓어지므로 자연스럽고 우아하다. • 허리선을 자연스럽게 강조할 수 있다.
머메이드 실루엣 드레스	• 상반신에서 허리라인과 힙라인까지 바디라인이 드러나고 무릎부터 스커트 하단까지 폭이 넓어지는 스타일 • 몸매선이 예쁜 경우 세련되고 섹시한 매력을 뽐낼 수 있다.
엠파이어 실루엣	• 하이웨스트 스타일로 가슴선에서 밑으로 내려갈수록 조금씩 넓어지는 스타일이다. • 여성적인 느낌과 자연과 친화적인 분위기가 있다.
부팡 실루엣	• 벌룬 타입의 웨딩드레스

얼굴형별 어울리는 웨딩드레스 네크라인

둥근 얼굴	• V네크라인 • 목이 짧은사람	보통얼굴형 계란형 얼굴	• 라운드 네크라인
역삼각형 얼굴	• 보트네크라인	긴 얼굴형 목이 긴 경우	• 하이네크라인
긴 얼굴형 목이 짧은 경우	• 스퀘어 네크라인		

CHAPTER 11

응용 메이크업

응용 메이크업을 시술하기 위해서는 패션이미지 유형과 메이크업 디자인요소를 파악하여 패션이미지별 메이크업디자인을 창안하고 메이크업시술로 표현하는 작업단계가 필요하다.

01 패션이미지 메이크업 제안

(1) 패션 이미지 유형 및 디자인요소

1) 메이크업 디자인 요소

① 색(Color) ② 형(Shape) ③ 질감(Texture)

2) 패션이미지

① 내츄럴 이미지

자연스럽고 편안한 느낌의 이미지가 느껴지는 스타일 소재도 천연소재로 소박한 감각으로 따뜻한 느낌

② 엘레강스(Elegance) 이미지

고상하고 품위있는 우아한 여성의 패션스타일

③ 로맨틱(Romantic) 이미지

아름답고 몽환적이고 낭만적인 온화한 여성스러움 분위기를 강조하는 스타일

④ 시크(Chic) 이미지

세련되고, 도시적이며 맵시있는 어른스런 감각의 스타일 전문직 여성의 지성미를 갖춘 느낌

⑤ 고저스(Gorgeus) 이미지

장식성이 강한 현란하고 매우 화려한 느낌의 패션스타일. 특별히 화려한 모임이나 파티에 어울리는 호화스러운 이미지

⑥ 에스닉(Ethnic) 이미지

에스닉은 '민속적인'이란 뜻으로 잉카나 아랍, 아프리카 등의 전통적인 고유문화나 민속의상, 장신구 등에서 얻은 색감과 디자인을 강조하는 패션스타일

⑦ 모던(Modern) 이미지

현대적인 스타일로 유행을 리드하며 개성적이고 전위적인 느낌이 강하다. 이지적, 도회적인 이미지로 세련되고 서구적인 문양들을 많이 활용

⑧ 캐쥬얼(Casual) 이미지

건강하고 활동적이며 생동감있는 젊은 감각의 패션이미지. 청자켓이나 면바지, 티셔츠, 가디건 등으로 활동적이며 친밀한 느낌의 자연스러운 스타일

⑨ **매니시(Mannish) 이미지**

남성적인 느낌의 패션스타일. 남성정장의 느낌을 주는 팬츠슈트, 정장코트 등이 매니시이미지를 주는 패션스타일

⑩ **클래식(Classic) 이미지**

고전적인 복고스타일 패션. 유행에 관계없이 지속적으로 사랑받고 있는 테일러슈트가 대표적인 클래식 이미지 패션

02 패션 이미지 메이크업

(1) TPO 메이크업

메이크업은 사회생활에서 매너, 예의와 같은 에티켓의 기능이 있다. T.P.O에 따른 메이크업은 Time(시간), Place(장소), Occasion(상황 또는 경우)을 파악하여 메이크업해야 한다는 뜻이다. 예를 들어, 회사에 근무할 때나, 저녁 모임에 초대를 받았다거나, 결혼식의 하객으로 갈 때나, 나들이를 갈 때 등의 메이크업은 시간과 장소와 그 상황에 어울리도록 표현해야 한다.

1) 시간에 따른 메이크업

① **데이메이크업(직장 근무 시나 외출시)**

- 낮동안의 근무시에나 외출시에는 너무 강한 메이크업보다는 중간톤의 소프트한 컬러의 내츄럴한 메이크업이 좋다.
- 피부화장은 피부톤과 유사한 파운데이션을 바르고 윤곽수정은 필요한 부분에만 엷게 한다.
- 눈화장은 침착한 중간색으로 지나치지 않게 상식에 벗어나지 않는 정도가 좋다.
- 입술화장은 중간톤의 베이지핑크, 코랄, 피치색과 같이 중간톤의 색상을 바르고 입술 안쪽에는 립글로스를 살짝 덧바른다.
- 블러셔도 립스틱과 유사한 계열로 엷게 바른다.

② **나이트메이크업**

- 해가 지고난 후 밤에는 데이메이크업보다 색상을 좀 더 강조하는 것이 좋다.
- 피부화장 시에는 윤곽수정을 강조해주면 훨씬 더 입체적인 느낌으로 표현할 수 있다.
- 눈화장은 악센트 아이섀도와 아이라인을 좀 더 강조하고 펄감을 사용해도 효과적이다.
- 립스틱도 화려하고 생기있는 색상으로 선명하게 표현한다.

2) 장소(Place)에 따른 메이크업

① **실내메이크업**

- 실내메이크업은 실내환경의 조명색상과 밝기를 감안하여 메이크업을 한다.

- 일반적인 가정이나 오피스의 실내는 조명의 밝기가 보통이므로 자연스런 내츄럴메이크업이 적합하다.
- 실내이지만 조명이 어두운 경우에는 피부톤을 조금 더 밝게, 윤곽은 약간 더 뚜렷한 색조메이크업이 효과적이다.

② 실외메이크업

- 태양광선이 비추는 실외나 야외에서는 자외선을 차단하기 위해 피부화장시 자외선차단제를 꼼꼼히 바른다.
- 피부화장은 기미 주근깨가 짙어지지 않도록 피부커버력이 높은 파운데이션을 사용한다.
- 포인트 메이크업은 화사한 컬러를 이용하여 생기있게 연출한다.

3) 목적에 따른 메이크업

① 파티나 모임에 갈 때

평상시보다 다소 짙은 메이크업을 하며 펄감을 가미하여 화려하고 깊이 있게 표현한다.

㉠ 피부

연보라나 핑크색 메이크업 베이스를 먼저 바른 다음, 본래 피부색보다 한톤 밝은 색의 파운데이션을 바르고 파우더를 바른다. 윤곽수정은 조금 짙게 하고 파우더에 화이트펄을 살짝 섞어 발라도 효과적이다.

㉡ 눈화장

핑크, 보라, 자주톤으로 눈매를 깊이 있게 표현하며 고운펄과 굵은펄로 화려함을 강조해도 좋다. 마스카라와 인조 속눈썹으로 눈매를 강조하고 리퀴드 아이라인을 다소 두껍게 꼬리를 빼서 바른다.

㉢ 입술화장

입술은 핑크, 자주, 레드톤을 바르며 입술 안쪽은 펄감이 있는 립글로스로 볼륨감을 준다.

㉣ 블러셔

입술색 계열과 유사한 색상으로 바른 다음 펄감을 살짝 덧바른다.

② 나들이를 갈 때

전체적인 분위기를 다소 밝고 화사하며 캐주얼한 느낌으로 표현한다.

㉠ 피부

피부표현은 자외선차단크림을 바른 다음 파운데이션과 파우더로 자연스럽게 표현한다.

㉡ 눈화장과 입술화장

다소 밝은 원색적인 느낌의 오렌지나 그린, 핑크가 좋으며 펄감이 가미되면 더욱 화사해 보인다. 입술라인을 강조하지 말고 입술 안쪽을 다소 진하게 발라주어도 좋다.

③ 저녁 데이트에 갈 때

오붓한 데이트나 가까운 지인과의 즐거운 데이트는 그다지 원색적이지 않으면서도 화려하고 윤기가 있는 느낌의 펄메이크업이 좋다.

㉠ 피부

얇고 투명하게 표현하되 잡티를 컨실러로 꼼꼼하게 커버한다. 파우더는 화이트펄을 약간 섞어서 윤기 나는 피부로 표현한다.

㉡ 눈화장

베이비핑크펄, 산호색, 인디안핑크계열이 좋으며 아이라인을 펜슬타입으로 속눈썹 가까이에 그려주어 자연스럽게 한다.

㉢ 입술화장

두가지 색상을 혼합하여 미묘한 색감으로 하며 약간의 펄감이 있는 것이 좋다.

4) 스포츠를 즐길 때

스포츠를 즐길 때는 자외선에 노출되고 땀을 흘리게 된다. 자외선 차단지수가 높은 썬스크린크림을 바르며 포인트메이크업은 워터프루프효과가 있는 것을 사용한다.

① 피부

자외선차단크림을 바른 후 트윈케익을 조금 두껍게 발라준다.

② 눈화장

밝고 화사한 색상으로 건강한 느낌을 준다.

③ 입술화장

건강한 느낌의 오렌지계열이나 레드색상을 사용한다.

(2) 패션이미지 메이크업 표현

1) 면접메이크업

면접 시 첫인상은 단정한 느낌이 매우 중요하다. 밝은 표정과 함께 정갈한 의상과 자연스러우면서도 화사한 인상을 주는 자연스런 메이크업을 한다.

㉠ 피부

한톤 밝은 리퀴드 파운데이션으로 자연스러우면서도 화사한 피부표현을 한다.

㉡ 눈화장

코랄, 핑크, 베이지 계열의 아이섀도를 사용하여 엷게 표현하고 마스카라와 아이라인을 섬세하게 표현한다.

㉢ 입술

베이지핑크톤으로 차분하면서 자연스러운 화사한 분위기를 준다.

㉣ 치크

엷은 코랄이나 핑크 계열로 자연스럽게 홍조를 준다.

이해도 UP O,X 문제

01 데이 메이크업은 소프트한 컬러의 내추럴한 메이크업이 좋다. (O, X)

02 면접 시의 메이크업은 밝은 표정과 함께 화사한 인상을 주는 자연스럽고 단정한 느낌을 주는 이미지로 표현한다. (O, X)

답_1:O, 2:O

2) 의상

스커트정장이 기본이다. 그러나 활동성을 요구하는 직장인의 경우에는 바지정장을 선택해도 좋다. 일반적으로 블랙, 네이비, 브라운색상을 착용하지만 디자인계열이나 패션회사 등에 면접할 때는 약간 개성적이고 화려한 의상도 무방하다.

3) 헤어스타일

깔끔한 인상의 단발이나 숏커트, 그리고 긴머리는 핀으로 고정하거나 묶는 것이 좋다. 이때 핀은 너무 화려한 꽃장식이나 큐빅이 박힌 것은 좋지 않다. 헤어웨이브는 자연스러운 굵은 웨이브로 부드러움을 주는 것이 좋으며 미디엄 길이 이상은 묶는 것이 단정해 보인다.

4) 소품

핸드백은 너무 크지도 너무 작지도 않은 중간 정도 크기가 좋다. 디자인은 단정한 느낌의 사각형이나 사각진 부분을 살짝 둥글린 숄더 핸드백이 좋다. 구두는 3~5㎝정도의 굽이 있는 것이 적당하며 구두코가 너무 뾰족한 것은 피한다. 스카프는 의상과 유사 조화되는 색상의 무늬가 있는 것으로 코디하는 것이 좋으며 액세서리는 크지 않으면서 단정한 느낌이 드는 목걸이와 귀걸이를 착용한다.

5) 향수

향수는 너무 달콤하거나 무거운 향은 피하고 부드럽고 은은한 플로럴계열이나 시트러스, 그린노트를 사용한다. 향수는 면접시간 1~2시간 전에 뿌려서 면접 시에는 은은한 잔향이 남도록 한다.

실력 UP 예상 문제

01 다음 중에서 메이크업 디자인 요소가 아닌 것은?

① 색
② 형태
③ 질감
④ 부피

02 패션 이미지 메이크업에 있어서 세련되고, 도시적이며 맵시있는 전문적 여성의 지성미를 표현하는 이미지는?

① 엘레강스 이미지
② 시크 이미지
③ 고저스 이미지
④ 캐쥬얼 이미지

03 장식성이 강한 현란하고 매우 화려한 느낌을 가르키며 화려한 모임이나 파티에 어울리는 호화스러운 이미지는?

① 고저스 이미지
② 시크 이미지
③ 모던 이미지
④ 엘레강스 이미지

04 남성 정장의 느낌을 주는 팬츠슈트, 정장코트 등의 패션이미지는 무엇이라고 하는가?

① 에스닉 이미지
② 모던 이미지
③ 매니시 이미지
④ 클래식 이미지

05 T.P.O 메이크업이 뜻하는 것이 아닌 것은?

① 시간
② 기능
③ 장소
④ 상황

06 다음 중 나이트 메이크업의 설명으로 잘못된 것은?

① 데이메이크업보다 색상을 좀더 강조한다.
② 윤곽수정은 엷게 한다.
③ 색조화장을 좀더 선명하게 표현한다.
④ 눈화장이나 입술화장에 펄감을 사용한다.

07 야외나들이를 갈 때 메이크업으로서 옳지 않은 것은?

① 자외선 차단 크림을 바른다.
② 밝고 화사한 색감으로 메이크업 한다.
③ 펄감을 사용하지 않고 매트하게 표현한다.
④ 캐쥬얼한 느낌의 이미지로 표현한다.

08 스포츠를 즐길 때 하는 메이크업으로 적합하지 않은 것은?

① 유분기가 있는 크림 파운데이션을 바른다.
② 자외선 차단지수가 높은 썬스크린 크림을 사용한다.
③ 워터프루프 효과가 있는 화장품을 사용한다.
④ 트윈 케익을 조금 두껍게 발라준다.

09 다음 중 에스닉 이미지를 잘 설명한 것은?

① 장식성이 강한 화려한 느낌
② 전통적인 고유문화나 민속적인 느낌
③ 세련되고 도시적인 느낌
④ 생동감 있고 젊은 느낌

답_ 01 ④ 02 ② 03 ① 04 ③ 05 ② 06 ② 07 ③ 08 ① 09 ②

CHAPTER 12

트랜드 메이크업

트랜드 메이크업은 패션, 헤어스타일, 컬러, 화장품 정보등의 시대적인 유행, 경향 등을 파악하고 분석하여 그에 따른 메이크업 트랜드를 개발하고 개발된 트랜드 메이크업을 표현하는 것이다.

01 트랜드 조사

(1) 트랜드 자료수집 및 분석

1) 트랜드 자료수집

① 트랜드정보를 수집한다.

- 팀을 구성한다(3~5명).
- 경제, 사회, 문화, 환경 등의 자료를 수집한다.
- 컴퓨터 사이트, 관련잡지, 서적, 신문, 뉴스 영상물 등을 통해 자료를 수집한다.

② 수집한 트랜드 자료를 정리한다.

- 종류별, 단계별로 자료를 분류한 다음 정리한다.
- 사진자료를 트랜드에 맞추어 분류한다.
- 사진 및 시각자료와 텍스트를 배치한다.
- 팀원들과의 협의를 통하여 트랜드를 구체적으로 파악한다.
- 트랜드 방향에 맞게 문서작성하며 자료를 정리한다.

③ 트랜드자료를 분석한 후 포트폴리오를 만든다.

예시

0000년도 메이크업 트랜드 컬러

- 0000년도 컬러 트랜드를 사회적, 문화적으로 크게 분류하여 조사분석한 후 패션, 컬러, 메이크업, 제품별로 세분화하여 파악하고 분석한다.
- 자료 출처를 확인하고 기록한다.
- SNS, 인터넷 등의 정보를 조사하여 유행하는 컬러 트랜드를 메이크업, 헤어, 네일 등으로 분류하여 정리한다.
- 화장품브랜드 매장에 나가 시장동향을 조사하고 유행하는 메이크업 컬러 트랜드를 조사한다.

TIP. 트랜드 자료수집 및 분석

메이크업 분야는 시대적인 흐름이나 유행에 영향을 많이 받는 경향이 있으므로 트랜드 메이크업을 이해하고 파악하기 위한 트랜드 자료수집 및 분석이 필요하다.

실력 UP 예상문제

01 트랜드 자료수집에서 옳지 않은 것은?

① 팀을 6~8명으로 구성하는 것이 적절하다.
② 경제, 사회, 문화, 환경 등의 자료를 수집한다.
③ 컴퓨터 사이트로 정보를 수집한다.
④ 서적, 잡지, 신문 등으로 정보수집한다.

02 트랜드 메이크업 자료의 특성으로 맞지 않는 것은?

① 그 시대에 유행하는 색상, 질감, 기법이 나타난다.
② 연도, 계절에 따라 변한다.
③ 패션 경향에 따라 변화한다.
④ 영화나 드라마 등에 따라 영향을 받지 않는다.

답_1: ①, 2: ④

2) 트랜트 메이크업 자료의 특성

• 그 시대에 유행하는 색상, 질감, 기법이 나타난다.
• 연도, 계절에 따라 변한다.
• 패션경향, 영화나 드라마 그 시대의 이슈에 따라 변화한다.

02 트랜드 메이크업

트랜드 메이크업은 현재 상황에서 유행하는 색상과 테크닉을 이용하여 표현하는 메이크업을 의미한다. 따라서 트랜드 메이크업 경향에 따라 사용하는 화장품과 도구가 달라지며, 연출하는 방법도 새롭게 변화한다.

(1) 트랜드 메이크업 표현

1) 메이크업 일러스트 제작

① 트랜드 분석자료를 기반으로 한 트랜드 메이크업을 이미지화 한다.
② 메이크업 작업지시서에 일러스트로 메이크업 패턴을 표현한다.
③ 트랜드 메이크업 시술에 필요한 화장품, 재료, 도구, 테크닉 등을 적어넣고 일러스트로 그린다.
④ 트랜드 메이크업에 필요한 화장품과 재료, 주의사항 등을 작업지시서에 기록하여 완성한다.

2) 작업지시서의 내용을 확인하면서 사전에 필요한 화장품재료, 도구 등을 준비한다.

① 협의를 통해 필요한 화장품재료, 도구를 준비한다.
② 테스트 메이크업을 하여 표현효과를 확인한다.
③ 실제 트랜드 메이크업에 사용할 화장품, 재료, 도구 등으로 메이크업을 하여 시술에 필요한 내용을 작업지시서에 추가 기입한다.
④ 작업지시서의 내용을 총정리하여 완성한다.

〈트랜드 메이크업 표현을 위한 작업지시서〉	
주제 – 스프링 메이크업	메이크업 재료 및 주의사항
	**피부**–깨끗한 피부 : B브랜드 페이셜크림, C브랜드 베이스, A브랜드 파운데이션
	아이 – 밝고 화사하게 : M브랜드 섀도 [3호 베이지], IF브랜드 싱글섀도 3, M브랜드 섀도, B브랜드 아이브로우, C브랜드 젤 라이너, M브랜드 마스카라, M브랜드 속눈썹
	립 – 소프트핑크로 화사하게 : M브랜드 립스틱, A브랜드 립글로즈
	치크 – 생기있게 살짝 촉촉한 느낌 : A브랜드 하이라이터, 쉐딩, B브랜드 코랄, 립앤치크 터치, IF 팩트

3) 트랜드 메이크업을 실행한다.

① 모델에게 헤어밴드를 씌우고 어깨보를 한다.

② 재료를 셋팅한다.

③ 손소독을 한다.

④ 재료, 기구소독을 한다.

⑤ 트랜드 메이크업 작업지시서에 따라 메이크업 시술을 한다.

03 시대별 메이크업

시대별 메이크업은 그 시대의 트랜드 메이크업이라고 볼 수 있다. 서양의 메이크업 문화는 1900년 이후 영화시장 보급과 함께 급속도로 발전하면서 그 시대 유명했던 영화배우의 메이크업 표현이 유행하게 되었다.

(1) 시대별 메이크업 특성 및 표현

〈 시대별 메이크업 특성 〉

분류	사회 · 문화적 배경	패션과 메이크업 스타일	메이크업 스타일
1930년대	• 경제불황 • 현실도피, 이상향추구 • 낙천주의 확대 • 영화의 대중문화화 • 영화 속의 스타가 아름다움의 기준이 됨	• 슬림앤롱(길고 날씬한 스타일), 엘레강스 스타일이 인기 • 스커트는 길고 허리, 힙라인 자연스레 노출	• 눈썹은 아치형으로 성숙한 여성미 강조 • 하이라이트를 눈썹 위에 밝게 처리 • 아이섀도 검정, 브라운, 흰색으로 음영 강조 • 입술은 레드로 선명하게 육감적으로 표현 • 대표적배우 : 그레타 가르보, 진할로우
1950년대	• 2차 세계대전 후 부흥기 • 캐쥬얼한 미국 영패션 인기 • 로큰롤룩이 유행	• 1950년대 초는 컬이 있는 심플, 여성스러운 헤어스타일이 유행 • 1950년대 말에는 부풀린 부팡스타일 인기 • 성숙, 우아한 여성미가 유행	• 눈썹은 굵은 각진형 • 아이라인을 길게 강조 • 입술은 레드색상으로 아웃커브로 표현 • 대표적배우: 마릴린 먼로, 오드리 헵번
1960년대	• 청년문화가 주도 • 히피족 등장 • 기술과 산업의 발달로 풍요로운 사회가 됨 • 여가활동, 오락이 확산 • 팝송과 팝아트 등 대중문화가 확산	• 여성해방 운동과 여성의 사회진출로 유니섹스 패션스타일 등장 • 긴머리의 히피스타일 유행 • 패션은 미니멀리즘으로 미니스커트가 확산	• 다양한 메이크업 스타일이 존재 • 건강하고 섹시한 메이크업이 인기 • 큰눈을 강조한 메이크업이 인기 • 대표적배우 : 트위기, 브리짓 바르도

(2) 시대별 메이크업 표현

〈 시대 메이크업 – 그레타 가르보(1930년대) 〉

메이크업 작업지시서

Concept(개념)	시대 메이크업	Time(진행일)	2023.05.09 14:00~17:00
Color(색상)	블랙, 브라운, 레드브라운	Place(장소)	실습실
메이크업 제품		Make up Theme(주제) 현대1 – 1930년(그레타 가르보)	

도구 및 재료	모두 준비
기초화장품	준비
파운데이션	크림 파운데이션, 컨실러, 핑크 파우더
하이라이터	밝은 노랑, 흰색
섀딩	브라운, 베이지
아이섀도	브라운
립라이너	레드브라운
립	레드브라운, 립글로즈
치크	브라운
아이브로우	브라운
아이라이너	블랙(리퀴드)
그 외 재료	인조 속눈썹(약간 긴 것)
	마스카라, 눈썹 왁스, 실러

메이크업 특징 및 주의사항

① 피부는 크림 파운데이션으로 커버하여 깨끗하게 표현한다. 잡티부분은 컨실러를 사용하고, 하이라이트와 섀딩으로 윤곽수정 후 파우더로 매트하게 마무리한다.

② 눈썹은 파운데이션이나 눈썹 왁스 및 실러를 이용하여 완벽하게 커버한다.

③ 아이섀도는 펄이 있는 갈색으로 눈두덩이에 아이홀을 그리고 그라데이션 한다.

④ 레드브라운으로 인커브 립라인 그린 후 안쪽을 메꾸고 립글로스를 약간 덧발라 유분기를 표현한다.

⑤ 치크는 브라운으로 광대뼈 아래쪽을 강하게 표현한다.

⑥ 핑크 파우더로 얼굴 전체에 가볍게 쓸어주어 마무리한다.

〈 시대 메이크업 - 마릴린 먼로(1950년대) 〉

메이크업 작업지시서

Concept(개념)	시대 메이크업	Time(진행일)	2023.05.18 14:00~17:00
Color(색상)	핑크, 베이지, 레드	Place(장소)	실습실

메이크업 제품	
도구 및 재료	모두 준비
기초화장품	준비
파운데이션	매트질감, 핑크톤 파운데이션, 컨실러
하이라이터	흰색, 밝은 베이지
섀딩	브라운, 베이지
아이섀도	베이지, 핑크, 화이트
립라이너	레드
립	레드, 립글로스
치크	핑크
아이브로우	브라운
아이라이너	블랙(리퀴드), 블랙(펜슬)
그 외 재료	인조 속눈썹(약간 긴 것)
	컨실러 마스카라 블랙 · 브라운 펜슬

Make up Theme(주제) 현대2 - 1950년(마릴린 먼로)

메이크업 특징 및 주의사항

① 피부톤보다 밝은 핑크톤 파운데이션을 바르고 하이라이트 섀딩으로 윤곽 수정 후 파우더로 매트하게 마무리한다.

② 눈썹은 양미간이 좁지 않게 브라운 색상으로 각진 눈썹으로 그린다.

③ 아이섀도는 핑크와 베이지 색상으로 눈두덩이에 아이홀을 표현하고 그라데이션한다. 아이홀 안쪽 눈꺼풀에 화이트 색상을 발라 입체감을 주고 언더에는 베이지 색상 아이섀도를 바른다.

④ 마스카라를 한 후 인조속눈썹(꼬리쪽 긴 것)을 붙인다.

⑤ 펜슬 아이라인으로 속눈썹 사이를 메꾸어 준 다음 리퀴드 아이라인으로 눈꼬리를 길게 빼서 그려주어 그윽한 눈매를 표현한다.

⑥ 레드색 립라인을 아웃커브로 그리고 입술 안쪽을 채운 후 립글로스를 약간 발라 유분기를 표현한다.

⑦ 치크는 핑크색으로 광대뼈보다 아랫쪽에서 구각을 향해 사선으로 표현한다.

⑧ 검정색 리퀴드 아이라인이나 펜슬로 마릴린먼로 점을 찍는다.

<table>
<tr><th colspan="4">〈 시대 메이크업 – 트위기(1960년대) 〉</th></tr>
<tr><th colspan="4">메이크업 작업지시서</th></tr>
<tr><td>Concept(개념)</td><td>시대 메이크업</td><td>Time(진행일)</td><td>2023.05.23 14:00~17:00</td></tr>
<tr><td>Color(색상)</td><td>핑크, 베이지, 네이비, 그레이, 화이트, 어두운 청색</td><td>Place(장소)</td><td>실습실</td></tr>
<tr><td colspan="2">메이크업 제품</td><td colspan="2">Make up Theme(주제) 현대3 – 1960년(트위기)</td></tr>
<tr><td>도구 및 재료</td><td>모두 준비</td><td colspan="2" rowspan="13"></td></tr>
<tr><td>기초화장품</td><td>준비</td></tr>
<tr><td>파운데이션</td><td>리퀴드 크림타입</td></tr>
<tr><td>하이라이터</td><td>흰색, 밝은 베이지</td></tr>
<tr><td>섀딩</td><td>브라운</td></tr>
<tr><td>아이섀도</td><td>베이지, 핑크, 네이비, 그레이, 어두운 청색</td></tr>
<tr><td>립라이너</td><td>베이지 핑크</td></tr>
<tr><td>립</td><td>베이지 핑크</td></tr>
<tr><td>치크</td><td>핑크, 라이트 브라운</td></tr>
<tr><td>아이브로우</td><td>내츄럴 브라운</td></tr>
<tr><td>아이라이너</td><td>블랙/브라운</td></tr>
<tr><td>그 외 재료</td><td>인조 속눈썹</td></tr>
<tr><td></td><td>마스카라 젤라이너</td></tr>
<tr><th colspan="4">메이크업 특징 및 주의사항</th></tr>
</table>

① 파운데이션은 두껍지 않게 바른 후 파우더 처리해준다.

② 눈썹은 자연스런 브라운 색으로 눈썹산을 강조하여 그린다.

③ 아이섀도는 화이트를 베이스로 바르고 핑크, 네이비, 그레이, 어두운 청색으로 인위적인 쌍커풀라인을 표현한다.

④ 마스카라를 한 후 인조속눈썹을 붙이고 아래라인에도 인조속눈썹을 붙이거나 아이라인으로 언더 속눈썹 모양을 그린다.

⑤ 치크는 핑크 및 라이트 브라운으로 애플존에 둥근 느낌으로 바른다.

⑥ 베이지 핑크 립스틱을 발라 마무리한다.

CHAPTER 13

미디어캐릭터 메이크업

미디어 분야는 영화, TV방송, 광고, 잡지 등 매우 광범위하다. 따라서 이러한 미디어 매체의 특수한 캐릭터 표현을 하기 위해서는 미디어 특성별 메이크업 표현효과를 이해하고 그에 따른 세부적인 전문적인 재료 사용과 시술적인 테크닉을 공부해야 한다.

01 미디어 캐릭터 기획

(1) 미디어 특성별 메이크업

미디어란 영상물을 이용한 매체, 수단이라는 뜻으로 미디어의 종류를 크게 나누어보면 전파매체와 인쇄매체로 나눌 수 있다. 따라서 미디어 메이크업이란 전파매체와 인쇄매체인 인쇄물, TV, 영화, 잡지 등을 제작할 때 필요한 메이크업을 말한다.

분류	특징	유형	메이크업 특징
전파매체	시각과 청각을 동시에 실행하는 시청각 매체로 메시지의 호소력이 강하다.	광고 CF	광고할 상품과 목적파악이 매우 중요하다. 얼굴이 클로즈업되는 CF인 경우에는 섬세한 메이크업 테크닉이 중요하다.
		영화	영화 시나리오에 있는 캐릭터 분석이 중요하다. 영화미디어는 시대와 상황 등 매우 다양한 메이크업 패턴과 연출이 매우 중요하다.
		드라마	드라마 시나리오에 있는 캐릭터 분석이 중요하다. 캐릭터 분석에 따른 메이크업 패턴 개발과 연출이 매우 중요하다.
		방송	• 뉴스, 시사, 예능 등 프로그램 성향에 따라 메이크업 한다. • 뉴스와 시사 프로그램은 클래식한 분위기의 메이크업 연출이 필요하다. • 예능 프로그램은 쇼 프로그램인지, 예능토크쇼인지에 따라 메이크업 분위기가 다르다. • 쇼 프로그램은 매우 화려하고 유행 경향을 감안한 메이크업 연출이 필요하다. • 예능토크쇼는 조금 자유롭고 화사한 메이크업 패턴이 가능하다.

인쇄매체	신문, 잡지, 포스터와 같이 지면을 통해 제작되는 것이다.	신문	신문과 같은 인쇄매체는 선명도가 떨어지는 점을 감안한다. 신문매체의 메이크업은 다른 일반 매체에 비해 조금 진하게 한다.
		화보	화보의 성격을 포토그래퍼와 디렉터와의 협의를 통해 이해하고 진행한다. 화보는 다양한 메이크업 연출이 필요하다.
		포스터	포스터에서 알리고자 하는 포인트를 이해해야 하고 특징적인 이미지를 포스터 한컷트에 담아야 한다. 따라서 한 컷트의 메이크업 표현이 매우 중요함을 인식해야 한다.

1) 영화 메이크업

영화는 멜로, 코미디, 액션, 판타지 SF(공상과학) 등 다양하다. 각 장르에 따라 영화 시나리오에 있는 캐릭터를 분석하여 메이크업 세부디자인을 기획한다. 영화 메이크업은 특수메이크업 분야까지 다양한 메이크업 기술이 요구된다.

① 영화 시나리오를 읽고 분석한다. 영화의 장르, 제작자의 의도, 인물의 성격, 직업, 연령과 시대적 배경 등을 분석한다.

② 메이크업 디자인을 구상한다. 대본캐릭터와 캐스팅된 연기자의 차이점을 분석하여 디자인한다.

③ 감독의 의도와 구상한 메이크업 디자인에 대해 협의한다. 영화에서의 캐릭터, 촬영장의 상황 등을 협의하여 메이크업디자인을 협의하고 확정한다.

④ 메이크업 계획표(연결표)를 작성한다.

2) 드라마 메이크업

드라마는 텔레비전 프로그램으로 연속극 종류와 미니시리즈, 대하드라마 등으로 나뉘며 시대적 배경으로는 현대극, 사극 등으로 구분된다. 드라마 메이크업의 경우 시놉시스 분석을 통하여 작품에 적합한 메이크업 디자인을 해야 하며 씬과 씬의 연결을 고려한 메이크업시술을 해야 한다.

① 대본을 읽고 분석한다. 드라마의 장르, 연출자의 연출기법과 의도, 인물의 성격, 직업, 연령, 시대적 배경 등을 분석한다.

② 메이크업 디자인을 구상한다.

③ 미디어 제작의도와 구상한 메이크업 디자인에 대해 감독과 협의한다. 연기자의 캐릭터, 미디어 제작환경을 파악하여 메이크업 디자인을 감독과 협의하고 확정한다.

④ 메이크업계획표를 작성한다.

조명과 메이크업 색상과의 관계					
메이크업색상 / 조명	레드	옐로	그린	블루	바이올렛
레드조명	흐려짐	레드	어두워짐	어두워짐	옅은 레드
오렌지조명	밝아짐	조금 흐려짐	어두워짐	어두워짐	밝아짐
옐로조명	화이트	화이트 또는 흐려짐	어두워짐	바이올렛	핑크
그린조명	어두워짐	어두운 그레이	옅은 그린	밝아짐	옅은 블루
블루조명	어두운 그레이	어두운 그레이	어두운 그린	옅은 블루	어두워짐
바이올렛조명	블랙	어두운 그레이	어두운 그레이	바이올렛	매우 옅어짐

출처 : Joe Blasco&Vincent J-R Kehoe(2005) 「The Professional Make-up Artist」
Walsworth Publishing Company Inc 83
교육부 NCS 미디어 메이크업

3) 미디어 메이크업의 종류

① 스트레이트 메이크업

출연자나 연기자에게 최소한의 피부색 보완과 결점 커버를 한 메이크업이다. 미디어매체로 보았을 때는 거의 메이크업을 한 것과 같은 느낌이 들지 않으며 매우 자연스러운 메이크업을 스트레이트 메이크업이라고 한다.

② 캐릭터 메이크업

대본에서 나타나는 성격, 직업, 나이 등의 특성을 감안하여 표현한 메이크업을 캐릭터 메이크업이라고 한다. 캐릭터 표현을 위해서 노화된 얼굴표현, 대머리, 수염 붙이기, 상처표현 등의 테크닉이 요구된다.

③ 광고메이크업

광고메이크업은 영상(CF) 광고메이크업과 지면광고 메이크업이 있다. 영상메이크업과 지면광고메이크업은 광고하는 상품과 광고 콘셉트에 따라 메이크업을 해야 한다.

㉠ 영상광고 메이크업

영상광고는 CF(Commercial Film) 이라고도 하며 제품의 특성이 잘 표현되어 광고효과가 나타나도록 하는 메이크업이 되어야 한다. 영상광고 메이크업은 클로즈업이 많을 경우 깨끗하고 투명한 피부톤으로 표현하고 자연스러운 눈썹, 혈색이 있는 입술과 치크표현이 되어야 한다. 펄감있는 메이크업화장품을 사용하고자 할 때는 반드시 모니터를 통하여 확인해야 하며 강한 펄감 사용은 피한다.

㉡ 지면광고 메이크업

지면광고는 잡지, 신문, 포스터 카탈로그 등 포토 메이크업에 의해 광고작업이 진행된다. 포토 메이크업은 광고할 상품과 광고 컨셉트를 파악한 후 광고효과를 높일 수 있는 메이크업을 실시한다. 지면광고의 사진효과는 조명에 따라 얼굴의 입체감이 달라지므로 모니터링을 통해 특징을 잘 이해하여 메이크업한다.

㉢ 광고 메이크업 시 유의해야 할 사항
- 조명의 방식과 비율을 파악해야 한다.
- 실제 표현한 메이크업 색상과 같은 색상으로 광고 결과물로 표현되는지 유의해야 한다.
- 조명의 세기비율 즉 주조명과 보조조명의 세기비율은 모델의 콘트라스트 정도를 나타내어 피부질감이 다르게 표현될 수 있다.

〈 영화 메이크업 진행순서 〉

① 영화 시나리오를 읽고 분석한다. 영화의 장르, 제작자의 의도와 인물의 성격, 직업, 연령 시대적배경 등을 분석한다.
② 메이크업 디자인을 구상한다. 대본캐릭터와 캐스팅된 연기자의 차이점을 분석하여 디자인한다.
③ 감독의 의도와 구상한 메이크업 디자인에 대해 협의한다. 영화에서의 캐릭터, 촬영장의 상황 등을 협의하혀 메이크업디자인을 협의하고 확정한다.
④ 메이크업 계획표를 작성한다.

〈 드라마 메이크업 진행순서 〉

① 대본을 읽고 분석한다. 드라마의 장르, 연출자의 연출기법과 의도, 인물의 성격, 직업, 연령, 시대적배경 등을 분석한다.
② 메이크업 디자인을 구상한다.
③ 미디어 제작의도와 구상한 메이크업디자인에 대해 감독과 협의한다. 연기자의 캐릭터, 미디어 제작환경을 파악하여 메이크업디자인을 감독과 협의하고 확정한다.
④ 메이크업계획표를 작성한다.

TIP. 영화 메이크업

- 흑인메이크업을 할 때 하이라이트는 흰색보다는 라이트 골드색상을 섞어서 사용하면 피부색이 들뜨지 않는다.
- 피부톤은 이마나 턱과 목의 경계부분의 피부색과 맞추는 것이 자연스럽다.

TIP. 드라마 메이크업

- 펄이 들어간 메이크업 재료를 사용할 때는 조명책임자와 협의한 후 사용해야 한다.
- 영상의 빛반사가 강하기 때문에 립글로스는 많이 사용하지 않도록 한다.
- 카메라 렌즈를 통해 표현되는 메이크업은 육안으로 보는 것보다 화사하고 색상표현이 옅게 보이므로 감안하도록 한다.
- 자연광에서 촬영할 경우 피부표현이 실제 바른 것보다 2배 정도 두껍게 보일 수 있다. 가볍고 얇게 표현하도록 하고 두꺼운 사용감의 파운데이션이나 컨실러를 많이 사용하는 것은 피한다. 파우더도 소량만 사용하도록 한다.

TIP.

- 시놉시스(Synopsis) : 영화나 드라마의 간단한 줄거리나 개요
- 콘티 : 영상을 제작하기 전 스토리(내용)를 그림으로 그려 이해하기 쉽도록 시각화한 것

콘티는 콘티뉴이티(Continuity)의 준말

(2) 미디어 캐릭터 표현

미디어 분야의 캐릭터는 농부나 의사 경찰 등과 같이 뷰티메이크업 테크닉으로 표현할 수 있는 캐릭터와 아바타, 외계인, 좀비, 상처표현 등과 같이 특수효과를 사용해야 하는 캐릭터가 있다. 일반 메이크업으로 표현하기 어려운 특수한 개성을 강조한 캐릭터 메이크업을 하기 위해서는 특수효과를 낼 수 있는 재료를 사용하여야 한다.

1) 미디어 캐릭터 메이크업을 표현하기 위한 절차

① 작품분석을 통하여 인물의 특성을 파악한다.

- 작품의 장르와 작가 연출자의 의도를 고려한다.

② 캐릭터에 대한 정보를 찾아 수집한다.

- 문헌, 사진, 예술품 등을 고찰한다.

③ 선정된 배우나 연기자의 이미지나 분위기를 분석한다.

- 특수한 캐릭터의 이미지를 표현하기 위해서는 연기자나 배우가 지니고 있는 이미지나 분위기를 파악해야만 효과적인 캐릭터를 표현할 수 있다.

④ 캐릭터 이미지 표현 시 영향주는 요소

- 유전적 요소 – 피부색 체형 성별 외모 등
- 환경적 요소 – 기후 자연환경 지역특성
- 건강적 요소 – 피부색상, 눈주위 음영, 입술상태, 특정 질병 증상
- 상처적 요소 – 싸움 상처
- 시대적 요소 – 작품에서의 시대적인 배경, 환경

⑤ 부가적인 소품 활용

미디어 캐릭터 메이크업은 제작을 진행하면서 작가와 연출자의 의도 그리고 작품진행 방향의 변경 등에 의해 독특한 캐릭터로 재창출될 수도 있다. 연기자나 배우의 캐릭터가 더욱 잘 연출될 수 있도록 가발이나 모자, 가면, 콘택트렌즈 등을 부가적인 소품으로 활용하여 미디어 캐릭터를 강조한다.

2) 미디어 캐릭터 기획하기

① 시나리오를 분석하여 메이크업 표현과 전개를 파악한다.

- 작품의 흐름과 함께 등장인물을 분석한다.
- 캐릭터의 특징을 분석한다.

② 미디어캐릭터 메이크업업무를 기획하고 인물 특징을 살린 메이크업 디자인을 작성한다.

③ 미디어캐릭터 메이크업 시안을 작성한다.

- 작품에서 나타난 캐릭터를 작성하고 그 이미지표현을 구상한다.
- 디자인한 미디어 캐릭터 메이크업을 연출 제작팀과 협의한다.
- 협의를 통하여 장르와 컨셉에 적합한 미디어캐릭터 메이크업 스타일을 디자인한다.

- 조도와 조명과의 관계를 검토한다.
- 최종적으로 배우 또는 연기자와의 미팅을 통해 미디어 캐릭터 메이크업 디자인 기획안을 완성한다.

④ 미디어 캐릭터 메이크업 프레젠테이션 자료를 만든다.

⑤ 미디어 캐릭터 메이크업을 프레젠테이션(발표)한다.

미디어 메이크업 기본지식

촬영용어

- 샷(Shot) : 컷트라고도 하며 카메라로 촬영한 화면
- 씬(Scene) : 몇 개의 샷이 모여 만든 장면
- 시퀀스(Sequence) : 몇 개의 씬이 모여 연속되어 만들어진 것으로, 여러 개의 시퀀스가 모여 하나의 작품이 된다.
- 디졸브(Dissolve) : 하나의 화면이 서서히 사라지면서, 다음 화면이 겹쳐서 나타나는 장면 변화의 표현기법
- 프레임(Frame) : 하나의 화상 또는 화면
- 프레임 인(Frame In) : 화면 안으로 피사체가 들어오는 것
- 프레임 아웃(Frame Out) : 화면 안에서 피사체가 나가는 것
- 줌 인(Zoom-in) : 화면의 피사체를 확대하는 것, 클로즈업과 같은 용어
- 줌 아웃(Zoom-Out) : 화면의 피사체를 축소시키는 것
- 붐(Boom) : 촬영기의 이동은 말하는데 위로 이동하는 것을 Boom up이라 하고 아래로 이동하는 것을 Boom down 이라 한다.

대본의 용어

① S • : 씬(Scene)을 뜻한다.

② C • : 컷트(Cut)를 뜻한다.

③ Take : 테이크(Take)는 한 컷에 몇 번 촬영되었는지를 의미한다.

④ Roll : 롤(Roll)은 필름카메라에서 몇 번째 필름을 쓰는지를 나타낸다.

02 볼트캡 캐릭터표현

(1) 볼드캡 제작 및 표현

- 볼드캡은 대머리캐릭터를 표현할 때 제작한다.
- 특수효과 캐릭터 메이크업 디자인을 하기위해 기초적인 작업으로 제작한다. 예를 들면 아바타, SF영화의 외계인 또는 괴물 등을 표현하고자 할 때는 연기자나 배우 얼굴의 본뜨기를 하여 볼드캡 제작을 해야 한다.

1) 볼드캡 재료

① **라텍스**

- 라텍스는 특수효과 메이크업재료로 많이 사용되는 재료이며 전연라텍스에 암모니아수를 넣어 녹인 것이다.
- 가격이 저렴한 편이며 여러번 덧바르는 경우 건조가 느리다.
- 피부와의 경계선의 이음새가 표시가 난다.

② **액체 플라스틱**

- 일명 글라짠(Glatzan)이라고도 부르는데 글라짠은 상표명이며 액체 플라스틱이 바른 명칭이다.
- 신축성이 좋고 피부와의 경계처리가 자연스럽게 표현된다.
- 라텍스보다 가격이 비싸다.
- 아세톤으로 농도조절하여 사용한다.

③ **플라스틱 모형** : 볼드캡을 제작하기 위한 머리 모형

④ **스피릿검** : 제작한 볼드캡을 접착할 때 사용한다.

⑤ **스피릿검 리무버** : 스피릿 검으로 접착한 볼드캡을 떼어낼 때 사용하는 리무버

⑥ **바셀린** : 액체 플라스틱이나 라텍스를 바르기 전에 플라스틱 모형 표면에 얇게 바른다.

⑦ **파우더, 크리스탈 클리어** : 플라스틱 모형에 그려놓은 얼굴 윤곽선 부분에 바르거나 뿌린다.

⑧ **스펀지, 브러시** : 액체 플라스틱(라텍스)을 묻혀 플라스틱 모형에 바를 때 사용하며 브러쉬나 스펀지로 피부 색상을 표현할 때도 사용한다.

⑨ **종이컵** : 액체 플라스틱이나 라텍스를 종이컵에 덜어서 사용한다.

⑩ **아세톤** : 액체 플라스틱에 아세톤을 넣고 혼합하여 사용

⑪ **타월, 티슈, 물티슈**

2) 플라스틱 모형에 액체 플라스틱(또는 라텍스) 바르기

① 처음 사용하는 플라스틱 모형에는 이음새가 있는데 고운 사포로 갈아서 이음새면을 매끈하게 만든다.

② 플라스틱 모형에 얼굴 윤곽선을 그려준다.

③ 얼굴 윤곽선부분에 크리스탈 클리어을 뿌려준다.

④ 플라스틱 모형표면에 바셀린을 얇게 바른다.

⑤ 액체플라스틱(글라짠)에 아세톤을 혼합한 다음 얼굴 윤곽선의 뒷부분(머리부분)에 플라스틱 모형(얼굴 윤곽선의 머리부분)에 바른다.

⑥ 드라이기로 액체 플라스틱을 건조시킨다.

⑦ 액체플라스틱을 바르고 드라이기로 건조시키는 과정을 4~6회 정도 반복한다.

⑧ 완전히 건조되면 파우더를 바른다.

3) 플라스틱 모형에서 볼드캡 떼어내기

① 목뒤 가장자리 부분부터 플라스틱 모형에서 볼드캡을 분리하는데 브러시나 퍼프에 파우더를 듬뿍 묻혀 볼드캡이 달라붙지 않도록 떼어낸다.

② 얼굴 윤곽선 부분을 좀더 세심하게 늘어나지 않도록 작업한다.

③ 완성된 볼드캡을 플라스틱 모형 위에 씌워서 보관한다.

4) 볼드캡 착용하기

① 물이나 왁스 스프레이 등을 사용하여 머리카락을 두상에 붙여 고정시킨다.

② 화장솜에 알코올을 묻혀 볼드캡을 붙일 얼굴 윤곽선부분의 유분기를 제거한다.

③ 볼드캡을 두상에 씌우고 콤비펜슬로 이마중앙, 좌우 귀옆, 뒷목중앙 등의 부분을 표시하고 콤비펜슬로 자를 부분도 표시한다.

④ 볼드캡을 플라스틱 모형에서 벗겨낸 다음 표시한 대로 잘라내고 이마 중앙부터 스피릿검으로 접착한다. 이때 귀부위는 귓바퀴 안쪽의 약 1㎝ 정도만 잘라주고 점차 귀가 나올 수 있도록 넓혀 잘라주고 난 후 접착한다.

⑤ 피부와의 경계면은 아세톤으로 녹여서 마무리한다.

⑥ 브러시나 스펀지 또는 에어브러시로 피부색상을 표현한다.

5) 볼드캡 제거하기

① 볼드캡의 머리 뒷부분을 당겨서 가위로 자른다.

② 브러쉬나 화장솜에 리무버를 묻혀 접착한 부분의 스피릿검을 녹여준다.

③ 볼드캡을 플라스틱 모형에서 떼어낸다.

03 연령별 캐릭터 표현

(1) 연령대별 캐릭터 표현

1) 연령별 특징

연령별 캐릭터를 표현할 때 그 연령대 외모에서 볼 수 있는 특징을 아는 것이 필요하다. 대체로 청 · 장년기, 중년기, 노년기로 나누어 볼 수 있다.

① **청, 장년기(20–40세)**

㉠ 25세–30세를 지나면서 피부가 점점 건조해진다.

㉡ 25세 정도까지는 피부노화가 진행되지 않으나 30세가 넘으면서 눈 밑의 아이백, 입가의 스마일라인 부분에 잔주름이 생기기 시작한다.

㉢ 40세에 가까워지면 볼부분의 근육처짐이 약간 생기기 시작한다.

② **중년기(40-60세)**

㉠ 피부가 건조하다.

㉡ 근육처짐으로 얼굴의 골격이 생긴나(볼꺼짐, 팔자주름).

㉢ 눈가 다크써클이 생긴다.

㉣ 눈가에 잔주름이 생긴다.

㉤ 눈썹 숱이 적어지고 눈썹꼬리가 흐려진다.

③ **노년기(60세 이후)**

㉠ 얼굴전체에 큰주름과 잔주름이 생긴다(이마, 미간, 눈가, 입가, 목부분).

㉡ 눈밑에 아이백과 큰주름이 생긴다.

㉢ 코가 길어져 보인다.

㉣ 근육이 처져서 눈밑, 팔자주름, 턱주름이 깊어진다.

㉤ 피부가 얇아진다.

㉥ 검버섯이 생긴다.

㉦ 흰머리가 생긴다.

㉧ 수염이 희어진다.

2) 연령별 캐릭터 메이크업 하는 방법

연령별 캐릭터 메이크업 방법은 크게 4가지로 나눌 수 있다. 명암법은 연령별 노화표현을 파운데이션과 파우더, 펜슬, 아이섀도를 이용하여 표현하는 방법이며 그외에 라텍스를 이용하는 방법, 액체 플라스틱을 이용하는 방법과 어플라이언스 메이크업 방법으로 연령별 노화캐릭터를 표현할 수 있다.

① **명암법** : 피부색은 파운데이션으로 근육처짐은 하이라이트와 쉐이딩으로 표현하며 주름이나 검버섯 등은 섀도나 펜슬을 사용한다.

② **라텍스를 이용하는 방법** : 라텍스로 주름을 만들어 표현하며 명암법보다 훨씬 자연스럽고 라텍스와 파우더를 사용한다. 필요에 따라 펜슬과 섀도를 추가 사용하기도 한다.

③ **액체 플라스틱을 이용하는 방법** : 액체 플라스틱에 아세톤을 섞어 사용한다. 라텍스를 사용했을 때 보다 좀 더 사실적이다.

④ **어플라이언스 메이크업** : 영화나 사실적인 표현이 요구될 때 사용되는 핫폼이나 실리콘으로 제작한 것을 피부에 붙이는 방법이다.

3) 노인 캐릭터 메이크업 표현

연령	메이크업 표현
50-60대	• 근육처짐과 잔주름을 표현한다. • 입술색이 엷어지게 하며 혈색이 적다.

60-80대	• 굵은 주름과 잔주름을 강조한다. • 근육처짐으로 눈밑처짐, 팔자주름, 볼패임, 검버섯이 있다. • 흰머리가 있고 혈색이 없으며 아랫입술이 얇아진다.
80대 이후	• 굵은주름과 잔주름 강조한다. • 근육처짐이 심하고 혈색이 창백, 아랫입술이 많이 얇아져 있다. • 코끝이 길어지고, 치아상실, 검버섯 • 거의 백발이며 탈모상태, 머리결이 거칠다.

① 명암법으로 노인 메이크업 하기

㉠ 피부 타입에 맞는 메이크업 베이스를 바른다.

㉡ 피부톤보다 한 톤 어두운 파운데이션을 바른다.

㉢ 섀딩 컬러로 얼굴의 굴곡 부분을 표현한다.

• 섀딩 컬러는 이마 양옆, 관자놀이, 눈썹뼈 윗부분, 이마주름, 눈밑 다크써클 부분, 코 양옆, 광대뼈 밑부분, 팔자주름, 양턱주름에 바른다.

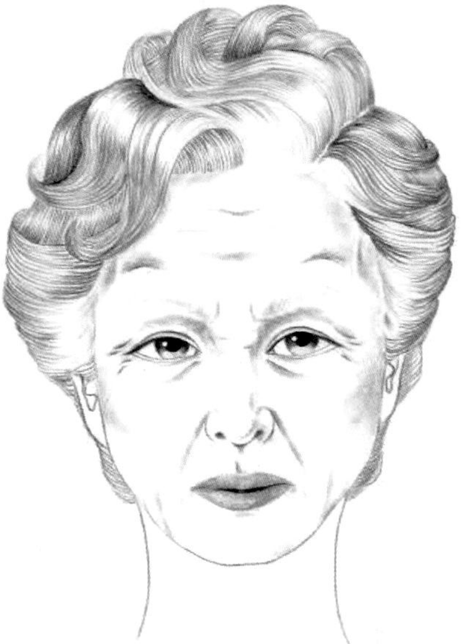

㉣ 하이라이트 컬러로 돌출 부분을 표현한다.

• 하이라이트 컬러는 이마에서 콧등, 눈썹뼈, 볼의 Y존, 턱끝부분에 바른다.

㉤ 갈색 펜슬로 주름을 표현한다.

• 이마주름 : 이마주름은 2~3개 정도 표현하는데 가운데주름은 아랫주름, 윗주름 순으로 그려주며 주름의 굵기는 끝으로 갈수록 가늘어지고 쳐지게 그려준다.

• 눈주름 : 눈밑 큰주름은 다크서클 라인을 따라 그려주고, 눈밑 잔주름은 눈꼬리 방향을 향해 그려준다. 눈꼬리 주름은 1~3개 정도 가늘게 그려준다.

• 코옆의 팔자주름 : 웃을 때 생기는 굴곡을 기준으로 그리며 구각을 감싸듯 끝으로 갈수록 가늘어진다.

• 볼주름 : 입을 크게 벌려 패이는 부분을 곡선으로 그려준다.

• 미간주름 : 미간을 찡그리면 눈썹 앞머리에 생기는 선을 따라 그려준다.

• 콧등주름 : 코를 말아올리면 생기는 라인을 따라 엇갈리듯 그려준다.

• 입술주름 : 먼저 매트한 베이지색을 엷게 편 다음 입술을 최대한 오므린 상태에서 하이라이트 칼라를 살짝 눌러준다. 입술을 펴면 하이라이트 컬러가 묻지 않은 부위에 브라운 펜슬로 선을 그려준다.

• 목주름 : 고개를 양옆으로 돌려보면 목 근육의 라인이 생기는데 이를 강조하며 표현한다.

㉥ 눈밑에 검버섯을 그린다. 볼에 비대칭으로 섀딩컬러로 그린 후 갈색펜슬로 표현한다.

㉦ 약간의 파우더를 사용하여 가볍게 발라준다.

② **액체플라스틱으로 노인메이크업 하기**

액체플라스틱으로 노인메이크업을 하는 방법과 라텍스를 이용해서 노인메이크업을 하는 방법은 같다. 다만 액체 플라스틱은 아세톤과 혼합해서 노인메이크업을 하고 라텍스로 하는 방법은 라텍스 액상을 그대로 사용해서 노인메이크업을 한다.

㉠ 얼굴을 정돈한다.

㉡ 액체 플라스틱을 아세톤과 섞는다.

㉢ 최대한 얼굴 피부표면을 넓게 펴면서 피부에 바른다.

㉣ 건조시키고 파우더를 바른다.

㉤ 얼굴을 움직이면서 주름을 만든다.

㉥ 주름을 강조하고 싶은 부분 이마, 눈가, 입가부분은 부분적으로 손으로 잡아 피부를 늘렸다 접었다 하면서 주름을 만든다.

㉦ 두꺼운 주름을 표현하려면 3~4번 정도 덧발라 준다.

㉧ 파우더를 바르고 브라운섀도와 브라운펜슬을 이용하여 검버섯을 그린다.

(2) 수염표현

수염 표현은 점각수염, 가루수염 접착제로 붙이는 방법과 망에 한 올 한 올 떠서 붙이는 망수염(뜬수염)이 있다. 수염재료는 생사, 인조사, 크레이프 울이 있는데 생사나 인조사를 주로 많이 사용한다. 생사는 가벼우나 습기에 약하고 윤기가 없기 때문에 생사와 인조사를 혼합하여 사용하기도 한다.

1) 점각수염

블랙 스펀지와 라이닝 컬러를 이용하여 면도한 후 1~2일 정도 지난 수염자국을 표현하는 방법이다.

① 블랙 스펀지에 라이닝 컬러를 묻혀 턱 중앙 부분부터 뭉친 부분이 생기지 않도록 주의하며 찍어준다.

② 턱 중앙부터 좌, 우 양옆까지 대칭이 되게 그라데이션 한다.

③ 콧수염까지 좌우대칭이 되게 표현한다.

④ 점각한 찍어준 수염자국이 뭉개지지 않도록 파우더를 퍼프에 묻혀 살짝 눌러준다.

2) 가루수염

가루수염은 생사나 인조사를 이용하여 면도를 한 후 몇 일 정도 경과하여 자란 수염을 표현하는 방법이다. 가루수염은 점각수염에 비하여 쉽게 지워지거나 뭉개지지 않고 수정이 가능하며 사실감이 있다. 영상매체에서 연기자의 초췌한 모습이나 거친 느낌을 주기 위해 표현하는 방법이다.

① 생사나 인조사를 약 0.5~2mm 정도 길이로 자른다.

② 수염 부위에 왁스를 얇게 펴바른다.

③ 브러쉬에 잘라놓은 가루수염을 묻혀서 턱 아래부터 쓸어주듯 펴바른다.

④ 덩어리 진 부분은 핀셋으로 정리한다.

⑤ 물 묻은 거즈나 물티슈로 가볍게 눌러 접착시킨다.

3) 붙이는 수염

① 수염 재료

㉠ 마네킹 : 수염 붙이는 연습을 할 수 있는 얼굴모형의 마네킹

㉡ 홀더 : 마네킹을 테이블에 고정시킬 수 있는 고정장치

㉢ 수정가위 : 수염을 자를 수 있는 가위

㉣ 족집게 : 수염을 한 가닥씩 뽑을 수 있는 족집게

㉤ 면봉

㉥ 커트가위 : 수염을 붙인 후 수염 형태를 다듬을 때 사용

㉦ 쇠빗 : 수염을 빗을 때 사용하며 쇠로 되어 있어 생사의 정전기를 방지

㉧ 브러시 : 수염을 털어낼 때 사용

㉨ 쇠브러시 : 생사를 정리할 때 사용하는 대브러시

㉩ 리무버 : 수염을 붙이는 스프리트 검을 제거하는 리무버

㉪ 스프리트 검 : 수염을 붙이는 접착제

㉫ 화장솜 : 스프리트 검을 제거할 때 리무버를 적셔 사용하는 화장솜

㉬ 사전에 가공된 상태의 수염

② 생사(인조사) 정리하기

㉠ 생사를 적당한 길이로 자른다.

㉡ 자른 생사를 빗으로 빗는다.

㉢ 생사를 한올한올 풀어준다.

㉣ 풀어놓은 생사를 가볍게 비벼준다.

㉤ 생사를 정리한다(양끝을 잡아당기면서 분리하고 합치는 동작을 여러번 반복하여 정리한다).

③ 수염 붙이기

㉠ 손소독을 한다.

㉡ 수염 붙일 피부 부위를 소독제로 닦는다.

㉢ 재료 및 기구를 소독제로 닦는다.

㉣ 스피릿검을 피부에 바른다.

㉤ 스피릿검 바른 부위를 물수건이나 물티슈로 가볍게 누른다.

㉥ 턱수염 콧수염 순서로 붙인다.

㉦ 핀셋으로 정리한다.

TIP. 수염 붙이는 순서

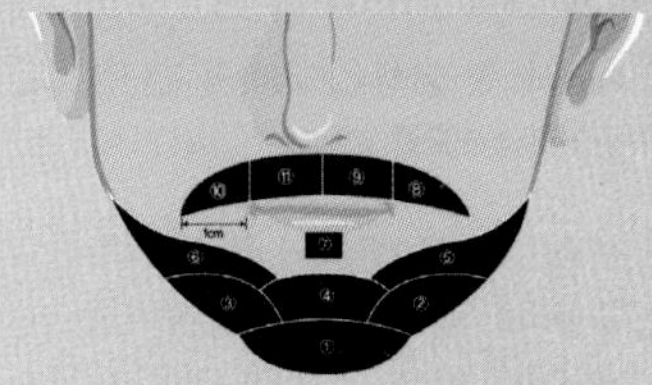

수염은 중앙을 먼저 붙인 다음 양쪽을 번갈아 붙인다. 오른쪽과 왼쪽을 붙이는 순서는 편리한 대로 붙이면 되며 오른손잡이인 경우, 오른쪽을 먼저 붙이는 것이 편리하다.

※ 중앙을 붙인 다음 왼쪽부터 붙여도 무방

이해도 UP O,X 문제

01 미디어 캐릭터 메이크업 시안은 시나리오를 분석하여 제작한다. (O, X)

02 시놉시스란 영화나 드라마의 간단한 줄거리나 개요를 말한다. (O, X)

03 콘티란 영상을 제작하기 전 스토리를 그림으로 그려 이해하기 쉽도록 시각화한 것이다. (O, X)

04 어플라이언스 메이크업은 라텍스를 이용하여 주름을 표현하는 방법이다. (O, X)

05 액체 플라스틱을 이용하면 라텍스를 이용한 것보다 주름 표현이 사실적이지 못하다. (O, X)

06 망수염(뜬수염)은 여러 번 사용이 가능하다. (O, X)

답_1: O, 2: O, 3: O, 4: X, 5: X, 6: O

TIP. 멍자국의 변화

- 타박 직후 : 타격을 맞고 30분 후, 부으면서 붉게 변화한다.
- 타박 후 3~4일 경과 : 검푸른 보랏빛과 자줏빛이 돈다.
- 타박 후 1주일 경과 : 연한 검은색에서 녹색과 노란기가 돈다.

ⓞ 가위로 수염모양을 다듬어 준다.

ⓧ 스프레이를 뿌려 고정해준다.

4) 망수염(뜬수염)

망수염이란 연기자의 얼굴형에 맞추어 본을 뜬 다음 망에 한 올 한 올 매듭지어 가발식으로 제작한 수염으로 형태 유지가 좋으며 여러번 연속사용이 가능하다. 제작된 망수염은 스피릿 검을 수염피부에 발라 접착하며 사용 후에는 스피릿 리무버를 이용하여 접착제를 제거하여 보관한다.

① 망수염(뜬수염) 붙이기

㉠ 망수염을 붙일 부위에 스피릿검을 바른다.

㉡ 스피릿검을 바른부위에 망수염을 대고 물수건이나 물티슈로 누르면서 접착시킨다.

㉢ 빗질하여 정돈한다.

㉣ 핀셋으로 정리한다.

㉤ 헤어드라이나 헤어스프레이로 수염모양을 고정시킨다.

04 상처메이크업

(1) 상처표현

상처는 맞아서 생긴 멍자국, 까지고 긁힌 상처, 칼에 베인 상처, 화상 등 그 종류가 매우 다양하다. 사실감있는 표현을 위해 상황에 따른 재료선택과 상처에 대한 파악이 필요하다.

1) 멍자국 표현(타박상)

주먹이나 기타도구들에 의해 생긴 타박상에 의한 멍자국은 타격을 맞은 후 30분정도 경과하면 부으면서 붉게 부어오르다가 3~4일이 지나면 검푸른 보라와 자줏빛이 돌고 1주일이상이 지나면 연한 검은색에서 녹색과 노란색을 띄면서 2주일 정도가 되면 없어진다.

2) 피부가 벗겨진 상처(찰과상)

① 상처부위에 라텍스를 발라준다.

② 라텍스가 건조되기 시작하면 스파츌라로 둥근 피부 벗겨짐을 만든다.

③ 벗겨진 안쪽에 라이닝칼라로 입체감을 준다.

④ 상처 안쪽에 인조피를 바른다.

3) 엉겨 붙은 피딱지

① 가장 쉬운 방법은 픽스블러드라는 재료를 사용하면 된다.

② 라텍스를 이용하는 방법은 상처부위 만큼 라텍스를 펴바르고 굳기 시작하면 손가락으로 두드리듯 피딱지 질감을 내고 라이닝칼라로 칼라링 후 인조피를 바른다.

4) 긁힌 상처

간단하게 표현하자면 블랙스폰지에 검정색을 묻혀 가볍게 피부에 긁듯이 바르면 된다. 촬영 시에 장시간 유지하게 하려면 라텍스를 피부에 바른 후 그 위에 블랙스폰지를 이용해 라이닝칼라로 표현한다.

5) 칼에 베인 상처

왁스류를 이용해 피부에 얇게 편 다음 스파츌라로 칼에 베인 자국을 만든다. 칼자국 안쪽에 검정색이나 진브라운 라이닝칼라를 칠한 다음 인조피를 바른다.

6) 화상 상처

① **1도화상 :** 라이닝칼라로 피부가 벌겋게 부어오른 정도로 표현

② **2도화상 :** 라이닝칼라로 피부가 벌겋게 부어오르게 표현하면서 부분적으로 물집이 잡힌 모습은 튜플라스트를 이용한다.

③ **3도화상 :** 피부전층이 손상받은 궤양상태

㉠ 화상부위에 스프릿 검을 바른다.

㉡ 스프릿 검위에 솜을 불규칙하게 붙였다 떼어낸다. 티슈를 이용해도 된다.

㉢ 젤라틴을 따뜻한 물에 녹이면서 인조피를 넣어 빨간 컬러의 스킨젤을 만든다.

㉣ 제조한 스킨젤을 화상부위에 바른다.

㉤ 스파츌라로 궤양된 모습으로 만든다.

㉥ 빨강, 검정, 흰색, 노랑색 라이닝컬러로 컬러링하고 인조피를 바른다.

㉦ 글리세린으로 진물이 흐르는 느낌을 준다.

실력 UP 예상 문제

01 미디어 메이크업의 스트레이트 메이크업에 대한 설명으로 맞는 것은?

① 출연자나 연기자에게 최소한의 피부색 보완과 결점을 커버한 메이크업
② 대본에서 나타나는 특성을 표현한 메이크업
③ 제품의 특성을 표현한 메이크업
④ TV 방송의 화려한 역할의 메이크업

02 캐릭터 메이크업에서 활용되는 특수한 메이크업 표현이 아닌 것은?

① 노화피부
② 스트레이트 메이크업
③ 대머리
④ 수염 붙이기

03 광고 메이크업에 대한 설명으로 틀린 것은?

① 제품의 특성이 표현되어야 한다.
② 상품과 연계된 느낌이 있어야 한다.
③ 광고 메이크업이란 영상 광고 촬영이라는 뜻이다.
④ 광고 메이크업은 영상 광고와 지면 광고가 있다.

04 영화 메이크업 진행 시 잘못된 것은?

① 영화 시나리오를 읽고 분석한다.
② 시나리오를 기본으로 메이크업 디자인을 구상한다.
③ 메이크업 전문가로서의 업무이므로 감독과의 협의 없이 독자적으로 메이크업 디자인을 확정한다.
④ 대본 캐릭터와 캐스팅된 연기자의 차이점을 분석하여 메이크업 디자인한다.

05 볼드캡 제작을 하여 표현하는 특수효과 메이크업이 아닌 것은?

① 대머리
② 아바타
③ 외계인
④ 수염 붙이기

06 다음 중 볼드캡 제작 시 필요한 재료가 아닌 것은?

① 라텍스
② 글루
③ 스피릿 검
④ 플라스틱 모형

07 노화 피부를 표현하는 방법이 아닌 것은?

① 명암법
② 라텍스를 이용
③ 왁스를 이용
④ 액체 플라스틱을 이용

08 영화나 사실적인 표현이 필요할 때 핫폼이나 실리콘으로 제작한 것을 피부에 붙이는 방법은?

① 라텍스를 이용하는 방법
② 액체 플라스틱을 이용하는 방법
③ 파운데이션을 이용하는 방법
④ 어플라이언스 메이크업

09 노인캐릭터 메이크업 표현 방법으로 잘못된 것은?

① 코끝을 짧게 표현한다.
② 입술색에 혈색이 적다.
③ 검버섯이 있다.
④ 아랫입술이 얇아진다.

답_ 01 ① 02 ② 03 ③ 04 ③ 05 ④ 06 ② 07 ③ 08 ④ 09 ①

10 볼드캡 제작 시 사용되는 액체 플라스틱의 설명으로 틀린 것은?

① 신축성이 좋다.
② 피부와의 경계선 처리가 자연스럽다.
③ 라텍스보다 가격이 저렴하다.
④ 아세톤으로 농도를 조절하여 사용한다.

11 액체 플라스틱으로 노인 메이크업을 하는 방법으로 맞지 않는 것은?

① 눈을 감고 입을 꾹 다물고 액체 플라스틱을 바른다.
② 건조시킨 다음 파우다를 바른다.
③ 얼굴을 움직이면서 주름을 만든다.
④ 두꺼운 주름표현은 3~4번 정도 덧발라준다.

12 노인 메이크업 표현방법으로 틀린 것은?

① 피부톤보다 조금 더 밝은 색상의 파운데이션을 바른다.
② 섀딩 컬러로 얼굴 굴곡을 표현한다.
③ 하이라이트 컬러로 돌출 부분을 표현한다.
④ 갈색 펜슬로 주름을 그린다.

13 다음 중 멍자국(타박상) 표현으로 잘못 설명한 것은?x

① 타격을 맞은 직후에는 부으면서
② 맞은 후 3~4일이 지나면 검푸른 보라와 자주색이 돈다.
③ 맞은 후 1주일 이상이 되면 보랏빛이 밝아진다.
④ 2주일 정도가 지나면 멍자국이 사라진다.

14 다음 중 3도 화상 상처를 설명한 것은?

① 피부가 벌겋고 부기는 없다.
② 피부가 벌겋게 된 상태에 물집이 잡혀 있다.
③ 피부가 부어 있다.
④ 피부 전층이 궤양된 상태이다.

답_ 10 ③ 11 ① 12 ① 13 ③ 14 ④

CHAPTER 14

무대공연캐릭터 메이크업

무대공연캐릭터 메이크업을 하기 위해서는 작품 캐릭터 개발을 위해 공연작품 분석을 한 후 캐릭터 메이크업 디자인을 하는 단계를 거치게 된다. 무대공연 캐릭터 메이크업은 배우와 관객과의 거리가 멀수록 짙게 표현하며 일반메이크업과는 달리 색감표현이나 테크닉도 매우 전문적이다.

01 작품 캐릭터 개발

(1) 공연작품 분석 및 캐릭터 메이크업 디자인

무대공연 캐릭터 메이크업은 무대예술에 있어서 공연 대본에서 제시하는 배역의 성향적 특성을 인지시키는 중요한 의사전달수단이다. 종합예술의 한 분야로서 무대공연은 무대의 유형, 무대조명, 무대장식, 의상, 소도구 및 무대공연 캐릭터 메이크업이 작품의 이해를 돕는 표현매체가 되고 있는 것이다.

따라서 무대공연 캐릭터 메이크업을 수행하기 위해서는 무대공연의 다양한 특성을 이해하는 것이 필요하다.

1) 공연작품 분석

① 무대공연의 유형

분류	내용
창작극	새로운 대본에 의한 창작 무대공연극
번역극	외국의 작품을 번역하여 만든 무대공연극
창극	한국의 국악으로 만든 정통 무대공연극
오페라	유럽에서 유쾌한 노래와 무용, 연기의 종합무대 공연
뮤지컬	음악극의 형태이며 노래, 댄스가 가미된 것
마당놀이	연기자와 관객이 어우러져 벌이는 놀이극
무용극	현대무용이나 고전무용의 발표
이벤트	거리행사, 퍼포먼스, 행위예술 등의 특정거리나 장소에서 벌이는 것

② 무대공연의 형태

무대형태	객석수	
소극장	500석 이하 객석수	세종문화회관소극장, 연강홀, 국립극장소극장, 동숭아트센터
중극장	500~1,000석 객석수	호암아트홀, 문예회관
대극장	1,000석 이상 규모의 객석수	국립극장대극장, 세종문화회관대극장, 예술의전당, 오페라극장

③ 무대조명의 종류

무대분장은 무대조명과 깊은 관계가 있다.

㉠ **정면조명(Front Light)**

- 배우의 앞에서 정면으로 비추는 조명이다.
- 가장 많이 활용하는 조명의 방법이다.

㉡ **후면조명(Back Light)**

- 배우들이 있는 무대 뒤편에서 무대 앞면을 향해 비추는 조명이다.

㉢ **측면조명(Side Light)**

- 무대의 옆쪽에서 무대를 향해 비추는 것이 측면조명이다.

㉣ **보더조명(Border Light)**

- 무대 천장에서 전체적으로 골고루 무대를 비춰주는 조명이다.

㉤ **풋조명(Foot Light)**

- 무대바닥에서 위쪽을 향해 비춰주는 조명이다.

무대공연의 색조명
: 무대공연의 조명에는 상황에 따른 색조명을 사용한다.

- 아침 : 적색조명을 사용하여 해가 뜨는 분위기를 표현한다.
- 저녁 : 적색조명을 사용하여 노을 지는 분위기를 표현한다.
  직사광선을 받지 않는 곳은 주황색 조명을 사용한다.
- 낮 : 태양을 강하게 받는 곳은 백색조명을 받지 않는 곳은 황색을 사용한다.
- 저녁 : 청색조명을 사용해서 밤의 분위기를 표현한다.

---

④ 시대적 배경을 분석한다.

㉠ 무대공연에서 우리나라의 시대적 배경인지, 서양의 시대적 배경인지에 따라 의상과 헤어스타일이 달라지며 그에 따른 메이크업 패턴이나 색상도 다르게 표현되어야 한다.

㉡ 우리나라의 고조선, 삼국시대, 고려, 조선시대에 따라 의상, 헤어스타일 그리고 메이크업, 장신구가 다르기 때문에 많은 조사가 필요하다.

㉢서양도 이집트, 그리스, 로마, 중세 등 시대에 따라 달라진다.

⑤ 시나리오(대본)에서의 대화, 지문, 행동을 분석한다.

㉠ **대화 :** 시나리오상의 대화는 캐릭터의 성격을 보여준다.

㉡ **지문 :** 지문 역시 캐릭터의 성격을 나타낸다.

㉢ **행동(액션) :** 행동은 비언어적이지만 캐릭터의 감정을 표현한다.

⑥ 시나리오(대본)에서의 캐릭터의 직업과 나이, 특징을 분석한다.

㉠ 직업

직업에 따라서 메이크업패턴을 달리해야 한다. 바닷가의 어민은 강한 태양광선으로 인해 검고 붉은 피부색상에 얼굴에 굵은 주름이 많을 것이다. 의사나 학자는 흰색 얼굴에 안경을 착용하는 것이 효과적일 것이다.

㉡ 나이

나이가 많아짐에 따라 얼굴 근육 처짐과 주름이 변화하게 된다. 또한 검은머리색이 흰머리가 생기게 되며 혈색이 없어지고 검버섯 등이 생기고 탈모도 진행된다.

㉢ 캐릭터의 특징

시나리오에서 나타나는 성격과 신체적 특징 등에 따라 메이크업 캐릭터 표현에 차이를 주어야 한다. 용감한 장수는 눈썹도 검고 진하며 수염도 검고 숱이 많게 표현해야 하며 신경질적인 캐릭터는 미간의 주름을 강조해야 한다.

2) 캐릭터 메이크업 디자인

무대공연 메이크업은 인물의 재창조라고 할 수 있다. 인물의 재창조란 공연작품의 분석과 캐릭터 메이크업 디자인의 과정을 통하여 비로소 역할 속의 인물로 새로이 탄생된다는 뜻이다.

① 캐릭터 메이크업 일러스트를 그린다.

㉠ 작품분석표 작성

캐릭터 메이크업 일러스트를 제작하기 위해서 먼저 작품분석표를 작성해야 한다. 작품분석표는 작품명, 배경장소, 등장인물의 배역, 성격 그리고 메이크업, 헤어이미지를 자세히 분석하여 석는다.

㉡ 무대공연장의 디자인을 참고

무대공연 메이크업 디자인을 하기 위해서는 무대디자인의 색채, 의상, 조명을 참고 하여야 한다.

㉢ 무대공연 캐릭터 메이크업을 디자인한다.

- 등장인물에 따른 캐릭터 메이크업디자인을 위한 자료를 수집한다(예를 들면 헤어스타일,수염유무와 디자인,눈썹모양,연령별 피부변화,눈모양 등의 필요한 자료를 수집한다).
- 제작자 미팅에 참가한다(무대, 의상, 소품 등을 참고한다).
- 메이크업 아티스트로서의 아이디어를 매칭한다.
- 메이크업 디자인을 시트지에 일러스트로 표현한다.

② 캐릭터 표현을 위해 의상, 액세서리, 소품 등의 자료를 수집한다.

〈 무대분장의 메이크업 짙기 〉

- 무대와 배우와의 거리에 따라 메이크업 짙기의 강약을 조절한다.
- 메이크업의 짙기는 무대가 클수록 강하게 표현하며 대극장 〉 중극장 〉 소극장의 순서이다.

02 무대공연 캐릭터 메이크업

무대공연 캐릭터 메이크업은 공연의 성격이나 배우의 캐릭터에 따라 다양하게 표현될 수 있다. 또한 무대분장 캐릭터 메이크업 시술 시에는 배우와 관객과의 거리를 감안하여 짙게 표현하며 공연무대가 커질수록 더 짙게 표현해야 한다.

(1) 무대공연 캐릭터 메이크업 표현

1) 손소독

2) 기구소독

3) 피부화장

① 피부 타입에 맞는 메이크업 베이스를 바른다.

② 파운데이션은 커버력이 높고 지속성이 우수한 타입으로 배우의 피부톤보다 한 톤 어두운 색상을 사용한다.

③ 하이라이트 컬러와 섀딩 컬러를 진하게 표현하여 윤곽을 살려준다.

④ 파우더를 충분히 사용하여 피부화장의 지속성을 높여준다. 공연디자인이나 조명색을 감안하여 핑크색이나 오렌지색의 화사한 컬러 파우더를 사용해도 효과적이다.

4) 눈화장

① 아이섀도 화장을 강하게 표현하여 눈매를 크게 강조한다.

② 아이라인은 눈 위 아이라인과 언더라인을 모두 진하게 표현한다.

③ 인조속눈썹은 무대용으로 숱이 많고 길이가 긴 것을 사용한다.

5) 눈썹

아이브로우 펜슬을 이용하여 캐릭터에 어울리는 형태로 진하게 그린다. 아이브로우 펜슬을 그린 위에 동일한 색상의 케익타입 아이브로우로 덧발라 지속성을 높인다.

6) 입술

입술라인을 선명하게 그려준 다음 립스틱을 바른다. 입술라인을 그릴 때 립펜슬을 사용해도 좋으며 립펜슬은 립스틱의 번짐을 막아준다.

7) 볼연지

볼연지 색상은 다소 진한 것으로 선택하여 캐릭터에 어울리도록 강하게 표현한다.

8) 마무리

얼굴 윤곽을 강조하기 위해서 케익타입 하이라이트와 섀딩을 이용하여 한번 더 발라준다. 특시 하이라이트 컬러로 T존 부위 눈밑 다크써클 부분을 밝게 강조해주며 섀딩 컬러로 노즈섀딩, 헤어라인, 턱선에 한번 더 발라 얼굴 윤곽을 강하게 살려준다.

TIP. 망수염(뜬수염)

- 망수염은 연기자나 배우의 얼굴형에 따라 본을 뜬 다음 망에 한 올 한 올 매듭지어 가발 만드는 방법으로 제작한 것이다. 스피릿 검을 이용하여 피부에 부착하며 스피릿 검 리무버로 떼어낸 다음 보관하면 여러 번 재사용 할 수 있다.
- 거는 수염은 망수염 방법으로 만든 것인데 양귀에 거는 수염으로 반복사용이 가능하고 편리하다.

TIP. 무대공연 메이크업을 위해 파악할 사항

㉠ 대본에 의한 작가의 의도파악
㉡ 연출자의 연출의도와 연출기법
㉢ 대본에 의한 인물캐릭터(직업, 성격, 연령 등)
㉣ 카메라, 조명, 의상, 소도구 파악
㉤ 셋트의 색상과 디자인 파악
㉥ 출연배우들의 실제 연령, 모습, 성격 등을 파악

이해도 UP O,X 문제

01 **1,000석 이상 규모의 객석수가 있는 무대를 대극장이라고 한다. (O, X)**

02 **후면조명은 후광이라고도 하며 영웅스럽고 위대함을 연출할 때 사용하는 조명이다. (O, X)**

답_1: O, 2: O

9) 수염 캐릭터 메이크업

무대공연 메이크업에서 수염 캐릭터는 미디어 메이크업에서 사용하는 방법을 같이 사용하나 미니어와는 달리 무대공연은 특싱상 배우와 관객과의 거리가 있고, 무대공연 횟수만큼 여러 번 수염을 붙여야 하는 번거로움이 있기 때문에 붙이는 수염보다는 편의상 망수염(뜬수염)이나 거는 수염을 많이 사용한다.

10) 공연용 가발

무대공연에서 캐릭터 메이크업과 수염 메이크업 다음으로 매우 중요한 연출 효과를 주는 것은 가발이다.

무대공연에서 가발은 뷰티메이크업에서 헤어스타일로 완성효과를 주는 것과 같은 의미이며, 무대공연에서 가발 연출은 시대별, 연령별, 국가별 이미지 등에 중요한 역할을 한다.

① **제작방법에 따른 가발**
 ㉠ 망가발(뜬가발)은 망사에 한 올 한 올 떠서 제작한 것
 ㉡ 라텍스 고무판에 붙여서 만든 것
 ㉢ 똑딱이로 붙이는 가발

② **전체 가발 :** 가발 디자인이 완벽하게 만들어져 있어서 두상 전체에 덮어 쓰는 가발 공연에 많이 쓰이는 이십트 시대 가발, 로코코 시내의 가발 등 국가별 전통머리 가발이 전체 가발인 경우가 많다.

③ **부분 가발 :** 머리 길이를 부분적으로 길게 하거나 앞머리 가발을 사용하여 헤어스타일을 연출하는 것이다.

④ **대머리 가발 :** 완전히 머리카락이 없는 대머리 가발이나 부분 대머리 가발 등이 있다.

⑤ **시대별 가발 :** 이집트 시대, 바로크 시대, 로코코 시대 등의 가발

⑥ **국가별 가발 :** 일본 가부키 가발, 중국 변발 가발, 남미 인디언 가발, 아프리카 가발 등

⑦ **우리나라 전통 가발 :** 상투, 쪽머리, 댕기머리, 트레머리 가발

실력 UP 예상 문제

01 무대공연 캐릭터 메이크업에서 공연작품 분석을 할 때 중요하지 않은 것은?

① 시대적 배경 분석
② 시나리오 분석
③ 캐릭터 분석
④ 최근 공연작품 분석

02 무대공연 시나리오(대본)에서 인물 캐릭터를 파악하기 위한 것이 아닌 것은?

① 대화　② 지문
③ 행동(액션)　④ 인테리어

03 무대공연 캐릭터 메이크업에서 피부화장방법으로 맞는 것은?

① 피부톤보다 한 톤 어두운 색상을 사용한다.
② 리퀴드 파운데이션을 사용한다.
③ 하이라이트 컬러는 자연스럽게 표현한다.
④ 파우더로 파운데이션 유분기를 가볍게 눌러준다.

04 무대공연 캐릭터 메이크업에서 눈썹을 그리는 방법으로서 지속성이 가장 좋은 것은?

① 에보니 펜슬로 그린다.
② 케익타입 아이브로우로 그린다.
③ 펜슬로 그린 다음 케익타입 아이브로우를 덧바른다.
④ 에보니 펜슬로 그린 다음 케익타입 아이브로우를 덧바른다.

05 무대공연에서 여러 번 반복사용 할 수 있는 수염은?

① 점각수염　② 망수염(뜬수염)
③ 붙이는 수염　④ 가루수염

06 중극장 무대는 객석수가 몇 석인가?

① 200~300석
② 300~500석
③ 500~1,000석
④ 1,000~1,500석

07 공연무대 천장에서 전체적으로 골고루 무대를 비춰주는 조명은?

① 정면조명
② 후면조명
③ 보더조명
④ 풋조명

08 무대공연의 메이크업 표현에 대한 내용 중 맞는 것은?

① 메이크업 짙기는 무대가 클수록 진하게 표현한다.
② 무대조명이 어두우면 메이크업을 진하게 표현한다.
③ 소극장에서는 내츄럴 메이크업 정도로 해도 된다.
④ 피부화장보다 눈화장, 입술화장 등 색조화장만 진하게 표현한다.

09 연기자(배우)와 관객이 어우러져 벌이는 놀이극은?

① 창극
② 이벤트
③ 마당놀이
④ 무용극

답_ 01 ④　02 ④　03 ①　04 ③　05 ②　06 ③　07 ③　08 ①　09 ③

캐릭터 메이크업의 재료와 그 특성

미디어나 무대공연의 캐릭터 메이크업을 효과적으로 표현하기 위해서는 분장 전문가의 뛰어난 기술과 디자인 능력은 물론이고 캐릭터 메이크업에 필요한 다양한 재료들의 특성에 대한 이해가 필요하다. 또한 표현하고자 하는 상황설정에 따른 재료를 올바르게 사용하여야만 보다 훌륭한 효과를 얻을 수 있다.

① 라이닝 칼러(Lining Color)

크림타입의 유성컬러로 다양한 색상이 있으며 색이 선명한 장점이 있지만 주변에 번지거나 묻어 날 수 있다. 멍, 화상, 수염 표현 등의 캐릭터 메이크업에 사용되며 페이스 페인팅이나 바디페인팅에도 많이 사용된다.

② 아쿠아 컬러(Aqua Color)

수용성 컬러, 워터컬러라고도 불리는데 땀이나 물에 지워지는 단점이 있다. 페이스 페인팅이나 바디페인팅에 주로 사용되며 물의 양에 따라 농담을 조절한다.

③ 수염 재료

㉠ 생사(Raw Silk)

누에고치에서 나온 비단실로 피부에 직접 붙이는 수염 캐릭터에 사용된다. 흰색의 실크원사에 필요한 색상을 다양하게 염색하여 사용할 수 있으며, 부드러운 질감으로 접착제를 이용해서 붙이기 쉬운 수염 재료이다.

㉡ 나일론사(Nylon Thread)

나일론사는 여러 가지 굵기와 다양한 색상이 있으므로 용도와 표현 효과에 따라 적절하게 선택하여 사용할 수 있다. 나일론사는 습기에 강하지만 다소 뻣뻣하고 인위적인 윤기가 있다 망수염(뜬수염)이나 거는 수염을 제작 시에 많이 사용되며, 생사와 함께 혼합하여 사용하면 효과적이다.

㉢ 크레이프 울(Crape Wool)

양털을 꼬아 놓은 것으로 미국이나 유럽 등지에서 주로 사용된다. 생사에 비해 올의 길이가 짧고 굵기가 가늘며 웨이브가 있어, 서양인의 수염 표현에 적당하고 부드럽다. 크레이프울은 다양한 염색이 용이하며, 한국인의 수염 표현보다는 서양인의 수염 캐릭터 표현에 많이 활용된다.

④ 블랙 스펀지(Black Sponge)

벌집 형태로 만들어진 나일론제 검정 스펀지로 곰보 스펀지 또는 블랙 스펀지라고 불린다. 긁힌 상처, 수염 자국, 기미, 주근깨 등 질감 표현의 효과를 위해 사용된다.

⑤ 왁스(Wax)

왁스는 점도나 색상효과에 따라 더마왁스(Derma Wax), 퍼티왁스(Putty Wax), 노즈왁스(Nose Wax), 스카왁스(Scar Wax) 등으로 다양하다. 표현하고자 하는 효과에 적합한 Wax를 선택하여 사용하며 칼자국 등의 상처, 동맥절단 효과, 작은 혹, 화상 등 비교적 작고 입체적인 표현에 효과적이다.

⑥ 액체 라텍스(Liquid Latex)

고무나무 수액에 암모니아나 가성칼륨을 혼합하여 만든 흰색의 액체고무로서 공기 중에 노출되면 투명한 색의 탄력성을 지닌 고체상태로 변한다. 대머리 표현의 볼드캡 제작, 화상, 상처, 벗겨진 표피, 주름 표현, 돌출된 작은 상처, 여드름 표현 등에 다양하게 사용된다. 신축성이 뛰어나고 질긴 편이지만 암모니아의 강한 냄새를 갖고 있으므로 환기가 잘되는 곳에서 작업하도록 한다.

⑦ 액체 플라스틱(Liquid Plastic)

열에 약해서 시간이 경과되면 피부온도에 의해 미끄러져 내리는 현상이 있으며, 큰 형태 표현에는 무게감으로 인해 변형된다. 대머리 캐릭터의 볼드캡 제작이나 입체적인 상처 제작에 사용되는 피부표현 재료로 신축성이 좋고 얇고 매끈하게 발라져 피부와의 경계 처리도 자연스럽다. 유해한 냄새가 나므로 환기가 잘되는 장소에서 작업하도록 한다.

⑧ 젤 스킨(Gel Skin)

젤라틴과 글리세린 물을 혼합해서 제조하는 것으로 넓은 부위의 화상 썩은 피부, 울퉁불퉁한 피부표현, 흉터 등의 표현에 사용된다.

⑨ 인조 피(Artificial Blood)

액체 타입의 인조 피이며 색상과 점도에 따라 다양하다. 인조 피는 사고, 혈투, 전쟁 등의 많은 양이 필요한 경우에는 상황과 용도에 맞는 묽은 피, 일반적인 피, 점도가 높아 걸쭉한 피, 굳은 피 등으로 직접 제조하여 사용하는 것이 좋다. 인조 피는 일반적으로 붉은색 식용색소, 푸른색 식용색소, 물엿, 물 등을 혼합하여 끓여서 제조한다. 그 외에 캡슐 블러드, 블러드 파우더, 픽스 블러드(굳은피), 아이블러드(눈에 사용) 등으로 다양하다.

⑩ 실리콘(Silicon)

석고형틀 제작과 인공심장, 특수안면모형, 인공유방 등 모형제작에 주로 쓰이는 재료로서 작업이 간편하고 다른 재료와 달라붙지 않아 분리할 때 용이하며, 틀을 만들기에 이상적인 재료이나 가격이 비싸다는 단점이 있다.

⑪ 실러(Sealer)

왁스로 눈썹을 감추고 난 후, 그 표면에 발라주면 단단하고 매끄러운 효과를 준다.

⑫ 글리세린(Glycerin)

점액질 물질로서 방울처럼 뭉치는 현상을 이용하여 땀방울, 진물, 흐르는 눈물 자국 표현에 효과적이다.

⑬ 스피릿 검(Spirit Gum)

송진을 원료로 한 액체 상태의 접착제로 수염, 가발, 상처 조각, 볼드캡, 각종 마스크 등을 부착하는 데 사용한다.

⑭ 튜플라스트(Tuplast)

튜브 안에 들어있는 투명한 젤 타입의 액체 플라스틱으로 상처나 물집을 표현하는 데 사용된다. 튜브에서 짜내어 바로 피부에 부착시켜 준다.

PART 02

공중위생관리학

Chapter 01 **공중위생관리**

CHAPTER 01

공중위생관리

미용업은 일반 공중을 대상으로 하는 직업이기 때문에 공중보건에 대한 지식은 필수적이다. 공중보건은 시술자와 고객의 건강을 지켜주고, 넓게는 주변친지와 가족들의 삶도 건강하게 유지시켜 줄 수 있기 때문이다.

01 공중보건

(1) 공중보건기초

01) 공중보건학의 정의

공중보건학은 지역사회에서 건강과 관련된 요인을 규명하고 이를 개선하여 지역사회 구성원의 건강을 유지하는 동시에 사전에 질병을 예방하고자 하는 데 노력을 기울이는 학문이다.

① 윈슬로우(Winslow)의 정의

1920년대 미국 예일대 교수인 윈슬로우(Winslow)는 지역주민 단위의 다수를 대상으로 질병예방, 수명연장과 신체적 · 정신적 건강을 효율적으로 증진시키는 학문이라고 정의했다.

② 공중보건의 목적

㉠ 질병예방

㉡ 수명연장

㉢ 건강증진

③ 공중보건의 범위

㉠ **환경관리 분야** : 환경위생, 식품위생, 환경오염, 산업보건, 주택위생

㉡ **질병관리 분야** : 감염병 관리, 역학, 기생충 관리, 비감염성 관리

㉢ **보건관리 분야** : 보건행정, 보건교육, 모자보건, 의료보장제도, 보건영양, 인구보건, 가족계획, 보건통계, 정신보건, 영유아보건, 사고 관리

④ 공중보건의 3대 사업

㉠ **보건교육** : 건강에 대한 경험, 노력, 과정을 바탕으로 건강에 대한 인식을 바꾼다.

㉡ **보건행정** : 지역사회의 건강유지 및 증진을 위한 공적인 행정활동을 한다.

㉢ **보건관계법** : 보건의료법규를 통해 공중보건의 발전에 기여한다.

⑤ 공중보건의 평가지표

다음은 세계 각국에서 공통으로 쓰이는 공중보건의 대표적인 평가지표이다.

㉠ **영아사망률** : 0세의 사망률은 한 국가의 건강수준의 대표지표

㉡ **평균수명** : 출생 시부터 사망 시까지 수명의 평균치

㉢ **비례사망지수** : 50세 이상의 사망자 수 비율

㉣ **조사망률** : 1,000명당 1년간의 사망자 수 비율

㉤ **사인별 사망률** : 사망자의 사인별 사망률

⑥ 공중보건의 발달과정

고대기	• 그리스 · 로마 시대에 공중목욕탕시설로 청결관념이 생김
중세기 (500~1500년)	• 콜레라, 나병, 페스트와 같은 감염병이 범세계적으로 유행 • 검역법 통과, 1383년 검역소 설치
여명기 (1500~1850년)	• 제너가 우두종두법을 개발하여 천연두를 근절 • 1798년 예방접종의 대중화
확립기 (1850~1900년)	• 1873년 공중보건협회 신설 • 파스퇴르가 백신을 발견하여 질병예방이 가능 • 질병에 대한 예방의학 개념이 확립
발전기 (20세기 이후)	• 보건소 보급(미국, 영국 중심) • 지역사회 보건사업 시작 • 사회보장, 의료보장 확립

02) 건강과 질병

① 건강의 정의

건강이란 질병이 없는 상태라고 정의하며 1948년 세계보건기구 헌장에 의하면 '질병이 없고 허약하지 않으며 신체적, 정신적, 사회적 의미로도 건강한 상태를 말한다.'라고 정의하고 있다.

② 질병의 정의

질병이란 병인에 의해서 신체의 장애가 일어나 정상적인 생활의 항상성이 무너진 상태를 말한다.

③ 질병 발생 3대 인자

인자	분류	주요 인자
병인적 인자	생물학적	박테리아, 미생물 등
	영양소적	3대 영양소 결핍과 영양소 과잉. 예 비만증, 당뇨병
	물리적	상처, 화상, 방사능, 기온, 태양광선
	화학적	화학물질, 가스
	정신적	신경성 소화불량, 신경쇠약, 공황장애

인자	분류	주요 인자
숙주적 인자	종족	황인, 백인, 흑인에 따라 다르다.
	면역	개인 면역력에 따라 질병이 다르다.
	성별	남녀성별에 따라 다르다. 예 난소질환, 전립선염
환경적 인자	물리적	날씨, 태풍, 한파, 기온 등의 환경
	생물학적	진드기, 파리, 꽃가루 등 질병을 옮기는 생물

03) 인구보건 및 보건지표

① 인구구성 피라미드

피라미드형(인구증가형)	출생률과 사망률이 높은 **후진국형**
종형(인구정지형)	출생률과 사망률이 낮은 이상형
항아리형(인구감소형)	출생률과 사망률이 낮은 선진국형
별형(인구유입형)	생산층 인구가 증가하는 도시형
기타형(인구유출형)	생산층 인구가 감소하는 농촌형

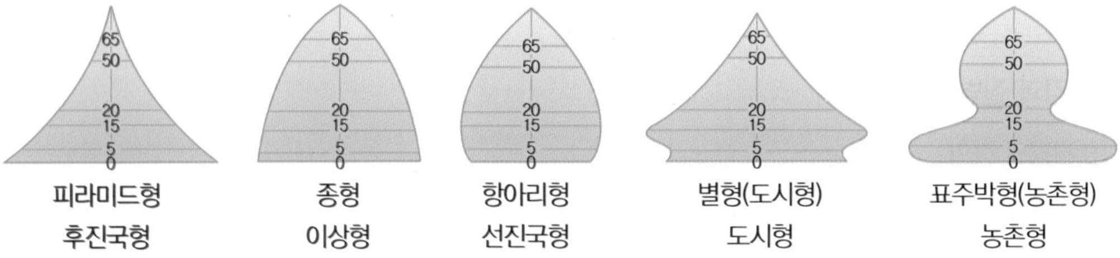

② 국세조사

㉠ 정부가 전국민에 대해 시행하는 인구의 통계조사를 국세조사라고 한다.

㉡ 1749년 스웨덴에서 최초로 실시했다.

㉢ 우리나라는 1925년 이후 5년마다 실시한다.

③ 인구통계

㉠ 조출생률

1년간 탄생한 출생아 수를 당해연도의 총인구로 나눈 수치를 1,000분비로 나타낸 것으로 한 국가의 출생수준이다.

㉡ 일반출생률

15~49세의 가임여성 1,000명당 출생률

④ 건강지표
   ㉠ 비례사망지수
   ㉡ 평균수명
   ㉢ 조사망률

⑤ 보건의료 서비스지표
   ㉠ 의료인력과 시설
   ㉡ 보건정책지표

⑥ 사회, 경제지표
   ㉠ 인구증가율
   ㉡ 국민소득
   ㉢ 주가상태 등

⑦ 세계보건기구의 건강수준 비교지표
   ㉠ 비례사망지수
      전체 사망자 수 대비 50세 이상의 사망자 수의 구성비율
   ㉡ 평균수명
      0세의 출생아가 향후 몇 년 생존할 수 있는가에 대한 기대여명
   ㉢ 조사망률
      인구 1,000명당 1년 동안의 사망자 수의 비율
   ㉣ 영아사망률
      생후 1년 이내 영아(0세)의 사망률로 건강수준을 판단하는 대표지표
   ㉤ 사인별 사망률
      인구 10만 명 중 사망자의 사인별 사망률

TIP.

토마스 R. 말더스
18세기 말, 인구는 기하급수적으로 늘고 생산은 산술급수적으로 늘기 때문에 체계적인 인구조절이 필요하다고 주장함

TIP.

- 자연증가 = 출생률 − 사망률
- 사회증가 = 전입인구 − 전출인구
- 인구증가 = 자연증가 + 사회증가

TIP.

영아사망률은 생후 1년 이내 0세의 사망률로 한 국가의 건강수준을 나타내는 대표 지표이다.

이해도 UP O,X 문제

01 **공중보건학의 정의는 지역사회에서 건강과 관련된 요인을 규명하고 이를 개선하여 지역사회구성원들의 건강을 유지하는 동시에 사전에 질병을 예방하고자 하는 데 노력을 기울이는 학문이다.** (O, X)

02 **질병 발생 3대인자는 병인적 인자, 숙주적 인자, 환경적 인자이다.** (O, X)

03 **숙주적 인자에서 종족은 황인, 백인, 흑인에 따라 다르며, 개인 면역력에 따라 질병이 다르고 남녀성별에서는 똑같다.** (O, X)

해설 남녀성별에 따라 다르다.

04 **피라미드형은 출생률은 낮고, 사망률은 높은 이상형이다.** (O, X)

답_01: O 02: O 03: X 04: X

TIP. 질병의 정의

병인에 의해서 신체적, 기능적 장애가 생겨 정상적인 생활의 항상성이 무너진 상태를 말한다.

(2) 질병관리

1) 역학

① 역학의 정의

역학은 집단으로 감염되어 일어나는 질병을 연구하여 사전예방관리를 하는 학문이다.

② 역학의 목적

㉠ 건강관리에 문제가 되는 질병원인을 규명

㉡ 집단의 건강상태를 기록

㉢ 집단건강의 문제점을 예측

㉣ 건강문제 발생을 통제 · 관리

㉤ 감염병 발생 시 위생관리와 예방접종관리

③ 감염병 유행의 3대 요인

㉠ 감염원

㉡ 감염경로(환경)

㉢ 숙주(감수성)

④ 감염병 3대 인자

㉠ 병인적 인자 : 생물학적, 영양소적, 물리적, 화학적, 정신적으로 분류

㉡ 숙주적 인자 : 종족별, 남녀성별에 따라 분류

㉢ 환경적 인자 : 물리적, 생물학적으로 분류

⑤ 감염병 유행의 6대 요소

㉠ 병원체 : 감염병의 병원체는 질병을 일으키는 세균, 바이러스, 리케치아, 원충류 등을 말한다.

㉡ 병원소 : 병원체가 생활하고 증식하는 장소로 토양, 동물을 가리킨다.

㉢ 병원소로부터 병원체의 탈출

㉣ 전파 : 직접전파와 간접전파가 있다.

㉤ 새로운 숙주에 침입 : 병원체가 병원소로부터 탈출하는 경로와 대체로 같다.

㉥ 감수성 숙주의 감염 : 숙주에 침입한 병원체에 대항하다가 감염, 발병을 저지할 수 없는 상태를 말한다.

⑥ 병원체

감염병의 경우 병원체가 질병의 직접적인 원인이 된다.

병원체	질병
세균	디프테리아, 장티푸스, 결핵, 폐렴
바이러스	인플루엔자, 홍역, 유행성이하선염, 간염
리케치아	발진열, 발진티푸스
진균 또는 사상균	무좀, 칸디다진균증
원충류	말라리아, 아메바성이질, 질트리코모나스
후생식물	회충, 요충, 십이지장충
스피로헤타	매독, 재귀열, 와일씨병, 서교증

⑦ 병원소

병원체가 다른 숙주에게 감염시키기 위해 증식하며 머물러있는 보균장소이다. 즉, 사람, 토양, 동물, 곤충 등이 병원소이다.

구분	병원소	질병
동물병원소	사람	사람에게 보균하여 일으키는 질병
	개	광견병
	쥐	페스트
곤충병원소	모기	뇌염
	이	발진티푸스
	파리	콜레라, 이질
기타	토양	파상풍

⑧ 전파

분류	감염	전파
직접전파	직접접촉감염(신체접촉)	임질, 매독, 피부병
	비말감염(포말감염)	기침, 재채기, 결핵
간접전파	진애감염(먼지, 티끌)	디프테리아, 결핵
	물, 식품	장티푸스, 이질
	토양	파상풍

⑨ 면역

㉠ 능동면역 : 병원체나 독소에 대해서 생체 내에 항체가 만들어지는 면역으로 효력의 지속기간이 길다.

㉡ 수동면역 : 병균을 말이나 소 같은 가축에게 주사해서 생긴 항체를 포함한 면역혈칭을 뽑아 이를 사람에게 피동적으로 주사하여 얻어지는 방법이다.

능동면역	자연능동면역	질병완치 후 획득 면역
	인공능동면역	접종 후 면역
수동면역	자연수동면역	모체면역, 태반면역
	인공수동면역	항독소 접종 후 면역

⑩ 숙주

병원체가 침입하였을 때 대항하거나 자기방어를 할 수 있는 저항력과 면역력의 상태를 말하며 숙주를 감수성이라고도 한다.

2) 감염병 관리

① 법정감염병

질병으로 인한 사회적인 손실을 최소화하기 위하여 법률로서 이의 예방 및 확산을 방지하는 감염병을 말한다.

구분	질병	신고주기	비고
제1급 감염병 (17종)	에볼라바이러스병, 마버그열, 라싸열, 크리미안콩고출혈열, 남아메리카출혈열, 리프트밸리열, 두창, 페스트, 탄저, 보툴리눔독소증, 야토병, 신종감염병증후군, 중증급성호흡기증후군(SARS), 중동호흡기증후군(MERS), 동물인플루엔자 인체감염증, 신종인플루엔자, 디프테리아	즉시 신고	높은 수준의 환자격리 필요
제2급 감염병 (20종 / 21종*)	결핵, 수두, 홍역, 콜레라, 장티푸스, 파라티푸스, 세균성이질, 장출혈성대장균감염증, A형간염, 백일해, 유행성이하선염, 풍진, 폴리오, 수막구균 감염증, b형헤모필루스인플루엔자, 폐렴구균 감염증, 한센병, 성홍열, 반코마이신내성황색포도알균(VRSA) 감염증, 카바페넴내성장내세균속균종(CRE) 감염증, *E형간염 * 시행 예정일 : 2020.7.1.	24시간 이내에 신고	전파가능성 고려하여 격리 필요

구분	질병	신고주기	비고
제3급 감염병 (26종)	파상풍, B형간염, 일본뇌염, C형간염, 말라리아, 레지오넬라증, 비브리오패혈증, 발진티푸스, 발진열, 쯔쯔가무시증, 렙토스피라증, 브루셀라증, 공수병, 신증후군출혈열, 후천성면역결핍증(AIDS), 크로이츠펠트-야콥병(CJD) 및 변종크로이츠펠트-야콥병(vCJD), 황열, 뎅기열, 큐열, 웨스트나일열, 라임병, 진드기매개뇌염, 유비저, 치쿤구니야열, 중증열성혈소판감소증후군(SFTS), 지카바이러스 감염증	24시간 이내에 신고	발생 계속 감시 필요
제4급 감염병 (23종)	인플루엔자, 매독, 회충증, 편충증, 요충증, 간흡충증, 폐흡충증, 장흡충증, 수족구병, 임질, 클라미디아감염증, 연성하감, 성기단순포진, 첨규콘딜롬, 반코마이신내성장알균(VRE) 감염증, 메티실린내성황색포도알균(MRSA) 감염증, 다제내성녹농균(MRPA) 감염증, 다제내성아시네토박터바우마니균(MRAB) 감염증, 장관감염증, 급성호흡기감염증, 해외유입기생충감염증, 엔테로바이러스감염증, 사람유두종바이러스 감염증	7일 이내에 신고	표본 감시 활동 필요

※ 기생충 감염병 : 기생충에 감염되어 발생하는 감염병 중 보건복지부장관이 고시하는 감염병

② **지정감염병**

법정감염병 외에 보건복지부장관이 지정하는 감염병으로서 유행, 전염의 여부에 대해 지속적인 감시와 관리가 필요하다고 판단되는 감염병이다.

③ **급성감염병** : 침입 경로에 따른 감염병

㉠ **급성소화기계 감염병**

경로	관련 질병	병원체(소) / 전파	증상	비고
급성 소화기계 감염병	콜레라	비브리오 콜레라균	열과 복통이 없는 설사, 구토	검역 감염병
		환자의 배변, 토사물		

경로	관련 질병	병원체(소) / 전파	증상	비고
급성 소화기계 감염병	장티푸스	살모넬라균 / 환자의 분뇨	고열, 식욕감퇴, 림프절 종창	수인성 감염병
	세균성이질	이질균 / 파리나 환자의 분변	고열, 구역질, 설사, 경련성 복통	
	파라티푸스	살모넬라균 / 환자의 대소변	고열, 위장염, 식욕감퇴	
	유행성간염	A형 바이러스 / 환자의 분변	발열, 구토, 복통	유행성 간염
	폴리오 (소아마비)	폴리오 바이러스 / 환자의 분변, 기침, 재채기, 콧물	발열, 두통, 구토, 설사, 마비, 신경계 손상	급성 감염병
	장출혈성 대장균 감염증	소, 가금류, 환자의 배변 / 오염된 식품	오심, 구토, 복통, 미열	

© 급성호흡기계 감염병

경로	관련 질병	병원체(소) / 전파	증상	비고
급성 호흡기계 감염병	디프테리아	그람양성균 / 환자의 배변	발열, 인후, 코에 국소적 염증 유발	
	홍역	바이러스 / 환자와의 공기접촉	고열, 기침, 코플릭스 반점	
	백일해	그람음성간상균 / 환자접촉, 공기 중 비말	기관지, 모세기관지병변, 심한 기침, 경련성 발작성 발작	
급성 호흡기계 감염병	인플루엔자	바이러스 / 비말, 포말감염	발열, 오한, 근육통, 사지통	
	풍진	루벨라(Rubella) 바이러스 / 비말, 환자와 접촉	발열, 홍진, 목 뒤 림프절 발진	
	중증급성 호흡기 증후군(SARS)	사스코로나 바이러스 / 환자접촉, 사향 고양이가 매개체	인플루엔자 유사증상, 가래 없는 마른기침	
	성홍열	화농연쇄상구균 / 환자접촉	두통, 구토, 복통, 오한, 인후염, 발진	

ⓒ 급성접촉동물 매개 감염병

경로	관련 질병	병원체(소) 전파	증상	비고
급성 접촉동물 매개 감염병	페스트	페스트간균 쥐, 벼룩	폐렴, 패혈증	
	발진티푸스	리케치아, 프로와제키 이, 쥐, 벼룩	발열, 근육통, 발진, 전신신경증상	
	말라리아	양성 3일열 열충 모기	식욕감퇴, 두통, 사지통, 발열, 오한	급성 감염병
접촉동물 매개 감염병	유행성 일본뇌염	일본뇌염바이러스 모기	고열, 두통, 오심, 뇌에 염증	
	쯔쯔가무시병	쯔쯔가무시, 리케치아 들쥐에 있는 털, 진드기	고열, 오한, 전신발진	고출혈성 질환
	유행성 출혈열	한탄바이러스 좀, 진드기	고열, 구토, 결막 충혈	급성 감염병

ⓔ 급성동물 매개 감염병

경로	관련 질병	병원체(소) / 전파	증상	비고
급성 동물 매개 감염병	공수병(광견병)	공수병 바이러스 공수병 걸린 개의 침	근육경련, 근육마비, 혼수상태	
	렙토스피라증	렙토스피라속, 나선균 들쥐	고열, 오한, 두통, 구토, 폐출혈	
급성 동물 매개 감염병	탄저인수 공통감염병	탄저병균 소, 말, 산양, 양	급성패혈증	

④ 만성감염병

경로	관련 질병	병원체(소)/전파	증상	비고
만성감염병	나병(한센병)	항산성 간균 환자와 접촉 분비물	피부 병변	
	결핵	결핵균 환자의 비말감염	피로감, 발열, 기침, 각혈	
	성병	나선균, 그람음성쌍구균 환자와의 접촉	생식기 증상	

⑤ **비감염성 질환**

㉠ 고혈압

㉡ 뇌졸중 : 뇌출혈, 뇌경색

㉢ 허혈성 심장질환

㉣ 당뇨병

㉤ 악성 신생물(암)

3) 기생충질환 관리

① **기생충질환** : 기생충질환은 선충류, 조충류, 흡충류, 원충류로 분류한다.

㉠ **선충류** : 소화기, 근육, 혈액 등에 기생한다.

구분		특징
회충	기생부위	인체의 소장
	전파	오염된 야채, 불결한 손, 파리
	증상	권태, 복통, 식욕감퇴, 오심, 구토
편충	기생부위	인체의 대장 상부
	전파	오염된 야채, 불결한 손, 파리
	증상	신경질, 불면증, 복통, 변비
구충	기생부위	인체의 소장
	전파	토양, 물, 야채를 통한 경피적 전파
	증상	발적, 구진, 가려움, 채독증
요충	기생부위	인체의 소장
	전파	**오염된 식품, 손을 통한 경구적 전파**
	증상	**항문소양증, 피부발적 종창, 피부염, 오심, 구토**

㉡ **조충류** : 주로 숙주의 소화기관에 기생한다.

구분		특징
유구조충 (갈고리촌충)	중간숙주	**돼지**
	기생부위	인간의 **소장**에 기생
	전파	오염된 사료를 먹은 돼지의 생식으로 전파
	증상	• 유구낭미충증 • 뇌낭충증(두통, 구토, 경련, 간질) • 안구낭충증(안구통, 실명)

구분		특징
무구조충 (민촌충)	중간숙주	**소**
	전파	• 인체의 소장에 기생 • 오염된 풀이나 사료를 먹은 소의 생식으로 전파
	증상	설사, 복통, 구토, 장폐쇄
광절열두조충 (긴촌충)	기생부위	사람, 개, 고양이 등의 창자
	전파	• 인체의 소장에 기생, 분변으로 탈출해서 수중 생활 • **제1중간숙주(물벼룩) → 제2중간숙주(연어, 송어, 농어)** 생식으로 전파
	증상	소화불량, 복통, 설사, 심한 빈혈

ⓒ **흡충류** : 숙주의 간, 폐 기관에 흡착하여 기생한다.

구분		특징
간흡충 (간디스토마)	기생부위	**간의 담관에서 기생**
	전파	분변으로 탈출해서 수중생활 **제1중간숙주(쇠우렁이, 왜우렁이) → 제2중간숙주(잉어, 담수어, 붕어)**의 생식으로 전파
	증상	소화기 장애, 간경변, 황달
폐흡충 (폐디스토마)	기생부위	사람과 포유류의 **폐에 종낭을 만들어 기생**
	전파	**제1중간숙주(다슬기) → 제2중간숙주(가재, 게)**
	증상	기침, 피 섞인 가래, 피로
요코가와흡충	기생부위	인체의 소장에 기생
	전파	제1중간숙주(다슬기) → 제2중간숙주(은어, 숭어, 황어)의 생식으로 전파
	증상	설사, 복통, 혈변, 소화기 장애

ⓓ **원충류** : 숙주의 체내에서 기생하며 세포막, 혈액, 림프구 등에 기생한다.

구분		특징
이질아메바	전파	분변에 오염된 식품, 물을 통한 경구 침입
	증상	점혈변, 복통, 후중증
	예방	음용수 끓여먹기, 분변의 위생적 처리
질트리코모나스	전파	질 점막(여성), 전립선(남성)에 기생, 성 접촉에 의한 전파
	증상	대하증, 빈뇨, 악취, 소양증
	예방	위생적 관리, 건전한 성행위

② 위생해충

매개체	질병
모기	일본뇌염, 말라리아, 사상충
파리	장티푸스, 콜레라, 파라티푸스, 세균성이질, 결핵
바퀴벌레	장티푸스, 세균성이질, 콜레라, 결핵
쥐	페스트, 서교열, 렙토스피라증, 살모넬라증, 쯔쯔가무시병

TIP.

요충은 **산란과 동시에 감염능력**이 있어 **집단감염이 가장 잘되는 기생충**이며, 특히 영유아들의 집단감염이 많다.

4) 성인병 관리

경제성장으로 감염성 질환은 감소했으나, 비감염성 질환인 성인병은 증가추세에 있다. 성인병은 연령이 높아지면서 노인성 질환인 만성퇴행성질환, 기능장애 등으로 발전할 수 있는 비감염성 질환이다.

① 성인병의 종류

2000년대 이후 대표적인 성인병은 암, 뇌졸중, 심장병, 당뇨병이다.

㉠ 암

- 성인병 중 가장 첫 번째로 꼽을 수 있다.
- 암 발병 순위를 보면(남녀) 갑상선암 〉 폐암 〉 위암 〉 대장암 〉 유방암 〉 전립선암 〉 간암 순이며, 남성은 폐암 〉 위암 〉 대장암 〉 전립선암 〉 간암 〉 갑상선암 순이며 여성은 유방암 〉 갑상선암 〉 대장암 〉 위암 〉 폐암 〉 간암 순으로 나타나고 있다(2019년 보건복지부 기준).
- 암 사망 순위는(남녀) 갑상선암 〉 위암 〉 대장암 〉 유방암 〉 전립선암 〉 폐암이며, 남성은 위암 〉 대장암 〉 전립선암 〉 갑상선암 〉 폐암 순이며 여성은 갑상선암 〉 유방암 〉 대장암 〉 위암 〉 자궁경부암 순이다(2019년 보건복지부 기준).

㉡ 뇌졸중

- 우리나라가 세계 발병률 1위이며 성인병의 사망원인 중에서도 가장 빈도가 높다.
- 뇌에 피를 공급하는 혈관이 막히거나 터지는 경우에 발생하며 뇌의 신경세포가 손상되고 손상 받은 뇌로 인하여 몸을 움직이지 못하는 등 제 기능을 할 수 없는 상황이 발생되는 무서운 질병이다.
- 뇌졸중이 발생하면 3~6시간 안에 응급처치를 받는 것이 중요하다.

㉢ 심장병

- 심장과 관련된 혈관과 그 주변 조직들이 문제가 생겼을 때 나타나는 질병이다.
- 혈액 속에 들어있는 지방이 동맥벽에 붙어 혈관이 좁아지고 원활한 혈액순환을 방해하면서 심근경색이나 협심증 등으로 이어지게 된다.
- 예방으로는 염분섭취를 줄이고 과식, 음주, 흡연을 자제해야 한다.

㉣ 당뇨병

- 인슐린의 분비량이 부족하거나 정상적인 기능이 이루어지지 않는 등의 대사질환의 일종으로 혈중포도당 농도가 높은 것이 특징인 질환이다.
- 초기에는 증상을 느끼지 못하다가 혈당이 많이 올라가면 갈증이 나서 물을 많이 마시게 되고 소변량이 많아지며 체중이 빠지게 된다.
- 이 병이 오래가면 여러 가지 합병증이 생기므로 위험도가 높은 성인병이다.
- 식이요법을 꾸준히 실천하고 체중을 줄이는 것이 좋다.

5) 정신보건

정신보건은 사람의 정신적 건강을 대상으로 하는 학문과 실천활동을 뜻한다. 정신보건의 목적은 정신적 건강 유지 증진을 위한 기획, 정신적 건강장애의 예방과 치료 및 부분적 복원이다. 이와 같이 정신건강을 대상으로 하는 정신보건은 사람의 건강에 관여하는 모든 학문분야를 대상으로 고려해야 한다. 특히, 의학, 심리학, 사회학, 사회복지학, 사회의 가치관 또는 개인의 윤리관, 혹은 삶의 가치가 있는 문제와 함께 정책적인 면도 포함해서 고려해야 한다.

① 정신보건의 예방

- ㉠ **제1차 예방** : 질병발생률 방어 · 감소
- ㉡ **제2차 예방** : 조기발견, 재발 예방
- ㉢ **제3차 예방** : 부분적 복원, 사회복귀원조

② 정신질환

㉠ 불안장애

- 공황장애 : 반복적인 공황발작과 정신 과민 상태
- 범불안장애 : 긴장과 불안이 지속되는 상태
- 폐쇄공포증 : 좁고 폐쇄된 공간을 두려워함
- 이성공포증 : 이성에 대해 두려워하고 기피함
- 암소공포증 : 어두운 곳을 무서워함
- 선단공포증 : 끝이 뾰족한 것을 두려워함
- 고소공포증 : 높은 곳을 두려워하는 신경증
- 사회공포증 : 낯선 사람이나 다른 사람 앞에서 얘기하는 상황이 두려운 증상

㉡ **적응장애 :** 충격적인 스트레스 후에 정서적, 행동적 부적응 반응을 나타내는 상태

㉢ **섭식장애**

- 거식증 : 지나치게 적게 먹거나 음식을 거부하는 증상
- 폭식증 : 지나치게 많이 먹으면서 자제를 못 하는 증상

㉣ **망상장애 :** 편집증으로 불리고 과대망상이나 괴이한 망상이 주 증상

㉤ **강박장애**

- 결벽증 : 깨끗한 것에 지나치게 집착함

㉥ **인격장애**

㉦ **기분장애**

- 조울증 : 조증과 우울증에 번갈아 나타나는 증상
- 우울증 : 우울에 빠져 허무, 무능, 고립감 등에 빠지는 증상

6) 이 · 미용 안전사고

이 · 미용 안전사고에 대한 관리는 고객에게 안전하고 편안한 서비스를 제공하기 위해 시술 공간에 비치하여 안전사고를 예방해야 한다.

① 이 · 미용 기자재 및 도구에 대한 안전사고 대책

㉠ 이 · 미용 기자재의 사용방법에 대해 숙지한다.

㉡ 이 · 미용 기자재 및 도구를 수시로 소독한다.

㉢ 기자재에 대한 점검표를 만들어 안전사고에 대비한다.

㉣ 전기사고 예방을 위해 전열기, 전기기기 등의 안전상태를 수시로 점검한다.

㉤ 화재사고 예방을 위해 난방기, 가스렌지 등의 안전상태를 수시로 점검한다.

㉥ 낙상사고 예방을 위해 바닥에 떨어진 물건이나 기타 이물질을 수시로 제거한다.

㉦ 구급약을 비치하여 상황에 따른 응급조치를 할 수 있도록 한다.

㉧ 감염예방을 위해 시술 시 출혈이 발생할 경우 상처 부위, 시술자 손, 사용기기를 소독할 수 있다.

㉨ 화재나 도난 등의 긴급상황이 발생할 경우 신속하게 대처할 수 있도록 한다(비상대피도 비치).

② 이 · 미용 안전사고에 대한 이 · 미용사의 대책

㉠ 이 · 미용 안전사고에 관한 지식을 숙지해야 한다.

- 소방안전에 대한 지식
- 전기안전에 대한 지식
- 감염경로와 소독에 대한 지식
- 응급조치에 관한 지식
- 인체에 유해한 물질에 관한 지식

㉡ 이 · 미용 안전사고에 관한 기술을 숙지해야 한다.

• 소화기를 사용하는 기술
• 응급조치하는 능력
• 인체 유해물질을 관리할 수 있는 능력

㉢ 이 · 미용 안전사고에 대한 태도를 함양해야 한다.

• 안전과 사고예방에 대한 책임감
• 안전사고 발생 시 신속하고 정확하게 대처하는 자세

(3) 가족 및 노인보건

1) 가족보건

① 모자보건의 정의

㉠ **모자보건법 :** 모자보건법은 제1조 [목적]에 '이 법은 모성 및 영유아의 생명과 건강을 보호하고 건전한 자녀의 출산과 양육을 도모함으로써 국민보건향상에 이바지함을 목적으로 한다.'라고 정의되어 있다. 모자보건법은 1973년 2월 8일에 처음 제정되었고 1986년 5월에 전문 개정되었으며 여러 차례의 개정을 거쳐 2021년 12월 7일 일부 개정되었다.

㉡ **모자보건의 대상 :** 임신, 출산, 육아를 담당하는 모성집단과 출생, 성장, 발달의 과정을 거치는 영 · 유아집단이다.

② 모성사망(임산부 사망)

㉠ **정의 :** 임신, 분만, 산욕 시기에 발생하는 모성사망을 말하며 사망률은 분만 후 60~70%이며, 분만 전 사망은 20% 미만이다.

㉡ **원인**

• 임신중독증
• 출산 직후 출혈성질환
• 산욕열(패혈증)
• 자궁외임신 및 유산

③ 유산, 조산, 사산

㉠ **유산 :** 임신 7개월(약 28주) 이내의 조기분만을 말하는데 정상 영아 체중의 1/3밖에 되지 않아 대개 사망한다.

㉡ **사산 :** 태내에서 죽은 영아를 분만하는 것을 사산이라 한다.

㉢ **조산 :** 임신 29주에서 38주 사이에 분만하는 것을 조산이라고 하는데, 적절한 조치가 있으면 정상적으로 키울 수 있다.

이해도 UP **O,X 문제**

01 **역학의 목적은 집단의 건강상태를 기록 및 문제점을 예측하고, 문제가 되는 질병원인을 규명하며, 감염병발생 시 위생관리와 예방접종관리를 하는 것이다.** (O, X)

02 **감염병의 3대 인자는 병인적 인자, 숙주적 인자, 환경적 인자이다.** (O, X)

03 **기생충질환은 선충류, 조충류, 흡촌충, 원충류, 숙충류로 분류한다.** (O, X)

해설 선충류, 조충류, 흡촌충, 원충류

04 **정신보건의 예방에서 1차예방은 조기발견과 재발예방이고, 2차예방은 질병발생를 방어 · 감소, 3차예방은 부분적 복원, 사회복귀원조이다.** (O, X)

해설 제1차 예방 – 질병발생를 방어감소, 제2차 예방 – 조기발견과 재발예방

05 **이 · 미용 기자재 및 도구에 대한 안전사고 대책으로 도구를 수시로 소독하고 사용방법에 대해 숙지하며, 구급약을 비치하여 상황에 따른 응급조치를 할 수 있도록 한다.** (O, X)

답_01: O 02: O 03: X 04: X 05: O

TIP.

모자보건사업의 수행평가는 **모성사망률과 영 · 유아사망률을 지표로 하고 있으며 그 국가의 개발수준을 가리키는 대표적인 척도로 사용되고 있다.**

④ **영 · 유아 보건**

영 · 유아는 출생 후 28일 미만을 신생아, 1년까지 영아, 4세 이하는 유아라고 한다. 영 · 유아시기는 출생에서 4세까지를 가르키며 영 · 유아의 성장은 급격하게 진행되나 질병에 대한 저항력이 매우 약하다.

㉠ **영유아기의 보건대책**

- **예방접종** : 디프테리아, 백일해, 파상풍, 결핵, 폴리오홍역, B형간염, 유행성이하선염, 풍진 등
- 사고예방
- 영양 및 이유관리
- 신체의 청결
- 피복위생
- 목욕관리

㉡ **영 · 유아의 중요 질병과 관리**

- **조산아** : **체중 2.5kg 이하**이며 **임신 28~38주 이내의 출생아**를 조산아라고 하며 체온보호, 전염병방지, 영양공급, 호흡관리를 해주어야 한다.
- **과숙아 및 비만아** : 과숙아는 **43주 이후 출생아**와 **체중 4.5kg 이상의 과체중아**로 **산소부족증**이나 **중추신경계의 장애**가 있을 수 있다.
- **불구아** : 지능은 건전하나 사지의 기능이 불완전한 영 · 유아를 말한다. 이는 모성보호로 예방이 최선책이며 조기발견, 조기치료를 하는 것이 필요하다.
- **정신이상아** : 주로 선천적이며 정신지체, 성격이상, 정신병 등으로 유아기부터 꾸준한 정신보건이 필요하다.

⑤ **가족계획**

우리나라는 1950년대 중반부터 가족계획사업을 시작하여 정부주도형으로 시대변화상황에 맞추어 문제 해결과 새로운 사업형태로 개발 · 보완되어왔다.

㉠ **알맞은 자녀 운동기(1951~1965)** : 6 · 25 한국동란 이후 급증하는 출산율을 떨어뜨리기 위해 1962년 보사부(현 보건복지부)에서 가족계획사업을 시행하였다. 이 시기에는 '알맞게 낳아서 훌륭하게 기르자'라는 슬로건을 내걸고 계몽하였다.

㉡ **세 자녀 운동기(1966~1970)** : '3.3.35'라는 가족계획사업을 실시하여 3자녀를 3년 터울로 어머니 나이 35세 이전에 단산하도록 계몽

하였다. 가족계획어머니회를 중심으로 홍보하였고 이때부터 피임약이 보급되었다.

ⓒ **두 자녀 운동기(1971~1975)** : '딸, 아들 구별 말고 둘만 낳아 잘 기르자'라는 가족계획표어가 있었던 시기로 남아선호사상을 불식시키면서 출산율을 좀 더 떨어뜨리고자 했던 시기였다.

ⓓ **가족계획 생활화기(1976~1982)** : 가족계획사업을 집단을 대상으로 학교교육, 예비군교육, 각종 훈련기관을 통해서 공개적으로 추진하여 사회 전체적인 분위기로 조성했던 시기였다.

ⓔ **한 자녀 운동기(1983년 이후)** : 1980년대는 한 가정에 한 자녀만 두자는 운동시기였다. 이 시기의 가족계획 포스터나 슬로건을 보면 '하나씩만 낳아도 삼천리는 초만원', '잘 키운 딸 하나 열 아들 안 부럽다' 등이다. 이 시기는 아직도 남아있는 남아선호사상 때문에 딸을 먼저 낳으면, 두 번째 임신을 하는 것을 막으려고 하였다.

ⓕ **출산 장려시기(2000년대 이후)** : 2000년대 이후는 낮아진 출산율을 장려하게 되어 123운동을 전개하였다. 123운동은 결혼 후 1년 내 임신하고 2명의 자녀를 35세 이전에 건강하게 잘 기르자는 뜻이다. 그리고 현재는 자녀출산을 2명뿐만이 아니라 2명 이상을 두도록 적극 장려하고 있으며 정부지원정책도 강화하였다.

2) 노인보건

노년기는 65세 이상으로 생리적, 신체적, 정신적으로 모든 기능이 감퇴하는 시기이며 성인병의 만성화로 인해 질병이 깊어져서 정신적인 건강도 침해당할 수 있다.

① 노인보건의 의의

ⓐ 노년기의 건강을 유지함으로써 사회 일원의 역할을 한다.

ⓑ 은퇴 후에도 의미 있는 활동을 함으로써 인생의 의미를 만끽한다.

ⓒ 노화기 전이나 유전적 조절을 통하여 질병을 예방한다.

ⓓ 노인성질환의 발병률이나 유병률을 감소시켜 주변인이나 가족들의 부담을 적게 한다.

② 노인성질병

ⓐ **고혈압** : 정상혈압(120/80mmHg)보다 최저혈압이 90mmHg, 최고혈압이 140mmHg 이상 높은 것을 고혈압이라고 한다. 원인은 과도한 나트륨 섭취와 스트레스, 호르몬의 분비 이상, 유전적인 요인으로 발생하며, 합병증을 일으킬 가능성이 높다. 기름기 많은 음식이나 음주 및 흡연은 피하고 비타민이 풍부한 음식을 섭취해야 혈관이 굳는 것을 예방한다. 칼륨이 많은 음식을 섭취하면 나트륨을 배출해주고 혈관벽 수축을 억제하므로 자기적으로 고혈압을 방지할 수 있다. 또한, 식이요법과 함께 가벼운 조깅이나 산책 등의 유산소운동을 해주는 것이 혈압조절에 효과적이다.

ⓑ **치매** : 치매는 보통 알츠하이머와 혈관성치매가 있다. 알츠하이머는 뇌의 신경세포가 감소해 지적능력이 저하되는 질환이며 혈관성 · 치매는 뇌혈관에 장애가 생기면서 뇌 기능이 저하되는 질병이다. 혈관성치매는 조기에 발견하면 예방 및 치료 효과가 높다. 치매를 예방하기 위해서는 금연과 금주를 실천해야 하

TIP.

고령화 사회(Aging Society)는 총인구 중 65세 이상의 인구가 차지하는 비율이 7% 이상인 사회를 뜻한다.

- 고령사회(Aged Society) : 총인구 중 65세 이상 인구가 14% 이상일 때
- 초고령사회(Post-aged Society) : 총인구 중 65세 이상 인구가 20% 이상일 때

이해도 UP O,X 문제

01 **모자보건의 대상은 임신, 출산, 육아를 담당하는 모성집단과 출생, 성장, 발달의 과정을 거치는 영, 유아집단이다.** (O, X)

02 **모성사망의 원인은 임신중독증, 출산직후 출혈성질환, 산욕열 자궁외 임신 및 유산이다.** (O, X)

03 **영·유아의 보건대책으로는 예방접종, 사고예방, 영양 및 이유관리, 신체의 청결, 피복위생, 목욕관리가 있다.** (O, X)

04 **노인보건의 의의는 노화기 전이나 유전적 조절을 통하여 질병을 발생하여, 주변인이나 가족들의 부담을 적게 하고, 건강을 유지하면서 사회일원으로 역할을 한다는 것이다.** (O, X)

해설 질병 예방, 부담을 적게 한다.

05 **노화예방법으로는 식이요법을 실천하고, 꾸준한 운동을 하며, 숙면을 취하고, 충분한 휴식을 갖는 방법이 있다.** (O, X)

06 **조산아는 체중 2.2kg 이하로 임신 24주에서 28주 이내의 출생아를 말한다.** (O, X)

해설 조산아는 체중 2.5kg 이하이며 임신 28~38주 이내의 출생아를 말한다.

07 **과숙아는 40주 이후 출생아와 4.0kg 이상의 체중을 가르킨다.** (O, X)

해설 과숙아는 43주 이후 출생아와 체중 4.5kg 이상의 과체중아를 말한다.

답_01: O 02: O 03: O 04: O 05: O 06: X 07: X

고 비만과 당뇨를 예방해야 하며 운동을 매일 하고 자주 바깥에서 산책하거나 걷는 것이 좋다.

ⓒ **기타 노인성 질환 :** 퇴행성 관절염, 만성간질환, 노인성 난청, 노인성 백내장, 노인성 골다공증, 천식, 만성기관지염, 위궤양

③ 노화예방

㉠ 건강한 식이요법을 실천한다.

㉡ 운동을 꾸준히 한다.

㉢ 충분한 수면을 취한다.

㉣ 규칙적인 배변을 한다.

㉤ 충분한 휴식을 취한다.

㉥ 스트레스를 받지 않고 감정의 안정을 취한다.

㉦ 취미생활을 즐겁게 한다.

(4) 환경보건

1) 환경보건의 개념

① 환경보건의 정의

우리나라 환경정책기본법에서는 '환경보건이라 함은 환경오염원으로부터 환경을 보호하고 오염된 환경을 개선함과 동시에 쾌적한 환경의 상태를 유지, 조성하기 위한 행위를 말한다.'고 정의하고 있다.

② 공해

생태계가 살아가는 데 필요한 공기, 물, 토양 등의 환경이 오염되어 일반 공중시설이나 지역사회의 다수인에게 위해를 끼치는 것을 공해라고 한다. 공해(환경오염)의 종류는 대기오염, 수질오염, 소음, 진동, 악취, 산업폐기물오염, 방사선오염, 일조권 방해, 전파방해 등이 있다.

③ 기후

㉠ **기후의 요소 :** 기온, 기습(습도), 기류, 복사열

㉡ **쾌적한 온도와 습도**

- 온도 : 18±2℃
- 습도 : 40~70%
- 기류 : 0.5m/sec 이하

※ 체온조절에 있어 가장 적절한 온도는 여름은 21~22℃, 겨울은 18~21℃이다.

㉢ **불쾌지수** : 기후 상태에서 인간이 느끼는 불쾌감을 표시한 것으로, 온도 17~18℃, 습도 60~65%일 때가 가장 쾌적하다.

불쾌지수	증상
70 이상	다소 불쾌
75 이상	50% 사람이 불쾌
80 이상	거의 모든 사람이 불쾌
85 이상	매우 불쾌

④ 공기와 건강

㉠ **군집독** : 한 공간에 다수인이 밀집해 있을 때 공기의 이산화탄소 증가, 기온 상승 등 물리적, 화학적인 조건이 문제가 되어 불쾌감이 생겨 두통, 권태, 현기증, 구토, 식욕저하 등의 생리적 현상이 생기는 것

㉡ **산소와 건강**

- **산소중독** : 대기 중의 산소농도는 21%이나 산소분압보다 높은 산소를 장시간 호흡 시 폐부종, 출혈, 이통의 증상이 발생
- **저산소증** : 산소가 부족한 상태에서 발생하며 산소량 10% 정도는 호흡곤란, 산소량 7% 이하는 질식을 유발

㉢ **질소와 건강**

- 공기 중 78%를 차지함
- **잠함병** : 공기 중의 질소가 혈관대에 기포를 생성하여 혈전현상을 일으킴

㉣ **이산화탄소와 건강**

- 이산화탄소량은 실내 공기오염의 지표로 사용
- 공기 중 약 0.03%를 차지하며 허용 한도는 0.1%임
- 8% 이상은 호흡곤란, 10% 이상은 질식사를 유발
- 지구온난화의 주된 원인임

㉤ **일산화탄소와 건강**

- 무색, 무취의 자극성이 없는 기체
- 불완전 연소 시 발생하며 맹독성을 지님
- 헤모글로빈과의 친화력이 250~300배로 산소결핍증 증상이 나타남
- 중독증상 : 의식불명, 정신장애, 신경장애
- 일산화탄소에 의해 연탄가스 중독이 발생한다.

2) 대기환경

① 대기오염의 정의

㉠ 세계보건기구(WHO)

'대기오염이란 옥외의 대기 중에 오염물질이 혼입되어 그 양, 질, 농도, 지속시간이 상호작용하여 다수의 지역주민에게 불쾌감을 일으키거나 보건상에 위해를 끼치며 인류의 생활이나 동식물의 성장을 방해하는 상태를 말한다.'

㉡ 우리나라 대기환경보전법

대기오염으로 인한 국민건강 및 환경상의 위해를 예방하고 대기환경을 적정하게 보전함으로써 모든 국민이 건강하고 쾌적한 환경에서 생활할 수 있게 함을 목적으로 한다.

② 대기오염물질

대기오염물질은 공장, 배기관 등에서 직접 배출된 것을 1차 오염물질이라 하며, 1차 오염물질이 대기 중에서 물리, 화학적으로 변환된 것을 2차 오염물질이라고 한다.

㉠ 1차 오염물질

분류	종류	특징
입자상 물질	먼지(Dust)	• 대기 중의 입자상 물질 • 크기는 1~100㎛임
	매연(Sooty smoke)	• **탄소나 기타 연소성 물질로 구성**된 0.01~1㎛ 정도의 크기의 물질 • 연기라고도 함
	검댕(Soot)	• 연소 시 발생하는 유리탄소가 응결하여 입자 지름이 1㎛ 이상인 입자상 물질
	연무(Mist)	• 수증기의 응축으로 생성되거나 부유 상태인 0.5~3㎛ 크기의 액체입자
	훈연(Fume)	• 기체상태로 응축된 0.03~0.3㎛ 크기의 고체입자
	박무(Haze)	• **수분, 오염물질, 먼지로 구성** • **1㎛ 크기로 시야를 방해함**
	악취 (Odor pollution)	• 황화수소, 메르캅탄류 등 기타 자주성 기체 • 후각을 자극, 불쾌감, 혐오감을 주는 물질
가스상 물질	암모니아 일산화탄소 항산화물 질소산화물 불소화물	• 오염물 농도 1㎛ = 0.001mm • 오염물 부피 1ppm = 1/1,000,000

ⓛ 2차 오염물질

종류	특징
오존(O_3)	• 강력한 산화제 • 낮은 온도에서는 눈, 목에 자극증상 유발 • 고농도는 폐렴, 폐충혈, 폐부종 유발 가능
PAN (질산과산화아세틸, Peroxyacetyl nitrate)	• 스모그의 광화학반응에서 발생하는 산화물의 일종 • 눈에 통증 유발 및 식물에게도 피해 가능
알데히드(Aldehyde)	• 자극적인 냄새방출 • 점막에 강력한 자극
스모그 (Photochemical smog)	• 스모그는 **Smoke와 Fog의 합성어** • 광화학 스모그는 반응하여 대기에 안개가 낀 것 같은 현상을 만듦

ⓒ **기온역전** : 기류는 1m 상승할 때마다 1℃ 하강하는데, 반대로 높은 상층부 기온이 하층부보다 높아진 것을 기온역전이라 한다. 기온역전은 대기오염물질이 수직 확산하지 못하고 대기층에 축적되어 대기오염을 일으키는 조건이 된다.

ⓓ **열섬현상** : 도심 속의 대기오염, 인공 열 등으로 인하여 도심이 다른 지역보다 기온이 높게 나타나는 현상이다.

ⓔ **온실효과** : 복사열이 지구에서 배출되지 못해 부분적인 지역의 기온이 높아지는 현상(이산화탄소, 오존 등의 영향)이다.

ⓕ **대기오염의 영향**

• **지구환경에 미치는 영향**

– 지구온난화 – 오존층의 파괴
– 산성비 – 황사현상

• **인체에 미치는 영향**

– 황산화물(SO_2) : 호흡기질환, 폐기능 감소
– 질소산화물(NO_3) : 호흡기 및 심장병 악화, 만성신장염
– 납(Pb) : 신경위축, 사지경련
– 카드뮴(Cd) : 호흡기질환, 빈혈증

TIP. 환경보전법에 따른 대기환경기준

분류	허용 한도
아황산가스(SO_2)	• 1시간 평균치 0.15ppm 이하 • 24시간 평균치 0.05ppm 이하 • 연간 평균치 0.02ppm 이하
일산화탄소(CO)	• 1시간 평균치 25ppm 이하 • 8시간 평균치 9ppm 이하
이산화탄소(CO_2)	• 1시간 평균치 0.1ppm 이하 • 24시간 평균치 0.06ppm 이하 • 연간 평균치 0.03ppm 이하
미세먼지(PM-10)	• 24시간 평균치 100㎛/m^3 이하 • 연간 평균치 50㎛/m^3 이하
오존(O_3)	• 1시간 평균치 0.1ppm 이하 • 8시간 평균치 0.6ppm 이하
납(Pb)	• 연간 평균치 0.5㎛/m^3 이하
벤젠	• 연간 평균치 5㎛/m^3 이하

TIP.

• **엘니뇨현상** : 대기오염에 의해 지구의 기상 요소들이 정상적이지 못하여 일어나는 태평양 적도해역의 해수온난화, 이상기온과 같은 자연재해
• **라니냐현상** : 적도 무역풍이 강해지면서 서태평양의 해수온도는 평년보다 상승하고 동태평양의 해수온도는 낮아지는 해류의 이변현상

- 니켈(Ni) : 비염, 알레르기, 폐암
- 크롬(Cr) : 피부염, 피부궤양
- 망간(Mn) : 폐렴, 중추신경계 장애
- 수은(Hg) : 단백뇨, 중추신경장애
- 비소(As) : 기관지염, 피부암

ⓢ 동식물에 미치는 영향

- 식물의 성장 저해 및 고사
- 동물의 기능 손상 및 성장 저해
- 생육의 생육 지연

ⓞ 대기오염 방지대책

- 황사대책위원회의 종합대책수립
- 생활환경상의 대기오염물질 규제
- 대기오염방지에 대한 계몽
- 사업장의 대기오염물질 규제
- 자동차, 선박 등의 배출가스 규제

3) 수질환경

① 수질오염의 정의

물은 자연정화능력이 있으나 오염물질이 과량으로 유입되면 생물계에 악영향을 주는 수질오염이 된다.

② 수질 오염원

㉠ 생활하수　㉡ 산업폐수　㉢ 축산폐수

③ 수질오염의 지표

㉠ 색도, 탁도, 냄새, 맛

㉡ pH : 오염되면 약산성이 된다(생존에 적합한 pH : pH 6.0~8.0).

㉢ DO(용존산소) : 물에 녹아있는 용존산소량, DO가 낮으면 오염도가 높다.

㉣ BOD(생물화학적 산소요구량) : BOD가 높으면 오염도가 높다.

㉤ COD(화학적 산소요구량) : COD 수치가 적으면 오염도가 낮다.

㉥ SS(부유물질)

㉦ 암모니아성 질소(NH_3- N)

㉧ 세균 : 대장균군, 일반세균

④ 수질오염의 현상

㉠ **부영양화** : 가정의 생활하수나 가축배설물의 유기물 분해로 영양이 너무 많아져서 수질이 부패하는 현상이다.

㉡ **적조현상** : 해양의 플랑크톤, 박테리아, 미생물이 갑자기 많은 양이 번식하여 바닷물 색이 붉게 변하는 것을 말한다. 적조는 바닷물의 부영양화현상이다.

㉢ **녹조현상** : 부영양화된 하천에 부유성 조류가 급격하게 증식되어 녹색으로 변하는 것이다.

⑤ 수질오염사례

㉠ **낙동강 물고기 폐사 :** 페놀 원액 유출

㉡ **미나마타병 :** 메틸수은 유출로 손발마비, 통증, 오한, 두통, 시각장애, 언어장애를 유발

㉢ **이타이이타이병 :** 카드뮴 유출로 발생, 요통, 고관절통, 보행곤란의 증상을 보임

㉣ **체코 블루베이비병 사건 :** 질산성 질소가 함유된 물을 어린이가 먹고 몸이 푸른색으로 변함

⑥ 물의 소독법

㉠ **열처리법 :** 끓인다.

㉡ **자외선소독법**

㉢ **오존소독법**

㉣ **염소소독법 :** 액화염소 또는 이산화염소사용

⑦ 상수

㉠ 물의 작용

물은 인간의 체내에서 영양분과 산소를 운반해주고, 노폐물을 배설기관으로 이동시켜주는 중요한 역할을 한다. 체중의 60~70%를 물이 차지하며, 하루 물의 섭취량은 2.0~2.5ℓ 정도이다.

㉡ 물의 정수법

- **침전 :** 보통침전법은 중력에 의해 가라앉히는 방법이고, 약물침전법은 응집제를 사용하여 부유물을 제거하는 방법이다.
- **여과 :** 사층(모래층)을 통해서 물을 침투, 여과시키는 완속여과법과, 응집제로 폴리염화를 사용하여 여과속도를 높이는 급속여과법이 있다.
- **소독 :** 침전과 여과를 거쳐도 소독을 해야 상수로서 안전하다.
  - 가열법 : 100℃에서 30분 이상 가열해야 살균된다.
  - 자외선법
  - 오존법
  - 염소소독법 : 액화염소, 표백분, 이산화염소를 소독제로 사용

㉢ 상수처리과정

- 수원지 → 정수장 → 배수지 → 가정
- 취수(수원지에서 물을 끌어옴) → 도수(취수를 정수장으로 끌어옴) → 정수(침사 → 침전 → 여과 → 소독) → 송수 → 배수 → 급수

※ 침사는 물의 모래를 가라앉히는 것

⑧ 하수

㉠ 하수도의 분류

- **합류식 :** 가정용수, 천수, 공장폐수를 하나의 관으로 합류하여 운반하는 것

- **분류식** : 천수를 별도의 관으로 운반하는 것
- **혼합식** : 천수와 가정용수 일부를 함께 운반하는 것

㉡ 하수처리방법

- **예비처리** : 1차 처리라고도 하며 하수유입구에 제진망을 설치해 부유물과 고형물질을 거르고 난 후 보통침전과 약품침전을 진행
- **본처리** : 2차 처리라고도 함
  - 혐기성 분해처리 : 공기를 싫어하는 균을 발육 · 증식시켜 분해하는 방법
  - 호기성 분해처리 : 공기를 좋아하는 균을 발육 · 증식시켜 분해하는 방법
- **오니처리** : 하수처리과정 중 최종단계로 육지투기, 해양투기, 소각, 퇴비화, 사상건조법, 소화법이 있다.

4) 주거 및 의복환경

① 주거환경

㉠ 창의 방향은 남향, 창의 넓이는 실내면적의 1/7~1/5이 좋다.

㉡ 주택이 갖추어야 할 4대 요소

- **건강성** : 추위, 더위, 소음, 공해로부터 보호되어야 한다.
- **안정성** : 질병 발생 및 사고위험이 없어야 한다.
- **기능성** : 일상생활에 편리하여야 한다.
- **쾌적성** : 채광, 환기 등이 잘 되어야 한다.

㉢ 대지

- 교통이 편리하고 근린생활시설 등이 갖추어진 곳이 좋다.
- 공해가 없고 소음, 진동 등이 없어야 한다.
- 남향이나 동남향이어야 한다.
- 지질이 건조하며 오염되지 않아야 한다.
- 매립지는 최소 10년 이상 경과한 곳이어야 한다.
- 지표로부터 최소한 1.5~3m 정도인 곳이 좋다.

㉣ 구조

- 지붕, 벽. 천장은 방서, 방한, 방수, 방음이 잘 되어야 한다.
- 천장은 높이 2.1m 정도가 적당하다.
- 마루는 통기성이 좋아야 한다.
- 거실, 침실은 남향으로 한다.

㉤ 환기

분류	종류	특징
자연환기	중력환기	• 실내외의 온도차에 의해 이루어짐
	풍력환기	• 바람의 영향으로 이루어지는 환기
인공환기	공기조정법 배기(흡입)식 환기법 송기식 환기법 평형식 환기법	• 환기를 신속, 안전하게 요구사항에 적절하도록 환기

㉥ 채광 및 조명

분류	종류	특징
자연조명	직사광선	• 태양광선에 직접 비치는 자연조명
	천공광(Sky light)	**• 창을 통해서 실내에 비치는 자연조명**
인공조명	직접조명	• 밝고 경제적이나 눈부심과 음영이 강하다.
	간접조명	• 반사에 의한 조명으로 온화한 빛이나 효율이 낮고, 경제적으로 부담이 있다.
	반간접조명	• 직접조명과 간접조명의 절충식으로 가장 위생적이다.

㉦ 조명의 조도

• 조명의 조도 측정단위는 룩스(Lux)이다.

• 1Lux는 1촉광이 1m 거리를 두고 평면으로 비추어지는 빛이다.

독서, 서류업무	상담, 토론	정밀작업	미용실	메이크업실
150Lux	100~200Lux	300~500Lux	100Lux	200Lux

• **서류작성업무나 독서 시** : 150Lux

• **일반업무 시(상담, 토론)** : 100~200Lux

• **세밀한 작업 시** : 300~500Lux

• 미용실의 경우는 100Lux, 메이크업실은 200Lux가 적당하다.

㉧ 인공조명의 조건

• 간접조명으로 주광색(일광색)에 가까운 것이어야 한다.

• 작업 시에 적합한 조도여야 한다.

• 위험하지 않고 안전해야 한다.

• 저렴해야 한다.

• 유해가스나 공해물질이 발생하지 말아야 한다.

㉧ 부적당한 조명에 의한 건강장애

- 가성근시
- 안정피로
- 안구진탕증
- 전광성 안염
- 백내장

② 의복환경

인간의 환경적응은 살아가는 외부환경에 따라 생존에 적응할 수 있도록 계속 변화하는 것이라고 할 수 있다. 의복과 환경과의 관계도 인간이 살아가면서 생리적 · 문화적으로 적응하는 현상이라고 할 수 있다.

㉠ 의복과 환경관계

- **생리적 적응** : 추위, 더위, 바람 등의 외부환경조건에 따라 적응할 수 있도록 쾌적한 조건의 의복을 만듦
- **문화적 적응** : 인간의 인위적 적응으로서, 경제적인 수준, 유행, 냉난방 시설 등 다양한 문명의 이기나 변화에 따른 적응

㉡ 의복의 기능

- 기후조절
  - 외부기후에 대한 환경조건이 변화하더라도 인체에 쾌적한 조건을 의복이 만들어줌
  - 의복 재료, 형태, 착용법에 따라 달라지며 인체는 기온 32℃ 내외, 습도 50% 내외, 기류 25㎝/sec 내외에서 가장 쾌적함을 느낀다.
- 청결유지
  - 의복은 신체를 청결하고 건강하게 보호해야 한다.
  - 흡수성이 좋은 소재와 함께 세탁이 용이해야 하며 세탁에 의한 내구성도 우수해야 한다.
- 신체보호
  - 작업환경에 필요한 의복 조건으로 작업상의 위험요소에 대해 신체를 보호한다.
  - 특수복은 탄성, 강도, 내약품성, 전기절연성 등의 신체보호기능이 필요하다.
- 신체활동보장
  - 필요한 활동에 적합한 재료와 의복 중량, 형태가 고려되어야 한다.
  - 유아복, 운동복, 작업복 등이 해당된다.

③ 의복기후

인체와 의복 내에서의 국소적인 기후를 의복기후라고 한다. 인체와 의복 사이에 형성되는 외부환경과는 다른 개념이다.

㉠ 적정의복기후

- **안정 시** : 의복기후 온도 32±1℃, 습도 50±1℃, 기류 10㎝/sec 이하
- **보행 시** : 의복기후 온도 30±1℃, 습도 45±1℃, 기류 40㎝/sec 이하

㉡ 의복기후와 체온조절

- 의복의 함기성, 보온성, 동기성, 방습성, 환기성에 의해 조절

• 의복의 방한력에 의해 체온조절이 된다.

㉢ **의복의 위생적 조건**

• **함기성** : 의복이 공기를 포함하는 성질
• **보온성** : 열전도율이 적으면 보온성이 큼
• **통기성** : 공기가 소통하는 성질
• **흡수성** : 물기를 흡수하는 성질
• **압축성** : 압력을 주었을 때 축소되는 성질
• **흡습성** : 공기 중의 수증기(습기)를 흡수하는 성질
• **내열성** : 열에 대한 강도
• **오염성** : 더러움이 타는 정도

④ **의복의 보온력**

의복의 보온력은 의복의 따뜻한 정도 즉, 의복의 저항력 또는 열 차단능력을 말한다.

㉠ **의복의 보온력에 영향을 주는 요인**

• **피부면적** : 피부면적이 커질수록 보온력이 크다.
• **의복 내 공기층** : 공기층 두께가 클수록 보온성은 커지나 일정 이상 두께가 많이 두꺼워지면 다시 감소한다. 의복의 겹침은 4벌까지는 보온성이 좋아지나 그 이상은 효과가 없다.
• **의복의 중량** : 의복 중량이 증가할수록 보온력이 증가한다.
• **소재의 물리적 특성** : 공기를 포함하는 함기량에 따라 차이가 있다.

⑤ **의복 착의량**

㉠ **쾌적성** : 인체가 쾌적하면서 능률이 최대가 되는 적정 착용량을 고려해야 한다.

㉡ **체력의 증진** : 건강한 신체유지, 증진을 위한 적정 착용량

⑥ **의복과 쾌적성**

의복을 착용한 신체가 체온조절, 신체 활동용이, 피부의 청결유지, 신체보호, 촉감 등에서 느껴지는 안락함을 쾌적성이라 한다.

㉠ **의복 쾌적성의 구성요소**

• **인간 측면** : 체온, 대사량, 발한, 혈압, 방열 등에 대해 쾌적해야 한다.
• **의복 측면** : 통기성, 흡수성, 보온성, 함기성, 흡습성이 좋아야 한다.

TIP.

의복은 **열 차단 단위인 CLO를 사용**하는데 기온 21℃, 기습 50% 이하, 기류 5m/sec 이하의 실내에서 안정 시 체표면 1㎡당 신진대사율이 50㎉/㎡/h이고, 평균 피부 온도가 33℃로 유지될 때의 의복의 방한력을 1CLO라고 한다.

- **환경 측면** : 기온, 태양광선, 습도, 기압, 눈, 비, 바람, 복사열 등에 쾌적성을 유지해야 한다.

㉡ **의복 감촉과 쾌직싱**

의복에 대해 촉각과 시각으로 느껴지는 쾌적성을 말한다. 옷을 만졌을 때 감촉, 드레이프성, 섬유에서 느껴지는 시각적 느낌 등의 복합적인 느낌 등이다.

㉢ **역학적 쾌적성** : 의복의 운동기능성, 동작적응성을 말한다.

⑦ 의복 재료의 환경학적 성능

㉠ **방염가공** : 섬유가 쉽게 연소하지 않도록 하는 가공으로 쉽게 불이 붙지 않고 유해가스를 발생하지 않으며 스스로 꺼지게 하는 가공

㉡ **위생가공** : 섬유가 미생물에 의해 상해를 받지 못하도록 하는 가공

㉢ **투습 · 방수가공** : 비나 눈 등의 물기는 침투하지 못하게 하면서 땀이나 체내의 열기는 체외로 배출하는 섬유소재의 가공

㉣ **아라미드섬유** : 내열, 고강도, 고탄성률의 섬유

㉤ **재귀반사섬유** : 안전과 장식을 목적으로 물체가 빛을 받으면 흡수 · 산란하지 않고 다시 돌아가게 하는 섬유

㉥ **감온변색 소재** : 온도에 따라 섬유의 색상이 변하는 소재

㉦ **축열보온의복** : 주위 기온변화에 따라 열을 저장 · 방출하는 의복

㉧ **방향소재** : 향기를 방출하는 소재

⑧ 기능복

㉠ 작업복

- 입고 벗기 및 관리가 용이할 것
- 세탁성이 우수하고 건조가 용이할 것
- 신축성이 있고 내구성이 있을 것
- 내마모성이 있을 것
- 치밀한 조직의 소재일 것

㉡ **제전복** : 미약한 방전 및 저습도에서도 제전효과가 있어야 함

㉢ **무진복(방진복)** : 티끌이나 먼지가 나지 않는 옷

㉣ 노인복

- 체온조절과 보온에 유리한 형태, 소재, 착용 방법이어야 함
- 입고 벗기가 편해야 함(큰 단추, 뒤트임은 피함)
- 가볍고, 부드럽고, 보온성, 통기성, 신축성 있는 소재 사용
- 색상은 밝은 색상이 좋음

TIP.

작업복은 작업환경에 따라 조금씩 다르다. 작업환경이 햇볕에 노출되는 곳이면 자외선에 강한 소재여야 하며, 냉한조건의 작업환경이면 보온효과가 더욱 요구되는 소재여야 한다.

ⓜ 신체장애인의 의복

- 외관상 정상인 의복과 차이가 없을 것
- 입고 벗기 편할 것
- 답답한 느낌이 들지 않도록 의복압이 적을 것
- 쾌적한 보온성이 있을 것
- 세탁이 편리하고 관리가 용이할 것
- 신축성이 있고 내구성이 있는 소재일 것

(5) 식품위생과 영양

1) 식품위생의 개념

① 식품위생의 개념

세계보건기구(WHO)의 환경전문위원회에서의 식품위생이란 '식품의 재배, 생산, 제조로부터 유통과정과 인간이 섭취하는 과정까지의 모든단계에 걸쳐 식품의 안정성, 건전성 및 완전무결성(악화방지)을 확보하기 위한 모든수단을 말한다.'라고 정의하였다. 우리나라 식품위생이란 '식품, 첨가물, 기구 또는 용기포장을 대상으로 하는 음식에 관한 위생을 말한다.'라고 규정하고 있다.

② 식품의 건강장애요인

식품에 의해서 발생되는 건강장애의 원인물질과 생성요인을 알아본다.

㉠ 원인물질

- **생물적 인자** : 곰팡이, 기생충, 박테리아, 세균
- **식품생성인자** : 항생물질, 농약 등
- **환경오염 유기인자** : 수은, 카드뮴

㉡ 생성요인

- **내인성 요인** : 식품 고유성분 중 자연식품의 독에 의해 생성
- **외인성 요인** : 식중독균, 기생충, 경구감염병 등에 의해 감염되는 것
- **유기성 요인** : 변질, 조리과정 등에서 물리 · 화학적으로 생성

이해도 UP O,X 문제

01 주택이 갖추어야 할 3대 요소는 안정성, 기능성, 유리성이다. (O, X)

해설 안정성, 기능성, 건강성

02 조명의 조도 1Lux는 1촉광이 1m 거리를 두고 평면으로 비추어지는 빛이다. (O, X)

03 수질이 오염되면 약알칼리성의 성질을 띈다. (O, X)

해설 약산성

04 기후의 기온 32℃, 습도 50%, 기류 25cm/sec에 인체는 가장 쾌적함을 느낀다. (O, X)

05 제전복은 미약하나 방전 및 저습도에서 제전효과가 있는 기능복이다. (O, X)

06 의복의 방염가공은 섬유가 쉽게 연소하지 않도록 한 가공이다. (O, X)

답_01: X 02: O 03: X 04: O 05: O 06: O

③ **식품의 보존과 변질**

㉠ **식품의 보존법**

• **물리적 보존법**

– 건조법 : 수분을 15% 이내로 건조시켜 미생물의 번식을 막음

– 냉동냉장법 : 냉장은 0~10℃로 저장하는 것이며 냉동은 영하 40℃에서 급속냉동

– 가열법 : 저온살균법은 약 65℃ 온도에서 30분간 가열

– 통조림법 : 산저장법(초산), 염장법(소금), 당장법(설탕) 135℃에서 1~2초간 멸균

– 자외선 살균법

– 기타 : 밀봉법, 진공포장법

• **화학적 보존법** : 훈연법, 훈증법, 방부법

㉡ **식품의 변질**

• **산패** : 산소, 햇볕 등에 의해 산화분해되는 것

• **변패** : 미생물 및 효소 등에 의해서 탄수화물과 지질성분이 변질되는 것

• **부패** : 미생물에 의해 단백질이 분해되는 것

• **발효** : 좋은 미생물에 의해서 좋은 상태로 분해되는 것

④ **식중독의 정의**

식품위생법 제2조에 의하면 식중독이란 '식품의 섭취로 인하여 인체에 유해한 미생물 또는 유독물질에 의하여 발생하였거나 발생한 것으로 판단되는 감염성 또는 독소성 질환'이라고 정의하고 있다.

⑤ **식중독의 분류**

㉠ **세균성 식중독** : 장염비브리오균, 살모넬라균, 포도상구균, 보툴리누스균, 대장균

㉡ **화학성 식중독** : 유해식품 첨가물에 의한 식중독, 농약, 식품변질, 유해중금속, 환경오염 등에 의한 식중독

㉢ **자연독 식중독** : 독버섯, 청매, 독미나리, 복어, 조개류 등에 의한 식중독

㉣ **곰팡이 식중독** : 아플라톡신, 황변미독

㉤ **부패성 식중독** : 부패세균

TIP. 장염비브리오 식중독

• 복통, 설사, 구토 등이 생기면 발열이 있고, 2~3일이면 회복된다.
• 예방은 저온저장, 조리기구 · 손 등의 살균을 통해서 할 수 있다.
• 여름철에 집중적으로 발생한다.

⑥ 주요 식중독

㉠ 세균성 식중독의 종류

분류	종류	내용	
세균성 식중독	감염형 식중독	살모넬라 식중독 (살모넬라균)	• 증상 : 구토, 고열, 복통, 설사, 전신권태, 발열, 오한 • 원인식품 : 가금류, 난류, 어육제품
		장염비브리오 식중독 (장염비브리오균)	• 증상 : 고열 없이 상복부 복통, 급성위장염, 구토, 설사, 혈변 • 원인식품 : 어패류, 낙지, 오징어, 꼬막, 멍게, 피조개
세균성 식중독	감염형 식중독	병원성대장균 식중독 (병원성대장균, 독소원성대장균, 장관침윤성대장균)	• 증상 : 설사, 복통, 두통 • 원인식품 : 햄버거, 치즈, 발효소시지, 두부, 우유
	독소형 식중독	포도상구균 식중독 (황색포도상구균)	• 증상 : 침 분비, 구토, 복통, 점액성혈변 • 원인식품 : 유제품, 육류식품
		보툴리누스균 식중독 (Clostridium botulinum)	• 증상 : 신경계증상, 안검하수, 언어곤란, 호흡곤란 ※ 세균성 식중독 중 치사율이 가장 높음 • 원인식품 : **통조림**, 소시지
		웰치 식중독 (Clostridium welchii)	• 증상 : 발열 없이 설사, 복통, 구토 • 원인식품 : 어류, 육류 등 가공식품

㉡ 자연독 식중독

분류	종류	내용
식물성	독버섯	• 독성분 : **무스카린** • 증상 : 호흡곤란, 설사
	감자	• 독성분 : **솔라닌** • 증상 : 복통, 설사, 구토
	맥각균(보리)	• 독성분 : 에르고톡신 • 증상 : 중독증상
동물성	복어 중독	• 독성분 : **테트로도톡신** • 증상 : 근육마비, 지각이상, 위장 장애, 호흡 장애
	조개류 중독	• 독성분 : 베네루핀 • 증상 : 구토, 언어 장애, 사지마비

TIP.

인간의 생명을 유지하는 데 있어서 필요한 물질을 영양소라고 하며 이러한 영양소를 섭취하여 건강증진, 질병예방을 하는 것을 영양이라고 한다.

2) 영양소

① 영양소의 역할

㉠ 신체열량공급

음식물로 섭취한 영양소는 열량(에너지)를 공급한다.

㉡ 신체조직구성

단백질, 탄수화물 지방으로 신체의 조직을 구성한다.

㉢ 생리기능조절

무기질, 비타민은 신체의 생리기능을 조절한다.

② 필수영양소

㉠ 3대 필수영양소

탄수화물, 단백질, 지방

㉡ 5대 필수영양소

탄수화물, 단백질, 지방, 비타민, 무기질

③ 영양소의 분류

구분	종류	작용
열량소	단백질	열량공급원, 체조직의 구성물질
	탄수화물	에너지공급원
	지방	열량공급원, 체내의 열량저장
조절소	무기질	신체기능 조절, 신체조직구성 작용
	비타민	신체, 각종 생리기능 조절

④ 영양소의 결핍증

영양소	결핍증
단백질	피로감, 체중감소, 신경질적 증상, 성장지연
탄수화물	체중감소
지방질	체중감소, 피부건조
무기질	염중증, 빈혈, 면역력 저하, 갑상선 장애
비타민	야맹증, 각기병, 구순염, 빈혈, 괴혈병, 구루병

⑤ 비타민의 종류 및 특성

종류	특성
비타민 A (지용성 비타민)	• 신체성장 관여, 피부 점막조직 기능유지 • 결핍증 : 야맹증, 피부점막의 각질화
비타민 B (수용성 비타민)	• 비타민 B_1 결핍 시 : 각기병, 식욕부진 • 비타민 B_2 결핍 시 : 구순염, 설염, 체중감소
비타민 C (수용성 비타민)	• 콜라겐 형성촉진, 과색소 침착 예방, 상처회복 • 결핍 시 괴혈병, 뼈 · 치아의 이상증
비타민 D (지용성 비타민)	• 뼈 생성에 관여 • 일광을 받아 체내에서 생성 • 결핍 시 구루병, 골연화증 유발
비타민 E (지용성 비타민)	• 항산화작용, 피부노화방지 • 결핍 시 불임증, 유산의 원인
비타민 K (지용성 비타민)	• 응혈성 비타민(혈액응고에 관여) • 결핍 시 혈액응고지연

⑥ 무기질의 종류 및 특성

종류	특성
철분(Fe)	• 혈액 구성성분 • 결핍 시 빈혈 증상
인(P)	• 뼈, 치아, 뇌신경의 주성분 • 결핍 시 뼈 및 신경작용의 장애, 면역력 저하
요오드(I)	• 갑상선 기능 유지 작용 • 결핍 시 갑상선 장애

3) 영양상태 판정 및 영양장애

① 기초대사

㉠ 생명체가 생명을 유지하는 데 필요한 최소한의 에너지량을 말한다.

㉡ 기초대사량은 성별, 연령, 체질, 계절, 시간에 따라 다르다.

㉢ 기초대사량은 20~40세가 가장 높으며 남자가 여자보다 5~10% 정도 높게 나타난다.

㉣ 체온유지나 호흡, 심장박동 등 기초적인 생명활동을 위한 신진대사에 쓰이는 에너지량으로 보통 휴식상태 또는 움직이지

TIP.

- 70㎏ 남성이 하루에 소모하는 기초대사량 : 70㎏ ×24시간 ×1㎉ = 1,680㎉
- 50㎏ 여성이 하루에 소모하는 기초대사량 : 50㎏ ×24시간 ×0.9㎉ = 1,080㎉

않고 가만히 있을 때 기초대사량만큼의 에너지가 소모된다.

ⓜ 남성은 체중 1kg당 1시간에 1kcal를 소모하고 여성은 0.9kcal를 소모하는 것으로 알려져 있다.

ⓑ 기초대사량은 우리가 하루에 소모하는 총에너시의 60~70%를 차지힌디.

② 표준 영양권장량

영양권장량은 성인남자의 연령을 20~49세에서 67kg을 가정한 경우 1일분의 식품구성량을 기준으로 하며 안전율 10%정도가 가산되어 있어서 식품섭취가 미달인 경우도 쉽게 결핍증이 걸리지 않는다.

③ 영양상태 판정

1966년 세계보건기구(WHO) 영양판정전문위원회는 영양판정지침서를 만들었다.

㉠ 영양상태 판정방법

신체계측이란 신체의 크기 중량과 조성을 측정하는 것으로서 영양상태를 평가하는 중요한 수단으로 이용된다. 신체 각 부분의 성장정도는 유전인자와 환경인자의 영향을 받으며 환경인자 중 가장 많은 영향을 주는 요인은 섭취한 영양소의 질과 양이다. 그러므로 체위를 계측하여 성장과 발육정도 체위의 유형을 판별하고 이를 동일한 연령의 표준치와 비교함으로서 개인의 영양상태를 판정할 수 있다.

㉡ 생화학적 검사

생화학적 검사는 영양상태를 판정하는 방법들 중에서 가장 객관적이고 정량적인 자료를 제시할 수 있는 방법이다. 특히, 생화학적 검사에서는 신체계측기가 변하거나 임상증세가 나타나기 전에 영양결핍을 감지할 수 있다. 생화학적 검사로 영양상태를 판정하는 방법은 크게 두 가지 영역으로 나눌 수 있다. 하나는 성분검사이며 또 하나는 기능검사이다. 성분검사는 혈액이나 소변, 조직 등에서 영양소나 영양소의 대사산물의 양을 측정하는 방법으로 쉽게 측정할 수 있다. 반면에 기능검사는 특정영양소에 부족에 의한 생리적 기능에 이상이 있는지를 측정한다.

㉢ 임상조사

임상조사는 영양불량과 관련되어 나타나는 여러 가지 임상징후들을 조사하여 영양상태를 판정하는 방법이다. 임상조사는 주로 영양결핍이 만성적으로 심해진 단계에서 발견되므로 영양불량이 초기단계인 경우에는 발견하지 못하는 단점이 있다.

㉣ 식사조사

식사조사는 섭취한 식품의 종류, 양 등을 조사하고 영양소함량을 산출함으로서 영양소섭취상태를 판정하는 방법이다. 개인을 대상으로 하는 식사는 식사기록법, 24시간회상법, 식품섭취빈도법, 식사력 등이 있다. 집단을 대상으로 하는 조사는 식품계정법, 식품목록회상법, 식품재고조사법이 있으며, 국가단위의 조사로는 식품수급표를 이용한다.

④ 영양장애

영양소		결핍 시 장애
탄수화물		체중감소, 기력부족
단백질		성장발육 저조, 소화기 질환, 빈혈
지방		체중감소, 기력부족, 성장발육 저조
수용성 비타민	비타민 B_1	각기병, 식욕부진, 피로감 유발
	비타민 B_2	피부병, 구순염, 구각염, 백내장
	비타민 C	기미, 괴혈병, 잇몸출혈, 빈혈
지용성 비타민	비타민 A	야맹증, 피부표면 경화
	비타민 D	구루병, 골다공증, 골연화증
	비타민 E	조산, 유산, 불임, 신경계 장애, 용혈성 빈혈
	비타민 K	피부나 점막에 출혈
무기질	철(Fe)	빈혈, 적혈구 수 감소
	칼슘(Ca)	구루병, 골다공증, 충치, 신경과민증
	식염(Nacl)	피로감, 노동력 저하
	인(P)	뼈 및 치아의 부실우려
	요오드(I)	갑상선 및 부신의 기능약화, 모세혈관 기능약화

(6) 보건행정

1) 보건행정의 정의 및 체계

① 보건행정의 정의

공중보건의 목적 달성을 위해 수행하는 행정조직의 활동

② 보건행정의 특성

㉠ 공공성과 사회성을 지닌다.

㉡ 봉사의 의미를 지닌다.

㉢ 과학의 기반 하에 이루어지는 기술행정이다.

㉣ 교육을 통하여 이루어진다.

③ 보건행정의 범위(WHO 세계보건기구의 정의)

㉠ 보건관계 기록의 보존 ㉡ 환경위생

이해도 UP O,X 문제

01 기초대사량은 우리가 하루에 소모하는 총 에너지의 60~70%를 차지한다. (O, X)

02 표준 영양권장량은 성인남자 20~49세 67kg 1일분의 식품구성량을 기준으로 하며 안전율 10% 정도가 가산되어 있어서 식품섭취가 미달인 경우도 쉽게 결핍증이 걸리지 않는다. (O, X)

03 영양판정지침서에 영양상태 판정방법으로 신체 각 부분의 성장정도는 유전인자와 환경인자의 영향을 받으며 환경인자 중 가장 많은 영향을 주는 요인은 섭취한 영양소의 질뿐이다. (O, X)

해설 질과 양이다.

04 탄수화물이 부족할 시에는 체중이 감소하며, 지방이 부족할 시에는 신경질적 증상, 성장지연 증상이 일어난다.

해설 성장발육저조 (O, X)

05 지용성비타민으로는 비타민 A, 비타민 D, 비타민 E, 비타민 K가 있으며 결핍 시 야맹증, 골다공증, 유산, 피부나 점막에 출혈이 나타난다. (O, X)

답_01: O 02: O 03: X 04: X 05: O

TIP. 보건행정 · 건강보험제도

우리나라 의료보험법은 1963년 12월 처음으로 제정되었으며 1989년 7월 1일에는 도시, 지역 모두가 적용받는 전국민건강보험이 됨

ⓒ 모자보건　　　　　　　　　　　ⓡ 보건간호

ⓜ 대중에 대한 보건교육　　　　　ⓗ 감염병 관리

ⓢ 의료서비스 제공

④ **우리나라 보건행정 조직**

보건복지부 - 시 · 도 보건행정조직(복지여성국, 보건복지국) - 시 · 군 · 구(보건소 : 우리나라 지방보건행정의 최일선조직)

⑤ **보건소의 역사**

㉠ **역사** : 1956년 보건소법이 처음으로 제정, 1962년 9월 24일 새로운 보건소법이 제정된 후 시 · 군에 보건소 설치, 설치기준은 시 · 군 · 구 단위로 1개조씩 배정

㉡ **업무** : 보건소는 우리나라 보건행정의 최일선 말단 행정기관이다.

⑥ **우리나라 공중보건의 발달과정**

㉠ **고려시대**

- **대의감** : 의약관청
- **상약국** : 궁궐내의 어약담당하던 곳
- **혜민국** : 서민의료를 담당하던 곳

㉡ **조선시대**

- **내의원** : 왕실의 의료담당
- **혜민서** : 일반서민을 위한 의료담당
- **할인서** : 감염병 담당하던 곳
- **전의감** : 일반의료행정 및 의과고시 담당
- **위생족** : 우리나라에서 최초로 만들어진 보건행정기관

TIP. 세계보건기구 WHO

세계보건기구 WHO
(World Health Organization)에 대하여

세계보건기구 WHO는 1948년 4월 7일 UN 산하 보건전문기관으로 전인류의 건강 달성목적을 두고 발족되었다. 우리나라는 1949년 65번째 회원국으로 가입하였다.

2) 사회보장과 국제 보건기구

① **사회보장**

사회보장기본법 제3조 제1호에 의하면 "사회보장이란 질병, 장애, 노령, 실업, 사망 등 각종 사회적 위험으로 부터 모든 국민을 보호하고 빈곤을 해소하며 국민생활의 질을 향상시키기 위해서 제공되는 사회보험, 공공부조, 사회복지서비스 및 관련 복지제도를 말한다."라고 정의하고 있다.

② **국제 보건기구**

세계보건기구(WHO : World Health Organization)는 세계의 모든 사람들이 가능한 한 최고의 건강수준에 도달하는 것을 설립목적으로 하

TIP. 우리나라의 사회보장제도

- 산업재해
- 건강보험
- 국민연금
- 고용보험
- 공무원연금
- 국방부군인연금
- 사립학교 교직원연금
- 국민기초생활보장제도
- 보상보험(산재보험)

며 1946년 61개국의 세계보건기구헌장 서명 후 1948년 26개회원국의 비준을 거쳐 정식으로 발족하였다.

02 소독

(1) 소독의 정의 및 분류

1) 소독관련 용어정리

① 소독의 정의

소독은 크게 살균과 멸균, 방부를 포함하는 용어이다.

㉠ **소독** : 병원성 또는 비병원성의 미생물을 죽이거나 또는 감염력이나 증식력을 없애는 것

㉡ **멸균** : 병원성 또는 비병원성 미생물 모두를 사멸하며 포자까지도 사멸하여 무균상태로 만드는 것

㉢ **살균** : 생활력을 가지고 있는 미생물을 이학적, 화학적 방법으로 급속하게 죽이는 것

㉣ **방부** : 병원성 미생물의 생활작용을 억제 · 정지시켜 부패나 발효를 막는 것

※ 소독력은 멸균 〉 살균 〉 소독 〉 방부의 순서이며 멸균은 무균상태로 만드는 것이다.

② 소독의 역사

㉠ **접촉 감염설** : 15~16세기 감염병으로 유럽인구의 절반이 사망하고 감염균의 접촉에 의해 감염병이 발생한다는 가설이다. 흑사병, 천연두, 디프테리아가 15~16세기에 발병했다.

㉡ **간헐멸균법** : 영국의 존 틴탈에 의해 고안되었다.

㉢ **저온살균법** : 루이스 파스퇴르에 의해 개발되었다.

㉣ **건열멸균법** : 루이스 파스퇴르에 의해 고안되었다. 170℃에서 60분간 건열을 이용한 멸균법이다.

㉤ **고압증기멸균법** : 찰스 캄베르랜드가 고안하였다. 아포생성균을 121℃에서 15~20분간 적용하여 멸균하였다.

이해도 UP **O,X 문제**

01 보건행정의 정의는 공중보건의 목적 달성을 위해 수행하는 행정조직의 활동이다. (O, X)

02 보건행정의 특성으로는 공공성과 사회성, 봉사의 의미가 있으며, 과학의 기반하에 이루어지는 기술행정이다. (O, X)

해설 과학의 기반하에 이루어지는 기술행정이다.

03 보건행정의 범위는 보건관계 기록의 보존, 환경위생, 대중에 대한 의무교육, 성인병 보건, 간호교육, 감염병 치료, 의료연구이다. (O, X)

해설 대중에 대한 보건교육, 모자보건, 보건간호, 감염병관리, 의료서비스 제공, 보건관계기록의 보존, 환경위생 등이 보건행정의 범위이다.

04 우리나라의 보건행정 조직은 보건복지부 – 시 · 도 보건행정조직(복지여성국, 보건복지국) – 시 · 군 · 구(보건소 : 우리나라지방 보건행정의 최일선조직)로 되어있다. (O, X)

답_01 : O 02 : O 03 : X 04 : O

2) 소독기전

① 소독기전

㉠ **산화작용** : 과산화수소, 과망간산칼륨, 붕산, 아크리놀, 염소 및 그 유도체

㉡ **균체의 단백질 응고작용** : 석탄산, 생석회, 승홍, 알코올, 크레졸

㉢ **균체의 효소 불활성화 작용** : 석탄산, 알코올, 역성비누, 중금속염

㉣ **균체의 가수분해 작용** : 강산, 강알카리, 중금속염

㉤ **탈수작용** : 알코올, 포르말린, 식염, 설탕

㉥ **핵산에 작용** : 자외선, 방사선, 포르말린, 에틸렌옥사이드

㉦ **균체의 삼투성 변화작용** : 석탄산, 역성비누, 중금속염

② 소독약 사용 시 주의사항

㉠ 냉암소에 보관한다.

㉡ 소독약품에 대한 명칭과 구입시기 등을 약품통에 명기한다.

㉢ 영 · 유아의 손에 닿지 않는 곳에 둔다.

㉣ 소독대상에 적합한 약품을 선택한다.

㉤ 병원미생물의 종류, 저항성, 목적에 따라 사용방법을 준수한다.

3) 소독법의 분류

<table>
<tr><td rowspan="3">자연소독법</td><td colspan="2">희석</td></tr>
<tr><td colspan="2">태양광선</td></tr>
<tr><td colspan="2">한랭(냉각)</td></tr>
<tr><td rowspan="13">물리적소독법</td><td rowspan="3">멸균법</td><td>화염멸균법</td></tr>
<tr><td>건열멸균법</td></tr>
<tr><td>소각소독법</td></tr>
<tr><td rowspan="5">습열멸균법</td><td>자비소독법</td></tr>
<tr><td>고압증기멸균법</td></tr>
<tr><td>유통증기멸균법</td></tr>
<tr><td>저온소독법</td></tr>
<tr><td>초고온 순간멸균법</td></tr>
<tr><td rowspan="4">무가열멸균법</td><td>자외선 멸균법</td></tr>
<tr><td>일광소독</td></tr>
<tr><td>초음파</td></tr>
<tr><td>세균여과법</td></tr>
</table>

화학적소독법	알코올	에탄올
		이소프로판올
	포름알데히드	
	양이온계면활성제	
	음이온계면활성제	
	페놀 화합물	석탄산
		크레졸
	과산화수소	
	염소	
	승홍	

① **자연소독법**

㉠ **희석** : 살균효과는 없으나 균수를 감소

㉡ **태양광선** : 강력한 살균작용

㉢ **한랭** : 세균발육을 저지

② **물리적 소독법**

㉠ **멸균법**

• **화염멸균법**

- 물체를 불꽃 속에 20초 이상 접촉하여 멸균
- 금속류, 유리, 백금, 도자기류 소독
- 이 · 미용기구 소독에 적합

• **건열멸균법**

- 170℃ 건열멸균기에서 1~2시간 처리
- 유리기구, 금속기구, 자기, 주사기 등 소독
- 바셀린, 유지, 글리세린 소독에 적합

• **소각소독법**

- 불에 태워 병원체를 없애는 법
- 제1급 감염병 환자의 배설물처리에 적합

㉡ **습열 멸균법**

• **자비소독법**

- 100℃ 끓는 물에 15~20분간 처리
- 아포균은 완전히 소독되지 않음
- 식기류, 도자기류, 주사기, 의류소독에 적합

TIP.

- 초고온살균 : 130~150℃의 온도에서 2~4초 간 하는 순간멸균살균법
- 고온살균 : 약 80℃ 온도의 살균
- 저온살균 : 약 60~80℃의 온도에서 살균. 파스퇴르가 고안함.

TIP.

※ 석탄산계수는 소독약의 살균력을 비교하기 위해 사용한다.

$$석탄산계수 = \frac{소독약의\ 희석배수}{석탄산의\ 희석배수}$$

- 고압증기멸균법
  - 포자균 멸균에 가장 좋음
  - 초자기구, 거즈 및 약액, 자기류 소독에 적합
- 유통증기멸균법
  - 100℃ 유통증기를 30~60분간 통과하는 것을 3회 실시
  - 식기류, 도자기류, 주사기, 의류소독에 적합
- 저온소독법
  - 60~65℃에서 30분간 소독
  - 대장균 사멸은 불가능, 포자멸균은 불가능하고 포자를 생성하지 않는 균들만 멸균
  - 파스퇴르가 고안, 유제품, 알코올, 건조과실 등에 효과적
- 초고온 순간멸균법
  - 130℃에서 2초간 처리
  - 우유소독에 적합

ⓒ 무가열멸균법

열을 가하지 않고 균을 사멸시키거나 균의 활동을 억제하는 법으로 자외선멸균법, 일광소독, 초음파멸균법, 세균여과법 등이 있다.

- 자외선멸균법
  - 2,400~2,800Å 파장을 이용하여 균을 사멸 또는 균의 활동을 억제
  - 공기, 물, 식품, 기구, 식기류의 소독
  - 자외선 살균기
- 일광소독
  - 한낮의 태양열에 건조소독
  - 의류, 침구류 등의 소독
- 초음파멸균법
  - 8,800c/s의 음파를 이용하여 미생물을 파괴
  - 20,000c/s 이상의 초음파는 강력한 살균력이 있음
- 세균여과법
  - 미생물을 통과시킬 수 없는 필터를 이용하여 미생물을 제거하는 방법
  - 화학약품이나 열을 이용할 수 없을 때 사용

③ 화학적 소독법

분류		특징
알코올	**에탄올**	• **피부(주사부위), 기구소독에 사용** • 원액의 70~80% 농도로 사용
	이소프로판올	• 살균력이 에탄올보다 강함 • 손소독용으로 50% 농도로 사용
포름알데히드(포르말린)		• 지용성이며 단백질 응고작용이 있음 • 희석액도 강한 살균작용 있어 피부사용은 부적합함
양이온 계면활성제(역성비누)		• **손 소독에 사용**, 냄새없고 독성이 적음 • **이 · 미용업소**에서 널리 사용(0.01~0.1% 수용액 사용)
양성 계면활성제		• 손소독, 기계, 기구소독 • 실내의 살균, 냄새제거 및 세척제로 사용
음이온 계면활성제(보통비누)		• 살균작용은 낮고 세정에 의한 균의 제거에 사용
페놀화합물	**석탄산**	• **소독약의 살균지표**로 사용(소독제의 평가기준) • 오염의류 및 침구, 배설물 소독에 적합(3% 수용액 사용)
	크레졸	• 석탄산의 2배 소독효과 • **3% 수용액 사용** • 손, 오물, 배설물 및 **이 · 미용실 실내소독용**
과산화수소		• 미생물 살균소독약제 • 2.5~3.5% 수용액 사용 • 피부상처 소독, 구강세척제, 실내공간 살균에 사용 • 표백제 및 모발의 탈색제로 사용
염소		• 살균력이 강함 • 자극적인 냄새가 남 • 상수 및 하수에 사용 • 세균 및 바이러스에도 작용
승홍		• **살균력이 강하고 맹독성임** • **피부소독에는 0.1~0.5% 수용액 사용** • **금속을 부식시킴**

④ 소독대상물에 따른 소독방법

대상물 종류	소독방법
대소변, 배설물, 토사물	소각법
의복, 침구류, 모직물	일광소독, 증기소독, 자비소독, 크레졸, 석탄산수(2시간 담그기)
초자기구, 목죽제품, 자기류	석탄산수, 크레졸수, 승홍수, 포르말린을 뿌리거나 담그기
고무제품, 피혁제품, 모피	석탄산수, 크레졸수, 포르말린수

TIP.

- 용액 : 두 가지 이상의 다른 물질이 용해되어 있는 물질
- 용질 : 용액 속에 용해되어 있는 물질
- 용매 : 용질을 용해시켜 용액을 만드는 물질
- 콜로이드 용액 : **현미경으로 볼 수 없는 아주 작은 입자가 균일하게 분포**되어 있는 용액

이해도 UP **O,X 문제**

01 **물리적 소독방법은 크게 건열멸균법, 습열멸균법, 사멸멸균법, 자외선멸균법으로 나뉜다. (O, X)**

해설 물리적 소독방법은 건열멸균법, 습열멸균법, 무가열멸균법, 자외선멸균법이다.

02 **자비소독법으로는 100℃ 끓는 물에 15~20분간 처리, 아포균은 완전히 소독되지 않고, 식기류, 도자기류, 주사기, 의류소독에 적합하다. (O, X)**

03 **살균작용이 낮고 세정에 의한 균의 제거에 사용되는 화학적 소독법은 음이온 계면활성제이다. (O, X)**

04 **피부상처, 표백제, 모발의 탈색제 및 구강세척제로 사용되며, 2.5~3.5% 수용액으로 상처를 소독하는 화학적 소독법은 과산화수소이다. (O, X)**

답_01: X 02: O 03: O 04: O

대상물 종류	소독방법
화장실, 쓰레기통, 하수구	석탄산수, 크레졸수, 포르말린수
병실	석탄산수, 크레졸수, 포르말린수
환자, 환자를 접촉한 손	석탄산수, 크레졸수, 역성비누

4) 소독인자

① 소독인자

㉠ **미생물 농도 :** 미생물의 온도가 낮으면 낮을수록 단시간내에 효과적으로 소독이 가능하다.

㉡ **소독제 농도 :** 소독제 농도가 높을수록 소독효과가 좋아 소독시간이 짧아진다. 수용액의 소독제인 경우 포함된 물의 양에 따라 소독효과가 다르다.

㉢ **소독제의 불활성화 :** 무기성분(소금, 금속, 산, 알카리)이 함유되어 있으면 소독효과가 떨어진다.

㉣ **온도 :** 일반적으로 온도가 높을수록 소독효과가 높다.

㉤ **시간 :** 시간이 길면 길수록 소독효과가 높다.

(2) 미생물 총론

1) 미생물의 정의

① 미생물의 정의

㉠ 0.1㎜ 이하의 육안으로 볼 수 없는 생명체

㉡ 광학현미경, 전자현미경으로 관찰 가능

㉢ 원핵세포와 진핵세포로 구성되어 있음

② 미생물의 특징

㉠ 미생물은 매우 작아서 육안으로는 볼 수 없는 생물로 약 100㎛ 정도로서 광학현미경, 전자현미경으로 관찰할 수 있다.

㉡ 미생물은 주로 단일세포 또는 균사로 몸을 이루고 있으며 세균, 바이러스, 리케치아, 진균, 조류, 효모류의 원생물이다.

㉢ 미생물은 병원성 미생물과 비병원성 미생물로 나뉘는데, 병원성 미생물은 질병을 일으키며, 비병원성 미생물은 질병을 일으키지 않는다.

㉣ 미생물은 물, 공기, 토양, 동식물 등에 서식하다가 유입되어 감염시킨다.

③ 미생물의 구조

미생물은 한 개의 세포로 구성되어 있으며, 미생물에는 원핵세포 생물과 진핵세포 생물이 있다.

㉠ 원핵세포

- 원핵생물은 원핵세포로 이루어져 있으며 단세포성 생물이다.
- 원핵세포 생물은 박테리아, 세균이 있다.
- 원핵세포 크기는 약 1㎛ 이하이다.
- 유사분열이나 감수분열을 하지 않으며 핵에는 핵막이 없다.

㉡ 진핵세포

- 진핵생물은 진핵세포로 되어 있으며 동물, 식물, 조류, 진균 등이 있다.
- 진핵세포의 크기는 10~100㎛ 정도이다.
- 유사분열을 하고, 핵이 있으며 핵막이 둘러 싸여있다.

④ 미생물의 분포

㉠ 토양

- 가장 미생물 종이 많으며, 세균이 제일 많다.
- 토양에는 병원성 미생물이 존재한다.

㉡ 물

- 물속에서 미생물이 유기물을 분해한다.
- 병원성 미생물로 인해 수질을 오염시켜 수인성 감염병이 있다.

㉢ **공기** : 공기 중의 병원성 미생물은 비말감염을 일으킨다.

2) 미생물의 역사

① 신벌설 시대(종교적 시대)

고대에는 병인이 미생물인지 모르고 신의 저주로 질병이 발생하여 어려움을 겪는다고 생각했다는 설이다. 선한 자는 선신에 의해 전생에서 승리하고 무병하며, 악한 자는 악신에 의해 질병이 전파되고 폭풍우를 만나며 패전하게 된다는 설이다.

② 점성설 시대

별자리의 이동으로 전쟁의 발생과 감염병의 유행, 사망 등을 예견하던 시대이다.

③ 독기설 시대(Miasma Theory)

히포크라테스 시대(459~377 BC)의 감염병 발생설로 지진, 홍수, 화산의 분화 등이 일어난 후에 많은 전염병이 급격히 발생하는 것은 심하게 오염된 공기를 흡입하기 때문에 일어난다고 주장하는 설이다. 이 오염된 공기를 미아스마(Miasma)라고 한다.

④ 장기설 시대(Miasma Theory)

모든 질병은 나쁜 공기에 의해 전파 · 전염된다고 하는 히포크라테스로부터 나온 학설이다. 장기설과 독기설은 같은 학설이며 둘 다 영어로 Miasma Theory이다.

TIP. 미생물의 발견과 발전

- 네덜란드 레벤후크(Antony Van Leeuwenhoek, 1632~1723)는 1675년 현미경으로 미생물을 최초로 발견했다.
- 1831년 로버트 브라운은 식물표본 연구 중 미생물의 핵을 발견했다.

⑤ 접촉감염설 시대

사람과 사람의 접촉에 의해 전파된다는 사실이 알려졌는데 아리스토텔레스는 페스트가 환자로부터 옮겨진다고 하였으며 성병이 유럽 전역에 유행된 것도 접촉에 의한 것이라고 주장하는 학설이다.

⑥ 미생물병인론 시대

파스퇴르가 질병의 자연 발생설을 부정하고 미생물병인론을 주장한다.

⑦ 소독과 방부

19세기 중반 부패작용은 미생물의 작용에 의해 발생되지만 가열하면 사멸될 수 있다고 생각하여 소독과 방부의 시대가 시작되었다.

⑧ 간헐멸균법

영국의 미생물학자 **존 틴탈**(John Tyntall, 1820~1893년)이 고안하였다.

⑨ 무균적 수술

1865년 석탄산 용액을 수술실에서 사용하면서부터 수술 후의 염증 발생이 줄었다는 것을 발견했으며, 수술실의 기구 소독, 손 소독에 사용하고, 수술실에 살포하기 시작했다.

⑩ 저온살균법

1860년대 루이스 **파스퇴르**가 포도주의 부패방지를 위해서 개발한 살균법이다.

⑪ 건열멸균법

루이스 파스퇴르(Louis Pasteur)는 멸균법을 고안하여 170℃에서 60분간 건열로 멸균하였다.

⑫ 방부법

영국의 조셉 리스터(Joshep Lister)는 **석탄산 용액을 사용**하여 수술기구를 소독하였다.

⑬ 고압증기멸균법(Autoclaving)

찰스 캄베르엔드(Charles Cham Berland)는 아포 생성균을 121℃에서 15~20분간 적용시키는 멸균법을 고안하였다.

3) 미생물의 분류

① 미생물의 분류 기준

㉠ 인체에 미치는 영향에 의한 분류

비병원성 미생물	인체에 병적인 문제를 발생시키지 않는 미생물	예 발효균, 유산균, 곰팡이균, 효모균
병원성 미생물	인체에 병적인 증상을 발생시킬 수 있는 미생물	예 세균, 바이러스, 리케차, 원충, 진균

㉡ 형태에 의한 분류

구균	• 공 모양으로 둥근 구상형태의 세균 • 병원성구균은 감염되면 염증, 화농을 일으킨다. • **폐렴균, 임질균, 유행성 뇌척수막염균**
간균	• 막대기 모양 또는 원통형 세균으로 크기와 길이는 다양하다. • 서로 이어져 사슬처럼 보이는 것을 연쇄간균이라 한다.
나선균	• 긴 나선형이나 코일 형태의 세균 • **매독균, 장티푸스**

㉢ 그룹에 의한 분류

바시루스(Bacillus)속	• 토양을 중심으로 분포 • 식품의 오염균 중 대표적인 균 • 호기성, 내열성, 아포형성간균
마이크로코쿠스(Micrococcus)속	• 토양, 물, 공기를 통해 식품에 오염 • 호기성구균 • 수산제품, 어패류에 부착
슈도모나스(Pseudomonas)속	• 수성세균이 많고 형광균도 포함 • 어패류에 부착
프로테우스(Proteus)속	• 동물성 식품의 부패균
에스체리치아(Escherichia)속	• 장내 세균과 대장균 • 분변오염의 지표균
장구균속	• 냉동식품에 장시간 생존 • 냉동식품의 오염지표균
젖산균속	• 당류를 발산시켜 젖산을 생산
클로스트리디움속	• 통조림 등 산소가 없는 상태에서 식품을 부패시킴
그람양성균	• 포도상균, 연쇄상구균, 폐렴균, 나병균, 디프테리아균, 파상풍균, 탄저균
호기성세균	• 산소성세균 • 산소가 있는 곳에서 생육, 번식
혐기성세균	• 산소가 없는 곳에서 생육, 번식하는 세균

TIP.

미생물의 크기는 곰팡이가 가장 크고 바이러스가 가장 작다.
곰팡이 〉 효모 〉 세균 〉 리케치아 〉 바이러스

② 미생물의 종류

미생물은 원생동물류, 세균류, 곰팡이(진균), 사상균류, 효모류, 리케치아, 스피로헤타, 바이러스, 조류 등으로 구분된다.

㉠ 원생동물

- 단핵세포이다.
- 이질, 아메바, 질트리코모나스, 말라리아, 톡소플라스마

㉡ 세균(Bacteria)

몸이 하나인 세포로 이루어진 하등한 단세포 생물이며 2개로 분열하여 증식한다.

㉢ 곰팡이(진균)

곰팡이류는 진균이라고도 하며 균사라고 하는 실 모양으로 세포가 세로로 연결되어 있다. 곰팡이류는 포자(홀씨)를 형성한다. 미생물 중 가장 크기가 크다.

코오지곰팡이 (Aspergillus)속	• 누룩곰팡이 : 약주, 탁주, 된장, 간장 제조에 이용 • 아스퍼질루스, 플라버스 : 아플라톡신을 생산하는 유해균
페니실리움 (Penicillium)속	• 푸른곰팡이 • 과일, 치즈를 변패시키는 곰팡이
뮤코아(Mucor)속	• 털곰팡이 : 식품변패, 식품제조에 이용
리조푸스(Rhizopus)속	• 거미줄곰팡이, 빵곰팡이

㉣ 효모(Yeast)

균사가 없고 광합성이나 운동성도 없는 단세포생물을 모두 효모라 한다. 효모는 8㎛의 타원형, 구형인 세포이며 발효 중에 이산화탄소가 발생한다.

- **삭카로마이세스(Saccharomyces)속** : 청주의 발효균, 빵 효모, 맥주, 포도주, 알코올 제조에 이용
- **토룰라(Torula)속** : 식용 효모이며 맥주, 치즈 등의 효모이다.

㉤ 바이러스(Virus)

- 살아있는 세포에만 생존한다.
- 여과기를 통과하는 미생물이다.
- 생물과 무생물의 중간단계이다.
- 미생물 중에서 가장 크기가 작으며 생명체 중에서도 가장 작다.

ⓑ **리케치아**

세균과 바이러스의 중간이며, 세포 내에서 기생충으로 존재하는 세균이다.

ⓢ **스피로헤타**

세균과 원충의 중간의 병원성 세균이다.

ⓞ **조류**

광합성을 하여 엽록체를 가진 식물로 단세포로 되어있고 질병을 일으키지 않는다.

4) 미생물의 증식

① 미생물 증식에 필요한 조건

ⓐ **영양소** : 무기질, 비타민, 탄소원, 수소원, 질소원

ⓛ **온도**

- 저온세균 : 증식 최적의 온도 15~20℃
- 중온세균 : 증식 최적의 온도 30~37℃
- 고온세균 : 증식 최적의 온도 50~80℃

ⓒ **pH**

- 일반적으로 세균은 pH 6.5~7.5 최적 증식
- 곰팡이, 효모는 pH 4.0~6.0에서 증식

ⓡ **산소**

- 편성호기성균 : 성장을 위해 산소가 절대적으로 필요
- 편성혐기성균 : 산소가 있으면 생존이 불가능
- 통성혐기성균 : 산소의 존재에 관계없이 생존, 증식
- 미호기성균 : 대기 산소분압보다 낮은 산소분압에서 성장

ⓜ **수분** : 미생물 증식에는 보통 수분이 40% 이상 있어야 한다.

ⓑ **이산화탄소**

ⓢ **빛**

② 미생물의 증식과정

세균의 증식은 유도기, 대수기, 정지기, 사멸기로 구분한다.

ⓐ **유도기**

- 세균증식 준비기간으로 효소합성, 세포벽 구성성분 합성이 진행된다.
- 세포가 성장하여 분열준비를 하며 세포 크기가 2~3배로 가장 크다.

ⓛ **대수기** : 성장기이며 세균이 일정속도로 규칙적인 2분열을 한다.

ⓒ **정지기** : 분열균과 사멸균의 균형을 유지하는 시기이다.

이해도 UP O,X 문제

01 미생물의 정의로는 광학현미경, 전자현미경으로 관찰이 가능하고, 0.1㎜ 이하의 생명체로서 육안으로 볼 수 없는 생명체이며, 미생물구조는 원핵세포와 진핵세포로 구성되어 있다는 것이다. (O, X)

02 비병원성 미생물의 종류는 발효균, 유산균, 곰팡이균, 효모균, 진균이 있다. (O, X)

해설 병원성 미생물 : 세균, 바이러스, 리케차, 원충, 진균

03 간균에 감염될 경우 탄저균, 파상풍균, 결핵균, 나균, 디프테리아균의 증상이 나타난다. (O, X)

04 바이러스의 종류는 헤르페스, 단순 바이러스, 담배모자이크병 바이러스, 박테리오파지 등이 있다. (O, X)

05 병원성 미생물의 크기는 곰팡이 〉 바이러스 〉 효모 〉 리케차 순이다. (O, X)

해설 곰팡이 〉 효모 〉 세균 〉 리케차 〉 바이러스

06 산소가 있는 곳에서 번식하는 세균은 호기성 세균이며 산소가 없는 곳에서 번식하는 세균은 혐기성 세균이다. (O, X)

답_01 : O 02 : X 03 : O 04 : O 05 : X 06 : O

㉣ **사멸기** : 사멸속도가 분열속도보다 빠르다.

③ 미생물 증식의 특징

㉠ 미생물은 주위환경에 존재하는 영양성분을 이용한다.

㉡ 증식 동안 영양소, 산소, pH, 온도, 염분농도 및 배지 이온강도가 유지되어야 한다.

㉢ 세포 소기관 및 원형질 성분 등을 합성하는 전과정을 말한다.

㉣ 미생물이 성장하기 위해서는 미생물의 원형질을 합성하고 유지해야 한다.

㉤ 필수적인 물질, 에너지원, 적절한 환경조건이 갖추어져야 한다.

㉥ 간단한 무기물질에서부터 복잡한 유기물질에 걸쳐 다양한 영양분을 이용한다.

㉦ 온도, 산소분압 등의 조건이 지극히 좋지 않은 생태계에서도 증식이 가능한 적응력이 높은 미생물의 종류가 많다.

(3) 병원성 미생물

1) 병원성 미생물의 분류

① 세균

분류	세분류	형태	증상
세균	구균	둥근 모양의 세균	포도상구균, 연쇄상구균, 임균화농성질환, 식중독, 임질, 편도선염, 폐렴균, 임질균, 유행성 뇌척수막염균
	간균	긴 막대기 모양의 세균	탄저균, 파상풍균, 결핵균, 나균, 디프테리아균
	나선균	S자 또는 나선 모양의 세균	매독균, 렙토스피라균, 콜레라균, 장티푸스균

② 바이러스

㉠ 종류는 헤르페스, 단순 바이러스, 담배모자이크병 바이러스, 박테리오파지 등이 있다.

㉡ 증상은 소아마비, 홍역, 유행성이하선염, 광견병, AIDS, 간염, 천연두, 황열 등을 일으킨다.

③ 진균

㉠ 종류는 효모형과 균사형으로 나눌 수 있다.

㉡ 증상은 무좀, 피부질환을 야기한다.

④ 원충

㉠ 근족충류, 편모충류, 섬모충류, 포자충류 등이 있다.

㉡ 말라리아, 아메바성이질, 아프리카 수면병 등을 일으킨다.

⑤ 리케치아

㉠ 바이러스와 세균의 중간크기로 벼룩, 진드기, 이 등의 절지동물과 공생한다.

㉡ 발진티푸스, 발진열 등의 증상을 일으킨다.

※ 병원성 미생물의 크기는 큰 순서대로 곰팡이 〉 효모 〉 세균 〉 리케치아 〉 바이러스이다.

2) 병원성 미생물의 특성

① 병원성 미생물의 영양

무기염류, 탄소원, 질소원, 발육인자, 물을 필요로 한다.

② 병원성 미생물의 증식 환경

온도, pH, 산소, 이산화탄소, 삼투압 등 물리적 환경조건이 필요하다.

㉠ 발육증식에 적합한 온도

세균류	생물온도
저온 세균	15~20℃
중온 세균	30~37℃
고온 세균	50-80℃

㉡ 발육증식을 위한 수소이온농도(pH)

분류	pH	균류
중성	pH 7.0~7.6	병원성세균
약알칼리성	pH 7.6~8.2	콜레라균, 장염비브리오균
약산성	pH 5.0~6.0	유산간균, 진균, 결핵균

㉢ 산소

- 유리산소(Free oxygen)에 따라 세균증식
- 호기성균은 반드시 생장에 산소가 필요한 세균이며 혐기성균은 산소가 없어야 생장하는 세균이다.

이해도 UP O,X 문제

01 병원성 미생물의 증식환경으로는 온도, pH, 산소, 이산화탄소, 삼투압 등 물리적 환경조건이 필요하다. (O, X)

02 발육증식에 적합한 온도는 세균류는 50~ 80℃, 저온세균은 15~20℃, 중온세균은 30~ 37℃, 고온세균은 생물온도이다. (O, X)

해설 세균류 - 생물온도, 저온세균 - 15~20℃, 중온세균 - 30~37℃, 고온세균 - 50~80℃

03 산소와 관계없이 생장하는 대장균, 포도상구균, 살모넬라균은 통성혐기성균이다. (O, X)

답_01 : O 02 : X 03 : O

균 종류	내용
편성호기성균	• 생장에 산소가 필요한 세균으로 호흡을 통해 얻는다. • 결핵균, 백일해, 디프테리아
미호기성균	• 5% 정도의 미량의 산소에서 발육
편성혐기성균	• 산소가 있으면 생장이 안 되는 세균
통성혐기성균	• 산소와 관계없이 생장하는 세균, 대장균, 포도상구균, 살모넬라균

㉣ **이산화탄소** : 5~10%의 이산화탄소가 있어야 생장하며 임균, 디프테리아, 인플루엔자가 포함된다.

㉤ **습도** : 적당한 습도가 필요하다.

㉥ **삼투압** : 일정한 삼투압이 요구된다.

(4) 소독방법

1) 소독 시 유의사항

① 좋은 소독법의 조건

㉠ 소독할 대상물에 적합한 소독법과 소독제를 선택한다.

㉡ 소독할 병원성 미생물의 종류에 따른 목적과 소독방법, 사용농도, 준수시간에 유의한다.

㉢ 소독약을 구입한 날짜와 소독약명칭을 용기에 적어둔다.

㉣ 어린이의 손에 닿지 않는 냉암소에 보관한다.

㉤ 소독 시 피부에 닿지 않도록 고무장갑을 착용한다.

㉥ 소독 시 마스크를 착용한다.

㉦ 소독 효과가 있는지 확인한다.

㉧ 사용방법이 간편한지 확인한다.

㉨ 소독대상물이 손상되지 않는지 유의한다.

㉩ 인체에 무독무해한지 확인한다.

㉪저렴하고 구입이 용이한지 확인한다.

㉫ 냄새가 없는지 확인한다.

이해도 UP O,X 문제

01 좋은 소독의 조건은 소독 효과가 확실한 것이다. (O, X)

02 소독액 농도표시법에서 PPM은 천분률의 표시이다. (O, X)

해설 ppm은 백만분률의 표시이다.

03 미용전문가나 메이크업아티스트의 손은 역성비누로 소독한다. (O, X)

04 수정가위, 아이래쉬 컬러는 알코올, 자외선 소독기를 이용한다. (O, X)

답_01 : O 02 : X 03 : O 04 : O

2) 대상별 살균력 평가

① 소독액의 농도표시법

㉠ 퍼센트

- 백분율로 %로 표시한다.
- 소독약과 희석액의 비율을 나타낸다.
- $\frac{\text{용질량}}{\text{용액량}} \times 100(\%)$로 산정한다.

㉡ 퍼밀리

- 천분율로 ‰으로 표시한다.
- 소독약과 희석액의 비율을 나타낸다.
- $\frac{\text{용질량}}{\text{용액량}} \times 1000(‰)$로 산정한다.

㉢ PPM

- 100만분율로 표시한다.
- 소독약과 희석액의 비율을 나타낸다.
- $\frac{\text{용질량}}{\text{용액량}} \times 100\text{만}(ppm)$로 산정한다.
- 아주 엷은 용액농도를 표시한다.

㉣ 희석배수

- 원액이 몇 배로 희석되었는지를 표시
- 희석배수가 높을수록 원액함량이 적은 용액
- 예를 들면 원액 1푼에 물 10푼을 넣었을 경우 10배 수용액이라고 함

② 대상물에 따른 소독방법

대소변, 배설물, 토사물	석탄산수, 소각법, 크레졸수, 생석회 분말 등
의복, 침구류, 모직물	일광소독, 증기소독, 자비소독, 크레졸수, 석탄산수 등
초자기구, 목죽제품, 도자기류	석탄산수, 크레졸수, 승홍수, 포르말린수, 증기소독, 자비소독 등
고무제품, 피혁제품, 모피, 칠기	석탄산수, 크레졸수, 포르말린수 등
분변 및 쓰레기통	생석회 등
변기 또는 변소	석탄산수, 크레졸수, 포르말린수 등
하수구	생석회, 석회유 등
미용전문가, 메이크업 아티스트의 손	역성비누, 알코올 등
수정가위, 아이래쉬 컬러	알코올, 자외선 소독기 등
브러쉬류	알코올, 비누
메이크업 브러쉬	알코올, 비누(샴푸)

(5) 분야별 위생 · 소독

1) 실내환경 위생 · 소독

① 메이크업의 환경관리

㉠ 메이크업샵의 실내는 청결하게 유지한다.

㉡ 실내공기를 환기시키기에 용이해야 한다.

㉢ 실내분위기는 메이크업을 시술하기에 쾌적해야 한다.

㉣ 계절에 대비하여 냉, 난방 시설을 갖추어야 한다.

㉤ 메이크업 시술을 위한 조명을 설치하여야 한다.

② 메이크업 서비스의 위생관리

㉠ 화장품재료나 도구, 기기를 세척이나 소독을 통하여 위생적으로 관리하여야 한다.

㉡ 고객에게 청결한 인상을 줄 수 있는 복장을 착용하여야 한다.

㉢ 구강, 손을 세척하고 소독하여 청결하게 유지한다.

㉣ 고객위생에 관련하여 감염관리에 유의한다.

2) 도구 및 기기 위생 · 소독

① 화장품 관리

㉠ 직사광선을 피해서 관리한다.

- 화장품을 보관, 관리하는 온도는 보통 섭씨 15℃ 내외다. 섭씨 15℃에서 10℃ 이상 온도차이가 나게 되면 제형이 분리되거나 침전물이 생길 수 있다.
- 습도가 높으면 곰팡이나 미생물에 오염이 될 수 있으니 서늘하고 건조한 그늘에 보관하는 것이 좋다.

㉡ 일정한 온도에 보관한다.

화장품은 온도의 변화가 있으면 변질될 수 있으므로 서늘하고 건조하며 온도유지가 일정한 장소에 보관한다.

㉢ 화장품을 바를 때는 먼저 손을 청결하게 한다.

- 화장품을 사용할 때는 먼저 손을 깨끗하게 한 후 깨끗한 스파츌라나 위생솜, 면봉 등을 이용하는 것이 좋다.
- 사용하고 난 후 남은 화장품은 용기에 다시 넣거나 두었다 사용하지 말고 과감하게 버리도록 한다.

㉣ 공기유입을 최대한 줄인다.

- 눈화장에 사용하는 마스카라와 아이라이너는 공기가 유입되면 쉽고 빠르게 굳어버리며 공기 중의 세균에 노출되게 된다.
- 사용 시 공기에 노출되는 시간을 최대한 줄이도록 하며 개봉 후 3~4개월 이상 사용하지 않도록 한다.

ⓜ 사용 후에 반드시 뚜껑을 닫는다.

- 화장품은 공기에 노출되면 산화가 되면서 효과가 감소하게 된다.
- 사용 후에는 즉시 뚜껑을 닫아서 습기와 이물질 등으로부터 보호한다.

ⓑ 유통기한을 지킨다.

- 화장품 용기에는 12M, 18M, 24M이라는 표시가 되어있다. 유통기한 표시인데 12M은 화장품 용기를 오픈하고 12개월 동안 사용해야 한다는 표시다.
- 화장품의 유효기간을 지키는 것은 매우 중요하다.

ⓢ 화장도구를 청결하게 보관한다.

- 화장도구를 사용한 후에는 먼지와 이물질, 땀, 피지 등이 묻을 수 있다.
- 이러한 상황에는 세균이 번식하기 쉬우므로 화장도구 사용 후에는 전용클렌저를 사용하거나 세척을 하여 청결하게 보관한다.

② 메이크업샵의 기기관리

㉠ 메이크업 기기 : 자외선 소독기, 에어브러쉬

※ 소독방법 : 알코올 소독

- 물수건으로 기기의 외관과 내부를 깨끗이 닦는다.
- 마른수건으로 닦아 건조시킨다.
- 알코올을 뿌려 소독한다.

㉡ 라텍스 스펀지, 분첩

※ 위생관리방법 : 비누세척

- 라텍스 스펀지와 분첩에 비누를 묻혀 가볍게 누르듯이 더러움을 제거한다. 분첩은 절대 비비지 말고 가볍게 쓰다듬듯이 빤다. 분첩을 헹굴 때는 섬유유연제를 사용하면 촉감이 부드러워진다.
- 깨끗한 수건 위에 라텍스 스폰지와 분첩을 놓고 그 위에 수건을 덮어 가볍게 두드리거나 누르듯이 하여 물기를 제거한다.
- 소쿠리 위에 올려놓고 말린다.

㉢ 스파츌라, 수정가위, 눈썹칼, 족집게

※ 소독방법 : 알코올 소독, 자외선 소독기

- 수정가위, 눈썹칼, 족집게의 더러움을 티슈로 닦아낸다.
- 알코올을 적신 화장솜으로 닦아서 소독한다.
- 평상시는 알코올 소독을 실시하고 주 2회는 자외선 소독을 실시한다.

㉣ 메이크업 브러쉬

※ 위생관리방법 : 알코올, 비누(샴푸)

- 브러시의 더러움을 클렌징로션이나 클렌징크림을 묻혀 닦아낸다. 립브러시나 아이라이너 브러시는

반드시 클렌징단계로 해야 하나, 더러움이 적은 브러시는 클렌징은 생략해도 된다.

- 비누나 샴푸를 물에 푼 다음 브러시를 가볍게 흔들어 세척한다. 립브러시나 파운데이션 브러시, 컨실러 브러시는 손가락으로 세심하게 누르듯이 하여 세척한다.
- 마지막 헹굼물에 유연제를 떨어뜨려 헹군 다음 수건을 감싸서 물기를 제거한다.
- 깨끗한 수건 위에 뉘어 그늘에서 말린다.

ⓜ 아이래쉬 컬러

※ 위생관리 방법 : 알코올 소독

- 알코올 화장솜에 적셔 닦는다.
- 세심한 부분은 면봉에 알코올을 묻혀 닦는다.
- 끼워진 고무를 빼서 닦는다.

3) 이 · 미용업 종사자 및 고객의 위생관리

① 이 · 미용 종사자 및 고객의 위생관리

㉠ 작업장의 청소상태가 청결해야 한다.

㉡ 환기를 하거나 공기청정기를 이용하여 작업장 공기를 깨끗하게 유지한다.

㉢ 정기적인 화장실 청소와 소독을 실시한다.

㉣ 메이크업실 작업대를 깨끗하게 관리한다.

㉤ 메이크업 기기를 사용 시 자외선 소독기나 알코올, 비누세척 등을 통하여 소독한다.

㉥ 작업대 위에는 깨끗이 소독된 흰 타월을 깔고 도구와 화장품을 배치한다.

㉦ 균형있는 영양섭취와 충분한 수면을 취하여 감염병을 예방한다.

㉧ 이 · 미용 종사자로서 착용하는 가운을 자주 세척하여 청결함을 유지한다.

㉨ 시술 시 화장솜에 알코올을 묻혀 손을 소독한다.

㉩ 고객과 가까이 진행되는 시술 시에는 마스크를 착용한다.

㉪ 유행하고 있는 감염병에 대한 정보와 예방법을 숙지한다.

㉫ 고객용 가운과 헤어밴드, 어깨보 등을 매일 세척하여 청결함을 유지한다.

TIP. 메이크업 브러쉬용 전용 클렌저 사용

메이크업 브러쉬를 위한 전용 클렌저가 시중에 나와 있다. 먼저 메이크업 브러쉬를 클렌징 로션이나 클렌징 크림으로 1차 먼지 제거한 다음 클렌저를 사용한다. 전용 클렌저를 용기에 부은 다음 브러쉬 모가 잠기도록 담궈 흔든 후 깨끗한 물에 헹군다. 수건에 감싸 물기를 제거한 후 그늘에 말린다.

이해도 UP O,X 문제

01 화장품은 냉암소의 일정한 온도에서 보관한다. (O, X)

02 화장품 용기에 표시된 18M은 제조 후 18개월까지 사용해야 한다는 뜻이다. (O, X)

해설 18M은 개봉 후 18개월까지 사용해야 한다는 뜻이다.

03 브러쉬류는 비누세척이나 샴푸세척을 하여 소독한다. (O, X)

04 브러쉬를 세척한 후 햇볕이 잘드는 곳에서 건조시킨다. (O, X)

해설 브러쉬류는 햇볕이 잘드는 곳에서 건조시키면 변형될 우려가 있으므로 그늘에서 말려야 한다.

답_01 : O 02 : X 03 : O 04 : X

03 공중위생관리법규(법, 시행령, 시행규칙)

(1) 목적 및 정의

1) 목적

공중위생관리법은 공중이 이용하는 영업의 위생관리 등에 관한 사항을 규정함으로써 위생 수준을 향상시켜 국민의 건강증진에 기여함을 목적으로 한다.

2) 정의

① **공중위생영업** : 다수인을 대상으로 위생관리서비스를 제공하는 영업으로서 숙박업, 목욕장업, 이용업, 미용업, 세탁업, 건물위생관리업을 말한다.

② **이용업** : 손님의 머리카락 또는 수염을 깎거나 다듬는 등의 방법으로 손님의 용모를 단정하게 하는 영업을 말한다.

③ **미용업** : 손님의 얼굴, 머리, 피부 등을 손질해 손님의 외모를 아름답게 꾸미는 영업을 말한다.(공중위생관리법 제2조 1항 5호)

(2) 영업의 신고 및 폐업신고

1) 영업의 신고

공중위생영업의 신고를 하려는 자는 공중위생영업의 종류별로 보건복지부령이 정하는 시설 및 설비기준에 적합한 시설을 갖춘 후 신고서와 서류를 첨부하여 시장 · 군수 · 구청장에게 제출하여야 한다.

① **영업신고 시 첨부서류**

㉠ 영업시설 및 설비개요서

㉡ 교육필증(미리 교육을 받은 경우)

㉢ 국유재산 사용허가서(국유철도 정거장 시설 또는 군사시설에서 영업하려는 경우에만 해당)

㉣ 철도사업자(도시철도사업자를 포함한다)와 체결한 철도시설 사용계약에 관한 서류(국유철도 외의 철도 정거장 시설에서 영업하려고 하는 경우에만 해당)

② **신고서를 제출받은 시장 · 군수 · 구청장이 확인해야 하는 서류**

㉠ 건축물대장

이해도 UP O,X 문제

01 공중위생관리법의 정의 중 미용업은 손님의 머리카락, 수염을 깎거나 다듬는 등의 방법으로 손님의 용모를 단정하게 하는 영업을 말한다. (O, X)

해설 미용업은 손님이 얼굴, 머리, 피부 등을 손질해 손님의 외모를 아름답게 꾸미는 영업을 말하며, 위 내용은 이용업에 대한 정의이다.

02 공중위생관리법의 목적은 다수인을 대상으로 위생관리 서비스를 제공하는 것이다. (O, X)

해설 공중위생관리법의 목적은 공중이 이용하는 영업과 시설의 위생관리 등에 관한 사항을 규정하는 것이다.

03 미용업은 손님의 얼굴, 머리, 피부 등을 손질해 손님의 외모를 아름답게 꾸미는 영업을 말한다.(공중위생관리법 제2조 1항 5호) (O, X)

해설 2019년 개정된 공중위생관리법 제2조 1항 5호에 의하면 미용업은 손님의 얼굴, 머리, 피부 및 손톱, 발톱 등을 손질하여 꾸미는 영업이라고 되어있다.

04 공중위생관리법의 정의의 대상은 공중위생 영업은 이용업, 미용업, 세탁업, 건물위생관리업, 숙박업, 목욕장업을 말한다. (O, X)

답_01 : X 02 : X 03 : X 04 : O

TIP. 민감정보 및 고유식별정보의 처리

시·도지사 또는 시장·군수·구청장(해당 권한이 위임·위탁된 경우에는 그 권한을 위임·위탁받은 자를 포함한다)은 다음의 사무를 수행하기 위하여 불가피한 경우 건강에 관한 정보, 주민등록번호 또는 외국인등록번호가 포함된 자료를 처리할 수 있다.

1. 공중위생영업의 신고·변경신고 및 폐업신고에 관한 사무
2. 공중위생영업자의 지위승계 신고에 관한 사무
3. 이용사 및 미용사 면허신청 및 면허증 발급에 관한 사무
4. 이용사 및 미용사의 면허취소 등에 관한 사무
5. 위생지도 및 개선명령에 관한 사무
6. 공중위생업소의 폐쇄 등에 관한 사무
7. 과징금의 부과·징수에 관한 사무
8. 청문에 관한 사무

㉡ **토지이용계획확인서**

㉢ **전기안전점검확인서**(전기안전점검을 받아야 하는 경우에만 해당)

㉣ **면허증**(이용업 · 미용업의 경우에만 해당)

③ 신고를 받은 시장 · 군수 · 구청장은 즉시 영업신고증을 교부하고, 신고관리대장(전자문서를 포함한다)을 작성 · 관리하여야 한다.

④ 신고를 받은 시장 · 군수 · 구청장은 해당 영업소의 시설 및 설비에 대한 확인이 필요한 경우에는 영업신고증을 교부한 후 30일 이내에 확인하여야 한다.

⑤ 공중위생영업의 신고를 한 자가 교부받은 영업신고증을 잃어버렸거나 헐어 못 쓰게 되어 재교부받으려는 경우에는 영업신고증 재교부신청서를 시장 · 군수 · 구청장에게 제출하여야 한다. 이 경우 영업신고증이 헐어 못 쓰게 된 경우에는 못 쓰게 된 영업신고증을 첨부하여야 한다.

2) 변경신고

공중위생영업자는 보건복지부령이 정하는 중요사항을 변경하고자 하는 때에도 시장 · 군수 · 구청장에게 신고한다.

① 변경신고를 해야 할 경우

㉠ 영업소의 명칭 또는 상호

㉡ 영업소의 주소

㉢ 신고한 영업장 면적의 3분의 1 이상 증감 시

㉣ 대표자의 성명 또는 생년월일

㉤ 업종 간 변경

② 변경신고 시 제출서류

㉠ **영업신고증**(신고증을 분실하여 영업신고사항 변경신고서에 분실 사유를 기재하는 경우에는 첨부하지 아니한다)

㉡ 변경사항을 증명하는 서류

③ 변경신고를 받은 시장 · 군수 · 구청장이 확인해야 하는 서류

㉠ 건축물대장

㉡ 토지이용계획확인서

㉢ **전기안전점검확인서**(전기안전점검을 받아야 하는 경우에만 해당)

㉣ **면허증**(이용업 및 미용업의 경우에만 해당한다)

④ 신고를 받은 시장 · 군수 · 구청장은 영업신고증을 고쳐 쓰거나 재교부하

여야 한다. 다만, 변경신고사항이 업종 간 변경에 해당하는 경우에는 변경신고한 영업소의 시설 및 설비 등을 변경신고를 받은 날부터 30일 이내에 확인하여야 한다.

3) 폐업신고

공중위생영업을 폐업한 자는 폐업한 날부터 20일 이내에 시장 · 군수 · 구청장에게 신고해야 한다. 다만, 영업정지 등의 기간 중에는 폐업신고를 할 수 없다.

4) 영업의 승계

① 영업의 승계

㉠ 공중위생영업자가 그 공중위생영업을 양도하거나 사망한 때 또는 법인의 합병이 있는 때에는 그 양수인 · 상속인 또는 합병 후 존속하는 법인이나 합병에 의하여 설립되는 법인은 그 공중위생영업자의 지위를 승계한다.

㉡ 민사집행법에 의한 경매, 「채무자 회생 및 파산에 관한 법률」에 의한 환가나 국세징수법 · 관세법 또는 「지방세징수법」에 의한 압류재산의 매각 그 밖에 이에 준하는 절차에 따라 공중위생영업 관련시설 및 설비의 전부를 인수한 자는 이 법에 의한 그 공중위생영업자의 지위를 승계한다.

㉢ 이용업 또는 미용업의 경우에는 면허를 소지한 자에 한하여 공중위생영업자의 지위를 승계할 수 있다.

㉣ ㉠과 ㉡의 경우 공중위생영업자의 지위를 승계한 자는 1월 이내에 보건복지부령이 정하는 바에 따라 시장 · 군수 또는 구청장에게 신고하여야 한다.

② 영업승계 시 제출서류

㉠ **영업양도의 경우 :** 양도 · 양수를 증명할 수 있는 서류사본

㉡ **상속의 경우 :** 상속인임을 증명할 수 있는 서류(가족관계 등록 전산 정보만으로 상속인임을 확인할 수 있는 경우는 제외한다)

㉢ **그 외의 경우 :** 해당 사유별로 영업자의 지위를 승계하였음을 증명할 수 있는 서류

이해도 UP **O,X 문제**

01 공중위생영업을 폐업한 자는 폐업한 날부터 30일 이내에 시 · 도지사에게 신고를 해야 한다. (O, X)

해설 폐업날 부터 20일 이내에 시장 · 군수 · 구청장에게 신고한다.

02 변경신고를 받은 시장 · 군수 · 구청장이 확인해야 하는 서류는 건축물대장, 토지이용계획확인서, 전기안전점검확인서, 면허증이다. (O, X)

03 공중위생영업의 신고를 하려는 자는 공중위생영업의 종류별로 보건복지부령이 정하는 시설 및 설비기준에 적합한 시설을 갖춘 후 신고서와 서류를 첨부하여 시장 · 군수 · 구청장에게 제출하여야 한다. (O, X)

04 영업의 신고를 받은 시장 · 군수 · 구청장은 해당 영업소의 시설 및 설비에 대한 확인이 필요한 경우에는 영업신고증을 교부한 후 18일 이내에 확인하여야 한다. (O, X)

해설 30일 이내에 확인하여야 한다.

05 시장 · 군수 · 구청장은 신고서를 제출받은 서류를 확인해야 하는 중 전기안전점검확인서는 전기안전점검을 받아야 하는 경우에만 해당된다. (O, X)

06 변경신고를 할 경우 공중위생영업자는 보건복지부령이 정하는 중요사항을 변경하고자 하는 때에도 시장 · 군수 · 구청장에게 신고해야 한다. (O, X)

07 변경신고를 해야하는 경우 영업소의 명칭 또는 상호 변경, 영업소의 소재지 변경, 신고한 영업장 면적의 3분의 1 이상 증감, 업종 간 변경, 대표자의 연락처가 변경 되었을 시 신고하여야 한다. (O, X)

해설 대표자의 성명 또는 생년월일 변경시만 신고한다.

08 공중위생영업을 폐업하여 신고할 시 폐업한 날부터 20일 이내에 대통령령에게 신고해야 하며 폐업신고 시에는 영업신고증을 첨부하여 한다. (O, X)

해설 시장 · 군수 · 구청장에게 신고하여야 한다.

09 영업의 승계는 공중위생영업자가 그 공중위생영업을 양도하거나 사망한 때 또는 법인의 합병이 있는 때에는 그 양수인 · 상속인 또는 합병 후 존속하는 법인이나 합병에 의하여 설립되는 법인은 그 공중위생영업자의 지위를 승계할 수 있다. (O, X)

답_01 : X 02 : O 03 : O 04 : X 05 : O 06 : O 07 : X 08 : X 09 : O

(3) 영업자 준수사항

1) 위생관리

공중위생영업자는 그 이용자에게 건강상 위해요인이 발생하지 아니하도록 영업관련 시설 및 설비를 위생적이고 안전하게 관리하여야 한다.

① 이용사의 위생관리

㉠ 이용기구는 소독을 한 기구와 소독을 하지 아니한 기구로 분리하여 보관하고, 면도기는 1회용 면도날만을 손님 1인에 한하여 사용할 것

㉡ 이용사면허증을 영업소 안에 게시할 것

㉢ 이용업소표시등을 영업소 외부에 설치할 것

② 미용사의 위생관리

㉠ 의료기구와 의약품을 사용하지 아니하는 순수한 화장 또는 피부미용을 할 것

㉡ 미용기구는 소독을 한 기구와 소독을 하지 아니한 기구로 분리하여 보관하고, 면도기는 1회용 면도날만을 손님 1인에 한하여 사용할 것

㉢ 미용사면허증을 영업소 안에 게시할 것

③ 이용기구 및 미용기구의 소독기준 및 방법

㉠ 일반기준

- 자외선소독 : 1㎠당 85㎼ 이상의 자외선을 20분 이상 쬐어준다.
- 건열멸균소독 : 섭씨 100℃ 이상의 건조한 열에 20분 이상 쐬어준다.
- 증기소독 : 섭씨 100℃ 이상의 습한 열에 20분 이상 쐬어준다.
- 열탕소독 : 섭씨 100℃ 이상의 물속에 10분 이상 끓여준다.
- 석탄산수소독 : 석탄산수(석탄산 3%, 물 97%의 수용액을 말한다)에 10분 이상 담가둔다.
- 크레졸소독 : 크레졸수(크레졸 3%, 물 97%의 수용액을 말한다)에 10분 이상 담가둔다.
- 에탄올소독 : 에탄올수용액(에탄올이 70%인 수용액을 말한다)에 10분 이상 담가두거나 에탄올수용액을 머금은 면 또는 거즈로 기구의 표면을 닦아준다.

㉡ **개별기준** : 이용기구 및 미용기구의 종류 · 재질 및 용도에 따른 구체적인 소독기준 및 방법은 보건복지부장관이 정하여 고시한다.

④ 이용사가 준수하여야 할 위생관리기준

㉠ 이용기구 중 소독을 한 기구와 소독을 하지 아니한 기구는 각각 다른 용기에 넣어 보관하여야 한다.

㉡ 1회용 면도날은 손님 1인에 한하여 사용하여야 한다.

㉢ 영업장 안의 조명도는 75룩스 이상이 되도록 유지하여야 한다.

㉣ 영업소 내부에 이용업 신고증 및 개설자의 면허증 원본을 게시하여야 한다.

㉤ 영업소 내부에 부가가치세, 재료비 및 봉사료 등이 포함된 요금표(이하 "최종지불요금표"라 한다)를 게시 또는 부착하여야 한다.

ⓑ ⓜ에도 불구하고 신고한 영업장 면적이 66제곱미터 이상인 영업소의 경우 영업소 외부(출입문, 창문, 외벽면 등을 포함한다)에도 손님이 보기 쉬운 곳에「옥외광고물 등 관리법」에 적합하게 최종지불요금표를 게시 또는 부착하여야 한다. 이 경우 최종지불요금표에는 일부항목(3개 이상)만을 표시할 수 있다.

ⓢ 3가지 이상의 이용서비스를 제공하는 경우에는 개별 이용서비스의 최종 지불가격 및 전체 이용서비스의 총액에 관한 내역서를 이용자에게 미리 제공하여야 한다. 이 경우 이용업자는 해당 내역서 사본을 1개월간 보관하여야 한다.

⑤ 미용사가 준수하여야 할 위생관리기준

㉠ 점빼기, 귓불뚫기, 쌍꺼풀수술, 문신, 박피술, 그 밖에 이와 유사한 의료행위를 하여서는 아니된다.

㉡ 피부미용을 위하여 약사법 규정에 의한 의약품 또는 의료기기법에 따른 의료기기를 사용하여서는 아니된다.

㉢ 미용기구 중 소독을 한 기구와 소독을 하지 아니한 기구는 각각 다른 용기에 넣어 보관하여야 한다.

㉣ 1회용 면도날은 손님 1인에 한하여 사용하여야 한다.

㉤ 영업장 안의 조명도는 75룩스 이상이 되도록 유지하여야 한다.

㉥ 영업소 내부에 이용업 신고증 및 개설자의 면허증 원본을 게시하여야 한다.

㉦ 영업소 내부에 최종지불요금표를 게시 또는 부착하여야 한다.

㉧ ㉦에도 불구하고 신고한 영업장 면적이 66제곱미터 이상인 영업소의 경우 영업소 외부(출입문, 창문, 외벽면 등을 포함한다)에도 손님이 보기 쉬운 곳에 옥외광고물 등 관리법에 적합하게 최종지불요금표를 게시 또는 부착하여야 한다. 이 경우 최종지불요금표에는 일부항목(5개 이상)만을 표시할 수 있다.

㉨ 3가지 이상의 미용서비스를 제공하는 경우에는 개별 미용서비스의 최종 지불가격 및 전체 미용서비스의 총액에 관한 내역서를 이용자에게 미리 제공하여야 한다. 이 경우 미용업자는 해당 내역서 사본을 1개월간 보관하여야 한다.

TIP. 미세먼지

- 크기에 따라 PM 10을 미세먼지, PM 2.5를 초미세먼지, PM 1.0을 극초미세먼지라고 한다.
- PM은 Particulate Matter로 대기 중에 떠다니는 고체 또는 액체 상태의 미세입자라는 뜻으로 '입자상 물질'이라고도 한다.

이해도 UP O,X 문제

01 공중위생영업자는 그 이용자에게 건강상 위해요인이 발생하지 않게 영업관련 시설 및 설비를 위생적이고 안전하게 관리하여야 한다. (O, X)

02 이용사·미용사 모두 면허증을 영업소 안에 게시하여야 한다. (O, X)

03 소독기준 및 방법에서 이용기구 및 미용기구의 종류·재질 및 용도에 따른 구체적인 소독기준 및 방법은 보건복지부장관이 정하여 고시한다는 내용은 일반기준에 해당하는 내용이다. (O, X)

해설 해당 내용은 개별기준에 해당하는 내용이다.

04 이용사/미용사는 영업장 안의 조명도는 75룩스 이상이 되도록 유지하여야 한다. (O, X)

05 공중시설의 위생관리를 위한 실내공기는 보건복지부령이 정하는 위생관리기준에 적합하도록 유지해야 한다. (O, X)

06 미용업자의 위생관리 기준에는 화장실용, 조리실용 배기관을 청소해야 한다는 기준이 있다. (O, X)

해설 공중이용시설 중 실내공기 정화시설 및 설비에 대한 위생관리 기준이다.

07 오염물질 이산화탄소가 허용되는 기준은 1시간 평균치 1,000ppm 이하로 유지 해야한다. (O, X)

답_01 : O 02 : O 03 : X 04 : O 05 : O 06 : X 07 : O

(4) 면허

1) 면허발급 및 취소

① 면허발급

이용사 또는 미용사가 되고자 하는 자는 보건복지부령이 정하는 바에 의하여 시장 · 군수 · 구청장의 면허를 받아야 한다.

㉠ 전문대학 또는 이와 동등 이상의 학력이 있다고 교육부장관이 인정하는 학교에서 이용 또는 미용에 관한 학과를 졸업한 자

㉡ 학점인정 등에 관한 법상 대학 또는 전문대학을 졸업한 자와 동등 이상의 학력이 있는 것으로 인정되어 이용 또는 미용에 관한 학위를 취득한 자

㉢ 고등학교 또는 이와 동등의 학력이 있다고 교육부장관이 인정하는 학교에서 이용 또는 미용에 관한 학과를 졸업한 자

㉣ 초 · 중등교육법령에 따른 특성화고등학교, 고등기술학교나 고등학교 또는 고등기술학교에 준하는 각종학교에서 1년 이상 이용 또는 미용에 관한 소정의 과정을 이수한 자

㉤ 국가기술자격법에 의한 이용사 또는 미용사의 자격을 취득한 자

② 면허발급 결격사유

㉠ 피성년후견인

㉡ 정신질환자. 다만, 전문의가 이용사 또는 미용사로서 적합하다고 인정하는 사람은 그러하지 아니하다.

㉢ 공중의 위생에 영향을 미칠 수 있는 감염병환자로서 보건복지부령이 정하는 자

㉣ 마약 기타 대통령령으로 정하는 약물 중독자

㉤ 면허가 취소된 후 1년이 경과되지 아니한 자

③ 면허취소

시장 · 군수 · 구청장은 이용사 또는 미용사가 다음에 해당하는 때에는 그 면허를 취소하거나 6월 이내의 기간을 정하여 그 면허의 정지를 명할 수 있다. 다만, 결격사유에 해당하는 경우에는 그 면허를 취소하여야 한다.

㉠ 피성년후견인, 마약 기타 대통령령으로 정하는 약물 중독자, 정신질환자에 해당할 때

㉡ 면허증을 다른 사람에게 대여한 때

㉢ 「국가기술자격법」에 따라 자격이 취소된 때

TIP. 면허첨부서류

① 졸업증명서 또는 학위증명서 1부

② 이수증명서 1부

③ 정신질환자, 마약 · 대마 · 향정신성 의약품 중독자, 결핵환자가 아님을 증명할 수 있는 최근 6개월 이내의 의사의 진단서 1부

④ 최근 6개월 이내에 찍은 가로 3.5cm, 세로 4.5cm의 탈모 정면 상반신 사진 1장 또는 전자적 파일 형태의 사진

㉣ 「국가기술자격법」에 따라 자격정지처분을 받은 때(「국가기술자격법」에 따른 가격정지처분 기간에 한정한다)
㉤ 이중으로 면허를 취득한 때(나중에 발급받은 면허를 말한다)
㉥ 면허정지처분을 받고도 그 정지 기간 중에 업무를 한 때
㉦ 「성매매알선 등 행위의 처벌에 관한 법률」이나 「풍속영업의 규제에 관한 법률」을 위반하여 관계 행정기관의 장으로부터 그 사실을 통보 받을 때
㉧ 규정에 의한 면허취소 · 정지 처분의 세부적인 기준은 그 처분의 사유와 위반의 정도 등을 감안하여 보건복지부령으로 정한다.

④ 면허의 반납

㉠ 면허가 취소 또는 정지 받은 자는 지체 없이 시장, 군수, 구청장에게 면허증을 반납한다.
㉡ 면허정지에 의해 반납된 면허증은 그 면허정지기간 동안 관할 시장, 군수, 구청장이 보관한다.

⑤ 면허증의 재교부

㉠ 면허증의 기재사항에 변경이 있을 때
㉡ 면허증을 잃어버린 때
㉢ 면허증이 헐어 못쓰게 된 때

⑥ 면허증의 재교부 신청 서류

다음의 서류를 첨부하여 면허를 받은 시장 · 군수 · 구청장에게 제출하여야 한다.

㉠ 면허증 원본(기재사항이 변경되거나 헐어 못쓰게 된 경우)
㉡ 사진 1장 또는 전자적 파일 형태의 사진

2) 면허수수료

① 이용사 또는 미용사 면허를 받고자 하는 자는 대통령령이 정하는 바에 따라 수수료를 납부하여야 한다.
② 수수료는 지방자치단체의 수입증지 또는 정보통신망을 이용한 전자화폐 · 전자결제 등의 방법으로 시장 · 군수 · 구청장에게 납부하여야 하며, 그 금액은 다음 각 호와 같다.

㉠ 이용사 또는 미용사 면허를 신규로 신청하는 경우 : 5,500원
㉡ 이용사 또는 미용사 면허증을 재교부받고자 하는 경우 : 3,000원

TIP. 분실한 면허증을 찾은 경우

면허증을 잃어버린 후 재교부 받은 자가 그 잃어버린 면허증을 찾은 때에는 지체 없이 면허교부권자인 시장, 군수, 구청장에게 이를 반납한다.

이해도 UP O,X 문제

01 면허발급은 이용사 또는 미용사가 되고자 하는 자는 보건복지부령이 정하는 바에 의하여 시장 · 군수 · 구청장의 면허를 받아야 한다. (O, X)

02 금치산자, 정신질환자 중 다만 전문의가 이용사 또는 미용사로서 적합하다고 인정하는 사람, 공중의 위생에 영향을 미칠 수 있는 감염병환자로서 보건복지부령이 정하는 자, 마약 기타 대통령령으로 정하는 약물 중독자들만 면허발급 결격사유가 된다. (O, X)

해설 면허가 취소된 후 1년이 경과되지 아니 한자도 해당된다.

03 면허증을 다른 사람에게 대여, 또는 규정에 의한 명령에 위반하거나 면허발급 결격사유의 경우 면허 취소에 해당한다. (O, X)

04 면허가 취소 또는 정지 받은 자는 지체 없이 면사무소에 면허증을 반납하여야 하며, 면허정지에 의해 반납된 면허증은 그 면허정지기간 동안 관할 시장 · 군수 · 구청장이 보관한다. (O, X)

해설 취소 또는 정지 받은 자는 지체 없이 시장 · 군수 · 구청장에게 면허증을 반납한다.

답_01 : O 02 : X 03 : O 04 : X

(5) 업무

1) 이 · 미용사의 업무

이용사 또는 미용사의 면허를 받은 자가 아니면 이용업 또는 미용업을 개설하거나 그 업무에 종사할 수 없다. 다만, 이용사 또는 미용사의 감독을 받아 이용 또는 미용 업무의 보조를 행하는 경우에는 그러하지 아니하다.

① 이용사의 업무

이발 · 아이론 · 면도 · 머리피부손질 · 머리카락염색 및 머리감기이다.

② 미용사의 업무

일반미용업	파마 · 머리카락자르기 · 머리카락모양내기 · 머리피부손질 · 머리카락염색 · 머리감기, 의료기기나 의약품을 사용하지 아니하는 눈썹손질
피부미용업	의료기기나 의약품을 사용하지 아니하는 피부상태분석 · 피부관리 · 제모 · 눈썹손질
네일미용업	손톱과 발톱의 손질 및 화장
화장 · 분장미용업	얼굴 등 신체의 화장 · 분장 및 의료기기나 의약품을 사용하지 아니하는 눈썹손질

③ 영업소 외에서의 미용업무

이용 및 미용의 업무는 영업소 외의 장소에서 행할 수 없다. 다만, 보건복지부령이 정하는 특별한 사유가 있는 경우에는 그러하지 아니하다.

㉠ 질병이나 그 밖의 사유로 영업소에 나올 수 없는 자에 대하여 이용 또는 미용을 하는 경우
㉡ 혼례나 그 밖의 의식에 참여하는 자에 대하여 그 의식 직전에 이용 또는 미용을 하는 경우
㉢ 사회복지시설에서 봉사활동으로 이용 또는 미용을 하는 경우
㉣ 방송 등의 촬영에 참여하는 사람에 대하여 그 촬영 직전에 이용 또는 미용을 하는 경우
㉤ 특별한 사정이 있다고 시장 · 군수 · 구청장이 인정하는 경우

TIP. 미용사 업무범위 Ⅰ

1. 전문대학 또는 이와 동등 이상의 학력이 있다고 교육부장관이 인정하는 학교에서 이용 또는 미용에 관한 학과를 졸업한 자, 「학점인정 등에 관한 법률」에 따라 대학 또는 전문대학을 졸업한 자와 동등 이상의 학력이 있는 것으로 인정되어 이용 또는 미용에 관한 학위를 취득한 자, 고등학교 또는 이와 동등의 학력이 있다고 교육부장관이 인정하는 학교에서 이용 또는 미용에 관한 학과를 졸업한 자, 초 · 중등교육법령에 따른 특성화고등학교 또는 고등기술학교나 고등학교 또는 고등기술학교에 준하는 각종학교에서 1년 이상 이용 또는 미용에 관한 소정의 과정을 이수한 자, 국가기술자격법에 의한 이용사 또는 미용사의 자격을 취득한 자 : 영업에 해당하는 모든 업무
2. 2008년 1월 1일 이후부터 2015년 4월 16일까지 미용사(일반)자격을 취득한 자로서 미용사 면허를 받은 자 : 파마 · 머리카락자르기 · 머리카락모양내기 · 머리피부손질 · 머리카락염색 · 머리감기, 의료기기나 의약품을 사용하지 아니하는 눈썹손질, 얼굴의 손질 및 화장, 손톱과 발톱의 손질 및 화장

TIP. 미용사 업무범위 II

3. 2015년 4월 17일부터 2015년 12월 31일까지 미용사(일반)자격을 취득한 자로서 미용사 면허를 받은 자 : 파마 · 머리카락자르기 · 머리카락모양내기 · 머리피부손질 · 머리카락염색 · 머리감기, 의료기기나 의약품을 사용하지 아니하는 눈썹손질, 얼굴의 손질 및 화장
4. 2016년 1월 1일 이후 미용사(일반)자격을 취득한 자로서 미용사 면허를 받은 자 : 파마 · 머리카락자르기 · 머리카락모양내기 · 머리피부손질 · 머리카락염색 · 머리감기, 의료기기나 의약품을 사용하지 아니하는 눈썹손질
5. 미용사(피부)자격을 취득한 자로서 미용사 면허를 받은 자: 의료기기나 의약품을 사용하지 아니하는 피부상태분석 · 피부관리 · 제모 · 눈썹손질
6. 미용사(네일)자격을 취득한 자로서 미용사 면허를 받은 자: 손톱과 발톱의 손질 및 화장
7. 미용사(메이크업)자격을 취득한 자로서 미용사 면허를 받은 자: 얼굴 등 신체의 화장 · 분장 및 의료기기나 의약품을 사용하지 아니하는 눈썹손질

이해도 UP O,X 문제

01 이용사/미용사의 면허를 받은 자가 아니면 이용업/미용업을 개설, 업무종사가 불가능하다. 그러나 이 · 미용사의 감독을 받아 업무보조를 행하는 경우는 가능하다. (O, X)

02 이용사의 업무는 이발, 아이론, 면도, 머리피부손질, 머리카락염색 및 머리감기이다. (O, X)

03 미용사의 업무 중 미용업(피부)는 의료기기나 의약품을 사용하면서 피부상태, 피부관리, 제모, 눈썹손질이다. (O, X)

해설 미용업(피부)는 의료기기나 의약품을 사용하지 않는다.

04 이용 및 미용의 업무는 영업소 외의 장소에선 어떤 경우에도 행할 수 없다. (O, X)

해설 보건복지부령이 정하는 특별한 사유가 있는 경우에는 그렇지 않다.

05 영업소 외에서의 미용업무는 방송 등의 촬영에 참여하는 사람에 대하여 그 촬영 직전에 이용 · 미용을 하는 경우 가능하다. (O, X)

답_01: O 02: O 03: X 04: X 05: O

(6) 행정지도감독

1) 영업소 출입검사

① 특별시장 · 광역시장 · 도지사 또는 시장 · 군수 · 구청장은 공중위생관리상 필요하다고 인정하는 때에는 공중위생영업자에 대하여 필요한 보고를 하게 하거나 소속공무원으로 하여금 영업소 · 사무소 등에 출입하여 공중위생영업자의 위생관리의무이행 등에 대하여 검사하게 하거나 필요에 따라 공중위생영업장부나 서류를 열람하게 할 수 있다.

② 이때 관계공무원은 그 권한을 표시하는 증표를 지녀야 하며, 관계인에게 이를 내보여야 한다.

TIP.

특별시장 · 광역시장 · 도지사 또는 시장 · 군수 · 구청장은 소속 공무원이 공중위생영업소 또는 공중이용시설의 위생관리실태를 검사하기 위하여 검사대상물을 수거한 경우에는 수거증을 공중위생영업자에게 교부하고, 다음의 기관에 검사를 의뢰하여야 한다.

1. 특별시 · 광역시 · 도의 보건환경연구원
2. 규정에 의하여 인정을 받은 시험 · 검사기관
3. 시 · 도지사 또는 시장 · 군수 · 구청장이 검사능력이 있다고 인정하는 검사기관

2) 영업제한

시 · 도지사는 공익상 또는 선량한 풍속을 유지하기 위하여 필요하다고 인정하는 때에는 공중위생영업자 및 종사원에 대하여 영업시간 및 영업행위에 관한 필요한 제한을 할 수 있다.

① 위생지도 및 개선명령

시 · 도지사 또는 시장 · 군수 · 구청장은 아래에 해당하는 자에 대하여 즉시 또는 일정한 기간을 정하여 그 개선을 명할 수 있다.

㉠ 공중위생영업의 종류별 시설 및 설비기준을 위반한 공중위생영업자

㉡ 위생관리의무 등을 위반한 공중위생영업자

② 개선기간

㉠ 시 · 도지사 또는 시장 · 군수 · 구청장은 공중위생영업자에게 위반사항에 대한 개선을 명하고자 하는 때에는 위반사항의 개선에 소요되는 기간 등을 고려하여 즉시 그 개선을 명하거나 6개월의 범위에서 기간을 정하여 개선을 명하여야 한다.

㉡ 시 · 도지사 또는 시장 · 군수 · 구청장으로부터 개선명령을 받은 공중위생영업자는 천재 · 지변 기타 부득이한 사유로 인하여 개선기간 이내에 개선을 완료할 수 없는 경우에는 그 기간이 종료되기 전에 개선기간의 연장을 신청할 수 있다. 이 경우 시 · 도지사 또는 시장 · 군수 · 구청장은 6개월의 범위에서 개선기간을 연장할 수 있다.

3) 영업소 폐쇄

① 시장 · 군수 · 구청장은 공중위생영업자가 다음 중 어느 하나에 해당하면 6월 이내의 기간을 정하여 영업의 정지 또는 일부 시설의 사용중지를 명하거나 영업소 폐쇄 등을 명할 수 있다.

㉠ 영업신고를 하지 아니하거나 시설과 설비기준을 위반한 경우

㉡ 변경신고를 하지 아니한 경우

㉢ 지위승계신고를 하지 아니한 경우

㉣ 공중위생영업자의 위생관리 의무 등을 지키지 아니한 경우

㉤ 영업소 외의 장소에서 이용 또는 미용 업무를 한 경우

㉥ 보고를 하지 아니하거나 거짓으로 보고한 경우 또는 관계 공무원의 출입, 검사 또는 공중위생영업 장부 또는 서류의 열람을 거부 · 방해하거나 기피한 경우

㉦ 개선명령을 이행하지 아니한 경우

㉧「성매매알선 등 행위의 처벌에 관한 법률」, 「풍속영업의 규제에 관한 법률」, 「청소년 보호법」, 「아동 · 청소년의 성보호에 관한 법률」 또는「의료법」을 위반하여 관계 행정기관의 장으로부터 그 사실을 통보받은 경우

② 시장 · 군수 · 구청장은 위에 따른 영업정지처분을 받고도 그 영업정지 기간에 영업을 한 경우에는 영업소 폐쇄를 명할 수 있다.

③ 시장 · 군수 · 구청장은 다음 중 어느 하나에 해당하는 경우에는 영업소 폐쇄를 명할 수 있다.

㉠ 공중위생영업자가 정당한 사유 없이 6개월 이상 계속 휴업하는 경우

㉡ 공중위생영업자가 「부가가치세법」 제8조에 따라 관할 세무서장에게 폐업신고를 하거나 관할 세무서장이 사업자 등록을 말소한 경우

④ 행정처분의 세부기준은 그 위반행위의 유형과 위반 정도 등을 고려하여 보건복지부령으로 정한다.

⑤ **봉인을 해제할 수 있는 조건(시장 · 군수 · 구청장)**

㉠ 봉인을 한 후 봉인을 계속할 필요가 없다고 인정되는 때

㉡ 영업자 등이나 그 대리인이 당해 영업소를 폐쇄할 것을 약속하는 때

㉢ 정당한 사유를 들어 봉인의 해제를 요청하는 때

㉣ 당해 영업소가 위법한 영업소임을 알리는 게시물 등의 제거를 요청하는 경우

4) 공중위생감시원

① **공중위생감시원의 자격 및 임명**

㉠ 특별시장 · 광역시장 · 도지사(이하 "시 · 도지사"라 한다) 또는 시장 · 군수 · 구청장은 다음에 해당하는 소속공무원 중에서 공중위생감시원을 임명한다.

- 위생사 또는 환경기사 2급 이상의 자격증이 있는 자
- 「고등교육법」에 의한 대학에서 화학 · 화공학 · 환경공학 또는 위생학 분야를 전공하고 졸업한 자 또는 이와 동등 이상의 자격이 있는 자
- 외국에서 위생사 또는 환경기사의 면허를 받은 자
- 1년 이상 공중위생 행정에 종사한 경력이 있는 자

㉡ 시 · 도지사 또는 시장 · 군수 · 구청장은 ㉠의 조건에 해당하는 자만으로는 공중위생감시원의 인력확보가 곤란하다고 인정되는 때에는 공중위생 행정에 종사하는 자 중 공중위생 감시에 관한 교육훈련을 2주 이상 받은 자를 공중위생 행정에 종사하는 기간 동안 공중위생감시원으로 임명할 수 있다.

② **공중위생감시원의 업무범위**

㉠ 시설 및 설비의 확인

TIP. 법 제11조의 4 [같은 종류의 영업금지]

- 「성매매알선 등 행위의 처벌에 관한 법률」, 「아동 · 청소년의 성보호에 관한 법률」, 「풍속영업의 규제에 관한 법률」 또는 「청소년 보호법」을 위반하여 폐쇄명령을 받은 자는 그 폐쇄명령을 받은 후 2년이 경과하지 아니한 때에는 같은 종류의 영업을 할 수 없다.
- 위의 법령 외의 법령을 위반하여 폐쇄명령을 받은 자는 그 폐쇄명령을 받은 후 1년이 경과하지 아니한 때에는 같은 종류의 영업을 할 수 없다.

㉡ 공중위생영업 관련 시설 및 설비의 위생상태 확인 · 검사, 공중위생영업자의 위생관리의무 및 영업자준수사항 이행여부의 확인

㉢ 위생지도 및 개선명령 이행여부의 확인

㉣ 공중위생영업소의 영업의 정지, 일부 시설의 사용중지 또는 영업소 폐쇄명령 이행여부의 확인

㉤ 위생교육 이행여부의 확인

③ 명예공중위생감시원의 자격

㉠ 명예공중위생감시원은 시 · 도지사가 다음에 해당하는 자 중에서 위촉한다.

- 공중위생에 대한 지식과 관심이 있는 자
- 소비자단체, 공중위생관련 협회 또는 단체의 소속직원 중에서 당해 단체 등의 장이 추천하는 자

㉡ 명예공중위생감시원의 업무

- 공중위생감시원이 행하는 검사대상물의 수거 지원
- 법령 위반행위에 대한 신고 및 자료 제공
- 그 밖에 공중위생에 관한 홍보 · 계몽 등 공중위생관리업무와 관련하여 시 · 도지사가 따로 정하여 부여하는 업무

㉢ 시 · 도지사는 명예공중위생감시원의 활동지원을 위하여 예산의 범위안에서 시 · 도지사가 정하는 바에 따라 수당 등을 지급할 수 있다.

㉣ 명예공중위생감시원의 운영에 관하여 필요한 사항은 시 · 도지사가 정한다.

TIP.

공중위생영업소의 위생서비스 수준 평가는 2년마다 실시하되, 공중위생영업소의 보건 · 위생관리를 위하여 특히 필요한 경우에는 보건복지부장관이 정하여 고시하는 바에 의하여 공중위생영업의 종류 또는 위생관리 등급별로 평가주기를 달리할 수 있다.

(7) 업소위생감독

1) 위생평가

① 시 · 도지사는 공중위생영업소의 위생관리수준을 향상시키기 위하여 위생서비스평가계획을 수립하여 시장 · 군수 · 구청장에게 통보하여야 한다.

② 시장 · 군수 · 구청장은 평가계획에 따라 관할지역별 세부평가계획을 수립한 후 공중위생영업소의 위생서비스수준을 평가하여야 한다.

③ 시장 · 군수 · 구청장은 위생서비스평가의 전문성을 높이기 위하여 필요하다고 인정하는 경우에는 관련 전문기관 및 단체로 하여금 위생서비스평가를 실시하게 할 수 있다.

TIP. 위생관리등급의 통보 및 공표절차 등

1. 시장 · 군수 · 구청장은 별지 제14호 서식의 위생관리등급표를 해당 공중위생영업자에게 송부하여야 한다.
2. 시장 · 군수 · 구청장은 공중위생영업소별 위생관리등급을 당해 기관의 게시판에 게시하는 등의 방법으로 공표하여야 한다.

④ 위생서비스평가의 주기 · 방법, 위생관리등급의 기준, 기타 평가에 관하여 필요한 사항은 보건복지부령으로 정한다.

2) 위생등급

① 위생관리등급 구분

㉠ **최우수업소** : 녹색등급

㉡ **우수업소** : 황색등급

㉢ **일반관리대상 업소** : 백색등급

② 위생관리등급 공표

㉠ 시장 · 군수 · 구청장은 보건복지부령이 정하는 바에 의하여 위생서비스평가의 결과에 따른 위생관리등급을 해당공중위생영업자에게 통보하고 이를 공표하여야 한다.

㉡ 공중위생영업자는 시장 · 군수 · 구청장으로부터 통보받은 위생관리등급의 표지를 영업소의 명칭과 함께 영업소의 출입구에 부착할 수 있다.

㉢ 시 · 도지사 또는 시장 · 군수 · 구청장은 위생서비스평가의 결과 위생서비스의 수준이 우수하다고 인정되는 영업소에 대하여 포상을 실시할 수 있다.

㉣ 시 · 도지사 또는 시장 · 군수 · 구청장은 위생서비스평가의 결과에 따른 위생관리등급별로 영업소에 대한 위생감시를 실시하여야 한다. 이 경우 영업소에 대한 출입 · 검사와 위생감시의 실시주기 및 횟수 등 위생관리등급별 위생감시기준은 보건복지부령으로 정한다.

(8) 위생교육

1) 영업자 위생교육

① 위생교육

㉠ 공중위생영업자는 매년 위생교육을 받아야 한다.

㉡ 공중위생영업의 신고를 하고자 하는 자는 미리 위생교육을 받아야 한다. 다만, 보건복지부령으로 정하는 부득이한 사유로 미리 교육을 받을 수 없는 경우에는 영업개시 후 6개월 이내에 위생교육을 받을 수 있다.

이해도 UP O,X 문제

01 위생서비스평가의 주기 · 방법, 위생관리등급의 기준 기타 평가에 관하여 필요한 사항은 시 · 도지사에 의해 결정된다. (O, X)

해설 위생서비스평가, 위생관리등급의 평가는 보건복지부령으로 정한다.

02 위생관리등급 중 최우수업소는 녹색등급으로 구분한다. (O, X)

03 위생관리등급 중 우수업소는 황색등급으로 구분한다. (O, X)

04 공중위생업소의 위생서비스 수준의 평가는 1년 마다 실시해야 한다. (O, X)

해설 위생서비스 수준의 평가는 2년 마다 실시한다.

05 평가계획에 따른 세부평가계획을 하는 관청은 보건복지부장관이다. (O, X)

해설 시장, 군수, 구청장이 세부평가계획을 수립한다.

06 공중위생관리법규상 공중위생영업자가 받아야 하는 위생교육시간은 매달 3시간이다. (O, X)

07 위생서비스 수준의 평가 계획권자는 시 · 도지사이다. (O, X)

08 위생서비스 평가 결과 우수 영업소 포상 관청은 시 · 도지사, 시장, 군수, 구청장이다. (O, X)

09 위생서비스 등급별 영업소의 위생감시를 실시하는 자는 보건복지부장관이다. (O, X)

해설 위생서비스 등급별 영업소의 위생감시 관청은 시.도지사 또는 시장 · 군수 · 구청장이다.

10 위생서비스 평가의 결과에 따른 위생감시를 실시하는데 영업소에 대한 출입 · 검사와 위생감시의 실시 주기 및 횟수 등 위생관리등급별 위생감시 기준은 보건복지부령으로 정한다. (O, X)

답 01:X 02:O 03:O 04:X 05:X 06:X 07:O 08:O 09:X 10:O

TIP. 행정지원

① 시장 · 군수 · 구청장은 위생교육 실시단체의 장의 요청이 있으면 공중위생영업의 신고 및 폐업신고 또는 영업자의 지위승계신고 수리에 따른 위생교육대상자의 명단(업종, 업소명, 대표자 성명, 업소 소재지 및 전화번호를 포함한다)을 통보하여야 한다.

② 시 · 도지사 또는 시장 · 군수 · 구청장은 위생교육 실시단체의 장의 지원요청이 있으면 교육대상자의 소집, 교육장소의 확보 등과 관련하여 협조하여야 한다.

TIP. 국고보조

국가 또는 지방자치단체는 위생서비스평가를 실시하는 자에 대하여 예산의 범위 안에서 위생서비스평가에 소요되는 경비의 전부 또는 일부를 보조할 수 있다.

TIP. 위임 및 위탁

① 보건복지부장관은 공중위생관리법의 일부를 대통령령이 정하는 바에 의하여 시 · 도지사 또는 시장 · 군수 · 구청장에게 위임할 수 있다.

② 보건복지부장관은 대통령령이 정하는 바에 의하여 관계전문기관 등에 그 업무의 일부를 위탁할 수 있다.

㉢ 위생교육을 받아야 하는 자 중 영업에 직접 종사하지 아니하거나 2곳 이상의 장소에서 영업을 하는 자는 종업원 중 영업장별로 공중위생에 관한 책임자를 지정하고 그 책임자로 하여금 위생교육을 받게 하여야 한다.

㉣ 위생교육의 방법 · 절차 등에 관하여 필요한 사항은 보건복지부령으로 정한다.

② 위생교육의 방법 · 절차

㉠ 위생교육은 3시간으로 한다.

㉡ 위생교육의 내용은 「공중위생관리법」 및 관련 법규, 소양교육(친절 및 청결에 관한 사항을 포함한다), 기술교육, 그 밖에 공중위생에 관하여 필요한 내용으로 한다.

㉢ 동일한 공중위생영업자가 둘 이상의 미용업을 같은 장소에서 하는 경우에는 그 중 하나의 미용업에 대한 위생교육을 받으면 나머지 미용업에 대한 위생교육도 받은 것으로 본다.

㉣ 위생교육 대상자 중 보건복지부장관이 고시하는 도서 · 벽지지역에서 영업을 하고 있거나 하려는 자에 대하여는 교육교재를 배부하여 이를 익히고 활용하도록 함으로써 교육에 갈음할 수 있다.

㉤ 위생교육 대상자 중 휴업신고를 한 자에 대해서는 휴업신고를 한 다음 해부터 영업을 재개하기 전까지 위생교육을 유예할 수 있다.

㉥ 영업신고 전에 위생교육을 받아야 하는 자 중 다음 중 어느 하나에 해당하는 자는 영업신고를 한 후 6개월 이내에 위생교육을 받을 수 있다.

- 천재지변, 본인의 질병 · 사고, 업무상 국외출장 등의 사유로 교육을 받을 수 없는 경우
- 교육을 실시하는 단체의 사정 등으로 미리 교육을 받기 불가능한 경우

㉦ 위생교육을 받은 자가 위생교육을 받은 날부터 2년 이내에 위생교육을 받은 업종과 같은 업종의 영업을 하려는 경우에는 해당 영업에 대한 위생교육을 받은 것으로 본다.

㉧ 위 규정 외에 위생교육에 관하여 필요한 세부사항은 보건복지부장관이 정한다.

2) 위생교육기관

① 위생교육은 보건복지부장관이 허가한 단체 또는 공중위생영업자 단체가 실시할 수 있다.

② 위생교육을 실시하는 단체는 보건복지부장관이 고시한다.

③ 위생교육 실시단체는 교육교재를 편찬하여 교육대상자에게 제공하여야 한다.

④ 위생교육 실시단체의 장은 위생교육을 수료한 자에게 수료증을 교부하고, 교육실시 결과를 교육 후 1개월 이내에 시장 · 군수 · 구청장에게 통보하여야 하며, 수료증 교부대장 등 교육에 관한 기록을 2년 이상 보관 · 관리하여야 한다.

(9) 벌칙

1) 위반자에 대한 벌칙, 과징금

① 벌칙

㉠ 1년 이하의 징역 또는 1천만 원 이하의 벌금

- 영업의 신고 규정에 의한 신고를 하지 아니한 자
- 영업정지명령 또는 일부 시설의 사용중지명령을 받고도 그 기간 중에 영업을 하거나 그 시설을 사용한 자
- 영업소 폐쇄명령을 받고도 계속하여 영업을 한 자

㉡ 6월 이하의 징역 또는 500만 원 이하의 벌금

- 중요사항변경신고 규정에 의한 변경신고를 하지 아니한 자
- 공중위생영업자의 지위를 승계한 자로서 규정에 의한 신고를 하지 아니한 자
- 건전한 영업질서를 위하여 공중위생영업자가 준수하여야 할 사항을 준수하지 아니한 자

㉢ 300만 원 이하의 벌금

- 면허의 취소 또는 정지 중에 미용업을 한 사람
- 면허를 받지 아니한 자가 이용 또는 미용의 업무를 행한 자
- 다른 사람에게 이용사 또는 미용사의 면허증을 빌려주거나 빌린 사람
- 이용사 또는 미용사의 면허증을 빌려주거나 빌리는 것을 알선한 사람

이해도 UP O,X 문제

01 위생교육은 4시간으로 한다. (O, X)

해설 위생교육은 3시간으로 한다.

02 위생교육을 받은 자가 위생교육을 받은 날부터 3년 이내에 위생교육은 받은 업종과 같은 업종의 영업을 하려는 경우에는 해당 영업에 대한 위생교육은 받은 것으로 본다. (O, X)

해설 위생교육을 받은 날부터 2년 이내인 경우 위생교육을 받은 것으로 본다.

03 위생교육 실시단체의 장은 위생교육을 수료한 자에게 수료증을 교부하고, 수료증 교부대상 등 교육에 관한 기록을 3년 이상 보관, 관리하여야 한다. (O, X)

해설 수료증에 관련 기록은 2년 이상 보관, 관리하여야 한다.

답_01: X 02: X 03: X

TIP. 벌금

범죄의 처벌로 부과하는 형벌로 재판을 거쳐 일정금액을 납부하는 형사처벌

TIP. 과징금

행정법 의무를 위반한 경우에 부과하는 금전적 제제조치

② 과징금

㉠ 과징금 처분

- 시장 · 군수 · 구청장은 영업정지가 이용자에게 심한 불편을 주거나 그 밖에 공익을 해할 우려가 있는 경우에는 영업정지 처분에 갈음하여 1억 원 이하의 과징금을 부과할 수 있다.
- 과징금을 부과하는 위반행위의 종별 · 정도 등에 따른 과징금의 금액 등에 관하여 필요한 사항은 대통령령으로 정한다.
- 시장 · 군수 · 구청장은 과징금을 납부하여야 할 자가 납부기한까지 이를 납부하지 아니한 경우에는 대통령령으로 정하는 바에 따라 ① 항에 따른 과징금 부과처분을 취소하고, 영업정지 처분을 하거나 「지방행정제재 · 부과금의 징수 등에 관한 법률」에 따라 이를 징수한다.
- 시장 · 군수 · 구청장이 부과 · 징수한 과징금은 당해 시 · 군 · 구에 귀속된다.

㉡ 과징금을 부과할 위반행위의 종별과 과징금의 금액

- 과징금의 금액은 위반행위의 종별 · 정도 등을 감안하여 보건복지부령이 정하는 영업정지기간에 과징금 산정기준을 적용하여 산정한다.
- 시장 · 군수 · 구청장은 공중위생영업자의 사업규모 · 위반행위의 정도 및 횟수 등을 고려하여 과징금의 금액의 2분의 1의 범위 안에서 이를 가중 또는 감경할 수 있다. 이 경우 가중하는 때에도 과징금의 총액이 1억 원을 초과할 수 없다.

㉢ 과징금의 부과 및 납부

- 시장 · 군수 · 구청장은 과징금을 부과하고자 할 때에는 그 위반행위의 종별과 해당 과징금의 금액 등을 명시하여 이를 납부할 것을 서면으로 통지하여야 한다.
- 통지를 받은 자는 통지를 받은 날부터 20일 이내에 과징금을 시장 · 군수 · 구청장이 정하는 수납기관에 납부하여야 한다. 다만, 천재 · 지변 그 밖에 부득이한 사유로 인하여 그 기간 내에 과징금을 납부할 수 없는 때에는 그 사유가 없어진 날부터 7일 이내에 납부하여야 한다.
- 과징금의 납부를 받은 수납기관은 영수증을 납부자에게 교부하여야 한다.
- 과징금의 수납기관은 과징금을 수납한 때에는 지체없이 그 사실을 시장 · 군수 · 구청장에게 통보하여야 한다.
- 과징금은 이를 분할하여 납부할 수 없다.
- 과징금의 징수절차는 보건복지부령으로 정한다.

2) 과태료, 양벌규정

① 과태료

㉠ 300만 원 이하의 과태료
- 규정에 의한 보고를 하지 아니하거나 관계공무원의 출입 · 검사 기타 조치를 거부 · 방해 또는 기피한 자
- 개선명령에 위반한 자
- 이용업 신고를 하지 아니하고 이용업소표시등을 설치한 자

㉡ 200만 원 이하의 과태료
- 이용업소의 위생관리 의무를 지키지 아니한 자
- 미용업소의 위생관리 의무를 지키지 아니한 자
- 영업소 외의 장소에서 이용 또는 미용업무를 행한 자
- 위생교육을 받지 아니한 자

㉢ 과태료는 대통령령이 정하는 바에 의하여 보건복지부장관 또는 시장 · 군수 · 구청장이 부과 · 징수한다.

② 양벌규정

법인의 대표자나 법인 또는 개인의 대리인, 사용인, 그 밖의 종업원이 그 법인 또는 개인의 업무에 관하여 위의 위반행위를 하면 그 행위자를 벌하는 외에 그 법인 또는 개인에게도 해당 조문의 벌금형을 과(科)한다. 다만, 법인 또는 개인이 그 위반행위를 방지하기 위하여 해당 업무에 관하여 상당한 주의와 감독을 게을리하지 아니한 경우에는 그러하지 아니하다.

㉠ 규제의 재검토
- 보건복지부장관은 과태료의 부과기준에 대하여 2014년 1월 1일을 기준으로 3년마다(매 3년이 되는 해의 1월 1일 전까지를 말한다) 그 타당성을 검토하여 개선 등의 조치를 하여야 한다.
- 보건복지부장관은 과징금 산정기준에 대하여 2015년 1월 1일을 기준으로 2년마다(매 2년이 되는 해의 1월 1일 전까지를 말한다) 그 타당성을 검토하여 개선 등의 조치를 하여야 한다.

TIP. 과태료

형벌을 가지지 않는 법령을 위반한 경우에 가해지는 금전의 벌

TIP. 과태료의 부과기준

1. 일반기준
보건복지부장관 또는 시장 · 군수 · 구청장은 위반행위의 정도, 위반행위의 동기나 그 결과 등을 고려하여 그 해당 금액의 2분의 1의 범위에서 경감하거나 가중할 수 있다.

2. 개별기준

위반행위	과태료
이용업소의 위생관리 의무를 지키지 아니한 자	80만 원
미용업소의 위생관리 의무를 지키지 아니한 자	80만 원
영업소 외의 장소에서 이용 또는 미용업무를 행한 자	80만 원
보고를 하지 아니하거나 관계공무원의 출입 · 검사, 기타 조치를 거부 · 방해 또는 기피한 자	150만 원
개선명령에 위반한 자	150만 원
이용업 신고를 하지 아니하고 이용업소표시등을 설치한 자	90만 원
위생교육을 받지 아니한 자	60만 원

※ 개정 2019.10.08

3) 행정처분기준

위반사항	행정처분기준				관련법규
	1차 위반	2차 위반	3차 위반	4차 위반	
영업신고를 하지 않거나 시설과 설비기준을 위반한 경우					법 제11조 제1항 제1호
영업신고를 하지 않은 경우	영업장 폐쇄명령				
시설 및 설비기준을 위반한 경우	개선명령	영업정지 15일	영업정지 1월	영업장 폐쇄명령	
변경신고를 하지 않은 경우					법 제11조 제1항 제2호
신고를 하지 않고 영업소의 명칭 및 상호 또는 영업장 면적의 3분의 1 이상을 변경한 경우	경고 또는 개선명령	영업정지 15일	영업정지 1월	영업장 폐쇄명령	
신고를 하지 아니하고 영업소의 소재지를 변경한 경우	영업정지 1월	영업정지 2월	영업장 폐쇄명령		
지위승계신고를 하지 않은 경우	경고	영업정지 10일	영업정지 1월	영업장 폐쇄명령	법 제11조 제1항 제3호
공중위생영업자의 위생관리의무 등을 지키지 않은 경우					법 제11조 제1항 제4호
소독을 한 기구와 소독을 하지 않은 기구를 각각 다른 용기에 넣어 보관하지 않거나 1회용 면도날을 2인 이상의 손님에게 사용한 경우	경고	영업정지 5일	영업정지 10일	영업장 폐쇄명령	
피부미용을 위하여 약사법에 따른 의약품 또는 의료기기법에 따른 의료기기를 사용한 경우	영업정지 2월	영업정지 3월	영업장 폐쇄명령		
점 빼기 · 귓볼 뚫기 · 쌍꺼풀 수술 · 문신 · 박피술 그 밖에 이와 유사한 의료행위를 한 경우	영업정지 2월	영업정지 3월	영업장 폐쇄명령		
미용업 신고증 및 면허증 원본을 게시하지 않거나 업소 내 조명도를 준수하지 않은 경우	경고 또는 개선명령	영업정지 5일	영업정지 10일	영업장 폐쇄명령	
개별 미용서비스의 최종 지불가격 및 전체 미용서비스의 총액에 관한 내역서를 이용자에게 미리 제공하지 않은 경우	경고	영업정지 5일	영업정지 10일	영업정지 1월	
카메라나 기계장치를 설치한 경우	영업정지 1월	영업정지 2월	영업장 폐쇄명령		법 제11조 제1항 제4호의2

위반사항	행정처분기준				관련법규
	1차 위반	2차 위반	3차 위반	4차 위반	
면허 정지 및 면허 취소 사유에 해당하는 경우					법 제7조 제1항
피성년후견인, 정신질환자, 감염병환자, 약물중독자	면허취소				
면허증을 다른 사람에게 대여한 경우	면허정지 3월	면허정지 6월	면허취소		법 제7조 제1항
국가기술자격법에 따라 자격이 취소된 경우	면허취소				
국가기술자격법에 따라 자격정지 처분을 받은 경우(국가기술자격법에 따른 자격정지처분 기간에 한정한다)	면허정지				
이중으로 면허를 취득한 경우(나중에 발급받은 면허를 말한다)	면허취소				
면허정지처분을 받고도 그 정지 기간 중 업무를 한 경우	면허취소				
업소 외의 장소에서 미용 업무를 한 경우	영업정지 1월	영업정지 2월	영업장 폐쇄명령		법 제11조 제1항 제5호
보고를 하지 않거나 거짓으로 보고한 경우 또는 관계 공무원의 출입, 검사 또는 공중위생영업 장부 또는 서류의 열람을 거부·방해하거나 기피하는 경우	영업정지 10일	영업정지 20일	영업정지 1월	영업장 폐쇄명령	법 제11조 제1항 제6호
개선명령을 이행하지 않은 경우	경고	영업정지 10일	영업정지 1월	영업장 폐쇄명령	법 제11조 제1항 제7호
성매매 알선 등 행위의 처벌에 관한 법률, 풍속영업의 규제에 관한 법률, 청소년 보호법, 아동·청소년의 성보호에 관한 법률 또는 의료법을 위반하여 관계 행정기관의 장으로부터 그 사실을 통보받은 경우					법 제11조 제1항 제8호
손님에게 성매매 알선 등 행위 또는 음란행위를 하게 하거나 이를 알선 또는 제공한 경우					

위반사항	행정처분기준				관련법규
	1차 위반	2차 위반	3차 위반	4차 위반	
영업소	영업정지 3월	영업장 폐쇄명령			법 제11조 제1항 제8호
미용사	면허정지 3월	면허취소			
손님에게 도박 그 밖에 사행행위를 하게 한 경우	영업정지 1월	영업정지 2월	영업장 폐쇄명령		
음란한 물건을 관람 · 열람하게 하거나 진열 또는 보관한 경우	경고	영업정지 15일	영업정지 1월	영업장 폐쇄명령	
무자격 안마사로 하여금 안마사의 업무에 관한 행위를 하게 한 경우	영업정지 1월	영업정지 2월	영업장 폐쇄명령		법 제11조 제1항 제8호
영업정지처분을 받고도 그 영업정지 기간에 영업을 한 경우	영업장 폐쇄명령				법 제11조 제2항
공중위생영업자가 정당한 사유 없이 6개월 이상 계속 휴업하는 경우	영업장 폐쇄명령				법 제11조 제3항 제1호
공중위생영업자가 부가가치세법 제8조에 따라 관할 세무서장에게 폐업신고를 하거나 관할 세무서장이 사업자 등록을 말소한 경우	영업장 폐쇄명령				법 제11조 제3항 제2호

이해도 UP O,X 문제

01 건전한 영업질서를 위하여 공중위생영업자가 준수하여야 할 사항을 준수하지 아니한 자는 500만 원 이하의 벌금에 해당된다. 해설 500만 원 이하의 벌금에 해당된다. (O, X)

02 영업소 폐쇄명령을 받고도 계속하여 영업을 하거나, 면허정지기간 중에 업무를 하며, 면허를 받지 아니한 자가 이용 또는 미용의 업무를 행할 시 위반에 대한 벌칙 및 과징금을 부과할 수 있다. (O, X)

03 시장 · 군수 · 구청장은 영업정지가 이용자에게 심한 불편을 주거나 그 밖에 공익을 해할 우려가 있는 경우에는 영업정지 처분에 갈음하여 1억 원 이하의 과징금을 부과할 수 있다. (O, X)

04 과징금을 부과할 위반행위 중 통지를 받은 자는 통지를 받은 날부터 20일 이내에 과징금을 시장 · 군수 · 구청장이 정하는 수납기관에 납부하여야 한다. 다만, 천재 · 지변, 그 밖에 부득이한 사유로 인하여 그 기간내에 과징금을 납부할 수 없는 때에는 그 사유가 없어진 날부터 8일 이내에 납부하여야 한다. 해설 7일 이내에 납부하여야 한다. (O, X)

05 개선명령에 위반하거나, 이용업소표시등을 설치하고, 규정에 의한 보고를 하지 않거나 관계공무원의 출입 · 검사 기타 조치를 거부 · 방해 또는 기피한자는 200만 원 이하의 과태료를 부과한다. 해설 300만원 이하의 과태료를 부과한다. (O, X)

답_01: O 02: O 03: O 04: X 05: X

(10) 시행령 및 시행규칙 관련사항

1) 공중위생관리법 제 11조의 2 과징금에 대한 공중위생관리법 시행령 과태료의 부과기준(개정 2019.10.8)

- 이용업소의 위생관리 의무를 지키지 아니한 자 : 50만 원 → 80만 원
- 미용업소의 위생관리 의무를 지키지 아니한 자 : 50만 원 → 80만 원
- 영업소 외의 장소에서 이용 또는 미용업무를 행한 자 : 70만 원 → 80만 원
- 보고를 하지 아니하거나 관계공무원의 출입, 검사 기타 조치를 거부 · 방해 또는 기피한 자
  : 100만 원 → 150만 원
- 개선명령을 위반한 자 : 100만 원 → 150만 원
- 이용업을 신고를 하지 아니하고 이용업소를 표시 등을 설치한 자 : 90만 원
- 위생교육을 받지 아니한 자 : 20만 원 → 60만 원

2) 화장품법 시행규칙 제2조(기능성화장품의 범위)

제2조(기능성화장품의 범위)

제2조(기능성화장품의 범위) 「화장품 법」(이하 "법"이라 한다.) 제 2조제 2호 각 목외의 부분에서 "총리령으로 정하는 화장품"이란 다음 각 호의 화장품을 말한다. 〈개정 2013. 3. 23., 2017. 1. 12., 2020. 8. 5.〉

1. 피부에 멜라닌색소가 침착하는 것을 방지하여 기미 · 주근깨 등의 생성을 억제함으로써 피부의 미백에 도움을 주는 기능을 가진 화장품
2. 피부에 침착된 멜라닌색소의 색을 엷게 하여 피부의 미백에 도움을 주는 기능을 가진 화장품
3. 피부에 탄력을 주어 피부의 주름을 완화 또는 개선하는 기능을 가진 화장품
4. 강한 햇볕을 방치하여 피부를 곱게 태워주는 기능을 가진 화장품
5. 자외선을 차단 또는 산란시켜 자외선으로부터 피부를 보호하는 기능을 가진 화장품
6. 모발의 색상을 변화[탈염(脫染) · 탈색(脫色)을 포함한다] 시키는 기능을 가진 화장품, 다만 일시적으로 모발의 색상을 변화시키는 제품은 제외한다.
7. 제모를 제거하는 기능을 가진 화장품, 다만, 물리적으로 제모를 제거하는 제품을 제외한다.
8. 탈모 증상의 완화에 도움을 주는 화장품, 다망 코팅 등 물리적으로 모발을 굵게 보이게 하는 제품은 제외한다.
9. 여드름성 피부를 완화하는 데 도움을 주는 화장품, 다만, 인체세정용 제품류로 한정한다.
10. 피부장벽(피부의 가장 바깥 쪽에 존재하는 각질층의 표피를 말한다)의 기능을 회복하여 가려움 등의 개선에 도움을 주는 화장품
11. 튼살로 인한 붉은 선을 엷게 하는 데 도움을 주는 화장품

3) 화장품법 제2조 2호

〈화장품법 제 2조 2호〉

2. "기능성화장품"이란 화장품 중에서 다음 각목의 어느 하나에 해당되는 것으로서 총리령으로 정하는 화장품을 말한다.
  가. 피부의 미백에 도움을 주는 제품
  나. 피부의 주름개선에 도움을 주는 제품
  다. 피부를 곱게 태워주거나 자외선으로부터 피부를 보호하는 데에 도움을 주는 제품
  라. 모발의 색상 변화 · 제거 또는 영양공급에 도움을 주는 제품
  마. 피부나 모발의 기능 약화로 인한 건조함, 갈라짐, 빠짐, 각질화 등을 방지하거나 개선하는 데에 도움을 주는 제품

4) 공중위생관리법 제2조 1항 5호

〈공중위생관리법 제2조 1항 5호〉

5. "미용업"이라 함은 손님의 얼굴, 머리, 피부 및 손톱 · 발톱 등을 손질하여 손님의 외모를 아름답게 꾸미는 다음 각 목의 영업을 말한다.
  가. 일반미용업 : 파마 · 머리카락자르기 · 머리카락모양내기 · 머리피부손질 · 머리카락염색 · 머리감기, 의료기기나 의약품을 사용하지 아니하는 눈썹솔질을 하는 영업
  나. 피부미용업 : 의료기기나 의약품을 사용하지 아니하는 피부상태분석 · 피부관리 · 제모(除毛) · 눈썹손질을 하는 영업
  다. 네일 미용업 : 손톱과 발톱을 손질 · 화장(化粧)하는 영업
  라. 화장 · 분장 미용업 : 얼굴 등 신체의 화장, 분장 및 의료기기나 의약품을 사용하지 아니하는 눈썹손질을 하는 영업
  마. 그 밖에 대통령령으로 정하는 세부 영업
  바. 종합미용업 : 가목부터 마목까지의 업무를 모두 하는 영업

실력 UP 예상 문제

공중보건기초

01 공중보건의 목적이 아닌 것은?

① 질병예방 ② 수명연장
③ 경제향상 ④ 건강증진

02 공중보건학의 정의로서 틀린 것은?

① 지역사회에서 건강과 관련된 요인을 규명한다.
② 건강과 관련된 요인을 개선하여 지역사회 구성원들의 건강을 유지한다.
③ 사전에 질병을 예방하고자 노력을 기울이는 학문이다.
④ 질병예방과 함께 조기치료에 노력하는 학문이다.

해설 공중보건학은 지역사회의 건강과 관련된 요인을 개선하고 사전에 질병을 예방하여 수명을 연장하며 신체적, 정신적 건강을 효율적으로 증진시키는 학문이다.

03 다음 중 공중보건사업의 구성단위는?

① 지역사회 구성원 ② 직장구성원
③ 노약자 ④ 중산층

해설 공중보건사업은 특정층을 대상으로 하지 않고 지역사회 구성원의 건강을 단위로 한다.

04 공중보건의 목적사업으로 가장 적합한 것은?

① 치료의학 ② 예방의학
③ 성인병치료학 ④ 산업병치료학

해설 공중보건은 사회구성원의 예방의학을 목적으로 한다.

05 공중보건의 범위가 아닌 것은?

① 환경관리 분야
② 질병관리 분야
③ 보건관리 분야
④ 치료개발 분야

해설 공중보건의 범위는 환경관리분야, 질병관리분야, 보건관리분야가 있다. 공중보건의 목적은 치료에 있지 않으므로 치료개발 분야는 공중보건의 범위가 아니다.

06 공중보건의 3대 사업에 속하지 않는 것은?

① 의료분쟁관리
② 보건교육
③ 보건행정
④ 보건관계법

07 세계보건기구(WHO)에서 제정한 건강의 정의는 어느 것인가?

① 건강이란 질병이 없고 허약하지 않은 상태만을 의미하는 것이 아니라 정신적 · 육체적인 안녕과 사회적 안녕이 완전한 상태를 의미한다.
② 건강이란 질병이 없으며 육체적으로 완벽한 안녕의 상태를 뜻한다.
③ 건강이란 질병이 없으며 허약하지 않은 정도의 상태를 뜻한다.
④ 건강이란 정신적, 육체적으로 완전하게 안녕한 상태를 뜻한다.

해설 건강이란 정신적 · 육체적인 안녕과 사회적 안녕이 완벽한 상태를 의미한다.

08 공중보건의 평가지표에서 한 국가의 건강수준을 나타내는 대표지표는?

① 평균수명 ② 영아사망률
③ 비례사망지수 ④ 조사망률

해설 영아사망률은 한 국가의 건강수준을 나타내는 대표적인 지수이다.

09 비례사망지수의 설명으로 맞는 것은?

① 출생 시부터 사망 시까지 수명의 평균치
② 50세 이상 사망자 수의 비율
③ 1,000명당 1년간의 사망자 수 비율
④ 사망자의 사인별 사망률

답_ 01 ③ 02 ④ 03 ① 04 ② 05 ④ 06 ① 07 ① 08 ② 09 ②

실력 UP 예상 문제

10 조사망률의 설명으로 올바른 것은?

① 평균수명
② 영아사망지수
③ 1,000명당 1년간의 사망자 수 비율
④ 사인별 사망자 수

11 미국, 영국 중심으로 보건소가 보급되고 지역사회 보건사업이 시작되었던 시기는?

① 중세기(500~1500년)
② 1500~1800년
③ 1800~1900년
④ 20세기 이후

해설 20세기 이후에 보건소의 보급으로 지역사회 보건사업이 시작되었고 사회보장, 의료보장이 확립되었다.

12 제너가 우두종두법을 개발하여 예방접종의 대중화가 가능해진 시기는?

① 500~1000년 ② 1000~1500년
③ 1500~1850년 ④ 1850~1900년

해설 제너의 우두종두법으로 천연두가 근절된 시기는 공중보건의 여명기로서 1798년 예방접종이 대중화되었다.

13 파스퇴르가 백신을 발견하여 질병예방이 가능해졌으며 예방의학 개념이 확립된 시기는?

① 500~1000년 ② 1000~1500년
③ 1500~1850년 ④ 1850~1900년

14 14세 이하가 65세 이상 인구의 2배를 초과하는 후진국형으로 출생률은 높고 사망률도 높은 형태는?

① 피라미드형 ② 종형
③ 항아리형 ④ 별형

15 일자리가 늘어나서 생산층 인구가 갑자기 늘어나는 인구구성 형태는?

① 종형 ② 항아리형
③ 별형 ④ 피라미드형

해설 생산층 인구, 즉 15~40세 인구가 전체인구의 50%를 초과하는 경향이 있는 형태는 별형이며 인구유입형이라고도 한다.

16 선진국형으로 출생률과 사망률이 낮아 평균수명이 높고 인구가 감소하는 형은?

① 항아리형 ② 피라미드형
③ 별형 ④ 종형

17 다음 중 보건지표에 해당하지 않는 것은?

① 비례사망지수 ② 평균수명
③ 조사망률 ④ 출생률

해설 세계보건기구의 보건지표(건강수준비교지표)는 ① 비례사망지수 ② 평균수명 ③ 조사망률 ④ 영아사망률 ⑤ 사인별 사망률로 평가한다.

질병관리

01 질병 발생 시 3대 인자가 아닌 것은?

① 병인적 인자 ② 예방적 인자
③ 숙주적 인자 ④ 환경적 인자

02 질병에 대한 정의로 알맞은 것은?

① 질병이 생겨 허약한 상태이다.
② 병인적 인자가 신체에 침투하였으나 면역이 있는 상태이다.
③ 병인에 의하여 신체적, 기능적 장애가 일어나 정상적인 생활의 항상성이 무너진 상태이다.
④ 질병에 대한 예방관리를 해야 하는 건강 상태이다.

답_ 10 ③ 11 ④ 12 ③ 13 ④ 14 ① 15 ③ 16 ① 17 ④ / 답_ 01 ② 02 ③

03 질병을 발생시키는 인자에 대한 설명 중 틀린 것은?

① 병인적 인자 – 종족별, 남녀성별에 따라 분류
② 병인적 인자 – 생물학적, 영양소적, 물리적, 화학적, 정신적으로 분류
③ 숙주적 인자 – 종족별, 면역성별로 분류
④ 환경적 인자 – 물리적, 생물학적으로 분류

해설 주요인자 중 종족별, 남녀성별에 따라 다른 것은 숙주적 인자이다.

04 역학에 관한 설명이 아닌 것은?

① 집단 현상으로 발생하는 질병을 연구한다.
② 질병인 감염병이 미치는 영향을 연구하는 학문이다.
③ 예방 관련 차원에 기여한다.
④ 역학의 목적은 질병 치료이다.

05 역학의 목적이 아닌 것은?

① 집단건강에 문제되는 원인을 규명한다.
② 집단건강의 문제점을 예측한다.
③ 감염병에 걸렸다가 치유된 환자를 관리 · 조사한다.
④ 감염병 발생 시 예방접종 관리한다.

해설 역학은 감염병에 대해 사전에 예방, 관리하는 학문이다.

06 감염병의 경우 질병의 직접적인 원인이 되는 것은?

① 병원체 ② 병원소
③ 숙주 ④ 사람

해설 병원소는 다른 숙주에게 감염시키기 위해서 증식하고 머무는 보균장소이며 사람도 병원소에 속한다. 숙주는 감수성이다.

07 병원체가 다른 숙주에게 감염시키기 위해 증식하며 머무는 보균장소를 무엇이라 하는가?

① 병원소 ② 숙주
③ 접촉감염 ④ 후천성면역

08 병원소는 구체적으로 어떤 것이 있는가?

① 인플루엔자, 디프테리아
② 광견병, 콜레라
③ 사람, 토양, 동물, 곤충 등
④ 기침, 재채기

해설 병원소는 병원체가 사람, 토양, 동물, 곤충 등에 머물러 있는 보균장소를 말한다.

09 병원체에 대한 저항력으로 틀린 것은?

① 숙주 ② 직접전파
③ 감수성 ④ 면역력

10 개가 병원소로 발병하는 감염병은?

① 페스트 ② 광견병
③ 뇌염 ④ 파상풍

11 쥐가 병원소인 감염병은?

① 페스트 ② 발진티푸스
③ 뇌염 ④ 콜레라

해설 발진티푸스는 이, 뇌염은 모기, 콜레라는 파리가 병원소이다.

12 토양이 병원소인 감염병은?

① 페스트 ② 발진티푸스
③ 파상풍 ④ 이질

해설 이질은 파리가 병원소인 감염병이다.

13 전파에서 직접접촉 감염이 아닌 감염병은?

① 임질 ② 매독
③ 피부병 ④ 장티푸스

해설 장티푸스는 간접전파로서 물, 식품에 의해 감염된다. 임질, 매독, 피부병은 피부접촉에 의한 직접감염이다.

답_ 03 ① 04 ④ 05 ③ 06 ① 07 ① 08 ③ 09 ② 10 ② 11 ① 12 ③ 13 ④

실력 UP 예상 문제

14 비말감염(포말감염)은 어떤 것을 통해서 전파되는가?

① 기침, 재채기 ② 먼지, 티
③ 물 ④ 식품

해설 비말감염(포말감염)은 기침, 재채기, 결핵을 통해서 전파되는 것을 뜻한다.

15 다음 중 직접전파가 아닌 것을 고르시오.

① 피부접촉감염 ② 비말감염
③ 포말감염 ④ 진애감염

해설 진애감염은 먼지, 티끌 등을 통해서 전파되는 간접전파이다.

16 다음 중 간접전파에 의한 감염병이 아닌 것은?

① 디프테리아 ② 이질
③ 파상풍 ④ 매독

해설 매독은 피부접촉에 의한 직접감염이다.

17 선천적 면역에 대한 설명으로 옳은 것은?

① 종족이나 인종, 개인에 따라 면역이 형성되는 것이다.
② 질환을 앓은 후에 생기는 면역이다.
③ 모체로부터 태반이나 수유를 통해 형성된 면역이다.
④ 인공제재를 접종하여 형성되는 면역이다.

해설 ②③④는 후천적 면역에 대한 설명이다.

18 질환 이후에 형성되는 면역을 무엇이라 하는가?

① 자연능동면역 ② 인공능동면역
③ 자연수동면역 ④ 인공수동면역

19 예방접종을 하여 형성되는 면역을 무엇이라 하는가?

① 자연능동면역 ② 인공능동면역
③ 인공수동면역 ④ 자연수동면역

해설 인공능동면역은 인위적으로 항원을 투입하는 예방접종을 통해서 이루어진다.

20 자동수동면역에 대해 맞게 설명한 것은?

① 병을 앓고 난 후에 형성
② 인공제재를 접종하여 형성
③ 모체로부터 태반이나 수유를 통해 형성
④ 예방접종 후에 형성

21 법정감염병 중 즉시 신고 대상인 것은?

① 제1급 감염병 ② 제2급 감염병
③ 제3급 감염병 ④ 제4급 감염병

해설 제1급 감염병은 즉시 신고 대상이다. 제2급 감염병과 제3급 감염병은 24시간 이내, 제4급 감염병은 7일 이내 신고하여야 한다.

22 다음 중 전파가능성을 고려하여 발생 또는 유행 시 24시간 이내에 신고하여야 하고, 격리가 필요한 감염병은?

① 제1급 감염병 ② 제2급 감염병
③ 제3급 감염병 ④ 제4급 감염병

23 법정감염병 규정상 7일 이내에 신고해야 하는 대상은?

① 제1급 감염병 ② 제2급 감염병
③ 제3급 감염병 ④ 제4급 감염병

24 그 발생을 계속 감시할 필요가 있어 발생 또는 유행 시 24시간 이내에 신고하여야 하는 감염병은?

① 제1급 감염병 ② 제2급 감염병
③ 제3급 감염병 ④ 제4급 감염병

25 다음 감염병 중 제1급 감염병은?

① 콜레라 ② 디프테리아
③ 말라리아 ④ 황열

답_ 14 ① 15 ④ 16 ④ 17 ① 18 ① 19 ② 20 ③ 21 ① 22 ② 23 ④ 24 ③ 25 ②

26 다음 법정감염병 중 내용이 틀린 것은?
① 제1급 감염병(17종)
② 제2급 감염병(13종)
③ 제3급 감염병(26종)
④ 제4급 감염병(23종)

27 다음 법정감염병 중 제2급 감염병이 아닌 것은?
① 한센병 ② 백일해
③ 결핵 ④ 뎅기열

28 다음 법정감염병 중 제3급 감염병이 아닌 것은?
① 말라리아 ② 황열
③ 파상풍 ④ 장티푸스

29 다음 법정감염병 중 제1급 감염병인 것은?
① 페스트 ② 파라티푸스
③ 세균성이질 ④ 홍역

해설 파라티푸스, 세균성이질, 홍역은 제2급 감염병이다.

30 제 3급 감염병인 것은?
① 말라리아 ② 결핵
③ 매독 ④ 세균성이질

31 제4급 감염병에 해당되는 것은?
① 파라티푸스 ② 회충증
③ 페스트 ④ 폴리오

32 제3급 감염병이 아닌 것은?
① 비브리오 패혈증 ② 발진티푸스
③ 레지오넬라증 ④ 폐흡충증

해설 비브리오 패혈증, 발진티푸스, 레지오넬라증은 제3급 감염병이다.

33 유행 여부를 조사하기 위하여 표본감시 활동이 필요한 감염병은?
① 제1급 감염병 ② 제2급 감염병
③ 제3급 감염병 ④ 제4급 감염병

34 제2급 감염병이면서 비브리오균에 의해 열과 복통이 없는 설사, 구토를 유발하는 것은?
① 이질 ② 유행성감염
③ 콜레라 ④ 폴리오

35 소화기계의 급성감염병 질환으로 발열, 두통, 구토, 설사, 마비, 신경계 손상이 일어나는 질환은?
① 홍역 ② 폴리오
③ 백일해 ④ 인플루엔자

해설 폴리오는 소화기계 급성감염병으로 마비증상을 일으키므로 폴리오(소아마비)라고 한다.

36 소화기계 수인성 감염병으로서 살모넬라균에 의해 고열, 식욕 감퇴, 림프절종창의 증상이 있는 감염병은?
① 풍진 ② 장티푸스
③ 인플루엔자 ④ 디프테리아

해설 풍진, 인플루엔자, 디프테리아는 호흡기계 감염병이다.

37 호흡기계 감염병으로 소아사망률이 가장 높은 질병은?
① 백일해 ② 풍진
③ 유행성감염 ④ 인플루엔자

해설 백일해는 소아사망률이 가장 높은 호흡기계 감염병이다.

38 결핵은 몇 급의 법정감염병인가?
① 제1급 ② 제2급
③ 제3급 ④ 제4급

답_ 26 ② 27 ④ 28 ④ 29 ① 30 ① 31 ② 32 ④ 33 ④ 34 ③ 35 ② 36 ② 37 ① 38 ②

실력 UP 예상 문제

39 호흡기계 질환이며 바이러스, 비말, 포말감염으로 전파되며 발열, 오한, 근육통, 사지통을 일으키는 질환은?

① 인플루엔자 ② 풍진
③ 성홍열 ④ 디프테리아

해설 발열, 오한에 근육통, 사지통까지 일으키는 것은 인플루엔자이다.

40 호흡기계 감염병으로 사스코로나 바이러스로 감염되어 가래가 없는 마른기침이 나는 감염병은?

① 홍역
② 백일해
③ 중증급성호흡기증후군(SARS)
④ 성홍열

41 쥐, 벼룩이 전파하며 폐렴, 패혈증을 일으키는 접촉동물 매개 감염병은?

① 발진티푸스 ② 말라리아
③ 유행성뇌염 ④ 페스트

42 고열, 오한, 전신발진, 고출혈성 질환을 일으키는 접촉동물매개 감염병은?

① 성병 ② 쯔쯔가무시병
③ 렙토스피라병 ④ 말라리아

43 리케치아가 병원체이며 이, 쥐벼룩이 전파하는데 발열, 근육통, 발진, 전신신경증상이 나타나는 접촉동물매개 감염병은?

① 발진티푸스 ② 페스트
③ 렙토스피라 ④ 공수병(광견병)

44 진드기가 전파하는 급성감염병으로 접촉동물매개 감염병은?

① 유행성일본뇌염 ② 발진티푸스
③ 유행성출혈열 ④ 렙토스피라

45 기생충질환에서 소화기, 근육, 혈액에 기생하는 것은?

① 선충류 ② 조충류
③ 흡충류 ④ 원충류

46 선충류에 속하는 기생충이 아닌 것은?

① 회충 ② 편충
③ 요충 ④ 간흡충

해설 선충류는 회충, 편충, 구충, 요충이며 간흡충은 흡충류에 속한다.

47 주로 숙주의 소화기관에 기생하는 기생충은?

① 선충류 ② 조충류
③ 흡충류 ④ 원충류

48 다음 중 조충류가 아닌 것은?

① 유구조충(갈고리촌충)
② 무구조충(민촌충)
③ 광절열두조충(긴촌충)
④ 편충

해설 편충은 선충류에 속한다.

49 숙주의 간, 폐 기관에 흡착하여 기생하는 기생충은?

① 흡충류 ② 선충류
③ 조충류 ④ 원충류

50 산란과 동시에 감염능력이 있어 집단감염이 가장 잘되는 기생충은?

① 요충 ② 회충
③ 촌충 ④ 십이지장충

해설 요충은 어린이들에게 집단감염이 쉽게 되는 기생충이며 사람의 항문 주위에 알을 낳는 기생충이다.

답_ 39 ① 40 ③ 41 ④ 42 ② 43 ① 44 ③ 45 ① 46 ④ 47 ② 48 ④ 49 ① 50 ①

51 항문 주위에 알을 낳아 가려움증을 유발하며 어린 이의 접촉한 손에 의해 집단감염이 가장 잘되는 기생충은?
① 사상충　② 구충
③ 회충　④ 요충

52 회충의 기생부위는 인체의 어느 부위인가?
① 허파　② 간
③ 대장　④ 소장

53 오염된 사료를 먹은 돼지의 생식에 의해 전파되어 사람의 소장에 기생하는 기생충은?
① 구충　② 요충
③ 간흡충　④ 유구조충(갈고리촌충)

54 잉어, 붕어, 담수어를 생식하여 전파되는 기생충은?
① 간흡충　② 폐흡충
③ 유구조충　④ 요코가와흡충

해설 간흡충은 간디스토마라고 하며 민물고기를 생식, 섭취하여 생긴다.

55 제1중간숙주가 쇠우렁이, 왜우렁이이며 제2중간숙주가 잉어, 담수어, 붕어인 기생충은?
① 간흡충　② 요충
③ 폐흡충　④ 구충

해설 간흡충(간디스토마)은 간의 담관에서 기생한다.

56 간디스토마의 증상은 어떤 것인가?
① 소화불량, 설사
② 소화기장애, 간경변, 황달
③ 혈변, 복통
④ 신경질, 불면증

해설 간흡충의 증상은 소화기 장애, 간비대, 간종대, 황달, 빈혈 등이다.

57 무구조충(민촌충)에 대한 내용으로 틀린 것은?
① 중간숙주가 소이다.
② 인체의 소장에 기생하여 분변으로 탈출한다.
③ 전파는 오염된 풀이나 사료를 먹은 소의 생식으로 전파된다.
④ 항문소양증, 피부발적의 증상이 나타난다.

해설 무구조충의 증상은 설사, 복통, 구토, 장폐쇄 증상이다.

58 사람과 포유류의 폐에 종낭을 만들어 기생하는 것은?
① 폐흡충(폐디스토마)　② 간흡충
③ 요코가와흡충　④ 무구조충

59 제1중간숙주가 다슬기이며 제2중간숙주는 가재, 게 등인 기생충은?
① 간흡충　② 폐흡충
③ 무구조충　④ 유구조충

60 제2중간숙주인 가재, 게를 먹어서 생기는 기생충은?
① 무구조충　② 폐흡충
③ 간흡충　④ 유구조충

해설 가재, 게를 먹으면 폐흡충이 생기며 기침, 피섞인 가래, 피로감의 증상이 생긴다.

61 소고기의 생식으로 감염될 수 있는 기생충은?
① 무구조충　② 유구조충
③ 요코가와흡충　④ 긴촌충

62 흡충류가 감염되는 관계가 틀린 것은?
① 요코가와흡충 – 물벼룩
② 폐흡충 – 가재, 게
③ 은어, 숭어 – 요코가와흡충
④ 잉어, 붕어 – 간흡충

답_ 51 ④ 52 ④ 53 ④ 54 ① 55 ① 56 ② 57 ④ 58 ① 59 ② 60 ② 61 ① 62 ①

63 기생충과 중간숙주와의 연관을 잘못 지은 것은?
① 유구조충 – 돼지
② 무구조충 – 소
③ 흡충류 – 채소
④ 구충 – 채소

64 성인병에 대한 설명으로 틀린 것은?
① 연령이 많아지면서 발생하는 노인성질환이다.
② 만성퇴행성 질환, 기능장애 등으로 발전할 수 있다.
③ 경제성장으로 감소하였다.
④ 비감염성 질환이다.

해설 성인병은 경제성장으로 인해 증가추세에 있다.

65 성인병 중 가장 대표적인 질환은?
① 암 ② 뇌졸중
③ 심장병 ④ 당뇨병

66 성인병 중 우리나라가 세계 발병률 1위인 질환은?
① 심장병 ② 암
③ 당뇨병 ④ 뇌졸중

67 암 중에서 발병률이 가장 높은 것은?
① 폐암 ② 간암
③ 위암 ④ 대장암

해설 암의 발병순위는 폐암 〉 간암 〉 대장암 〉 췌장암 순이다. 남성은 폐암 〉 간암 〉 위암 순이고 여성은 폐암 〉 위암 〉 대장암 순이다.

68 심장병에 대한 설명으로 틀린 것은?
① 동맥벽에 지방이 붙어 혈관이 좁아져서 생긴다.
② 혈액순환이 나빠지면서 심근경색이나 협심증이 되기 쉽다.
③ 심장병은 식사를 골고루 하고 음주는 적당히 해도 무방하다.
④ 예방으로는 염분섭취를 줄여야 한다.

해설 심장병은 염분섭취를 줄이고 음주, 과식, 흡연을 자제해야 한다. 특히, 음주는 확실히 자제해야 한다.

69 당뇨병의 특징이 아닌 것은?
① 인슐린의 분비량이 부족하거나 정상적인 기능이 이루어지지 않는다.
② 혈당이 많이 올라가면 갈증이 난다.
③ 당뇨병이 오래가면 합병증이 생기게 되어 위험하다.
④ 대사질환으로 혈중포도당 농도가 낮은 것이 특징이다.

해설 당뇨는 혈중포도당 농도가 높은 것이 특징이다.

70 정신보건에 대한 설명으로 틀린 것은?
① 정신보건은 사람의 정신적 건강을 대상으로 하는 학문과 실천운동이다.
② 정신보건의 목적은 정신적 건강장애의 예방과 건강회복, 건강장애의 치료와 부분적 복원이다.
③ 정신적인 건전을 대상으로 하는 학문이다.
④ 정신보건은 의학에 국한된 학문분야이다.

해설 정신보건은 의학뿐만 아니라 심리학, 사회학, 사회복지학, 사회의 가치관, 개인의 윤리관과 함께 정책적인 면까지 종합적으로 포함된 학문분야이다.

71 정신보건의 예방에 대한 설명으로 맞는 것을 모두 고르시오.
① 제1차 예방 : 질병발생률 방어 · 감소
② 제2차 예방 : 조기발견과 재발예방
③ 제3차 예방 : 부분적 복원, 사회복귀원조
④ 제1차 예방 : 조기발견과 재발예방

답_ 63 ③ 64 ③ 65 ① 66 ④ 67 ① 68 ③ 69 ④ 70 ④ 71 ①, ②, ③

72 **다음 중 정신장애가 아닌 것은?**

① 적응장애 ② 섭식장애
③ 명상장애 ④ 강박장애

해설 명상장애는 정신장애가 아니다. 정신장애로는 망상장애가 있으며 망상장애는 편집증으로 불리고 그 종류로는 과대망상증이 대표적이다.

73 **다음 중 정신장애에 대한 설명이 잘못된 것은?**

① 암소공포증 – 어두운 곳을 두려워하는 장애
② 사회공포증 – 낯선 사람이나 다른 사람과 대하는 것이 두려운 증세
③ 폐쇄공포증 – 좁고 폐쇄된 공간을 두려워하는 증세
④ 선단공포증 – 높은 곳을 두려워하는 증세

해설 선단공포증은 뾰족한 것을 두려워하는 증세이다. 높은 곳을 두려워하는 증세는 고소공포증이다.

74 **이 · 미용 안전사고를 예방하기 위해 갖추어야 할 사항 지식이 아닌 것은?**

① 소방안전에 관한 지식
② 전기안전에 관한 지식
③ 응급조치에 관한 지식
④ 단말기 사용에 관한 지식

75 **다음 중 이 · 미용 안전사고에 필요한 점검표는?**

① 개인 위생상태 점검표
② 이 · 미용업소 청소상태 점검표
③ 이 · 미용업소 안전상태 점검표
④ 이 · 미용업소 시설설계 도면

76 **이 · 미용업소 안전관리를 위해 점검해야 하는 것이 아닌 것은?**

① 전열기, 전기기기 안전상태 점검
② 난방기, 가스렌지 안전상태 점검
③ 낙상사고 예방을 위해 바닥에 떨어진 물건이나 기타 이물질을 수시로 제거한다.
④ 승강기 안전상태 점검

해설 승강기는 건물 자체에서 정기점검 및 관리하는 것이다.

가족 및 노인보건

01 **모자보건에 대한 설명으로 옳지 않은 것은?**

① 모성 및 영, 유아의 생명과 건강을 보호한다.
② 건전한 자녀의 출산과 양육을 도모하는데 기여한다.
③ 보육원시설 발전에 기여한다.
④ 모자보건 향상을 통하여 국민 보건향상에 이바지한다.

해설 보육원 시설은 모자보건이 아니라 육아시설에 속한다.

02 **모성사망의 사망원인으로 가장 많은 것은?**

① 임신중독증 ② 출산 직후 출혈성질환
③ 산욕열 ④ 자궁외임신

03 **임신 7개월(약 28주) 이내의 조기분만을 무엇이라 하는가?**

① 유산 ② 사산
③ 조산 ④ 출산

해설 임신 7개월 이내의 조기분만을 유산이라고 한다. 정상 영아 체중의 1/3밖에 되지 않으며 대부분 사망한다.

04 **다음 중 조산아에 대한 설명으로 틀린 것은?**

① 임신 29주에서 38주 사이의 분만을 조산이라 한다.
② 적절한 조치에 의해 정상적으로 키울 수 있다.
③ 조산은 모성의 임신중독증 때문이다.
④ 미숙아라고도 하는데 체중이 2.5kg 미만이다.

해설 조산아는 미숙아와 유사한 의미로 사용되며 체중 2.5kg 미만으로 인큐베이터 등의 적절한 조치를 취해서 정상으로 키울 수 있으나, 조산아의 원인은 매우 복합적이어서 규명하기 어렵다.

답_ 72 ③ 73 ④ 74 ④ 75 ③ 76 ④ / 답_ 01 ③ 02 ① 03 ① 04 ③

실력 UP 예상 문제

05 신생아는 출생 후 어느 정도까지를 가리키는가?

① 출생 후 45일까지
② 출생 후 30일까지
③ 출생 후 21일 미만
④ 출생 후 28일 미만

06 다음 내용이 잘못된 것은?

① 영아기 : 출생에서 1년까지
② 영유아기 : 출생 후 4세 이하
③ 신생아 : 출생 후 50일까지
④ 유아기 : 1년에서 4세 이하

해설 신생아는 출생 후 28일 미만의 아기를 말한다. 초생아는 출생 1주 이내의 아기를 가리킨다.

07 영유아기의 보건대책으로서 잘못된 것은?

① 예방접종 ② 영양 및 이유관리
③ 신체의 청결 ④ 운동관리

해설 운동관리는 영유아기에 필요한 사항이나 보건대책은 아니다. 영유아의 보건대책으로는 예방접종, 영양 및 이유관리, 신체의 청결, 피복위생, 목욕관리, 사고예방이 있다.

08 영 · 유아의 질병으로서 잘못 설명한 것은?

① 조산아 – 체중이 2.5kg 미만이며 임신 29주에서 38주 사이에 태어난 출생아로 적절한 조치를 취해야 한다.
② 과숙아 – 과숙아는 43주 이후 출생아와 4.5kg의 과체중아인데 다른 장애는 없다.
③ 불구아 – 지능은 건전하나 사지의 기능이 불완전한 영 · 유아이다.
④ 정신이상아 – 주로 선천적이며 유아기부터 꾸준한 정신보건이 필요하다.

해설 과숙아는 산소부족증이나 중추신경계의 장애가 있을 수 있다.

09 모자보건의 수행평가에 대한 설명으로 틀린 것은?

① 모성사망률을 수행평가 지표로 하고 있다.
② 영아출생률을 모자보건의 수행평가로 보고 있다.
③ 영 · 유아 사망률을 모자보건의 수행평가로 하고 있다.
④ 모자보건의 수행평가는 그 국가의 개발수준을 가리키는 대표적인 척도이다.

해설 모자보건의 수행평가는 모성사망률과 영 · 유아 사망률이 수행평가 지표이다.

10 우리나라의 노년기는 몇 세부터인가?

① 60세 이상 ② 65세 이상
③ 70세 이상 ④ 75세 이상

11 노인성질환의 고혈압에 대해 잘못 설명한 것은?

① 고혈압은 최저혈압 90mmHg, 최고혈압 140 mmHg 이상이다.
② 과도한 나트륨 섭취와 스트레스, 유전적인 요인으로 발생한다.
③ 고혈압은 합병증이 일어날 우려가 없다.
④ 기름진 음식이나 음주 · 흡연은 피한다.

해설 고혈압은 심해지면 합병증으로 이어지기 때문에 위험하다.

환경보건

01 환경보건의 정의에 대한 설명으로 옳지 않은 것은?

① 환경오염원으로부터 환경을 보호하는 것이다.
② 오염된 환경을 개선하는 것이다.
③ 쾌적한 상태의 환경을 유지 · 조성하기 위한 행위이다.
④ 경제여건이 좋아짐에 따라 환경보건도 더 좋아졌다.

해설 산업의 발전과 도시화가 급속도로 이루어져 환경오염이 심해져 환경보건에 대한 필요성이 강화되고 있다.

답_ 05 ④ 06 ③ 07 ④ 08 ② 09 ② 10 ② 11 ③ / 답_ 01 ④

02 기후의 요소는 무엇인가?
① 기온, 기습(습도), 자외선, 복사열
② 기온, 기습(습도), 기류, 복사열
③ 기온, 기습(습도), 기류, 적외선
④ 기온, 기류, 자외선, 복사열

03 쾌적한 온도는?
① 22±2℃ ② 24±2℃
③ 18±2℃ ④ 20±2℃

04 쾌적한 습도는?
① 40~70% ② 30~50%
③ 50~80% ④ 60~80%

05 쾌적한 기류는?
① 0.6m/sec 이하 ② 0.5m/sec 이하
③ 0.8m/sec 이하 ④ 0.9m/sec 이하

06 불쾌지수에 있어서 쾌감대의 온도와 습도는?
① 17~18℃(온도), 60~65%(습도)
② 18~20℃(온도), 65~75%(습도)
③ 20~22℃(온도), 70~85%(습도)
④ 17~18℃(온도), 65~85%(습도)

07 한 공간에 다수인이 밀집해 있을 때 공기의 이산화탄소 증가, 기온 상승 등 물리적, 화학적인 조건이 문제가 되어 두통, 권태, 현기증, 구토 등의 증상이 생기는 것을 무엇이라 하는가?
① 저산소증 ② 산소증
③ 군집독 ④ 잠함병

08 산소중독은 대기 중의 산소농도가 몇 % 이상일 때 발생하는가?
① 15% 이상 ② 21% 이상
③ 10% 이상 ④ 18% 이상

해설 산소농도 21% 이상일 때는 장시간 호흡 시 폐부종 출혈, 이통의 증상이 발생한다.

09 실내공기오염의 지표로 사용되는 것은?
① 일산화탄소량 ② 산소량
③ 질소량 ④ 이산화탄소량

10 지구온난화의 주된 원인인 것은?
① 산소 ② 이산화탄소
③ 질소 ④ 일산화탄소

11 공기 중의 이산화탄소의 허용 한도는 어느 정도인가?
① 0.1% ② 0.2%
③ 0.3% ④ 0.4%

해설 이산화탄소는 공기 중 약 0.03%를 차지하며 허용 한도는 0.1%이다.

12 연탄가스를 맡아 쓰러진 사람은 무엇 때문인가?
① 이산화탄소 ② 질소
③ 일산화탄소 ④ 아황산가스

13 다음 중 일산화탄소의 내용으로 틀린 것은 어느 것인가?
① 불완전연소 시 맹독성으로 의식불명
② 중독증상은 의식불명, 정신장애
③ 가스흡입 시 헤모글로빈과 친화력으로 산소결핍증 증상
④ 무색, 자극성이 강한 기체

해설 일산화탄소는 보통 연탄이 불연소되었을 때 발생하는데, 불완전연소 시에는 맹독성이며 산소결핍증상을 발생시킨다. 본래의 일산화탄소는 무색, 무취의 자극성이 없는 기체이다.

답_ 02 ② 03 ③ 04 ① 05 ② 06 ① 07 ③ 08 ② 09 ④ 10 ② 11 ① 12 ③ 13 ④

14 세계보건기구(WHO)에서의 대기오염에 대한 정의와 맞지 않는 것은?

① 대기 중에 오염물질이 혼입되어 다수의 지역주민에게 불쾌감을 준다.
② 오염물질이 혼입된 대기로 인해 보건상에 위해를 끼친다.
③ 인류의 생활에 방해하는 상태를 말한다.
④ 동식물의 성장을 방해하는 것은 대기오염에 포함되지 않는다.

해설 대기 중 오염물질이 인류의 생활이나 동식물의 성장을 방해하는 상태를 대기오염이라고 한다.

15 다음 중 우리나라 대기환경보전법에 대해 잘못 설명한 것은?

① 대기오염으로 인한 국민건강 및 환경상의 위해를 예방한다.
② 대기환경을 적정하게 보전한다.
③ 동·식물의 성장에 방해가 되지 않도록 한다.
④ 모든 국민이 건강하고 쾌적한 환경에서 생활할 수 있게 한다.

해설 우리나라 대기환경보전법에서는 동·식물에 대한 보전에 대해서는 관여하지 않고 국민건강에 대한 것만 목적으로 한다.

16 대기오염물질에서 1차 오염물질이 아닌 것은?

① 먼지 ② 연무
③ 검댕 ④ 오존

해설 1차 오염물질이란 공장 배기관 등에서 직접 배출된 것을 말한다. 오존은 1차 오염물질이 대기 중에서 물리·화학적으로 변환된 2차 오염물질이다.

17 탄소나 기타연소성 물질로 구성된 0.01~1㎛ 크기의 물질로 연기라고도 하는 것은?

① 먼지 ② 매연
③ 검댕 ④ 연무

해설 먼지는 대기 중의 입자상 물질로 1~100㎛이다.

18 다음 중 2차 오염물질로 구성된 것은?

① 오존, PAN, 알데히드, 스모그
② 오존, 연무, PAN, 검댕
③ 오존, 알데히드, 스모그, 매연
④ 오존, PAN, 알데히드, 연무

19 스모그에 대한 설명으로 잘못된 것은?

① 스모그는 Smoke와 Fog의 합성어
② 대기에 안개 낀 것과 같은 현상을 만듦
③ 대기 중의 입자상 물질로 1~100㎛이다.
④ 2차 오염물질이다.

해설 대기 중의 입자상 물질로 1~100㎛인 것은 먼지(Dust)이다.

20 오존(O_3)의 특징으로 잘못된 것은?

① 강력한 산화제이다.
② 낮은 온도에서 눈, 목에 자극증상을 유발한다.
③ 고농도는 폐렴, 폐충혈, 폐부종 유발 가능
④ 눈에 통증, 식물에도 피해 가능

해설 눈에 통증, 식물에 피해 가능한 것은 PAN(Peroxy Acetyl Nitrate)이다.

21 환경보전법에 의한 대기환경기준에서 이산화탄소의 허용한도는?

① 1시간 평균치 0.1ppm
② 1시간 평균치 0.2ppm
③ 1시간 평균치 0.3ppm
④ 1시간 평균치 0.2ppm

22 기류는 1m 상승할 때 1℃ 하강하는데 반대로 상층부 기온이 하층부보다 높아진 것을 무엇이라 하는가?

① 열섬현상 ② 온실효과
③ 엘리뇨현상 ④ 기온역전

답_ 14 ④ 15 ③ 16 ④ 17 ② 18 ① 19 ③ 20 ④ 21 ① 22 ④

해설 기온역전은 대기오염물질이 수직, 확산하지 못하고 대기층에 축적되어 대기오염의 좋은 조건이 된다.

23 도심 속의 대기오염, 인공열 등의 원인으로 다른 지역보다 기온이 높게 나타나는 현상을 무엇이라 하는가?

① 기온역전 ② 열섬현상
③ 온실효과 ④ 라니냐현상

24 복사열이 지구에서 배출되지 못해 부분적인 지역의 기온이 높아지는 현상을 무엇이라 하는가?

① 기온역전
② 열섬현상
③ 온실효과
④ 엘리뇨현상

25 DO, BOD, COD, SS, pH는 무엇을 뜻하는가?

① 공기오염지표 ② 수질오염지표
③ 토양오염지표 ④ 산업폐수지표

해설 DO는 용존산소, BOD는 생물화학적 산소요구량, COD는 화학적 산소요구량, SS는 부유물질, pH는 산도를 표시하며 이들은 모두 수질오염의 지표가 된다.

26 물 소독법으로서 사용할 수 없는 소독법은?

① 자외선소독법 ② 탄소소독법
③ 오존소독법 ④ 염소소독법

해설 물 소독법은 ①, ③, ④ 외에 열처리법이 있다.

27 수질오염지표로서 DO(용존산소)에 대한 설명으로 맞는 것은?

① 물에 녹아 있는 용존산소량으로 DO가 낮으면 오염도가 높다.
② DO가 낮으면 오염도가 낮은 것이다.
③ 생물화학적 산소요구량이다.
④ 화학적 산소요구량이다.

28 pH는 수질이 오염되면 어떤 성질이 되는가?

① 약알칼리성 ② 강산성
③ 중성 ④ 약산성

29 생존적합한 수질의 pH 수치는?

① pH 2.0~4.0
② pH 6.0~8.0
③ pH 4.5~5.5
④ pH 8.0~9.0

30 BOD에 대한 설명으로 맞는 것을 고르시오.

① 수질에 대한 생물화학적 산소요구량이다.
② 수질이 BOD가 높으면 오염도가 낮다.
③ 수질에 대한 용존산소량을 뜻한다.
④ 대기오염에 대한 산소요구량이다.

해설 수질의 BOD가 높으면 오염도도 높다. BOD는 수질의 오염을 측정하는 지표이며 생물화학적 산소요구량을 뜻한다.

31 수질오염의 현상이 아닌 것은?

① 부영양화 ② 적조현상
③ 연무현상 ④ 녹조현상

해설 연무현상은 대기오염 현상이다.

32 수질오염의 적조현상에 대해 올바르게 설명한 것은?

① 가정의 생활하수나 폐수로 인한 유기물의 분해현상이다.
② 해양의 플랑크톤, 박테리아, 미생물이 갑자기 많은 양이 번식하여 붉게 변하는 것이다.
③ 부영양화된 하천에 부유성 조류가 급격하게 증식된 것이다.
④ 적조는 하천의 부영양화 현상이다.

해설 ①은 수질오염의 부영양화 현상이며, ③은 녹조현상에 대한 설명이다. 적조는 바닷물의 부영양화 현상이다.

답_ 23 ② 24 ③ 25 ② 26 ② 27 ① 28 ④ 29 ② 30 ① 31 ③ 32 ②

33 부영양화된 하천의 수질오염을 무엇이라 하는가?
① 녹조현상 ② 적조현상
③ 부영양화 ④ 포그현상

34 물의 소독방법 중 가열법의 방법은?
① 100℃에서 10분 이상 가열
② 100℃에서 30분 이상 가열
③ 100℃에서 5분 이상 가열
④ 100℃에서 20분 이상 가열

35 물의 염소소독법에 쓰이는 소독재료가 아닌 것은?
① 액화염소 ② 표백분
③ 이산화염소 ④ 이산화탄소

36 하수처리방법에서 혐기성 분해처리에 대한 설명으로 옳은 것은?
① 공기를 싫어하는 균을 발육, 증식시켜 분해하는 방법
② 공기를 좋아하는 균을 발육, 증식시켜 분해하는 방법
③ 공기를 제거하여 균을 발육, 증식시켜 분해하는 방법
④ 공기를 투입하여 균을 발육, 증식시켜 분해하는 방법

37 쾌적한 주거환경의 설명으로 틀린 것은?
① 창의 넓이는 실내면적의 1/7~1/5이 좋다.
② 실내 CO_2의 양은 약 20~22L가 좋다.
③ 창의 면적은 벽 높이의 1/3이 좋다.
④ 지하수위가 0~1m 정도로 배수가 잘되어야 한다.

38 주택이 갖추어야 할 4대 요소가 아닌 것은?
① 건강성 ② 안정성
③ 활동성 ④ 기능성

해설 주택의 4대 요소는 건강성, 안정성, 기능성, 쾌적성이다.

39 대지의 조건으로서 맞지 않는 것은?
① 교통이 편리한 곳
② 공해가 없는 곳
③ 남향이나 동남향
④ 매립지는 최고 3년 이상 경과한 곳

해설 매립지는 최소한 10년 이상 경과한 곳이어야 한다.

40 주거환경의 구조로서 옳지 않은 것은?
① 천장은 2.1m 정도가 적당하다.
② 마루는 통기성이 좋아야 한다.
③ 대문은 반드시 남향이어야 한다.
④ 거실, 침실은 남향이 좋다.

해설 대문은 주거 환경상 남향일 필요가 없다.

41 다음 중 자연 환기법을 찾으시오.
① 풍력환기 ② 배기식 환기
③ 송기식 환기 ④ 평형식 환기

42 창을 통해 실내에 비치는 자연조명은?
① 직사광선 ② 천공광
③ 직접조명 ④ 반간접조명

43 조명의 조도를 나타내는 Lux(룩스)에 대한 설명으로 올바른 것은?
① 1Lux는 1촉광이 10m 거리를 두고 평면으로 비추는 빛이다.
② 1Lux는 10촉광이 1m 거리를 두고 평면으로 비추는 빛이다.
③ 1Lux는 1촉광이 1m 거리를 두고 평면으로 비추는 빛이다.
④ 1Lux는 10촉광이 10m 거리를 두고 평면으로 비추는 빛이다.

답_ 33 ① 34 ② 35 ④ 36 ① 37 ④ 38 ③ 39 ④ 40 ③ 41 ① 42 ② 43 ③

44 작업 시의 조도에 대해 올바르게 설명한 것은?
① 정밀작업 150~200Lux
② 독서, 서류업무 100Lux
③ 상담, 토론 50Lux
④ 메이크업실 200Lux

45 의복과 환경과의 관계에서 문화적 적응에 대한 설명이 아닌 것은?
① 추위 ② 경제적 수준
③ 냉 · 난방시설 ④ 유행 트렌드

해설 추위는 의복과 환경과의 관계에서 생리적 적응 중의 하나이다. 생리적 적응은 추위, 더위, 바람, 습도, 태양광선 등 외부환경조건에 따른 적응을 말한다.

46 피부와 의복의 기후조건에서 어떤 기후에 가장 쾌적함을 느끼는가?
① 기온 28℃, 습도 50%, 기류 25㎝/sec
② 기온 32℃, 습도 70%, 기류 25㎝/sec
③ 기온 32℃, 습도 50%, 기류 25㎝/sec
④ 기온 25℃, 습도 50%, 기류 25㎝/sec

47 다음 중 의복의 기능이 아닌 것은?
① 기후 조절 ② 아름다운 표현
③ 청결 유지 ④ 신체 보호

해설 의복의 기능은 기후 조절, 청결 유지, 신체 보호, 신체활동보장이다.

48 의복기후에 대해 바르게 설명한 것은?
① 의복으로 따뜻함을 필요로 하는 기후이다.
② 의복을 입었을 때의 체온이다.
③ 인체와 의복 사이에 형성되는 기후이다.
④ 의복을 입어서 가장 쾌적한 상태의 기후이다.

49 의복의 보온력에 영향을 주는 요인으로 틀린 것은?
① 의복소재의 물리적 특성
② 피복면적
③ 의복 내 공기층
④ 의복의 방염가공

해설 의복의 보온력에 영향을 주는 요인은 ①, ②, ③과 의복의 중량의 4가지이다.

50 의복의 방염가공에 대해 옳은 설명을 고르시오?
① 섬유가 쉽게 연소하지 않도록 하는 가공이다.
② 섬유가 미생물에 의해 손상받지 않도록 하는 가공이다.
③ 강도와 탄성률을 강화시킨 가공이다.
④ 온도에 따라 섬유의 색상이 변하는 소재가공이다.

51 다음 설명은 일반적으로 어떤 종류의 의복을 설명한 것인가?

- 입고 벗기 편리할 것
- 내구성이 있을 것
- 내마모성이 있을 것
- 치밀한 소재일 것
- 작업활동에 필요한 신축성이 있을 것

① 제전복 ② 작업복
③ 무진복 ④ 신체장애인복

52 다음 중 신체장애인의 의복으로서 틀린 설명은?
① 정상인 의복과 차이가 있을 것
② 입고 벗기 편한 것
③ 쾌적한 보온성이 있을 것
④ 의복압이 적을 것

해설 신체장애인의 의복은 디자인과 외관이 정상인과 차이가 없도록 만들어야 한다.

답_ 44 ④ 45 ① 46 ③ 47 ② 48 ③ 49 ④ 50 ① 51 ② 52 ①

53 제전복은 어떤 용도의 기능복인가?

① 먼지가 나지 않는 기능복이다.
② 체온조절과 보온이 우수한 기능복이다.
③ 미약한 방전 및 저습도에서 제전효과가 있는 기능복이다.
④ 내구성이 우수한 기능복이다.

54 무진복(방진복)은 어떤 용도의 기능복인가?

① 탄력성을 강화한 기능복이다.
② 전기 감전이 되지 않는 기능복이다.
③ 마모성을 강화한 기능복이다.
④ 티끌이나 먼지가 나지 않는 기능복이다.

식품위생과 영양

01 식품위생의 개념에서 우리나라의 식품위생의 대상이 아닌 것을 고르면?

① 첨가물　② 기구
③ 용기포장　④ 유통

해설 우리나라 식품위생의 대상은 식품, 첨가물, 기구, 용기포장이다.

02 세계보건기구(WHO)에서의 식품위생에 대한 정의를 바르게 설명한 것은?

① 세계보건기구의 식품위생이란 식품의 재배, 생산, 제조로부터 유통과정과 인간이 섭취하는 과정까지의 모든 단계에 걸쳐서 식품의 안전성, 건전성 및 완전 무결점을 확보하기 위한 모든 수단을 말한다.
② 세계보건기구의 식품위생이란 식품 생산, 제조, 유통과정에서 식품의 안전성, 건전성에 대한 수단을 말한다.
③ 세계보건기구의 식품위생이란 식품 생산, 제조, 유통과정에서 식품의 안전성, 건전성에 대한 수단을 말한다,
④ 세계보건기구의 식품위생은 식품의 생산 제조과정에서의 음식에 대한 위생관리의 전반적인 것을 말한다.

03 다음 중 3대 필수영양소가 아닌 것은?

① 비타민　② 탄수화물
③ 지방　④ 단백질

해설 비타민과 무기질은 5대 필수영양소에 포함된다.

04 다음 중 생리기능의 조절작용을 하는 영양소를 찾으면?

① 단백질　② 지방
③ 탄수화물　④ 무기질

해설 비타민과 무기질은 조절요소로서 생리기능을 조절한다.

05 다음 영양소 중 체내의 열량저장을 하는 것은?

① 지방　② 탄수화물
③ 단백질　④ 비타민

06 신체에 열량공급을 하지 않는 영양소를 찾으시오.

① 지방　② 비타민
③ 탄수화물　④ 단백질

07 피부의 과색소 침착 예방과 콜라겐 형성 촉진기능이 있으며 결핍 시에는 괴혈병, 뼈, 치아의 이상증이 생기는 영양소는?

① 비타민 A　② 비타민 B_1
③ 비타민 C　④ 비타민 E

08 항산화작용과 피부노화방지기능이 있으며 결핍 시 불임증 유산의 원인이 되는 영양소는?

① 비타민 K　② 비타민 E
③ 비타민 D　④ 비타민 C

답_ 53 ③ 54 ④ / 답_ 01 ④ 02 ① 03 ① 04 ④ 05 ① 06 ② 07 ③ 08 ②

09 비타민 A의 특성이 아닌 것을 고르시오.

① 지용성 비타민
② 신체 성장 관여
③ 결핍 시 구루병, 골연화증 유발
④ 결핍 시 피부점막의 각질화

10 혈액구성성분으로서 결핍 시 빈혈증상이 있는 것은?

① 비타민 D ② 철분(Fe)
③ I(요오드) ④ 인(P)

11 무기질 중 인(P)의 특성이 아닌 것은?

① 뼈, 치아의 주성분 ② 결핍 시 뼈의 장애
③ 칼슘과 결합 ④ 결핍 시 갑상선 장애

12 영양소 중 1g당 9㎉ 열량을 내며 과잉이면 비만, 당뇨, 고혈압의 원인이 되는 것은?

① 지방 ② 단백질
③ 탄수화물 ④ 비타민

13 다음 중 단백질의 특성이 아닌 것을 고르시오.

① 1g당 4㎉ ② 필수아미노산
③ 포화지방산 ④ 근육 구성

14 다음 중 결핍되면 갑상선 장애가 생기는 무기질은?

① Ca(칼슘) ② Cu(구리)
③ Fe(철분) ④ I(요오드)

15 에너지 공급원이며 과다섭취하면 비만증상이 있고, 글리코겐을 간장이나 근육에 저장되는 영양소는?

① 지방 ② 단백질
③ 탄수화물 ④ 비타민

16 다음 중 기초대사에 대한 설명으로 틀린 것은?

① 생명체가 생명을 유지하는데 필요한 최소한의 에너지량이다.
② 기초대사량은 10~15세가 가장 많다.
③ 기초대사량은 성별, 연령, 체질에 따라 다르다.
④ 기초대사량은 남자가 여자보다 5~10% 높게 나타난다.

17 다음 중 단백질 결핍 시 영양장애는 어느 것인가?

① 성장발육저조 ② 각기병
③ 식욕부진 ④ 구루병

18 탄수화물 결핍 시의 영양장애를 고르시오.

① 피부병, 구순염
② 성장발육저조, 빈혈
③ 체중감소, 기력부족
④ 각기병, 식욕부진

19 결핍 시 기미, 괴혈병, 잇몸출혈, 빈혈이 생기는 영양소는?

① 비타민 B ② 비타민 B_2
③ 비타민 D ④ 비타민 C

20 결핍 시 골다공증, 골연화증이 생기는 영양소는?

① 비타민 K ② 비타민 D
③ 철(Fe) ④ 비타민 E

21 비타민 E가 부족하면 생기는 증상은?

① 적혈구 수 감소
② 조산, 불임, 유산
③ 피로감, 노동력 저하
④ 뼈 및 치아 부실

답_ 09 ③ 10 ② 11 ④ 12 ① 13 ③ 14 ④ 15 ③ 16 ② 17 ① 18 ③ 19 ④ 20 ② 21 ②

실력 UP 예상 문제

보건행정

01 보건행정의 특성에 대한 내용 중 틀린 것은?

① 봉사성 ② 공공성
③ 사회성 ④ 정치성

02 세계보건기구(WHO)의 보건행정의 범위로 잘못 묶어 놓은 것은?

㉠ 환경위생	㉡ 모자보건
㉢ 보건간호	㉣ 보건교육
㉤ 감염병 관리	㉥ 의료서비스 제공
㉦ 간호사 교육	㉧ 의사 교육

① ㉠, ㉡, ㉣, ㉦, ㉧
② ㉠, ㉢, ㉣, ㉤, ㉥
③ ㉡, ㉢, ㉣, ㉤, ㉥
④ ㉠, ㉡, ㉢, ㉣, ㉤

03 우리나라보건의 최일선 말단 행정기관은?

① 보건복지부 ② 보건소
③ 보건지소 ④ 보건진료소

04 우리나라 보건소는 설치기준은 어떻게 되어있나?

① 시, 군 단위로 1개조씩 배정
② 구 단위로 1개조씩 배정
③ 시, 군, 구 단위로 1개조씩 배정
④ 시 단위로 3개조씩 배정

05 우리나라는 세계보건기구(WHO)에 언제 가입하였는가?

① 1940년 ② 1949년
③ 1958년 ④ 1963년

06 다음 중 사회보장에 대한 설명으로 틀린 것은?

① 우리나라는 사회보장기본법이 제정되어있다.
② 사회보장이란 질병, 장애, 노령, 실업, 사망 등 각종 사회적 위험으로부터 국민을 보호하는 것이다.
③ 사회보험, 공공보조, 사회복지서비스 및 관련복지 제도를 말한다.
④ 사회보장은 국민생활의 평균수준을 보장하는 것이다.

해설 사회보장은 모든 국민생활의 최저보장을 의미하는 것이다.

07 우리나라의 사회보장제도를 모두 고르시오.

① 산재보험 ② 건강보험
③ 국민연금 ④ 공무원연금

08 세계보건기구가 정한 건강의 정의에 대해 올바르게 설명한 것은?

① 사회질서가 지켜지는 사회
② 질병이 없는 사회
③ 사회보장제도가 잘되어있는 사회
④ 질병예방을 하며 신체적 · 정신적 · 사회적으로 완전히 안녕한 사회

해설 세계보건기구 총회에서 채택한 헌장에 보면 '건강이란 다만 질병이 없거나 허약하지 않은 상태만을 말하는 것이 아니라 신체적, 정신적 및 사회적으로도 완전하게 안녕한 상태에 있는 것'을 말한다. 완전하게 안녕한 상태란 질병치료만이 아니고 예방이나 건강증진활동까지를 가리키며 더 나아가 정신적인 면도 완전한 상태를 건강이라고 정의하고 있다.

답_ 01 ④ 02 ① 03 ② 04 ③ 05 ② 06 ④ 07 ①, ②, ③, ④ 08 ④

소독의 정의 및 분류

01 병원성 또는 비병원성 미생물을 죽이거나 증식력을 없애 감염력을 잃게 하는 것은 무엇인가?

① 살균 ② 소독
③ 방부 ④ 멸균

02 미생물을 소독법에 의해 급속하게 죽이는 것을 무엇이라 하는가?

① 소독 ② 살균
③ 방부 ④ 멸균

03 방부에 대한 설명으로 올바른 것은?

① 모든 균의 증식력을 없애 감염력을 잃게 하는 것
② 미생물을 이학적, 화학적 방법으로 급속하게 죽이는 것
③ 미생물이 발육과 생활작용을 억제 또는 정지시켜 부패나 발효를 억제하는 것
④ 모든 균을 사멸시키며 포자까지도 죽이는 것

04 병원성 및 비병원성 미생물 등 모든 균을 사멸시키며 포자까지도 죽이는 것을 무엇이라 하는가?

① 멸균 ② 살균
③ 소독 ④ 방부

05 다음 용어 설명 중 틀린 것을 찾으시오.

① 용액 : 두 가지 이상의 다른 물질이 용해되어 있는 물질
② 용질 : 용액 속에 용해되어 있는 물질
③ 용매 : 용액을 용해시키는 것
④ 콜로이드 용액 : 현미경으로 볼 수 없는 아주 작은 입자가 균일하게 분포되어있는 용액

해설 용질을 용해시켜 용액을 만드는 물질을 용매라고 한다.

06 과산화수소, 과망간산칼륨은 소독기전이 무엇인가?

① 산화작용 ② 단백질 응고작용
③ 탈수작용 ④ 핵산에 작용

07 균체의 가수분해 작용에 의한 소독기전이 아닌 것은?

① 강산 ② 강알카리
③ 크레졸 ④ 중금속염

해설 크레졸은 균체의 단백질응고작용에 의한 소독기전이다.

08 탈수작용에 의한 소독기전인 소독제를 고르시오.

① 석탄산 ② 알코올
③ 역성비누 ④ 중금속염

09 균체의 삼투성 변화작용에 의한 소독제는?

① 포르말린 식염 ② 에틸렌옥사이드
③ 생석회 ④ 역성비누

10 다음 중 자연소독법이 아닌 것을 고르시오.

① 희석 ② 태양광선
③ 한랭 ④ 소각법

해설 소각법은 물리적 소독법에 해당된다.

11 이 · 미용기구 소독에 적합하여 불꽃 속에 20초 이상 접촉하여 멸균하는 것은?

① 화염멸균법 ② 건열멸균법
③ 소각소독법 ④ 습열멸균법

12 유리기구, 금속기구 멸균에 적합하여 170℃ 멸균기에서 1~2시간 처리하는 것은?

① 소각소독법 ② 화염멸균법
③ 건열멸균법 ④ 한랭소독법

답_ 01 ② 02 ② 03 ③ 04 ① 05 ③ 06 ① 07 ③ 08 ② 09 ④ 10 ④ 11 ① 12 ③

13 다음 중 제1급 감염병 환자 배설물처리에 적합한 소독법은?

① 화염멸균법　② 자비소독법
③ 고압증기멸균법　④ 소각법

해설 소각법은 불에 태워 병원체를 없애버린다. 오염된 가운, 수건, 휴지, 쓰레기 등도 소각법으로 불에 태워 버린다.

14 자비소독법에 대한 설명이다. 잘못된 설명은?

① 100℃ 끓는 물을 이용한다.
② 끓는 물에 15~20분간 이상 처리한다.
③ 식기류, 도자기류, 주사기, 의류에 적합하다.
④ 100℃ 끓는 물에 40분 이상 처리한다.

15 다음 중 저온살균법에 대한 설명이다. 잘못된 것을 찾으시오.

① 우유, 아이스크림, 건조과식 등의 살균에 효과적이다.
② 결핵균, 살모넬라균 등의 멸균에 효과가 있다.
③ 포자를 완전히 멸균한다.
④ 대상품목에 따라 아이스크림은 80℃에서 30분간 처리한다.

해설 저온살균법은 포자를 형성하지 않은 균들만 멸균 가능하다.

16 100℃ 증기로 30분간 3회 실시하는 습열멸균법은 무엇인가?

① 유통증기멸균법
② 저온살균법
③ 초고온 순간멸균법
④ 자비소독법

17 다음 중 무가열멸균법이 아닌 것을 고르시오.

① 일광소독　② 초음파소독
③ 세균여과법　④ 저온살균법

18 다음 중 습열멸균법이 아닌 것을 찾으시오.

① 화염멸균법　② 자비소독법
③ 유통증기 멸균법　④ 초고온 순간멸균법

해설 습열멸균법은 자비소독법, 고압증기멸균법, 유통증기멸균법, 저온살균법, 초고온 순간멸균법이 있다.

19 다음 중 소독인자에 대한 설명이 틀린 것을 고르시오.

① 미생물의 온도가 높으면 단시간내 소독이 가능하다.
② 소독제 농도가 높을수록 소독효과가 크다.
③ 일반적으로 온도가 높으면 소독효과가 크다.
④ 시간이 길수록 소독효과가 높다.

해설 미생물의 온도가 낮을수록 단시간내에 소독이 가능하다.

미생물 총론

01 미생물에 대한 설명으로 잘못된 것은?

① 매우 작아서 광학현미경으로 볼 수 있다.
② 단일세포나 균사로 몸을 이루고 있다.
③ 병원성 미생물은 질병을 일으키지 않는다.
④ 미생물은 크기가 약 100㎛ 정도이다.

해설 비병원성 미생물은 질병을 일으키지 않는다.

02 미생물이 병을 유발한다는 미생물병인론을 주장한 사람은?

① 파스퇴르　② 아리스토텔레스
③ 존 틴탈　④ 레벤후크

03 영국의 미생물학자 존 틴탈(John Tyntall)이 고안한 소독법은?

① 소각법　② 멸균소독법
③ 간헐멸균법　④ 자비법

답_ 13 ④　14 ④　15 ③　16 ①　17 ④　18 ①　19 ① / 답_ 01 ③　02 ①　03 ③

04 1675년 현미경으로 미생물을 최초로 발견한 사람은?

① 로버트 브라운 ② 조셉 리스터
③ 파스퇴르 ④ 레벤후크

05 1831년 식물표본 연구 중 미생물의 핵을 발견한 사람은?

① 찰스 캄베르엔드 ② 로버트 브라운
③ 레벤후크 ④ 히포크라테스

06 히포크라테스가 주장하였으며, 오염된 공기를 흡입하여 질병이 생긴다고 주장한 학설은?

① 독기설 ② 신벌설
③ 접촉감염설 ④ 점성설

07 미생물에서 원핵세포의 설명으로 틀린 것은?

① 유사분열을 하지 않는다.
② 감수분열을 하지 않는다.
③ 동물, 식물, 조류, 진균 등이 있다.
④ 핵에는 핵막이 없다.

해설 동물, 식물, 조류, 진균 등이 있는 것은 진핵세포이다. 원핵세포 생물은 박테리아, 세균이 있다.

08 다음 중 미생물의 진핵세포에 대한 내용으로 묶인 것은?

㉠ 유사분열을 한다. ㉡ 핵이 있다. ㉢ 원핵세포보다 크다. ㉣ 감수분열을 하지 않는다. ㉤ 유사분열을 하지 않는다. ㉥ 원생동물, 조류, 진균이 있다.

① ㄱ, ㄴ, ㄹ, ㅁ ② ㄱ, ㄴ, ㄷ, ㅂ
③ ㄱ, ㄷ, ㅁ, ㅂ ④ ㄱ, ㄹ, ㅁ, ㅂ

09 미생물의 분포에서 가장 미생물의 종이 많으며 세균이 제일 많은 곳은?

① 토양 ② 물
③ 공기 ④ 식물

10 미생물의 분포에서 미생물이 유기물을 분해하는 곳은?

① 토양 ② 공기
③ 물 ④ 식물

11 미생물 중 가장 크기가 큰 미생물은 무엇인가?

① 효모 ② 세균
③ 바이러스 ④ 곰팡이

해설 미생물의 크기는 곰팡이 〉 효모 〉 세균 〉 리케치아 〉 바이러스 순이다.

12 다음 미생물 중 크기가 가장 작은 미생물을 고르시오.

① 바이러스 ② 세균
③ 효모 ④ 곰팡이

13 원생동물로 단핵세포가 아닌 것은?

① 이질 ② 아메바
③ 구균 ④ 질트리코모나스

해설 구균은 세균 중의 하나이다.

14 다음 중 세균(Bacteria)이 아닌 것을 찾으시오.

① 구균 ② 간균
③ 나선균 ④ 말라리아

해설 말라리아는 원생동물이며 단핵세포이다. 구균, 간균, 나선균은 세균이다.

답_ 04 ④ 05 ② 06 ① 07 ③ 08 ② 09 ① 10 ③ 11 ④ 12 ① 13 ③ 14 ④

실력 UP 예상 문제

15 다음은 세균 중 어떤 균을 설명한 것인가?

> • 공 모양으로 둥근 구상형태의 세균
> • 염증화농을 일으킴
> • 폐렴균, 임질균, 유행성 뇌척수막염균

① 구균 ② 간균
③ 나선균 ④ 바시루스속

16 매독, 장티푸스를 발병하며 긴 나선형이나 코일 형태의 세균은?

① 구균 ② 나선균
③ 간균 ④ 이질

17 식품의 오염균 중 대표적인 균이며 토양을 중심으로 분포하는 것은?

① 프로테우스속 ② 장구균속
③ 바시루스속 ④ 슈도모나스속

18 다음 중 냉동식품에 장시간 생존하여 냉동식품의 오염지표균인 세균은?

① 프로테우스속 ② 젖산균속
③ 그람양성균 ④ 장구균속

19 통조림 등 산소가 없는 상태에서 식품을 부패시키는 세균은?

① 클로스트리디움속 ② 에스치리치아속
③ 그람양성속 ④ 마이크로코쿠스속

20 산소가 있는 곳에서 생육 · 번식하는 세균은?

① 장구균속 ② 호기성세균
③ 혐기성세균 ④ 그람양성균

21 산소가 없는 곳에서 생육 번식하는 세균은?

① 그람양성균 ② 호기성세균
③ 혐기성세균 ④ 젖산균속

22 그람양성균인 세균을 모두 찾으시오.

① 포도상균 ② 연쇄상구균
③ 폐렴균 ④ 대장균

23 다음 중 온도에 따른 세균의 분류 내용으로 틀린 것은?

① 저온균 : 15~20℃에서 생장 · 번식
② 중온균 : 30~37℃에서 생장 · 번식
③ 고온균 : 50~80℃에서 생장 · 번식
④ 중온균 : 40~60℃에서 생장 · 번식

24 곰팡이의 특성이 아닌 것을 고르시오.

① 진균이라고도 한다.
② 균사라는 세포로 되어있다.
③ 포자(홀씨)가 있다.
④ 균사가 없다.

해설 균사가 없는 것은 효모이다.

25 약주, 탁주, 된장에 이용되는 곰팡이는 무엇인가?

① 누룩곰팡이 ② 푸른곰팡이
③ 털곰팡이 ④ 리조푸스속

26 과일, 치즈를 변패시키는 곰팡이의 이름은?

① 누룩곰팡이 ② 푸른곰팡이
③ 털곰팡이 ④ 거미줄곰팡이

27 효모에 대한 설명으로 틀린 것은?

① 균사가 없다.
② 광합성을 하지 않는다.
③ 발효 중에 이산화탄소가 발생한다.
④ 포자를 형성한다.

답_ 15 ① 16 ② 17 ③ 18 ④ 19 ① 20 ② 21 ③ 22 ①, ②, ③ 23 ④ 24 ④ 25 ① 26 ② 27 ④

28 다음 중 바이러스의 특징을 모두 고르시오.
① 여과기를 통과하는 미생물
② 생물과 무생물의 중간단계
③ 세포 내에서 기생충으로 존재
④ 생명체 중에서 가장 작다.

29 다음 중 미생물의 증식에 필요한 조건으로 틀린 것은?
① 온도 ② 이산화탄소
③ 질소 ④ 수분

30 미생물의 증식과정으로 옳은 것은?
① 유도기 → 대수기 → 정지기 → 사멸기
② 유도기 → 정지기 → 대수기 → 사멸기
③ 대수기 → 유도기 → 정지기 → 사멸기
④ 대수기 → 정지기 → 유도기 → 사멸기

31 다음 중 미생물의 유도기에 대한 설명으로 옳은 것은?
① 세균 증식 준비 기간으로 효소합성 세포벽 구성성분 합성이 진행된다.
② 세균이 일정속도로 규칙적인 2분열을 한다.
③ 분열균과 사멸균의 균형유지한다.
④ 사멸속도가 분열속도가 빠르다.

해설 ②번은 대수기이고 ③번은 정지기이며 ④번은 사멸기이다. 미생물의 증식은 ① → ② → ③ → ④ 순으로 진행된다.

32 미생물의 증식에서 볼 수 있는 특징이 아닌 것은?
① 미생물은 주위환경의 영양분을 이용한다.
② 성장을 위해서는 미생물의 원형질을 합성하고 유지해야 한다.
③ 미생물은 염분농도, 이온강도는 필요 없다.
④ 온도, 산소, 분압 등의 조건이 좋지 않은 생태계에서도 적응력이 높은 미생물이 많다.

병원성 미생물

01 다음 중 병원성 미생물의 종류가 아닌 것은?
① 세균 ② 바이러스
③ 리케치아 ④ 효모

해설 효모와 곰팡이(진균류)는 질병을 일으키지 않는 비병원성 미생물이기도 하면서 질병을 일으키는 병원성 미생물을 가지고 있는 미생물이다.

02 병원성 미생물인 세균이 일으키는 질병이 아닌 것은?
① 콜레라 ② 백혈병
③ 파상풍 ④ 결핵

03 병원성 미생물인 원충에 의해 발병되는 질병이 아닌 것은?
① 말라리아 ② 아메바성이질
③ 발진티푸스 ④ 아프리카 수면병

해설 발진티푸스와 발진열은 병원성 미생물인 리케치아에 의해 발병된다.

04 병원성 미생물인 바이러스에 의해 발병되지 않는 질병은?
① 소아마비 ② 홍역
③ 유행성이하선염 ④ 콜레라

해설 콜레라는 세균에 의해 발병된다. 병원성 미생물인 바이러스에 의한 질병은 소아마비, 홍역, 유행성이하선염, 광견병, AIDS, 간염, 천연두, 황열이다.

05 다음 중 병원성 미생물인 세균(Bacteria)이 아닌 것을 찾으시오.
① 구균 ② 간균
③ 나선균 ④ 말라리아

해설 말라리아는 원생동물이며 단핵세포이다.

답_ 28 ①, ②, ④ 29 ③ 30 ① 31 ① 32 ③ / 답_ 01 ④ 02 ② 03 ③ 04 ④ 05 ④

06 다음은 병원성 미생물인 세균 중 어떤 균을 설명한 것인가?

- 공 모양으로 둥근 구상형태의 세균
- 염증화농을 일으킨다.
- 폐렴균, 임질균, 유행성 뇌척수막염균

① 구균 ② 간균
③ 나선균 ④ 바시루스속

07 매독, 장티푸스를 발병하며 긴 나선형이나 코일 형태의 병인성 미생물인 세균은?

① 구균 ② 나선균
③ 간균 ④ 이질

08 다음 중 온도에 따른 병원성 미생물인 세균의 분류 내용으로 틀린 것은?

① 저온세균 : 15~20℃에서 생장, 번식
② 중온세균 : 20~40℃에서 생장, 번식
③ 고온세균 : 50~80℃에서 생장, 번식
④ 중온세균 : 30~37℃에서 생장, 번식

소독방법

01 다음 중 소독 시 유의사항이 아닌 것은?

① 소독대상에 적합한 소독제와 소독방법인지 유의한다.
② 소독대상물이 손상되지 않는지 유의한다.
③ 소독제를 오래 두고 사용할 수 있는지 확인한다.
④ 무독무해한지 확인한다.

02 다음 소독액 농도표시법의 설명으로 맞는 것은?

① 퍼센트 : 1/1,000
② ppm : 1/1,000만
③ 퍼밀리: 1/1,000
④ 퍼밀리: 1/100만

03 다음 중 소독 시 유의사항이 아닌 것은?

① 저렴하고 구입이 편리해야 한다.
② 소독방법이 간편한지 확인한다.
③ 소독 시 고무장갑을 착용한다.
④ 소독시간은 오래 두어야 한다.

해설 소독시간은 규정된 시간만큼 두도록 한다.

04 ppm에 대한 비율로 올바른 것은?

① 1/100만 ② 1/100
③ 1/1,000 ④ 1/10

05 퍼밀리에 대한 비율로 올바른 것은?

① 1/100 ② 1/1,000
③ 1/10,000 ④ 1/100,000

06 의복, 가운, 침구류 등을 소독하는 데 사용되는 소독제가 아닌 것은?

① 석탄산수 ② 크레졸수
③ 자비소독 ④ 생석회

07 수정가위와 아이래쉬컬러의 소독은 무엇으로 하는가?

① 차아염소산 ② 크레졸수
③ 알코올 ④ 일광건조

분야별 위생 · 소독

01 메이크업 서비스 위생관리의 유의점이 아닌 것을 고르시오.

① 메이크업 기기는 소독을 실시한다.
② 모든 메이크업 기기나 도구는 반드시 자외선 소독기를 이용한다.
③ 메이크업 아티스트의 손은 깨끗이 관리한다.
④ 고객들의 위생에 관한 감염관리에 유의한다.

답_ 06 ① 07 ② 08 ② / 답_ 01 ③ 02 ③ 03 ④ 04 ① 05 ② 06 ④ 07 ③ / 답_ 01 ②

02 다음 화장품 관리의 유의사항으로 맞는 것은?

㉠ 직사광선을 피해서 관리한다. ㉡ 공기유입을 최대한 줄인다. ㉢ 사용을 시작하면 반드시 6개월 안에 사용한다. ㉣ 사용 후 즉시 뚜껑을 닫는다.

① ㉠, ㉡ ② ㉠, ㉢
③ ㉢, ㉣ ④ ㉡, ㉢

해설 화장품 종류에 따라 유통기한이 다르다. 12M이라고 표시한 것은 유통기한이 12개월이라는 뜻이다.

03 메이크업 기기 관리로서 올바르게 설명한 것은?
① 스파츌라는 비누세척을 한다.
② 아이래쉬 컬러는 알코올로 소독한다.
③ 메이크업 브러쉬는 반드시 알코올로 소독한다.
④ 면 퍼프는 자외선 소독기에 넣어 소독한다.

04 이 · 미용 종사자 및 고객의 위생관리로서 적합하지 않은 것은?
① 작업대는 반드시 알코올로 깨끗하게 소독한다.
② 시술 시 손은 알코올로 소독한다.
③ 이 · 미용 종사자의 위생가운은 비누세척을 자주한다.
④ 환기를 자주하여 깨끗한 공기를 유지한다.

해설 작업대는 비누세척한 깨끗한 타월로 닦아주며, 작업대 위에는 흰 수건을 깔고 화장품과 도구를 배치한다.

공중위생관리법규(법, 시행령, 시행규칙)
목적 및 정의

01 공중위생관리법에서 규정하고 있는 공중위생영업의 종류에 해당되지 않는 것은?
① 이용업 ② 건물위생관리업
③ 학원영업 ④ 세탁업

02 공중위생관리법의 목적은?
① 손님의 얼굴, 머리, 피부 등을 손질하는 영업이다.
② 손님의 외모를 아름답게 꾸미는 영업이다.
③ 공중이 이용하는 영업과 시설의 위생관리 등에 관한 사항을 규정한다.
④ 다수인을 대상으로 위생관리 서비스를 제공한다.

03 공중위생관리법상 "공중이 이용하는 영업과 시설의 ( ) 등에 관한 사항을 규정함으로써 위생수준을 향상시켜 국민의 건강증진에 기여함을 목적으로 한다."에서 ( ) 안에 들어갈 말은?
① 소독 ② 위생관리
③ 위생과 소독 ④ 위생과 청결

해설 공중이 이용하는 영업과 시설의 위생관리 등에 관한 사항을 규정함으로써 위생 수준을 향상시켜 국민의 건강증진에 기여함을 목적으로 한다.

04 공중위생관리법의 목적은?
① 다수인을 대상으로 위생관리 서비스를 제공한다.
② 손님의 얼굴, 머리, 피부 등을 손질하는 영업이다.
③ 손님의 외모를 아름답게 꾸미는 영업이다.
④ 공중이 이용하는 영업과 시설의 위생관리 등에 관한 사항을 규정한다.

해설 ①②③ 공중위생영업에 관한 정의이다.

05 공중위생관리법에서 목적이 주는 의미는?
① 위생수준을 향상시켜 국민의 건강증진에 기여한다.
② 6가지 영업 가운데 이 · 미용업이 포함된다.
③ 머리카락 또는 수염을 다듬는 영업이다.
④ 손님의 용모를 단정하게 하는 영업이다.

해설 ②③④ 공중위생영업 중 이 · 미용업에 대한 용어 정의이다.

답_ 02 ① 03 ② 04 ① / 답_ 01 ③ 02 ③ 03 ② 04 ④ 05 ①

실력 UP 예상 문제

영업의 신고 및 폐업

01 **공중위생영업자의 지위를 승계한 자가 시장 · 군수 · 구청장에게 신고해야 하는 기간은?**

① 1월 ② 2월
③ 3월 ④ 20일

해설 공중위생영업자의 지위를 승계한 자는 1월 이내에 보건복지부령이 정하는 바에 따라 시장 · 군수 · 구청장에게 신고한다.

02 **이 · 미용업을 승계할 수 없는 것은?(단, 면허를 소지한 자에 한함)**

① 이 · 미용업 영업자의 파산에 의해 시설 및 설비의 전부를 인수한 경우
② 이 · 미용업을 양수한 경우
③ 이 · 미용업 영업자의 사망에 의한 상속에 의한 경우
④ 공중위생관리법에 의한 영업장 폐쇄명령을 받은 경우

해설 이 · 미용업의 승계는 공중위생 영업자가 그 공중위생영업을 양도하거나 사망한 때, 법인의 합병이 있는 때, 공중위생영업 관련시설 및 설비의 전부를 인수한 경우 가능하다.

03 **이 · 미용업소를 운영하는 사람이 영업소의 소재지를 변경하고자 할 때의 조치사항으로 옳은 것은?**

① 시 · 도지사에게 변경허가를 받아야 한다.
② 관할 구청장에게 반드시 변경허가를 받아야 한다.
③ 변경신고를 안하고 영업해도 된다.
④ 관할 구청장에게 변경신고를 하면 된다.

해설 영업소의 소재지 변경으로 인한 사항은 관할 구청장에게 신고한다.

04 **다음의 빈칸에 들어갈 단어로 맞게 짝지어진 것을 고르시오.**

> 공중위생영업을 폐업한 자는 폐업한 날부터 (   ) 이내에 (   )에게 신고를 해야 한다.

① 20일, 시 · 도지사
② 30일, 시 · 도지사
③ 20일, 시장 · 군수 · 구청장
④ 30일, 시장 · 군수 · 구청장

해설 공중위생영업을 폐업한 날부터 20일 이내에 시장 · 군수 · 구청장에게 신고한다.

05 **시장, 군수, 구청장에게 신고해야 할 내용이 아닌 것은?**

① 신고방법 및 절차
② 공중위생영업의 신고
③ 공중위생영업장의 폐쇄
④ 공중위생영업 관련 중요 사항 변경

해설 ①은 보건복지부령의 내용이다.

06 **영업신고 시 첨부서류가 아닌 것은?**

① 공중위생영업 시설개요서
② 교육필증
③ 공중위생영업 설비개요서
④ 건강진단증

해설 공중위생관리법 시행 규칙 제3조 : 영업신고 시 다음과 같은 서류를 첨부한다.
① 영업시설 및 설비개요서
② 교육필증(미리 교육을 받은 경우에 한함)
③ 건강진단증

07 **영업신고사항 변경 시 제출서류인 것은?**

① 영업신고증
② 계약서
③ 미리 교육을 받은 교육 필증

답_ 01 ① 02 ④ 03 ④ 04 ③ 05 ① 06 ① 07 ③

④ 공중위생 관련 시설 및 설비

해설 미리 교육을 받은 교육 필증은 영업신고 시 첨부 서류이다.

08 변경사항을 증빙하는 서류를 제출해야 하는 때는?

① 영업신고 사항 변경신고 시
② 공중위생영업의 신고 시
③ 공중위생영업장 폐쇄 시
④ 공중위생영업 관련 시설 및 설비 신고 시

09 영업자의 중요 사항 변경 시 누구에게 신고해야 하는가?

① 시 · 도지사
② 대통령
③ 보건복지부장관
④ 시장, 군수, 구청장

10 변경신고를 해야 할 경우가 아닌 것은?

① 영업소의 명칭 변경
② 영업소의 상호 변경
③ 영업자의 지위 승계
④ 영업소의 소재지 변경

해설 변경신고를 해야 할 경우는 영업소의 명칭 또는 상호 변경, 영업소의 소재지 변경, 신고한 영업장 면적의 1/3 이상의 증감 시, 대표자의 성명(법인의 경우 해당) 변경 등이다.

11 변경신고에 해당하는 내용이 아닌 것은?

① 영업장의 면적의 3분의 1 이상의 증감
② 대표자의 성명 변경
③ 영업신고증, 변경사항을 증명하는 서류
④ 교육 필증

해설 교육 필증은 영업신고 시 첨부서류이다.

12 폐업신고에 관련된 내용이 아닌 것은?

① 영업자는 영업을 폐업한 날로부터 30일 이내에 신고한다.
② 시장, 군수, 구청장에게 신고하여야 한다.
③ 폐업신고 시 영업신고증을 첨부한다.
④ 보건복지부령에 의한다.

해설 영업자는 영업을 폐업한 날로부터 20일 이내에 신고한다.

13 영업자는 시설 및 설비를 갖춘 후 누구에게 신고해야 하는가?

① 시 · 도지사
② 특별시장, 광역시장, 도지사
③ 시장, 군수, 구청장
④ 보건복지부장관

해설 시장, 군수, 구청장에게 신고해야 한다.

14 영업자의 지위를 승계할 수 없는 것은?

① 영업을 양도하고자 할 때
② 법인이 합병한 때
③ 영업하다가 사망한 때
④ 폐업할 때

해설 영업을 양도하거나 사망한 때 또는 법인이 합병한 때에는 그 영업자의 지위를 승계한다.

15 영업자의 지위승계 신고로서 양도(상속) 시 필요한 구비서류인 것은?

① 상속인임을 증명할 수있는 서류
② 양도, 양수를 증명할 수 있는 서류 사본
③ 양도, 양수를 증명할 수 있는 양도인의 인감증명서
④ 영업신고증

해설 상속의 경우 상속인임을 증명할 수 있는 서류가 필요하다. 단, 가족관계 등록 전산 정보만으로 상속인임을 확인할 수 있는 경우는 제외한다.

답_ 08 ① 09 ④ 10 ③ 11 ④ 12 ① 13 ③ 14 ④ 15 ①

16 미용사 면허 규정에 의한 설명으로 옳은 것은?

① 면허를 소지한 자에 한하여 영업자의 지위를 승계할 수 있다.

② 「가족관계의 등록 등에 관한 법률」에 의해 승계할 수 있다.

③ 「채무자 회생 및 파산에 관한 법률」에 의해 승계할 수 있다.

④ 영업 관련 시설 및 설비 전부를 인수한 자는 승계할 수 있다.

17 영업자의 지위 승계와 관련된 내용으로 관련성이 없는 것은?

① 보건복지부령이 정하는 바에 따른다.

② 지위 승계는 시장, 군수, 구청장에게 신고한다.

③ 면허를 소지한 자에 한하여 영업자의 지위를 승계할 수 있다.

④ 영업자의 지위 승계는 10일 이내에 신고해야 한다.

해설 영업자의 지위 승계는 1개월 이내에 시장 · 군수 · 구청장에게 신고해야 한다.

영업자 준수사항

01 이 · 미용기구의 소독기준으로 틀린 것은?

① 자외선 소독은 1cm²당 85㎼ 이상에 20분 이상

② 건열멸균소독은 섭씨 100℃ 이상의 건열에서 20분 이상

③ 증기소독은 섭씨 100℃ 이상의 습한 열에 20분 이상

④ 열탕소독은 섭씨 100℃ 이상의 물속에 20분 이상

해설 열탕소독은 섭씨 100℃ 이상의 물속에 10분간 끓여준다.

02 미용업자가 지켜야 할 사항이 아닌 것은?

① 미용기구는 소독을 한 기구와 소독을 하지 않은 기구로 분리하여 보관한다.

② 면도기는 1회용 면도날만을 손님 1인에 한하여 사용한다.

③ 미용사 면허증은 영업소 안에 게시해야 한다.

④ 시장, 군수, 구청장령에 의한다.

해설 미용업자의 위생관리기준은 보건복지부령으로서 미용기구의 소독기준 및 방법, 영업자가 준수해야 할 사항을 다루고 있다.

03 미용업자의 위생관리기준이 아닌 것은?

① 점빼기, 귓불뚫기, 쌍꺼풀수술, 문신, 박피술을 해서는 안 된다.

② ① 외에 유사한 의료행위를 하여서는 안 된다.

③ 영업장 안의 조명도는 75룩스 이상이 되도록 유지하여야 한다.

④ 화장실용, 조리실용 배기관을 청소하여야 한다.

해설 ④는 공중이용시설 중 실내공기 정화시설 및 설비에 대한 위생관리기준이다.

04 다음 중 미용업자의 위생관리기준에 해당하는 것은?

① 영업소 내에 미용업 신고증, 개설자의 면허증 원본을 게시하여야 한다.

② 공기정화기와 이에 연결된 급 · 배기관을 청소해야 한다.

③ 중앙 집중식 냉 · 난방 시설의 급 · 배기구를 청소해야 한다.

④ 실내공기의 단순 배기관을 청소해야 한다.

해설 ②, ③, ④는 청소하여야 하는 실내공기 정화시설 및 설비에 관한 내용이다.

05 영업소 내에 게시 또는 부착해야 하는 것과 관계없는 것은?

① 미용업 신고증

② 개설자의 면허증 원본

답_ 16 ① 17 ④ / 답_ 01 ④ 02 ④ 03 ④ 04 ① 05 ③

③ 건강진단증

④ 최종지불요금표

해설 이 · 미용업소에서는 이 · 미용업 신고증, 개설자의 면허증 원본, 이 · 미용 요금표 등을 손님이 보기 쉬운 곳에 게시해야 할 의무사항이 있다.

면허

01 보기에서 이 · 미용업소 내에서 게시해야 하는 것을 모두 고른 것은?

㉠ 요금표
㉡ 이 · 미용업 신고증
㉢ 개설자의 건강진단서
㉣ 개설자의 면허증 원본
㉤ 최종지불요금표

① ㉠, ㉡, ㉢　② ㉠, ㉡, ㉢, ㉤

③ ㉠, ㉡, ㉣, ㉤　④ ㉠, ㉡, ㉢, ㉣, ㉤

해설 이 · 미용업소 내에서 게시해야 하는 것은 요금표, 이 · 미용신고증, 개설자의 면허증 원본, 최종지불요금표(부가가치세, 재료비, 봉사료)이다.

02 다음 중 이 · 미용사 면허를 발급할 수 있는 자는?

① 동사무소

② 시장 · 군수 · 구청장

③ 보건복지부장관

④ 보건소

해설 면허(제6조) : 면허발급은 시장 · 군수 · 구청장이 실시한다.

03 면허의 정지명령을 받은 자는 그 면허증을 어떻게 해야 하는가?

① 보건복지부에 제출한다.

② 정지 기간이 풀릴 때까지 내가 보관한다.

③ 시장 · 군수 · 구청장에게 제출한다.

④ 시 · 도지사에서 면허를 재발급받는다.

해설 면허정지일 경우 시장 · 군수 · 구청장에게 면허증을 지체 없이 제출한다.

04 이 · 미용사의 면허증을 재교부 신청할 수 없는 경우는?

① 국가기술자격법에 의한 이 · 미용사 자격증이 취소된 때

② 면허증의 기재사항에 변경이 있을 때

③ 면허증을 분실한 때

④ 면허증이 찢어져 못쓰게 된 때

해설 이 · 미용사의 면허증을 재교부받을 수 있는 경우는 면허증을 잃어버린 때, 기재사항이 변경되거나 헐어 못쓰게 된 경우에 해당한다.

05 면허증 분실로 인해 재교부를 받은 후, 잃어버렸던 면허를 찾은 경우 올바른 조치 사항으로 옳은 것은?

① 찾은 면허를 지체 없이 시장 · 군수 · 구청장에게 반납한다.

② 찾은 면허를 다른 사람에게 대여해준다.

③ 찾은 면허를 보건복지부에 반납한다.

④ 찾은 면허로 다른 사업장을 개업한다.

해설 면허증 재교부 받은 자가 그 잃어버린 면허증을 찾은 때에는 지체 없이 시장 · 군수 · 구청장에게 이를 반납한다.

06 미용사의 면허는 누구의 령인가?

① 시 · 도지사　② 보건복지부령

③ 보건복지부장관　④ 시장, 군수, 구청장

07 미용사의 면허 발부권자는?

① 시 · 도지사　② 보건복지부령

③ 보건복지부장관　④ 시장, 군수, 구청장

해설 이 · 미용사 면허의 발급은 시장, 군수, 구청장이 실시한다.

답_ 01 ③　02 ②　03 ③　04 ①　05 ①　06 ②　07 ④

08 **미용사의 면허와 관련하여 잘못된 것은?**

① 전문대학 또는 이와 동등한 학력 - 교육부장관이 인정하는 미용학교를 졸업한 자
② 대학 또는 전문대학을 졸업한 자와 동등 이상의 학력 - 학점인정 등에 관한 법률
③ 고등학교 또는 이와 동등한 학력
④ 고등기술학교에서 3년 이상 미용에 관한 과정을 이수한 자

해설 고등기술학교에서 1년 이상 미용에 관한 과정을 이수한 자이다.

09 **미용사의 면허와 관련된 인정과 관련 없는 것은?**

① 교육부장관이 인정하는 학교에서 이용 또는 미용에 관한 학과를 졸업한 자
② 학점 인정 등에 관한 법률에 따라 미용에 관한 학위를 취득한 자
③ 보건복지부장관이 인정하는 학교에서 미용에 관한 학과를 졸업한 자
④ 국가기술자격법에 의한 미용사 자격을 취득한 자

10 **미용사 면허발급에 따른 첨부서류가 아닌 것은?**

① 졸업증명서 또는 학위증명서
② 졸업증명서 또는 성적증명서
③ 국가기술자격증 원본 확인 사본 제출
④ 최근 6개월 이내 진단된 건강진단서

11 **건강진단서에 제시된 증명으로 볼 수 없는 것은?**

① 정신질환자가 아님
② 간질병자가 아님
③ 마약, 대마, 향정신성의약품중독자가 아님
④ 결핵환자가 아님

12 **미용사의 면허를 받을 수 없는 자가 아닌 것은?**

① 신용불량자
② 피성년후견인
③ 정신질환자
④ 면허가 취소된 후 1년 미만인 자

13 **미용사의 면허를 받을 수 있는 자는?**

① 마약, 기타 대통령령으로 정하는 약물중독자
② 전문의가 미용사로서 적합하다고 인정한 사람
③ 공중의 위생에 영향을 미칠 수 있는 감염병 환자로서 보건복지령에서 정한 사람
④ 대마 또는 향정신성의 약물중독자라고 보건복지부령이 정한 자

14 **다음 중 면허취소의 사유가 아닌 것은?**

① 면허증을 다른 사람에게 대여한 때
② 면허정지처분을 받고도 그 정지 기간 중에 업무를 한 때
③ 면허증을 잃어버린 때
④ 이중으로 면허를 취득한 때 나중에 발급받은 면허에 대하여

15 **면허 수수료와 관련된 내용이 아닌 것은?**

① 수수료는 지방자치단체의 수입증지로 납부하여야 한다.
② 미용사 면허를 신규로 신청 시 5,500원을 지불한다.
③ 미용사 면허증을 재교부받고자 하는 경우 3,000원을 지불한다.
④ 미용사 면허 수수료는 보건복지부령으로 한다.

해설 미용사 면허 수수료는 대통령령으로 한다.

16 **면허 취소에 관한 내용인 것은?**

① 6개월 이내의 기간을 정하여 면허를 정지할 수 있다.
② 면허 취소 및 면허정지권자는 시 · 도지사이다.
③ 면허 취소 및 면허정지처분의 세부적인 처분은 시장, 군수, 구청장령에 한한다.

답_ 08 ④ 09 ③ 10 ② 11 ② 12 ① 13 ② 14 ③ 15 ④ 16 ①

④ 시장, 군수, 구청장은 그 처분의 사유와 위반의 정도 등을 감안하여 정한다.

해설 면허 취소 및 면허정지권자는 시장, 군수, 구청장이고 면허 취소 및 면허정지처분의 세분적인 처분과 처분의 사유와 위반의 정도는 보건복지부령에서 정한다.

17 **면허취소 또는 정지 둘 다 할 수 있는 것으로 거리가 가장 먼 것은?**

① 이 · 미용사의 면허취소 등의 법률을 위반한 때
② 이 · 미용사의 면허취소 등의 법률의 규정에 의한 명령을 위반한 때
③ 면허증을 다른 사람에게 대여한 때
④ 면허 결격사유에 해당될 때

해설 면허 결격사유는 면허취소에 해당한다.

18 **면허 반납에 관한 내용인 것은?**

① 면허가 취소 또는 정지 받은 자는 기간을 정하여 반납한다.
② 면허정지기간동안 관할 시 · 도지사가 보관한다.
③ 면허 교부권자는 시장, 군수, 구청장이다.
④ 면허정지 시 면허증은 시 · 도지사에게 반납해야 한다.

해설 면허의 반납 시 지체 없이 반납하며 면허정지 기간 동안 관할 시장, 군수, 구청장이 보관한다. 면허정지 시 면허증은 시장, 군수, 구청장에게 반납해야 한다.

19 **면허교부권자와 관련된 내용으로 잘못된 것은?**

① 시장, 군수, 구청장
② 시 · 도지사
③ 면허증 반납 및 보관
④ 면허 재교부 신청

해설 면허증 반납 시 시장, 군수, 구청장이 보관하며, 분실 시 재교부 신청을 할 수 있다.

20 **면허증을 재교부하는 경우가 아닌 것은?**

① 면허증의 기재사항 변경
② 면허증을 분실하였을 때
③ 면허증이 헐어 못쓰게 된 때
④ 면허증을 새것으로 바꾸고 싶을 때

21 **분실한 면허증을 찾은 경우와 거리가 먼 것은?**

① 분실 후 재교부받은 자가 면허증을 찾았을 경우에 해당된다.
② 지체없이 면허권자에게 반납한다.
③ 분실하여 찾은 면허증을 찢어버린다.
④ 분실하여 찾은 면허증을 시장, 군수, 구청장에게 반납한다.

22 **면허증 재교부에 따라 제출할 신청서류가 아닌 것은?**

① 면허증 원본 – 기재 사항 변경 시
② 면허증 원본 – 헐어 못쓰게 된 때
③ 최근 6개월 이내 찍은 탈모 정면 상반신 사진 1매
④ 사유서

업무

01 **미용사의 업무 범위에서 미용업 개설자의 조건은?**

① 미용사 면허를 받은 자
② 미용사 자격을 받은 자
③ 미용업무 보조자
④ 미용실을 영업하고 싶어 하는 자

02 **다음 중 미용업무에 종사할 수 있는 사람의 조건으로 가장 적절한 것은?**

① 미용사 면허를 취득하지 못한 자
② 미용사의 감독을 받아 미용업무 보조를 행하는 자
③ 시 · 도지사가 무조건 인정하는 자
④ 대통령이 무조건 인정하는 자

답_ 17 ④ 18 ③ 19 ② 20 ④ 21 ③ 22 ④ / 답_ 01 ① 02 ②

03 손톱과 발톱을 손질 · 화장하는 영업에 해당하는 미용업은?

① 일반미용업
② 피부미용업
③ 종합미용업
④ 네일미용업

04 미용의 업무장소에 대한 올바른 설명이 아닌 것은?

① 영업소 외의 장소에서는 행할 수 없다.
② 보건복지부령이 정하는 특별한 사유가 있는 경우에는 행할 수 있다.
③ 특별한 사유는 질병과 혼례에 관한 경우이다.
④ 특별한 사정 외에 시 · 도지사가 인정하는 경우이다.

해설 특별한 사정 외에 시장, 군수, 구청장이 인정하는 경우이다.

05 영업소 외의 장소에서의 미용을 하는 경우가 아닌 것은?

① 질병, 기타의 사유로 인하여 영업소에 나올 수 없는 자
② 대통령령에 의한 특별한 사유에 의한 자
③ 혼례, 기타 의식 직전에 참여하는 자
④ 특별한 사정이 있다고 시장, 군수, 구청장이 인정하는 자

해설 ② 보건복지부령에 의한 특별한 사유에 의한 자

행정지도감독

01 공중위생영업소 영업정지 또는 일부시설 사용중지, 영업소 폐쇄 및 정지처분에 관한 법이 아닌 것은?

① 성매매알선 등 행위의 처벌에 관한 법률
② 청소년 보호법
③ 의료법
④ 근로기준법

해설 공중위생영업소 영업정지 또는 일부시설 사용중지, 영업소 폐쇄 및 정지처분에 관련법은 성매매알선 등 행위의 처벌에 관한 법률, 풍속영업의 규제에 관한 법률, 청소년 보호법, 의료법이다.

02 이 · 미용업영업자가 공중위생관리법을 위반하여 관계행정 기관장의 요청이 있는 때에는 몇 월 이내의 기간을 정하여 영업소 폐쇄 등을 명할 수 있는가?

① 12월 ② 6월
③ 1월 ④ 3월

해설 공중위생영업소의 폐쇄(제11조) : 시장 · 군수 · 구청장은 공중위생영업자가 성매매알선 등 행위의 처벌에 관한 법률, 풍속영업의 규제에 관한 법률, 청소년 보호법, 의료법에 위반하여 관계행정기관의 장의 요청이 있는 때에는 6월 이내의 기간을 정하여 영업 정지 또는 일부시설 사용중지, 폐쇄를 명할 수 있다.

03 다음 중 공중위생 감시원의 자격요건으로 맞는 것을 모두 고르시오.

㉠ 위생사 또는 환경기사 2급 이상의 자격증이 있는 자
㉡ 1년 이상 공중위생 행정에 종사한 경력이 있는 자
㉢ 외국에서 공중위생감시원으로 활동한 경력이 있는 자
㉣ 고등교육법에 의한 대학에서 화학, 화공학, 위생학 분야를 전공하고 졸업한 자

① ㉠, ㉡ ② ㉠, ㉡, ㉣
③ ㉠, ㉣ ④ ㉡, ㉢, ㉣

해설 공중위생 감시원의 자격요건은 위생사 또는 환경기사 2급 이상의 자격증이 있는 자, 대학에서 화학 · 화공학 · 환경공학 또는 위생학 분야를 전공으로 하고 졸업한 자 또는 이와 동등 이상의 자격이 있는 자, 외국에서 위생사 또는 환경기사의 면허를 받은 자, 1년 이상의 공중위생 행정에 종사한 경력이 있는 자이다.

답_ 03 ④ 04 ④ 05 ② / 답_ 01 ④ 02 ② 03 ②

04 다음 중 공중위생감시원의 업무범위가 아닌 것은?

① 공중위생영업자의 위생관리 의무 및 영업자 준수사항 이행 여부의 확인에 관한 사항
② 공중위생영업소의 위생서비스 수준 설문조사에 관한 사항
③ 공중위생영업관련 시설 및 설비의 위생상태 확인 및 검사에 관한 사항
④ 공중위생영업소의 개설자의 위생교육 이행여부 확인에 관한 사항

해설 공중위생감시원(제15조) : 공중이용시설의 위생관리 상태의 확인 · 검사, 위생지도 및 개선 명령 이행여부 확인, 영업의 정지, 일부 시설의 사용중지 또는 영업소 폐쇄명령 이행 여부 등의 업무를 한다.

05 다음 중 법에서 규정하는 명예공중위생감시원의 위촉대상자가 아닌 것은?

① 공중위생관련 협회장이 추천하는 자
② 소비자단체장이 추천하는 자
③ 공중위생에 대한 지식과 관심이 있는 자
④ 외국에서 3년 이상 공중위생행정에 종사한 경력이 있는 공무원

해설 명예공중위생감시원은 공중위생에 대한 지식과 관심 있는 자, 소비단체, 공중위생관련 협회 또는 단체의 장이 추천하는 자가 될 수 있다.

06 공중위생관리상 필요할 때 취할 수 있는 것은?

① 영업자만 대상으로 한다.
② 보고 및 출입 또는 검사할 수 있다.
③ 공중이용시설(소유자)만을 대상으로 한다.
④ 권한이 있는 자는 시 · 도지사뿐이다.

해설 영업자 및 소유자에게 보고 및 출입 · 검사를 하게 할 수 있다.

07 보고 및 출입 · 검사에 대한 내용이 아닌 것은?

① 시장 · 도지사(또는 시장, 군수, 구청장)에게 필요한 보고를 한다.
② 소속 공무원으로 하여금 영업장에 출입시킨다.
③ 영업장 출입 시 관계 공무원은 그 권한의 증표를 보여야 한다.
④ 공중위생관리상 필요와 관련없이 수시로 출입시킨다.

해설 공중위생관리상 필요하다고 인정하는 때에는 영업자 및 소유자(공중이용 시설) 등에 대하여 보고 및 출입 · 검사를 할 수 있다.

08 소속 공무원의 영업장 출입 업무가 아닌 것은?

① 위생관리 의무 이행에 대하여 검사
② 공중이용시설의 위생관리 실태 등에 대하여 검사
③ 영업장 운영관리에 대하여 검사
④ 필요에 따라 공중위생영업장부나 서류를 열람

09 영업의 제한에 관련된 내용인 것은?

㉠ 시 · 도지사가 인정한 때 ㉡ 공익상 또는 선량한 풍속을 유지하기 위해 ㉢ 영업자 및 종사원에 대하여 ㉣ 영업시간 및 영업행위에 필요한 제한을 할 수 있다.

① ㉠, ㉡　　② ㉠, ㉡, ㉢
③ ㉠, ㉢, ㉣　　④ ㉠, ㉡, ㉢, ㉣

10 종전의 영업자에 대하여 영업소 폐쇄 위반을 사유로 행한 행정제재 처분의 효과는?

① 그 처분기간이 만료된 날부터 6개월간이다.
② 6개월간 양수인, 상속인에게 승계된다.
③ 합병 후 존속하는 법인에도 6개월간 승계된다.
④ 그 처분기간이 만료된 날부터 1년간 승계된다.

해설 종전의 영업자에 대하여 영업소 폐쇄 위반을 사유로 행한 행정제재 처분의 효과는 그 처분 기간이 만료된 날부터 1년간 양수인, 상속인 또는 합병 후 존속하는 법인에 승계된다.

답_ 04 ② 05 ④ 06 ② 07 ④ 08 ③ 09 ④ 10 ④ 11 ④

11 시 · 도지사가 위생지도의 개선을 명할 수 있는 내용이 아닌 것은?

① 즉시 또는 일정 기간을 정하여 개선을 명할 수 있다.
② 영업자가 신설 및 설비를 갖추어 신고해야 하나 이를 위반했을 때
③ 중요 사항 변경 시 신고과정을 위반했을 때
④ 위생관리 의무를 위반한 법인

해설 위생관리 의무 등을 위반한 영업자 또는 위생시설의 소유자 등에 개선을 명할 수 있다.

12 영업소의 폐쇄에 관련된 내용이 아닌 것은?

①「풍속영업의 규제」에 관한 법률
② 시 · 도지사의 령을 영업자가 위반할 때
③「성매매 알선 등 행위의 처벌에 관한 법률」
④「청소년보호법」, 「의료법」 등을 위반할 때

13 6개월 이내의 기간을 정하여 명할 수 없는 것은?

① 행정제재처분 효과의 승계
② 영업의 정지
③ 일부 시설의 사용
④ 영업소의 폐쇄

해설 ①은 1년간 승계된다.

14 영업소의 폐쇄명령 등의 세부적 기준은 누구의 령인가?

① 시 · 도지사
② 시장, 군수, 구청장
③ 특별시장, 광역시장, 도지사
④ 보건복지부령

해설 행정처분의 세부기준은 보건복지부령으로 정하며, 시장, 군수, 구청장은 영업소 폐쇄를 명할 수 있다.

15 관계 공무원이 영업소를 폐쇄하기 위한 조치가 아닌 것은?

① 영업소 폐쇄명령에 복종한 때
② 당해 영업소의 간판, 기타 영업 표지물의 제거
③ 당해 영업소가 위법함을 알리는 게시물 등의 부착
④ 영업에 필수 불가결한 기구 또는 시설물을 사용할 수 없게 봉인

해설 영업자가 영업소 폐쇄명령을 받고도 계속하여 영업할 때이다.

16 공중위생감시원의 업무 범위가 아닌 것은?

① 영업소 시설 및 설비의 확인
② 공중이용시설의 위생상태 확인
③ 공중이용시설의 위생상태 검사
④ 공중이용시설의 위생지도 이행 결과 평가

해설 공중이용시설의 위생지도 이행 여부 확인이 업무 범위이다.

17 명예감시원의 관리 관청은?

① 시 · 도지사
② 시장, 군수, 구청장
③ 보건복지부장관
④ 행정자치부

18 공중위생감시원의 업무 범위가 아닌 것은?

① 영업소 시설 및 설비의 확인
② 영업 관련 시설 및 설비의 위생 상태 확인
③ 영업 관련 시설 및 설비의 위생 상태 검사
④ 영업 관련 위생서비스 등급별 위생 감시

19 영업자의 위생관리 의무 및 준수사항 이행 여부 확인을 하는 자는?

① 공중위생감시원 ② 명예감시원
③ 대통령 ④ 시 · 도지사

답_ 11 ④ 12 ② 13 ① 14 ④ 15 ① 16 ④ 17 ① 18 ④ 19 ①

20 명예공중위생감시원의 역할은?
① 공중위생의 관리를 위한 지도 및 계몽
② 영업소 폐쇄명령 이행 여부의 확인
③ 영업자의 위생 관리 의무
④ 영업자의 준수사항 이행 여부 확인

21 명예공중위생감시원의 자격 관련 내용이 아닌 것은?
① 공중위생에 대한 지식과 관심이 있는 자
② 소비자 단체의 소속 직원
③ 미용사중앙회 강사
④ 공중위생 관련 협회의 소속 직원

해설 명예공중위생감시원의 위촉 대상자(자격)는 공중위생에 대한 지식과 관심이 있는 자, 소비자 단체, 공중위생관련협회 또는 단체의 소속 직원 중에서 당해 단체장이 추천하는 자

22 명예공중위생감시원의 활동지원 및 수당, 운영관리 관청은?
① 시 · 도지사 ② 시장, 군수, 구청장
③ 보건복지부장관 ④ 보건복지부령

23 명예공중위생감시원의 업무가 아닌 것은?
① 공중위생감시원이 행하는 검사 대상물의 수거 지원
② 법령 위반 행위에 대한 신고 및 자료 제공
③ 공중위생에 관한 홍보계몽
④ 공중위생관리 업무와 관련하여 시장, 군수, 구청장이 따로 정하여 부여하는 업무

해설 공중위생에 관한 홍보 · 계몽 등 공중위생관리 업무와 관련하여 시 · 도지사가 따로 정하여 부여하는 업무이다.

업소위생감독

01 공중위생관리법상 위생서비스수준의 평가에 대한 설명 중 맞는 것은?
① 평가의 전문성을 높이기 위하여 필요하다고 인정하는 경우에는 관련 전문기관 및 단체로 하여금 위생서비스 평가를 실시하게 할 수 있다.
② 평가는 매년마다 실시한다.
③ 평가주기와 방법, 위생관리등급은 대통령령으로 정한다.
④ 위생관리 등급은 4개 등급으로 나뉜다.

해설 위생서비스 평가주기는 2년이고, 영업소에 대한 출입 · 검사와 위생감시의 실시, 주기 및 횟수 등 위생관리등급별 위생 감시 기준은 보건복지부령으로 정한다. 위생관리등급의 구분은 최우수업소 : 녹색등급, 우수업소 : 황색등급, 일반업소 : 백색 등급의 3등급으로 나뉜다.

02 공중위생업소의 위생서비스수준의 평가는 몇 년마다 실시해야 하는가?
① 1년 ② 2년
③ 6개월 ④ 3개월

해설 위생서비스 수준의 평가는 2년마다 실시해야 한다.

03 공중위생영업소의 위생관리수준을 향상시키기 위하여 위생서비스 평가계획을 수립하는 자는?
① 시장 · 군수 · 구청장
② 보건복지부
③ 시 · 도지사
④ 공중위생관련협회

해설 시 · 도지사는 위생서비스 평가계획을 수립하여 시장 · 군수 · 구청장에게 통보한다.

답_ 20 ① 21 ③ 22 ① 23 ④ / 답_ 01 ① 02 ② 03 ③

실력 UP 예상 문제

04 공중위생관리법규상 공중위생영업자가 받아야 하는 위생교육시간은?

① 매년 3시간 ② 매년 4시간
③ 2년마다 3시간 ④ 2년마다 4시간

해설 공중위생영업자는 매년 3시간의 위생교육을 받아야 한다.

05 위생서비스 수준의 평가와 관련된 내용 중 적절하지 않은 것은?

① 영업소의 위생관리 수준을 향상시키기 위하여 시행한다.
② 위생서비스평가 계획을 수립한다.
③ ②의 내용을 시장, 군수, 구청장에게 통보한다.
④ 위생서비스 평가 계획권자는 시장, 군수, 구청상이다.

해설 위생서비스 평가 계획권자는 시 · 도지사이다.

06 평가계획에 따른 세부평가계획을 하는 관청은?

① 시 · 도지사
② 시장, 군수, 구청장
③ 보건복지부장관
④ 특별시장, 광역시장, 도지사

07 위생서비스 평가에 필요 사항인 것은?

㉠ 위생서비스 평가의 주기
㉡ 위생서비스 평가의 방법
㉢ 위생관리 등급의 기준
㉣ 기타 평가에 관하여 필요한 사항

① ㉠ ② ㉡, ㉢
③ ㉡, ㉢, ㉣ ④ ㉠, ㉡, ㉢, ㉣

08 위생서비스 평가 결과의 내용이 아닌 것은?

① 위생관리 등급
② 해당 영업자에게 통보
③ 4개의 등급으로 업소 구분
④ 해당 영업자에게 공표

해설 위생관리 등급은 3개의 업소, 3가지 색으로 등급화한다.

09 위생서비스 수준이 우수한 영업소에 대하여 하는 조치는?

① 상금을 준다.
② 포상을 실시할 수 있다.
③ 포상과 표창장을 준다.
④ 표창장을 준다.

10 위생서비스 평가 결과 우수 영업소 포상 관청은?

① 행정자치부
② 보건소
③ 시 · 도지사 또는 시장, 군수, 구청장
④ 보건복지부장관

11 위생서비스 등급별 영업소의 위생감시 관청은?

① 시 · 도지사 또는 시장, 군수, 구청장
② 특별시장, 광역시장, 도지사
③ 보건복지부장관
④ 시장, 군수, 구청장

12 위생관리 등급의 구분이 잘못 연결된 내용은?

① 최우수업소 – 녹색등급
② 우수업소 – 황색등급
③ 보통업소 – 청색등급
④ 일반관리대상업소 – 백색등급

답_ 04 ① 05 ④ 06 ② 07 ④ 08 ③ 09 ② 10 ③ 11 ① 12 ③

위생교육

01 다음 중 위생교육대상자가 아닌 것은?
① 공중위생영업의 신고를 하고자 하는 자
② 공중위생영업을 승계한 자
③ 공중위생영업자
④ 공중위생업의 신입 종업원

해설 위생교육은 공중위생영업의 신고를 하고자 하는 자, 공중위생영업을 승계한 자, 공중위생영업자 또는 영업에 직접 종사하지 아니하거나 2인 이상의 장소에서 영업을 하는 자는 종업원 중 책임자를 정하고 책임자가 위생교육을 받게 한다.

02 보건복지부장관이 공중위생관리법에 의한 권한의 일부를 무엇이 정하는 바에 의해 시 · 도지사에게 위임할 수 있는가?
① 대통령령
② 보건복지부령
③ 공중위생관리법 시행규칙
④ 행정자치부령

해설 보건복지부장관이 공중위생관리법에 의한 권한의 일부를 대통령령이 정하는 바에 의해 시 · 도지사에게 위임할 수 있다.

03 매년 위생교육은 몇 시간을 받아야 하는가?
① 3시간 ② 5시간
③ 7시간 ④ 9시간

해설 공중위생영업자는 매년 3시간 위생교육을 받아야 한다.

04 부득이한 사유로 미리 위생교육을 받을 수 없는 경우 어떻게 해야 하는가?
① 영업 개시 후 곧바로 교육을 받아야 한다.
② 영업 개시 후 보건복지부령이 정하는 기간 안에 교육을 받을 수 있다.
③ 영업 개시 후 미용사중앙회에서 위임 교육을 한다.
④ 영업 개시 후 시 · 도지사가 정하는 기간 안에 교육을 받을 수 있다.

05 영업 개시 후 위생교육 기간 결정권자는?
① 시 · 도지사 ② 시장, 군수, 구청장
③ 보건복지부령 ④ 대통령령

06 위생교육을 받아야 하는 자 중 영업에 직접 종사하지 아니하거나 2개 이상의 장소에서 영업을 하는 자가 받는 교육으로 맞는 것은?
① 실제 영업소 소유자만 교육을 받는다.
② 영업에 직접 종사하는 자라도 직접 영업에 종사하는 자를 대동하여 교육을 받아야 한다.
③ 영업소를 대표하여 1명의 책임자를 지정하고 그 책임자로 하여금 위생교육을 받게 하여야 한다.
④ 종업원 중 영업장별로 공중위생에 관한 책임자를 지정하고 그 책임자로 하여금 위생교육을 받게 하여야 한다.

07 위생교육 관련 공중위생 영업자 단체의 설립 및 고시 허가권자는?
① 보건복지부장관 ② 보건복지부령
③ 시 · 도지사 ④ 시장, 군수, 구청장

해설 보건복지부장관은 위생교육관련 단체의 설립 및 고시의 허가권자이면서 위생교육의 방법 및 절차, 기간 등을 결정한다.

08 위생교육을 실시하는 단체는?
① 보건복지부령에 의해 허가된 단체
② 보건복지부장관에 의해 허가된 단체
③ 시 · 도지사에 의해 허가된 단체
④ 시장, 군수, 구청장에 의해 허가된 단체

해설 위생교육은 보건복지부장관이 허가한 단체에서 실시할 수 있다.

답_ 01 ④ 02 ① 03 ① 04 ② 05 ③ 06 ④ 07 ① 08 ②

실력 UP 예상 문제

09 공중위생영업자 단체 설립(제16조)에 따른 단체가 실시할 수 있는 것은?

① 영업장 폐쇄
② 영업소 시설 및 설비의 확인
③ 위생교육
④ 공중위생시설 감독

10 교육교재를 통한 위생교육으로 갈음할 수 있는 경우는?

① 도서, 벽지 지역에서 영업하고 있거나 하려는 자
② 복지시설에서 영업을 하고 있는 자
③ 공중위생 영업단체에서 인정하는 영업소
④ 위생서비스 평가에서 우수등급을 받은 영업소

해설 위생교육 대상자 중 보건복지부장관이 고시하는 도서, 벽지에서 영업하고 있거나 하려는 자는 교육교재를 배부하여 이를 익히고 활용하도록 함으로써 교육에 갈음할 수 있다.

11 영업신고를 한 후 위생교육을 받을 수 있는 기간은?

① 2개월 ② 3개월
③ 6개월 ④ 9개월

해설 영업신고 전에 위생교육을 받아야 하는 자 중 영업신고를 한 후 6개월 이내에 위생교육을 받을 수 있다.

12 영업의 신고 전에 미리 위생교육을 받기 불가능한 경우가 아닌 것은?

① 천재지변
② 부모의 질병, 사고
③ 업무상 국외 출장 등의 사유
④ 교육을 실시하는 단체의 사정

해설 본인의 질병, 사고에 의해 미리 위생교육을 받기 불가능한 경우이다.

13 2년 이내 위생교육을 받은 업종과 같은 업종의 영업을 하려는 경우 위생교육의 시간은?

① 위생교육을 받은 것으로 한다.
② 위생교육을 다시 받아야 한다.
③ 위생교육 시간을 1/2로 단축한다.
④ 위생교육 시간은 3시간이다.

14 위생교육 실시 단체는 교육교재를 편찬하여 누구에게 제공하는가?

① 영업자 ② 영업장의 직원
③ 교육대상자 ④ 공중이용 소유자

15 보건복지부장관은 위생교육 위임 및 위탁에 관한 권한 일부를 대통령령이 정하는 바에 의하여 누구에게 위임할 수 있는가?

① 시장, 군수, 구청장
② 시 · 도지사
③ 시 · 도지사 또는 시장, 군수, 구청장
④ 보건복지부장관

벌칙

01 공중위생관리법령에 따른 과징금의 부과 및 납부에 관한 사항으로 틀린 것은?

① 과징금을 부과하고자 할 때에는 위반행위의 종별과 해당 과징금의 금액을 명시하여 이를 납부할 것을 서면으로 통지하여야 한다.
② 통지를 받은 자는 통지를 받은 날부터 20일 이내에 과징금을 납부해야 한다.
③ 과징금액이 클 때는 분할 납부가 불가능하다.
④ 과징금의 징수절차는 보건복지부령으로 정한다.

해설 과징금은 시장 · 군수 · 구청장의 허가를 받으면 분할하여 납부할 수 있다.

답_ 09 ③ 10 ① 11 ③ 12 ② 13 ① 14 ③ 15 ③ / 답_ 01 ③

02 이 · 미용업의 영업신고를 하지 아니하고 업소를 개설한 자에 대한 법적 조치는?

① 1000만 원 이하의 과태료
② 500만 원 이하의 벌금
③ 1년 이하의 징역 또는 500만 원 이하의 벌금
④ 1년 이하의 징역 또는 1천만 원 이하의 벌금

03 건전한 영업질서를 위하여 공중위생영업자가 준수하여야 할 사항을 준수하지 아니한 자에 대한 벌칙기준은?

① 1년 이하의 징역 또는 500만 원 이하의 벌금
② 6월 이하의 징역 또는 500만 원 이하의 벌금
③ 3월 이하의 징역 또는 500만 원 이하의 벌금
④ 500만 원 이하의 벌금

04 이 · 미용사의 면허를 받지 않은 자가 이 · 미용의 업무를 하였을 때의 벌칙기준은?

① 100만 원 이하의 벌금
② 500만 원 이하의 벌금
③ 300만 원 이하의 벌금
④ 1000만 원 이하의 벌금

05 이 · 미용사의 면허증을 대여한 때의 2차 위반 시 행정처분기준은?

① 면허정지 6월 ② 면허정지 3월
③ 영업정지 3월 ④ 영업정지 6월

해설 면허증을 다른 사람에게 대여한 때 1차 위반 시 : 면허정지 3월, 2차 위반 시 : 면허정지 6월, 3차 위반 시 : 면허 취소

06 신고를 하지 아니하고 영업소의 소재를 변경한 때 1차 위반 시의 행정처분기준은?

① 영업장 폐쇄명령 ② 영구적 영업정리
③ 영업정지 1월 ④ 영업정지 2월

해설 신고를 하지 아니하고 영업소의 소재지를 변경한 때는 1차 위반 시 영업정지 1월이다.

07 영업자의 지위를 승계한 후 1월 이내에 신고를 하지 아니한 때 2차 위반 행정처분 기준은?

① 영업정지 5일 ② 개선명령
③ 영업정지 10일 ④ 영업정지 1월

해설 1차 : 개선명령, 2차 : 영업정지 10일, 3차 : 영업정지 1월, 4차 : 영업장폐쇄명령

08 미용업자가 점빼기, 귓불뚫기, 쌍꺼풀 수술, 문신, 박피술 그 밖에 이와 유사한 의료행위를 하여 관련 법규를 2차 위반했을 때의 행정처분은?

① 경고 ② 영업정지 3월
③ 영업장 폐쇄명령 ④ 면허취소

해설 1차 위반 시 : 영업정지 2월, 2차 위반 시 : 영업정지 3월, 3차 위반 시 : 영업장 폐쇄명령

09 행정처분사항 중 1차 위반 시 영업장 폐쇄명령에 해당하는 것은?

① 영업정지처분을 받고도 그 영업정지기간 중 영업을 한 때
② 위생교육을 받지 않았을 때
③ 소독한 기구와 소독하지 아니한 기구를 각각 다른 용기에 넣어 보관하지 아니한 때
④ 음란한 물건을 관람 및 진열하였을 때

해설 ② : 경고, ③ : 경고, ④ : 개선명령

10 과징금의 귀속 관청은?

① 시장, 군수, 구청장
② 시, 군, 구
③ 시 · 도지사
④ 국가

해설 부과징수를 요구한 관청은 과징금을 당해 시 · 군 · 구에 귀속시킨다.

답_ 02 ④ 03 ② 04 ③ 05 ① 06 ③ 07 ③ 08 ② 09 ① 10 ②

11 1년 이하의 징역 또는 1천만 원 이하의 벌금이 아닌 것은?
① 영업의 신고 규정을 어겼을 때
② 영업정지 명령 또는 일부 시설 사용 중지 명령을 어겼을 때
③ 영업소 폐쇄 명령을 어겼을 때
④ 퇴폐 영업을 하였을 때

12 6월 이하의 징역 또는 500만 원 이하의 벌금이 아닌 것은?
① 중요 사항 변경신고를 하지 않은 자
② 영업신고를 하지 않고 영업할 때
③ 영업자의 지위를 승계한 자로서 1월 이내에 신고하지 않은 자
④ 건전한 영업질서를 위하여 영업자가 준수하여야 할 사항을 준수하지 아니한 자

13 300만 원 이하의 벌금으로 알맞은 것은?
① 중요사항 변경신고 규정에 의한 변경신고를 하지 아니한 자
② 공중위생영업자의 지위를 승계한 자로서 규정에 의한 신고를 하지 아니한 자
③ 면허가 취소된 후 계속하여 업무를 행한 자
④ 영업소 폐쇄명령을 받고도 계속하여 영업을 한 자

14 면허 정지 기간 중에 업무를 행한 자의 벌금은?
① 300만 원 이하의 벌금
② 200만 원 이하의 벌금
③ 500만 원 이하의 벌금
④ 1천만 원 이하의 벌금

15 면허를 받지 아니한 영업소를 개설하거나 업무에 종사한 자의 벌금은?
① 300만 원 이하의 벌금
② 200만 원 이하의 벌금
③ 500만 원 이하의 벌금
④ 1천만 원 이하의 벌금

16 과징금 금액 부과는 누구의 명인가?
① 보건복지부령 ② 대통령령
③ 시 · 도지사 ④ 시장 · 군수 · 구청장

17 과징금 미납에 따른 체납처분권자는?
① 시 · 도지사
② 특별시장, 광역시장, 도지사
③ 시장, 군수, 구청장
④ 보건복지부령

18 과징금 미납 체납처분에서 징수 과징금의 귀속관청은?
① 시 · 군 · 구 ② 보건복지부
③ 행정자치부 ④ 관할 경찰서

19 과징금 산정 기준에서 영업정지 1개월은 몇 일로 계산하는가?
① 30일 ② 31일
③ 29일 ④ 28일

20 과징금 금액의 2분의 1 범위 안에서 가중 또는 경감할 수 있는 참작 내용이 아닌 것은?
① 영업자의 사업규모
② 위반행위의 정도
③ 위반행위의 횟수 정도
④ 매출금액

해설 시장, 군수, 구청장은 영업자의 사업규모, 위반행위의 정도 및 횟수의 정도 등을 참작하여 과징금 금액의 2분의 1 범위 안에서 이를 가중 또는 경감할 수 있다.

답_ 11 ④ 12 ② 13 ③ 14 ① 15 ① 16 ② 17 ③ 18 ① 19 ① 20 ④

21 **가중하는 때에도 과징금 총액의 얼마를 초과할 수 없는가?**

① 1,000만 원 ② 2,000만 원
③ 3,000만 원 ④ 4,000만 원

해설 영업정지 처분에 갈음하여 1억 원 이하의 과징금은 부과할 수 없다.

22 **과징금을 부과하고자 할 때 서면 통지자는?**

① 시 · 도지사
② 시장, 군수, 구청장
③ 특별시장, 광역시장, 도지사
④ 보건복지부장관

23 **시장, 군수, 구청장이 과징금을 서면으로 통지할 때 명시할 것은?**

① 그 위반 행위의 종별과 과징금의 금액
② 과징금을 납부할 자의 납부기간
③ 지방세 체납처분의 예에 의해 징수
④ 과징금 부과기준이 되는 매출금액

해설 과징금을 부과하고자 할 때에는 위반행위의 종별과 해당 과징금의 금액을 명시하여 이를 납부할 것을 서면으로 통지하여야 한다.

24 **과징금 수납 시 통보해야 할 관청은?**

① 시 · 도지사
② 시장, 군수, 구청장
③ 특별시장, 광역시장, 도지사
④ 보건복지부장관

25 **천재지변, 그 밖에 부득이한 사유로 과징금을 납부할 수 없을 때 몇 일 이내 납부해야 하는가?**

① 그 사유가 없어진 날로부터 7일 이내에 납부한다.
② 그 사유가 없어진 날로부터 15일 이내에 납부한다.
③ 그 사유가 없어진 날로부터 20일 이내에 납부한다.
④ 그 사유가 없어진 날로부터 25일 이내에 납부한다.

해설 통지를 받은 자는 통지를 받은 날로부터 20일 이내에 과징금을 납부해야 하며, 부득이한 사유가 있을 시 사유가 없어진 날로부터 7일 이내에 납부해야 한다.

26 **과징금 부과 및 납부에 대한 설명으로 맞지 않는 것은?**

① 과징금 납부를 받은 수납기관은 영수증을 교부한다.
② 과징금은 분할 납부할 수 없다.
③ 과징금의 징수절차는 보건복지부령으로 한다.
④ 시 · 도지사가 정하는 수납기관에 납부한다.

해설 시장, 군수, 구청장이 정하는 수납기관에 납부하여야 한다.

답_ 21 ③ 22 ② 23 ① 24 ② 25 ① 26 ④

PART 03
실전모의고사

실전모의고사 01~05회
실전모의고사 01~05회 정답 및 해설

01회 모의고사

01 다음 중 균형 있는 얼굴형에 대한 설명으로 틀린 것은?

① 얼굴 전체 길이에서 눈썹은 이마헤어라인 부분에서부터 1/3 지점이다.
② 얼굴 전체 길이에서 코끝은 이마헤어라인 부분에서부터 2/3 지점이다.
③ 얼굴의 균형도에서 코끝에서 턱끝까지의 길이는 얼굴 전체 길이의 1/3정도이다.
④ 얼굴 전체 길이에서 입부분은 이마헤어라인 부분에서부터 4/5 지점이다.

02 다음 중 색의 3속성이 아닌 것은?

① 색상 ② 톤
③ 명도 ④ 채도

03 색채의 조화 중 가장 무난하고 통일감 있는 배색은?

① 통일색 배색 ② 보색 배색
③ 분리색 배색 ④ 악센트 배색

04 다음 중 메이크업 정의에 대한 설명으로 틀린 것은?

① 메이크업은 특정한 상황과 목적에 알맞은 이미지와 캐릭터를 창출하는 것이다.
② 메이크업은 이미지 분석, 디자인, 메이크업 코디네이션 후속 관리 등을 실행하는 것이다.
③ 메이크업은 얼굴과 신체를 연출하고 표현하는 일이다.
④ 메이크업은 얼굴의 아름다움을 연출하는 것이다.

05 메이크업 아티스트의 메이크업 샵 위생관리의 능력으로 잘못된 것은?

① 메이크업 도구, 기기의 소독방법을 알아야 한다.
② 위생적인 손 소독을 할 수 있어야 한다.
③ 메이크업 도구 배열을 잘 해야 한다.
④ 공중위생관리에 대한 지식이 있어야 한다.

06 다음 중 화장품법 시행규칙 2조 기능성화장품의 범위의 내용으로서 틀린 것은?

① 피부에 침착된 멜라닌 색소의 색을 엷게 하여 피부의 미백에 도움을 주는 기능을 가진 화장품
② 피부에 탄력을 주어 피부의 주름을 완화 또는 개선하는 기능을 가진 화장품
③ 강한 햇볕을 방지하여 피부를 곱게 태워주는 기능을 가진 화장품
④ 세정용 제품류로서 여드름 피부를 완화하는 데 도움을 주는 화장품

07 불만고객유형 중에서 분명한 증거나 근거를 제시하는 응대방법이 옳은 유형은?

① 거만형 ② 의심형
③ 트집형 ④ 빨리빨리형

08 영화시대가 시작되어 글로리아 스완슨, 클라라 보우 등의 영화배우 메이크업이 유행했던 시기는?

① 1920년대
② 1930년대
③ 1940년대
④ 1950년대

09 오일쇼크, 달러쇼크, 인플레현상으로 인한 사회적 불만의 표출로 펑크스타일이 출현하였던 시기는?

① 1950년대 ② 1960년대
③ 1970년대 ④ 1980년대

10 로맨틱 스타일에서 메이크업 디자인 표현으로 잘못된 것은?

① 핑크, 피치, 옐로 계열의 밝고 화사한 색상 사용
② 피부는 한톤 밝고 깨끗하게 표현
③ 볼연지는 애플존에 둥글게 표현
④ 매트한 느낌의 색감으로 표현

11 다음 중 사계절 이미지 컬러의 설명으로 틀린 것은?

① 봄 색상 – 노랑색이 기본 바탕인 색상
② 여름 색상 – 흰색과 파랑색이 기본 바탕인 색상
③ 가을 색상 – 황색이 기본 바탕인 색상
④ 겨울 색상 – 검은색이 기본 바탕인 색상

12 다음 눈화장 메이크업 제품의 기능에 대한 설명으로 잘못된 것은?

① 아이섀도 – 눈에 색감과 음영을 준다.
② 아이라인 – 눈매를 또렷하게 한다.
③ 아이섀도 – 눈을 보호한다.
④ 아이섀도 – 눈매를 또렷하게 한다.

13 조명에 있어서 빛의 삼원색이 아닌 것은?

① 레드 ② 블루
③ 그린 ④ 옐로우

14 다음 중 색온도가 가장 높은 것은?

① 푸른 하늘 ② 고압수은등
③ 백색형광등 ④ 할로겐전구

15 다음 중 네모로 각진 얼굴의 메이크업으로 잘못된 것은?

① 이마와 턱부분에 어두운 섀도를 넣어준다.
② 볼연지는 조금 진한 색상으로 관자놀이부터 볼뼈를 따라 길게 발라 강조한다.
③ 눈썹은 눈썹산의 각을 부드럽게 한 아치형으로 그린다.
④ 아이섀도 색상은 여성적인 산호색, 핑크를 발라 부드럽게 그라데이션한다.

16 T.P.O메이크업에서 O의 의미는 무엇인가?

① 장소 ② 사무실
③ 상황 ④ 시간

17 웨딩 메이크업 중 야외촬영 메이크업을 할 때는 어떤 메이크업 색상이 효과적인가?

① 쿨톤 컬러 ② 웜톤 컬러
③ 뉴트럴 컬러 ④ 저채도 컬러

18 미디어 메이크업에서 출연자나 연기자에게 최소한 피부색 보완과 결점 커버를 하는 메이크업은?

① 스트레이트 메이크업
② 캐릭터 메이크업
③ 광고 메이크업
④ 트랜드 메이크업

19 전신 피부 중에서 피부 두께가 가장 얇은 곳은 어느 부분인가?

① 얼굴의 볼 부분 ② 이마 부분
③ 뱃살 부분 ④ 눈꺼풀

20 표피 가운데서 가장 두터운 층이며 임파관이 흐르고 있어 피부 미용에 매우 관련이 깊은 층은?

① 기저층 ② 유극층
③ 과립층 ④ 투명층

21 피부의 표피와 진피의 경계에 대한 설명에서 틀린 것을 찾으시오.

① 표피와 진피의 경계는 파상형으로 되어 있다.
② 파상형으로 맞물려 있는 것을 표피돌기라고 한다.
③ 파상형은 피부가 노화되면 더 도드라지게 굴곡이 생긴다.
④ 파상형의 돌기는 피부에 탄력성과 신축성을 부여한다.

22 피부 부속기관인 손톱에 대한 설명이다. 잘못된 것은?

① 손톱은 표피의 각질층이 변화한 것이다.
② 손톱은 케라틴이라는 단백질로 되어있다.
③ 손톱은 보통 100일에 1개가 생기는 성장속도이다.
④ 손톱은 수분과 유분기가 전혀 없는 죽은 세포이다.

23 다음 중 면역의 1차적인 방어 기관은?

① 코털 ② 탐식세포
③ 림프구 ④ 랑게르 한스 세포

24 피부노화의 원인이 아닌 것을 찾으시오.

① 자외선
② 음주
③ 흡연
④ 메이크업

25 다음 정신보건에 대한 설명 중 잘못 설명한 것은?

① 정신보건은 사람의 건강에 관여하는 모든 학문 분야를 대상으로 고려한다.
② 정신보건은 의학, 심리학, 사회학, 사회복지학, 사회의 가치관, 개인의 윤리관 등과 함께 고려해야 한다.
③ 정신보건은 정신적 건강을 대상으로 한다.
④ 정신보건은 사람의 정신장애 치료만을 목적으로 한다.

26 이 · 미용 안전사고를 예방하기 위해 갖추어야 할 지식으로 구성된 것이 아닌 것은?

① 소방안전, 전기안전에 관한 지식
② 전기안전, 응급조치에 관한 지식
③ 응급조치, 단말기 사용에 관한 지식
④ 소방안전, 응급조치에 관한 지식

27 BOD에 대한 설명으로 맞는 것을 고르시오.

① 수질에 대한 생물화학적 산소요구량이다.
② 수질의 BOD가 높으면 오염도가 낮다.
③ 수질에 대한 용존 산소량을 뜻한다.
④ 대기오염에 대한 산소요구량이다.

28 하수처리방법에서 혐기성 분해처리의 설명으로 옳은 것은?

① 공기를 싫어하는 균을 발육, 증식시켜 분해하는 방법
② 공기를 좋아하는 균을 발육, 증식시켜 분해하는 방법
③ 공기를 제거하여 균을 발육, 증식시켜 분해하는 방법
④ 공기를 투입하여 균을 발육, 증식시켜 분해하는 방법

29 쾌적한 주거환경의 설명으로 틀린 것은?

① 창의 넓이는 실내면적의 1/7~1/5이 좋다.
② 실내 CO_2의 양은 약 20~22L가 좋다.
③ 창의 면적은 벽 높이의 1/3이 좋다.
④ 지하수위가 0~1m 정도로 배수가 잘되어야 한다.

30 세계보건기구에서 의미하는 식품위생의 정의로서 틀린 것을 고르시오.

① 식품위생이란 식품의 안전성, 건전성 및 완전무결점을 확보하기 위한 모든 수단을 말한다.
② 식품위생이란 식품의 재배, 생산, 제조로부터 유통과정과 인간이 섭취하는 과정까지를 모두 포함한다.
③ 식품위생이란 식품의 재배부터 시작하여 인간이 섭취하는 과정까지의 위생관리를 말한다.
④ 식품위생이란 식품의 생산, 제조 과정의 전반적인 위생관리를 뜻한다.

31 다음 중 생리기능 조절작용을 하는 영양소를 찾으시오.

① 단백질 ② 지방
③ 탄수화물 ④ 무기질

32 세계보건기구(WHO)의 보건행정의 범위로 맞는 것을 모두 고르시오.

㉠ 전염병관리	㉡ 모자보건
㉢ 환경위생	㉣ 질병치료
㉤ 간호사교육	㉥ 보건간호

① ㉡, ㉢, ㉥ ② ㉠, ㉣, ㉤
③ ㉡, ㉢, ㉤ ④ ㉠, ㉤, ㉥

33 다음 중 사회보장에 대한 설명으로 틀린 것은?

① 우리나라는 사회보장기본법이 제정되어있다.
② 사회보장이란 질병, 장애, 노령, 실업, 사망 등 각종 사회적 위험으로부터 국민을 보호하는 것이다.
③ 사회보험, 공공보조, 사회복지서비스 및 관련복지제도를 말한다.
④ 사회보장은 국민생활의 평균수준을 보장하는 것이다.

34 이·미용기구 소독에 적합하여 불꽃 속에 20초 이상 접촉하여 멸균하는 것은?

① 화염멸균법
② 건열멸균법
③ 소각소독법
④ 습열멸균법

35 과산화수소, 과망간산칼륨은 소독기전이 무엇인가?

① 산화작용
② 단백질 응고작용
③ 탈수작용
④ 핵산에 작용

36 비타민 E가 부족하면 생기는 증상이 아닌 것은?

① 빈혈, 적혈구 수 감소
② 조산, 불임, 유산
③ 피로감, 노동력 저하
④ 뼈 및 치아부실

37 다음 중 미생물의 진핵세포에 대한 내용으로 묶어진 것은?

㉠ 유사분열을 한다. ㉡ 핵이 있다. ㉢ 원핵세포보다 크다. ㉣ 감수분열을 하지 않는다. ㉤ 유사분열을 하지 않는다. ㉥ 원생동물, 조류, 진균이 있다.

① ㉠, ㉡, ㉣, ㉤　　② ㉠, ㉡, ㉢, ㉥
③ ㉠, ㉢, ㉤, ㉥　　④ ㉠, ㉣, ㉤, ㉥

38 곰팡이의 특성이 아닌 것을 고르시오.
① 진균이라고도 한다.
② 균사라는 세포로 되어있다.
③ 포자(홀씨)가 있다.
④ 균사가 없다.

39 효모에 대한 설명으로 틀린 것을 고르시오.
① 균사가 없다.
② 광합성을 안 한다.
③ 발효 중에 이산화탄소가 발생한다.
④ 포자를 형성한다.

40 다음 중 미생물의 증식에 필요한 조건으로 틀린 것은?
① 온도　　② 이산화탄소
③ 질소　　④ 수분

41 미생물이 병을 유발한다는 미생물병인론을 주장한 사람은?
① 파스퇴르　　② 아리스토텔레스
③ 존 틴탈　　④ 레벤후크

42 다음 만성 감염병 중 각막 · 결막에 침투하여 시력장애를 유발하고, 심하면 실명까지 일으키는 감염병으로 수건이나 생활용품 공동 사용 시 걸리는 질병은 무엇인가?
① 간염
② 한센병
③ 결핵
④ 트라코마

43 다음 감염병 중 수혈이나 오염된 주사기를 통해 감염이 잘되는 만성 감염병은 무엇인가?
① 트라코마
② 렙토스피라증
③ 간염
④ 장티푸스

44 수질의 오염지표에 관한 내용으로 옳은 것은?
① 일반적인 세균이 호기성 상태에서 유기물질을 안정화시키는 데 소비한 산소량을 DO라 한다.
② BOD는 일반적으로 공장폐수의 오염도를 나타내는 지표이다.
③ COD가 높은 것은 깨끗한 물을 뜻하는 것이다.
④ DO가 높고 BOD가 낮아야 수질오염이 되지 않았다고 본다.

45 세균성 식중독과 소화기계 감염병과의 차이점은?
① 균량, 독소량이 많아야 한다.
② 2차 감염이 형성된다.
③ 원인 식품에 의해 발병된다.
④ 잠복기간이 짧다.

46 동물성 기생체의 특징을 잘못 설명한 것은?

① 진균 : 아포를 형성하는 생물로 광합성 및 운동성이 크며, 구균, 나선균 등이 속한다.
② 리케치아 : 살아 있는 세포에서만 증식한다.
③ 클라미디아 : 동물, 사람에게 공통적으로 질병을 일으키며 대표적으로 트라코마 질병이 있다.
④ 원충 : 원충에 따라 포낭을 만들어 장기간 생존하기도 한다.

47 이 · 미용업소에서 트라코마를 예방하기 위하여 수건 소독에 가장 많이 사용되는 물리적 소독법은?

① 석탄산 소독 ② 알코올 소독
③ 자비 소독 ④ 과산화수소 소독

48 상처의 표면을 소독할 때 발생한 산소가 강력한 산화력으로 미생물을 살균하는 소독제는?

① 5% 석탄산 ② 과산화수소
③ 에탄올 ④ 승홍수

49 다음 중 이 · 미용사 면허를 발급할 수 있는 자는?

① 동사무소
② 시장 · 군수 · 구청장
③ 보건복지부장관
④ 보건소

50 다음 중 위생교육대상자가 아닌 것은?

① 공중위생영업의 신고를 하고자 하는 자
② 공중위생영업을 승계한 자
③ 공중위생영업자
④ 공중위생업의 신입 종업원

51 제1급 감염병의 특징과 거리가 먼 것은?

① 발생 또는 유행시 24시간 이내에 신고하여야 한다.
② 집단 발생의 우려가 크다.
③ 음압격리와 같은 높은 수준의 격리가 필요하다.
④ 치명률이 높다.

52 어패류, 낙지, 오징어 등에 의한 세균성 식중독으로 고열 없이 복통, 구토, 설사, 혈변의 증상을 일으키는 것은?

① 장염비브리오 식중독
② 살모넬라 식중독
③ 포도상구균 식중독
④ 보툴리누스균 식중독

53 볼트캡 제작 시 아세톤과 섞어서 사용하는 재료는?

① 라텍스
② 액체 플라스틱
③ 스피릿 검
④ 리무버

54 출생사망비와 관련 없는 것은?

① 인구 증가율이라고도 한다.
② 조출생률 - 조사망률
③ 보통출생률에서 보통사망률을 뺀 값이다.
④ 가장 많이 사용되는 지표이다.

55 생산층 인구가 전체 인구의 1/2 이상인 인구 모형은?

① 별형 ② 종형
③ 피라미드형 ④ 항아리형

56 경피감염 시 채독으로서 피부염증과 소양감을 갖는 충류는?

① 구충증
② 회충증
③ 동양 모양 선충증
④ 선모충증

57 블랙스펀지에 라이닝 컬러를 찍어서 수염자국을 표현하는 수염은?

① 점각수염
② 가루수염
③ 붙이는 수염
④ 망수염

58 화장품의 품질상의 특성이 아닌 것을 찾으시오.

① 안전성
② 안정성
③ 유행성
④ 유용성

59 에센셜 오일에 대한 명칭으로 잘못된 것은?

① 향유
② 정유
③ 아로마 오일
④ 캐리어 오일

60 다음 중 기능성 화장품에 대한 내용으로 잘못 설명한 것은?

① 기능성 화장품은 화장품의 기본기능에 약리적인 유효성분을 추가하였다.
② 미백개선에 대한 효능이 있는 화장품은 기능성 화장품의 종류이다.
③ 자외선차단지수가 표기되어 있어 자외선차단 효과가 있는 화장품은 기능성 화장품이다.
④ 기능성 화장품은 자외선차단, 미백개선, 체취억제에 대한 특별한 기능의 화장품을 뜻한다.

02회 모의고사

01 이상적인 얼굴의 균형도에서 눈과 눈 사이의 폭은 어느 정도인가?

① 눈과 눈 사이에 또 하나의 눈이 들어갈 정도의 폭
② 눈의 길이보다 1.2배 정도의 폭
③ 눈과 눈사이의 폭은 눈의 길이의 80% 정도
④ 양쪽 콧망울을 수직선으로 연결하여 닿는 지점이 눈 사이의 폭

02 다음 중 명도에 대한 설명으로 옳은 것을 고르시오.

① 명도는 색의 밝고 어두운 정도를 가리킨다.
② 명도는 11단계로 나눈다.
③ 명도 0에서 2까지는 저명도라고 한다.
④ 명도 8에서 10까지는 쉐이딩용의 색상으로 활용된다.

03 두 가지 이상의 색상을 사용하여 일정한 질서로 반복하여 조화를 부여하는 배색은?

① 악센트 배색
② 레피티션(Repitition) 배색
③ 분리색 배색
④ 보색 배색

04 다음 중 메이크업 위생관리에서 실내공기오염이 아닌 것은?

① 이산화탄소 증가
② 산소 부족
③ 메이크업 화장품 가루 날림
④ 오존 증가

05 공중위생관리법에서 '미용업소의 위생관리 의무를 지키지 아니한 자'에 대한 과징금은?

① 50만 원
② 80만 원
③ 100만 원
④ 120만 원

06 메이크업을 표현하는 단어가 아닌 것은?

① 화장
② 마뀌아지(Maquiallage)
③ 페인팅(Painting)
④ 에스테틱

07 고대 단군신화에도 등장하는 미백을 위한 피부미용재료는?

① 쑥, 마늘
② 쑥, 홍화
③ 마늘, 아주까리
④ 마늘, 돈고

08 1920년대 서양의 화장의 특징이 아닌 것은?

① 1차세계대전 후 여성들의 경제적인 자립으로 미에 대한 관심과 투자가 높아졌다.
② 영화시대가 시작되어 유명 영화배우들의 메이크업이 유행하였다.
③ 메이크업은 인위적인 아름다움을 표현하여 눈썹을 가늘고 길게 그렸다.
④ 입술화장은 흐린 브라운이나 핑크 펄, 오렌지 펄 등으로 글로시하게 표현하였다.

09 1970년대 유행했던 펑크스타일 메이크업은?

① 자연스런 피부톤에 베이지색 립스틱을 발랐다.
② 아이홀을 강조한 눈화장에 펄감의 립스틱을 발랐다.
③ 어두운 피부표현에 윤곽수정을 강조하고 입술을 누드톤으로 표현하였다.
④ 진한 직선눈썹과 검정 와인 아이섀도, 검붉은 입술을 강조하였다.

10 다음 중 속눈썹 연장 시술에 관한 내용으로 틀린 것은?

① 아이패치는 속눈썹 시술 전 언더라인 아래 피부에 붙인다.
② 전처리제를 하며 속눈썹 연장의 접착력을 높여준다.
③ 시술 후 세안을 바로 해도 괜찮다.
④ 리터치는 1주 정도가 기본이다.

11 다음 색상톤에 대한 설명 중 바르게 설명하지 않은 것은?

① 봄 색상의 톤 – 선명하고 밝은 톤
② 여름 색상의 톤 – 강한 파스텔톤과 중간톤
③ 가을 색상의 톤 – 짙고 차분한 톤
④ 겨울 색상의 톤 – 선명한 밝은 톤과 짙은 톤

12 메이크업 디자인 요소가 아닌 것은?

① 색　② 형
③ 질감　④ 재료

13 레드, 블루, 그린의 세 가지 빛이 같은 정도로 섞이면 무슨 색으로 되는가?

① 회색　② 무색
③ 블랙　④ 바이올렛

14 색온도가 높은 것부터 작은 순서로 올바르게 나열된 것은?

① 푸른빛 → 백색 → 붉은빛
② 백색 → 푸른빛 → 붉은빛
③ 푸른빛 → 붉은빛 → 백색
④ 붉은빛 → 백색 → 푸른빛

15 다음의 설명은 어느 형의 얼굴을 위한 수정메이크업인가?

- 이마에서 코끝까지 하이라이트를 준다.
- 이마외곽과 볼 양옆에는 어두운 섀도를 넣어준다.
- 눈썹산을 각지게 그린다.
- 블러셔는 관자놀이부터 코끝을 향해 사선적으로 바른다.
- 아이섀도는 눈꼬리를 강조한다.

① 둥근 얼굴　② 네모로 각진 얼굴
③ 긴 얼굴　④ 역삼각형 얼굴

16 다음 중 파티나 모임에 갈 때의 메이크업이 아닌 것은?

① 연보라나 핑크색 메이크업 베이스를 사용한다.
② 윤곽수정을 강조한다.
③ 핑크, 보라, 자주톤의 색조 메이크업을 하며 펄감을 사용한다.
④ 입술색상은 자연스런 누드톤에 립글로스를 덧발라 젊고 캐쥬얼한 느낌을 준다.

17 야외촬영할 때 메이크업 테크닉으로 틀린 것을 고르시오.

① 옐로우오렌지 색상으로 눈화장을 한다.
② 윤곽수정을 자연스럽게 한다.
③ 펄감을 사용해도 무방하다.
④ 립스틱을 레드오렌지로 진하게 바른다.

18 미디어 메이크업에서 주의할 사항과 다른 것은?
① 광고 메이크업 시에는 어떤 제품을 광고하기 위한 것인지 파악한다.
② CF 메이크업에서는 촬영할 스토리인 콘티를 잘 보고 메이크업 이미지를 디자인한다.
③ 신문과 같은 인쇄매체 촬영은 잡지화보와 같은 느낌으로 메이크업 하면 된다.
④ 드라마 메이크업은 시나리오에 있는 캐릭터분석이 중요하다.

19 피부의 무게는 전체 체중의 몇 % 정도인가?
① 8% 정도
② 10% 정도
③ 16% 정도
④ 25% 정도

20 다음 설명은 표피의 어떤 층인가?

• 방추형의 세포군으로 2~5층으로 구성 • 손바닥, 발바닥의 두꺼운 피부에는 방추형의 세포군이 10층 정도 분포 • 방어막이 존재하여 이물질 통과 및 수분증발을 저지

① 각질층 ② 투명층
③ 과립층 ④ 유극층

21 진피의 설명으로 옳지 않은 것은?
① 진피는 표피두께의 약 10~40배이다.
② 진피층은 유두층, 유두하층, 망상층으로 나뉘어져 구분이 확실하다.
③ 진피에는 모세혈관 임파관 신경 등이 복잡하게 얽혀있다.
④ 진피층은 결합섬유(교원섬유)와 탄력섬유로 구성되어 있다.

22 다음 내용 중 손톱의 구조를 잘못 설명한 것은?
① 조갑 : 일반적으로 손톱이라고 부르는 부분
② 조근 : 손톱 뿌리로서 피부에 숨어 있는 부분
③ 조곽 : 손톱을 둘러싸고 있는 부분
④ 조상 : 손톱의 간피 부분

23 랑게르한스세포를 올바르게 설명한 것은?
① 인체에 1차적인 방어장벽 기능을 한다.
② 면역조절 물질을 분비하는 세포
③ 과립세포 중의 하나이다.
④ 골수에서 분화한 단핵세포이다.

24 다음 중 흡연이 피부노화의 원인이 되는 이유 중 맞는 것은?
① 폐활량이 적어져서 피부노화가 일어난다.
② 니코틴이 혈액순환을 빨라지게 하여 피부노화가 진행된다.
③ 니코틴이 모세혈관을 수축시켜서 혈액순환이 감소가 되어 피부노화가 일어난다.
④ 니코틴이 혈관벽에 쌓여서 피부노화가 진행된다.

25 정신보건의 예방에 대한 설명으로 잘못된 것을 고르시오.
① 제1차 예방 : 질병발생률 방어 감소
② 제2차 예방 : 조기발견과 재발예방
③ 제3차 예방 : 부분적 복원, 사회복귀 원조
④ 제1차 예방 : 조기발견과 재발예방

26 안전관리를 위해 습득해야 할 기술이 아닌 것은?
① 소화기를 사용하는 기술
② 도구 및 기구의 소독기술
③ 응급조치하는 능력
④ 인체유해물질을 관리할 수 있는 능력

27 상처 표현의 멍자국에서 연한 검정, 녹색, 노랑 색상이 나타나는 시기는?
① 30분 후
② 3~4일 지난 후
③ 1주일 후
④ 2주일 후

28 물의 소독방법 중 가열법의 방법은?
① 100℃에서 10분 이상 가열
② 100℃에서 30분 이상 가열
③ 100℃에서 5분 이상 가열
④ 100℃에서 20분 이상 가열

29 주거환경의 구조로서 옳지 않은 것은?
① 천장은 2.1m 정도가 적당하다.
② 마루는 통기성이 좋아야 한다.
③ 대문이 반드시 남향이어야 한다.
④ 거실 침실은 남향이 좋다.

30 세계보건기구(WHO)의 식품위생의 정의에 대한 내용으로 옳은 것은?
① 식품위생이란 제조와 유통, 섭취까지의 위생관리를 말한다.
② 식품위생이란 식품의 재배, 생산, 제조 단계의 위생상태 관리를 의미한다.
③ 식품위생이란 식품의 재배, 생산, 제조, 유통, 섭취까지의 모든 단계의 완전무결성의 위생관리를 뜻한다.
④ 식품제조에서의 식품의 안정성, 건정성 및 완전무결성의 위생관리를 뜻한다.

31 다음 영양소 중 체내의 열량저장을 담당하는 영양소는?
① 지방 ② 탄수화물
③ 단백질 ④ 비타민

32 우리나라보건의 최일선 말단 행정기관은?
① 보건복지구
② 보건소
③ 보건지소
④ 보건진료소

33 우리나라의 사회보장제도가 아닌 것은?
① 퇴직연금
② 건강보험
③ 국민연금
④ 공무원연금

34 유리기구, 금속기구 멸균에 적합하여 170℃ 멸균기에서 1~2시간 처리하는 것은?
① 소각소독법
② 화염멸균법
③ 건열멸균법
④ 한랭소독법

35 균체의 가수분해 작용에 의한 소독기전이 아닌 것은?
① 강산
② 강알카리
③ 크레졸
④ 중금속염

36 다음 중 소독인자가 아닌 것은?
① 온도 ② 시간
③ 농도 ④ 염도

37 **통조림 등 산소가 없는 상태에서 식품을 부패시키는 세균은?**

① 클로스트리디움속
② 에스치리치아속
③ 그람양성속
④ 마이크로코쿠스속

38 **곰팡이의 특성이 아닌 것을 고르시오.**

① 진균이라고도 한다.
② 균사라는 세포로 되어있다.
③ 포자(홀씨)가 있다.
④ 균사가 없다.

39 **다음 중 바이러스의 특징이 아닌 것을 고르시오.**

① 여과기를 통과하는 미생물
② 생물과 무생물의 중간단계
③ 세포내에서 기생충으로 존재
④ 생명체 중에서 가장 작다.

40 **영국의 미생물학자 존 틴탈(John Tyntall)이 고안한 소독법은?**

① 소각법
② 멸균소독법
③ 간헐멸균법
④ 자비법

41 **다음 보건 지표 중 한 지역이나 국가의 공중보건을 평가하는 지표자료로 대표적인 보건 수준의 평가자료로 활용되는 것은 무엇인가?**

① 성인사망률
② 총사망률
③ 노인사망률
④ 영아사망률

42 **영유아 예방접종 중 6개월 이전에 받아야 하는 예방접종의 종류가 아닌 것은?**

① BCG
② B형 간염
③ 폴리오
④ 일본뇌염

43 **다음 중 카드뮴 중금속이 원인이 되어 일으키는 수인성질병은?**

① 미나마타병
② 이타이이타이병
③ 콜레라
④ 장티푸스

44 **식중독 중 38~40℃의 발열 증상이 나타나는 식중독은?**

① 웰치균 식중독
② 살모넬라 식중독
③ 포도상구균 식중독
④ 장염 비브리오균 식중독

45 **바이러스에 대한 일반적인 설명으로 틀린 것은?**

① 항생제에 반응하지 않는다.
② 전자 현미경으로 관찰이 가능하다.
③ DNA와 RNA 둘 중 하나만 가지고 있다.
④ 죽은 세포에서만 증식이 가능하다.

46 **고압증기멸균법에 있어 압력 10Lbs, 온도 115.5℃의 상태에서 몇 분간 처리하는 것이 바람직한가?**

① 20분　　② 30분
③ 15분　　④ 40분

47 화학적 소독법의 특징이 다르게 짝지어진 것은?

① 포르말린 : 강한 살균력으로 아포까지 사멸하며 포름알데히드가 30~38% 이상 함유되어 자극성이 강한 액체이다.
② 역성비누 : 세정력은 약하지만 살균력이 강해 손 세정 시 사용된다.
③ 과산화수소 : 카탈라아제에 의해 발생되는 산소의 산화력으로 살균작용을 한다.
④ 생석회 : 생석회는 산성으로 단백질을 변성시켜 살균작용을 하고 넓은 장소의 소독에 사용된다.

48 소독법의 살균기전으로 미생물 산화작용에 의해 살균 작용하는 소독약이 아닌 것은?

① 과산화수소
② 오존
③ 염소
④ 염화나트륨

49 공중위생영업자의 지위를 승계한 자가 시장 · 군수 · 구청장에게 신고해야 하는 기간은?

① 1개월
② 2개월
③ 3개월
④ 20일

50 면허증 분실로 인해 재교부를 받은 후, 잃어버렸던 면허를 찾은 경우 올바른 조치 사항으로 옳은 것은?

① 찾은 면허를 지체 없이 시장 · 군수 · 구청장에게 반납한다.
② 찾은 면허를 다른 사람에게 대여해준다.
③ 찾은 면허를 보건복지부에 반납한다.
④ 찾은 면허로 다른 사업장을 개업한다.

51 건전한 영업질서를 위하여 공중위생영업자가 준수하여야 할 사항을 준수하지 아니한 자에 대한 벌칙기준은?

① 1년 이하의 징역 또는 500만 원 이하의 벌금
② 6월 이하의 징역 또는 500만 원 이하의 벌금
③ 3월 이하의 징역 또는 500만 원 이하의 벌금
④ 500만 원 이하의 벌금

52 뇌에 염증을 일으키는 감염병은?

① 유행성 일본뇌염
② 발진열
③ 말라리아
④ 발진티푸스

53 다음 중 영상광고 메이크업은?

① CF
② 잡지광고
③ 포스터
④ 신문광고

54 기생충에 대한 내용과 거리가 먼 것은?

① 다른 생물체에 의존하여 생명을 유지한다.
② 기생충학은 기생충과 숙주와의 관계이다.
③ 기생충은 원생동물과 후생동물, 곤충류 등으로 분류된다.
④ 자기방어능력과 저지할 수 있는 환경에 의해 다르게 나타난다.

55 회충증에 관한 내용인 것은?

① 항문소양증이 있다.
② 감염 후 권태, 복통, 빈혈이 있다.
③ 침구, 침실 등의 충란으로 오염된다.
④ 집단감염과 자가감염(수지)을 일으킨다.

56 무구조충(민촌충)에 대한 관리방법은?

① 쇠고기를 익혀서 먹는다.

② 돼지고기를 익혀서 먹는다.

③ 송어를 생식하지 않는다.

④ 민물고기를 생식하지 않는다.

57 질병통계에 사용되는 통계가 아닌 것은?

① 발생률

② 감염률

③ 유병률

④ 치명률

58 인구유입형인 인구모형은?

① 생산층 인구가 전체 인구의 1/2 미만

② 생산층 인구가 전체 인구의 1/2 이상

③ 14세 이하 인구가 65세 이상 인구의 2배 이하

④ 14세 이하 인구가 65세 이상 인구의 2배 초과

59 화장품의 기술상의 특성인 유화의 생성에서 사용되지 않는 재료는?

① 분산상

② 안료

③ 분산매

④ 유화제

60 에센셜 오일의 설명으로 잘못된 것은?

① 식물의 꽃과 잎, 줄기, 뿌리에서 추출한다.

② 건강증진 효과가 있다.

③ 정신건강 회복 효과가 있다.

④ 피부를 깨끗하게 하는 효과가 있다.

03회 모의고사

01 골상(얼굴형)의 이해가 메이크업에 있어서 필요한 이유가 아닌 것은?

① 수정 메이크업의 기준이 된다.
② 윤곽수정하는 데 필요하다.
③ 눈화장과 입술화장의 색상선정에 필요하다.
④ 캐릭터를 디자인할 때 활용할 수 있다.

02 다음 중 채도에 대한 설명으로 틀린 것은?

① 채도는 색의 밝고 어두운 정도를 나타낸다.
② 채도는 14단계로 나눈다.
③ 1단계에서 7단계까지는 저채도로 탁하다.
④ 8단계에서 14단계까지는 고채도로 맑다.

03 다음 중 유사한 톤의 배색으로 톤과 명도 차이가 일정하게 배색되어 부드럽고 온화한 느낌을 주는 배색은?

① 톤인톤 배색
② 분리색 배색
③ 보색 배색
④ 악센트 배색

04 얼굴의 형태 중 어른스럽고 성숙미가 있는 형은?

① 계란형 ② 둥근형
③ 각진형 ④ 긴형

05 다음 중 메이크업 아티스트의 기본자세로서 잘못된 것은?

① 친절한 태도로 고객을 대한다.
② 상담 시 고객의 의견보다 메이크업 아티스트로서 제시해야 할 요구사항을 먼저 얘기하여 의사결정이 빠르게 진행되도록 한다.
③ 시술하기 편리한 청결한 복장을 착용한다.
④ 깔끔하고 정돈된 메이크업을 한 모습을 갖춘다.

06 메이크업 단어의 기원으로 맞는 것은?

① 영국의 시인 리처드 크레슈가 메이크업이라는 단어를 처음 사용했다.
② 16세기 셰익스피어가 처음 사용했다.
③ 페인팅이란 단어를 쓰다가 17세기부터 자연스럽게 메이크업이라는 단어를 사용하게 되었다.
④ 셰익스피어가 자신의 작품을 공연하면서 메이크업이란 단어를 쓰기 시작했다.

07 분대화장의 특징이 아닌 것은?

① 분을 아주 뽀얗게 발랐다.
② 눈썹을 가늘게 가다듬어 그렸다.
③ 머릿기름을 번질거리게 발랐다.
④ 여염집 여인의 화장방법이었다.

08 1930년대 메이크업을 유행시켰던 영화배우는?

① 클라라 보우, 글로리아 스완슨
② 진 할로우, 그레타 가르보
③ 마릴린먼로, 오드리 햅번
④ 브리지드 바르도, 오드리 햅번

09 1950년대 메이크업을 유행시켰던 배우는?

① 엘리자베스 테일러, 오드리 햅번
② 마릴린 먼로, 그레타 가르보
③ 진 할로우, 엘리자베스 테일러
④ 브리지드 바르도, 트위기

10 속눈썹 연장 가모 중 가장 자연스럽고 대중적인 컬은?

① J컬 ② JC컬
③ C컬 ④ L컬

11 다음 중 계절별 메이크업에 대한 설명으로 틀린 것은?

① 여름철에는 자외선차단제가 함유된 트윈케이크를 사용한다.
② 가을철에는 파우더를 충분히 발라 뽀얀 피부로 표현한다.
③ 기미, 주근깨가 있는 피부 부위는 피부화장을 두껍게 한다.
④ 겨울철에는 립스틱 위에 립글로스를 덧바르는 것이 좋다.

12 파우더의 기능이 아닌 것은?

① 입체감있는 윤곽표현
② 파운데이션의 유분기 제거
③ 자외선으로부터 피부보호
④ 포인트 메이크업의 효과상승

13 색온도에서 빛의 온도가 높으면 무슨 색으로 보이는가?

① 노란빛 ② 푸른빛
③ 보라빛 ④ 붉은빛

14 다음 설명 중 틀린 것은?

① 구름 낀 날 찍은 사진이 푸르스름한 것은 색온도가 높기 때문이다.
② 주황색 형광등은 태양광선과 거의 유사하여 본래 색상을 그대로 재현해 준다.
③ 일출이나 일몰 전에는 빛색온도가 낮아서 붉은 빛이 돈다.
④ 직접조명은 직사광선이 내리쬐는 것으로써 메이크업한 얼굴을 아름답게 보이게 한다.

15 수정 메이크업을 할 때 눈썹은 직선형으로 그리며 볼연지도 횡적으로 바르는 얼굴형은 어떤 얼굴형인가?

① 둥근 얼굴
② 긴 얼굴
③ 역삼각형 얼굴
④ 네모 얼굴

16 다음 중 야외로 나들이 갈 때의 메이크업은?

① 너무 강한 메이크업보다는 내츄럴하게 메이크업한다.
② 자외선차단크림을 바른 후 다소 밝고 캐주얼하게 메이크업하며 입술은 다소 밝은 원색적인 색상으로 포인트를 준다.
③ 핑크, 자주, 레드톤으로 입술을 바르며 입술안쪽은 펄감의 립글로스를 사용한다.
④ 보라색계열의 아이섀도를 한 후 아이라인과 마스카라를 한후 눈꼬리를 빼주듯 그린다.

17 예식홀에서의 본식 메이크업으로 올바른 것은?

① 웜칼라로 은은하고 자연스럽게 메이크업한다.
② 신부얼굴이 조금 큰 편이므로 볼턱의 윤곽수정으로 쉐이딩을 강하게 하였다.
③ 굵은 펄로 화사하게 눈화장을 하였다.
④ 입술을 산호색으로 바르고 입술안쪽에 베이비핑크 립글로스를 발랐다.

18 미디어 메이크업에 대한 설명으로 옳은 것은?

① 미디어 메이크업은 인쇄매체와 전파매체에서 이루어지는 모든 형태의 미디어에서 행하는 메이크업이다.

② 광고 CF는 광고할 상품과 광고목적을 파악하는 것이 매우 중요하다.
③ 미디어 메이크업은 뷰티메이크업 위주로 진행된다.
④ 미디어 메이크업에는 영화나 TV방송, 드라마에서 이루어지는 노역분장이나 바보분장, 상처분장은 포함되지 않는다.

19 표피의 구조층은 아래쪽에서부터 어떻게 되어 있나?

① 기저층 → 유극층 → 투명층 → 과립층 → 각질층
② 기저층 → 과립층 → 유극층 → 투명층 → 각질층
③ 기저층 → 유극층 → 과립층 → 투명층 → 각직층
④ 유극층 → 기저층 → 과립층 → 투명층 → 각질층

20 다음 중 피부의 각화에 대해 잘못 설명한 것은?

① 표피의 기저층에서 생성된 각질형성세포가 각질층을 향해 분열되어 올라가는 것이다.
② 건강한 피부의 각화의 진행기간은 약 28일 정도이다.
③ 각화의 1주기를 1사이클이라고 한다.
④ 표피의 각화는 멜라닌색소 생성에 의해 피부표피가 자극을 받는 것을 말한다.

21 다음 중 진피에 대한 설명으로 옳지 않은 것을 고르시오.

① 결합섬유(교원섬유)는 외부의 자극으로부터 내부기관을 보호하는 중요한 역할을 한다.
② 탄력섬유(엘라스틴)는 피부의 탄력을 준다.
③ 결합섬유는 굵은 섬유와 가는 섬유가 있는데 굵은 섬유 쪽이 콜라겐이라는 단백질로 되어 있다.
④ 주름이 생긴다는 것은 진피층의 결합섬유가 파괴되는 것을 말한다.

22 다음 중 기능성화장품의 범위가 아닌 것은?

① 튼살로 인한 붉은 선을 엷게 하는데 도움을 주는 화장품
② 표피의 기능을 회복하여 가려움 등의 개선에 도움을 주는 화장품
③ 강한 햇볕을 방지하며 피부를 곱게 태워주는 기능을 가진 화장품
④ 일시적으로 모발의 색상을 변화시키는 제품

23 다음 중 면역의 2차 방어기관이 아닌 것은?

① 랑게르한스세포
② 탐식세포
③ 탐식작용
④ 림프계

24 피부노화의 원인인 음주에 대한 설명으로 맞는 것은?

① 술은 모두 피부에 나쁘다.
② 과음은 모세혈관을 수축시킨다.
③ 과음으로 모세혈관이 파열되면 붉은 실핏줄이 보이게 되며 피부노화가 일어난다.
④ 조금씩 마시는 술도 피부에 해롭다.

25 다음 중 정신장애가 아닌 것은?

① 적응장애　② 섭식장애
③ 명상장애　④ 강박장애

26 이 · 미용업소 안전관리를 위해 점검해야 하는 것이 아닌 것은?

① 전열기, 전기기기 안전상태 점검
② 난방기, 가스렌지 안전상태 점검
③ 소화기 상태점검
④ 승강기 안전상태 점검

27 수질오염지표로서 DO(용존산소)에 대한 설명으로 맞는 것은?

① 물에 녹아 있는 용존산소량으로 DO가 낮으면 오염도가 높다.
② DO가 낮으면 오염도가 낮은 것이다.
③ 생물화학적 산소요구량이다.
④ 화학적 산소요구량이다.

28 부영양화된 하천의 수질오염을 무엇이라 하는가?

① 녹조현상
② 적조현상
③ 부영양화
④ 포그현상

29 창을 통해서 실내에 비춰지는 자연조명은?

① 직사광선
② 천공광
③ 직접조명
④ 반간접조명

30 세계보건기구(WHO)의 식품위생에 대한 내용으로 틀린 것은 어느 것인가?

① 세계보건기구의 식품위생에 대한 정의는 환경전문위원회에서 규정하고 있다.
② 식품위생은 식품의 재배, 생산, 제조, 유통, 섭취의 과정까지 모든 단계의 위생 상태 관리를 뜻한다.
③ 식품위생은 식품의 생산, 제조상의 안정성, 건전성을 뜻한다.
④ 식품위생은 식품의 재배에서 섭취까지의 모든 단계의 식품의 안전성, 건전성 및 완전무결성을 확보하기 위한 모든 수단을 말한다.

31 피부의 과색소침착예방과 콜라겐 형성 촉진기능이 있으며 결핍 시에는 괴혈병, 뼈, 치아의 이상증이 생기는 영양소는?

① 비타민 A　② 비타민 B_1
③ 비타민 C　④ 비타민 E

32 우리나라 보건소의 설치기준은 어떻게 되어있나?

① 시, 군 단위로 1개조씩 배정
② 구 단위로 1개조씩 배정
③ 시, 군, 구 단위로 1개조씩 배정
④ 시 단위로 3개조씩 배정

33 세계보건기구가 채택한 건강의 정의에 대해 올바르게 설명한 것은?

① 사회질서가 지켜지는 사회
② 질병이 없는 사회
③ 사회보장제도가 잘되어있는 사회
④ 질병예방을 하며 정신적으로 건강한 사회

34 병원성 및 비병원성 미생물 등 모든 균을 사멸시키며 포자까지도 죽이는 것을 무엇이라 하는가?
① 멸균 ② 살균
③ 소독 ④ 방부

35 다음 중 무가열 멸균법이 아닌 것을 고르시오.
① 일광소독 ② 초음파소독
③ 세균여과법 ④ 저온살균법

36 결핍 시 기미, 괴혈병, 잇몸출혈, 빈혈이 생기는 영양소는?
① 비타민 B ② 비타민 B_2
③ 비타민 D ④ 비타민 C

37 매독, 장티푸스를 발병하며 긴 나선형이나 코일형태의 세균은?
① 구균 ② 나선균
③ 간균 ④ 이질

38 산소가 없는 곳에서 생육 번식하는 세균은?
① 그람양성균 ② 호기성세균
③ 혐기성세균 ④ 젖산균속

39 다음 중 온도에 따른 세균의 분류 내용으로 틀린 것은?
① 저온균 : 15~20℃에서 생장, 번식
② 중온균 : 25~40℃에서 생장, 번식
③ 고온균 : 50~60℃에서 생장, 번식
④ 중온균 : 20~50℃에서 생장, 번식

40 1675년 현미경으로 미생물을 최초로 발견한 사람은?
① 로버트 브라운
② 조셉 리스터
③ 파스퇴르
④ 레벤 후크

41 다음 중 트랜드 메이크업 자료의 특성으로 틀린 것은?
① 패션 경향에 따라 달라진다.
② 개인의 취향에 따라 변화한다.
③ 그 시대의 유행 색상에 따라 달라진다.
④ 그 시대의 이슈에 따라 달라진다.

42 대본에서 나타나는 성격, 직업, 나이 등의 특성을 나타내는 메이크업은?
① 스트레이트 메이크업
② 캐릭터 메이크업
③ CF 메이크업
④ 뷰티 메이크업

43 기후의 3대 요소에 대한 설명이 틀린 것은?
① 쾌적 기온은 18℃이다.
② 기습은 기온이 18℃ 전후일 때 40~60%이다.
③ 실내 기류는 0.2~0.3m/sec이다.
④ 실외 기류는 1m/sec이다.

44 어패류를 생식했을 때 감염되는 식중독으로 급성 위장염을 일으키고 심하면 혈변을 나타내는 식중독은 무엇인가?
① 웰치균 식중독
② 살모넬라 식중독
③ 포도상구균 식중독
④ 장염 비브리오균 식중독

45 **혐기성균, 호기성균, 통성혐기성균의 대해 틀리게 나열한 것은?**

① 통성혐기성균 : 살모넬라, 포도상구균, 대장균
② 혐기성균 : 보툴리누스균, 파상풍균, 가스괴저균
③ 호기성균 : 디프테리아균, 결핵균, 백일해균, 녹농균
④ 통성혐기성균 : 콜레라균, 대장균, 파상풍균

46 **소독장비를 사용할 때 주의해야 할 사항 중 틀린 것은?**

① 건열멸균기 – 멸균된 물건을 소독기에서 꺼내 서서히 냉각시킨다.
② 자비소독기 – 금속성 기구들은 물에 끓고 난 후에 넣고 끓인다.
③ 간헐멸균기 – 가열과 가열 사이에 100℃ 이상의 온도를 유지한다.
④ 자외선 소독기 – 소독할 부위를 직접 쐬도록 해야 한다.

47 **균체의 단백질 응고작용의 원리로 살균이 이루어지는 소독제는?**

① 식염 ② 석탄산
③ 머큐로크롬 ④ 과산화수소수

48 **60세 이후의 캐릭터 특징이 아닌 것은?**

① 눈밑에 아이백과 큰주름이 있다.
② 코가 길어져 보인다.
③ 피부색이 붉어진다.
④ 근육 처짐이 생긴다.

49 **이 · 미용업을 승계할 수 없는 것은?(단, 면허를 소지한 자에 한함)**

① 이 · 미용업 영업자의 파산에 의해 시설 및 설비의 전부를 인수한 경우
② 이 · 미용업을 양수한 경우
③ 이 · 미용업 영업자의 사망에 의한 상속에 의한 경우
④ 공중위생관리법에 의한 영업장 폐쇄명령을 받은 경우

50 **공중위생관리법령에 따른 과징금의 부과 및 납부에 관한 사항으로 틀린 것은?**

① 과징금을 부과하고자 할 때에는 위반행위의 종별과 해당 과징금의 금액을 명시하여 이를 납부할 것을 서면으로 통지하여야 한다.
② 통지를 받은 자는 통지를 받은 날부터 20일 이내에 과징금을 납부해야 한다.
③ 과징금액이 클 때는 분할 납부가 가능하다.
④ 과징금의 징수절차는 보건복지부령으로 정한다.

51 **신고를 하지 아니하고 영업소의 소재를 변경했을 때 1차 위반 시의 행정처분기준은?**

① 영업장 폐쇄명령
② 영구적 영업정리
③ 영업정지 1월
④ 영업정지 2월

52 **급성 호흡기계 감염병으로서 인플루엔자와 유사한 증상이 있으며 가래가 없는 마른 기침이 나는 감염병은?**

① 홍역
② 중증급성호흡기증후군(SARS)
③ 성홍열
④ 백일해

53 **식품의 변질에 대한 개념으로 연결이 올바르지 않은 것은?**

① 산패 – 금속 물질들이 분해되어 냄새나 색이 변질된 상태이다.
② 변패 – 단백질의 성분이 변질된 상태이다.
③ 부패 – 단백질 분해로 유해물질이 발생하여 냄새를 일으킨다.
④ 발효 – 좋은 미생물에 의해 더 좋은 상태로 발현된다.

54 **점혈변을 배설하는 질환은?**

① 세균성 이질
② 아메바성 이질
③ 학질
④ 말라리아 원충

55 **집단적으로 구충제를 복용해야 하는 감염증은?**

① 회충증 ② 요충증
③ 편충증 ④ 흡증

56 **유구조충(갈고리촌충)에 대한 설명인 것은?**

① 돼지고기를 익혀서 먹는다.
② 제1중간숙주(물벼룩)를 가진다.
③ 제2중간숙주(연어, 송어, 농어)를 가진다.
④ 무구낭미충이 성충으로 발육한다.

57 **보건지표 중 종합건강지표는?**

① 비례 사망지수
② 영아사망률
③ 감염병 사망률
④ 의료봉사자 수 및 병실 수

58 **기능성 화장품의 기능상의 특성이 아닌 것은?**

① 미백개선기능
② 자외선 차단기능
③ 주름개선기능
④ 피부유연기능

59 **캐리어오일에 대한 설명으로 틀린 것은?**

① 식물의 씨앗에서 추출한다.
② 항바이러스 효과가 있다.
③ 피부 모공 수축효과가 있다.
④ 피부재생 효과가 있다.

60 **다음 중 화장품과 의약부외품, 의약품의 차이점에 대한 설명으로 틀린 것을 고르시오.**

① 화장품은 건강한 피부, 모발의 건강과 아름다움을 증진, 유지시켜준다.
② 의약부외품은 위생, 미화를 목적으로 어느 정도의 약리적인 효과가 있다.
③ 의약품은 연고, 소독약품 등 질병이 생겼을 때 사용하는 치료용이다.
④ 치약, 구강청정제는 의약품으로 분류된다.

04회 모의고사

01 다음 중 색채에 대한 설명으로 틀린 것은?

① 색채는 빛의 종류라고 볼 수 있다.
② 물체에 광원이 비쳤을 때 물체가 자체적으로 색채를 나타내게 된다.
③ 색채의 요소는 광원, 눈, 물체이다.
④ 물체에 광원이 비추어서 눈의 망막과 시신경의 자극으로 감각되는 것이 색채이다.

02 메이크업 윤곽수정에서 활용되는 것으로 틀린 것은?

① 저명도는 쉐이딩용으로 활용된다.
② 명도에서 보통 6~9까지 단계를 중명도라 한다.
③ 고명도는 하이라이트용으로 활용된다.
④ 명도는 0에서 10까지 11단계로 나뉜다.

03 다음 중 채도의 단계에 대한 설명으로 옳은 것은?

① 1단계에서 7단계까지의 채도는 밝다.
② 8단계에서 14단계까지의 채도는 탁하다.
③ 10단계에서 14단계는 채도가 높은 원색이다.
④ 채도는 색명을 가르킨다.

04 다음 중 메이크업의 기능으로 틀린 것을 고르시오.

① 이미지를 표현하고 창출하는 기능이 있다.
② 아름답게 장식하는 기능이 있다.
③ 개인적인 욕구를 충족시키는 기능이 있다.
④ 공연 문화산업을 발전시키는 기능이 있다.

05 메이크업 작업 환경관리의 내용 중 틀린 것은?

① 안정되고 편안한 분위기를 조성한다.
② 높낮이가 가능한 의자를 갖춘다.
③ 조명의 조도는 약간 낮추어서 차분한 분위기를 만든다.
④ 환기와 방음시설이 잘 되어야 한다.

06 메이크업의 기원으로서 옳지 않은 것은?

① 종교설
② 종족보존설
③ 신체보호설
④ 장식설

07 쌍영총 고분벽화나 수산리 고분벽화에 화장한 여인의 자료가 남아있는 국가는?

① 백제
② 신라
③ 고구려
④ 통일신라

08 서양의 1930년대 화장의 특징이 아닌 것은?

① 영국 BBC, NBC TV의 정규방송을 시작으로 영상시대에 접어들면서 메이크업이 발달하였다.
② 2차 세계대전의 영향으로 밀리터리룩과 짙은 눈썹이 유행하였다.
③ 아이섀도는 검정과 하이라이트를 이용하여 아이홀 메이크업을 하였다.
④ 입술은 둥근 곡선형이나 자주색으로 강조하였다.

09 미국의 컬러영화, TV, 대중음악 등 대중매체의 영향으로 마릴린 먼로, 오드리 햅번 등 개성있는 영화배우들의 메이크업으로 인기를 끌었던 시기는?

① 1940년대 ② 1950년대
③ 1960년대 ④ 1970년대

10 메이크업 위생관리에서 올바른 환기방법이 아닌 것은?

① 자연환기를 1일 2~3회씩 한다.
② 실내의 온도가 5℃ 이상일 때 환기한다.
③ 알코올 소독제를 뿌린다.
④ 환풍기를 틀어 놓는다.

11 블루와 흰색이 주로색인 퍼스널 컬러는?

① 봄 ② 여름
③ 가을 ④ 겨울

12 메이크업 제품의 기능에 대한 설명으로 잘못된 것을 고르시오.

① 펜슬타입 아이라이너 – 자연스러운 아이라인 표현
② 볼륨마스카라 – 속눈썹의 숱을 풍성하게 보이게 한다.
③ 리퀴드타입 아이라이너 – 눈매를 선명하게 한다.
④ 젤타입 아이라이너 – 눈 주위에 번짐이 없다.

13 빛의 색온도에서 붉은빛은 어떤 의미인가?

① 붉은빛은 온도가 높다는 것이다.
② 붉은빛은 온도가 중간 정도이다.
③ 붉은빛은 온도가 낮다는 것이다.
④ 빛의 색상은 온도와 상관없다.

14 피부색을 아름답게 보이게 하는 조명은?

① 직접조명 ② 간접조명
③ 반간접조명 ④ 전반확산조명

15 광대뼈가 나오고 이마가 좁은 오각형얼굴의 메이크업으로서 옳은 것은?

① 눈썹과 블러셔로 가로폭을 강조한다.
② 이마 양쪽부분에 어두운 섀도를 넣는다.
③ 턱뼈 양쪽에는 섀도를 넣어 턱뼈를 커버하고 눈썹은 좁은 이마가 넓어보이도록 직선형으로 그린다.
④ 이마에서 코끝까지 하이라이트를 강조한다.

16 T.P.O 메이크업 중 직장에서 근무 시의 메이크업으로 맞는 것은?

① 피부는 자연스러운 톤으로 하고 포인트 메이크업의 색상은 중간톤으로 한다.
② 눈 화장은 약간 강조하고 펄감을 사용한다.
③ 입술 화장은 약간 밝고 원색적인 것으로 강조한다.
④ 얼굴이 작아보이도록 윤곽수정에 신경을 쓴다.

17 다음 중 본식 메이크업의 피부화장으로 잘못된 것은?

① 보라색 메이크업 베이스와 핑크계 파운데이션을 발라 피부표현을 하였다.
② 파우더는 투명 파우더에 핑크 파우더를 살짝 혼합하여 발랐다.
③ 투명 파우더에 고운 입자의 화이트펄을 조금 섞어 하이라이트를 주었다.
④ 그린색 메이크업 베이스를 바른 후 핑크계 파운데이션을 사용했다.

18 광고 메이크업에서 주의사항으로 옳지 않은 것은?

① 광고, 스탭들과 광고제작회의를 통해 컨셉을 정한다.
② 컨셉에 적합한 자료수집을 하여 메이크업 디자인을 한다.
③ 모델의 의상은 패션코디네이터에게 의뢰하고 신경쓰지 않는다.
④ 헤어스타일에 대한 내용도 미리 검토한다.

19 다음의 설명은 표피의 어떤 층을 설명하는 것인가?

비늘과 같은 얇은 조각이 겹쳐진 것 같은 형태로 되어 있으며 표면에 가까워질수록 세포간의 간격이 생겨 운모상의 얇은 조각으로 떨어져 나간 무핵의 세포체로 죽은 세포층이다.

① 각질층 ② 투명층
③ 과립층 ④ 유극층

20 진피층 중 가장 두터운 부분으로 길고 가는 그물 모양으로 되어 있으며 결합섬유와 탄력섬유가 조밀하게 구성되어 있는 피부층은?

① 유두층 ② 유두하층
③ 망상층 ④ 진피층

21 여성호르몬과 관계가 깊으며 여성의 신체선을 부드럽게 하는 피부조직은?

① 표피 ② 진피
③ 피하조직 ④ 유두층

22 다음 피부의 작용에 대한 설명으로 틀린 것을 고르시오.

① 보호작용 – 물리적 자극, 화학적 자극, 미생물 침입, 광선으로부터 보호하는 기능
② 체온조절작용 – 모세혈관과 기모근의 수축과 확산으로 일정한 체온으로 유지시켜준다.
③ 지각작용 – 피부는 촉각, 온각, 냉각, 통각 등의 지각작용을 한다.
④ 호흡작용 – 피부는 폐호흡의 3% 정도의 호흡을 한다.

23 다음 중 면역의 3차 방어기관은 어느 것인가?

① 림프구 ② 탐식세포
③ 림프계 ④ 랑게르한스세포

24 다음 피부노화의 원인 중 인간으로서 필연적인 것은?

① 흡연 ② 생물학적 노화
③ 음주 ④ 자외선

25 다음 중 정신장애에 대한 설명이 잘못된 것은?

① 암소공포증 – 어두운 곳을 두려워하는 장애
② 사회공포증 – 낯선 사람이나 다른 사람을 대하는 것이 두려운 증세
③ 폐쇄공포증 – 좁고 폐쇄된 공간을 두려워하는 증세
④ 선단공포증 – 높은 곳을 두려워 하는 증세

26 속눈썹 연장 가모 중 가장 컬링이 강한 것은?

① J컬
② JC컬
③ C컬
④ CC컬

27 pH는 수질이 오염되면 어떤 성질이 되는가?

① 약일카리성 ② 강산성
③ 중성 ④ 약산성

28 수질오염의 적조현상에 대해 올바르게 설명한 것은?

① 가정의 생활하수나 폐수로 인한 유기물의 분해 현상이다.
② 해양의 플랑크톤, 박테리아, 미생물이 갑자기 많은 양이 번식하여 붉게 변하는 것이다.
③ 부영양화된 하천에 부유성 조류가 급격하게 증식된 것이다.
④ 적조는 하천의 부영양화 현상이다.

29 볼드캡 재료로서 암모니아수를 넣어 녹인 것으로 가격이 저렴하나 건조가 느린 것은?

① 라텍스
② 액체 플라스틱
③ 스피릿 검
④ 리무버

30 다음 중 식품의 변질에 대해 잘못 설명한 것을 고르시오.

① 부패는 미생물에 의해 단백질이 분해되는 것이다.
② 산패는 공기 중의 산소, 햇볕 등에 의해 산화분해되는 것이다.
③ 발효는 좋은 미생물에 의해서 좋은 상태로 분해되는 것이다.
④ 변패는 미생물의 분해작용에 의해 단백질이 분해되는 것이다.

31 다음 비타민의 결핍증에 대한 설명으로 잘못 연결된 것을 고르시오.

① 비타민 A : 야맹증, 피부점막의 각실화
② 비타민 B_2 : 구순염, 설염
③ 비타민 C : 괴혈병
④ 비타민 D : 혈액응고지연, 불임증

32 보건행정의 특성에 대한 내용 중 틀린 것은?

① 봉사성
② 공공성
③ 사회성
④ 정치성

33 방부에 대한 설명으로 올바른 것은?

① 모든 균의 증식력을 없애 감염력을 잃게 하는 것
② 미생물을 이학적, 화학적 방법으로 급속하게 죽이는 것
③ 미생물이 발육과 생활작용을 억제 또는 정지시켜 부패나 발효를 억제하는 것
④ 모든 균을 사멸시키며 포자까지도 죽이는 것

34 자비소독법에 대한 설명이다. 잘못된 설명은?

① 100℃ 끓는 물을 이용한다.
② 끓는 물에 15~20분간 이상 처리한다.
③ 식기류, 도자기류, 주사기, 의류에 적합하다.
④ 100℃ 끓는 물에 30분 이상 처리한다.

35 135℃에서 2초간 접촉시키는 초고온 순간멸균법의 소독대상은?

① 유리기구
② 우유
③ 금속류
④ 주사기

36 탄수화물 결핍 시 영양장애를 고르시오.
① 피부병, 구순염
② 성장발육저조, 빈혈
③ 체중 감소, 기력 부족
④ 각기병, 식욕부진

37 영화나 드라마에서 좀더 사실적인 표현을 하고자 할 때 핫폼이나 실리콘으로 제작한 것을 붙이는 방법은?
① 명암법
② 라텍스
③ 액체 플라스틱
④ 어플라이언스

38 다음 중 냉동식품에 장시간 생존하여 냉동식품의 오염지표균인 세균은?
① 프로테우스속
② 젖산균속
③ 그람양성균
④ 장구균속

39 약주, 탁주, 된장에 이용되는 곰팡이는 무엇인가?
① 누룩곰팡이
② 푸른곰팡이
③ 털곰팡이
④ 리조푸스속

40 1831년 식물표본 연구 중 미생물의 핵을 발견한 사람은?
① 찰스 캄베르엔드
② 로버트 브라운
③ 레벤 후크
④ 히포크라테스

41 병원체의 탈출 경로와 질병이 바르게 연결된 것은?
① 소화기계 – 콜레라, 수두
② 호흡기계 – 백일해, 홍역
③ 개방병소 – 성병
④ 비뇨생식기계 – 발진열

42 자연능동면역 중 질병 이환 후 영구면역되는 질병이 아닌 것은?
① 매독
② 홍역
③ 유행성 이하선염
④ 수두

43 다음 중 잠함병의 발생 원인이 되는 물질은 무엇인가?
① 산소 ② 아황산가스
③ 아연 ④ 질소

44 캐릭터 메이크업 표현영역이 아닌 것은?
① 웨딩 메이크업
② 노인 피부
③ 대머리
④ 상처

45 소독제의 미생물 반응 원리를 올바르게 설명한 것은?
① 미생물의 단백질 변성반응
② 미생물의 세포 융해 작용
③ 미생물의 분열억제 작용
④ 미생물의 pH농도 불균형

46 화학적 소독법인 승홍수의 특징을 다르게 설명한 것은?

① 무색 · 무취로 무독성으로 창상용, 음료수 소독에 적절하다.

② 금속을 부식시키며 온도가 높으면 살균력도 높아진다.

③ 0.1% 수용액으로 대장균, 포도상구균 등을 수분 내에 사멸시킨다.

④ 승홍에 염화나트륨을 섞었을 때 용액이 중성으로 변하면서 자극성이 완화된다.

47 다음 중 면도날이나 가위의 소독제로 적당한 것은?

① 승홍수 ② 생석회

③ 포르말린 ④ 에탄올

48 소독약의 사용 및 보존상의 주의점이 아닌 것은?

① 직사광선이 노출되지 않는 곳에 밀폐시켜 보관한다.

② 모든 소독약은 사용할 때마다 반드시 새로이 만들어 사용해야 한다.

③ 어린이의 손에 닿지 않도록 주의하며 인체에 유해한 소독약은 주의하여 취급해야 한다.

④ 염소제는 일광과 열에 의해 분해되지 않도록 냉암소에 보존하는 것이 좋다.

49 이 · 미용업소를 운영하는 사람이 영업소의 소재지를 변경하고자 할 때의 조치사항으로 옳은 것은?

① 시 · 도지사에게 변경허가를 받아야 한다.

② 관할 구청장에게 반드시 변경허가를 받아야 한다.

③ 변경신고를 안하고 영업해도 된다.

④ 관할 구청장에게 변경신고를 하면 된다.

50 행정처분대상자 중 중요처분대상자에게 청문을 실시할 수 있다. 그 청문 대상이 아닌 것은?

① 면허정지 및 면허취소

② 영업정지

③ 영업소 폐쇄 명령

④ 고액의 과태료

51 영업자의 지위를 승계한 후 1월 이내에 신고를 하지 아니한 때 2차 위반 행정처분 기준은?

① 영업정지 5일

② 개선명령

③ 영업정지 10일

④ 영업정지 1월

52 중추신경계에 손상을 일으키는 감염병은?

① 세균성이질

② 폴리오

③ 파라티푸스

④ 장출혈성대장균감염증

53 성인병 중 가장 사망률이 높은 질병은?

① 뇌졸증

② 암

③ 심장병

④ 당뇨병

54 인슐린 의존형(제1형) 당뇨병은?

① 유아기 또는 청소년기에 주로 발생된다.

② 당뇨병 환자의 80% 이상으로서 주로 40대 이후에 발생된다.

③ 체내 인슐린 요구량이 증가된다.

④ 인슐린량이 충분히 공급하지 못하여 발생된다.

55 일종의 풍토병으로 주로 폐에 기생하는 충류는?

① 요코가와흡충증
② 폐흡충증
③ 간흡충증
④ 요충증

56 한 국가나 지역사회의 보건수준을 제시하는 대표적 지표는?

① 영아사망률
② 평균연령
③ 조사망률
④ 감염병사망률

57 출생률, 사망률이 모두 낮은 인구모형은?

① 종형
② 항아리형
③ 별형
④ 피라미드형

58 다음 화장품의 정의에 대한 설명으로 틀린 것을 찾으시오.

① 화장품의 정의는 화장법 제2조 제1항에 명시되어 있다.
② 화장품은 피부, 두발의 위생과 미화를 목적으로 한다.
③ 화장품은 인체를 청결, 미화하여 매력을 더하고 용모를 밝게 변화시킨다.
④ 화장품은 인체를 대한 작용이 경미하다.

59 다음 중 아로마테라피의 사용방법을 모두 찾으시오.

① 흡입법
② 확산법
③ 입욕법
④ 습포법

60 피부의 전층이 모두 손상받은 궤양상태 화상은?

① 1도 화상
② 2도 화상
③ 3도 화상
④ 4도 화상

05회 모의고사

01 다음 중 색상(Hue)에 대한 설명으로 옳은 것은?

① 우리나라에는 약 300개 정도의 색상이 있다.
② 색상은 색의 밝기를 가리킨다.
③ 색상은 비비드톤과 다크톤으로 구분된다.
④ 색상은 색의 맑고 탁한 정도를 가리킨다.

02 다음 중 반대색끼리의 배색에 대한 설명으로 틀린 것은?

① 강하고 생동감이 있다.
② 그라데이션 배색이다.
③ 보색 배색이다.
④ 색상환에서 서로 대각선상 색상끼리의 배색이다.

03 동일색상이나 유사색상 배색에서 색상톤의 명도차를 크게 한 배색을 무엇이라 하는가?

① 레피티션 배색
② 악센트 배색
③ 톤인톤 배색
④ 톤온톤 배색

04 메이크업의 목적으로 가장 올바른 설명은?

① 피부노화를 방지한다.
② 메이크업을 함으로써 상대방을 기쁘게 한다.
③ 최대한 화려하게 보이도록 한다.
④ 상황에 맞는 이미지를 연출한다.

05 메이크업 아티스트가 갖추어야 할 능력 중 옳지 않은 것은?

① 고객과 의사소통능력이 있어야 한다.
② 고객서비스에 대한 매뉴얼 작성기술이 있어야 한다.
③ 항상 건강에 좋은 음료를 대접한다.
④ 고객 심리상태를 이해할 줄 알아야 한다.

06 메이크업의 기원 중 표시기능설에 대한 올바른 설명은?

① 아름다워지고 싶어하는 미적요구로 메이크업을 하게 되었다.
② 자연환경으로부터 자신을 보호하기 위해 메이크업을 하게 되었다.
③ 사회적, 신분상으로 타인과 다르다는 점을 표현하게 되었다.
④ 재앙이나 병마를 물리치기 위해 신체에 메이크업을 하게 되었다.

07 고구려 시대의 화장에 대해 맞지 않는 것을 고르시오.

① 여관이나 시녀로 보이는 여인이 뺨과 입술에 연지 화장을 했다.
② 무녀와 악공이 이마에 연지 화장을 했다고 한다.
③ 눈썹은 짧고 뭉뚝하게 그렸다고 한다.
④ 고구려 시대는 귀족층이나 귀부인은 화장을 하지 않았다.

08 신라 시대 화장에 대해 옳지 않은 것은?

① 향료를 만들어 제사나 침실 등에 사용했다.
② 화랑도들도 백분으로 화장하고 귀고리, 가락지, 팔찌로 장식했다.
③ 백분으로 피부를 희게 하였으나 연지나, 미묵(눈썹연필)은 하지 않았다.
④ 영육일치 사상으로 목욕문화가 발달하였다.

09 엘리자베스 테일러, 마릴린 먼로, 오드리 햅번 등 유명 영화배우의 화장이 유행했던 시기는?

① 1930년대
② 1940년대
③ 1950년대
④ 1960년대

10 자외선 소독기 위생관리 순서로 맞는 것은?

① 물걸레 → 마른수건 → 알코올 소독제
② 물걸레 → 알코올 소독제
③ 마른수건 → 물걸레 → 알코올 소독제
④ 마른수건 → 알코올 소독제

11 다음의 설명은 어떤 메이크업 제품의 기능에 대해 설명한 것인가?

• 피부색상조건 • 포인트 메이크업을 돋보이게 함 • 얼굴윤곽수정 • 피부결점커버 • 외부환경으로부터 피부보호

① 메이크업 베이스
② 파운데이션
③ 컨실러
④ 파우더

12 다음 중 여름철 땀과 물에 번지지 않는 마스카라는?

① 볼륨 마스카라
② 롱래쉬 마스카라
③ 컬링업 마스카라
④ 워터프루프 마스카라

13 조명에서 색온도 단위는 무엇인가?

① K ② Å
③ nm ④ db

14 호텔이나 레스토랑의 할로겐이나 백열등의 조도가 낮은 조명 아래에서는 어떤 메이크업을 하는 것이 좋은가?

① 깨끗하고 투명한 메이크업이 좋다.
② 포인트 메이크업은 중간톤으로 색상으로 한다.
③ 매트한 메이크업으로 깔끔하게 한다.
④ 조금 짙고 화려하게 메이크업을 한다.

15 이마폭이 넓은 역삼각형 얼굴의 메이크업이 아닌 것은?

① 넓은 이마 양옆과 턱 끝에 어두운 섀도를 바른다.
② 볼연지는 은은하고 부드럽게 하며 강조하지 않는다.
③ 코 선에 하이라이트와 섀도를 넣어 코가 길어 보이게 한다.
④ 입술색은 짙지 않은 부드러운 중간톤 색상으로 바른다.

16 T.P.O에 대한 의미로서 틀린 것은?

① T – 시간 ② P – 장소
③ O – 오피스 ④ O – 상황

17 **실내예식장에서 본식 메이크업의 메이크업 테크닉이 아닌 것은?**

① 실내촬영이 진행되므로 쿨톤의 메이크업 컬러를 사용한다.
② 메이크업 이미지는 신부 본연의 모습을 살려 청초하고 깨끗하게 표현한다.
③ 윤곽수정은 강하지 않게 하고 자연스럽게 표현한다.
④ 최신 유행하는 메이크업 트렌드를 충분히 반영하여 메이크업한다.

18 **다음 중 미디어 메이크업 분야로 묶은 것을 고르시오.**

① 광고 CF, 영화, 드라마
② TV방송, 라디오, 신문
③ 신문, 화보, 영화
④ TV드라마, 화보, 포스터

19 **성인 피부의 총면적은 어느 정도인가?**

① 1.5~2.0㎡
② 0.8~1.2㎡
③ 2.5~3.5㎡
④ 3.0~4.5㎡

20 **표피의 가장 아래층에 있으며 각질형성세포와 색소생성세포가 있는 층은?**

① 각질층
② 과립층
③ 유극층
④ 기저층

21 **다음 중 피하조직에 대한 설명으로 잘못된 것은?**

① 피하조직은 피하지방조직이라고도 부른다.
② 피하조직은 성별, 연령에 따라 큰 차이가 없다.
③ 피하조직은 열의 부도체이다.
④ 피하조직은 뼈, 근육, 내부장기조직이 외부자극으로부터 손상되지 않도록 보호한다.

22 **아포크린선에 대한 설명으로 틀린 것은?**

① 아포크린선은 대한선이라고도 한다.
② 겨드랑이, 유두, 사타구니에 주로 분포되어 있다.
③ 체취(암내)는 땀을 배출한 후 세균의 작용으로 부패되어 나기 시작한다.
④ 아포크린선에서 나는 땀을 털구멍을 통해 배출되며 배출되는 땀 자체에서 체취(암내)가 난다.

23 **불만고객응대에서 정중하게 대하고 과시욕을 수용해야 하는 고객유형은?**

① 거만형 ② 의심형
③ 트집형 ④ 빨리빨리형

24 **내인성 노화현상으로서 잘못 설명된 것을 고르시오.**

① 피부 표피층이 얇아진다.
② 멜라닌 색소 세포가 적어지면서, 자외선으로부터 방어기능이 떨어진다.
③ 랑게르한스세포 감소로 면역기능이 떨어진다.
④ 내인성 노화는 영양공급과 운동으로 완벽하게 방어할 수 있다.

25 **속눈썹 연장 시 모델 속눈썹에 묻어있는 유분기나 더러움을 제거하여 가모의 접착력을 높여주는 것은?**

① 아이패치 ② 리무버
③ 전처리제 ④ 우드 스파츌라

26 이·미용 안전사고를 예방하기 위해 갖추어야 할 사항에 대한 지식이 아닌 것은?

① 소방안전에 관한 지식
② 전기안전에 관한 지식
③ 응급조치에 관한 지식
④ 단말기사용에 관한 지식

27 생존 적합한 수질의 pH 수치는?

① pH 2.0~4.0
② pH 6.0~8.0
③ pH 4.5~5.5
④ pH 8.0~9.0

28 수질오염의 현상이 아닌 것은?

① 부영양화
② 적조현상
③ 연무현상
④ 녹조현상

29 조명의 조도를 나타내는 Lux(룩스)에 대한 설명으로 올바른 것은?

① 1Lux는 1촉광이 10m 거리를 두고 평면으로 비추는 빛이다.
② 1Lux는 10촉광이 1m 거리를 두고 평면으로 비추는 빛이다.
③ 1Lux는 1촉광이 1m 거리를 두고 평면으로 비추어지는 빛이다.
④ 1Lux는 10촉광이 10m 거리를 두고 평면으로 비추어지는 빛이다.

30 세계보건기구(WHO)에서 말하는 식품위생에 대한 정의를 바르게 설명한 것은?

① 세계보건기구의 식품위생이란 식품의 재배, 생산, 제조로부터 유통과정과 인간이 섭취하는 과정까지의 모든 단계에 걸쳐서 식품의 안전성, 건전성 및 완전 무결점을 확보하기 위한 모든 수단을 말한다.
② 세계보건기구의 식품위생이란 식품생산, 제조, 유통과정에서 식품의 안전성, 건전성에 대한 수단을 말한다.
③ 세계보건기구의 식품위생이란 식품제조, 유통과정에서 식품의 안전성, 건전성에 대한 수단을 말한다.
④ 세계보건기구의 식품위생은 식품의 생산, 제조과정에서의 음식에 대한 위생관리 전반적인 것을 말한다.

31 비타민 A의 특성이 아닌 것을 고르시오.

① 지용성 비타민
② 신체성장관여
③ 결핍 시 구루병, 골연화증 유발
④ 결핍 시 피부 점막의 각질화 유발

32 세계보건기구(WHO)의 보건행정의 범위로 알맞지 않은 것은?

㉠ 환경위생 ㉡ 모자보건 ㉢ 보건간호 ㉣ 보건교육 ㉤ 감염병관리 ㉥ 의료 ㉦ 간호사교육 ㉧ 의사교육

① ㉠, ㉡, ㉣, ㉦, ㉧
② ㉠, ㉢, ㉣, ㉤, ㉥
③ ㉡, ㉢, ㉣, ㉤, ㉥
④ ㉠, ㉡, ㉢, ㉣, ㉤

33 미생물을 소독법에 의해 급속하게 죽이는 것을 무엇이라 하는가?

① 소독 ② 살균
③ 방부 ④ 멸균

34 환자의 대소변, 배설물, 토사물의 소독 방법으로 알맞은 것은?

① 일광소독
② 자비소독법
③ 고압증기멸균법
④ 소각법

35 다음 중 저온살균법에 대한 설명이다. 잘못된 것을 찾으시오.

① 우유, 아이스크림, 건조과실 등의 살균에 효과적이다.
② 결핵균, 살모넬라균 등의 멸균에 효과가 있다.
③ 포자를 완전히 멸균한다.
④ 대상품목에 따라 아이스크림은 80℃에서 30분간 처리한다.

36 승홍수의 설명으로 틀린 것은?

① 금속을 부식시키는 성질이 있다.
② 피부 소독에는 0.1%의 수용액을 사용한다.
③ 염화칼륨을 첨가하면 자극성이 완화된다.
④ 살균력이 일반적으로 약한 편이다.

37 미생물 중 가장 크기가 큰 미생물을 고르시오.

① 효모 ② 세균
③ 바이러스 ④ 곰팡이

38 산소가 있는 곳에서 생육, 번식하는 세균은?

① 장구균속 ② 호기성세균
③ 혐기성세균 ④ 그람양성균

39 과일, 치즈를 변패시키는 곰팡이의 이름은?

① 누룩곰팡이 ② 푸른곰팡이
③ 털곰팡이 ④ 거미줄곰팡이

40 히포크라테스가 주장한 오염된 공기를 흡입하여 질병이 생긴다고 주장한 학설은?

① 독기설 ② 신벌설
③ 접촉감염설 ④ 점성설

41 공중보건사업의 최소단위는?

① 지역사회 ② 전인류적
③ 가족단위 ④ 개인

42 인구 구성 형태가 올바르게 짝지어지지 않은 것은?

① 피라미드 – 인구 증가형
② 종형 – 인구 정지형
③ 항아리형 – 인구 감소형
④ 별형 – 농촌지역 인구형

43 인공조명 사용 시 주의사항으로 틀린 것이 무엇인가?

① 빛은 좌 · 상방에서 비출 것
② 눈의 보호를 위해 직접조명을 사용할 것
③ 주광색 조명을 사용하는 것이 좋다.
④ 취급이 간편하고 촉발, 발화 위험이 없을 것

44 다음 소독에 대한 설명으로 옳지 않은 것은?

① 방부 : 병원균의 발육, 증식억제 상태

② 멸균 : 아포를 포함한 모든 균을 사멸시킨 무균상태
③ 소독 : 병원성 미생물의 증식력을 제거하는 방법
④ 살균 : 균체로부터 미생물을 분리시키는 방법

45 물리적 소독방법의 특징을 틀리게 설명한 것은?

① 고압증기 멸균법 : 100~135℃ 고온의 수증기로 고압 상태에서 20분간 쐬어 미생물, 포자 및 아포를 형성하는 세균멸균에 가장 효과적인 방법으로 모든 미생물을 사멸시킨다.
② 간헐멸균법 : 100℃ 유통증기로 30~60분, 24시간 간격으로 3회 처리하는 방법으로 포자를 형성하는 균을 사멸시키는 소독방법이다.
③ 유통증기 멸균법 : 100℃ 유통증기에서 30~60분간 가열하는 방법으로 고압증기 멸균법에 적당하지 않을 경우에 사용한다.
④ 저온소독법 : 62~63℃에서 30분간 가열하며 대장균까지 사멸한다.

46 음료수 소독에 사용되는 소독방법 중 가장 거리가 먼 것은?

① 초고온 살균법
② 자비소독
③ 표백분소독
④ 승홍액소독

47 이 · 미용업 종사자가 손을 씻을 때 많이 사용하는 소독약은?

① 승홍수　　② 페놀
③ 옥시풀　　④ 역성비누

48 다음 중 TPO 메이크업에서 O(Occasion, 목적)에 따른 메이크업은?

① 데이 메이크업
② 스포츠 메이크업
③ 실내 메이크업
④ 나이트 메이크업

49 이 · 미용기구의 소독기준으로 틀린 것은?

① 자외선소독은 1cm²당 85㎼ 이상에서 20분 이상
② 건열멸균소독은 섭씨 100℃ 이상의 건열에서 20분 이상
③ 증기소독은 섭씨 100℃ 이상의 습한 열에 20분 이상
④ 열탕소독은 섭씨 100℃ 이상의 물속에 20분 이상

50 공중위생업소의 위생서비스 수준의 평가는 몇 년마다 실시해야 하는가?

① 1년　　② 2년
③ 6개월　　④ 3개월

51 미용업자가 점 빼기, 귓불 뚫기, 쌍꺼풀 수술, 문신, 박피술 등 그 밖의 이와 유사한 의료행위를 하여 관련 법규를 2차 위반했을 때의 행정처분은?

① 경고
② 영업정지 3개월
③ 영업장 폐쇄명령
④ 면허취소

52 급성 호흡기 감염병으로 발열, 오한, 근육통, 사지통을 일으키는 것은?

① 홍역
② 백일해
③ 인플루엔자(감기)
④ 성홍열

53 모자보건에 대한 설명과 거리가 먼 것은?

① 한 국가나 지역사회의 보건수준을 제시하는 지표로 사용되고 있다.
② 모체와 영 · 유아에게 대한 보건의료서비스 제공에 기여한다.
③ 모자보건 사업체를 발전시키는 데 기여한다.
④ 모성 및 영 · 유아의 사망률을 저하시키는 데 기여한다.

54 다음 중 볼드캡 제작 시 사용되는 재료가 아닌 것은?

① 라텍스
② 액체 플라스틱
③ 플라스틱 모형
④ 더마왁스

55 다음 중 선충류인 것은?

① 무구조충
② 유구조충
③ 광절열두조충
④ 회충증

56 장염, 출혈성 설사, 복통 등의 증상이 있는 충류는?

① 요코가와흡충증
② 폐흡충증
③ 간흡충증
④ 광절열두조충증(긴촌충증)

57 인구 1,000명당 1년간 발생한 총 사망자 수의 비율은?

① 영아사망률
② 유아사망률
③ 조사망률(보통사망률)
④ 출생사망비

58 화장품의 기술상의 특성인 유화의 생성에서 사용되지 않는 재료는?

① 분산상 ② 안료
③ 분산매 ④ 유화제

59 기능성 화장품의 기능이 아닌 것은?

① 미백개선
② 자외선차단기능
③ 박피기능
④ 주름개선기능

60 공중위생관리법 시행령 과태료의 부과기준에서 위생교육을 받지 아니한 자의 과태료 부과기준은?

① 20만 원
② 30만 원
③ 50만 원
④ 60만 원

1	2	3	4	5	6	7	8	9	10
④	②	①	④	③	④	②	①	③	④
11	12	13	14	15	16	17	18	19	20
④	③	④	①	②	③	②	①	④	②
21	22	23	24	25	26	27	28	29	30
③	④	①	④	④	③	①	①	④	④
31	32	33	34	35	36	37	38	39	40
④	①	④	①	①	④	②	④	④	③
41	42	43	44	45	46	47	48	49	50
①	④	③	④	②	①	③	②	②	④
51	52	53	54	55	56	57	58	59	60
①	①	②	④	①	①	①	③	④	④

01 균형 있는 얼굴형에서 아랫입술부분은 이마헤어라인 부분에서부터 턱끝까지의 5/6 지점이다.

02 색의 3속성은 색상, 명도, 채도이며 톤은 명도, 채도의 복합개념으로 별도로 구분한다.

04 메이크업은 얼굴뿐만 아니라 얼굴과 신체의 이미지와 캐릭터를 연출하고 표현하는 것이다.

06 세정용 제품은 기능성화장품의 범위가 아니다.

07 분명한 증거나 근거를 제시하는 응대방법은 의심형 유형에 효과적이다.

10 로맨틱 스타일은 밝고 화사한 색상으로 깨끗하게 표현하며 볼연지는 둥글게 발라 사랑스런 느낌으로 연출한다. 화장품은 매트한 것은 어울리지 않고 윤기가 있는 글로시한 것이 효과적이다.

11 사계절 이미지 컬러에서 겨울 색상은 파란색과 검은색이 바탕인 색상이다.

13 빛의 삼원색은 레드, 블루, 그린이다.

14 푸른빛을 많이 띨수록 색온도가 높으므로 푸른 하늘이 제일 색온도가 높고 고압수은등, 백색형광등, 할로겐전구의 순이다.

10 로맨틱 스타일에는 매트한 느낌은 적합하지 않고 글로시한 느낌이 좋다.

15 네모로 각진 얼굴은 최대한 둥글고 부드러운 느낌으로 메이크업한다. 볼연지를 관자놀이부터 볼 뼈를 따라 길게 강조해서 바르면 부드러운 느낌이 아니라 강하고 각진 느낌이 들어 좋지 않다.

16 O는 영어로 Occasion이며 상황 또는 경우를 나타낸다.

18 출연자나 연기자에게 최소한의 피부색 보완과 결점 커버를 하는 메이크업을 스트레이트 메이크업이라고 한다.

19 전신 피부 중 피부 두께가 가장 얇은 곳은 눈꺼풀 부분이며 가장 두꺼운 부분은 손바닥, 발바닥이다. 눈꺼풀은 가장 얇기 때문에 잔주름이 생기기 쉽다.

21 피부가 노화되면 표피와 진피의 경계의 파상형이 평평해지면서 피부의 탄력성과 신축성이 감소된다.

22 손톱은 죽은 세포이기는 하나 수분이 7~10%, 유분이 0.1~1.0% 함유되어 있다.

23 면역의 1차 방어는 호흡기관의 털이나 호흡기관 점막의 점액이다.

24 메이크업은 피부를 자외선이나 외부환경으로부터 보호함으로써 노화를 방지한다.

25 정신보건은 의학뿐만 아니라 심리학, 사회학, 사회복지학, 사회의 가치관, 개인의 윤리관과 함께 정책적인 면까지 종합적으로 포함된 학문분야이다.

26 이 · 미용 안전사고를 예방하기 위해서는 소방안전, 전기안전, 응급조치에 관한 지식이 필요하다.

27 수질의 BOD가 높으면 오염도도 높다. BOD는 수질의 오염을 측정하는 지표이며 생물화학적 산소요구량을 뜻한다.

31 비타민과 무기질은 조절요소로서 생리기능 조절 작용을 한다.

32 세계보건기구(WHO)의 보건행정 범위는 환경위생, 모자보건, 보건교육, 간호사교육, 의사교육이다.

33 사회보장은 국민생활의 최저보장을 의미하는 것이다.

38 균사가 없는 것은 효모이다.

42 트라코마에 대한 설명이다. ① 간염은 오염된 주사기, 면도날로 인해 감염이 잘되고, ② 한센병은 피부 말초신경을 손상시키는 질환이며, ③ 결핵은 폐결핵에 이환되며 BCG 예방 접종을 실시하는 만성 감염병이다.

43 수혈이나 주사기, 면도기를 통해 감염이 잘되는 만성 감염병은 간염이다.

44 ① DO(용존산소) : 물속에 용해되어 있는 산소량
② BOD : 세균이 호기성 상태에서 유기물질을 분해, 안정화시키는데 소비되는 산소량
③ COD : 수중의 유기물질을 산화제로 화학적으로 산화시킬 때 소모되는 산소량
④ DO가 높고 BOD, COD가 낮아야 수질오염이 되지 않았다고 본다.

45 세균성 식중독은 2차 감염이 거의 없다.

46 진균 : 아포를 형성하는 생물로 광합성 및 운동성이 없으며 효모, 곰팡이, 백선 등이 있다.

47 자비소독법은 100℃ 끓는 물속에 소독할 물건을 완전히 잠기도록 하여 15~20분간 끓이는 방법으로 금속성 식기류, 의류, 수건(면 재질), 도자기 소독에 적합하다.

48 과산화수소는 3% 수용액이 사용되며 과산화수소 분해 시 발생된 산소의 산화력으로 상처 표면을 소독한다.

49 면허 발급은 시장 · 군수 · 구청장이 발급한다.

50 위생교육은 ①, ②, ③에 해당하는 자 또는 영업에 직접 종사하지 아니하거나 2인 이상의 장소에서 영업을 하는 자는 종업원 중 책임자를 정하고 책임자가 위생교육을 받게 해야 한다.

51 ① 제1급 감염병은 발생 또는 유행 즉시 신고하여야 한다.

53 볼드캡을 제작할 때 액체 플라스틱은 아세톤과 함께 혼합하여 사용한다.

54 가장 많이 사용되는 지표는 영아사망률이다.

56 구충증 : 인체의 경구와 경피를 통해 감염된다. 감염 시 채독으로서 피부염증과 소양감을 나타낸다.

1	2	3	4	5	6	7	8	9	10
①	①	②	④	②	④	①	④	④	③
11	12	13	14	15	16	17	18	19	20
②	④	②	①	①	④	②	③	③	③
21	22	23	24	25	26	27	28	29	30
②	④	②	③	④	④	③	②	③	③
31	32	33	34	35	36	37	38	39	40
①	②	①	③	③	④	①	④	③	③
41	42	43	44	45	46	47	48	49	50
④	④	②	②	④	②	④	④	①	①
51	52	53	54	55	56	57	58	59	60
②	①	①	③	②	①	②	②	②	④

01 눈과 눈 사이의 폭은 눈의 길이와 같은 것이 이상적이다.

02 명도는 0~3까지는 저명도, 4~7까지는 중명도, 8~10까지는 고명도로 구분하여 저명도는 쉐이딩용 색상으로 고명도는 하이라이트용 색상으로 활용된다.

04 메이크업 공간에서 실내공기오염은 대중들의 모임장소이기 때문에 이산화탄소 증가, 산소 부족, 파우더나 아이섀도 등 메이크업 제품의 가루날림 때문이다.

05 공중위생관리법에서 미용업소의 위생관리 의무를 지키지 아니한 자는 2020년도 변경된 시행령 과태료의 부과기준으로 종전(2020년 이전) 50만 원에서 80만 원으로 인상 변경되었다.

06 우리나라에서 메이크업을 표현하는 단어는 화장, 분장이고 서양에서 표현하는 단어는 페인팅(Painting)과 마뀌아지(Maquiallage)이다.

07 단군신화에는 호랑이와 곰에게 쑥과 마늘을 주고 100일 동안 동굴에 들어가 있게 되는데 쑥과 마늘은 현재까지도 미백재료로 이용하고 있다.

08 1920년대 화장은 눈썹은 가늘고 정교하게, 입술은 붉게 발라 인위적인 느낌이 드는 메이크업으로 표현하였다.

09 1970년대는 사회적 불만과 반항의 표출로 펑크스타일이 유행했는데 선과 색상을 극도로 강조한 메이크업으로 표현했다.

10 속눈썹 연장 시술 후 6시간 정도 경과하여 완전 건조한 후부터 세안을 해도 무방하다.

13 빛의 삼원색은 레드, 블루, 그린이 섞이면 무색(흰색)으로 된다.

14 태양빛이 무색(백색)을 중심으로 푸른빛을 띠면 색온도가 높고 붉은빛을 띠면 색온도가 낮다.

17 야외촬영 시의 윤곽수정은 조금 진하게 하는 것이 사진효과가 좋다.

18 신문과 같은 인쇄매체는 잡지나 포스터 등의 인쇄매체보다 사진의 선명도가 떨어지는 점을 감안하여 메이크업해야 한다.

21 진피층은 유두층, 유두하층, 망상층으로 나뉘어져 구분이 확실치 않다.

22 조상은 조갑(손톱)과 밀착된 표피로 되어있어 손톱이 자라게 되면 따라서 평행으로 이동한다.

24 니코틴은 혈액순환을 감소시켜, 혈액순환이 느려지게 되며 따라서 피부의 혈관을 통과하는 혈액량이 줄어들게 됨으로써 피부노화가 일어난다.

27 타격 30분 후는 붉게 부으면서 3~4일 지나면 검푸른 보라와 자주빛이 돌고 1주일 후는 검정, 녹색, 노랑색을 띄면서 2주일 정도가 지나면 없어진다.

29 대문은 주거 환경상 반드시 남향일 필요가 없다.

35 크레졸은 균체의 단백질 응고작용에 의한 것이다.

38 균사가 없는 것은 효모이다.

41 영아사망률은 공중보건을 평가하는 지표로 대표적인 보건 수준의 평가자료로 활용된다.

42 ① B.C.G – 생후 4주 이내
② B형 간염 – 생후 0, 1, 6개월
③ 폴리오(소아마비) – 기초 : 생후 2, 4, 6개월(추가 : 만 4~6세)
④ 일본뇌염 – 기초 : 생후 12개월 이후 1~2주 간격으로 2회(추가 : 1년 후, 만 6세, 12세)

43 미나마타병은 수은중독, 콜레라와 장티푸스는 법정 제2급 감염병이다.

44 식중독 중 발열 증상이 가장 심한 식중독은 살모넬라 식중독이다.

45 바이러스는 살아있는 세포 내에서 증식이 가능하다.

46 압력이 10Lbs, 온도가 115.5℃의 상태에서 30분간 처리해야 멸균한다.

압력	온도	시간
15Lbs	121.5℃	20분
20Lbs	126.5℃	15분

47 생석회는 알칼리성으로 단백질을 변성시켜 살균작용을 하며 값이 저렴하여 넓은 장소의 소독에 사용된다.

48 산화작용으로 효소대사를 저해하여 소독 효과를 얻는 것으로 차아염소산, 염소, 표백분, 오존, 과산화수소, 과망산칼륨 등이 있다.

49 공중위생영업자의 지위를 승계한 자는 1개월 이내에 보건복지부령이 정하는 바에 따라 시장 · 군수 · 구청장에게 신고한다.

50 면허증 재교부를 받은 자가 그 잃어버린 면허증을 찾은 때에는 지체없이 시장 · 군수 · 구청장에게 이를 반납한다.

51 6월 이하의 징역 또는 500만 원 이하의 벌금
- 변경신고를 하지 아니한 자
- 공중위생영업자의 지위를 승계한 자로서 신고를 하지 아니한 자

52 ② 발열, 발진 ③ 발열, 오한 ④ 발열, 발진, 근통, 정신 신경 증상을 일으킨다.

54 기생충은 선충류, 조충류, 흡충류, 원충류로도 분류된다.

55 ①, ③, ④ 요충증에 관한 내용이다.

57 질병통계 : 발생률, 유병률, 치명률 등을 사용한다.

58 ① 인구감소형, ③ 인구감퇴형, ④ 인구증가형이다.

59 유화생성의 재료는 분산상, 분산매, 유화제이다.

60 에센셜 오일은 건강증진, 질병예방, 정신건강회복, 피부미용, 소독 등 자연치유 효과가 있다.

1	2	3	4	5	6	7	8	9	10
③	①	①	④	②	①	④	②	①	①
11	12	13	14	15	16	17	18	19	20
②	①	②	④	②	②	④	①②	③	④
21	22	23	24	25	26	27	28	29	30
④	④	④	③	③	④	①	①	②	③
31	32	33	34	35	36	37	38	39	40
③	③	④	①	④	④	②	③	④	④
41	42	43	44	45	46	47	48	49	50
②	②	②	④	④	③	②	③	④	③
51	52	53	54	55	56	57	58	59	60
③	②	②	②	②	①	①	④	③	④

01 골상의 이해는 포인트 메이크업의 색상과는 관계가 매우 적다.

02 채도는 색의 맑고 탁한 정도를 가리킨다.

04 얼굴이 긴형이 어른스럽고 성숙해 보인다. 둥근형은 귀엽고 어려보이며 각진형은 딱딱해 보이며 남성적으로 보인다.

05 상담 시 먼저 고객의 요구를 충분히 듣고 반영하여 메이크업 이미지를 기획하고 시술한다.

06 17세기 영국의 시인 리처드 크레슈가 여성의 매력을 높혀주는 화장을 뜻하는 단어로 메이크업이란 용어를 사용하기 시작했다.

09 1950년대 유명배우는 엘리자베스 테일러, 마릴린 먼로, 오드리 햅번, 브리지드 바르도이다.

10 J컬은 속눈썹 연장 가모 중 가장 자연스럽고 대중적이다.

11 가을철에는 피지분비가 저하되고 혈액순환이 나빠지므로 피부가 건조하다. 따라서 파우더를 파운데이션의 유분기를 살짝 가라앉히는 정도로 가볍게 바른다.

14 직접조명은 직사광선에 의해 난반사와 그림자가 생기므로 메이크업한 얼굴이 아름다워 보이지 않는다.

15 긴 얼굴은 모든 포인트 메이크업을 횡적으로 발라주어 세로로 긴 모습을 보완해주어야 한다.

17 ①, ②, ③은 모두 야외촬영 메이크업이다.

18 미디어 메이크업은 미디어에 필요한 모든 메이크업을 가리킨다. 뷰티메이크업은 물론 캐릭터 분장과 상처분장 등이 모두 포함된다.

21 주름이 생기는 것은 탄력섬유(엘라스틴)가 파괴되는 것을 뜻한다.

22 2020년도 변경된 화장품법 시행규칙 제2조(기능성화장품의 범위)에 대해 알아보면 "일시적으로 모발의 색상을 변화시키는 제품은 제외한다."라고 되어 있다.

25 명상장애가 아닌 망상장애라는 정신장애가 있으며 망상장애는 편집증으로 불리며 과대망상증이 대표적이다.

26 승강기는 건물 자체에서 정기점검 및 관리하는

것이다.

33 세계보건기구 총회에서 채택한 헌장에 보면 "건강이란 다만 질병이 없거나 허약하지 않은 상태만을 말하는 것이 아니라 신체적, 정신적 및 사회적으로도 완전하게 안녕한 상태에 있는 것"을 말한다. 완전하게 안녕한 상태란 질병치료만이 아니고 예방이나 건강증진 활동까지를 가리키며 더 나아가 정신적인 면도 완전한 상태를 건강이라고 정의하고 있다.

41 개인의 취향에 따라 트랜드 메이크업이 변화하지 않고 패션경향, 유형색상, 그 시대의 이슈에 따라 달라진다.

42 대본에 따라 노인이라던가 바보 또는 장군 등의 특성을 나타내는 것은 캐릭터 메이크업이다.

43 기습은 기온이 18℃ 전후일 때 40~70%이다.

44 어패류 생식 시 감염되는 식중독은 장염 비브리오균이다.

45 • 호기성균 : 산소가 있는 곳에서 증식하는 균
• 혐기성균 : 산소가 없는 곳에서 증식하는 균
• 통성혐기성균 : 산소의 유무(有無)에 관계없이 증식하며 산소가 있으면 증식이 더 잘됨, 대장균, 포도상구균, 살모넬라균 등

46 간헐멸균기 : 가열과 가열 사이에 20℃ 이상의 온도를 유지한다.

47 균체의 단백질 응고작용의 원리로 살균이 이루어지는 소독제로는 석탄산, 알코올 등이 있다.

48 60대 이후의 캐릭터 특징은 큰주름과 작은주름이 생기며 근육처짐, 볼꺼짐, 팔자주름, 다크써클, 눈가잔주름, 눈썹숱이 적어지고 눈썹꼬리가 흐려진다.

49 이 · 미용업의 승계는 공중위생 영업자가 그 공중위생영업을 양도하거나 사망한 때, 법인의 합병이 있는 때, 공중위생영업 관련시설 및 설비의 전부를 인수한 경우 가능하다.

50 ③ 과징금은 분할하여 납부할 수 없다.

51 신고를 하지 아니하고 영업소의 소재지를 변경했을 때에는 1차 위반 시 영업정지 1월이다.

53 ② 변패 : 탄수화물과 지질의 성분이 변질된 상태이다.

55 ② 소아의 항문 주위에 산란됨으로써 침구, 침실 등에 충란으로 오염되며, 집단 감염과 자가 감염(수지)을 일으킨다.

56 ②, ③ 광절열두조충, ④ 무구조충에 대한 설명이다.

57 ②, ③, ④ 특수건강지표이다.

60 치약, 구강청정제는 위생, 미화를 목적으로 하여 어느정도 약리적인 효과가 있는 의약부외품이다.

정답 해설 04회 모의고사

1	2	3	4	5	6	7	8	9	10
②	②	③	④	③	②	③	②	②	③
11	12	13	14	15	16	17	18	19	20
②	④	③	②	③	①	④	③	①	③
21	22	23	24	25	26	27	28	29	30
③	④	③	②	④	④	④	②	①	④
31	32	33	34	35	36	37	38	39	40
④	④	③	④	②	③	④	④	①	②
41	42	43	44	45	46	47	48	49	50
②	①	④	①	①	①	④	②	④	④
51	52	53	54	55	56	57	58	59	60
③	②	②	①	②	①	①	②	모두정답	③

01 색채는 물체에 광원이 비추어져 반사, 투과, 흡수될 때 그 빛의 성분에 따라 색채를 갖게 된다.

02 중명도는 4~7단계까지이다.

03 10단계에서 14단계의 채도는 색상이 아주 맑으며 원색으로 선명도가 높다.

04 메이크업이 공연 문화산업을 발전시키는 요소이기는 하나, 메이크업이 공연 문화산업을 직접적으로 발전시키는 기능은 없다.

05 정밀작업이므로 메이크업 작업장의 조도는 300~600Lux(룩스)로 조도가 높은 편이 적합하다.

06 메이크업의 기원은 신체보호설, 표시기능설, 장식설, 종교설이다.

07 고구려의 고분벽화에는 연지나 눈썹을 그린 화장한 여인들의 모습이 남아있다. 쌍영총 고분벽화에는 여관이나 시녀의 화장한 모습이, 수산리 고분벽화 귀부인상에도 여인의 화장한 모습을 볼 수 있다.

08 눈썹은 1920년대 영향을 받아 곡선으로 가늘고 길게 그렸고 헤어는 금발의 염색이 유행하기 시작했다.

10 올바른 환기방법은 자연환기, 실내외 온도차 5℃ 이상일 때 환기, 환풍기 등이 있고 알코올 소독제를 뿌리는 것은 소독방법이다.

11 주조색이 블루와 흰색은 퍼스널컬러에서 여름이며, 주조색이 블루와 검정은 퍼스널컬러에서 겨울이다.

12 젤타입 아이라이너는 부드럽게 펴 발라지나 눈가에 번짐이 있어 주의가 필요하다.

14 간접조명은 빛의 90% 이상을 반사판이나 벽, 천정에 비추어 반사되어 나오는 빛으로 피부색을 은은하게 아름답게 보이게 한다.

18 의상도 파악하고 있어야만 하고, 필요한 경우 패션코디네이터와 의견교환이 필요하다.

22 피부는 폐호흡의 1% 정도의 피부호흡을 한다.

23 면역의 3차 방어기관은 림프계로 림프, 림프절, 림프구, 림프관으로 구성되어 있다.

25 선단공포증은 뾰족한 것을 두려워하는 증세이다. 높은 곳을 두려워하는 증세는 고소공포증이다.

26 가모에서 C컬, J컬보다 컬링이 강하고 CC컬이 가장 컬이 강한 것이다.

28 ①은 수질오염의 부영양화 현상이며, ③은 녹조 현상에 대한 설명이다.

29 라텍스는 암모니아수에 녹인 것으로서 액체 플라스틱에 비해 가격이 저렴하나 건조속도가 느린 것이 단점이다.

31 비타민 D는 결핍 시 구루병, 골연화증을 유발한다.

41 ① 소화기계 – 콜레라, 이질, 장티푸스, 파라티푸스, 폴리오
② 호흡기계 – 폐결핵, 폐렴, 홍역, 백일해
③ 개방병소 – 나병
④ 비뇨생식기계 – 성병

42 ④ 매독은 감염면역이다.

43 잠함병은 고압환경 시 호흡을 통해 몸속으로 들어간 질소가 체외로 잘 빠져나가지 못하고 혈액 속에 녹아 기포를 만들어 돌아다니면서 통증을 일으키는 병이다.

44 캐릭터 메이크업의 표현영역은 노인, 대머리, 상처 등이며 웨딩 메이크업은 뷰티 메이크업 영역이다.

45 소독제 미생물 반응의 주 원리는 미생물의 단백질 변성반응이다.

46 승홍수는 무색 · 무취로 독성이 강해 창상용, 음료수 소독에는 부적절하다.

47 면도날이나 가위와 같은 금속류의 소독은 에탄올이 적당하다.

48 ② 소독약품에 따라 차이가 있다.

49 영업소의 소재지 변경으로 인한 사항은 관할 구청장에게 신고한다.

50 시장 · 군수 · 구청장은 이 · 미용사의 면허취소 · 면허정지 및 공중위생영업의 정지, 일부 시설의 사용중지 및 영업소 폐쇄명령 등 처분을 하고자 하는 때에는 청문을 실시할 수 있다.

51
• 1차 위반 행정처분 : 개선명령
• 2차 위반 행정처분 : 영업정지 10일
• 3차 위반 행정처분 : 영업정지 1월
• 4차 위반 행정처분 : 영업장폐쇄명령

52 ① 발열, 구토, 경련, ③ 고열, 위장염, 식중독과 혼동, ④ 오심, 구토, 복통, 미열 등을 일으킨다.

53 2000년대 이후 대표적인 성인병은 암, 뇌졸중, 심장병, 당뇨병이며, 암이 가장 사망률이 높고, 암 중에서는 폐암이 가장 사망률이 높다.

54 ②, ③, ④는 인슐린 비의존형(제2형) 당뇨병에 관련된 내용이다.

55 ② 폐흡충류 : 인체의 폐에서 기생하며 산란된 충란은 객담과 함께 기관지와 기도를 통해 외부로 배출된다.

56 영아사망률은 모자보건지표이면서 국가 또는 지역사회의 보건수준의 지표이다.

57 종형은 인구정지형으로 출생률, 사망률이 모두 낮다. 이는 14세 이하의 인구가 65세 이상 인구의 2배 정도를 나타낸다.

59 ①, ②, ③, ④ 그리고 마사지법이 있다.

60 화상은 1도, 2도, 3도가 있으며 1도 화상는 피부가 벌겋게 부어오른 정도이며, 2도 화상은 벌겋게 부어오른 상태에 물집이 잡힌 상태이며, 3도 화상은 피부전층이 궤양된 상태이다.

1	2	3	4	5	6	7	8	9	10
①	②	④	④	③	③	④	③	③	①
11	12	13	14	15	16	17	18	19	20
②	④	①	④	③	③	④	①	①	④
21	22	23	24	25	26	27	28	29	30
②	④	①	④	③	④	②	③	③	①
31	32	33	34	35	36	37	38	39	40
③	①	②	④	③	④	④	②	②	①
41	42	43	44	45	46	47	48	49	50
①	④	②	④	④	④	④	②	④	②
51	52	53	54	55	56	57	58	59	60
②	③	③	④	④	①	③	②	③	④

01 색상(Hue)은 색명, 즉 색의 이름을 가리키며 세계적으로 3,200가지, 우리나라는 300개 정도의 색상이 있다.

02 그라데이션 배색은 단계적으로 변화하는 색상배색으로 자연스러운 조화, 편안한 조화이다.

04 메이크업의 목적은 상황에 적합한 이미지와 캐릭터를 창출(연출)하는 것이다.

05 건강에 좋은 음료라도 고객의 기호에 맞지 않을 수 있으므로 몇 종류의 음료를 준비하며 선택하도록 하는 것이 바람직하다.

06 표시기능설은 인간의 본능으로서 사회적, 신분상으로 타인과 다르다는 점을 표현하기 위해 메이크업을 하기 시작했다는 가설이다.

07 고구려 시대에는 여관, 시녀, 귀부인, 무녀, 악공들이 화장을 했다고 하며 신분, 빈부의 구별 없이 화장하였다.

08 신라 시대에 연지는 홍화꽃으로 만들었고 미묵은 굴참나무나 너도밤나무를 태운 재를 이용하여 사용하였다.

13 K는 캘빈이라고 읽으며 자연조명이나 인공조명의 색온도를 표시하는 단위이다.

14 조도가 낮은 곳에서는 짙고 선명한 색상으로 다소 강하고 화려하게 메이크업하며 펄감 사용도 효과적이다.

15 이마가 넓고 턱선으로 내려올수록 좁아지고 날카로워지는 얼굴형으로 콧대가 길어 보이지 않도록 한다. 콧대가 길어 보이면 얼굴의 하관 부분이 더 길어 보이고 뾰족해 보이게 된다.

16 O는 영어로 Occasion이며 상황 또는 경우를 나타내는 뜻이다.

17 결혼식 하객들은 어린아이부터 고령의 어른까지 아주 폭이 넓으므로 젊은층 위주의 최신 메이크업 트렌드를 반영하는 것은 좋지 않으며 신부 본연의 모습을 살려 청초하고 깨끗하게 표현한다.

18 라디오는 미디어 메이크업 분야에서 제외된다.

21 피하지방조직은 여성 호르몬과 관계가 있어 남자보다 여자가 더 많으며 연령에 따라서도 많은 차이가 있다. 또 개인적으로 비만인 경우는 피하지방조직

이 매우 두꺼운 것이다.

22 아포크린선의 땀은 배출 즉시는 냄새가 없다. 배출 후 세균번식으로 부패되어 냄새가 나게 된다.

24 내인성 노화는 나이가 많아지면서 자연적으로 일어나는 자연현상이므로 노력에 의해 약간 늦출 수는 있으나 완전히 방어할 수는 없다.

25 가모를 붙이기 전 전처리제를 면봉에 묻혀 모델 속눈썹의 유분기나 더러움을 제거하면 시술 시 가모의 접착력을 높여준다.

28 연무현상은 대기오염 현상이다.

34 소각법은 불에 태워 병원체를 없애버린다. 오염된 가운, 수건, 휴지, 쓰레기 등도 소각법으로 불에 태워 버린다.

35 저온살균법은 포자를 형성하지 않은 균들만 멸균가능하다.

36 승홍수는 살균력은 좋으나 맹독성이며 온도가 높을수록 살균력이 강해지므로 가온해서 사용한다.

37 미생물의 크기는 곰팡이 〉 효모 〉 세균 〉 리케치아 〉 바이러스 순이다.

41 공중보건의 최소단위는 개인이 아닌 지역사회이며 전체 주민 또는 국민을 대상으로 한다.

42 별형은 도시지역의 인구 구성형이며, 농촌지역 인구형은 호로형이다.

43 눈의 보호를 위해서는 간접조명을 사용하는 것이 좋다.

44 살균 : 미생물을 급속히 사멸시키는 방법이다.

45 저온소독법은 대장균까지 사멸하지 못한다.

46 음료수 소독에 사용되는 소독방법에는 염소소독, 표백분소독, 자비소독, 저온소독법. 초고온 살균법이 있다.

47 역성비누는 물에 잘 녹아 자극이 적고 세정력이 약하지만, 살균력이 강하여 손 세정 시 사용한다.

48 응급처치에 필요한 구급약품 등을 상비하고 잘 보이는 곳에 두어야 한다.

49 열탕소독은 섭씨 100℃ 이상의 물속에 10분간 끓여이는 것이다.

50 위생서비스 수준의 평가는 2년마다 실시해야 한다.

51 1차 위반 시 : 영업정지 2개월, 2차 위반 시 : 영업정지 3개월, 3차 위반 시 : 영업장 폐쇄명령

52 ① 열, 전신 발진, ② 환자접촉, 비말, 환자배설물, 오염물 접촉, ④ 발열, 인후염, 편도선염, 경부임파선 등을 일으킨다.

54 더마왁스는 누썹을 지우거나 상처표현 시에 사용하는 재료이다.

55 ①, ②, ③ 후생동물 가운데 조충류에 속한다.

56 ① 요코가와흡충증 : 감염 시 내장 조직이 때때로 파괴되어 장염, 복부불안 등과 함께 출혈성 설사, 복통 등의 증상이 나타난다.

58 유화생성의 재료는 분산상, 분산매, 유화제이다.

60 2020년 변경된 공중위생관리법 제11조의 2 과징금에 대한 공중위생관리법 시행력 과태료의 부과기준에 의하면 종전(2020년 변경 전) 20만 원에서 60만 원으로 인상 변경되었다.

PART 04

기출문제

2016. 07. 10. 제1회 기출문제

2016. 10. 09. 제2회 기출문제

이 기출문제는 2016년도에 실시한 산업인력공단에서 공개한 제1회차, 제2회차 문제입니다. 2022년 새로이 개정된 메이크업 국가자격증 필기 내용 중에서 메이크업 위생관리, 메이크업 카운슬링, 퍼스널이미지 제안, 메이크업 기초화장품 사용, 베이스 메이크업, 색조 메이크업, 신부화장과 공중위생관리에 대한 문제이므로 참고하시기 바랍니다.

※ 2017년도부터 기능사 필기시험이 CBT 방식으로 출제됨에 따라 기출문제 반영이 불가함을 양해부탁드립니다.

기출문제 01회 2016년 7월 10일 시행

01 다음 중 절족 동물 매개 감염병이 아닌 것은?

① 페스트 ② 유행성 출혈열
③ 말라리아 ④ 탄저

02 다음 중 이 · 미용업소의 실내온도로 가장 알맞은 것은?

① 10℃ 이하 ② 12~15℃
③ 18~21℃ ④ 25℃ 이상

03 공중보건학의 대상으로 가장 적합한 것은?

① 개인
② 지역주민
③ 의료인
④ 환자집단

04 다음 질병 중 모기가 매개하지 않는 것은?

① 일본뇌염 ② 황열
③ 발진티푸스 ④ 말라리아

05 다음 ( ) 안에 알맞은 말을 순서대로 옳게 나열한 것은?

> 세계보건기구(WHO)의 본부는 스위스 제네바에 있으며, 6개의 지역사무소를 운영하고 있다. 이 중 우리나라는 ( ) 지역에, 북한은 ( ) 지역에 소속되어 있다.

① 서태평양, 서태평양
② 동남아시아, 동남아시아
③ 동남아시아, 서태평양
④ 서태평양, 동남아시아

정답 및 해설

01. ④ 페스트는 벼룩(쥐)이 전파하며 유행성 출혈열, 말라리아는 모기가 전파하고 탄저는 소, 말, 산양, 양에 의한 매개 감염병이다. 절족 동물은 곤충과 거미, 갑각류를 말하므로 모기와 벼룩이 이에 해당한다.

02. ③ 실내온도는 20℃ 내외가 좋으며, 18±2℃ 정도가 적당하다.

03. ② 공중보건학은 지역사회 구성원의 건강을 유지하는 동시에 사전에 질병을 예방하고자 하는데 노력을 기울이는 학문이다. 윈슬로우(Winslow)는 공중보건학을 지역주민 단위의 다수를 대상으로 질병예방, 수명연장과 신체적 · 정신적 건강을 효율적으로 증진시키는 학문이라고 정의했다.

04. ③ 일본뇌염, 황열, 말라리아는 모기가 매개하고, 발진티푸스는 이, 쥐, 벼룩이 매개하는 감염병이다.

05. ④ 세계보건기구(WHO)의 6개 지역 사무소는 ㉠ 동지중해지역 사무소(본부 : 이집트의 알렉산드리아), ㉡ 동남아시아지역 사무소(본문 : 인도의 뉴델리), ㉢ 서태평양지역 사무소(본부 : 필리핀의 마닐라), ㉣ 미주(남북아메리카) 지역 사무소(본부 : 미국의 워싱턴), ㉤ 유럽지역 사무소(본부 : 덴마크의 코펜하겐), ㉥ 아프리카지역 사무소(본부 : 콩고의 브로자빌)이며, 이중 우리나라는 서태평양 지역에, 북한은 동남아시아 지역에 소속되어 있다.

06 요충에 대한 설명으로 옳은 것은?

① 집단감염의 특징이 있다.

② 충란을 산란한 곳에는 소양증이 없다.

③ 흡충류에 속한다.

④ 심한 복통이 특징적이다.

07 일산화탄소(CO)와 가장 관계가 적은 것은?

① 혈색소와의 친화력이 산소보다 강하다.

② 실내공기 오염의 대표적인 지표로 사용된다.

③ 중독 시 중추신경계에 치명적인 영향을 미친다.

④ 냄새와 자극이 없다.

08 다음 중 세균 세포벽의 가장 외층을 둘러싸고 있는 물질로 백혈구의 식균작용에 대항하여 세균의 세포를 보호하는 것은?

① 편모 ② 섬모

③ 협막 ④ 아포

09 다음 기구(집기) 중 열탕소독이 적합하지 않은 것은?

① 금속성 식기

② 면 종류의 타월

③ 도자기

④ 고무제품

10 다음 전자파 중 소독에 가장 일반적으로 사용되는 것은?

① 음극선 ② 엑스선

③ 자외선 ④ 중성자

11 다음의 계면활성제 중 살균보다는 세정의 효과가 더 큰 것은?

① 양성 계면활성제

② 비이온 계면활성제

③ 양이온 계면활성제

④ 음이온 계면활성제

정답 및 해설

06. ① 요충은 선충류이며, 산란과 동시에 감염능력이 있다. 항문 소양증이 있어 소양증 해소를 위한 손에 의한 접촉으로 감염되며, 영유아에게 많이 발병한다.

07. ② 일산화탄소는 무색, 무취의 자극성이 없는 기체로 불완전 연소 시 발생하며 맹독성을 지닌다. 헤모글로빈과의 친화력이 250~300배로 산소결핍증 증상이 나타난다. 중독증상으로는 의식불명, 정신장애, 신경장애가 있다. 실내 공기오염의 지표로 사용되는 것은 이산화탄소이다.

08. ③ 협막은 세균세포벽 겉에 둘러싸인 복합 다당류 또는 단백질 층으로 이루어진 물질로, 숙주의 백혈구에 의한 식세포작용(세포에게 먹히는 것)에 저항할 수 있게 하여 준다.

09. ④ 초자기구, 목죽제품, 도자기류, 의복, 침구류, 모직물 등은 열탕소독(자비소독)을 할 수 있다. 고무제품을 열탕 소독하면 형태가 변형되고 녹을 염려가 있다.

10. ③ 소독에는 자외선이 일반적으로 사용된다.

11. ④ 음이온 계면활성제(보통비누)는 살균작용은 낮고 세정에 의한 균의 제거에 사용된다.

12 **분해 시 발생하는 발생기 산소의 산화력을 이용하여 표백, 탈취, 살균효과를 나타내는 소독제는?**

① 승홍수
② 과산화수소
③ 그레졸
④ 생석회

13 **역성 비누액에 대한 설명으로 틀린 것은?**

① 냄새가 거의 없고 자극이 적다.
② 소독력과 함께 세정력(洗淨力)이 강하다.
③ 수지, 기구, 식기소독에 적당하다.
④ 물에 잘 녹고 흔들면 거품이 난다.

14 **바이러스에 대한 설명으로 틀린 것은?**

① 독감 인플루엔자를 일으키는 원인이 여기에 해당한다.
② 크기가 작아 세균여과기를 통과한다.
③ 살아있는 세포 내에서 증식이 가능하다.
④ 유전자는 DNA와 RNA 모두로 구성되어 있다.

15 **폐경기의 여성이 골다공증에 걸리기 쉬운 이유와 관련이 있는 것은?**

① 에스트로겐의 결핍
② 안드로겐의 결핍
③ 테스토스테론의 결핍
④ 티록신의 결핍

16 **피부색에 대한 설명으로 옳은 것은?**

① 피부의 색은 건강상태와 관계없다.
② 적외선은 멜라닌 생성에 큰 영향을 미친다.
③ 남성보다 여성, 고령층보다 젊은 층에 색소가 많다.
④ 피부의 황색은 카로틴에서 유래한다.

정답 및 해설

12. ② 산화작용에 의한 소독제는 과산화수소, 과망간산칼륨, 붕산, 아크리놀, 염소 및 그 유도체 등이 있다.

13. ② 역성비누(양이온 계면활성제)는 보통 비누와는 반대의 성질을 가진 비누로써, 소독력은 있으나 세정력은 거의 없다.
- 음이온 계면활성제 : 보통비누, 살균작용↓, 세정력↑
- 양이온 계면활성제 : 역성비누, 살균작용↑, 세정력↓

14. ④ 바이러스는 생존에 필요한 기본 물질인 핵산(DNA 또는 RNA)과 그것을 둘러싼 단백질 껍질로 이루어져 있다.

15. ①

16. ④ 얼굴의 색소는 멜라닌 색소, 혈색소, 카로틴 색소에 의해 결정된다. 이중 카로틴은 황색 색소로써 당근(carrot)에 많이 들어있다. 당근(캐롯)에 많이 든 카로틴이라고 생각하면 쉽다.

17 기미를 악화시키는 주요한 원인으로 틀린 것은?

① 경구 피임약의 복용
② 임신
③ 자외선 차단
④ 내분비 이상

18 광노화로 인한 피부변화로 틀린 것은?

① 굵고 깊은 주름이 생긴다.
② 피부의 표면이 얇아진다.
③ 불규칙한 색소침착이 생긴다.
④ 피부가 거칠고 건조해진다.

19 B림프구의 특징으로 틀린 것은?

① 세포사멸을 유도한다.
② 체액성 면역에 관여한다.
③ 림프구의 20~30%를 차지한다.
④ 골수에서 생성되며 비장과 림프절로 이동한다.

20 에크린 한선에 대한 설명으로 틀린 것은?

① 실밥을 둥글게 한 것 같은 모양으로 진피내에 존재한다.
② 사춘기 이후에 주로 발달한다.
③ 특수한 부위를 제외한 거의 전신에 분포한다.
④ 손바닥, 발바닥, 이마에 가장 많이 분포한다.

21 모세혈관 파손과 구진 및 농포성 질환이 코를 중심으로 양볼에 나비모양을 이루는 피부병변은?

① 접촉성 피부염
② 주사
③ 건선
④ 농가진

정답 및 해설

17. ③ 멜라닌 색소는 기저층에서 생성되었을 때 연미색을 띠다가(색상이 거의 없음) 햇빛을 받으면 검어진다. 기미는 멜라닌 색소의 과다 생성에 의해서 만들어지는데, 자외선에 노출되면 점점 더 검어지고, 자외선이 차단되면 검어지지 않는다.

18. ② 광노화는 햇볕에 의한 노화로 피부의 표현이 두꺼워진다.

19. ① *β림프구
면역의 2차 방어기관인 림프구는 T림프구와 β림프구로 구분되며 신체 내 면역 반응에 중추적인 역할을 하게 된다. β림프구는 전체 림프구의 20~30%로 특정항원과 접촉하여 탐식하면서 즉각 공격하지만 세포사멸을 유도하지는 않는다.

20. ② 한선은 에크린 한선(소한선)과 아포크린 한선(대한선)으로 나누어진다. 실밥을 둥글게 한 것 같은 모양으로 진피내에 존재하며, 특수한 부위를 제외한 거의 전신에 분포하고, 손바닥, 발바닥, 이마에 가장 많이 분포하는 것은 에크린선이고, 사춘기 이후에 주로 발달하는 것은 아포크린선이다.

21. ② 주사는 소화기능의 이상, 비타민류의 결핍, 정신적 스트레스, 유전적 내분비장애와 혈액의 흐름이 원만하지 않아 충혈이 오며, 피부의 조직이 확장되고 모세혈관이 파손된 상태이다.

22 영업소 외의 장소에서 이·미용 업무를 행할 수 있는 경우에 해당하지 않는 것은?

① 질병이나 그 밖의 사유로 영업소에 나올 수 없는 자에 대하여 이·미용을 하는 경우
② 혼례나 그 밖의 의식에 참여하는 자에 대하여 그 의식 직전에 이·미용을 하는 경우
③ 방송 등의 촬영에 참여하는 사람에 대하여 그 촬영 직전에 이·미용을 하는 경우
④ 특별한 사정이 있다고 사회복지사가 인정하는 경우

23 공중위생관리법에 규정된 사항으로 옳은 것은?(단, 예외 사항은 제외한다)

① 이·미용사의 업무범위에 관하여 필요한 사항은 보건복지부령으로 정한다.
② 이·미용사의 면허를 가진 자가 아니어도 이·미용업을 개설할 수 있다.
③ 일반미용업의 업무범위에는 파마, 아이론, 면도, 머리피부 손질, 피부미용 등이 포함된다.
④ 일정한 수련과정을 거친 자는 면허가 없어도 이용 또는 미용업무에 종사할 수 있다.

24 이·미용업소의 폐쇄명령을 받고도 계속하여 영업을 하는 때 관계공무원이 취할 수 있는 조치로 틀린 것은?

① 당해 영업소의 간판 기타 영업표지물의 제거
② 영업을 위하여 필수불가결한 기구 또는 시설물을 사용할 수 없게 하는 봉인
③ 당해 영업소가 위법한 영업소임을 알리는 게시물 등의 부착
④ 당해 영업소 시설 등의 개선명령

정답 및 해설

22. ④ 이용 및 미용의 업무는 영업소 외의 장소에서 행할 수 없다. 다만, 보건복지부령이 정하는 특별한 사유가 있는 경우에는 그러하지 아니하다.
㉠ 질병이나 그 밖의 사유로 영업소에 나올 수 없는 자에 대하여 이용 또는 미용을 하는 경우
㉡ 혼례나 그 밖의 의식에 참여하는 자에 대하여 그 의식 직전에 이용 또는 미용을 하는 경우
㉢ 사회복지시설에서 봉사활동으로 이용 또는 미용을 하는 경우
㉣ 방송 등의 촬영에 참여하는 사람에 대하여 그 촬영 직전에 이용 또는 미용을 하는 경우
㉤ 특별한 사정이 있다고 시장·군수·구청장이 인정하는 경우

23. ① 이용사 또는 미용사가 되고자 하는 자는 보건복지부령이 정하는 바에 의하여 시장·군수·구청장의 면허를 받아야 한다. 면허의 취고 또는 정지 중에 미용업을 한 사람이나 면허를 받지 아니한 자가 이용 또는 미용업의 업무를 행하면 300만 원 이하의 벌금에 해당한다. 일반미용업의 업무는 파마·머리카락자르기·머리카락모양내기·머리피부손질·머리카락염색·머리감기, 의료기기나 의약품을 사용하지 아니하는 눈썹손질 등이 해당하며, 이발·아이론·면도·머리피부손질·머리카락염색 및 머리감기는 이용사의 업무 범위이다.

24. ④ 당해 영업소를 폐쇄하기 위해서 관계공무원은 다음의 조치를 할 수 있다. ㉠ 당해 영업소의 간판, 기타 영업표지물의 제거, ㉡ 당해 영업소가 위법한 영업소임을 알리는 게시물 등의 부착, ㉢ 영업을 위하여 필수 불가결한 기구 또는 시설물을 사용할 수 없게 하는 봉인

25 **이 · 미용업 영업자가 지켜야 하는 사항으로 옳은 것은?**

① 부작용이 없는 의약품을 사용하여 순수한 화장과 피부미용을 하여야 한다.

② 이 · 미용기구는 소독하여야 하며 소독하지 않은 기구와 함께 보관하는 때에는 반드시 소독한 기구라고 표시하여야 한다.

③ 1회용 면도날은 사용 후 정해진 소독기준과 방법에 따라 소독하여 재사용하여야 한다.

④ 이 · 미용업 개설자의 면허증 원본을 영업소 안에 게시하여야 한다.

26 **다음 ( ) 안에 알맞은 것은?**

공중위생영업자의 지위를 승계하는 자는 ( ) 이내에 보건복지부령이 정하는 바에 따라 시장 · 군수 또는 구청장에게 신고하여야 한다.

① 7일 ② 15일

③ 1월 ④ 2월

27 **시장 · 군수 · 구청장이 영업정기가 이용자에게 심한 불편을 주거나 그 밖에 공익을 해할 우려가 있는 경우에 영업정지처분에 갈음한 과징금을 부과할 수 있는 금액기준은?(단, 예외의 경우는 제외한다)**

① 1천만원 이하 ② 2천만원 이하

③ 1억원 이하 ④ 4천만원 이하

28 **영업정지 명령을 받고도 그 기간 중에 계속하여 영업을 한 공중위생영업자에 대한 벌칙기준은?**

① 6월 이하의 징역 또는 500만원 이하의 벌금

② 1년 이하의 징역 또는 1천만원 이하의 벌금

③ 2년 이하의 징역 또는 2천만원 이하의 벌금

④ 3년 이하의 징역 또는 3천만원 이하의 벌금

29 **여드름 관리에 효과적인 화장품 성분은?**

① 유황(Sulfur)

② 하이드로퀴논(Hydroquinone)

③ 코직산(Kojic acid)

④ 알부틴(Arbutin)

정답 및 해설

25. ④ 일반미용업의 업무는 파마 · 머리카락자르기 · 머리카락모양내기 · 머리피부손질 · 머리카락염색 · 머리감기, 의료기기나 의약품을 사용하지 아니하는 눈썹손질 등이 해당하며, 이발 · 아이론 · 면도 · 머리피부손질 · 머리카락염색 및 머리감기는 이용사의 업무 범위이다. 이 · 미용기구 중 소독을 한 기구와 소독을 하지 아니한 기구는 각각 다른 용기에 넣어 보관하여야 하며, 1회용 면도날은 손님 1인에 한하여 사용하여야 한다.

26. ③ 공중위생영업자의 지위를 승계한 자는 1월 이내에 보건복지부령이 정하는 바에 따라 시장 · 군수 또는 구청장에게 신고하여야 한다.

27. ③ 시장 · 군수 · 구청장은 영업정지가 이용자에게 심한 불편을 주거나 그 밖에 공익을 해할 우려가 있는 경우에는 영업정지 처분에 갈음하여 1억 원 이하의 과징금을 부과할 수 있다.

28. ② 영업정지명령 또는 일부 시설의 사용중지명령을 받고도 그 기간 중에 영업을 하거나 그 시설을 사용한 자는 1년 이하의 징역 또는 1천만원 이하의 벌금을 받는다.

29. ① 하이드로퀴논, 코직산, 알부틴은 미백에 효과적인 화장품 성분이다. 유황의 성분은 피부 염증에 효과적이다.

30 **비누에 대한 설명으로 틀린 것은?**
① 비누의 세정작용은 비누 수용액이 오염과 피부 사이에 침투하여 부착을 약화시켜 떨어지기 쉽게 하는 것이다.
② 거품이 풍성하고 잘 헹구어져야 한다.
③ pH가 중성인 비누는 세정작용 뿐만 아니라 살균 · 소독효과가 뛰어나다.
④ 메디케이티드(Medicated) 비누는 소염제를 배합한 제품으로 여드름, 면도 상처 및 피부 거칠음 방지효과가 있다.

31 **자외선차단 방법 중 자외선을 흡수시켜 소멸시키는 자외선 흡수제가 아닌 것은?**
① 이산화티탄 ② 신나메이트
③ 벤조페논 ④ 살리실레이트

32 **자외선 차단제에 관한 설명으로 틀린 것은?**
① 자외선 차단제는 SPF(Sun Protect Factor)의 지수가 표기되어 있다.
② SPF(Sun Protect Factor)는 수치가 낮을수록 자외선 차단지수가 높다.
③ 자외선 차단제의 효과는 피부의 멜라닌 양과 자외선에 대한 민감도에 따라 달라질 수 있다.
④ 자외선 차단지수는 제품을 사용했을 때 홍반을 일으키는 자외선의 양을, 제품을 사용하지 않았을 때 홍반을 일으키는 자외선의 양으로 나눈 값이다.

33 **기초화장품에 대한 내용으로 틀린 것은?**
① 기초화장품이란 피부의 기능을 정상적으로 발휘하도록 도와주는 역할을 한다.
② 기초 화장품의 가장 중요한 기능은 각질층을 충분히 보습시키는 것이다.
③ 마사지 크림은 기초화장품에 해당하지 않는다.
④ 화장수의 기본기능으로 각질층에 수분, 보습 성분을 공급하는 것이 있다.

정답 및 해설

30. ③ 중성인 비누는 세정작용, 살균 · 소독효과가 뛰어나다고 말하기 어렵다. 옛날 빨랫비누로 쓰였던 알칼리성인 비누가 세정력이 강하나 피부 거칠음을 유발한다.

31. ① 신나메이트, 벤조페논, 에틸헥실살리실레이트는 자외선 차단의 기능을 가진다. 이산화티탄은 화장품의 크림, 파우더 등에 사용하는 성분이다.

32. ② SPF 수치가 높을수록 자외선 차단지수가 높다.

33. ③ 마사지 크림은 피부 신진대사와 혈액순환을 촉진시키는 피부 활성화 작용을 하는 기초화장품이다. 기초 화장품은 피부 청결, 피부 보습, 피부 활성화 작용을 하는 것이다.

34 미백 화장품의 기능으로 틀린 것은?

① 각질세포의 탈락 유도하여 멜라닌 색소제거
② 티로시나아제 활성화하여 도파(DOPA) 산화 억제
③ 자외선차단 성분이 자외선 흡수 방지
④ 멜라닌 합성과 확산을 억제

35 캐리어 오일(Carrier Oil)이 아닌 것은?

① 라벤더 에센셜 오일
② 호호바 오일
③ 아몬드 오일
④ 아보카도 오일

36 눈썹의 종류에 따른 메이크업의 이미지를 연결한 것으로 틀린 것은?

① 짙은 색상 눈썹 – 고전적인 레트로 메이크업
② 긴 눈썹 – 성숙한 가을 이미지 메이크업
③ 각진 눈썹 – 사랑스런 로맨틱 메이크업
④ 엷은 색상 눈썹 – 여성스러운 엘레강스 메이크업

37 먼셀의 색상환표에서 가장 먼 거리를 두고 서로 마주보는 관계의 색채를 의미하는 것은?

① 한색 ② 난색
③ 보색 ④ 잔여색

38 메이크업 도구에 대한 설명으로 가장 거리가 먼 것은?

① 스펀지 퍼프를 이용해 파운데이션을 바를 때에는 손에 힘을 빼고 사용하는 것이 좋다.
② 팬 브러시(Fan Brush)는 부채꼴 모양으로 생긴 브러시로 아이섀도를 바를 때 넓은 면적을 한 번에 바를 수 있는 장점이 있다.
③ 아이래시 컬(Eyelash Curler)은 속눈썹에 자연스러운 컬을 주어 속눈썹을 올려주는 기구이다.
④ 스크루 브러시(Screw Brush)는 눈썹을 그리기 전에 눈썹을 정리해주고 짙게 그려진 눈썹을 부드럽게 수정할 때 사용할 수 있다.

정답 및 해설

34. ② 미백 화장품은 멜라닌 색소를 만드는 데 관련된 효소인 티로시나아제가 활성화되는 것을 막는다.

35. ① 오일은 크게 에센셜(아로마) 오일과 캐리어 오일로 나뉜다.
- 에센셜 오일 : 식물의 꽃과 잎, 줄기, 뿌리에서 추출, 라벤더 오일 등
- 캐리어 오일 : 식물의 씨앗에서 추출, 호호바 오일, 아몬드 오일, 아보카도 오일 등

36. ③ 각진 눈썹은 개성적이고 도해적인 눈썹이며 사랑스러운 메이크업은 아니다.

37. ③ 먼셀의 색상환표에서 가장 먼 거리를 두고 서로 마주보는 관계의 색채는 반대색 즉, 보색이라고 한다.

38. ② 팬 브러시는 아이섀도를 바를 때 사용하는 것이 아니라, 여분의 파우더를 털어낼 때 사용한다.

39 얼굴의 윤곽수정과 관련한 설명으로 틀린 것은?

① 색의 명암 차이를 이용해 얼굴에 입체감을 부여하는 메이크업 방법이다.

② 하이라이트 표현은 1~2톤 밝은 파운데이션을 사용한다.

③ 섀딩 표현은 1~2톤 어두운 브라운색 파운데이션을 사용한다.

④ 하이라이트 부분은 돌출되어 보이도록 베이스 컬러와의 경계선을 잘 만들어 준다.

40 메이크업 미용사의 자세로 가장 거리가 먼 것은?

① 고객의 연령, 직업, 얼굴모양 등을 살펴 표현해 주는 것이 중요하다.

② 시대의 트렌드를 대변하고 전문인으로서의 자세를 취해야 한다.

③ 공중위생을 철저히 지켜야 한다.

④ 고객에게 메이크업 미용사의 개성을 적극 권유한다.

41 긴 얼굴형의 화장법으로 옳은 것은?

① 턱에 하이라이트를 처리한다.

② T존에 하이라이트를 길게 넣어준다.

③ 이마 양옆에 섀이딩을 넣어 얼굴 폭을 감소시킨다.

④ 블러셔는 눈밑 방향으로 가로로 길게 처리한다.

42 메이크업 도구의 세척 방법이 바르게 연결된 것은?

① 립 브러시(Lip Brush) – 브러시 클리너 또는 클렌징 크림으로 세척한다.

② 라텍스 스펀지(Latex Sponge) – 뜨거운 물로 세척, 햇빛에 건조한다.

③ 아이섀도 브러시(Eye-shadow Brush) – 클렌징 크림이나 클렌징 오일로 세척한다.

④ 팬 브러시(Fan Brush) – 브러시 클리너로 세척 후 세워서 건조한다.

정답 및 해설

39. ④ 얼굴의 윤곽 수정을 할 때 하이라이트와 섀딩과의 베이스 컬러 경계선은 자연스럽게 그라데이션 시켜 마무리한다.

40. ④ 메이크업 미용사는 고객의 의견과 취향을 존중하여야 하며, 미용사의 개성을 적극 권유하는 것은 메이크업 미용사의 자세로 적합하지 않다.

41. ④ 블러셔는 눈밑 방향으로 가로로 길게 처리하며 세모선의 이마선과 턱선도 셰이딩을 가로로 처리하여 긴 얼굴의 단점을 보완한다.

42. ① 립 브러시는 브러시 클리너와 클렌징 크림으로 깨끗이 닦아낸다. 립 브러시에 묻어 있는 색감까지 완벽하게 제거하려면 1차 클렌징 크림, 2차 브러시 클리너의 이중세척을 하는 것이 좋다. 모든 브러시는 세워서 말리면 원형이 보존되지 않으므로 깨끗한 수건을 깔고 옆으로 눕혀서 건조시킨다.

43 **색에 대한 설명으로 틀린 것은?**

① 흰색, 회색, 검정 등 색감이 없는 계열의 색을 통틀어 무채색이라고 한다.
② 색의 순도는 색의 탁하고 선명한 강약의 정도를 나타내는 명도를 의미한다.
③ 인간이 분류할 수 있는 색의 수는 개인적인 차이는 존재하지만 대략 750만가지 정도이다.
④ 색의 강약을 채도라고 하며 눈에 들어오는 빛이 단일 파장으로 이루어진 색일수록 채도가 높다.

44 **파운데이션의 종류와 그 기능에 대한 설명으로 가장 거리가 먼 것은?**

① 크림 파운데이션은 보습력과 커버력이 우수하여 짙은 메이크업을 할 때나 건조한 피부에 적합하다.
② 리퀴드 타입은 부드럽고 쉽게 퍼지며 자연스러운 화장을 원할 때 적합하다.
③ 트윈케이크 타입은 커버력이 우수하고 땀과 물에 강하여 지속력을 요하는 메이크업에 적합하다.
④ 고형스틱 타입의 파운데이션은 커버력은 약하지만 사용이 간편해서 스피드한 메이크업에 적합하다.

45 **아이브로우 화장 시 우아하고 성숙한 느낌과 세련미를 표현하고자 할 때 가장 잘 어울릴 수 있는 것은?**

① 회색 아이브로우 펜슬
② 검정색 아이섀도
③ 갈색 아이브로우 섀도
④ 에보니 펜슬

46 **얼굴의 골격 중 얼굴형을 결정짓는 가장 중요한 요소가 되는 것은?**

① 위턱뼈(상악골)
② 아래턱뼈(하악골)
③ 코뼈(비골)
④ 관자뼈(측두골)

정답 및 해설

43. ② 색의 탁하고 선명한 강약의 정도를 나타내는 것은 채도이다.

44. ④ 고형스틱 타입의 파운데이션은 커버력이 가장 우수하며, 사용시 퍼짐성이 다소 무거워 스피디한 메이크업에 적합하지 않다.

45. ③ 아이브로우 화장 시 우아하고 성숙한 느낌과 세련미를 표현하고자 하는 것은 갈색 아이브러우 섀도가 정답이나, 좀 더 자세한 설명을 한다면 부드러운 색감 표현이 가능한 것은 아이브로우 섀도 타입이다.

46. ② 하악골은 얼굴에서 가장 크고 강한 아래턱 뼈로 턱의 아랫부분을 형성한다.

47 여름 메이크업에 대한 설명으로 가장 거리가 먼 것은?

① 시원하고 상쾌한 느낌이 들도록 표현한다.
② 난색 계열을 사용해 따뜻한 느낌을 표현한다.
③ 구릿빛 피부 표현을 위해 오렌지색 메이크업 베이스를 사용한다.
④ 방수 효과를 지닌 제품을 사용하는 것이 좋다.

48 미국의 색채학자 파버 비렌이 탁색계를 '톤(Tone)'이라고 부르고 있었던 것에서 유래한 배색기법은?

① 까마이외(Camaieu) 배색
② 토널(Tonal) 배색
③ 트리콜로레(Tricolore) 배색
④ 톤온톤(Tone on tone) 배색

49 얼굴형과 그에 따른 이미지의 연결이 가장 적절한 것은?

① 둥근형 – 성숙한 이미지
② 긴형 – 귀여운 이미지
③ 사각형 – 여성스러운 이미지
④ 역삼각형 – 날카로운 이미지

50 한복 메이크업시 유의하여야 할 내용으로 옳은 것은?

① 눈썹을 아치형으로 그려 우아해 보이도록 표현한다.
② 피부는 한 톤 어둡게 표현하여 자연스러운 피부 톤을 연출하도록 한다.
③ 한복의 화려한 색상과 어울리는 강한 색조를 사용하여 조화롭게 보이도록 한다.
④ 입술의 구각을 정확히 맞추어 그리는 것보다는 아웃커브로 그려 여유롭게 표현하는 것이 좋다.

51 아이섀도의 종류와 그 특징을 연결한 것으로 가장 거리가 먼 것은?

① 펜슬 타입 : 발색이 우수하고 사용하기 편리하다.
② 파우더 타입 : 펄이 섞인 제품이 많으며 하이라이트 표현이 용이하다.
③ 크림 타입 : 유분기가 많고 촉촉하며 발색도가 선명하다.
④ 케잌 타입 : 그라데이션이 어렵고 색상이 뭉칠 우려가 있다.

정답 및 해설

47. ② 여름 메이크업에 난색(따뜻한 색)을 사용하면 덥게 느껴진다.

48. ② 토널 배색은 기본톤으로 중명도, 중채도인 탁한(dull)톤을 사용한 배색 방법으로 전체적으로 안정되며 편안한 느낌을 주는 배색이다.

49. ④ 얼굴형과 그에 따른 이미지는 둥근형은 귀여운 이미지, 긴형은 성숙한 이미지, 사각형은 남성적이고 딱딱한 이미지를 준다.

50. ①

51. ④ 케잌 타입 아이섀도는 색상 그라데이션이 우수하고 색상이 뭉칠 우려가 가장 적은 아이섀도이다.

52 **메이크업의 정의와 가장 거리가 먼 것은?**

① 화장품과 도구를 사용한 아름다움의 표현 방법이다.
② "분장"의 의미를 가지고 있다.
③ 색상으로 외형적인 아름다움을 나타낸다.
④ 의료기기나 의약품을 사용한 눈썹손질을 포함한다.

53 **다음에서 설명하는 메이크업이 가장 잘 어울리는 계절은?**

강렬하고 이지적인 이미지가 느껴지도록 심플하고 단아한 스타일이나 콘트라스트가 강한 색상과 밝은 색상을 사용하는 것이 좋다.

① 봄 ② 여름
③ 가을 ④ 겨울

54 **봄 메이크업의 컬러 조합으로 가장 적합한 것은?**

① 흰색, 파랑, 핑크 계열
② 겨자색, 벽돌색, 갈색계열
③ 옐로우, 오렌지, 그린계열
④ 자주색, 핑크, 진보라 계열

55 **아이브로우 메이크업의 효과와 가장 거리가 먼 것은?**

① 인상을 자유롭게 표현할 수 있다.
② 얼굴의 표정을 변화시킨다.
③ 얼굴형을 보완할 수 있다.
④ 얼굴에 입체감을 부여해 준다.

56 **다음 중 컬러 파우더의 색상 선택과 활용법의 연결이 가장 거리가 먼 것은?**

① 퍼플 : 노란피부를 중화시켜 화사한 피부 표현에 적합하다.
② 핑크 : 볼에 붉은 기가 있는 경우 더욱 잘 어울린다.
③ 그린 : 붉은 기를 줄여준다.
④ 브라운 : 자연스러운 섀딩 효과가 있다.

정답 및 해설

52. ④ 일반미용업의 업무는 파마 · 머리카락자르기 · 머리카락모양내기 · 머리피부손질 · 머리카락염색 · 머리감기, 의료기기나 의약품을 사용하지 아니하는 눈썹손질 등이 해당한다.

53. ④ 겨울철 메이크업은 파란색과 검은색을 주조색으로 하고 명도, 채도의 대비가 강하며 차갑고 강렬한 이지적인 느낌으로 메이크업 한다. 화이트 실버, 블랙, 그레이, 핑크, 블루, 블루퍼플, 마젠타 등의 색상을 사용한다.

54. ③ 봄철 메이크업은 싱그럽고 생명력을 느낄 수 있는 고명도, 고채도의 색상으로 표현한다. 맑은 노랑을 주조색으로 하여 오렌지, 그린 계열로 포인트 메이크업을 한다.

55. ④ 아이브로우는 얼굴형이나 눈매를 보완해주며, 얼굴의 인상을 결정하고, 얼굴 전체의 이미지 변화와 개성을 연출한다.

56. ② 볼에 붉은 기가 있는 경우 핑크색 칼라 파우더를 바르면 혈색이 지나치게 붉어 보인다. 혈색이 없는 경우 사용하면 얼굴에 화사한 혈색을 부여한다.

57 **기미, 주근깨 등의 피부결점이나 눈 밑 그늘에 발라 커버하는데 사용하는 제품은?**

① 스틱 파운데이션(Stick Foudation)
② 투웨이 케이크(Two Way Cake)
③ 스킨 커버(Skin Cover)
④ 컨실러(Cincealer)

58 **메이크업 미용사의 작업과 관련한 내용으로 가장 거리가 먼 것은?**

① 모든 도구와 제품은 청결히 준비하도록 한다.
② 마스카라나 아이라인 작업 시 입으로 불어 신속히 마르게 도와준다.
③ 고객의 신체에 힘을 주거나 누르지 않도록 주의한다.
④ 고객의 옷에 화장품이 묻지 않도록 가운을 입혀준다.

59 **메이크업 색과 조명에 관한 설명으로 틀린 것은?**

① 메이크업의 완성도를 높이는 데는 자연광선이 가장 이상적이다.
② 조명에 의해 색이 달라지는 현상은 저채도 색보다는 고채도색에서 잘 일어난다.
③ 백열등은 장파장 계열로 사물의 붉은 색을 증가시키는 효과가 있다.
④ 형광등은 보라색과 녹색의 파장 부분이 강해 사물을 시원하게 보이는 효과가 있다.

60 **눈썹을 빗어주거나 마스카라 후 뭉친 속눈썹을 정돈할 때 사용하면 편리한 브러시는?**

① 팬 브러시
② 스크루 브러시
③ 노즈 섀도 브러시
④ 아이라이너 브러시

정답 및 해설

57. ④ 컨실러는 피부의 반점, 여드름 자국, 다크서클 등의 결점 위에 부분적으로 발라 수정하는 커버력이 높은 파운데이션이다.

58. ② 마스카라나 아이라인 작업 시 건조를 위해 입으로 불면 고객에게 불쾌감을 줄 수 있다.

59. ② 조명에 의해 색이 달라지는 현상은 저채도가 잘 일어나고, 고채도는 잘 일어나지 않는다.

60. ② 스크루 브러시는 눈썹을 빗어주는데 사용되는 도구로 코일처럼 돌돌 말려 올라간 모양의 브러시이다.

기출문제 02회

2016년 10월 9일 시행

01 18세기 말 "인구는 기하급수적으로 늘고 생산은 산술급수적으로 늘기 때문에 체계적인 인구조절이 필요하다"라고 주장한 사람은?

① 프랜시스 플레이스
② 에드워드 윈슬로우
③ 토마스 R. 말더스
④ 포베르토 코흐

02 감염병 예방 및 관리에 관한 법률상 제1급 감염병인 것은?

① A형간염
② 장출혈성대장균감염증
③ 세균성이질
④ 야토병

03 장염비브리오 식중독의 설명으로 가장 거리가 먼 것은?

① 원인균은 보균자의 분변이 주원인이다.
② 복통, 설사, 구토 등이 생기면 발열이 있고, 2~3일이면 회복된다.
③ 예방은 저온저장, 조리기구 · 손 등의 살균을 통해서 할 수 있다.
④ 여름철에 집중적으로 발생한다.

04 이 · 미용사의 위생복을 흰색으로 하는 것이 좋은 주된 이유는?

① 오염된 상태를 가장 쉽게 발견할 수 있다.
② 가격이 비교적 저렴하다.
③ 미관상 가장 보기가 좋다.
④ 열 교환이 가장 잘 된다.

정답 및 해설

01. ③ 토마스 R. 말더스(토마스 맬서스)는 영국의 경제학자로 저서 《인구론》에서 인구는 기하급수적으로 증가하나 식량은 산술급수적으로 증가하므로 인구와 식량 사이의 불균형이 필연적으로 발생할 수밖에 없으며, 여기에서 기근 · 빈곤 · 악덕이 발생한다고 하였다.

02. ④ A형간염, 장출혈성대장균감염증, 세균성이질은 제2급 감염병이다.

03. ① 장염비브리오 식중독은 해수에서 생존하는 호염균으로 수온이 17℃ 이상으로 상승하면서 오염된 어패류에서 많이 발견되며 생육최적온도는 30~37℃이며 10℃ 이하 수온에서는 발견되지 않는다. 증상으로는 심한 복통(특히 위복부), 설사, 37~38℃의 발열, 구토 등이 있다. 6월부터 10월 사이에 볼 수 있고 주로 9월에 많이 발생한다.

04. ① 위생복은 청결한 상태가 중요하므로 흰색으로 하는 것이다.

05 보건행정에 대한 설명으로 가장 적합한 것은?
① 공중보건의 목적을 달성하기 위해 공공의 책임하에 수행하는 행정활동
② 개인보건의 목적을 달성하기 위해 공공의 책임하에 수행하는 행정활동
③ 국가 간의 질병교류를 막기 위해 공공의 책임하에 수행하는 행정활동
④ 공중보건의 목적을 달성하기 위해 개인의 책임하에 수행하는 행정활동

06 모기가 매개하는 감염병이 아닌 것은?
① 일본뇌염 ② 콜레라
③ 말라리아 ④ 사상충증

07 대기오염 방지 목표와 연관성이 가장 적은 것은?
① 경제적 손실 방지
② 직업병의 발생 방지
③ 자연환경의 악화 방지
④ 생태계 파괴 방지

08 다음 중 식기류 소독에 가장 적당한 것은?
① 30% 알코올 ② 역성비누액
③ 40℃의 온수 ④ 염소

09 살균력과 침투성은 약하지만 자극이 없고 발포작용에 의해 구강이나 상처소독에 주로 사용되는 소독제는?
① 페놀 ② 염소
③ 과산화수소 ④ 알코올

10 세균증식 시 높은 염도를 필요로 하는 호염성(halophilic)균에 속하는 것은?
① 콜레라
② 장티프스
③ 장염비브리오
④ 이질

정답 및 해설

05. ① 보건행정은 공공성과 사회성을 지니며 봉사의 의미를 지닌다.

06. ② 콜레라는 분변, 구토물로 오염된 음식이나 물을 통해 감염된다.

07. ②

08. ② 역성비누액은 양이온 계면활성제로서 냄새가 없고 독성이 적어서 식기소독이나 손소독에 사용한다.

09. ③ 과산화수소는 미생물 살균소독제로서 2.5~3.5% 수용액을 사용한다. 피부상처소독, 구강세척제로 사용한다.

10. ③ 장염비브리오는 염도가 높은 곳에서 번식하는 호염성세균에 속하며 여름철 해안가의 오염된 어패류에서 주로 발견된다.

11 소독방법에서 고려되어야 할 사항으로 가장 거리가 먼 것은?

① 소독대상물의 성질
② 병원체의 저항력
③ 병원체의 아포 형성 유무
④ 소독 대상물의 그람 염색 유무

12 병원체의 병원소 탈출 경로와 가장 거리가 먼 것은?

① 호흡기로부터 탈출
② 소화기 계통으로 탈출
③ 비뇨생식기 계통으로 탈출
④ 수질 계통으로 탈출

13 따뜻한 물에 중성세제로 잘 씻은 후 물기를 없앤 다음 70% 알코올에 20분 이상 담그는 소독법으로 가장 적합한 것은?

① 유리제품 ② 고무제품
③ 금속제품 ④ 비닐제품

14 병원성 미생물의 발육을 정지시키는 소독 방법은?

① 희석 ② 방부
③ 정균 ④ 여과

15 계란모양의 핵을 가진 세포들이 일렬로 밀접하게 정렬되어 있는 한 개의 층으로, 새로운 세포형성이 가능한 층은?

① 각질층 ② 기저층
③ 유극층 ④ 망상층

16 피부의 과색소 침착 증상이 아닌 것은?

① 기미 ② 백반증
③ 주근깨 ④ 검버섯

17 정상적인 피부의 pH 범위는?

① pH 3~4 ② pH 6.5~8.5
③ pH 4.5~6.5 ④ pH 7~9

정답 및 해설

11. ④ 소독방법에서 고려되어야 할 사항은 소독대상물의 성질, 병원체의 저항력, 병원체의 아포 형성 유무 등이 있다. 그람 염색은 덴마크 의사 H.C.J 그람이 고안한 특수염색법으로 자주색으로 염색되는 세균을 그람양성균, 붉은색으로 염색되는 세균을 그람음성균으로 구분하며 균의 증식에 필요한 영양소, 자극, 독소, 병변 등을 알아내는 데 이용된다.

12. ④ 병원체의 병원소 탈출 경로는 ① 호흡기(기침, 재채기) ② 소화기(분변, 토사물) ③ 비뇨생식기(소변, 성기분비물), ④ 기계(주사기, 흡혈) ⑤ 개방병소로 직접탈출(농양, 피부병)이다.

13. ①

14. ② 방부는 미생물의 번식이나 발육을 저지시켜서 물질의 부패를 막는 것이다.

15. ② 새로운 세포형성을 하며 표피 가장 아래층에 단층으로 이루어진 것은 기저층이다. 기저층은 핵이 존재하며 수분이 70% 정도이고 쌀알 같은 모습으로 나란히 붙어있으며, 진피와 인접하고 있다.

16. ② 백반증은 오히려 색소가 없어져 피부의 한 부분이 아주 희게 된 증상이다.

17. ③ 정상적인 피부의 pH는 약산성으로 pH 4.5~6.5 정도이다.

18 **적외선이 피부에 미치는 영향으로 가장 거리가 먼 것은?**

① 온열효과가 있다.
② 혈액순환 개선에 도움을 준다.
③ 피부건조화, 주름 형성, 피부탄력 감소를 유발한다.
④ 피지선과 한선의 기능을 활성화하여 피부 노폐물 배출에 도움을 준다.

19 **식후 12~16시간이 경과되어 정신적, 육체적으로 아무것도 하지 않고 가장 안락한 자세로 조용히 누워있을 때 생명을 유지하는 데 소요되는 최소한의 열량을 의미하는 것은?**

① 순환대사량 ② 기초대사량
③ 활동대사량 ④ 상대대사량

20 **비듬이 생기는 원인과 관계 없는 것은?**

① 신진대사가 계속적으로 나쁠 때
② 탈지력이 강한 샴푸를 계속 사용할 때
③ 염색 후 두피가 손상되었을 때
④ 샴푸 후 린스를 하였을 때

21 **피부 노화의 이론과 가장 거리가 먼 것은?**

① 셀룰라이트 형성
② 프리래디컬 이론
③ 노화의 프로그램설
④ 텔로미어 학설

22 **이 · 미용업을 하고자 하는 자가 하여야 하는 절차는?**

① 시장 · 군수 · 구청장에게 신고한다.
② 시장 · 군수 · 구청장에게 통보한다.
③ 시장 · 군수 · 구청장의 허가를 얻는다.
④ 시 · 도지사의 허가를 얻는다.

정답 및 해설

18. ③ 적외선은 피부건강 증진에 도움을 주고 피지 분비와 피부 신진대사를 촉진하며 피부가 더 촉촉하고 윤택해지게 한다.

19. ② 기초대사량은 식사 후 12시간~16시간이 경과된 상태에서 측정하는데 보통 아침식사를 하기 전이 측정에 편리한 시간이다. 성인은 보통 1,200~1,800kcal이며, 남자 = 900+(10×체중), 여자 = 800+(7×체중)으로 계산한다.

20. ④ 샴푸 후 린스를 하면 모발과 두피에 영양을 공급하여 비듬증상이 완화된다.

21. ① 셀룰라이트 형성은 비만으로 지방축적이 된 허벅지나 종아리, 엉덩이에 울퉁불퉁하고 딱딱한 살을 말하며 노폐물과 수분이 지방 주변에 뭉쳐서 혈액과 림프의 순환을 방해한다.

22. ① 이 · 미용업을 하고자 하는 자는 보건복지부령이 정하는 시설 및 설비기준에 적합한 시설을 갖춘 후 시장 · 군수 · 구청장에게 신고서를 제출한다.

23 건전한 영업질서를 위하여 공중위생영업자가 준수하여야 할 사항을 준수하지 아니한 자에 대한 벌칙기준은?

① 1년 이하의 징역 또는 1천만 원 이하의 벌금
② 6월 이하의 징역 또는 500만 원 이하의 벌금
③ 3월 이하의 징역 또는 300만 원 이하의 벌금
④ 300만 원 과태료

24 면허가 취소된 자는 누구에게 면허증을 반납하여야 하는가?

① 보건복지부장관
② 시 · 도지사
③ 시장 · 군수 · 구청장
④ 읍 · 면장

25 이 · 미용업소에서 영업정지 처분을 받고 그 정지 기간 중에 영업을 한 때의 1차 위반 행정처분 내용은?

① 영업정지 1월 ② 영업정지 2월
③ 영업정지 3월 ④ 영업장 폐쇄명령

26 영업자의 위생관리 의무가 아닌 것은?

① 영업소에서 사용하는 기구를 소독한 것과 소독하지 아니한 것으로 분리 · 보관한다.
② 영업소에서 사용하는 1회용 면도날은 손님 1인에 한하여 사용한다.
③ 자격증을 영업소 안에 게시한다.
④ 면허증을 영업소 안에 게시한다.

27 성매매알선 등 행위의 처벌에 관한 법률 위반으로 영업장 폐쇄명령을 받은 이 · 미용업 영업자는 얼마의 기간 동안 같은 종류의 영업을 할 수 없는가?

① 2년 ② 1년
③ 6개월 ④ 3개월

28 공중위생관리법규상 위생관리등급의 구분이 바르게 짝지어진 것은?

① 최우수업소 : 녹색등급
② 우수업소 : 백색등급
③ 일반관리대상 업소 : 황색등급
④ 관리미흡대상 업소 : 적색등급

정답 및 해설

23. ② 6월 이하의 징역 또는 500만 원 이하의 벌금
- 중요사항 변경신고 규정에 의한 변경신고를 하지 아니한 자
- 공중위생영업자의 지위를 승계한 자로서 규정에 의한 신고를 하지 아니한 자
- 건전한 영업질서를 위하여 공중위생영업자가 준수하여야 할 사항을 준수하지 아니한 자

24. ③ 면허가 취소 또는 정지된 자는 지체 없이 시장 · 군수 · 구청장에게 면허증을 반납한다.

25. ④ 영업정지처분을 받고 그 영업정지 기간 중에 영업을 한 경우 1차 위반 행정 처분은 영업장 폐쇄명령이다.

26. ③ 업소 내에 개설자의 면허증 원본 및 이용요금표를 게시하여야 하며 자격증은 제시할 필요가 없다.

27. ① 성매매알선 등 행위의 처벌에 관한 법률 위반으로 영업장 폐쇄명령을 받은 이 · 미용업 영업자는 2년 동안 같은 종류의 영업을 할 수 없다.

28. ① 위생관리등급은 최우수업소는 녹색등급, 우수업소는 황색등급, 일반관리대상업소는 백색등급으로 구분된다.

29 유연화장수의 작용으로 가장 거리가 먼 것은?
① 피부에 보습을 주고 윤택하게 해준다.
② 피부에 남아있는 비누의 알칼리 성분을 중화시킨다.
③ 각질층에 수분을 공급해준다.
④ 피부의 모공을 넓혀준다.

30 크림 파운데이션에 대한 설명 중 가장 적합한 것은?
① 얼굴의 형태를 바꾸어 준다.
② 피부의 잡티나 결점을 커버해 주는 목적으로 사용된다.
③ O/W 형은 W/O 형에 비해 비교적 사용감이 무겁고 퍼짐성이 낮다.
④ 화장 시 산뜻하고 청량감이 있으나 커버력이 약하다.

31 피지조절, 항 우울과 함께 분만 촉진에 효과적인 아로마 오일은?
① 라벤더 ② 로즈마리
③ 자스민 ④ 오렌지

32 피부 클렌저(cleanser)로 사용하기에 적합하지 않은 것은?
① 강알칼리성 비누
② 약산성 비누
③ 탈지를 방지하는 클렌징 제품
④ 보습효과를 주는 클렌징 제품

33 가용화(solubilization) 기술을 적용하여 만들어진 것은?
① 마스카라 ② 향수
③ 립스틱 ④ 크림

34 미백화장품에 사용되는 대표적인 미백성분은?
① 레티노이드(retinoid)
② 알부틴(arbutin)
③ 라놀린(lanolin)
④ 토코페롤 아세테이트(tocopherol acetate)

정답 및 해설

29. ④ ①, ②, ③은 유연화장수의 주요 작용이다.

30. ②

31. ③

32. ① 강알칼리성 비누는 세척력은 높으나 피부 건조와 함께 탈지현상을 일으켜 거친 피부로 만든다.

33. ② 가용화 기술은 물에 녹지 않는 적은 양의 오일 성분이 계면활성제에 의해서 물에 용해되어 투명하게 되는 현상을 말한다. 가용화 기술로 만들어진 화장품은 화장수류, 향수류, 에센스 등이다. 마스카라, 립스틱은 분산이며 크림은 유화이다.

34. ② 미백화장품에 사용되는 성분은 알부틴, 나이아신아마이드, 비타민 C 등인데 그중 알부틴이 대표적이다.

35 진피층에도 함유되어 있으며 보습기능으로 피부관리 제품에 사용되는 성분은?

① 알코올(alcohol)
② 콜라겐(collagen)
③ 판테놀(panthenol)
④ 글리세린(glycerine)

36 눈의 형태에 따른 아이섀도 기법으로 틀린 것은?

① 부은 눈 : 펄감이 없는 브라운이나 그레이 컬러로 아이 홀을 중심으로 넓지 않게 펴 바른다.
② 처진 눈 : 포인트 컬러를 눈꼬리 부분에서 사선 방향으로 올려주고, 언더컬러는 사용하지 않는다.
③ 올라간 눈 : 눈 앞머리 부분에 짙은 컬러를 바르고 눈 중앙에서 꼬리까지 엷은 색을 발라주며, 언더 부분은 넓게 펴 바른다.
④ 작은 눈 : 눈두덩이 중앙에 밝은 컬러로 하이라이트를 하며 눈앞머리에 포인트를 주고, 아이라인은 그리지 않는다.

37 아이섀도를 바를 때, 눈 밑에 떨어진 가루나 과다한 파우더를 털어내는 도구로 가장 적절한 것은?

① 파우더 퍼프 ② 파우더 브러시
③ 팬 브러시 ④ 블러셔 브러시

38 눈썹을 그리기 전, 후 자연스럽게 눈썹을 빗어주는 나사 모양의 브러시는?

① 립 브러시 ② 팬 브러시
③ 스크루 브러시 ④ 파우더 브러시

39 각 눈썹 형태에 따른 이미지와 그에 알맞은 얼굴형의 연결이 가장 적합한 것은?

① 상승형 눈썹 – 동적이고 시원한 느낌 – 둥근형
② 아치형 눈썹 – 우아하고 여성적인 느낌 – 삼각형
③ 각진형 눈썹 – 지적이며 단정하고 세련된 느낌 – 긴형, 장방형
④ 수평형 눈썹 – 젊고 활동적인 느낌 – 둥근형, 얼굴길이가 짧은 형

정답 및 해설

35. ②

36. ④ 작은 눈은 눈꺼풀 전체에 밝은 색상이나 펄감이 풍부한 아이섀도를 발라 산뜻하게 표현한 후 전체 눈 길이 중 1/2 정도에서 뒤쪽으로 짙은 색의 아이섀도를 발라 눈꼬리를 길게 빼준다.

37. ③ 팬 브러시는 부채꼴로 생긴 브러시이다. 질감이 탄력이 있어 가루나 파우더 등을 털어내는 데 적합하다.

38. ③

39. ① 아치형 눈썹은 역삼각형이나 이마가 넓은 얼굴에 어울린다. 각진형 눈썹은 둥근형 얼굴에 어울리며 수평형 눈썹은 직선 눈썹을 말하는데 긴 얼굴형에 적합하다.

40 색의 배색과 그에 따른 이미지를 연결한 것으로 옳은 것은?

① 액센트 배색 – 부드럽고 차분한 느낌
② 동일색 배색 – 무난하면서 온화한 느낌
③ 유사색 배색 – 강하고 생동감 있는 느낌
④ 그라데이션 배색 – 개성 있고 아방가르드한 느낌

41 뷰티메이크업과 관련한 내용으로 가장 거리가 먼 것은?

① 눈썹, 아이섀도, 입술 메이크업 시 고객의 부족한 면을 보완하여 균형 잡힌 얼굴로 표현한다.
② 메이크업은 색상, 명도, 채도 등을 고려하여 고객의 상황에 맞는 컬러를 선택하도록 한다.
③ 사람은 대부분 얼굴의 좌우가 다르므로 자연스러운 메이크업을 위해 최대한 생김새를 그대로 표현하여 생동감을 준다.
④ 의상, 헤어, 분위기 등의 전체적인 이미지 조화를 고려하여 메이크업한다.

42 계절별 화장법으로 가장 거리가 먼 것은?

① 봄 메이크업 : 투명한 피부표현을 위해 리퀴드 파운데이션을 사용하며, 눈썹과 아이섀도를 자연스럽게 표현한다.
② 여름 메이크업 : 콘트라스트가 강한 색상으로 선을 강조하고 베이지 컬러의 파우더로 피부를 매트하게 표현한다.
③ 가을 메이크업 : 아이메이크업 시, 저채도의 베이지, 브라운 컬러를 사용하여 그윽하고 깊은 눈매를 연출한다.
④ 겨울 메이크업 : 전체적으로 깨끗하고 심플한 이미지를 표현하고, 립은 레드나 와인 계열 등의 컬러를 바른다.

정답 및 해설

40. ② 액센트 배색은 강렬한 느낌이 들며 유사색 배색은 정적이며 무난한 느낌이고 그라데이션 배색은 자연스럽게 배색되는 배색조화로 편안한 느낌을 준다.

41. ③ 사람의 얼굴은 대부분 좌우가 다르므로 좌우가 균형이 맞도록 수정보완하며 메이크업한다.

42. ② 계절별 화장법에서 여름 메이크업은 소프트, 다크, 덜톤(Dull)이 주를 이루며 저채도의 차분하면서도 내추럴한 톤으로 메이크업한다.

43 **사각형 얼굴의 수정 메이크업 방법으로 틀린 것은?**

① 이마의 각진 부위와 튀어나온 턱뼈 부위에 어두운 파운데이션을 발라서 갸름하게 보이게 한다.

② 눈썹은 각진 얼굴형과 어울리도록 시원하게 아치형으로 그려준다.

③ 일자형 눈썹과 길게 뺀 아이라인으로 포인트 메이크업하는 것이 효과적이다.

④ 입술 모양은 곡선의 형태로 부드럽게 표현한다.

44 **다음에서 설명하는 아이섀도 제품의 타입은?**

> • 장기간 지속효과가 낮다.
> • 기온변화로 번들거림이 생기는 단점이 있다.
> • 유분이 함유되어 부드럽고 매끄럽게 펴 바를 수 있다.
> • 제품 도포 후 파우더로 색을 고정시켜 지속력과 색의 선명도를 향상시킬 수 있다.

① 크림 타입 ② 펜슬 타입

③ 케이크 타입 ④ 파우더 타입

45 **파운데이션을 바르는 방법으로 가장 거리가 먼 것은?**

① O존은 피지분비량이 적어 소량의 파운데이션으로 가볍게 바른다.

② V존은 잡티가 많으므로 슬라이딩 기법으로 여러 번 겹쳐 발라 결점을 가려준다.

③ S존은 슬라이딩 기법과 가볍게 두드리는 패팅기법을 병행하여 메이크업의 기속성을 높여준다.

④ 헤어라인은 귀 앞머리 부분까지 라텍스 스펀지에 남아있는 파운데이션을 사용해 슬라이딩 기법으로 발라준다.

46 **긴 얼굴형에 적합한 눈썹 메이크업으로 가장 적합한 것은?**

① 가는 곡선형으로 그린다.

② 눈썹 산이 높은 아치형으로 그린다.

③ 각진 아치형이나 상승형, 사선 형태로 그린다.

④ 다소 두께감이 느껴지는 직선형으로 그린다.

정답 및 해설

43. ③ 사각형 얼굴은 둥근 눈썹과 부드럽게 그라데이션한 눈화장을 하는 것이 딱딱한 사각형 얼굴을 부드러운 인상으로 변화시킨다.

44. ①

45. ② V존은 잡티가 적은 부위이며 턱선에서 목선으로 갈수록 엷게 펴 발라 그라데이션 한다.

46. ④ 긴 얼굴형은 눈썹을 직선형으로 그려 가로 느낌을 강조하여 긴 얼굴형을 보완한다.

47 조선시대 화장문화에 대한 설명으로 틀린 것은?

① 이중적인 성 윤리관이 화장문화에 영향을 주었다.
② 여염집 여성의 화장과 기생신분 여성의 화장이 구분되었다.
③ 영육일치사상의 영향으로 남·여 모두 미(美)에 대한 부정적인 인식이 형성되었다.
④ 미인박명(美人薄命)사상이 문화적 관념으로 자리 잡음으로써 미(美)에 대한 부정적인 인식이 형성되었다.

48 메이크업 도구 및 재료의 사용방법에 대한 설명으로 가장 거리가 먼 것은?

① 브러시는 전용 클리너로 세척하는 것이 좋다.
② 아이래시 컬은 속눈썹을 아름답게 올려줄 때 사용한다.
③ 라텍스 스펀지는 세균이 번식하기 쉬우므로 깨끗한 물로 씻어서 재사용한다.
④ 면봉은 부분 메이크업 또는 메이크업 수정 시 사용한다.

49 색과 관련한 설명으로 틀린 것은?

① 물체의 색은 빛이 거의 모두 반사되어 보이는 색이 백색, 빛이 모두 흡수되어 보이는 색이 흑색이다.
② 불투명한 물체의 색은 표면의 반사율에 의해 결정된다.
③ 유리잔에 담긴 레드 와인(red wine)은 장파장의 빛은 흡수하고, 그 외의 파장은 투과하여 붉게 보이는 것이다.
④ 장파장은 단파장보다 산란이 잘 되지 않는 특성이 있어 신호등의 빨강색은 흐린 날 멀리서도 식별 가능하다.

50 한복메이크업 시 주의사항이 아닌 것은?

① 색조화장은 저고리 깃이나 고름 색상에 맞추는 것이 좋다.
② 너무 강하거나 화려한 색상은 피하는 것이 좋다.
③ 단아한 이미지를 표현하는 것이 좋다.
④ 한복으로 가려진 몸매를 입체적인 얼굴로 표현한다.

정답 및 해설

47. ③ 영육일치 사상은 불교문화에서 유래되었으며 신라시대와 고려시대의 대표적인 사상이다.

48. ③ 라텍스 스펀지는 오염된 부분은 잘라서 제거한 후 사용한다.

49. ③

50. ④

51 같은 물체라도 조명이 다르면 색이 다르게 보이나 시간이 갈수록 원래 물체의 색으로 인지하게 되는 현상은?

① 색의 불변성 ② 색의 항상성
③ 색지각 ④ 색검사

52 사극 수염분장에 필요한 재료가 아닌 것은?

① 스피리트 검(spirit gum)
② 쇠 브러시
③ 생사
④ 더마왁스

53 '톤을 겹친다'라는 의미로 동일한 색상에서 톤의 명도차를 비교적 크게 둔 배색방법은?

① 동일색 배색
② 톤온톤 배색
③ 톤인톤 배색
④ 세퍼레이션 배색

54 메이크업 미용사의 기본적인 용모 및 자세로 가장 거리가 먼 것은?

① 업무 시작 전·후 메이크업 도구와 제품상태를 점검한다.
② 메이크업 시 위생을 위해 마스크를 항상 착용하고 고객과 직접 대화하지 않는다.
③ 고객을 맞이할 때는 바로 자리에서 일어나 공손히 인사한다.
④ 영업장으로 걸려온 전화를 받을 때는 필기도구를 준비하여 메모를 한다.

55 현대의 메이크업 목적으로 가장 거리가 먼 것은?

① 개성창출
② 추위예방
③ 자기만족
④ 결점보완

정답 및 해설

51. ②

52. ④ 더마왁스는 눈썹을 없애거나 상처를 만들 때 사용하는 재료이다.

53. ② Tone on Tone은 동일색상이나 유사색상 배색에서 색상 톤의 명도차를 크게 한 배색이다.

54. ② 마스크는 필요시 착용하며 고객과 대화는 할 수 있다.

55. ②

56 여름철 메이크업으로 가장 거리가 먼 것은?

① 선탠 메이크업을 베이스 메이크업으로 응용해 건강한 피부 표현을 한다.
② 약간 각진 눈썹형으로 표현하여 시원한 느낌을 살려준다.
③ 눈매를 푸른색으로 강조하는 원 포인트 메이크업을 한다.
④ 크림 파운데이션을 사용하여 피부를 두껍게 커버하고 윤기 있게 마무리한다.

57 메이크업 베이스의 사용목적으로 틀린 것은?

① 파운데이션의 밀착력을 높여준다.
② 얼굴의 피부톤을 조절한다.
③ 얼굴에 입체감을 부여한다.
④ 파운데이션의 색소 침착을 방지해준다.

58 긴 얼굴형의 윤곽 수정 표현 방법으로 틀린 것은?

① 콧등 전체에 하이라이트를 주어 입체감 있게 표현한다.
② 눈 밑은 폭넓게 수평형의 하이라이트를 준다.
③ 노즈섀도는 짧게 표현해준다.
④ 이마와 아래턱은 섀딩 처리하여 얼굴의 길이가 짧아보이게 한다.

59 눈과 눈 사이가 가까운 눈을 수정하기 위하여 아이섀도 포인트가 들어가야 할 부분으로 옳은 것은?

① 눈 앞머리 ② 눈 중앙
③ 눈 언더라인 ④ 눈꼬리

60 컨투어링 메이크업을 위한 얼굴형의 수정 방법으로 틀린 것은?

① 둥근형 얼굴 – 양볼 뒤쪽에 어두운 섀딩을 주고 턱, 콧등에 길게 하이라이트를 한다.
② 긴형 얼굴 – 헤어라인과 턱에 섀딩을 주고 볼쪽에 하이라이트를 준다.
③ 사각형 얼굴 – T존의 하이라이트를 강조하고 U존에 명도가 높은 블러셔를 한다.
④ 역삼각형 얼굴 – 헤어라인에서 양쪽 이마 끝에 섀딩을 준다.

정답 및 해설

56. ④ 여름 메이크업 시에는 가볍고 산뜻한 리퀴드 파운데이션이 적합하다. 크림 파운데이션은 유분기가 많고 두꺼운 화장으로 적합하지 않다.

57. ③ 메이크업 베이스에는 얼굴에 입체감을 부여하는 기능이 없다.

58. ① 긴 얼굴형에 콧등 전체에 하이라이트를 주면 얼굴형이 더 길어 보이므로 코 길이 1/2 정도 이하로 짧게 하이라이트 한다.

59. ④ 눈과 눈 사이가 가까운 눈은 눈 앞머리 쪽은 포인트를 주지 않고 눈꼬리 쪽에 어두운 색의 아이섀도로 포인트를 준다.

60. ③ 사각형 얼굴에는 각진 이마 양옆과 각진 양쪽 턱 부분에 섀딩을 준다.

완전합격 미용사 메이크업 필기시험문제

발 행 일	2023년 3월 5일 개정8판 1쇄 인쇄 2023년 3월 10일 개정8판 1쇄 발행
저 자	신단주
발 행 처	크라운출판사 http://www.crownbook.com
발 행 인	李尙原
신고번호	제 300-2007-143호
주 소	서울시 종로구 율곡로13길 21
공 급 처	(02) 765-4787, 1566-5937, (080) 850~5937
전 화	(02) 745-0311~3
팩 스	(02) 743-2688, 02) 741-3231
홈페이지	www.crownbook.co.kr
I S B N	978-89-406-4678-6 / 13590

특별판매정가 27,000원

이 도서의 문의를 편집부(02-6430-7019)로 연락주시면 친절하게 응답해 드립니다.